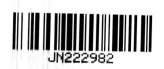

発注者・若手技術者が 知っておきたい

地質調査実施要領

編集：一般社団法人全国地質調査業協会連合会
発行：一般財団法人経済調査会

推薦のことば

―国土とウェルビーイングに関わる行政・技術者必携の書―

日本において高校で地学Ⅱを学ぶ生徒は全体の0.8%程度に過ぎないという。すなわち日本人の多くは地質・地盤のことを深く学ばず社会人になる。しかし，土木・建築，防災，あるいは自然環境や生活環境の保全などの「国土を相手にする業界」に就くと，とたんに地学や地盤工学の知識が必要となる。それは地質・地盤が，全てのインフラや建築物，災害，また自然環境などの「基礎」となっているからである。本書「**発注者・若手技術者が知っておきたい 地質調査実施要領**」は，地質調査の計画や実施に際して，そのような地学や地盤工学に必ずしも詳しくない行政担当者・技術者から若手・中堅の地質・地盤技術者までに必要な地学・地盤工学の基礎知識と地質調査の実務手順を広く提供する「地質調査のエンサイクロペディア」である。

ところで，文明は，余剰生産と都市化の両輪により発展するという。前者は物質的豊かさ，後者は情報や知識の豊かさを担保し推進する。しかし災害は，この両方を蝕む。災害を被るたび，その復旧に多くの資財や人員を要し，余剰生産は減り国力は減退する。そして災害は，その都市・地域を空洞化させ，ときに消滅させる。

日本の歴史は古来より災害との戦いの歴史である。世界の強震の10%，火山の7%を抱えることによる地震災害や火山災害，台風等の豪雨による洪水災害や土砂災害，世界に冠たる豪雪地帯での雪害，また猛暑・干ばつや冷夏による飢饉も頻発していた。そして今，気候変動がそれに拍車をかけ，災害は激甚化している。最近，「国土強靭化」が叫ばれているが，これは決して新しい活動ではない。脆弱な国土に住む我々が古来より続けてきた，そして今後も続けなければならない，日本文明の持続的成長のための戦いである。

また，最近，「ウェルビーイング」という言葉も着目されている。これは世界保健機関憲章の「健康とは，肉体的，精神的，そして社会的に，完全に満たされた（well-beingな）状態」による。ウェルビーイングとは個人や社会の幸福ともいえる。ウェルビーイング（あるいは幸福）は，国土強靭化だけでは実現しない。精神的・社会的な満足のためには，自然環境や生活環境の保全・改善が不可欠である。また，環境の保全は人類の持続可能性にも直結する。

文明は，地下資源・水・土壌・安全な土地などの，地質・地盤や地形がもたらす資源を活用して発達した。すなわち地質・地盤や地形は「文明のインフラ」である。そして地質・地盤や地形の多様性（ジオダイバーシティ）は豊かな自然・生活環境とともに災害をももたらす。その両面の「因果」を理解し，これらに適切に対応して初めて，国土強靭化とウェルビーイングの両方を実現することができる。

本書は，地質調査の実施要領ではあるが，地質・地盤の社会的重要性と多様性，また文明の維持・成長に向けた我々の活動を阻む地質リスクへの適切な対応方法を学ぶ格好の指南書でもある。姉妹書「**改訂3版 地質調査要領**」とともに，国土とウェルビーイングに関わる全ての行政担当者や技術者の必携の書として推薦する。

令和6年12月

前　国立研究開発法人土木研究所　理事
一般財団法人ダム技術センター　審議役　佐々木　靖人

ま え が き

今回発刊する「**発注者・若手技術者が知っておきたい 地質調査実施要領**（以下，「**実施要領**」と称す）」は，タイトルの示すとおり，主に官公庁や民間の発注者と地質調査に携わる若手技術者をターゲットとしている。業務の仕様・積算・技術課題を俯瞰できるこの「**実施要領**」は，発注者のみならず地質調査を担当する経験の浅い若手技術者にとっても有用であり，分厚い技術的な説明図書を読み解かなくとも，地質調査に関する実務全体の流れを理解できるように作成している。

本書の姉妹書として，平成 27 年（2015 年）に発刊された「改訂 3 版 地質調査要領」（一般社団法人全国地質調査業協会連合会編集；経済調査会発行）がある。この「改訂 3 版 地質調査要領」が技術的手法の詳細な解説書であるのに対し，「**実施要領**」は，地質調査の計画，業務仕様の作成，積算・発注，実施に至る全体像を示したものであり，技術解説図書の隙間を埋め，地質調査に関する実務の横断的な橋渡しを目指したものである。すなわち，「**実施要領**」と「改訂 3 版 地質調査要領」は相互に補間する関係にあり，読者の皆様には，是非，両書を手に取り，実務にご活用いただければ幸いである。

さて，「改訂 3 版 地質調査要領」が発刊されて以降，建設産業分野ではインフラメンテナンスの進展，働き方改革関連法の成立（2018 年），i-Construction，インフラ分野におけるBIM／CIM 活用や DX といった様々な施策が打ち出され，地質調査にも取り入れられてきている。地質・地盤リスクマネジメントの重要性がより鮮明となり（2016 年博多駅前陥没事故とその後のガイドライン策定），加えて，2019 年に改正された公共工事品質確保促進法（品確法）では，測量，地質調査その他の調査および設計も法の対象となり，公共工事の品質確保の上で，必要な情報（地盤状況）等を適切に把握・活用するための技術者能力の資格による評価等が示された。土木学会からは「地盤の課題と可能性に関する声明」が発出され（2022 年 9 月），地盤は「土木工学のハブ」であり国土やインフラに関わる全てのもの（産官学）が協力して取り組むべき協調領域であると示された。改めて地質調査の果たすべき役割と責務，そして期待が再認識される今日である。これらの時代背景により，地質調査に対する要求レベルは益々高まり，業務を発注する段階でも実施段階でも地質調査に関する一定以上の専門的知識や最新の知見が必要となっている。

地質調査の内容や品質が，事業の効率的な推進と品質，経済性，安全性などに大きな影響を与える。したがって，事業の各段階において，適切な調査計画の立案とそれに見合う適正な積算・調査費を見込むことが重要といえる。無駄な調査を省き，効果的な実施時期，最適な調査方法の選定，調査数量の適正化が求められる。

そこで手に取っていただきたいのが，「**実施要領**」である。従来の「改訂 3 版 地質調査要領」では，建設事業を対象とした地質調査，または地質調査を活用する技術について建設対象・適用分野毎に詳細な技術的背景とその実施方法について記述している。しかし，地質調査は対象・適用に応じて広範囲な技術分野にまたがり，技術的には高度に専門化し，加えて，多様な現場条件・地元対応等が必要となる中で，発注者にとって適切な調査計画と発注仕様を作成することは困難な状況にあるといえる。そのため，各々の対象業務に対して調査計画・仕様・積算・技術課題に関して一貫する知識を提供するための参考図書として示したのが，この「**実施要領**」である。

「**実施要領**」は6章からなり，各章の内容は後述するとおりである。本書の特徴としては，従来の調査手法を適用する際には，地質調査の適用対象毎に必要とされる手法・方法の概要に加えて，適用される基準・仕様・積算・数量の目安などについて，できるだけ例示しながら記述することで，地質調査全体の仕様をわかりやすく解説することとした。特に，地質調査の品質を確保し，かつ，現場の諸条件に対応した調査作業を円滑に実施する上で欠かせない積算上の留意点を示したことが本書の大きな特徴の一つである。「盛土規制法」(2023年5月施行)に基づく既存盛土調査，ため池防災，地質リスクマネジメントについては，それぞれ近年に整備された複数のガイドラインを総合し技術的な説明をしている。BIM／CIM，3次元点群データ，DX，ICT等のデジタル技術・新技術については，業務での利活用の度合いに応じた事例紹介と解説を加え，利活用推進に寄与できるようにした。

今回の「**実施要領**」では，発注者や若手技術者が簡便に利用できるよう，できるだけ平易な表現を心がけている。本書がこれからの地質調査の実務全般の一助となり，建設事業の品質確保と効率化にも貢献できるものと考えている。

本書の執筆者は巻末に掲載したとおりであり，「改訂3版 地質調査要領」と同様に一般社団法人全国地質調査業協会連合会で執筆委員会を立ち上げ，会員各社の現役ベテラン技術者・若手技術者が執筆にあたった。ご協力いただいた各会社の執筆者に感謝するとともに，執筆委員会に携わった幹事・委員・事務局の皆様に感謝申し上げる。

令和6年12月

執筆委員会　委員長　**重信　純**

《本書の構成と内容》

「**新・地質調査実施要領**」は6章から構成されており，各章の内容を以下に簡単に示す。

「第1章　地質調査の計画と積算」

地質調査の重要性を示し，地質調査の計画・積算・発注の実務で知っておきたい基本事項を説明している。

「第2章　建設事業のための地質調査」

各種構造物を建設するに際して必要な地質調査計画・内容を概説し，技術的な観点での実施上の留意点に加え積算上の留意点を要所に示し，さらに事例説明を加えている。

「第3章　維持管理・防災のための地質調査」

道路トンネル等の点検，土砂災害等の地質調査について，調査・点検計画，内容を概説し，技術上・積算上の留意点を示している。また，**3.3　地震防災**では，令和6年能登半島地震（2024年1月1日発生，M7.6，震度7）の被害状況にも触れている。

「第4章　地盤環境保全のための地質調査」

水文調査，土壌汚染や自然由来の重金属に焦点を当て，必要な地質調査計画・内容と技術上・積算上の留意点，計画事例等を示している。

「第5章　地質リスクマネジメント」

地質リスク調査検討業務の実施内容，発注方法について説明している。

「第6章　2050年カーボンニュートラルに資する地質調査技術紹介」

2050年カーボンニュートラルの実現に向けて，グリーンインフラ，洋上風力発電，CCS，帯水層蓄熱，放射性廃棄物処分，そしてDXに関する技術紹介および地質調査の関わりについて説明している。

目　次

第３章　維持管理・防災のための地質調査

第５章　地質リスクマネジメント

第６章　2050 年カーボンニュートラルに資する地質調査技術紹介

第 1 章
地質調査の計画と積算

第1章　地質調査の計画と積算

第1章では，地質調査業務の計画，積算から発注までの全体像を示し，加えて，計画・積算に必要な土質分類等の基礎知識，成果品の電子納品およびBIM/CIMについて述べている。官公庁等の発注機関に所属する比較的若い世代の読者にとっては，地質調査の役割と重要性を述べた**1.1 地質調査の役割と重要性**，地質調査の積算と発注について示した**1.1.4 地質調査の積算体系**および**1.3 地質調査の計画と積算**を先に読んでいただき，その後に**第2章〜第5章**において，事業および業務として携わる各地質調査分野の記述を選択して読んでいただいてもよい。

1.1　地質調査の役割と重要性

1.1.1　地質調査の役割

インフラ施設や建築物のほとんどは，何らかの形で地質・地盤を利用している。構造物は地盤によって支えられ，地盤材料による盛土や埋立て地がインフラ施設としての機能を発揮する。

一方で，わが国には，多種多様な地質・地盤が複雑に分布する。都市域の多くは沖積低地の軟弱地盤上に立地し，都市部の地下空間の利用は重層的で輻輳を極める。さらに，世界有数の地震国であり，多雨で台風の襲来も多く，最近は豪雨頻度の増加に伴う地盤災害が頻発化している。また，地質・地盤は人の健康に影響を及ぼす重金属などを混入する場合があり，法令で定められた基準に収まるまで対応することが義務付けられている。

地質調査は，このようなさまざまな課題を持つ地盤の特性を把握し，インフラ施設の建設，維持管理，地盤防災および環境保全等を行う上での基礎的な資料，与条件を提供するという基本的な役割を持つ。

特に最近では，トンネル陥没事故や盛土崩壊など地盤関係のトラブルが少なくない頻度で生じている。このような地盤関係のトラブルには，地質・地盤条件の情報不足，推定・想定と実際との乖離が要因として関与しており，地質・地盤による事業への影響を評価し，最適な対応を決定・実施するリスクマネジメントの実施が求められている。

1.1.2　地質調査はなぜ重要か

図1-1-1は，2018年度〜2022年度の公共事業における，事業費の増加要因を示したものである。この図から，河川・ダム事業では38件の事業が地質・地盤条件を要因として事業費が増加しており，その額は38件の中央値で74億円と他の要因に比べて顕著に多い。また，道路事業では，地質・地盤条件を要因とした事業費の増加件数は280件と最も多く，その額は280件の中央値で40億円となっている。

このことから，地質調査を効率的・効果的に実施することは，地質・地盤条件を把握し，事

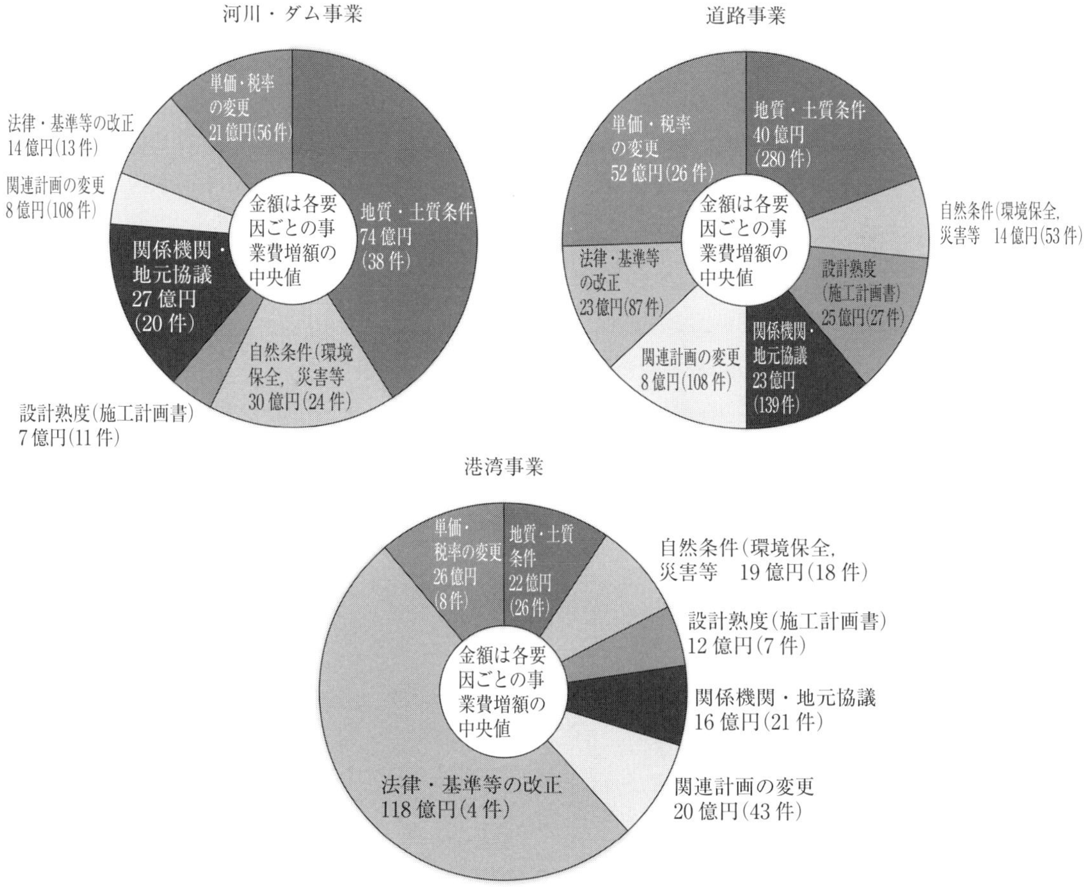

図1-1-1　事業費増加の主な要因
2018年度～2022年度の公共事業[1)]をもとに作成

業の円滑な推進と構造物の長期的な性能を得る上でいかに重要であるかは明確である。

一方，地質・地盤条件の全容を事前に完全に把握することは困難であり，情報が欠落している状態（不確実性の存在）を補いながら事業を進めていかざるを得ない。問題となるのは，こういった地質・地盤条件による問題・トラブルが，施工段階など事業の後工程で発見ないし発現し，構造物の性能への影響等から，事業の中断や計画の変更などで進捗の遅延を招くことである。

特に，地質・地盤が極めて複雑に変化する（不確実性の幅が大きいと称される）場合，事前の地質調査が実施されていても地質・地盤の性状を細部にわたって知ることが極めて困難で，当初の想定からの乖離が発生し，施工段階の手戻りなどのリスク発現の可能性が高くなる。このような場合には，計画構造物・地質調査・リスク評価にまたがる専門家の知見を仰ぎながら，不確実性の幅を狭めるための段階的な調査仕様の決定と実施が必要となる。このような地質リスクマネジメントの詳細については，**第5章 地質リスクマネジメント**に示している。

以上のように，地質調査は，設計，施工，維持管理に必要な地質・地盤情報を得るものであるが，加えて，事業のコスト増大や進捗の遅延を低減・防止する上で，重要な役割を持つ。

1.1.3　地質調査計画の流れ

ここでは，地質調査を計画する上での基本的な流れを紹介する。

1.　調査計画立案の基本的な考え方

（1）地質調査の段階性

地質調査は，建設事業の構想・計画段階から供用段階までのすべての事業段階において，建設する構造物の基礎となる地盤を対象として行われる。また，事業段階・事業規模により，適用する調査手法や調査密度等の調査の進め方が異なる。**図 1-1-2** は，各事業段階における地質調査の計画策定を行う場合の時期を示したものである。地質調査の各段階で主に実施される調査内容について以下に示す。

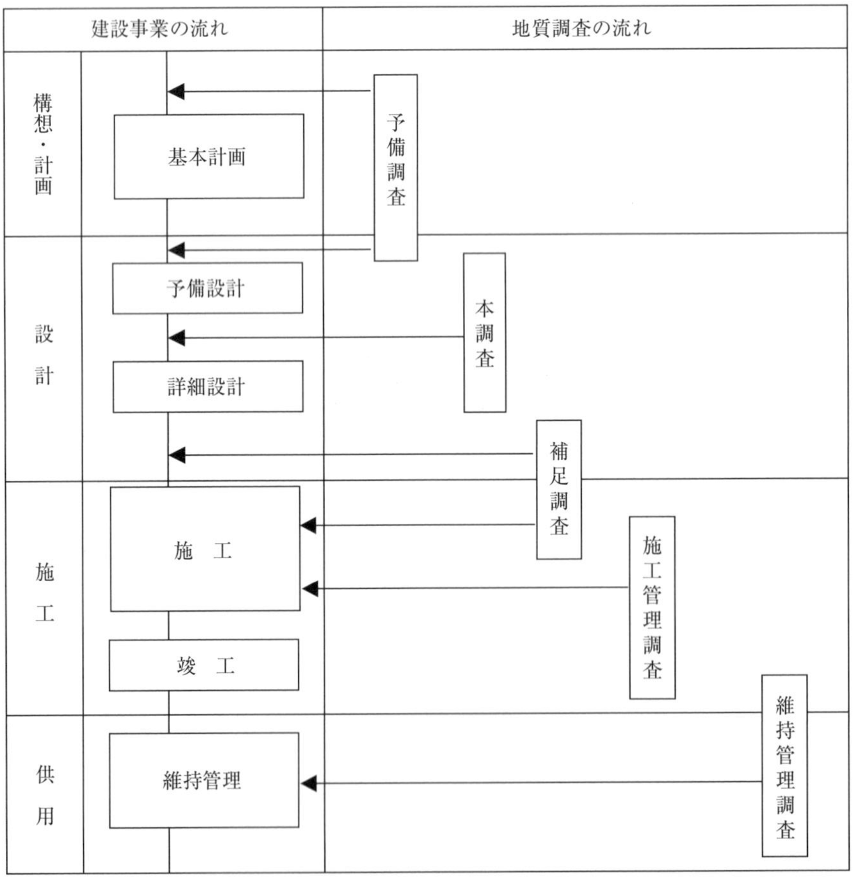

図 1-1-2　建設事業の流れに対する地質調査

１）構想・計画段階

構想・計画段階での地質調査は，計画地・計画路線の一般的な地質の情報を得たり，特殊土・不良土といった軟弱な粘土や緩い砂層等の分布，地すべりや急崖地形等，設計にあたって特別な対応を必要とする地形・地質で，施工および維持管理を行う上でできれば建設を避けたい地形・地質などを抽出する目的で実施する。また，リスクマネジメント手法を用いて，リスク要因となる地質・地盤の性状とその不確実性，想定事象，生じる機構，事業に対する影響の可能性等を考察し「地質リスクマネジメント」（地質リスク検討業務）を行うことが推奨されている。

２）設 計 段 階

予備設計・詳細設計を行うために，地盤の基本的な性質，必要となる地盤定数を求める目的でボーリング調査をはじめとする地質調査を実施する。設計を進める中でより詳細な地盤の性状が必要となる場合には，設計の段階ごとに目的に応じた地質調査が実施される。

３）施 工 段 階

施工段階では，予期せぬ地質現象が現れた場合や，追加で地質情報の取得が必要な場合に実施する。特に，トンネル等の線状構造物では設計段階で平面的に十分な地質調査ができない場合があり，あらかじめ施工中に地質調査を実施することが計画されている場合もある。

４）供 用 段 階

供用段階で維持・管理中に，構造物およびその周辺に変状が生じた場合，豪雨・地震など構造物の供用に問題を生じさせるような外的要因が生じた場合には，健全度を把握し必要に応じて防護措置・対策施工を行うために地質調査を実施する。

2.　各事業における調査計画立案のポイント

以下に調査の対象ごとに調査計画立案のポイントを述べる。いずれの対象においても，ボーリング調査と標準貫入試験は実施されることから，記述からは省略する。なお，各事業と調査方法の組合せについて，標準的な方法を**表 1-1-1** にまとめた。

（１）建　築　物

建築物の調査のポイントは，軟弱地盤上に構築するか，斜面上に構築するか，高層・免震建設とするかなどにより異なる。主には，支持層の選定・支持力の算定・沈下量（即時沈下，圧密沈下）の検討などであり，必要に応じて，杭の水平抵抗・地盤の液状化・周辺地下水への影響などを検討する。必要な情報は，孔内載荷試験・室内土質試験などから求められる。

（２）切土のり面

切土のり面の調査のポイントは，切土のり面の安定性・施工性・盛土材としての適否などを把握することである。また，切土のり面の多くは，道路事業や造成事業により施工されることが多く，供用後の長期間の安定性も課題となる。必要な情報は，弾性波探査・速度検層などから求められる。

（３）盛土構造物

盛土構造物の調査のポイントは，盛土をする地盤の特性，盛土材などを把握することである。特に盛土は，軟弱地盤上に施工されることが多く，地盤の破壊や変形に対する検討が必要である。必要な情報は，各種サウンディング・孔内載荷試験・室内土質試験等により求められる。

（4）上 下 水 道

上下水道の調査のポイントは，施工法により異なるが，地質の硬軟・礫の大きさ・透水性・表面沈下・地下水位の低下などを把握することである。必要な情報は，透水試験・室内土質試験などにより求められる。

（5）橋梁・高架構造物

高架構造物の調査のポイントは，建築物の調査と類似する。構造物背面に盛土がある場合，斜面上に構造物を構築する場合には，構造物の側方移動の検討が必要になる。

表 1-1-1　各事業と調査手法の組合せ

調査方法＼事業	建築物	切土のり面	盛土構造物	上下水道	橋梁・高架構造物	河川堤防・河川構造物	埋立て・港湾構造物	トンネル	ダム	地すべり	斜面崩壊	地下水影響	土壌・地下水汚染	維持管理
機械ボーリング	◎	◎	◎	◎	◎	◎	◎	◎	◎	◎	◎	○	◎	○
標準貫入試験	◎	◎	◎	◎	◎	◎	◎	◎	◎	△	○			
サンプリング	◎		◎	○	◎	◎	◎	○	△	△			◎	○
孔内載荷試験	◎		○		◎	○	◎	△	○					
透水試験	◎	△	◎	◎	◎	◎	◎	○	△	△	△	◎		
湧水圧試験								◎	○					
ルジオン試験									◎					
速度検層	○	◎			○			◎	○					
ボアホールカメラ									◎	○	○			△
室内土質（岩石）試験	◎		◎	◎	◎	◎	◎	◎	◎	○				△
弾性波探査		○						◎	○	○	○			
比抵抗法２次元探査		○				○		○	○	○	○	△		
スクリューウエイト貫入試験	○		○		○									
簡易動的コーン貫入試験											◎			
移動量観測										◎				
地下水観測										◎		◎		
井戸調査								○				◎		
土壌分析													◎	
地中レーダー探査														◎

◎通常用いられる
○用いられる
△まれに用いられる

（６）河川堤防・河川構造物

河川堤防・河川構造物の調査のポイントは，構造物の延長が長いことや，平野部では軟弱地盤が対象となることから，地盤の透水性・地盤の変形などを把握することであり，盛土構造物に類似する。必要な情報は透水試験・室内土質試験などにより求める。また，透水性や盛土材の堤防の延長方向への連続性を評価するために，統合物理探査が適用される。

（７）埋立て・港湾構造物

埋立て・港湾構造物の調査のポイントは，構造物が陸域と海域の境界やその周辺に施工されることから，対象となる地盤が軟弱地盤であることが多く，この軟弱地盤の分布状況や物性を把握することである。必要な情報は，各種サウンディングや孔内載荷試験・室内土質試験などにより求める。

（８）ト ン ネ ル

トンネルの調査のポイントは，硬岩から軟岩，土砂までさまざまな地質を対象とするため，切羽自立や支保構造選定のための課題が多様化することである。また，施工では地下水によるトンネルへの影響や周辺地下水への影響などもある。一般には，弾性波探査によりルート全体の概査を行い，ボーリング調査は土被りが大きい場合は坑口付近に限定されることがある。必要な情報は，速度検層・湧水圧試験などにより求める。

（９）ダ　ム

ダム調査のポイントは，ダムは構造物の中でも安全性が重要であり，堤体が築造される岩盤の十分な調査が必要となることである。このために，岩盤を対象とした孔内原位置試験，透水性を把握するためのルジオン試験，地質構造解析のためのボアホールスキャナ観測などが実施される。また，ダムの湛水域では地すべりが発生する場合もあり，後述の地すべりに関する調査も必要となる。

（10）地 す べ り

地すべり調査のポイントは，地すべりの範囲，すべり面の深度を把握することなどである。また，地すべりの誘因は地下水であることが多いため，地下水に関する調査も必要になる。地すべりの全体像を把握するためには，弾性波探査や比抵抗法２次元探査などが実施され，ボーリング調査後には移動量や地下水位などの観測が実施される。

（11）斜 面 崩 壊

斜面崩壊の調査のポイントは，崩壊は比較的急な斜面で発生し，地表部の風化層などが崩壊するため，風化層の深度を把握することである。調査は，簡易動的コーン貫入試験をボーリング調査の補完として実施し，斜面の状態を面的に把握する。また，深層崩壊による災害も発生しており，深層崩壊に対する調査は現地での地表踏査を主体に行い，危険箇所の抽出を行う。

（12）地下水影響

地下水影響調査のポイントは，道路などにおいて切土やトンネルを施工した場合に発生する影響を把握することである。影響は，周辺井戸や湧水・沢水の枯渇などにより生活環境等に発生する。このために，井戸・湧水・沢などの分布状況調査や地山の地下水流動状況調査をしておく必要がある。

(13) 土壌・地下水汚染

土壌・地下水汚染の調査のポイントは，地歴調査・表土調査・深度方向照査・措置のための地盤解析およびモニタリングを，段階ごとに実施することである。これらの調査のうち，土壌汚染対策法における土壌汚染状況調査は，環境省に認定された指定調査機関が実施する必要がある。

(14) 構造物の維持管理

地質調査技術を応用した構造物の維持管理に係る調査は，コンクリート構造物の劣化，基礎構造物の損傷，吹付のり面老朽化，トンネル変状，河川堤防の劣化，道路路面下の空洞などを対象としている。調査では目視点検・打音法・地中レーダー探査・熱赤外線画像解析などにより劣化状況等を把握する。

1.1.4 地質調査の積算体系

1. 地質調査業務費の積算構成

地質調査業務費は，現地作業を主体とする「一般調査業務費」と，一般調査業務による調査資料等に基づき，総合地質解析，軟弱地盤や地下水などの技術解析，対策工要否判定，対策工法比較検討等を行う「解析等調査業務費」とに分類される。これらに適用される技術者単価の職種区分としては，前者では地質業務（地質調査技師等）技術者単価，後者では設計業務（技師A等）技術者単価が適用される。(**図 1-1-3**)

このうち，一般調査業務費は，ボーリング掘削や各種試験のように地質の情報を取得するために直接必要となる費用である直接調査費と，運搬費や仮設費のように間接的に必要となる経費に大別することができる。直接調査費および間接調査費は，それぞれに人件費，材料費および機械損料等によって構成されている。また，販売管理費，地代家賃，営業利益および技術部門の間接費，これらをまとめて「諸経費」と称している。この「諸経費」は，地質調査業務を行うために直接必要となる費用ではないが，技術力を含めた地質調査を行う企業として成り立つために不可欠な費用である。「諸経費」の中で技術部門の間接費は，部内会議，技術研修，講習会参加などがこれに相当し，業務管理費と称されている。

ボーリング調査を行う際の「一般調査業務費」と「解析等調査業務費」について，実施項目ごとに併せて記すと**図 1-1-4** のとおりとなる。「一般調査業務費」と「解析等調査業務費」では実施項目によってそれぞれ積算構成が異なる。積算にあたっては，「一般調査業務費」に計上する項目と「解析等調査業務費」に計上する項目を正しく計上する必要がある。特に，「資料整理とりまとめ」「断面図等の作成」は同じ名称であるが「一般調査業務費」と「解析等調査業務費」で実施内容が異なるため，両方の費用として計上する必要があることに十分留意しなければならない。

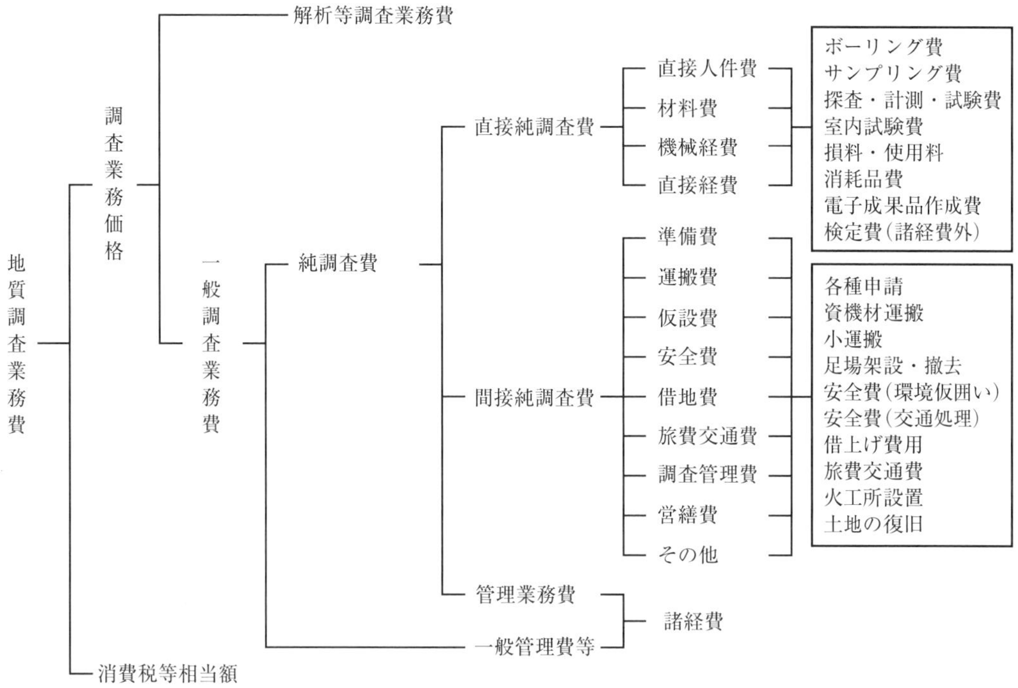

図 1-1-3　積算構成の図

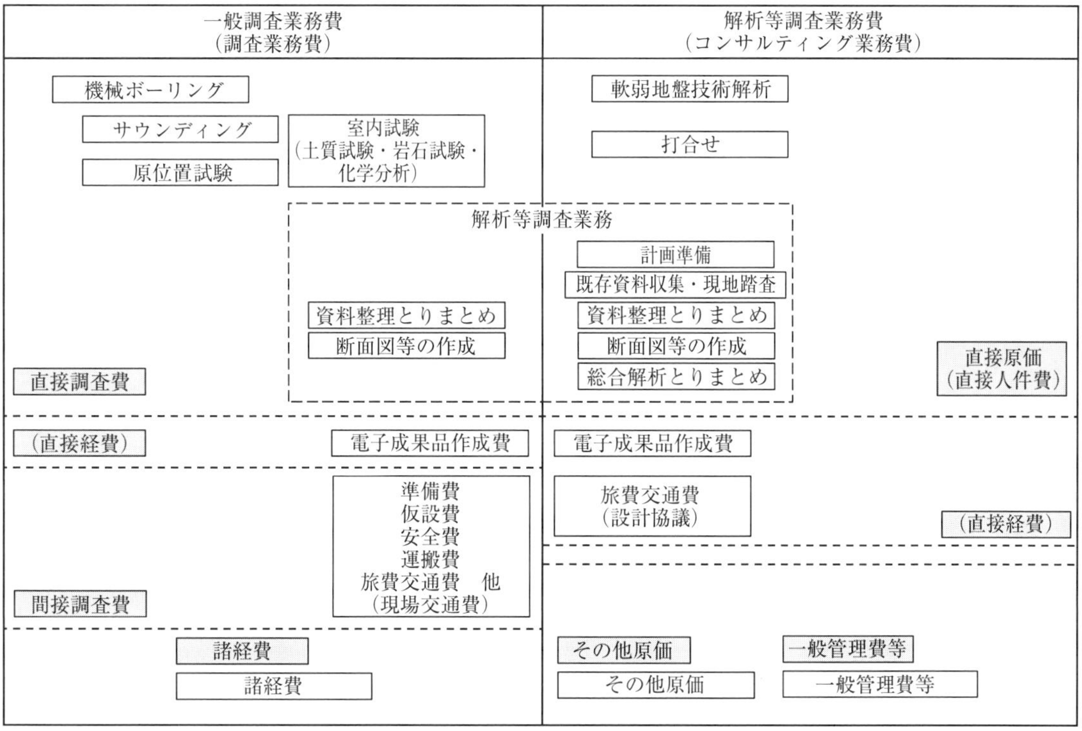

図 1-1-4　ボーリング調査を行う際の「一般調査業務費」と「解析等調査業務費」

2. 地質調査業務費の積算

地質調査業務の発注にあたり，業務委託価格を算出する作業を積算という。地質調査業務の積算では，『設計業務等標準積算基準書』（通称“青本”：経済調査会発行）に代表される標準積算基準に則り，掲載された歩掛やここで引用される物価資料，および特別調査結果（各地整が公表するもの）を用いる。“青本”では，機械ボーリング，弾性波探査業務，軟弱地盤技術解析，地すべり調査について積算基準が示されている。その他，青本に記述がないものについては，『全国標準積算資料（土質調査・地質調査）』（通称“赤本”：全国地質調査業協会連合会発行）が利用されている。**図 1-1-5** に地質調査の代表的な調査項目構成と一般調査業務費・解析等調査業務費の区分図を示す。この中で，点線の枠で示したものが“青本”にない項目で“赤本”を参照する対象である。

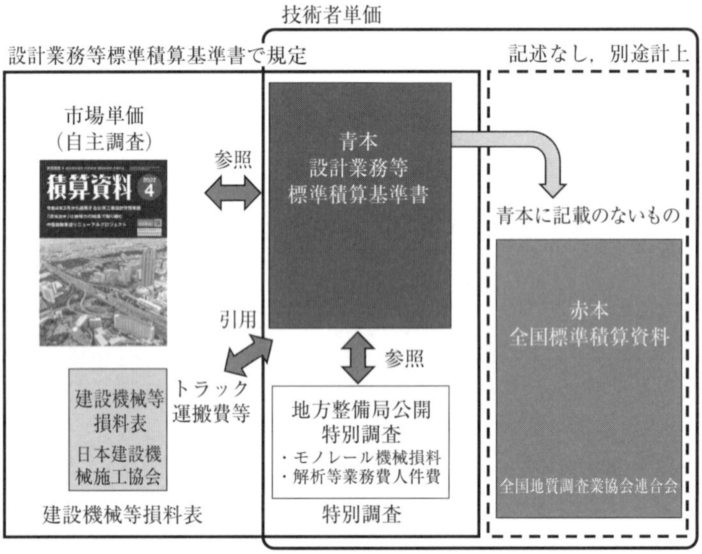

図 1-1-5　積算資料（図書）の関係図

《参考文献》

1）国土交通省大臣官房技術調査課公共事業調査室：令和 6 年度 第 1 回 公共事業評価手法研究委員会資料, https://www.mlit.go.jp/tec/tec_fr_000144.html, 2024.11.30 閲覧

1.2　調査計画に必要な基礎知識と情報

前節のとおり，調査計画を立案する際は，地形・地質に関する知識を備えた上で既存資料を活用して，軟弱地盤の分布や断層破砕帯の存在の有無などを把握しておくことが重要であり，かつ，地質に応じて調査や試験方法が異なることから，計画段階である程度の地質情報を取得しておく必要がある。

本節では，地質調査の計画において利用する地形・地質情報の基礎知識，土・岩の分類および地形・地質に関する既存資料について述べる。

1.2.1　地形・地質

建設物を建設するとき，その工事の工期，工費，および完成後の建造物に作用するもろもろの自然力に対する安全性などを支配するものは，その場所の地形であり，地質条件である[1)]。つまり，地形・地質情報をいかに収集できているかが，その後の設計・施工の品質・安全・経済性に大きな影響を及ぼすことを意味する。

調査計画においては，既存資料および現地踏査で得られる情報に基づき，①対象地域の地形・地質条件から建設事業の技術的難易度，経済性，工期などへの影響を大局的に判断し，②設計・施工に問題となりそうな事項を予見し，③ボーリング，物理探査，各種試験などの地質調査を重点的に行う場所や仕様を決定する。

1. 地 形 情 報

建設事業に関係する地形情報とは，地形の形態（高度，起伏，尾根・谷など），問題となる地形（崖錐，地すべり地形，断層地形，地形の遷急部分，小おぼれ谷など）を指す。

地形情報は，地形図，空中写真などから読み取ることができ，近年はデジタル技術を用い３次元で視覚的に理解しやすい地形表示が可能である。しかし，地形情報は生の情報であって，調査計画さらには設計・施工に有効な情報を引き出すためには，地形と地質の関連性の判断も含め地形学，地質学の知識が必要であり，事業の種類・規模に応じ専門技術者（技術士，応用地形判読士）の関与が必要である。**図 1-2-1** に空中写真判読で得られる情報例を示す。**図 1-2-2** に低地の地形と軟弱地盤堆積物の例を示す。

2. 地 質 情 報

調査計画において利用できる地質情報として地質図，地盤図および地盤情報がある。各資料から読み取ることができる情報については **1.2.3 既存資料**を参照されたい。

（1）地　質　図

地質図は，地層（岩相）の分布を境界線によって地図などに示したものであり，地質の種類や性状（硬軟・亀裂形態・風化形態・膨張性など），断層などの弱層の分布がおおむね把握でき，建設事業に対する問題点を類推し，的確な地質調査の計画立案を行うことができる。

縮尺に応じて精度が異なり，縮尺 1/50,000 のような小縮尺の地質図は，広域の大局的な地質状況を把握し，ルート選定・サイト選定などとともに概略設計段階の地質調査計画を立案する際に用いる。

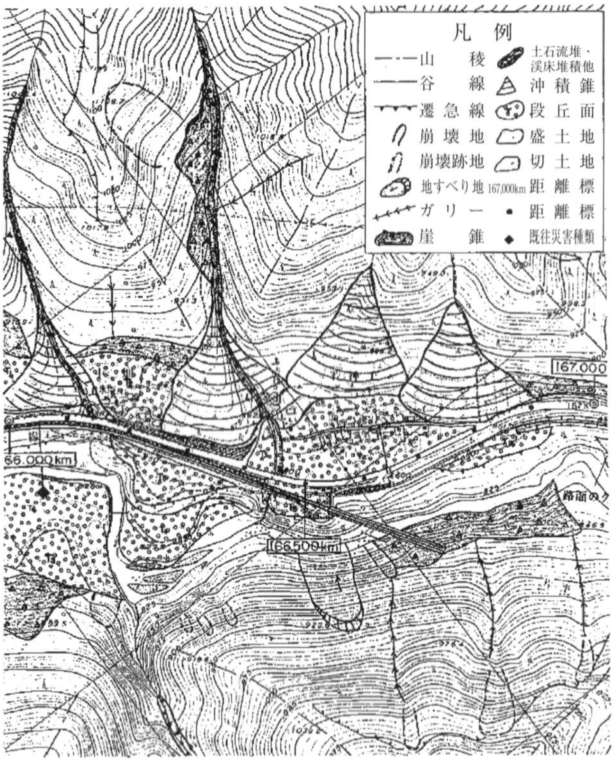

（出典：(公社）日本道路協会「道路土工―切土工・斜面安定工指針」）

図 1-2-1　空中写真判読図の例[2)]
(山陵稜・谷線などの地形情報，崩壊地形などの斜面変動地形が図示されている)

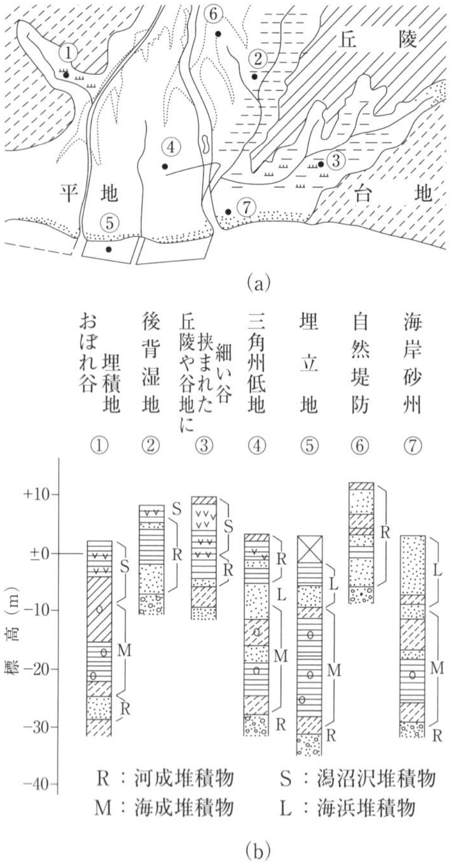

（出典：(公社）日本道路協会「道路土工―軟弱地盤対策工指針」）

図 1-2-2　低地の地形と軟弱地盤の堆積物の例[3)]

なお，ダムサイト，トンネルなどの設計・施工計画のために作成される縮尺1/1,000あるいは1/500といった大縮尺の地質図は，それぞれ具体的な使用目的に応じた内容が含まれるもので土木地質図と称される。

（2）地盤図および地盤情報

地盤図は，主に都市域や臨海工業地帯を対象に既存ボーリング柱状図を多数収集し，ボーリング位置図，代表的な地質断面図，基盤や支持層の等深線図，土質試験結果一覧などを示したものである。

地盤情報は，本要領においては，電子化された既存ボーリングデータなどの公開情報を指し，さまざまな機関によってCD-ROMなどによって公開されている。近年はオープンデータ化が進み，さまざまな情報をインターネット上で取得することができるようになった（**1.2.4 オープンデータ化の流れ**を参照）。

地盤図や地盤情報は，表層の地形・地質情報だけでは得ることができない地下の地層や支持層の分布，地下水位や帯水層の分布を把握することができ，特に低地および台地の調査計画立案に利用できる。

3.　調査計画における地形・地質情報の利用

事業の初期段階において地形・地質情報を十分に考慮しないことで，設計・施工および維持管理に支障を来したケースは少なくない。調査計画における事前の地形・地質情報の十分な活用が重要である。

地形・地質条件と建設事業上の問題事項の対応を**表 1-2-1** に示し，**図 1-2-3** に地形と地質の関係位置概念図を示す。**表 1-2-1** は多くの事例に基づく共通的な事項が示されている。地形・地質条件は「所変われば品変わる」ように全く同じ場所はないことから，**表 1-2-1** を参照しつつ，地形・地質条件の地域特性を明らかにすることが地形・地質情報の活用における重要なポイントとなる。

表 1-2-1　地形・地質条件と建設上の問題事項[1)]（一部修正）

地形・地質条件		地形特徴	地質概要	問題事項
山地	風化土	比較的緩傾斜の山地	岩塊，玉石まじり土砂（まさ土など）	豪雨などによる崩壊性，硬軟不同
	崖錐	急崖下の傾斜 30～40° 斜面	未固結，角礫，土砂	斜面クリープ，崩壊性，湧水，漏水
	地すべり	地すべり地形	不均質崩壊土砂，岩塊	クリープ移動，崩壊性
	断層	各種断層地形	破砕岩石，断層粘土	崩壊性，湧水，漏水 活断層のときは地震時相対変位の可能性
	膨張性岩	地すべり地形，ただし伏在しているときは不明	蛇紋岩，変朽安山岩，一部の泥岩	膨張性，土圧
	石灰岩	カルスト地形	石灰岩，テラロッサ，地下空洞	硬軟急変，地下空洞，漏水
火山	火山岩地帯	火山地形，火山侵食地形	火山岩類，未固結火山砂礫，火山灰	地質不均質，多量の地下水伏在，漏水，温泉
	火山山ろく	火山すそ野，火山扇状地	火山砂礫，火山灰層，溶岩流	不均質な地質，未固結土層，高い被圧地下水
丘陵地	新期地層	200～300 m 程度の丘陵地	更新世の地層，新第三紀層	崩壊性，一部泥岩の膨張性
	古期地層	同上	厚い風化土層，大玉石，岩塊	崩壊性，硬軟不同
台地	段丘層	河成段丘，海成段丘	未固結砂礫	崩壊性
低地	扇状地	偏平な半円錐状，網状流，伏流	粗大で分級不良な厚い砂礫層	流路不安定，被圧地下水，洗堀
	自然堤防	微高地の帯状配列	砂質土	地震時の液状化
	後背湿地 旧河道	自然堤防背後の低湿地 （一般に水田化）	軟弱な粘土，シルト，細砂，ピート	軟弱地盤，洪水帯水 旧河道の軟弱層・漏水
	三角州	静かな内湾の河口部	軟弱な細砂，粘土層の厚い堆積	厚い軟弱地盤，表層砂質土の地震時液状化
	小おぼれ谷	丘陵，台地間などの狭長低平な谷地	極軟弱なピート，粘土，シルト	極軟弱地盤
	潟湖跡	海岸砂州，背後の低湿地（水田化）	軟弱なピート，シルト，粘土	極軟弱地盤
	海岸砂州	海岸に平行した帯状の微高地	砂，砂礫	地下水の高い箇所は地震時液状化
	海岸砂丘	海岸砂州上の風成砂丘	均等粒径の砂	地形不安定

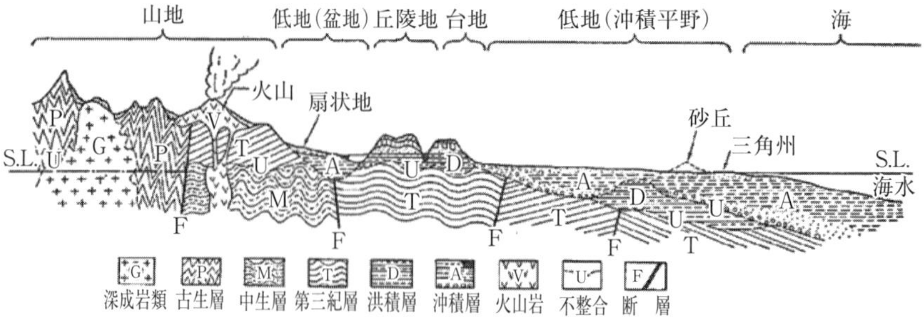

図 1-2-3　地形と地質の関係位置概念図[1)]

1.2.2　土質・岩の分類

土質地盤と岩盤の性質は異なり，それに伴って調査項目・評価方法および建設工学上の問題も異なるため，地域や計画する建設物に応じた適切な調査計画を設定する必要がある。

1.　土質ボーリングと岩盤ボーリング

ボーリング調査は，掘削条件に合わせて「土質ボーリング」と「岩盤ボーリング」に大別される。一般的に，土質ボーリングは平野で行われ，近年堆積した軟らかい土層（沖積層，洪積層など未固結）を対象に実施される。一方で，岩盤ボーリングは山地の古い時代に形成された硬い岩体（火成岩，変成岩など固結）を対象に実施される。**表 1-2-2** に土質地盤と岩盤の違いを示す。

表 1-2-2　土質地盤と岩盤との違い[4)]

地盤／性質	土　質　地　盤	岩　　盤
均　一　性	比較的均一である	割れ目，亀裂が多い
連　続　性	連続体として扱える	不連続体が多い
相　似　性	室内モデル（供試体）と相似性が良い	室内モデル（岩石）と相似性が悪い
地　質　構　造	地層のほとんどが水平堆積である	異方性があり，褶曲，傾斜があって複雑である

2.　積算上の区分

地質調査の積算上の土質・岩分類は**表 1-2-3** が標準であり，土の性状（粘性土・砂礫など）や岩の硬さ（軟岩・硬岩など）などによって歩掛が異なる。同表は調査ボーリングの掘削手間を指標とした土質・岩分類であり，地質学的な分類，N 値および土木工事における分類とは一義的に対応しないことに留意が必要である。例えば，強風化岩は地質的には岩盤の一部ではあるが積算上は土砂扱いとなる場合があり，破砕帯では N 値は低いものの掘削が困難な場合が多いことなどが挙げられる。

また，自然地盤は土，軟岩，中硬岩，硬岩と遷移し，性状は複雑であるため，**表 1-2-3** の分類に明確に区分できない場合も発生する。例えば，固結シルト・固結粘土と軟岩の区分は画一的に決め難い場合がある。このような場合は受発注者での協議が必要である。

表 1-2-3　土質・岩分類[5)]

土質・岩分類	土質分類およびボーリング掘進状況	地山弾性波速度（km/sec）	一軸圧縮強度（N/mm^2）
粘土・シルト	ML，MH，CL，CH，OL，OH，OV，VL，VH1，VH2	—	—
砂・砂質土	S，S-G，S-F，S-FG，SG，SG-F，SF，SF-G，SFG	—	—
礫混り土砂	G，G-S，G-F，G-FS，GS，GS-F，GF，GF-S，GFS	—	—
玉石混り土砂	—	—	—
固結シルト・固結粘土	—	—	—
軟岩	メタルクラウンで容易に掘進できる岩盤	2.5 以下	30 以下
中硬岩	メタルクラウンでも掘進できるがダイヤモンドビットのほうがコア採取率が良い岩盤	2.5 超 3.5 以下	30～80
硬岩	ダイヤモンドビットを使用しないと掘進困難な岩盤	3.5 超 4.5 以下	80～150
極硬岩	ダイヤモンドビットのライフが短い岩盤	4.5 超	150～180
破砕帯	ダイヤモンドビットの摩耗が特に激しく，崩壊が著しくコア詰まりの多い岩盤	—	—

＊　土質分類は，地盤材料の工学的分類方法（地盤工学会基準 JGS 0051-2009）による。

1.2.3 既 存 資 料

建設事業においては，社会的条件（行政計画，交通事情，土地利用，文化財など），自然・環境条件（地形，地質，気象，河川，地下水，植生など）の把握が必要となるが，とりわけ，地形・地質条件は事業の技術的難易度，経済性や工期に影響する重要な要因となり得る。**表 1-2-4** に，調査計画立案に役立つ既存資料と読み取れる地形・地質・地盤情報について示す。

地形・地質に関する既存資料はさまざまな機関によって整備・公開されており，入手先などの情報も含め主なものは，『地質情報管理士資格検定試験テキスト』[6)] を参考にされたい。

表 1-2-4　代表的な既存資料と読み取れる地形・地質・地盤情報[7),8)]（一部修正）

得られる情報		既存資料	一般図		画像	主題図など					記録など		
			地形図	地形分類図	空中写真	地質図	土地条件図	土地利用図	地盤図	地盤情報	地盤調査資料ボーリングなど	工事記録	災害記録
地形	形態	中地形	◎	◎	◎	○	◎	○					
		小地形	◎	◎	◎	○	◎	○					
		微地形	○	◎（微地形分類図）	◎		◎	○					○
	傾斜・起伏量		◎	○	◎		◎	○					
	災害地形	地すべり地形	◎	◎	◎	◎	◎					◎	◎
		崩壊地形	○	◎	◎	◎	◎					◎	◎
		土石流地形（扇状地微地形）	○（大縮尺）	◎	◎	○	○					◎	◎
		洪水地形（平野の微地形）	○	◎	◎	◎	○						○
		被災状況		○	◎	○							◎
地質	岩相（岩種）		○		○	◎		○	○	○			
	未固結堆積物タイプ		○		◎	◎		○	◎				○
	地質構造	地層の走向・傾斜			○	◎							
		断層・破砕帯	○		◎	◎		○					
		その他の割れ目系											
		不整合などの不連続性			○	◎			○				
	風化・変質状況				○	◎							
地盤	土質のタイプ			○			○		◎	◎	◎	◎	◎
	土の力学的・物理的性質			○			○		◎	◎	◎	○	
	地表の含水状況			○	◎		○		○	○	◎	○	
	軟弱地盤の分布やタイプ		○	◎	◎	○	◎	○	○	○	◎	◎	○

◎：よく把握できる　○：ある程度把握できる・参考になる　無印：ほとんど把握できない
地盤情報については電子化・公開された既存ボーリングデータによって得られる情報として示した。

1.2.4　オープンデータ化の流れ

官民データ活用の推進により国民が安全で安心して暮らせる社会および快適な生活環境の実現に寄与することを目的として，2016 年に官民データ活用推進基本法が公布・施行され，国および地方公共団体はオープンデータ化に取り組むことが義務付けられた。

地質関連では，既存ボーリングデータおよび面的な情報である地質図などのデジタル化が進められ，今後，営利・非営利目的を問わずオープンデータとして二次利用されることで，建設産業への活用のみならずさまざまな情報サービスの創出につながることが期待される。

オープンデータが有効に活用された事例として，2021 年 7 月 3 日に発生した静岡県熱海市の土石流災害における点群データ（地形データ）の活用が挙げられる。この事例は，崩落箇所の造成前，造成後および被災後の点群データの差分から，崩落箇所が盛土造成された場所であり，造成の範囲と土量，崩落後の被害規模が推定された。さらに，崩落後に残存する崩落危険箇所と土量を算定し，被災直後の救難捜索活動の安全確保と二次災害防止に活用されたものであり，技術者などの有志らにより数時間で算定されたことが特徴として挙げられる。

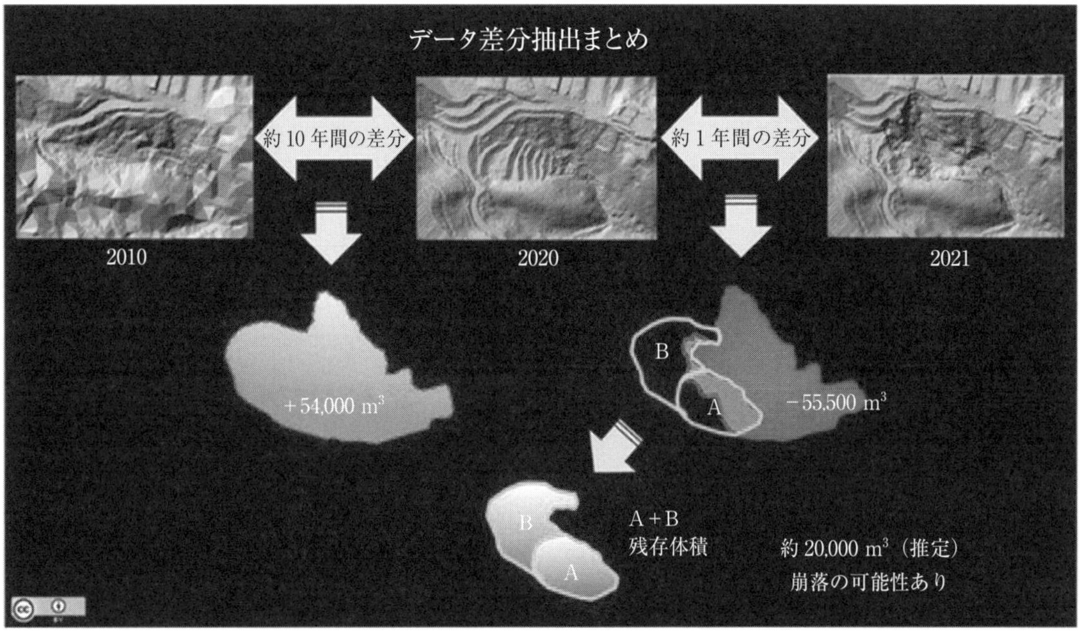

図 1-2-4　2021 年 7 月 3 日静岡県熱海市土石流災害箇所の点群データの活用[9)]

上記の事例は，静岡県が進める「VERTUAL SHIZUOKA 構想」[10)] において点群データがオープンデータとして公開されていたことにより実現されたものである。ほかにも公開されているデータを活用することで，事前に潜在化している地質リスクを発見することや，より詳細なデータ分析を行うことができる。例えば，ボーリングデータを入手して，柱状図を比較することで断層（不整合）の存在を指摘することや，「*N* 値２以下」を抽出して比較的標高が高い場所における軟弱地盤の存在を指摘することが可能である[6)]。

今後，行政をはじめとするさまざまな機関が所有する地盤情報（既存ボーリングデータなど）が広く公開されることで次のようなさまざまな活用と効果が期待される。

① 建設事業における地盤情報の充実化による，地質・地盤リスクの早期発見，地質調査の最適化，BIM/CIM における地盤情報の活用

② 広域的なボーリングデータの高密度化による，防災ハザードマップの高精度化，さらには個人レベルでの利活用につなげることによる防災力の向上

③ 静岡県熱海市の土石流災害における事例のように，災害発生時，特に応急復旧における迅速な地盤情報の入手

④ 地質・地盤構造の高精度化による地震環境，地盤環境などにおける新たな知見の抽出と地震防災，地下水環境保全への反映

地盤情報は各機関から公開されているが，利用形態（無償，有償，会費制など），データフォーマット（XML，PDFなど），二次利用の可否などの利用条件はさまざまである。また，閲覧・二次利用の際には，データの品質については利用者側で十分確認する必要がある。例えば，測地系の新旧に誤りがあり，異なる座標を示した事例がある。

現在，国土地盤情報センター（NGiC）では国の行政機関，地方公共団体が発注した地質調査のボーリング柱状図，土質試験結果を登録し『国土地盤情報データベース』として公開している。登録時にはフォーマットなどのデータ検定が実施され一定のデータ品質が確保されている。

なお，全国地質調査業協会連合会では「地質情報管理士」の資格制度を設け，地質調査に精通した上で，電子化における品質管理能力，データベース構築における情報処理・情報管理能力を有し，オープンデータの二次利用を適切に実施・管理できる技術者の資格認定を行っている。

地盤の客観的事実としてのボーリングデータは，社会の共有財産として利用価値の高いオープンデータとなるものであり，これらの品質の確保，データの創造的利活用の推進は地質調査業の大きな役割である。

また，Society 5.0の実現のため，近年はPLATEAUにより3次元都市モデルの整備・活用・オープンデータ化が進んでおり，特に現実世界で収集したデータなどを仮想空間上で再現するデジタルツインの発展が目覚ましい。

例えば，東京都では，サイバー空間とフィジカル空間の融合によるデジタルツインを産学官一体で実現する『東京都デジタルツイン実現プロジェクト』，静岡県では，3次元点群データ

図1-2-5　東京都デジタルツイン3次元ビューア（β版）[11]

や現実空間をデータ化した３次元都市モデルなどの情報を一元管理する『静岡県次世代インフラプラットフォーム』が推進されている。東京都と静岡県はこれらのプラットフォームを一体化し，オープンデータ化させることでデータの効果的な活用を図っており，今後デジタルツインのオープンデータ化が全国的に加速していくとともに，地域を超えた防災対策やインフラの維持管理などに活用されていくことが期待される。

地質技術者がオープンデータを含めた各種データを上手く活用していくためには，データ出力や伝えたい地形・地質情報を表現させるソフトウェアを使いこなす技術，もしくは，そのソフトウェアを十分に把握し，的確なモデル作成の指示ができるよう技術習得をする必要がある。加えて，地質リスクの抽出・分析・評価，災害対応体制の構築，災害シミュレーションへの活用といった実務で使いこなせるように技術を研鑽していくことで，事業の推進に一段と貢献していかなければならない。

《参考文献》

1）土質工学会：土質基礎工学ライブラリー 26 建設計画と地形・地質，1984
2）日本道路協会：道路土工―切土工・斜面安定工指針，2009
3）日本道路協会：道路土工―軟弱地盤対策工指針，2012
4）小松田精吉・西尾潤四郎・忠岡志善・橋川邦武：わかりやすい岩盤調査の基礎知識，鹿島出版会，1985
5）国土交通省大臣官房技術調査課監修：設計業務等標準積算基準書 令和６年度版，経済調査会，2024
6）全国地質調査業協会連合会：地質情報管理士資格検定試験テキスト 2023，2023
7）地盤工学会：地盤調査の方法と解説，2013
8）島博保：土木技術者のための現地踏査，鹿島出版会，1981
9）G 空間情報センター：静岡県における点群データのオープン化と熱海土石流災害における活用，https://front.geospatial.jp/showcase/atami/，2024.11.30 閲覧
10）静岡県：VIRTUAL SHIZUOKA，https://www.pref.shizuoka.jp/machizukuri/1049255/index.html，2024.11.30 閲覧
11）東京都デジタルツイン実現プロジェクト：3D モデルでみる東京，https://3dview.tokyo-digitaltwin.metro.tokyo.lg.jp/，2024.11.30 閲覧

1.3　地質調査の計画と積算

ここでは，調査計画策定に関して，以下の3つの場合について，地質調査の基本的な考え方，調査計画や積算の留意点などを解説する。

・業務として調査計画立案を発注する場合

・事業の各段階における地質調査業務を発注する場合

・受注者が受注業務に対して行う調査計画

1.3.1　地質調査の計画

（1）調査計画立案の流れ

1）業務として調査計画立案を発注する場合

地質調査では，建設事業における事業段階に応じた調査内容の計画が必要である。特に，以下に示すような規模・地形条件・地質条件・事業の特徴によっては，必要とされる知識および構想力・応用力が最も高く，プロポーザル対応とされている。

・一定以上の延長や道路等の建設計画

・大規模な掘削や地形改変を伴う事業

・周辺にさまざまな施設が近接する事業

・地下水に影響を与える可能性がある事業

・自然由来の重金属等を含む可能性がある地質の箇所での事業

・地すべり，崩壊，土石流等の災害危険箇所での事業

・軟弱地盤，液状化しやすい地層等の脆弱な地盤の箇所での事業

・近隣の同種事業で地質に起因した工事変更があった事業

国土交通省『建設コンサルタント業務等におけるプロポーザル方式及び総合評価落札方式の運用ガイドライン』（2023）によって，業務として調査計画立案を発注する場合，地質調査の調査計画立案にあたっては，地質リスクを考慮に入れた上で，以下の項目を十分に理解し，把握しておく必要がある。特に，調査方法の選定や頻度・数量の選定が重要となることは言うまでもない。

①　目的（構造物などの種類，規模，機能など）

②　工事の種類・内容（施工法の検討，工期など）

③　設計に必要な地盤条件（地下水位，N値，地盤定数など）

④　調査に求められる制約（事前環境，社会環境，工期，調査費，調査手法など）

2）事業の各段階における地質調査業務を発注する場合

発注者が地質調査業者へ発注するためには，業務の目的や対象となる構造物・地盤，調査内容・手法，調査数量などを明確に記した特記仕様書を作成しなければならない。調査計画を行うにあたっては，標準図書や既存調査資料に加えて地域条件を考慮して，地質調査手法・種目および数量を選定する。その際，調査を実施する前に事業上の問題となる軟弱地盤の分布やその厚さ，断層破砕帯の存在の有無などを大まかに把握しておくことが必要である。本書では，

構造物ごとに適用される標準的な地質調査手法・種目を示しており，また必要とされるボーリング箇所数なども例示しているので参照されたい。複数の種目を実施する場合，試験試料サンプリングのための別孔掘削や地層ごとの地下水位観測など，地質調査の目的を達成するために必要な数量の考え方についても，参考にしていただきたい。また，調査計画は標準的な地盤構成を想定して作成するため，実施段階で判明する地盤情報によっては，受注者からの変更提案が為される場合があり，事業費用全体を考慮した上で今回実施するものか次期調査に送るものかが判断されなければならない。土層・地層構成や掘削深度については計画数量と異なる場合がほとんどであり，調査終了時に変更・精算が普通に行われている。

例えば，事業段階としての調査・設計段階において，地形・地質学的に基礎地盤の不陸が想定される場合に，橋梁基礎地盤調査等でそれを考慮に入れずに１箇所のボーリングデータを代表値として用いるなど不十分な計画によるボーリング調査が計画・実施されると，設計側では不十分な地質調査結果が与条件として与えられることになり，結果として事業費が増加してしまう事例も散見されている。これを防ぐためには，発注者は前段階で実施している地質調査の成果を見落とすことなく，必要十分な調査計画を作成し，調査の実施にあたっては受注者が変更提案の必要性を見落とさないよう，双方で設計の視点に基づいた検討が行われなければならない。

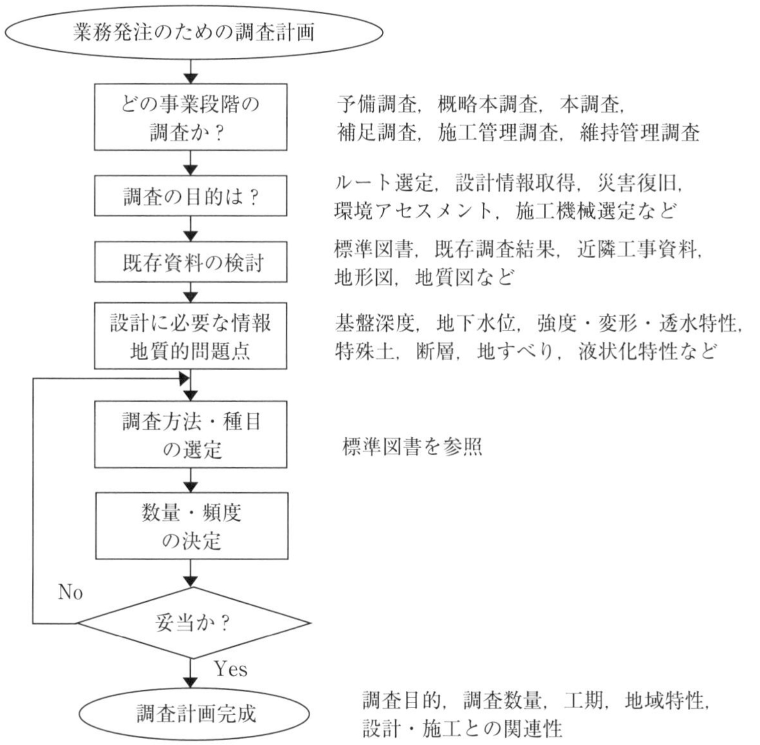

図 1-3-1　業務発注のための調査計画

3）受注者が受注業務に対して行う調査計画

地質業務を受注した業者は，調査を実施するにあたり，共通仕様書等の契約図書で求められている「業務計画書」を作成する。その際，①業務概要，②実施方針，③業務工程，④業務組織計画，⑤打合せ計画，⑥成果物の内容・部数，⑦使用する主な図書および基準，⑧連絡体制，⑨使用機械の性能等，⑩仮設備計画，⑪その他を記載し，技術面はもとより，環境対応，地元対応，安全衛生管理，法令順守，情報共有，情報セキュリティー等，業務を実施する上での計画を立てて記述する。

また，業務実施過程において発注された調査等の途中結果から，調査内容が業務目的に対して妥当であるか否かを検討し，必要に応じて追加調査の必要性について提案を行うべきである。発注者は提案された追加調査について受注者と協議し，調査内容や数量の変更を行う場合には変更契約を締結しなければならない。調査内容の妥当性を判断するためには，計画・設計業者と地質調査業者，発注者の３者協議を行うことも有効な手段であり，その際には協議に係る費用を変更契約で追加する必要がある。

（2）必要な地質情報と調査手法の考え方

設計・施工で必要となる地質分布や地盤定数・透水性などの地質情報は，対象とする地質に応じて取得方法が異なる。例えば，地下水の透水性に関する情報を取得する場合，地質によって試験方法を変える必要がある。また，下水道管を開削工法で埋設する際に必要となる山留工事が必要である場合など，軟弱な地盤を対象層として透水係数を取得するためには透水試験や揚水試験が実施される。一方，ダム基礎の透水性を把握したい場合など岩盤を対象層として透水係数を取得するためには，ルジオン試験や湧水圧試験が実施される。このように地質情報を取得する際には，対象となる地質を計画段階で把握し，地質に応じた試験方法を適切に選択する必要がある。

（3）調査数量に関する考え方

調査数量は，対象とする事業の規模と地質の複雑さにより左右される。一般には，事業規模が大きくなるほど，また地質が複雑であるほど調査数量は多くなる。地質調査の中で最も多く適用されるのがボーリング調査である。ボーリング調査とは，地盤を直接掘削して地質を確認する手法で，掘削孔を利用して原位置試験を行うことによりさまざまな地盤情報を得ることができるため，計画段階から詳細調査・施工・維持管理段階まで非常に有効な調査手法である。ボーリング調査の実施位置・実施内容は，目的・調査費・工期等を考慮し決定することが重要である。

一方，橋梁基礎のボーリング調査やトンネル坑口部のボーリング調査のように，構造物によっては，いわゆる調査箇所の“ツボ”が存在するため，むやみに数量を減らしたりせず，地形・地質条件を考慮して“ツボ”を外さないことが必要である。

また，トンネルや河川堤防，道路，下水道等の線状構造物では，直接掘削して地質を確認できるボーリング調査ですべての地点の情報を取得することは経済的ではないため，ボーリング調査に加えて物理探査やサウンディング等の広域を対象とする手法を組み込むことで線状の地質をより経済的に，より正確に確認することや，施工中に補足の地質調査を実施して，設計時に想定した地質との整合性を確認しながら施工を行うなどの工夫が必要となる。

1.3.2　建設事業の積算に関する留意点

地質調査は，対象とする建設事業の規模により進め方が異なる。つまり，大規模な事業であれば，予備調査に始まり本調査，補足調査へと進む。

1.　計画段階における地質調査

建設事業の計画段階に対応する地質調査は，一般に予備調査と呼ばれるものがこれに該当する。予備調査は，建設事業を起案するための基礎資料を収集することであるが，次に行われる概略設計を念頭に置いて行われることもある。したがって，資料収集のみではなく，現地踏査が行われる。資料調査を実施しても，計画に関連する資料が当該地周辺に存在しないことがある。このような場合，計画地の中央を設計上重要な地点としてボーリング調査を実施することにより，貴重な資料が得られる。この資料をもとに計画を進めることで，事業進捗に伴う修正・変更を少なくすることが期待できる。

（1）資 料 調 査

資料調査は，当該地や周辺での既存の調査資料があれば最も重要な資料となるが，これ以外にも地形図，空中写真，地質図，周辺での工事記録，災害記録などを収集する。特に空中写真を実体視することにより微細な地形の変化を読み取ることが可能である。衛星データを利用することによって，地盤の時系列変動を求める場合もある。一般に，資料調査で収集することのできるこれらの資料から，調査地に関する一般的な地形・地質・土質・地史などの情報を得ることができる。

（2）現 地 踏 査

現地踏査は，資料調査の結果を現地で確認するとともに，地形・地質の観察をはじめとして，環境対応・埋設物や催事・水利用等の作業を行うにあたっての留意点を地元の人に聞き込みを行うことなどが基本である。この現地踏査を通して建設事業の問題点を把握し，その後の事業展開の計画に重要な参考資料を得ることができる。したがって，現地踏査は原則として十分な経験を積んだ技術者が実施する。

2.　予備設計に対応する地質調査

予備設計に対応する現地調査は，精度を上げた現地踏査が中心となるが，そのほかに物理探査や代表地点でのボーリング調査を行うこともある。

（1）物 理 探 査

物理探査は，広域にわたって調査ができる長所があり，広い範囲の地盤状況を大まかに把握する手法として優れている。このため，ボーリング調査位置の選定など予備調査的な調査計画に組み込むことがふさわしい場合がある。特に地層の連続性について断面上で把握する必要がある場合には，物理探査の非破壊性を活かして計画段階で実施することがある。

物理探査は，山岳地や丘陵地で地盤の硬さ・風化の程度を調べるための弾性波探査（積算の留意点については，節末**【参考資料１】**に示す。）や，地盤の軟質箇所や地下水が問題となるケースでの電気探査，軟弱地盤では地盤の暗振動を用いてＳ波速度分布を求める微動探査などが代表的である。特に，BIM/CIM対応のために2次元・3次元の可視化技術の重要性が増している。また，浅部を対象とする路面下空洞探査のために地中レーダー探査，不発弾調査を目的とする磁気探査などがある。

（2）代表地点でのボーリング

構造物の中心または代表的な地質構造を表すと考えられる地点でボーリング調査を行い，このデータをもとに予備設計を行う。このボーリングは，調査地を代表するデータを把握することを目的とし，岩盤ではオールコアボーリング，土質では標準貫入試験を併用することが多い。

3. 実施設計に対応する地質調査

実施設計を目的とした地質調査は，最も本格的なものとなり，本調査と称することもある。実施設計に必要な地盤情報を得るため，サンプリングや原位置試験など，目的に応じた最もふさわしい調査手法を選定する。サンプリングや原位置試験を併用する必要がある場合には，パイロットボーリングで地質構成を把握した後に，別孔で原位置試験やサンプリングなどの調査を実施する。その場合はボーリング掘削の費用に加えて，別孔ボーリング掘削の費用を計上しなければならない。なお，別孔ボーリングを実施する際の具体的な積算方法は，節末**【参考資料2】**に示す。分野ごとに計画する場合の調査のポイントは，前述の**1.1.3 2. 各事業における調査計画立案のポイント**を参照されたい。詳細は次章以降に述べるので参照されたい。

4. 詳細設計で問題となった指摘事項を明らかにするための補足調査

本調査で得られたデータをもとに詳細設計を行うが，設計の過程で新たな問題が発生することがある。その解決のために新たな調査を実施する必要がある場合，補足調査を行うことがある。新たな問題が発生する段階でふさわしい調査を行い，問題の発生に応じた変更処置をする方がトータルコストは少なくなるため，必要に応じて補足調査を実施する。

例えば，構造物の支持層として深部に十分な支持層が存在し，本調査はそれを確認して終了したとする。その後，構造物の規模が変更になり，上位の不完全な支持層でも支持させる可能性が出てきた場合，新たに不完全支持層に支持させることが可能かどうかの調査をすることがある。また，トンネルの工法がシールドから都市NATMに変更されたり，地盤情報が施工の可否を決定する微妙な結果である場合，さらに精度の高い調査手法を適用する場合がある。

5. 施工段階における調査・施工管理のための地質調査

施工段階で設計変更や工法変更などが生じることがある。これに伴い必要に応じて地質調査が実施されるが，この場合の調査手法は本調査と同じであり，不足している部分を補うものである。

これに対し，施工管理のための調査は，もともと予定されているものである。施工管理のための調査は，品質管理のためと安全管理のために分けられる。品質管理のための調査は，各構造物の種類ごとに必要な試験を行うことで，例えば盛土材料の品質や締固め管理のための基準に関連したものがある。安全管理のための調査は，施工に伴う地盤の変状を監視する計測が主となる。この計測は動態観測とも呼ばれ，計測結果により施工をコントロールすることになる。

6．維持管理・防災のための地質調査

気候変動などによる新たな形態の豪雨災害への対応や，維持管理・防災のための新たな調査や解析が求められている。また，熱海の泥流災害を契機に施行された「宅地造成及び特定盛土等規制法（盛土規制法)」など，新たな法律への対応として新たな調査・検討が必要となっている。

これらの国土交通省大臣官房技術調査課監修『設計業務等標準積算基準書』には掲載されていない調査や解析項目は，全国地質調査業協会連合会発行『全国標準積算資料（土質調査・地質調査)』や全国地質調査業協会連合会ホームページ（https://www.zenchiren.or.jp/）に掲載されている歩掛を参考に積算されたい。

7．地盤環境保全のための地質調査

地盤環境保全のための地質調査には，水文調査や自然由来重金属調査，土壌地下水汚染調査などがある。土壌汚染対策法は，2003 年５月に施行されて以来，時代に合わせて法律の一部改正ならびに一部を改正する省令の施行が行われている。①有害物質使用特定施設の使用を廃止したとき（法第３条）②一定規模以上の土地の形質の変更の届出の際に，土壌汚染のおそれがあると都道府県知事等が認めるとき（法第４条）③土壌汚染により健康被害が生ずるおそれがあると都道府県知事等が認めるとき（法第５条）には，環境大臣または都道府県知事によって指定された指定調査機関による土壌汚染状況調査を行わなければならない。

土壌汚染状況調査は『設計業務等標準積算基準書』には掲載されていない項目も多くあるため，『全国標準積算資料（土質調査・地質調査)』に掲載されている歩掛を参考に積算されたい。

8．地盤リスク調査検討のための地質調査

地質リスクは，建設事業の初期から維持管理までの幅広い建設段階で影響を与え，特に建設コストへの影響がきわめて大きなものとなる。そのため，事業のできるだけ早い段階で地質リスクを洗い出すことは，その後に対応できる機会が飛躍的に高まり，施工中の地質に起因するトラブル・事故，工期延長やコスト増大を防止する上できわめて有効である。

一般的な指針等に基づき行う従来の地質調査と異なり，建設計画を念頭に地質リスクを抽出し，抽出した地質リスクを評価し，それらの発現する可能性をできるだけ客観的に示すとともに，必要な対策を明らかにする調査を「地質リスク調査検討業務」と呼ぶ。

「地質リスク調査検討業務」は『設計業務等標準積算基準書』には掲載されていないため，『全国標準積算資料（土質調査・地質調査)』に掲載されている歩掛を参考に積算されたい。

9．仮　設

ボーリング櫓およびボーリング足場の設置撤去，ボーリングマシンの分解・組立，給水設備，仮道，仮橋等の設備に要する費用とし必要となるものを計上する。

10．安 全 管 理

安全費は，現場の一般交通に対する交通処理に要する人件費および標示板，保安柵などの費用のほか，作業員あるいは環境の保全，雪寒地での作業性確保，補修などに要する費用を計上する。

11．その他（ICT）

地質調査業務においては，従前，監督職員が掘進長（出来高）を確認するため，現場にて立会し，検尺（掘削深度を現地で確認・検査すること）を実施していたところである。検尺のほか，原位置試験の実施・作業の進捗状況報告等を遠隔臨場にて実施することにより，インフラ分野のDXを推進し，移動時間や立会の待ち時間を軽減することで，業務の効率化，生産性の向上が期待されるため，関東地方整備局では『関東地方整備局における地質調査業務の遠隔臨場の試行要領』を策定し，2023年1月1日以降に入札契約手続き（入札・契約手続運営委員会）を開始する業務より適用されている。

【参考資料1　トンネル調査で弾性波探査の計画と積算を行う際の例】

弾性波探査はトンネルルートに沿って，測線を直線で設定するが，調査対象となるトンネルルートが弧を描いている場合の測線設定は，大まかに2，3分割で直線近似を行う。その際の計画ルートからの測線の離れの距離は，その地点でのトンネル土被りの半分程度までは許容される。そのため，トンネルの土被りが深い場所ではトンネルルートと測線の離れの距離が大きくなってよい。その際，測線を短く折ってルート上に乗せるような直線近似を行うと探査深度がトンネルルートに届かないため，測線を細かく折ってはならない。

また，坑口付近の設計を行うために両坑口付近で100 m程度の副測線を設定する。

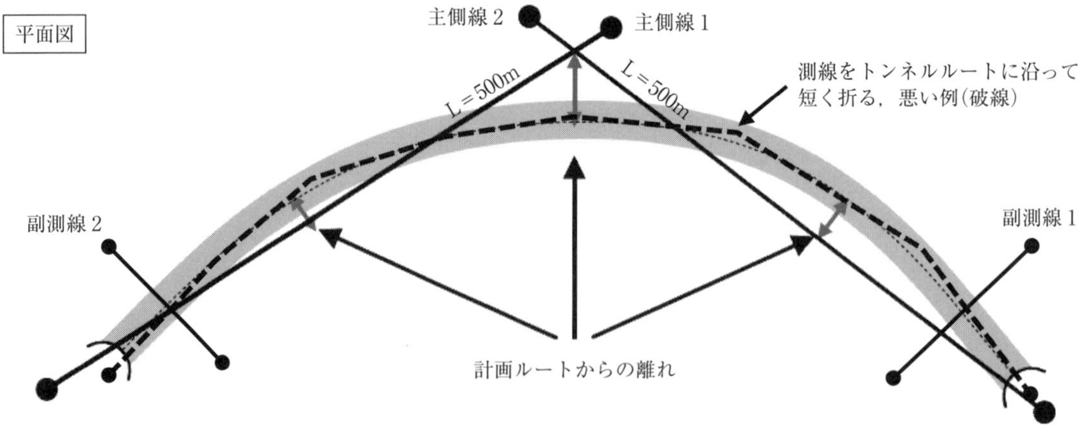

数量：主測線1；500m，主測線2；500m，副測線1；100m，副測線2；100m（測線延長1.2km）

【参考資料２　別孔を数量計上する際の例】

本孔で地盤の種別や層厚を把握し，別孔で効率的かつ確実にサンプリングや原位置試験を行う際の，数量計上の例を示す。

（１）本孔オールコアボーリング（ϕ66 mm，9.0 m）に標準貫入試験を併用

数量：掘削長 9.0 m（ϕ66 mm オールコア＋掘削区分），標準貫入試験９回（＋地盤区分）

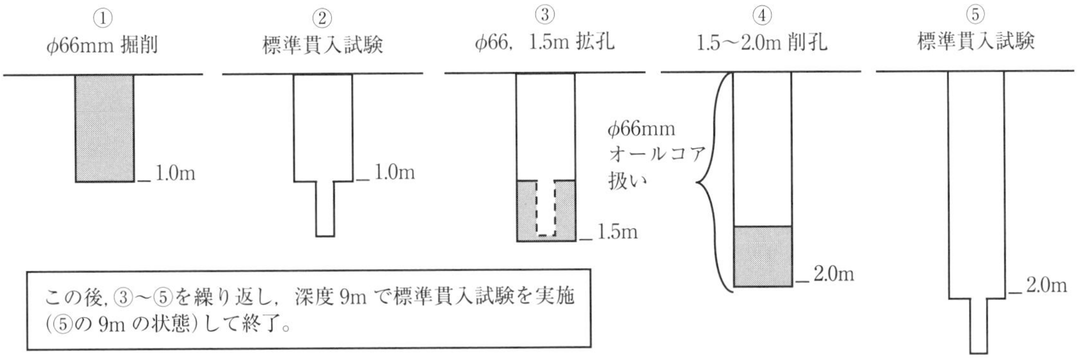

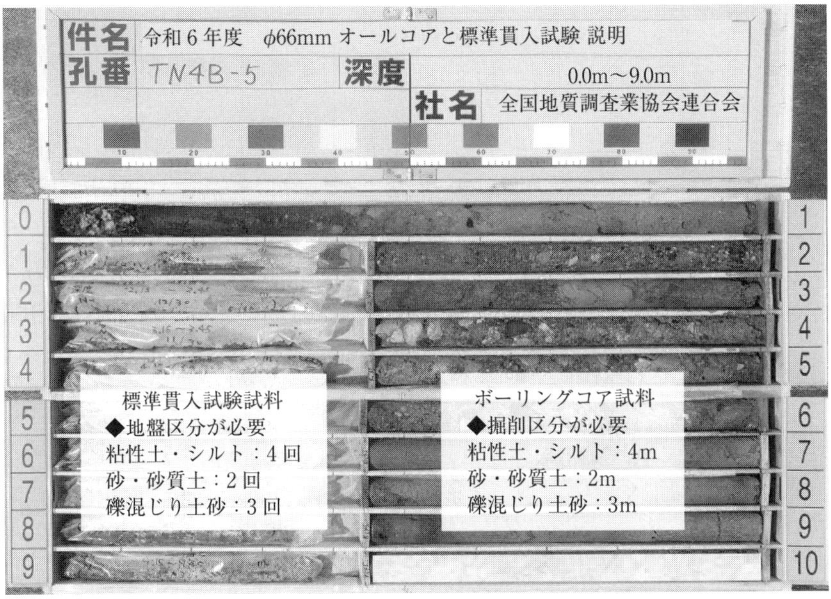

標準貫入試験併用時のボーリングコア箱の状況

（全深度で地質試料を取得しており ϕ66 mm オールコア掘削扱い）

（２）本孔（L＝9.0 m）で把握した地盤状況に基づき，別孔（ノンコア掘削）深度 GL-7.5 m から固定ピストン式シンウォールサンプリングを実施

本孔での ϕ66 mm オールコアと標準貫入試験に加えて，別孔で軟弱な粘性土（固定ピストン式シンウォールサンプラー使用を想定）を対象としたサンプリングを行う場合

数量：〈本孔〉　掘削長 9.0 m（φ66 mm オールコアボーリング），標準貫入試験 9 回
〈別孔〉　掘削長 7.5 m（φ86 mm ノンコアボーリング＋土質区分）
シンウォールサンプリング 1 試料（必要孔径 φ86 mm）
手順：①本孔掘削により，サンプリング対象層となる粘性土層の分布深度を確認
②本孔から 1.0 m 程度離れた位置に別孔を φ86 mm で GL−7.5 m までノンコア掘削し，土質種別に対応したサンプリングを実施

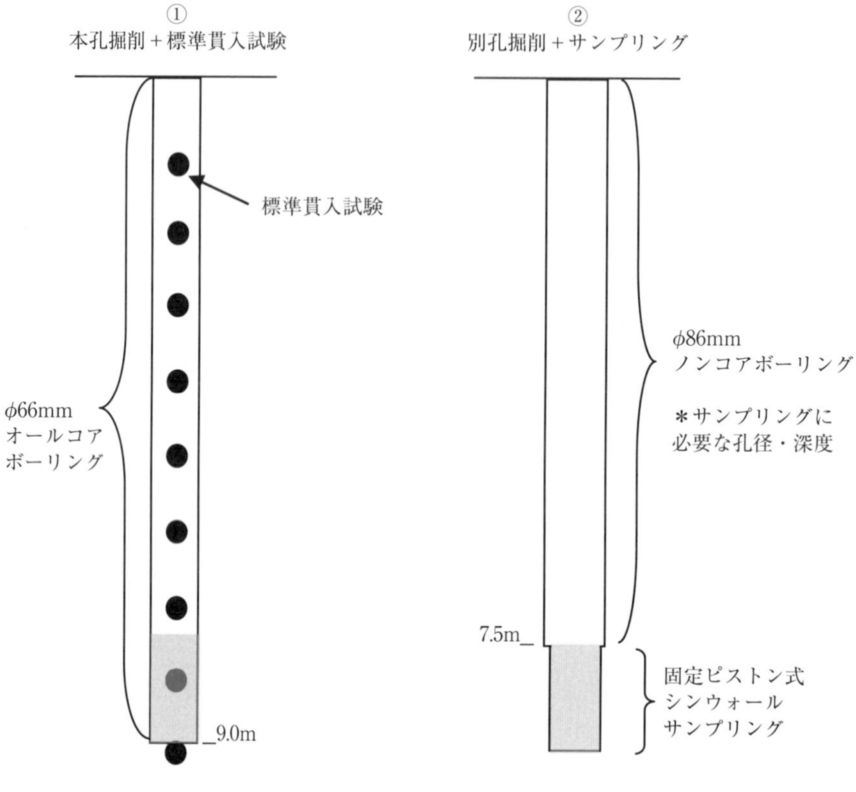

（3）本孔で把握した地盤状況に基づき，別孔（ノンコア掘削）深度 GL−4.5 m から孔内載荷試験を，別孔深度 GL−7.0 m からロータリー式二重管サンプリングを実施

本孔での φ66 mm オールコアと標準貫入試験に加えて，別孔で孔内載荷試験（普通載荷）を行い，さらに硬質な粘性土（ロータリー式二重管サンプラー使用を想定）を対象としたサンプリングを行う場合

数量：〈本孔〉　掘削長 9.0 m（φ66 mm オールコアボーリング），標準貫入試験 10 回
〈別孔〉　掘削長 7.0 m（φ116 mm ノンコアボーリング＋土質区分）
孔内載荷試験（普通載荷）1 回（必要孔径 φ86 mm）
ロータリー式二重管サンプリング 1 試料（必要孔径 φ116 mm）
手順：①本孔掘削により，原位置試験ならびにサンプリング対象層となる地層の分布深度を確認

②本孔から 1.0 m 程度離れた位置に別孔を ϕ116 mm で GL-4.5 m までノンコア掘削し，さらに ϕ86 mm で 5.5 m まで掘削して試験孔を形成した後に孔内載荷試験を実施
③別孔を ϕ116 mm で GL-7.0 m までノンコア掘削し，土質種別に対応したサンプリングを実施

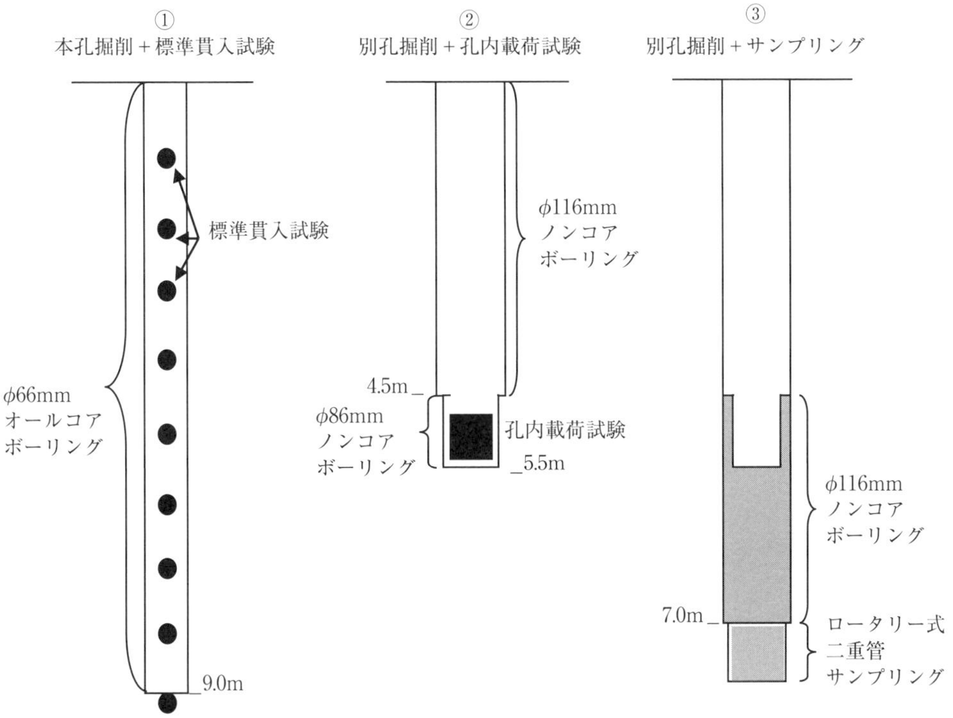

＊　ボーリング孔の掘削最終孔径は，最終深度で実施する原位置試験またはサンプリングの必要孔径で決まる点に留意（上記例の場合，ロータリー式二重管サンプリングの ϕ116 mm）。
＊　最終深度で実施するサンプリング長は，掘削延長には含まれない点に留意（上記例の場合，サンプリングを行った GL-7.0～8.0m 間は掘削延長に含まれない）。なお，最終深度で原位置試験（孔内載荷試験：必要孔径 ϕ86 mm ）を実施した場合の試験区間の形成は，掘削延長に含まれる。

1.4　地質調査の成果と電子納品

地質調査の成果と電子納品について**1.4.1 成果品**，**1.4.2 電子納品**でその概要を，**1.4.3 地盤情報の検定**で電子納品の際の留意点を示す。また**1.4.4 BIM/CIM 対応**において今後成果として納品する機会が増加すると考えられるBIM/CIM について，その概要と地質・土質モデル作成における留意点を示す。

1.4.1　成　果　品

『地質・土質調査業務共通仕様書（案）』（国土交通省，2024）[1] によると，国土交通省の業務において受注者は『地質・土質調査成果電子納品要領』（国土交通省，2016）[2] に基づいて作成した電子データにより成果物を提出するものとしている。

前述の『地質・土質調査成果電子納品要領』に示されている成果の電子化対象（成果品）は以下のとおりである。

① 報告文
② ボーリング柱状図
③ 地質平面図
④ 地質断面図
⑤ ボーリングコア写真
⑥ 土質試験および地盤調査
⑦ 現場写真
⑧ その他の地質・土質調査成果

上記に記載がない項目については，監督職員と協議の上決定するものとされており，調査成果として必要な資料については電子化を行い，成果品として納める。

これらの成果品は，同事業における設計・施工・維持管理段階等の後工程において利活用され，近年別事業に二次利用されることも多くなっている。このことから地質・土質調査成果においてさらなる品質確保への取り組みが求められている。

1.4.2　電 子 納 品

1. 電子納品の概要

電子納品とは，調査・設計・工事などの各業務段階の最終成果を電子成果品として納品することをいう。従前では紙（図面，写真等含む）で納品していた成果品は，すべて電子データ化され，CD，DVD 等の電子媒体で納品される。現在，国土交通省では，当初の電子媒体による納品からオンライン電子納品に切り替わりつつあり，2023 年 4 月以降は，国土交通省直轄事業の調査等業務においてオンライン電子納品が全面運用されており，順次各自治体や団体にも広がることが想定される。

地質・土質調査業務において納品対象とする電子データと格納フォルダの一覧表を**表 1-4-1**，電子成果品のフォルダ構成を**図 1-4-1** に示す。

表 1-4-1　電子納品の対象となる地質・土質調査成果（業務）[3]（一部修正）

電子納品対象書類		ファイル形式	ファイル名　＊1	格納フォルダ名　＊1
業務管理ファイル		XML	INDEX_D.XML	ルート
報告書	報告書管理ファイル	XML	REPORT.XML	REPORT
	報告書	PDF	REPORTnn.PDF	
	報告書オリジナル	オリジナル	REPnn_mm.***	REPORT/ORG
ボーリング柱状図	地質情報管理ファイル	XML	BORING.XML	BORING
	ボーリング交換用データ	XML	BEDnnnn.XML	BORING/DATA
	電子柱状図	PDF	BRGnnnn.PDF	BORING/LOG
	電子簡略柱状図	SXF	BRGnnnn.P21 または P2Z	BORING/DRA
地質平面図・ 地質断面図	図面管理ファイル	XML	DRAWING.XML	DRAWING
	地質平面図	SXF	S0GPnnnZ.P21 または P2Z	
	地質断面図	SXF	S0xxnnnZ.P21 または P2Z	
ボーリングコア 写真	ボーリングコア写真 管理ファイル	XML	COREPIC.XML	BORING/PIC
	ボーリングコア写真	JPEG	Cnnnnmmm.JPG	
	連続ボーリングコア写真	オリジナル	Rnnnnkkk.JPG	
土質試験及び 地盤調査	土質試験及び地盤調査 管理ファイル	XML	GRNDTST.XML	BORING/TEST
	電子土質試験結果一覧表	PDF	STBnnnn.PDF STAnnnn.PDF STSnnnn.PDF	
	土質試験結果一覧表データ	XML	STBnnnn.XML STAnnnn.XML STSnnnn.XML	
	電子データシート	PDF	TSnnnmmm.PDF	BORING/TEST/BRGnnnn または BRGnnnnA または SITnnnn
	データシート交換用データ	XML	TSnnnmmm.XML	
	デジタル試料供試体写真	JPEG	Snnnmmmk.JPG	BORING/TEST/BRGnnnn または BRGnnnnA または SITnnnn/TESTPIC
現場写真	写真管理ファイル	XML	PHOTO.XML	PHOTO
	現場写真	JPEG	Pnnnnnnn.JPG	
その他の地質・ 土質調査成果	その他管理ファイル	XML	OTHRFLS.XML	BORING/OTHRS
	その他の地質・土質調査成果	オリジナル	********.***	
BIM/CIM 電子成果品		オリジナル	—	BIMCIM

＊1　k, nn, mm, xx, kkkk, lll, nnn, mmm, nnnn, nnnnnnn は，成果品ごとに定められた連番や整理番号などを表す。

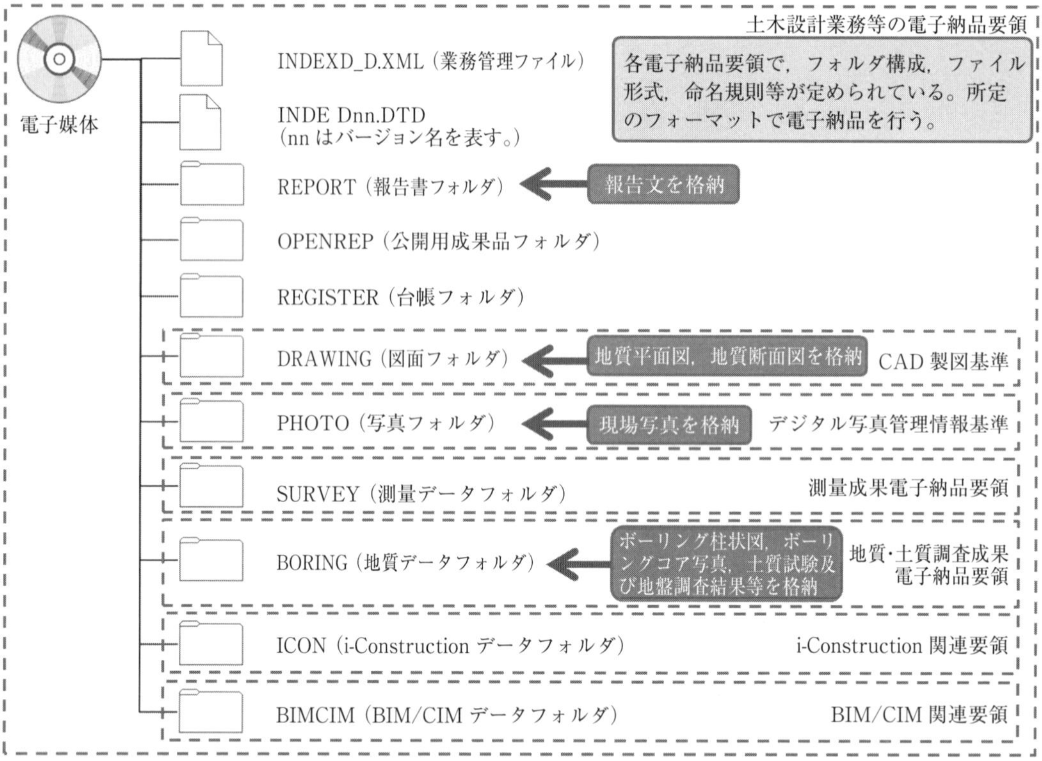

図 1-4-1　電子成果品のフォルダ構成（業務の電子納品）[3)]

2.　チェックシステム

電子成果品作成の最終段階として，電子成果品のデータを取りまとめ，電子納品チェックシステムによるチェックを行い，エラーがないことを確認する必要がある。

現在，成果品データの利活用や二次利用を想定しており，成果品データのチェックがきわめて重要となっている。データ作成途中での各種照査，地盤情報の検定，電子成果品作成支援ツールによるチェックなど，電子成果品に至るまで各種品質チェックを実施しているが，最終段階のチェックとして，受注者は責任をもって実施する必要がある。チェックにあたっては，チェックの記録を残し，電子納品と併せて発注者に提出することも，品質確保の一環である。

3.　オンライン電子納品

情報共有システムとは，公共事業において，情報通信技術を活用し，受発注者間など異なる組織間で情報を交換・共有することによって業務効率化を実現するシステムである。導入当初は，工事を対象に，工事帳票の作成，発議，承認などのワークフロー処理を中心に利用されてきたが，スケジュール，掲示板機能のほか，3 次元データ等表示機能，遠隔臨場支援機能，オンライン電子納品機能などの各種機能が付加され，BIM/CIM 活用業務での利用も進められている。

国土交通省では，2023 年 4 月以降に契約を締結する業務において，情報共有システムの活用を適用しており，業務における情報共有システムの活用が義務化されている。

オンライン電子納品とは，CD-R 等の電子媒体による電子納品に対して，情報共有システムに登録された電子成果品をインターネット経由で納品することを指す（**図 1-4-2** 参照）。オンライン電子納品においては情報共有システムの活用が前提となるが，納品するデータは従前の電子媒体による納品データと全く同じである。

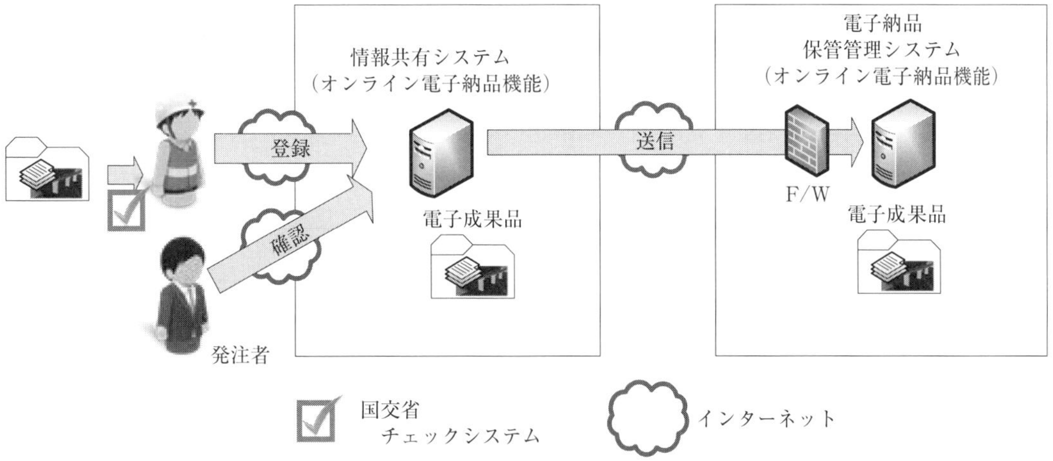

図 1-4-2　オンライン電子納品構成イメージ[4)]

〈電子納品保管管理システム（DS; Data-Sharing）〉
電子納品保管管理システムは，国土交通省が電子成果品を保管・管理するために開発したシステムであり，登録された電子成果品の検索・閲覧が可能である。これにより以下のとおりプロセスが変更され，効率化が期待されている（**図 1-4-3** 参照）。

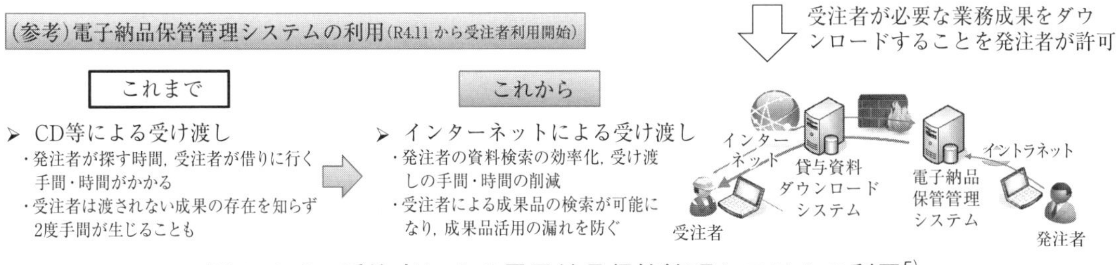

図 1-4-3　受注者による電子納品保管管理システムの利用[5)]

4.　電子納品に関する要領・基準

電子納品に関する要領・基準およびガイドラインは，国土交通省のホームページ[6)]に公開されている。

電子納品の仕様は随時変更されるため，成果品作成時に上記ホームページおよび仕様書の確認が必要である。以下に現在公開されている主な要領・基準およびガイドラインについて**表 1-4-2** および**表 1-4-3** に示す。

表 1-4-2　電子納品の主な要領・基準

要領・基準名称	年月
地質・土質調査成果電子納品要領	H28.10
土木設計業務等の電子納品要領	R6.3
工事完成図書の電子納品等要領	R5.3
オンライン電子納品実施要領【業務編】	R5.2
CAD 製図基準	H29.3
デジタル写真管理情報基準	R5.3
測量成果電子納品要領	R6.3

表 1-4-3　電子納品に関するガイドライン

ガイドライン名称	年月
電子納品運用ガイドライン【地質・土質調査編】	H30.3
電子納品運用ガイドライン【業務編】	R6.3
電子納品等運用ガイドライン【土木工事編】	R6.3
土木工事・業務の情報共有システム活用ガイドライン	R5.3
CAD 製図基準に関する運用ガイドライン	H29.3
電子納品運用ガイドライン【測量編】	R6.3

また，ボーリング柱状図の作成，コア写真ならびにボーリングコアの取扱いおよび保管について規定している以下の資料があり，ボーリングに関する電子納品データについても参考となる。

■『ボーリング柱状図作成及びボーリングコア取扱い・保管要領（案）・同解説』
全国地質調査業協会連合会（2015）

2 次元コード

1.4.3　地盤情報の検定

国土交通省をはじめとする国の機関，地方公共団体等において，地質調査業務で得られるボーリング柱状図・土質試験結果一覧表について「第三者機関による地盤情報の検定」と「指定するデータベースへの登録」を義務化している。

これらの検定，データベース登録は，「国土地盤情報センター」が担っており，全体の流れを**図 1-4-4** に示す。受注者は検定済みのデータを電子納品する必要がある。検定によって，電子納品データと国土地盤情報データベースによる公開データの品質が確保されている。

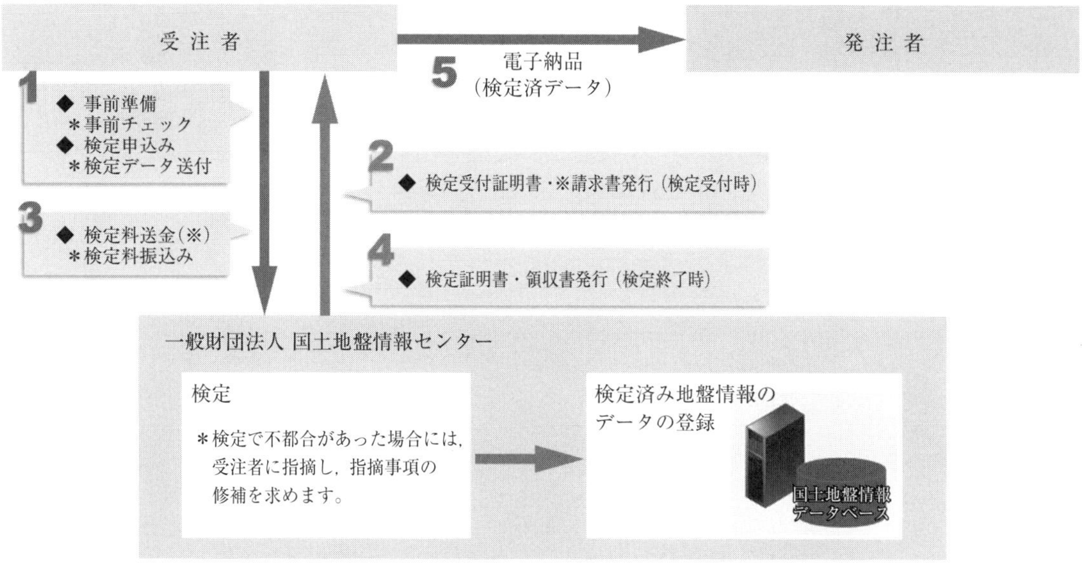

図 1-4-4　地盤情報の検定，データ登録の流れ[7)]

検定済みデータを登録する地盤情報データベースとして，『国土地盤情報データベース』が指定されている。「地下空間の利活用に関する安全技術の確立について」答申を受けて，官民が所有する地盤情報等の収集・共有，品質確保，オープン化等の仕組みの構築を目的に，2018年４月に国土地盤情報センターを運営主体として『国土地盤情報データベース』の構築が開始された。

地質データの
エラー

地質調査の電子成果品（電子納品）にはさまざまなエラーが含まれているため，電子成果品の再提出が求められるケースが多く発生している。全国地質調査業協会連合会では，電子成果品に含まれるエラーの詳細とその対処方法に関する情報を提供するために，国土交通省から提供を受けた資料に基づいて『地質データのエラーについて』という小冊子（電子版，右**２次元コード**）を作成している。

国土地盤情報センターでは，『地盤情報の検定と実施内容』[8)]『電子納品の現状と対応について』[9)] の資料に，検定時によくあるエラー，留意事項などを掲載して注意喚起している。

ボーリングデータをはじめとする電子納品データは，データベースとして蓄積・公開され，再利用されることから，データ作成段階でエラー削減に向けた各種取り組みを実施することが重要となる。**図 1-4-5** にボーリング位置座標チェックに役立つウェブサイト例を示す。

■掘削位置の地図チェック［ボーリング交換用データ］（国土地盤情報センター）

■「地図情報（緯度・経度・標高）取得ウェブサイト」へのリンク集
（GeoInformation Portal Hub（GIPH））

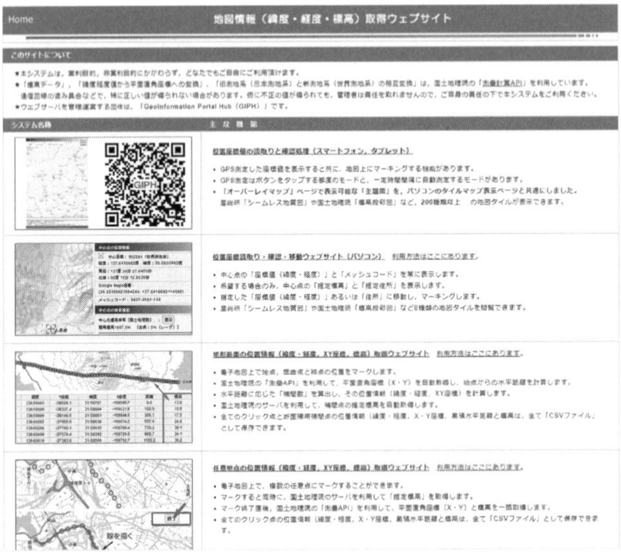

図 1-4-5　ボーリング位置座標チェックに役立つウェブサイト例[10), 11)]

1.4.4　BIM/CIM 対応

BIM/CIMとは多様な概念・事項を含んでいるが，本稿ではBIM/CIMに関する事項のうち，地質調査で今後成果品の納品機会が増加すると考えられる地質・土質モデルの作成と，その作成に大きくかかわる3次元地質解析に特に着目し，記述を行う。

1.　BIM/CIMの概要

国土交通省では，3次元データを基軸とする建設生産・管理システムを実現するための施策としてBIM/CIM（Building/Construction Information Modeling, Management）の運用を開始している。『直轄土木業務・工事におけるBIM/CIM適用に関する実施方針』（2023）[12]によると，BIM/CIMとは以下のように説明されている。

> BIM/CIM（Building/Construction Information Modeling, Management）とは，建設事業で取扱う情報をデジタル化することにより，調査・測量・設計・施工・維持管理等の建設事業の各段階に携わる受発注者のデータ活用・共有を容易にし，建設事業全体における一連の建設生産・管理システムの効率化を図ることである。

2.　地質・土質モデルの概要

地質・土質モデルを作成することによって，本体構造物と地質・土質分布等における位置関係を立体的に把握することで，関係者間での地質・土質調査成果に対するイメージや地質・土質上の課題等を共有することができる。そのため，追加すべき補足調査や計画立案に関する検討を円滑に進めることが期待できる。地質・土質モデルの利活用イメージを**図1-4-6**に，**図1-4-7**にBIM/CIMの構成・定義，**図1-4-8**に地質・土質モデルの種類について示す。

地形や構造物等のモデルが実際の形状を表現したものであるのに対して，地質・土質モデルは地質・土質調査の成果から推定された分布や性状を表現しているものであることから，使用された地質・土質情報の種類，数量およびモデル作成者の判断などのさまざまな条件に依存し，不確実性を含んでいるモデルである。

事業段階が進むと，地質・地盤モデルの精度や信頼性への要求は高くなる。地質・土質モデルは，調査の進展に伴い既往調査データも踏まえて更新・継承されるバージョン管理が必要なデータといえる。このため，地質の形状・分布モデル以外にも，モデルの不確実性，想定される地質・地盤リスク，モデルの根拠となる地質調査データやモデル化時の補間パラメータ，モデル作成時の位置情報の座標系や使用ソフトウェア等のモデルの更新に必要な情報について十分な記録を残す必要がある。

地質・土質モデルの作成過程については後述するが，各過程において地質・土質情報の不確実性，想定される地質・地盤リスク，モデルの根拠となる地質調査データ等に対する理解が必要となっており，必然的に地質技術者の関与が欠かせない。

このため『全国標準積算資料（土質調査・地質調査）』（全国地質調査業協会連合会）[13]では，一般的な構造物モデル構築とは別に，地質・土質モデル構築における積算基準が掲載されている。この積算基準では1対象構造物当たりの歩掛が基本となっており，対象構造物ごとに標準となる構造物の規模や複数の構造物に地質・土質モデル作成が行われた場合の補正係数などが示されている。

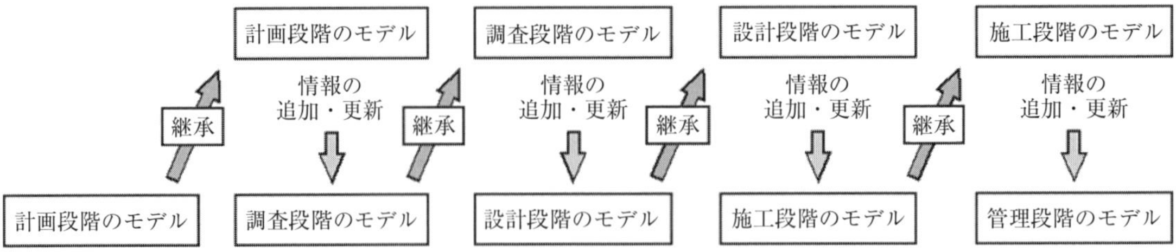

図 1-4-6　地質・土質モデルの利活用イメージ[14)]

■BIM/CIM の構成・定義（国土交通省）

構成要素	説明
3 次元形状データ	対象とする構造物等の形状を 3 次元で立体的に表現した情報を指す。 地質・土質モデルでは，ボーリングモデル，準 3 次元地盤モデル，3 次元地盤モデルなどが該当する。
属性情報	3 次元モデルに付与する部材（部品）の情報（部材等の名称，形状，寸法，物性及び物性値（強度等），数量，そのほか付与が可能な情報）を指す。 地質・土質モデルでは，地層・岩体区分，地質時代，深度，物理・力学特性，凡例（着色），モデル作成の考え方等を整理した一覧表などが該当する。
参照資料	BIM/CIM モデルを補足する（又は，3 次元モデルを作成しない構造物等） 従来の 2 次元図面等の「機械判読できない資料」を指す。 地質・土質モデルでは，3 次元モデル作成の基となるボーリング柱状図，地質断面図などが該当する。

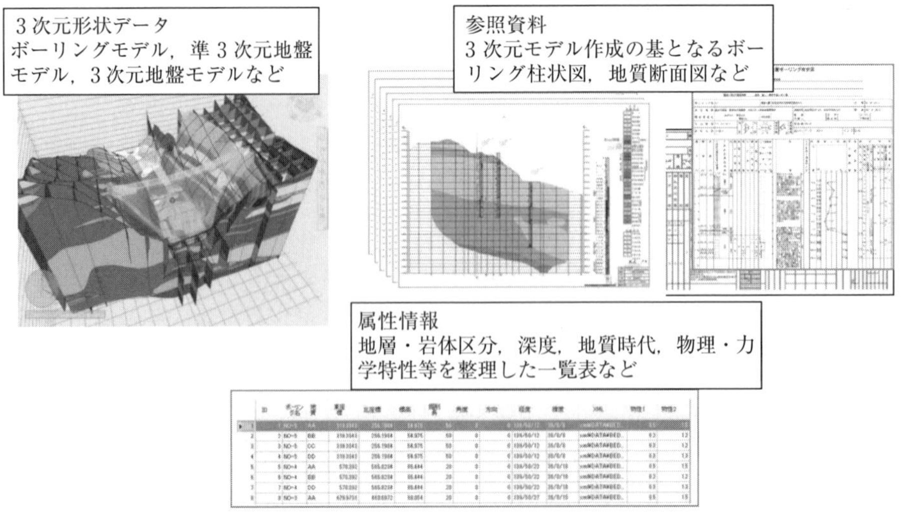

図 1-4-7　BIM/CIM の構成・定義[3)]（一部修正）

■地質・土質モデルの種類（国土交通省）

<table>
<tr><th colspan="3">モデル名称</th><th>概要</th></tr>
<tr><td rowspan="2">ボーリングモデル</td><td colspan="2">調査結果モデル</td><td>・地質・土質調査業務の調査結果であるボーリング柱状図（ボーリング交換用データ又は電子簡略柱状図）を，孔口の座標値・標高値，掘進角度，方位から3次元空間上に配置・表現したモデル。</td></tr>
<tr><td colspan="2">推定・解釈モデル</td><td>・既往資料を始め，地質・土質調査業務で作成されたボーリング柱状図や各種室内・原位置試験結果，及び2次元断面図等の情報を活用して地質・工学的解釈を加え作成した柱状体モデルを，孔口の座標値・標高値，掘進角度，方位から3次元空間上に配置・表現したモデル。</td></tr>
<tr><td rowspan="2">準3次元地盤モデル</td><td colspan="2">テクスチャモデル
（準3次元地質平面図）</td><td>・3次元地形面に地質平面図などを貼り付けたモデルなどで代表される。サーフェスモデルに面情報をテクスチャマッピングで付加。</td></tr>
<tr><td colspan="2">準3次元地質断面図</td><td>・従来手法で作成させた地質断面図を3次元空間に配置したモデル。</td></tr>
<tr><td rowspan="5">3次元地盤モデル</td><td colspan="2">サーフェスモデル</td><td>・地層や物性値層などを表現した境界面モデル。
・3次元補間によって作成されることが多く，データの多寡，技術者の解釈等による不確実性を含むことに留意が必要である。
・メッシュ交点座標を用いたTINやスプライン面（NURBS）などで構成されることが多い。</td></tr>
<tr><td rowspan="3">ソリッドモデル</td><td>B-reps</td><td>・複数の境界面を組み合わせて閉じた空間で定義されたモデル。
・形状情報としては空であるが，暗黙的にある属性データを示す均質な物質があるものとして定義されるモデル。</td></tr>
<tr><td>ボクセルモデル</td><td>・ボックスセル中央か接点のいずれかに属性データを付与したモデル。ボクセル（Voxel）とは，体積volumeとピクセルpixelを組み合わせた混成語である。</td></tr>
<tr><td>柱状体モデル</td><td>・平面的にはセル，深さ方向は地層境界深度であるモデル。</td></tr>
<tr><td colspan="2">パネルダイアグラム</td><td>・サーフェス・ソリッドモデル（B-reps）から任意の位置で切り出した断面（パネル）。B-reps（ソリッドモデル）などで下位あるいは陰となり見えにくい部分を可視化する。</td></tr>
</table>

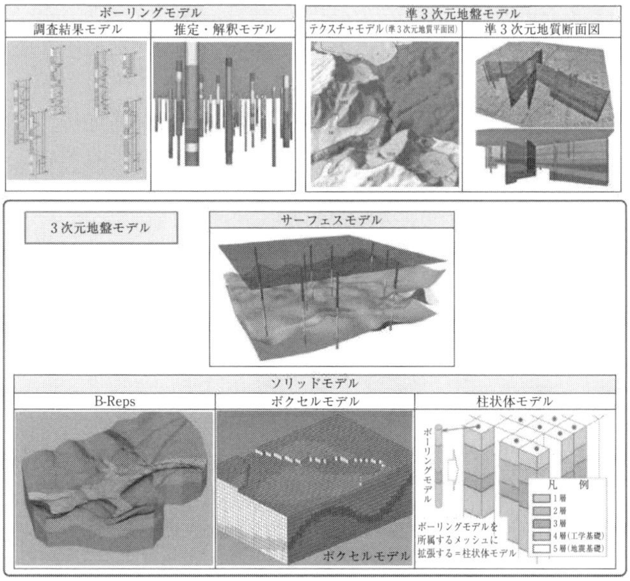

図1-4-8　地質・土質モデルの種類[3), 15)]（一部修正）

3. BIM/CIM で用いる座標系

BIM/CIM を作成する際の座標参照系は，現在の測量成果である「世界測地系（日本測地系2011）」の平面直角座標系を使用する。用いる単位は実寸（スケール 1:1）の m（メートル）とし，小数点以下第 3 位の精度でモデルを作成することを基本とする。

標高（基準水準面）については，東京湾平均海面からの高さである T.P. を標準とするが，A.P.（荒川水系基準面），O.P.（淀川水系基準面）等のほかの水準面を用いる場合には，必要に応じて適切な水準面の標高に変換して利用する。

4. 地形モデルについて

多くの事業において地形情報は重要な要素であり，BIM/CIM においても地形モデルは重要かつ基礎的なデータとなる。主に DEM データ（**図 1-4-9** 参照）から TIN（**図 1-4-10** 参照）を作成して地形モデルを作成することが多いが，その品質は DEM データに依存しているため，事業目的や要求性能に応じた DEM データ取得が必要となる。

〈［DEM］：DEM（Digital Elevation Model：数値標高モデル）〉

地表面を等間隔の正方形または長方形（四角形網という）に区切り，それぞれの中心点の標高値を正方形または長方形の代表値とするデータである（TIN（Triangulated Irregular Network：不規則三角形網）参照）。正方形の代表例は 5 m メッシュ DEM，長方形の代表例は 50 m メッシュ DEM である。

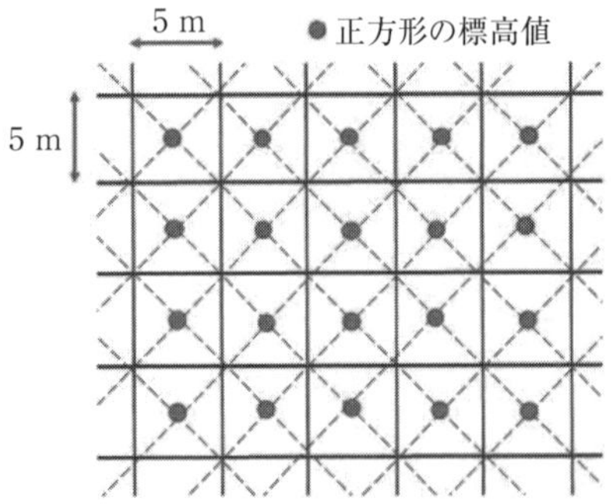

5 m DEM データの例

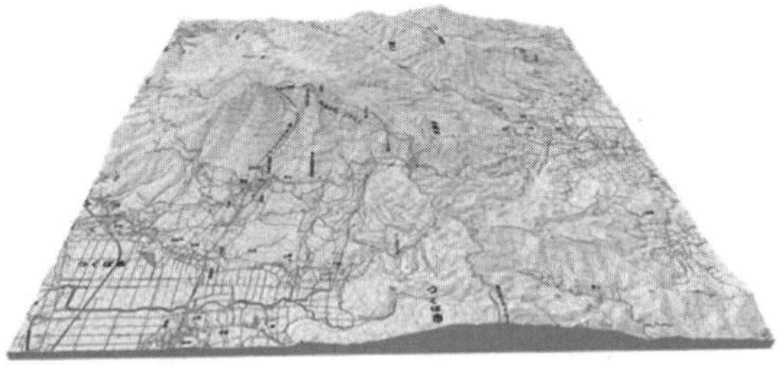

3D 地図（筑波山）

図 1-4-9　DEM とその例（イメージ）[3)]

〈［TIN］：TIN（Triangulated Irregular Network：不規則三角形網）〉

地表面を表現するための不規則三角形を，重複のない網状に配列したものである。三角形の形状は斜面の形状に対して最適に配列されるため，平坦な場所では大きな三角形で，起伏の激しいところでは小さな三角形で表現される。

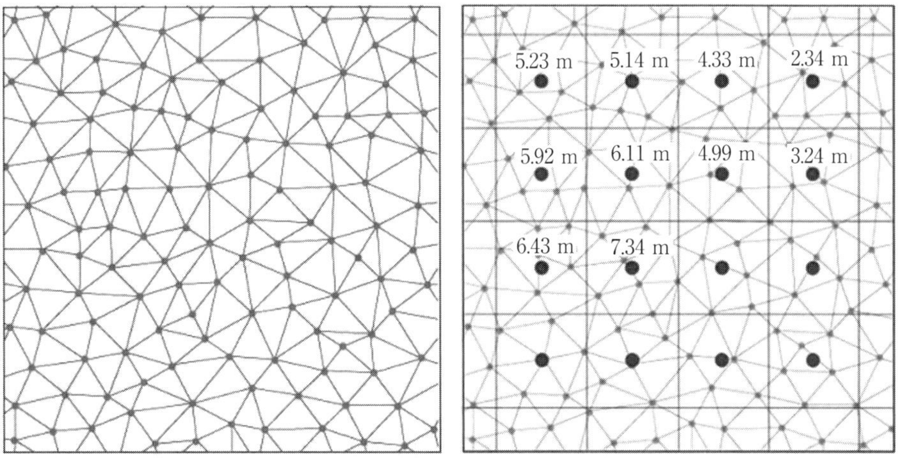

図 1-4-10　TIN（イメージ）[3)]

5.　3次元地質解析

地質・土質モデルの構築は，地質解析の要素が強く，「3次元地質解析」として項に分けて説明を行う。ここでは地質・土質モデルのうち，主となるサーフェス・ソリッドモデルを例に作成方法の流れと各工程における留意点を示す。

図 1-4-11 に『3次元地盤モデリングガイドブック 技術マニュアル Ver3.0 対応版』[16)] に示されている3次元地質解析のフローを示す。

以下にこのフローの各項目について説明する。

①　モデリング計画

事業の求める目的や用途に基づき，地質・土質モデルの対象と範囲，サーフェス・ソリッド等の種類・解像度・空間補間アルゴリズム等を検討し，地質・土質モデル構築方法を組み立てる。

発注の段階で，目的や対象物，モデルの種類，対象フェーズ等を明確にし，想定される利活用場面を可能な限り考慮して，地質・土質モデルの要求性能を決定しておく必要がある。地質・土質モデルが完成した段階で要求性能を変更する必要が生じた場合，手戻りが大きくなることや無駄な作業を強いる可能性がある。

以下に各事業段階で想定される地質・土質モデルの要求性能について示す。

■各事業段階における地質・土質モデルの要求性能

【計画段階】

地質・地盤リスクを評価するために，比較的広範囲のサーフェスモデルを作成する。広範な地質情報にはばらつきや不統一があるため，まず地質情報の整理・統合を図ることが必要となる。

【設計段階】

地質調査結果をもとに，対象区域の地質・土質モデルを作成する。構築された地質・地盤モデルをもとに設計を行う。ダムなど長期にわたる事業では，調査の進捗に伴う地盤情報の増加に対し，適切なタイミングでモデルの更新を図り精度を向上させる必要がある。

【施工段階】

施工実績により得られた情報により，設計段階で構築した地質・土質モデルを適宜修正する。

【維持管理段階】

定期点検結果などをもとに，施工段階で構築・修正された地質・土質モデルを更新する。

② 資料収集・整理と３次元データ化

モデル構築に必要な資料を収集・整理し，座標情報を与えて３次元化する。地質・土質モデルのうちサーフェス・ソリッドモデルが必要であれば，十分なデータが揃った段階で３次元地質解析に移行する。

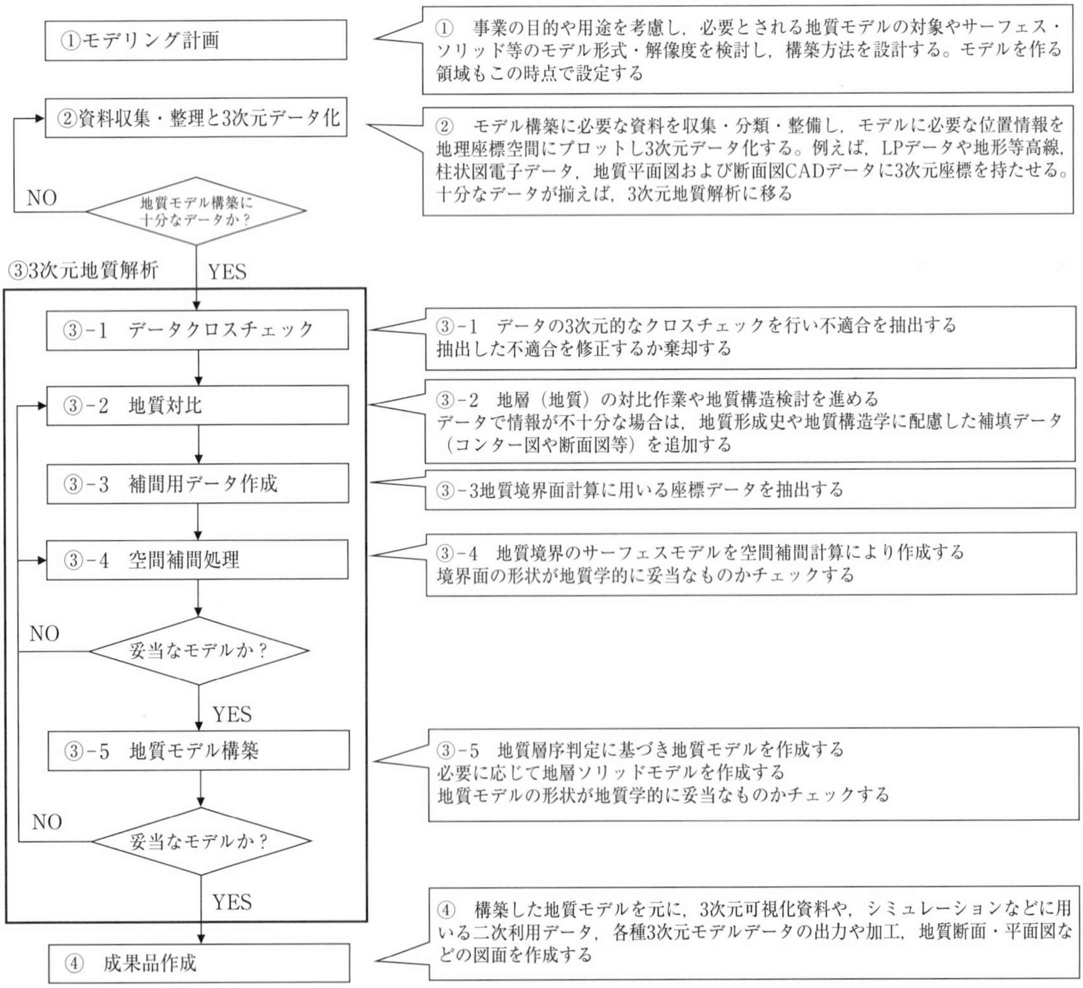

図 1-4-11 ３次元地質解析のワークフロー[16),17)]

モデルの信頼性を確保・向上するには入力データとなるボーリング・地質断面図等の地質調査データの品質が担保される必要がある。以下に地質調査データの品質確保のための留意点を示す。

■地質調査データの品質確保のための留意点
○ボーリング等の地質調査データが統一された区分基準等により客観的に整理されているか。
○技術者の個人差が生じていないか，ばらつきが生じていた場合再整理可能か。
○調査の工法・手法（例えば通常工法ボーリングと高品質ボーリング）に起因する質の差が考慮されているか。
○地質調査データが，モデルの使用目的や要求性能に応じた信頼性を有しているか（許容される範囲内のばらつきに収まるか）。

③　３次元地質解析

③-1　データクロスチェック

データの３次元的なクロスチェックで不適合を抽出し，抽出した不適合を修正するか棄却する。修正および棄却の記録を残す。

地質断面図での不適合は，３次元化し断面図同士の交点チェック等のクロスチェックを行って初めて明らかになることが少なくない。データの３次元クロスチェックを行い，不適合を抽出することが重要である。**表 1-4-4** に地質断面図の不適合と原因例，**図 1-4-12** に不適合の代表例を示す。

表 1-4-4　地質断面図の不適合とその原因例[17)]

不適合の状態	不適合の原因
交差する地質断面で地質境界の位置が合わない	ペンの誤差，トレース時の誤差，作図上の誤差，単純ミス
交差する地質断面で一方の断面にある地質境界線が，もう一方の断面に存在しない	断面作成時の確認ミス，トレースミス，作業中に誤って削除
交差する地質断面で地質解釈が異なる	断面の作成者が違う，断面の作成時代が違う
井桁に交差する地質断面で順番に地質境界を追いかけていくと“螺旋”になる	緩傾斜地層，断面作成者のミス

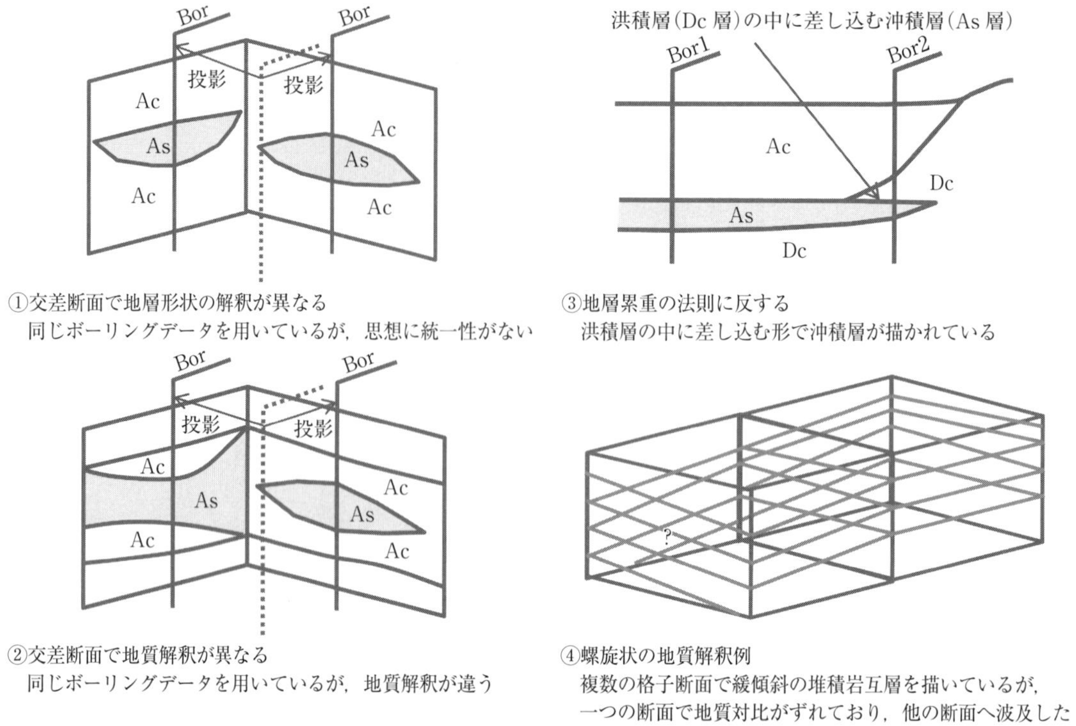

①交差断面で地層形状の解釈が異なる
同じボーリングデータを用いているが，思想に統一性がない

③地層累重の法則に反する
洪積層の中に差し込む形で沖積層が描かれている

②交差断面で地質解釈が異なる
同じボーリングデータを用いているが，地質解釈が違う

④螺旋状の地質解釈例
複数の格子断面で緩傾斜の堆積岩互層を描いているが，
一つの断面で地質対比がずれており，他の断面へ波及した

図 1-4-12　クロスチェックによって抽出された不適合の概念図[17]（一部修正）

③-2　地 質 対 比

3 次元空間における地層の対比作業を行う。ボーリング間の地質対比の例を**図 1-4-13** に示す。地質構造の情報が不十分な場合は地質形成史や地質構造学等を考慮した補填データを追加する。

■地質対比の視点（**図 1-4-13**・**図 1-4-14** 参照）

視点 1：地質境界面は自然現象であることを念頭に置き，物理的・地質学的にどのように形成されるのかを考えて対比する。

視点 2：どのような形状にサーフェスモデルを作り，どのような順番でサーフェスモデル同士が切り合えば，地層モデルができるのかをイメージする。あらかじめ地質層序の模式図を作り，地質境界面の位相的関係を明らかにしておくことが大切である。

視点 3：サーフェスモデル同士が交差し互いに切り合うと，その結果としてどのような形状が生みだされるかをイメージする。境界面モデルの形状をさまざまな手段で観察・チェックし，不自然さをつぶしていく。

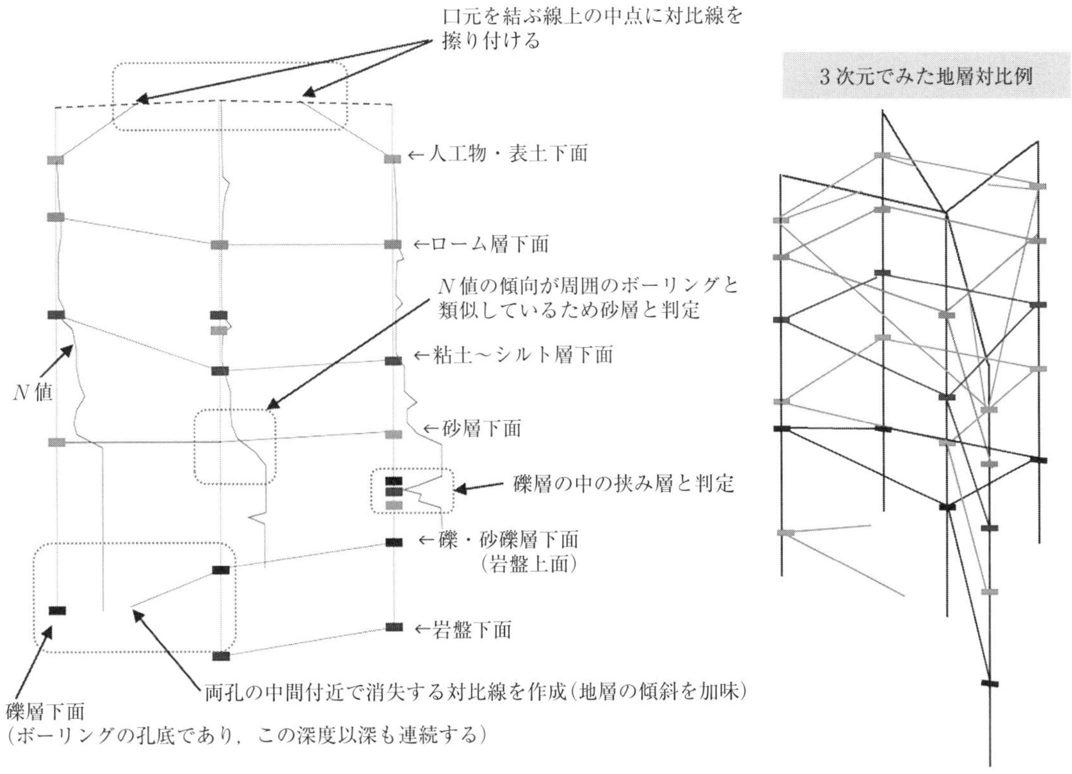

図1-4-13　ボーリング間の地質対比の例[17)]

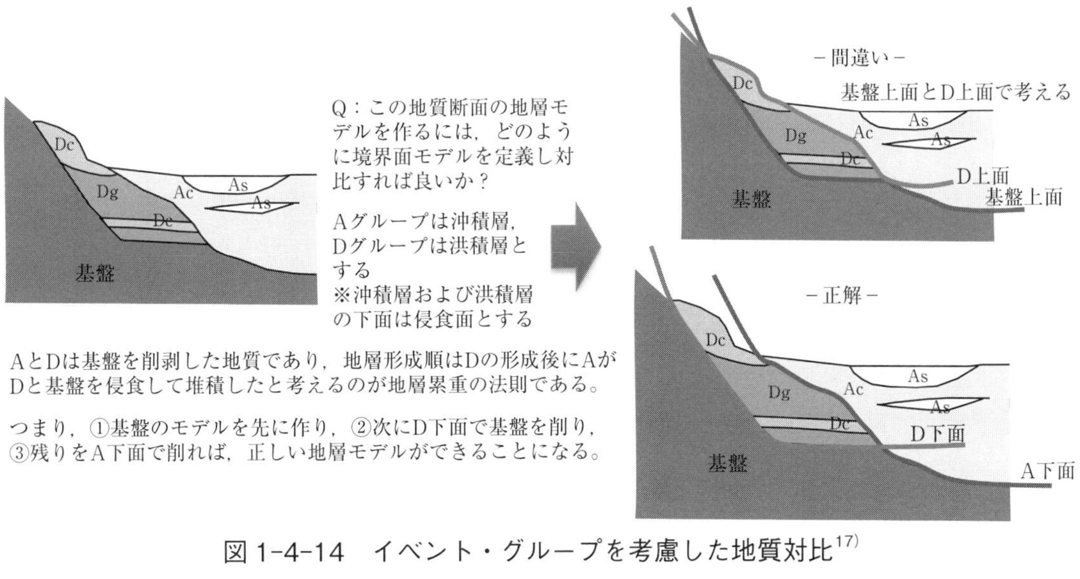

図1-4-14　イベント・グループを考慮した地質対比[17)]

③-3　補間用データ作成

地質対比データより，サーフェスモデルの計算に用いる座標データセットを抽出する。

③-4　空間補間処理

空間補間アルゴリズムを適用し，サーフェスモデルを作成する。作成した3次元モデルの形状が地質学的に妥当なものかチェックする。

■地質境界面モデルの空間補間アルゴリズム

空間補間処理とは，整理された入力データより，3次元のサーフェスモデルや物性モデルを計算する手法である。地質境界面モデルは，少ないデータや不均一なデータから，自然な形状を示す“なめらか”な曲面を作ることが求められることが多い。

図 1-4-15 に一般的に地質境界面モデルに用いる空間補間アルゴリズムを示す。適切な3次元地質境界面（サーフェスモデル）を作成するためには，モデル作成の目的・要求性能に応じた空間補間アルゴリズムの選定が必要となる。

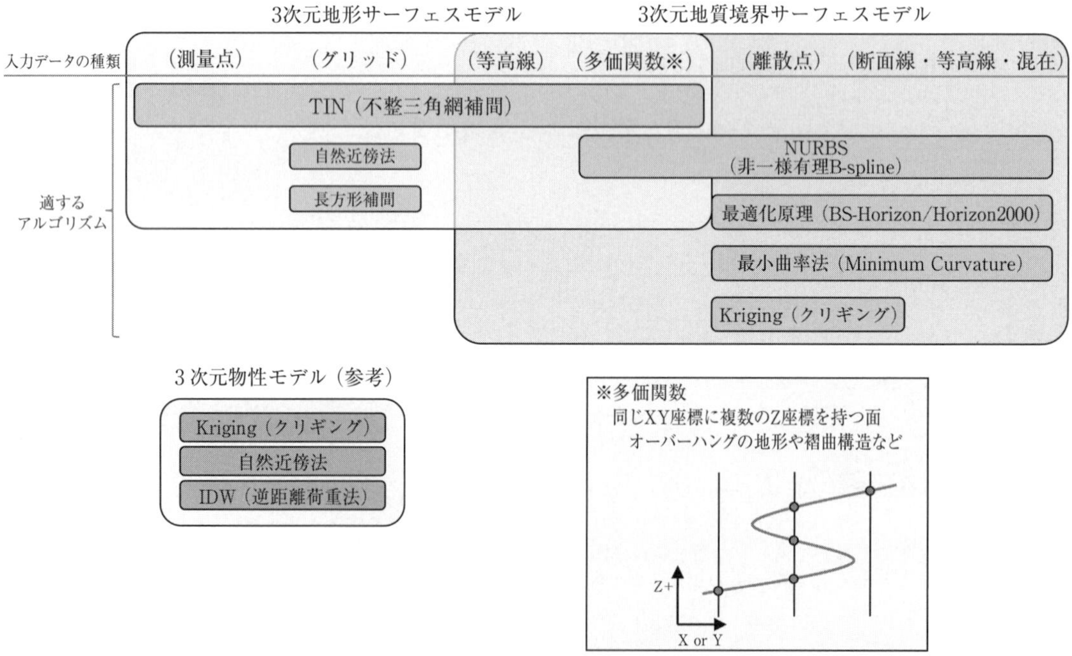

図 1-4-15　地質境界面モデルに用いる空間補間アルゴリズム[17)]

③-5　地質モデル構築

地質層序判定により地質・土質モデルを作成する。必要に応じて地質ソリッドモデルを作成する。最終的に作成したサーフェス・ソリッドモデルが地質学的に妥当なものかチェックする。

■モデルの妥当性評価

地質・土質モデルの妥当性評価は，モデルに不自然さがないかを判断するプロセスである。不自然さとは，地形・地質学的に生じ得ない形状や分布を表すことである。単純な空間補間だけでは不自然な３次元モデルになる可能性が高い。

例えば，作成したサーフェスモデルが地形形成過程や地層累重の法則等の自然法則に反するという状態になり得る。そのために，サーフェスモデルを計算する際にモデルの形状を補正するための補填データを使用する。サーフェスモデルとしての形状に不自然な部分がないかを，サーフェスのひずみを可視化して評価する。例えば，コンター（等高線）はサーフェスモデルのひずみを判定する手法として一般的な手法であり，コンターの集中や発散の形状を目視で確認し，不自然な部分を抽出する。

■補填データが必要となる例（図 1-4-16 参照）

地質・土質モデル作成において，補填データが必要となる例を以下に示す。

- 本来のデータだけでは，オーバーシュート・アンダーシュート等の不自然なサーフェスモデルが形成されてしまう
- 本来は存在しない場所に地質境界面が形成されてしまう

いずれも地質調査量（入力データ）が不足する場合に発生する現象である。その不適合の程度は空間補間法の特性にも影響されるので注意が必要である。オーバーシュート・アンダーシュートが生じる部分に，補助点や補助線（コンター）を逐次追加し，許容できる結果が出るまで補間計算を繰り返す。

■属性情報

属性情報は，個々の形状情報の属性を保存する。例えば，「地層・岩体区分」「岩級区分」「土質区分」「岩盤強度」や「弾性波速度」等が該当し，通常の地質調査においても地質凡例や物性値一覧表等としてまとめている内容に相当する。

属性情報は形状データに紐付ける必要があるが，紐付け方法には，1）ソフト上の処理でモデル形状情報に直接付与する，2）XML，CSV，EXCEL 等のファイルに外部参照させる，の２種類あり，外部参照させる方法が現状簡易である。ただし，将来的に納品ファイル形式が IFC 国際規格へ変更となる方向へと進んでおり，属性情報の付与方法が 1）の直接付与が可能となるため，これらの動向には留意が必要である。

○補填データによる地形面補正例

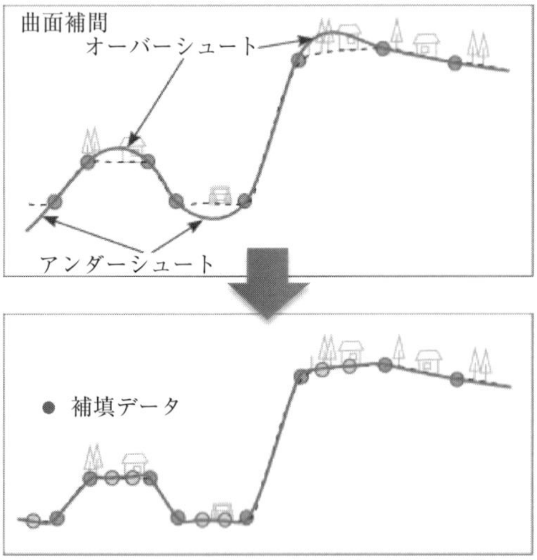

オーバーシュート・アンダーシュートが生じる部分に，
補助点や補助線（コンター）を逐次追加し，許容できる
結果が出るまで計算を繰り返す

○補填データが必要な例

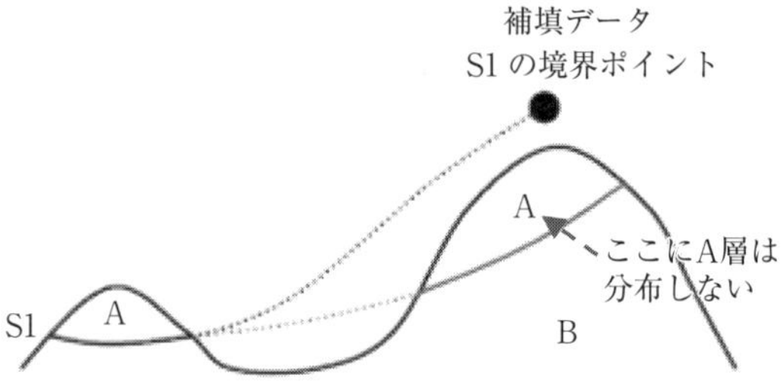

図 1-4-16　補填データが必要となる例[17),18)]

④　成果品作成

構築した地質・土質モデルを用いて，地質断面・平面図等の図面出力やデータ交換用のモデル作成・3次元可視化資料の作成・シミュレーション等に用いる二次利用データ出力（3次元座標＋物性値データなど）等を行う。

■可読性のあるファイル形式

現状，地質・土質モデルの電子納品用ファイルの形式はオリジナルファイルとされている部分が多い。オリジナルファイルは，モデルを作成したソフトウェア独自のファイルを指し，ソフトごとに独自の形式（フォーマット）で出力されるものである。オリジナルファイルは作成したソフトウェアへの依存度が高く，データの編集には作成したソフトウェアが必要となる。

BIM/CIMにおけるデータ利活用を想定した場合，可読性のあるファイル形式での納品が必須となる。データの交換・継承を考慮の上，どのようなファイル形式とするか，発注者と協議して決定する。**表 1-4-5** に可読性のある3次元モデルの一般的なファイル形式の例を示す。

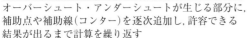

表1-4-5　可読性のある3次元モデルの一般的なファイル形式の例[15), 17)]

ファイル形式略称	概要	拡張子
OBJ	Wavefront 用のフォーマット形式	obj
VRML	Virtual Reality Modeling Language	wrl
DXF	CAD の標準形式のフォーマット	dxf
STL	Standard Triangulated Language	stl
PLY	Stanford University	ply
IFC	3次元モデルデータ交換標準	ifc
J-LandXML	3次元設計データ交換標準	xml

■パネルダイアグラム

サーフェスモデルまたはソリッドモデル（B-reps）に任意に断面線を設定し，その位置で切り出した断面図（パネル）のことを指し，ソリッドモデルなどで下位あるいは陰となり見えにくい部分を可視化する。動的解析用地盤モデル，地下水流動解析用水理地盤モデルなどの入力用形状データとして利用する場面などで用いられる。図1-4-17・図1-4-18にパネルダイアグラムの例を示す。

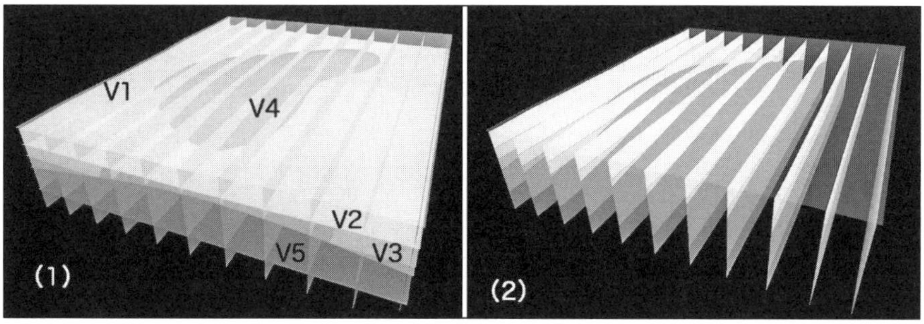

（左）サーフェスモデル＋パネルダイアグラム　　（右）地表面＋パネルダイアグラム

図1-4-17　パネルダイアグラムの例[3)]

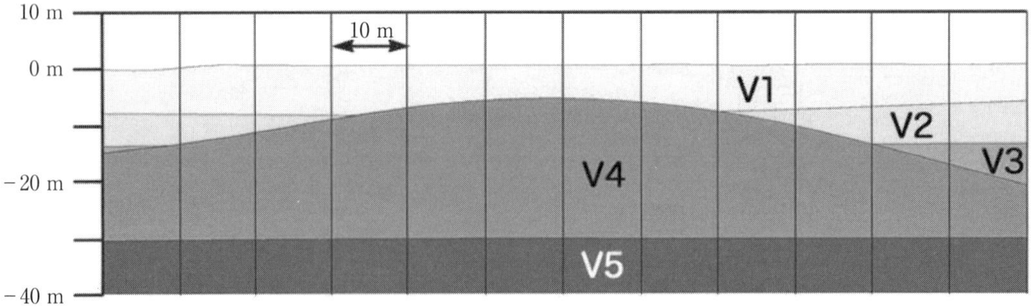

水平距離		0	10	20	30	40	50	60	70	80	90	100	110	120
Y 座標		62150	62150	62150	62150	62150	62150	62150	62150	62150	62150	62150	62150	62150
X 座標		5310	5320	5330	5340	5350	5360	5370	5380	5390	5400	5410	5420	5430
標高	V1	−0.2	0.0	0.6	0.4	0.4	0.4	0.4	0.5	0.4	0.5	0.6	0.4	0.6
	V2	−8.0	−8.1	−8.3	−8.4	—	—	—	—	—	−7.5	−7.0	−6.6	−6.1
	V3	−13.9	—	—	—	—	—	—	—	—	—	—	−13.6	−13.6
	V4	−15.1	−13.5	−11.5	−9.2	−7.1	−5.8	−5.4	−6.2	−7.8	−10.4	−13.8	−17.5	−21.1
	V5	−30.8	−30.7	−30.6	−30.6	−30.5	−30.4	−30.4	−30.5	−30.5	−30.5	−30.5	−30.5	−30.5

（上）パネルダイアグラム　（下）上図の数値データから求めた地層境界面の標高値（等間隔）

図 1-4-18　パネルダイアグラムの高度利用例[3)]

■照査

地質・土質モデル構築のワークフローに対応する照査の例（『3 次元地質・土質モデルガイドブック』[15)]）を**図 1-4-19** に示す。

地質・土質モデルを合理的に品質評価するにはワークフローの要所で照査が必要となる。

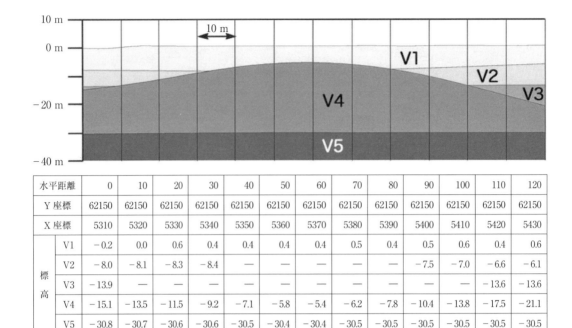

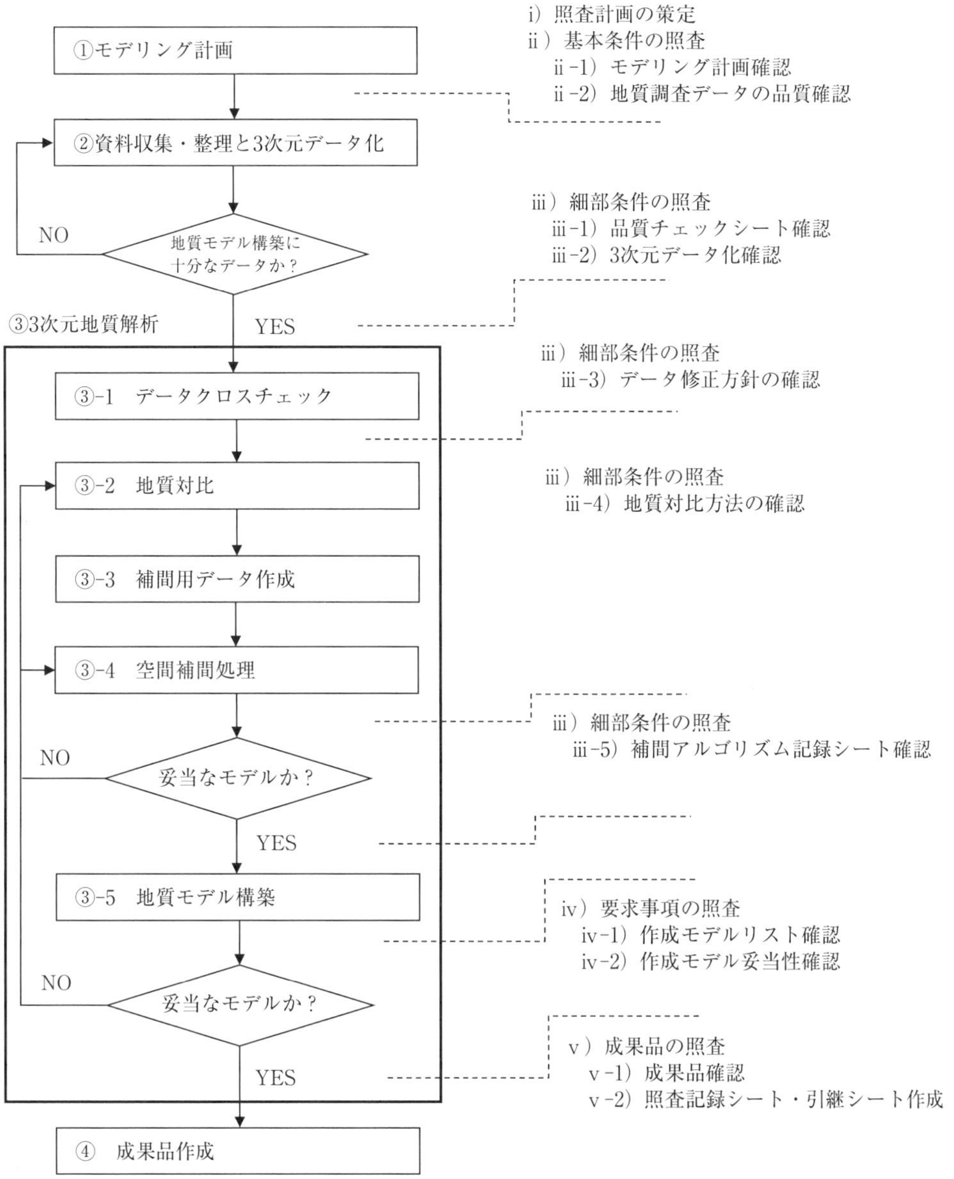

図 1-4-19　地質・土質モデル作成における基本ワークフローと照査のタイミング・照査項目[17)]

6.　地質技術者の役割

3次元地質解析において地質技術者の役割は大きく，フローの各段階において必要とされている。現在，地質調査業務で作成している2次元の地質平面図や断面図の作成においても，地質技術者は“頭の中”では地層の3次元的な広がりを考えており，その考えを2次元に表現している。3次元の地質・土質モデルは今までは2次元でしか表現できなかったものを，ツールを利用し，頭の中で描いていた3次元的な広がりを表現したものに過ぎない。このため，地質技術者にとって地質・土質モデル作成過程の基本を理解するのにそれほど大きな支障はない。

ただし地質は，地層そのものの成り立ちや後生的な断層・風化・変質，地下水等の作用により，分布・状態が複雑化するため，限られた地点の地質調査データだけで正確な地質・土質のモデル化を行うことは困難である。地質・土質モデルは，3次元図化技術がいかに進歩しようとも，地質調査手法の精度や限界，情報の粗密等に起因する不確実性を多分に含んでいることに留意すべきである。このため，地質・土質モデルの信頼性を向上させるためには，地質技術者が下記の点に留意する必要がある。

- 使用目的や要求性能に応じた地質調査データの「質」と「量」が確保されているか
- 既存調査成果を用いる場合は，地質構造発達等の解釈が科学的に妥当であるか
- 空間補間に際して，地質事象に合った適切なアルゴリズムを使用しているか
- 作成したモデルに地質学的な矛盾がないか
- 合理的な手順で地質・地盤モデルが構築されているか

地質・土質モデルを構築するために必要最低限の地盤情報，利用目的に応じた調査の密度等は規定されていない。従来であれば地質技術者が「推定」していた部分も3次元だとそれらしく可視化されるため，「不確実性」が伝わりにくくなる。このため，何らかの「不確実性」を表現するための工夫が必要となる。**図 1-4-20** に不確実性に配慮した表現方法について示す。

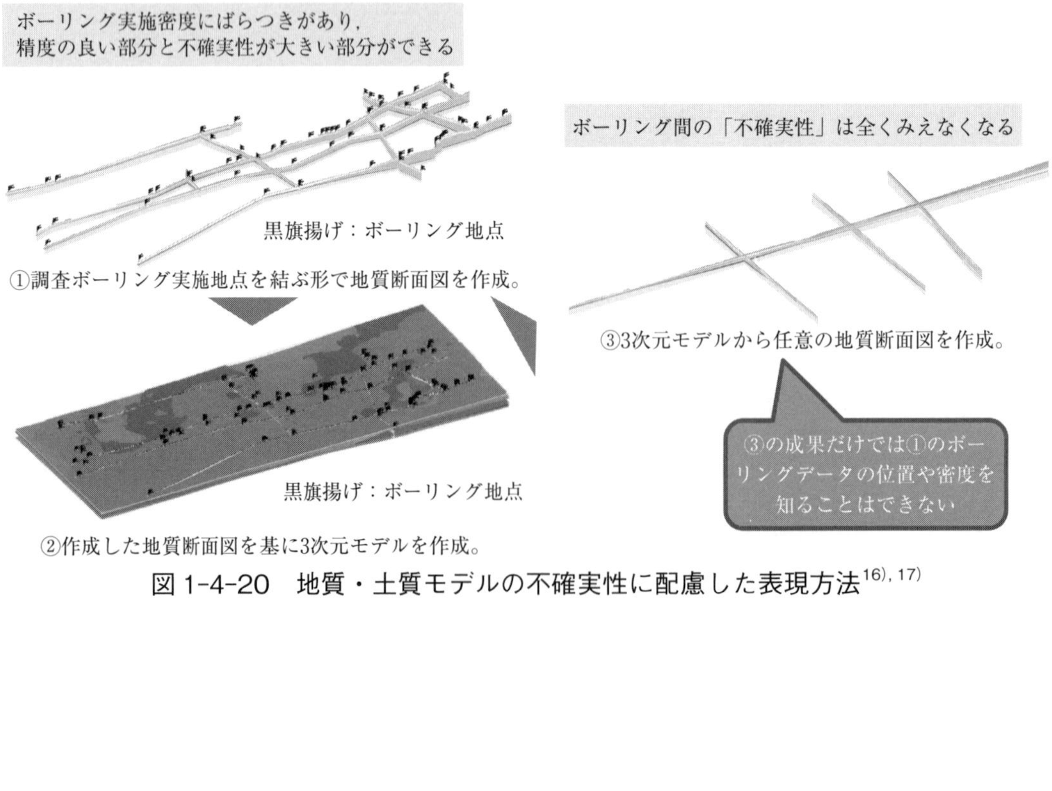

図 1-4-20　地質・土質モデルの不確実性に配慮した表現方法[16), 17)]

《参考文献》

1) 国土交通省：地質・土質調査業務共通仕様書（案），2024
2) 国土交通省：地質・土質調査成果電子納品要領，2016
3) 全国地質調査業協会連合会：地質情報管理士資格検定試験テキスト 2023，2023
4) 国土交通省：オンライン電子納品実施要領 業務編，2023
5) 国土交通省：令和 5 年度 BIM/CIM 原則適用について，第 9 回 BIM/CIM 推進委員会，資料 1，2023
6) 国土交通省：電子納品に関する要領・基準，https://www.cals-ed.go.jp/，2024.11.30 閲覧
7) 国土地盤情報センター：地盤情報の検定，https://ngic.or.jp/about_ground/，2024.11.30 閲覧
8) 国土地盤情報センター：地盤情報の検定と実施内容，2021
9) 国土地盤情報センター：電子納品の現状と対応について，2021
10) 国土地盤情報センター：掘削位置の地図チェック［ボーリング交換用データ］，https://ngic.or.jp/D_AidSystem/D_AidMapCheck.html，2024.11.30 閲覧
11) GeoInformation Portal Hub（GIPH）：地図情報（緯度・経度・標高）取得ウェブサイト，https://web-gis.jp/MapsInfo/index.html，2024.11.30 閲覧
12) 国土交通省：直轄土木業務・工事における BIM/CIM 適用に関する実施方針，2023
13) 全国地質調査業協会連合会：全国標準積算資料（土質調査・地質調査）令和 5 年度改訂歩掛版，2023
14) 国土交通省：BIM/CIM 活用ガイドライン（案）第 1 編 共通編，2022
15) 国土地盤情報センター：3 次元地質・土質モデルガイドブック，2022
16) 3 次元地質解析技術コンソーシアム：3 次元地盤モデリングガイドブック 技術マニュアル Ver3.0 対応版，2021
17) 3 次元地質解析技術コンソーシアム：3 次元地質解析マニュアル Ver3.0.1，2021
18) 伊藤忠テクノソリューションズ：GEORAMA for Civil 3D マニュアル，2023

1.5　地質調査業務の発注

地質調査業務は，目に見えない地下を調査し，設計・施工に役に立つ情報を成果品として納入する業務であるため，その品質確保を図るためには，適切な業者に委託することに加え，優れた技術を持つ有資格者の活用が必須である。

2019 年 6 月に施行された改正品確法では，地質調査についても本法律の対象として位置づけられ，基本理念に調査等の品質が公共工事の品質確保を図る上で重要な役割を果たすことが盛り込まれた。さらに，緊急性に応じた災害後の随意契約・指名競争入札等適切な入札・契約方法の選択や，業界団体等との災害協定の締結，災害時における発注者との連携が新たに発注者の責務として加わった。また，民間のノウハウを活用するなど多様な入札契約制度の導入・活用が示された。

このように，地質調査業務の品質を確保するためには，企業の技術力の評価と適切な入札契約方式，そして技術者の評価，何より担い手確保等による地質調査会社の経営基盤の安定化が重要である。

1.5.1　地質調査業者の選定と発注方式

建設関連の事業の進捗に応じた地質調査技術の役割を**図 1-5-1** に示す。地質調査がかかわる領域は，各種構造物の建設・環境保全・地盤災害対策・構造物の維持管理など多岐にわたるとともに，建設のステージに応じて悪層の確認や地質構造の精度など，事業進捗によって必要とされる地質調査を実施することが重要である。

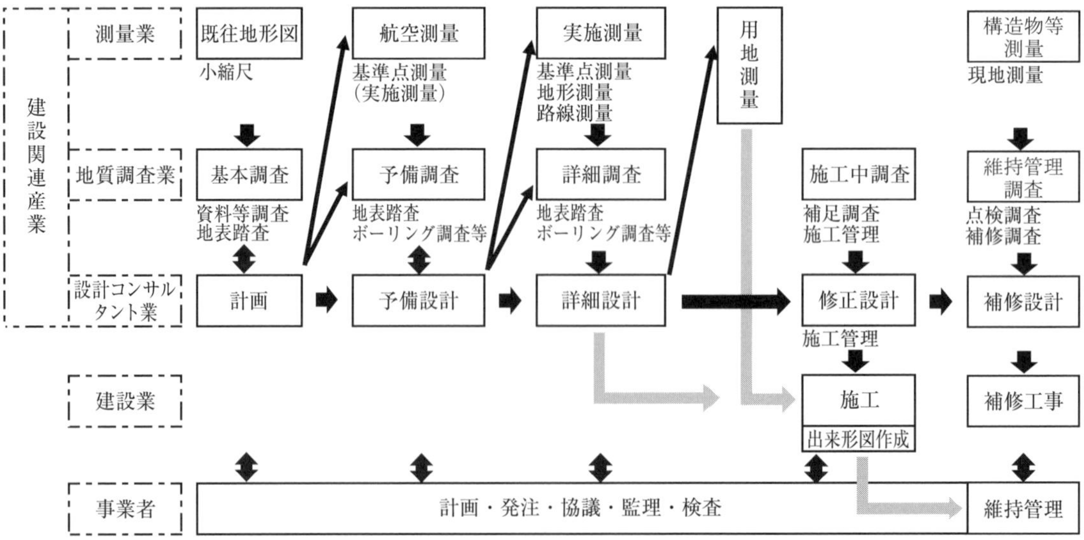

図 1-5-1　建設関連作業における地質調査の役割

1.　発注方式選定の考え方

発注方式については大きく分けて，純粋な企画競争によるプロポーザル方式，価格と技術力を評価する総合評価落札方式（標準型・簡易型）および価格競争方式に分けられる。**図 1-5-2**に選定フローを示すが，プロポーザル方式は，業務の内容が技術的に高度なものまたは専門的な技術が要求されるもので，提出された技術提案に基づいた仕様を作成する方が優れた成果が期待できる業務に適用される。また，入札者の技術等によって成果に差がでる業務については総合評価落札方式が適用され，入札者に実施方針と評価テーマの提出を求めるものが標準型，実施方針のみ求められる業務には簡易型が適用される。さらに一定の資格，実績，成績等があれば品質を確保できる業務には価格競争方式が適用される。

なお，2023 年度から**図 1-5-2** の留意事項として「＊協議調整，地元説明，厳しい施工条件での設計等，業務の特性を考慮の上，プロポーザル方式の選定も検討する。」が加えられている。

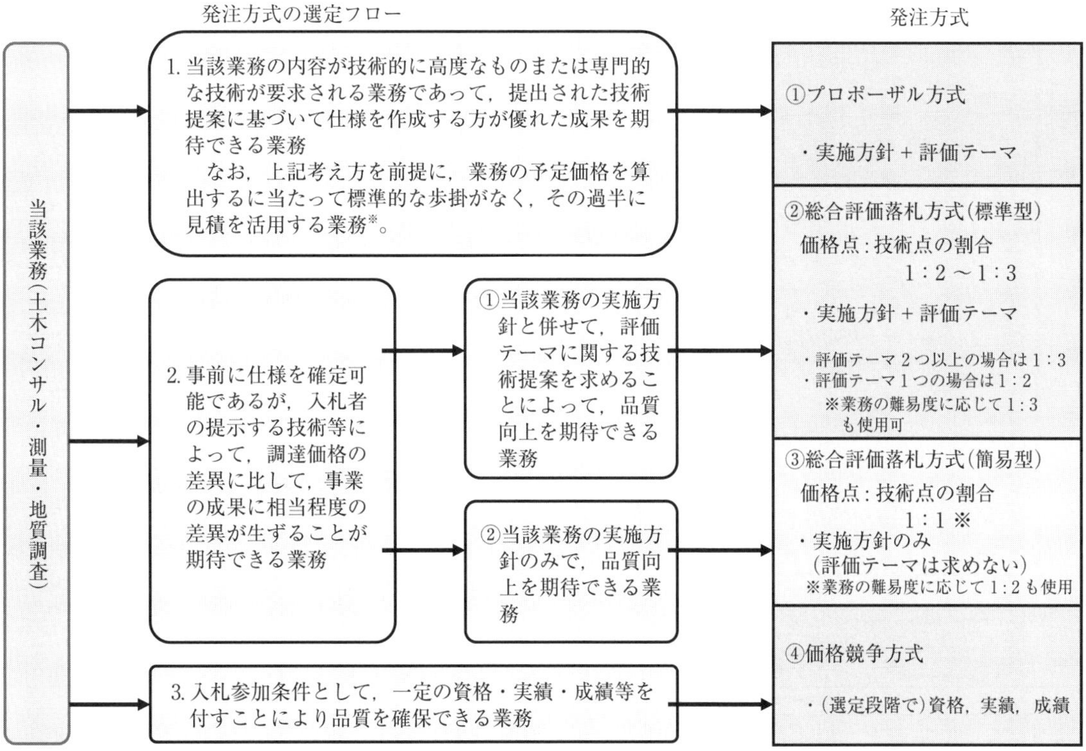

※予定価格の算出においてその過半に見積を活用する業務であっても，業務の内容が技術的に高度ではないもの又は専門的な技術が要求される業務ではない簡易なもの等については総合評価落札方式又は価格競争方式を選定できる
※協議調整，地元説明，厳しい施工条件での設計等，業務の特性を考慮の上，プロポーザル方式の選定も検討する。

図 1-5-2　業務発注方式の選定フロー[1)]

2. 業務内容に応じた発注方式

地質調査の発注にあたっても，それぞれの業務の性格に応じた適切な発注方式を採用することが求められており，2015年11月のガイドラインでは，**図1-5-3**の地質調査業務における標準的発注方式（いわゆる象限図）が示され，国土交通省の直轄事業において適用されている。

地質総合解析，軟弱地盤調査・検討，トンネル変状調査・解析などは，高い知識と構想力・応用力を求められることから，プロポーザル方式による発注が望ましい。最近では，地質リスク調査検討，地質調査計画策定といった業務も同様である。また，ボーリング調査についても，単純なものは価格競争であるが，高度安全管理や高品質コア等が要求される業務では，総合評価落札方式に分類されていたり，地下水調査，地盤環境調査等についても，現地作業を悉知した地質調査の専門家が関与する必要がある。

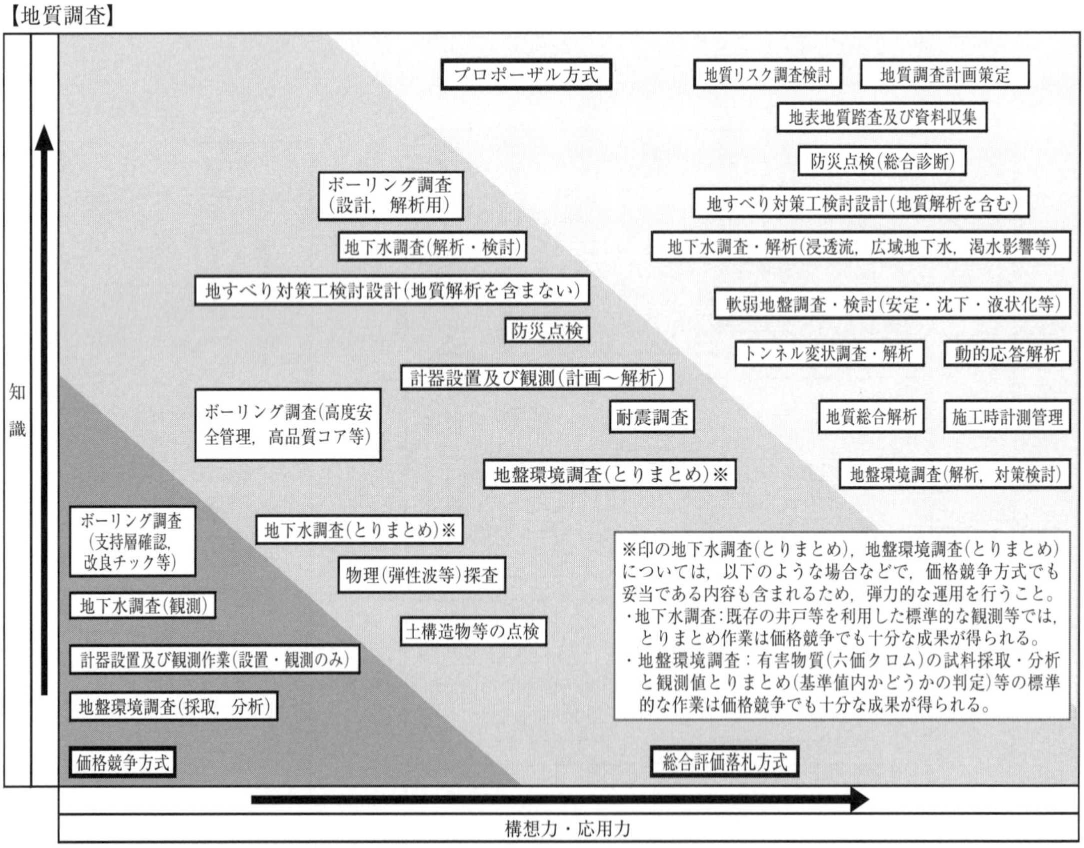

図1-5-3　地質調査業務の知識と構想力・応用力と業務項目の関係[1)]

3. 入札・契約に関する新たな流れ

（1）事業促進PPP，CM・PM，ECI方式への対応

工事の発注においては，設計・施工一括発注方式や詳細設計付工事発注方式など，構造物の設計を施工と一括して発注する方式が導入されている。このような調査，設計といった工事前に必要な工程も含めて一括して検討する際の発注者支援の在り方として，CM（Construction Management）・PM（Project Management）方式，事業促進PPP方式，ECI方式（Early Contractor Involvement）が提案され，具体的な活用事例も増えている。

例えば，東日本大震災関連の復興道路事業で用いられた「事業促進PPP」方式は，調査および設計段階から発注関係事務の一部を民間に委託し，測量・調査・設計業務に対する指導・調整，地元および関係行政機関との協議，事業監理，施工監理等を発注者と一体となって行うものである。また都市再生機構（UR）が復興市街地整備事業において活用したUR版CM方式は，事業地区全体を地盤調査から設計・施工まで一括して受注し，エリアごとに調査から施工までをマネジメントする方式で，コスト＆フィー方式やオープンブック方式の契約を導入し，受注者リスクの軽減と契約の透明化を図るなど先進的な取り組みとなっている。

（2）災害時における入札契約方式の選定

2024年の品確法改正では，緊急性に応じた随意契約・指名競争入札等適切な入札・契約方法の選択が挙げられており，特に災害時における入札契約方式の選定（測量，調査および設計）にあたっては，業務の緊急度を勘案し，建設業者団体等との災害協定の締結や随意契約等を適用すること等を推奨している。災害協定の締結状況や履行体制，地理的状況，業務実績等を踏まえ，最適な契約相手を選定するとともに，書面での契約を行う。

4. 技術者資格

地質調査の職務分野に関連する主な技術資格を**表1-5-1**に示す。このように分野ごとに多岐にわたる資格が存在するが，このうち地質調査に直接関係する資格制度には，技術士（ただし，建設部門（選択科目が「土質及び基礎」），応用理学部門（選択科目が「地質」），総合技術監理部門（選択科目が「建設一般・土質及び基礎」または「応用理学一般・地質」）および，全国地質調査業協会連合会が実施する国土交通省登録技術者資格である地質調査技士，地質情報管理士，応用地形判読士の3資格がある。またこれらのほかに，全国地質調査業協会連合会が認定する地質リスク・エンジニア（GRE）という資格もあり，今後の活用が期待されている。

国土交通省の『地質・土質調査業務共通仕様書』によると，全国地質調査業協会連合会が実施する国土交通省登録技術者資格に登録されている3資格の中で，地質調査技士および応用地形判読士については，土質・地質に係る調査業務の主任技術者としての資格要件に含まれている。

表 1-5-1　地質調査の職務分野に関連する主な技術者資格

<table>
<tr><th>分　野</th><th>資格名称</th><th>資格の種類</th><th>実務経験</th></tr>
<tr><td rowspan="13">建　設</td><td>技術士（20 技術部門）（総合技術監理部門）</td><td rowspan="6">国家資格</td><td>必要</td></tr>
<tr><td>技術士補</td><td>不問</td></tr>
<tr><td>測量士（測量士補）</td><td>不問（試験）
必要（書類審査）</td></tr>
<tr><td>さく井技能士（1 級）（2 級）（3 級）</td><td>必要</td></tr>
<tr><td>建築士（1 級）（2 級）</td><td>必要</td></tr>
<tr><td>土木施工管理技士（1 級），（2 級）</td><td>必要</td></tr>
<tr><td>地質調査技士*</td><td rowspan="3">団体資格</td><td rowspan="7">必要</td></tr>
<tr><td>地質情報管理士</td></tr>
<tr><td>応用地形判読士*</td></tr>
<tr><td>地質リスク・エンジニア（GRE）</td><td>団体認定</td></tr>
<tr><td>RCCM</td><td rowspan="3">団体資格</td></tr>
<tr><td>地盤品質判定士</td></tr>
<tr><td>地すべり防止工事士</td></tr>
<tr><td>港湾海洋</td><td>港湾海洋調査士（深浅測量部門）（土質・地質調査部門）（環境調査部門）</td><td>団体資格</td><td>必要</td></tr>
<tr><td>農　業</td><td>農業土木技術管理士</td><td>団体資格</td><td>必要</td></tr>
<tr><td rowspan="4">環　境</td><td>土壌汚染調査技術管理者</td><td>国家資格</td><td>必要</td></tr>
<tr><td>環境計量士</td><td>国家資格</td><td>不問</td></tr>
<tr><td>公害防止管理者（騒音・ダイオキシン）（大気・粉塵）（振動）（水質）</td><td>国家資格</td><td>不問</td></tr>
<tr><td>環境カウンセラー（市民部門）（事業部門）</td><td>団体資格</td><td>必要</td></tr>
<tr><td rowspan="2">生　態</td><td>ビオトープ計画管理士（1 級）（2 級）</td><td>団体資格</td><td>必要（1 級）</td></tr>
<tr><td>ビオトープ施工管理士（1 級）</td><td>団体資格</td><td>必要</td></tr>
</table>

＊　品確法に基づき，技術者資格登録簿に登録された資格（国土交通省登録技術者資格）

《参考文献》

1）国土交通省：建設コンサルタント業務等におけるプロポーザル方式及び総合評価落札方式の運用ガイドライン，2023

第2章
建設事業のための地質調査

第 2 章　建設事業のための地質調査

2.1　建築構造物

2.1.1　調査の目的

建築物は，戸建て住宅や超高層ビル，商業施設，物流倉庫，鉄道駅舎など多種多様なものが対象となり，規模・階層・形状・設計条件・重要度もそれぞれで異なる。さらに，建築対象となるフィールドも山地，丘陵地，台地，低地，埋立地，造成地などさまざまである。このように建築物といっても多岐にわたり，地盤調査の目的も変化するため，目的や後述する段階に応じた手法と数量の地盤調査を計画・実施することが重要となる。

計画・実施される地盤調査は，建築物の計画段階（建設計画）に応じて**図 2-1-1** のように区分され，建設計画・地盤調査・土壌汚染調査は各段階で相互に関係する。そのため，各段階で適切な質および量の地盤調査を実施することで，後工程の遅延や竣工後の地盤トラブルを防止することができ，経済的な事業運営となる。

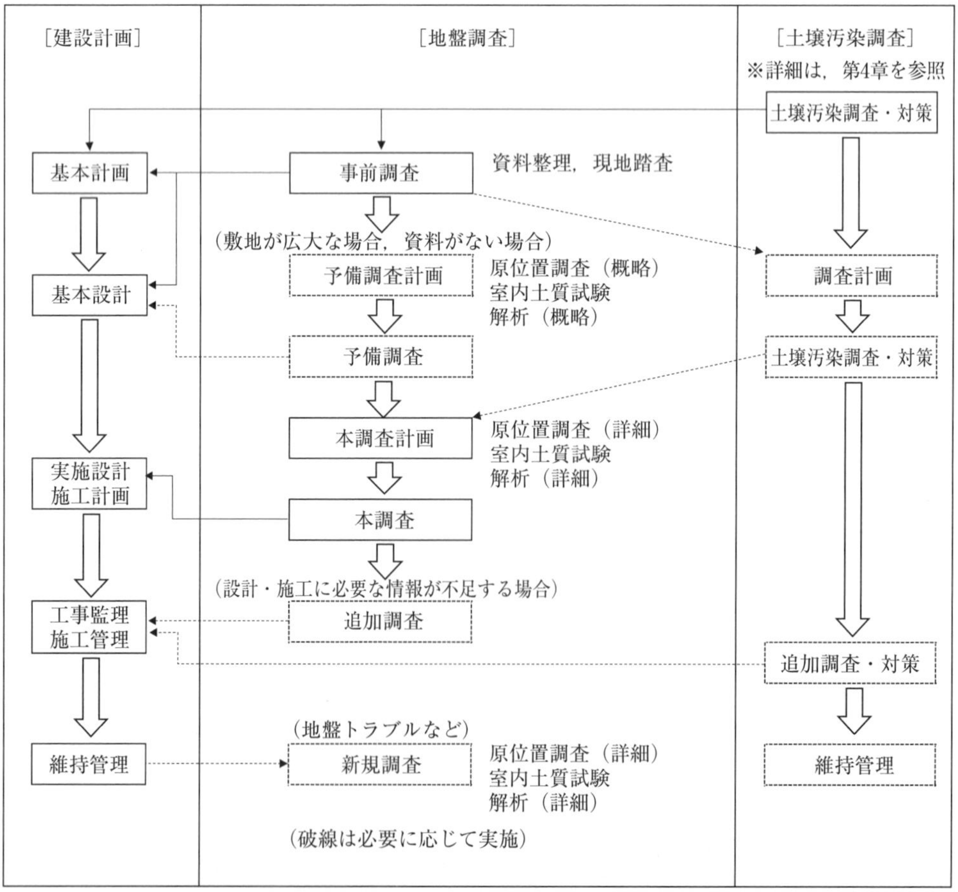

図 2-1-1　建築計画と地盤調査の流れ[1]（一部修正）

1. 求めるべき地盤情報等

調査の計画にあたっては，各種既存資料の収集・整理や現地踏査を行い，これらの情報をもとに，基礎形式や山留工法を想定し，地盤工学上の課題や問題点（地質リスク）を抽出する。その結果をもとに，調査・測定が必要な地盤情報をまとめ，予備調査・本調査を立案する。

収集・整理する情報は，①建物条件，②地盤条件，③敷地・周辺環境条件が挙げられ，その情報をもとに，**図 2-1-2** の手順で調査計画を立案する。

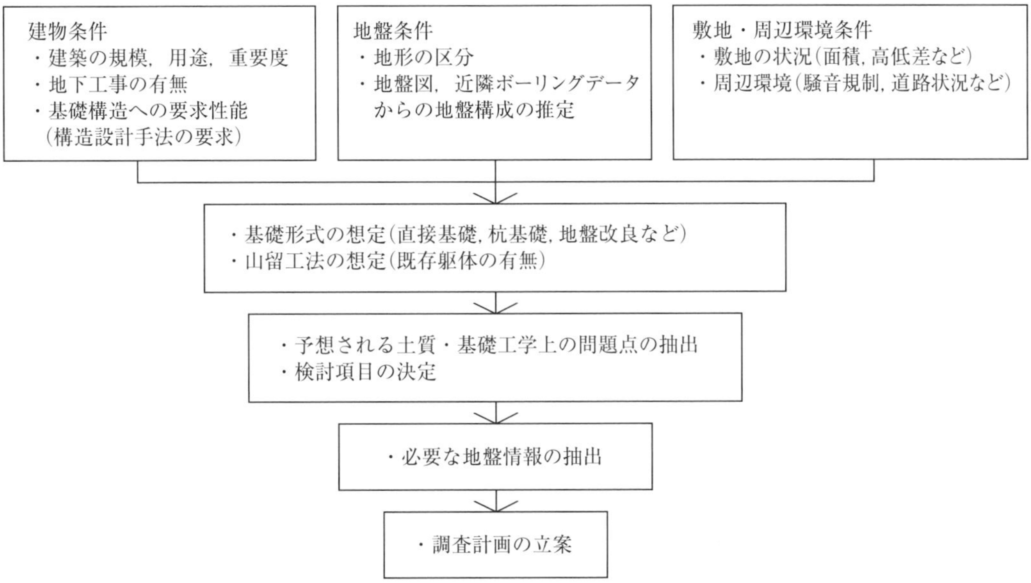

図 2-1-2　地盤調査計画の手順[2)]

2. 予 備 調 査

予備調査は，基本設計に供する基礎資料として，対象地全体の層序や支持層，地下水位などの地盤の概略を把握することを目的として実施する。建築物の規模や土地の地盤条件などによっては，予備調査を省略し，本調査へ進むこともある。予備調査を必要とする事例は，以下のとおりである。

① 敷地が広大な案件や建築面積が広い案件

② 既存資料などが得られず地盤情報が不明な場所

③ 支持層に高低差や傾斜が予想される場所

④ 沈下やすべりなどの地質リスクが予想される場所

予備調査の計画は，計画建築物の概要や対象地の地形条件などを考慮し，対象地全体の地盤の概略を把握できる調査項目（機械ボーリングや原位置試験，室内土質試験など），方法，仕様，数量を立案する。

予備調査の結果報告には，本調査計画の基礎資料となる，不足する調査項目，数量，支持層の傾斜の有無，想定される地質リスクなどをまとめる。

3. 本　調　査

本調査は，計画する建築物に対して，実施設計・施工計画に必要な地盤情報を得ることを目的として実施する。

本調査では，不足のない地盤調査および地盤解析を行う必要があり，建築物の設計条件や事前調査・予備調査での懸念事項を踏まえた調査計画を立案する。

本調査の計画では，後述する検討項目を踏まえ調査項目，解析項目（液状化など），方法，仕様，数量を立案する。計画や仕様書に不足する項目がある場合は，発注者に必要な調査・解析の提案を行う。

本調査の段階で地盤工学上の課題・問題や設計・施工上のリスクを見落とした場合，施工段階や維持管理段階において，施工条件および建築物に悪影響を及ぼすことがあるため，地質技術者による精査が重要となる。

4. 追加調査（補足調査）

追加調査の目的は，設計変更に伴う新たな地盤情報の取得や本調査中に明らかとなった地盤工学上の課題・問題や設計・施工上のリスクの調査を目的として実施する。そのため，追加調査が実施されない場合もある。

追加調査では，変更となった建築物の設計条件や本調査での懸念事項を踏まえた調査計画を立案する。

追加調査の計画では，調査項目，解析項目（沈下や液状化など），方法，仕様，数量を立案し，不足する項目がある場合は，発注者に必要な調査・解析の提案を行う。

追加調査の結果報告では，本調査での懸念事項についての調査・解析結果を明確にし，施工段階や維持管理段階での留意点をまとめる。

2.1.2　調査計画・内容

調査計画は，建築物規模，基礎形式，設計外力，地盤構成などに応じて検討項目を整理し，必要な調査計画を立案する。立案した調査計画をもとに，地盤調査の調査項目・方法・仕様・数量など必要事項をまとめた仕様書や計画書を作成する。

以降に，具体的な検討項目，調査手法，調査計画例を示す。

1. 検 討 項 目

主な検討項目は，以下のとおりである。これらの検討項目に対して必要な地盤情報の一覧を**表 2-1-1** に示す。

① 支持層・支持力
② 地盤沈下
③ 杭基礎の選定
④ 液状化判定・設計地震動
⑤ 地下工事
⑥ 傾斜地・斜面地

表 2-1-1　検討項目に対して必要な地盤情報[2)]（一部修正）

検討項目	詳細項目	対象土質	必要な地盤情報
支持層・支持力	支持層の選定	砂質土 粘性土	N 値，土質分類，層序，層厚，地層の連続性，地層の傾斜
	支持力	砂質土	N 値，内部摩擦角 ϕ，単位体積重量 γ_t，地下水位，N_{sw}
		粘性土	粘着力 c または一軸圧縮強さ q_u，単位体積重量 γ_t，地下水位，圧密特性，W_{sw}
地盤沈下	即時沈下量	砂質土	N 値または変形係数 E，単位体積重量 γ_t，地下水位，ポアソン比 v，層厚
		粘性土	変形係数 E，単位体積重量 γ_t，地下水位，ポアソン比 v，層厚
	圧密沈下量	粘性土	圧密特性，単位体積重量 γ_t，地下水位，層厚
杭基礎の選定	杭の水平抵抗力	砂質土 粘性土	変形係数 E または N 値
	杭の引抜き抵抗力	砂質土	N 値，層厚
		粘性土	N 値，粘着力 c または一軸圧縮強さ q_u，層厚
	負の摩擦力	砂質土	N 値，単位体積重量 γ_t，層厚
		粘性土	粘着力 c または一軸圧縮強さ q_u，単位体積重量 γ_t，圧密特性，層厚
液状化判定・設計地震動	液状化	砂質土	N 値，細粒分含有率 Fc，粘土含有率，塑性指数 I_P，単位体積重量 γ_t，地下水位，層厚，液状化抵抗比 R
	地震時応答（時刻歴応答）	砂質土 粘性土	弾性波速度 V_s，V_p，地盤の卓越周期 T_g（地盤種別），単位体積重量 γ_t，地下水位，動的変形特性
地下工事　山留め工法	山留め工法の選定	砂質土 粘性土	N 値，土質分類，層序，層厚，帯水層厚 D，地下水位
	土圧・側圧	砂質土	単位体積重量 γ_t，内部摩擦角 ϕ，地下水位，変形係数 E，N 値
		粘性土	単位体積重量 γ_t，粘着力 c または一軸圧縮強さ q_u，地下水位，変形係数 E
	アンカーの引抜き抵抗力	砂質土	周面摩擦力 τ，内部摩擦角 ϕ，N 値
		粘性土	周面摩擦力 τ，粘着力 c または一軸圧縮強さ q_u，N 値
地下工事　根切り底面の安定性	根切り底面の安定性	砂質土	自由地下水位，被圧水頭
		粘性土	粘着力 c または一軸圧縮強さ q_u
	ボイリング	砂質土	地下水位，単位体積重量 γ_t
	ヒービング	粘性土	粘着力 c または一軸圧縮強さ q_u，単位体積重量 γ_t
	盤ぶくれ	粘性土	被圧水頭，単位体積重量 γ_t，層厚
	パイピング	砂質土	被圧水頭
地下工事　地下水処理	排水量の計算	砂質土	透水試験 k（透水量係数 T），貯留係数 S，帯水層厚 D
傾斜地・斜面地	斜面の安定	砂質土	N 値または内部摩擦角 ϕ，単位体積重量 γ_t，地下水位
		粘性土	粘着力 c または一軸圧縮強さ q_u，地下水位
	建物の滑動	砂質土	N 値，内部摩擦角 ϕ
		粘性土	粘着力 c または一軸圧縮強さ q_u
	杭・アンカー・補強土の引抜き抵抗力	砂質土	周面摩擦力 τ，内部摩擦角 ϕ，N 値
		粘性土	周面摩擦力 τ，粘着力 c または一軸圧縮強さ q_u，N 値

＊　傾斜地・斜面地の詳細は，**2.3 切土構造物**および**第 3 章 3.2 土砂災害防止**を参照されたい。

2. 調 査 手 法

次に，必要な地盤情報に合わせた地盤調査の項目・方法を計画する。必要な地盤情報と調査手法の対比表を**表 2-1-2** に示す。

具体的な調査手法の詳細は，国土交通省「告示第 1113 号」や日本建築学会発行の『建築基礎設計のための地盤調査計画指針』，全国地質調査業協会連合会編の『改訂 3 版地質調査要領』，地盤工学会発行の『地質調査の方法と解説』などを参照されたい。

表 2-1-2　必要な地盤情報と調査手法の対比表[1]（一部修正）

	調査・試験方法	調査によって得られる主な地盤情報	支持層・支持力		地盤沈下		杭基礎の選定			液状化判定・設計地震動		地下工事								
			支持層の選定	支持力	即時沈下量	圧密沈下量	杭の水平抵抗力	杭の引き抜き抵抗力	負の摩擦力	液状化	地震時応答（時刻歴応答解析）	山留め工の選定	土圧・側圧	アンカーの引き抜き抵抗力	根切り底面の安定性	ボイリング	ヒービング	盤ぶくれ	パイピング	排水量の計算
	事前調査（既存資料調査）	地形・地質他	○	○	○	○	○	○	○	○	○	○	○	○	○	○	○	○	○	○
原位置調査等	ボーリング調査	土質分類，地層構成	○	○	○	○	○	○	○	○	○	○	○	○	○	○	○	○	○	○
	地下水位測定（ボーリング孔）	地下水位	○	○	○	○	○	○	○	○	○	○	○	○	○	○	○	○	○	○
	標準貫入試験	N 値，土質	○	○	○	－	○	○	○	○	○	○	○	○	○	○	○	○	○	○
	各種サウンディング試験	N_{sw}，W_{sw}，N_d，換算 N 値，換算 q_u 他	○	○	△	－	△	△	△	△	△	△	△	－	－	－	－	－	－	－
	乱れの少ない試料採取（サンプリング）	乱れの少ない試料の採取	△	△	△	△	△	△	△	△	△	△	△	△	△	△	△	△	△	△
	プレッシャーメーター試験	変形係数 E_s	－	○	○	－	○	○	－	－	－	－	－	－	－	－	－	－	－	－
	単孔式現場透水試験	自由水位，被圧水頭，透水係数 k	－	－	－	－	－	－	－	○	－	○	○	－	○	○	○	○	○	△
	揚水試験	貯留係数 S，透水量係数 T	－	－	－	－	－	－	－	○	－	○	－	－	－	－	－	－	－	○
	PS 検層	弾性波速度 V_s，V_p	○	－	○	－	－	○	－	△	○	△	－	－	－	－	－	－	－	－
	常時微動測定	地盤の卓越周期	－	－	－	－	－	－	－	－	○	－	－	－	－	－	－	－	－	－
	微動アレイ探査	弾性波速度 V_s	－	－	－	－	－	－	－	－	○	－	－	－	－	－	－	－	－	－
	表面波探査	レイリー波速度 V_r	△	△	－	－	－	－	－	△	－	－	－	－	－	－	－	－	－	－
	地中レーダー探査	電磁波波形記録断面図	－	－	－	－	－	－	－	－	－	－	－	－	－	－	－	－	－	－
	平板載荷試験	荷重～変位関係，地盤反力係数支持力極限支持力度 q_u，変形係数 E	○	○	○	－	－	－	－	－	－	－	－	－	－	－	－	－	－	－
室内土質試験	物理試験	物理特性	○	○	○	○	○	○	○	○	○	○	○	○	○	○	○	○	○	○
	土の段階載荷による圧密試験	圧密特性	△	－	－	○	－	－	－	－	－	－	－	－	－	－	－	－	－	－
	土の一軸圧縮試験	一軸圧縮強さ q_u，変形係数	△	△	－	－	△	△	△	－	－	－	△	△	△	－	△	－	－	－
	土の三軸圧縮試験	せん断強度，変形係数	○	○	○	－	○	○	○	－	－	－	○	○	○	－	○	－	－	－
	土の透水試験	透水係数 k	－	－	－	－	－	－	－	－	－	－	－	－	－	－	－	－	－	○
	変形特性を求めるための繰返し三軸試験	せん断剛性率 G，減衰定数 h	－	－	－	－	－	－	－	－	○	－	－	－	－	－	－	－	－	－
	繰返し非排水三軸試験	液状化強度	－	－	－	－	－	－	－	○	－	－	－	－	－	－	－	－	－	－

*○：得られた地盤情報を検討に用いることができる
△：他試験と組み合わせや，換算式などを用いることで検討することができる
－：検討できない

調査手法の数量や深さなどの目安を**表 2-1-3** に示す。

図 2-1-3 に建築物の形状に応じた調査本数の目安を示し，**図 2-1-4** に建築面積に応じたボーリング必要本数の目安を示す。

表 2-1-3　調査・試験の数量および深さ[1)] をもとに作成

調査試験法		数量	深さ
ボーリング・サンプリング	ボーリング	地層が傾斜と想定：2 箇所以上 その他：1 箇所以上　**図 2-1-4** 参照	事前調査で想定した支持層の必要層厚が確認できる深さまで
	乱れの少ない試料採取（サンプリング）	土質試験に必要な数	地表面から予定支持層，または支持層直下の粘性土層まで
原位置試験・物理検層	標準貫入試験	深さ 1 m ごとを標準とするが，地層が変化する場合は 50 cm ごと	事前調査で想定した支持層の必要層厚が確認できる深さまで
	静的・動的貫入試験（サウンディング）	ボーリングの補足程度	調査可能深さ（SWS では N≒20 程度）
	プレッシャーメーター試験	代表ボーリング孔の各土層につき 1 箇所以上	杭の水平抵抗の検討：杭頭から深さ約 10 m，または杭径の 5 倍程度，最大曲げモーメント深さ 沈下の検討：床付け面または支持層直下から基盤層上面
	平板載荷試験	1～2 箇所以上，床付け面が深い場合は基礎根切り施工時に支持力・変形係数の確認を目的とする	予定床付け面深さ
	地下水位測定	代表的ボーリング孔で設計・施工に影響する砂質土層ごと	地表面から予定支持層
	地下水調査	地下掘削に影響する砂質土層・礫質土層ごと	地下掘削に影響する砂質土層・礫質土層まで
	透水試験	地下掘削に影響する砂質土層・礫質土層ごと	地下掘削に影響する砂質土層・礫質土層まで
	PS 検層	必要に応じて	必要とする地層深さ
物理探査	常時微動測定	必要に応じて	地表面と地中
	微動アレイ探査	必要に応じて	工学的基盤層の確認深さ
	表面波探査	必要に応じて	10～20 m 以浅
	地中レーダー探査	必要に応じて	1.5～2 m 以浅
室内土質試験	物理試験（砂質土）	代表的ボーリング孔の各砂質土層で深さ 1 m ごと	地表面から予定支持層，または支持層直下の粘性土層まで
	物理試験（粘性土）	代表的ボーリング孔の各粘性土層につき 1 試料以上	地表面から予定支持層，または支持層直下の粘性土層まで
	粒度試験	少なくとも 1 箇所のボーリング孔の標準貫入試験採取全試料	ボーリング深さに準じる
	せん断試験	代表的ボーリング孔で層厚 2～5 m につき 1 試料	地層構成，基礎工法，想定される地質リスクを考慮して決定
	圧密試験（粘性土）	代表的ボーリング孔の粘性土層の層厚 2～5 m につき 1 試料	地層構成，基礎工法，想定される地質リスクを考慮して決定

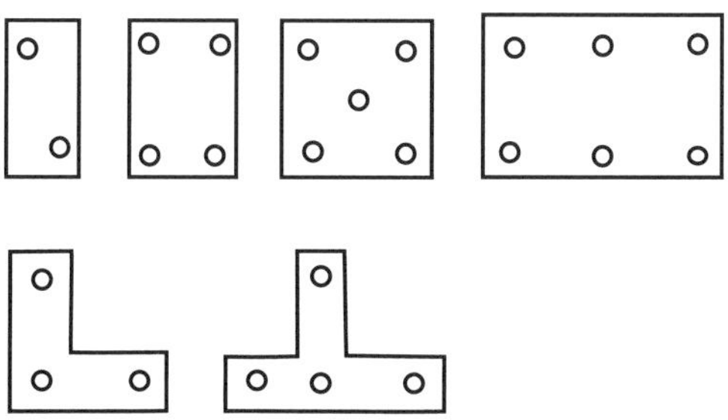

図 2-1-3　建物の形状と調査配置例[1)]

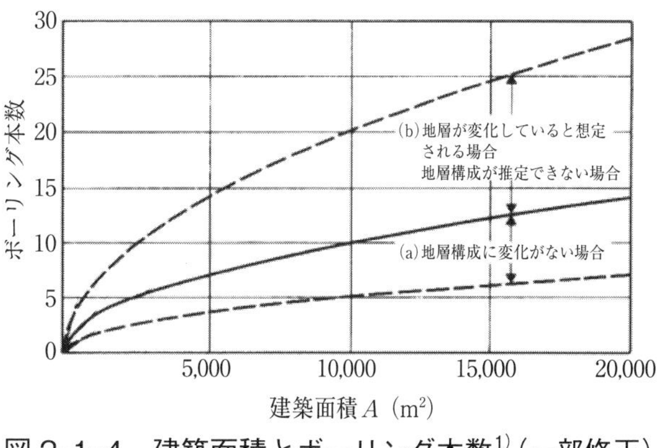

図 2-1-4　建築面積とボーリング本数[1)]（一部修正）

表 2-1-4 に，室内土質試験から得られる主な地盤情報と試料の適否を示す。

表 2-1-4　主な室内土質試験の種類と試料の適否

分類	試験名	得られる主な地盤情報	日本産業規格 JIS 番号	地盤工学会基準 JGS 番号	試料の適否		
					乱した試料	乱れの少ない試料	室内などで調整した試料
物理試験	土粒子の密度試験	土粒子の密度 ρ_s	JIS A 1202:2020	JGS 0111-2009	○	○	○
	土の含水比試験	含水比 W_n	JIS A 1203:2020	JGS 0121-2009	○	○	○
	土の粒度試験	土質の分類	JIS A 1204:2020	JGS 0131-2009	○	○	○
	土の細粒分含有率試験	細粒分含有率 F_c	JIS A 1223:2020	JGS 0135-2009	○	○	○
	土の液性限界・塑性限界試験	液性限界 w_L, 塑性限界 w_P	JIS A 1205:2020	JGS 0141-2009	○	○	○
	土の湿潤密度試験	湿潤密度 ρ_t, 飽和度 S_r 単位体積重量 γ_t	JIS A 1225:2020	JGS 0191-2009	×	○	○
透水試験	土の透水試験方法	透水係数 k	JIS A 1218:2020	JGS 0311-2009	×	○	○
圧密試験	土の段階載荷による圧密試験	圧密降伏応力 P_c, 圧縮指数 C_c, 圧密係数 C_v, 体積圧縮係数 m_v	JIS A 1217:2021	JGS 0411-2009	×	○	×
	土の定ひずみ速度載荷による圧密試験		JIS A 1227:2021	JGS 0412-2009	×	○	×
せん断試験	土の一軸圧縮試験	一軸圧縮強さ q_u, 変形係数 E_{50}	JIS A 1216:2020	JGS 0511-2009	×	○	○
	土の非圧密非排水（UU）三軸圧縮試験	粘着力 c_u, 内部摩擦角 ϕ_u	-	JGS 0521-2020	×	○	○
	土の圧密非排水（CU）三軸圧縮試験	粘着力 c_{cu}, 内部摩擦角 ϕ_{cu}	-	JGS 0522-2020	×	○	○
	土の圧密非排水（$\overline{\mathrm{CU}}$）三軸圧縮試験	粘着力 c', 内部摩擦角 ϕ'	-	JGS 0523-2020	×	○	○
	土の圧密排水（CD）三軸圧縮試験	粘着力 c_d, 内部摩擦角 ϕ_d	-	JGS 0524-2020	×	○	○
	土の繰返し非排水三軸試験	液状化強度	-	JGS 0541-2020	×	○	○
	土の変形特性を求めるための繰返し三軸試験	せん断剛性率 G, 減衰定数 h	-	JGS 0542-2020	×	○	○
	土の変形特性を求めるための中空円筒供試体による繰返しねじりせん断試験		-	JGS 0543-2020	×	○	×
化学試験	土の強熱減量試験	強熱減量 L_i	JIS A 1226:2020	JGS 0221-2009	○	○	×
安定化試験	突固めによる土の締固め試験	最大乾燥密度 ρ_{dmax}, 最適含水比 w_{opt}	JIS A 1210:2020	JGS 0711-2009	○	○	○
	CBR 試験	CBR	JIS A 1211:2020	JGS 0721-2009	○	○	○
	安定処理土の突固めによる供試体作製	-	-	JGS 0811-2020	○	○	○
	安定処理土の静的締固めによる供試体作製	-	-	JGS 0812-2020	○	○	○
	安定処理土の締固めをしない供試体作製	-	-	JGS 0821-2020	○	○	○
	薬液注入による安定処理土の供試体作製	-	-	JGS 0831-2020	○	○	○

＊乱した試料：標準貫入試験などで得られた試料など
乱れの少ない試料：固定ピストン式シンウォールサンプラー，ロータリー式二重管サンプラー（デニソンサンプラー），ロータリー式三重管サンプラー（トリプルサンプラー）などで採取した試料

3. 調査計画例

ここでは，検討項目別に本調査相当の調査計画の例を示す。具体的な数量などの例は，**2次元コード**に示す。

（1）支持層・支持力

1）検 討 項 目

①　調査深度：最も確実な支持層となる地層の層厚を5～10 m以上確認する

②　支持層：砂質土・礫質土ではN値30～60以上，粘性土ではN値20～30以上が目安

③　工学的基盤：V_s≧400 m/sの層厚を5～10 m以上確認する

2）必要な地盤情報

区分	必要な地盤情報
支持層	a．地盤構成（土質分類，層序，層厚，連続性），地下水位
支持力	b．N値，N_{sw}，S_{ws}，N_d
	c．S波速度（V_s）
	d．土被り圧
	e．せん断強度（内部摩擦角ϕ，粘着力c，一軸圧縮強さ（q_u））

3）調査・試験と得られる地盤情報

区分	計画・実施する調査・試験項目	地盤情報
支持層	i．ボーリング	a
支持力	ii．標準貫入試験（SPT），サウンディング	b
	iii．PS検層	c
	iv．現場密度試験，密度検層・孔径検層（土被り圧の算出に用いる）	d
	v．乱れの少ない試料採取（土の湿潤密度試験で必須）	
	vi．室内土質試験 ①物理試験，②土の湿潤密度試験， ③土の三軸圧縮試験（粘性土：UU条件，砂質土：CD条件） または土の一軸圧縮試験（粘性土）	a，d e

4）数量の目安

区分	項目	数量目安
支持層	i	2箇所以上
支持力	ii	SPT：深度1 mを標準，サウンディングは補助程度
	iii	必要に応じて
	iv	必要に応じて
	v	土質試験に必要な数
	vi①	砂質土：深さ1 mごと，粘性土地層ごとに1試料以上
	vi②	必要に応じて
	vi③	層厚2～5 mにつき1試料

事例１　べた基礎を実施する地盤での調査例

・S 造
・2 階建て事務所

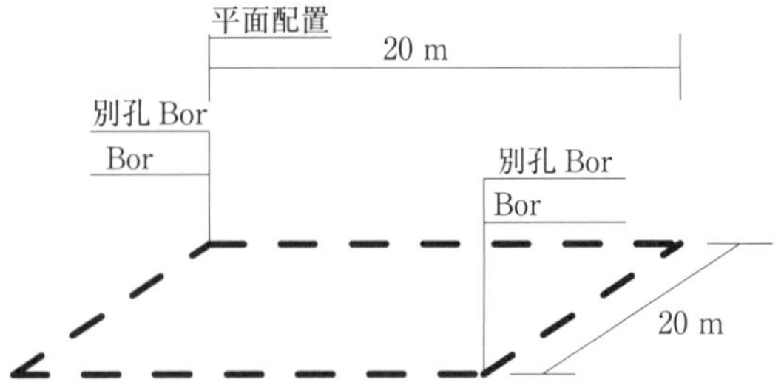

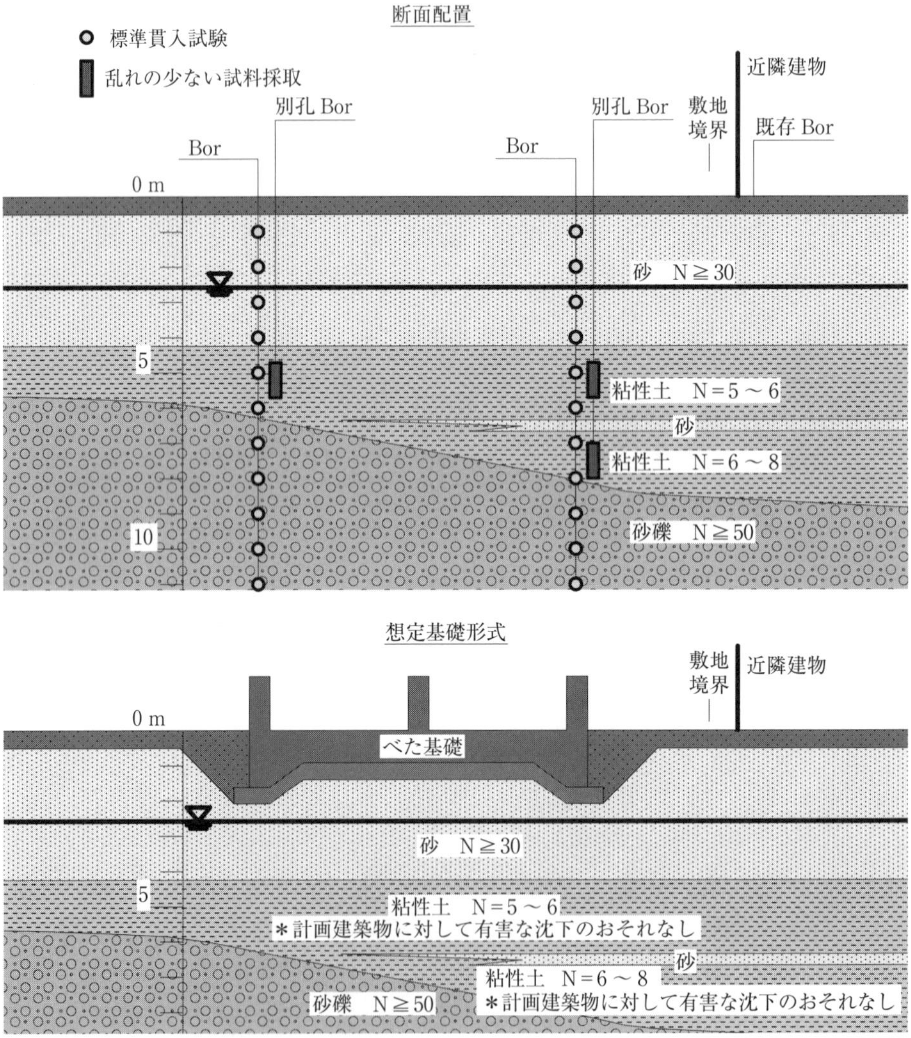

調査計画の具体例

表 2-1-5　事例 1 での検討項目案

項目	詳細
検討項目	・支持層の選定 ・支持力 ・即時沈下量・圧密沈下量 ・粘性土の層厚確認 ・砂質土の液状化 ・不安定な下位層の有無
必要な地盤情報	・地層構成，支持層の起伏 ・N 値 ・地下水位 ・圧密沈下 ・砂質土の物理特性，粒度特性 ・地耐力
調査・試験内容	・ボーリング ・標準貫入試験 ・乱れの少ない試料採取（サンプリング）＊別孔で実施 ・室内土質試験（目的：圧密沈下検討，液状化検討）
解析等	・支持層の選定，基礎形式の考察 ・地盤定数の設定 ・軟弱地盤解析（地盤圧密，地盤液状化） ・砂質土の即時沈下量

表 2-1-6　事例 1 での想定調査項目・数量案

項目		仕様	数量	単位	備　考
ボーリング		ϕ66 mm， ノンコア	26	m	12 m×1 箇所 14 m×1 箇所
ボーリング（別孔）		ϕ86 mm 以上， ノンコア	12	m	5 m×1 箇所 7 m×1 箇所
標準貫入試験			26	回	12 m×1 箇所 14 m×1 箇所
乱れの少ない試料採取		固定ピストン式シンウォールサンプラー	3	本	
室内土質試験	土粒子の密度試験		7	試料	圧密特性（3 試料） 液状化検討（2 深度×2 箇所）
	土の含水比試験		7	試料	圧密特性（3 試料） 液状化検討（2 深度×2 箇所）
	土の粒度試験	ふるい・沈降	3	試料	圧密特性（3 試料）
		ふるい	4	試料	液状化検討（2 深度×2 箇所）
	土の液性限界試験		3	試料	圧密特性（3 試料）
	土の塑性限界試験		3	試料	圧密特性（3 試料）
	土の湿潤密度試験		3	試料	圧密特性（3 試料）
	土の段階載荷による圧密試験	段階載荷	3	試料	圧密特性（3 試料）
	土の三軸圧縮試験	UU 条件	3	試料	粘性土強度特性（3 試料）

（2）地 盤 沈 下

1）検 討 項 目

① 共通：深さと平面方向の地盤構成，地下水位，土被り圧を検討する

② 即時沈下：変形係数，ポアソン比を検討する

③ 圧密沈下：圧密試験により，応力履歴，圧密特性を検討する

2）必要な地盤情報

区分	必要な地盤情報
共通	a． 地盤構成（土質分類，層序，層厚，連続性），地下水位
	b． *N* 値
	c． 単位体積重量（γ_t）：土被り圧を算出するのに必要
	d． 土の物理特性
即時沈下（砂質土，粘性土）	e． 変形係数（*E*）
	f． ポアソン比（*ν*）：砂質土で 0.3 程度，粘性土で 0.4～0.5 程度
圧密沈下（粘性土，中間土）	g． 圧密特性（e-log*P*，*mv*，*Cc*，*Cv*）

3）調査・試験と得られる地盤情報

区分	計画・実施する調査・試験項目	地盤情報
共通	ⅰ． ボーリング	a
	ⅱ． 標準貫入試験	b
	ⅲ． 密度検層（各地層の単位体積重量を実測する場合）	c
	ⅳ． 乱れの少ない試料採取（土の湿潤密度試験で必須）	d
	ⅴ． 室内土質試験 ①物理試験，②土の湿潤密度試験	d
即時沈下（砂質土，粘性土）	ⅵ． プレッシャーメーター試験	e
	ⅶ． 平板載荷試験	e
圧密沈下（粘性土，中間土）	ⅴ． 室内土質試験 ①物理試験，②土の段階載荷による圧密試験	d，g

4）数量の目安

区分	項目	数量目安
共通	ⅰ～ⅴ	「支持層・支持力」の数量参照
即時沈下	ⅵ	代表ボーリング孔の各土層につき 1 箇所以上
	ⅶ	1～2 箇所以上
圧密沈下	ⅳ	土質試験に必要な数
	ⅴ①	「支持層・支持力」の数量参照
	ⅴ⑤	代表孔で粘性土層の層厚 2～5 m につき 1 試料

調査計画の
具体例

（３）杭基礎の選定

１）検 討 項 目

①　共通：地盤構成，地下水位，*N* 値を検討する

②　地盤の水平耐力：プレッシャーメーター試験により変形係数を検討する

③　負の摩擦力：圧密試験により，応力履歴，圧密特性を検討する

２）必要な地盤情報

区分	必要な地盤情報
共通	a．地盤構成（土質分類，層序，層厚，連続性），地下水位
	b．*N* 値
地盤の水平耐力	c．変形係数（E）
	d．ポアソン比（ν）
負の摩擦力	e．土の物理特性
	f．圧密特性
	g．粘着力（c）または一軸圧縮強さ（q_u）

３）調査・試験と得られる地盤情報

区分	計画・実施する調査・試験項目	地盤情報
共通	i．ボーリング	a
	ii．標準貫入試験	b
地盤の水平耐力	iii．プレッシャーメーター試験	c
負の摩擦力	iv．乱れの少ない試料採取	
	v．室内土質試験 ①物理試験，②土の段階載荷による圧密試験 ③土の三軸圧縮試験または土の一軸圧縮試験	e，f g

４）数量の目安

区分	項目	数量目安
共通	i～ii	「支持層・支持力」の数量参照
地盤の水平耐力	iii	代表ボーリング孔の各土層につき１箇所以上
負の摩擦力	iv	土質試験に必要な数
	v①	「支持層・支持力」の数量参照
	v②	代表孔で粘性土層の層厚 2～5 m につき１試料
	v③	代表孔で調査対象土層の層厚 2～5 m につき１試料

調査計画の
具体例

（4）液状化検討・設計地震動

1）検 討 項 目

① 共通：深さと平面方向の地盤構成，地下水位を検討する

② 液状化検討：F_L 法（簡便法または詳細法），D_{cy} 値，P_L 法を検討する

③ 設計地震動：活断層と地震基盤，工学的基盤，S 波速度構造，震動特性を検討する

2）必要な地盤情報

区分	必要な地盤情報
共通	a．地盤構成（土質分類，層序，層厚，連続性），地下水位
	b．N 値
	c．土被り圧
	d．液状化層，液状化履歴
液状化検討	e．物理特性，粒形加積曲線，細粒分含有率（Fc）
	f．液状化抵抗比（R）
設計地震動	g．変形係数（E）
	h．強度特性（ϕ，c）
	i．動的変形特性
	j．透水係数（k）
	k．P 波速度（V_P），S 波速度（V_s）
	l．微動周期

3）調査・試験と得られる地盤情報

区分	計画・実施する調査・試験項目	地盤情報
共通	i．文献調査，空中写真判読	a，d
	ii．ボーリング	a
	iii．標準貫入試験	b
	iv．乱れの少ない試料採取	
	v．室内土質試験 ①物理試験，②土の湿潤密度試験	 e，c
液状化検討	v．室内土質試験 ①物理試験（簡便法） ④土の繰返し非排水三軸試験（詳細法）	 e f
設計地震動	v．室内土質試験 ①物理試験，②土の三軸圧縮試験 ③土の変形特性を求めるための繰返し三軸試験 ④土の変形特性を求めるための中空円筒 供試体による繰返しねじりせん断試験	 e，h i i
	vi．プレッシャーメーター試験	g
	vii．現場透水試験	j
	viii．物理検層（PS 検層，密度検層・孔径検層）	k，c
	ix．常時微動測定	l

4）数量の目安

区分	項目	数量目安
共通	i	1業務ごとに実施
	ii	2箇所以上
	iii	深度1mを標準
	iv	土質試験に必要な数
	v①	砂質土：深さ1mごと，粘性土地層ごとに1試料以上
	v②	必要に応じて
液状化検討	v①	地下水位以下の深度20mまで1mごと
	v③	液状化対象層で必要に応じて
設計地震動	v①	砂質土：深さ1mごと，粘性土地層ごとに1試料以上
	v②	層厚2～5mにつき1試料
	v③	層厚2～5mにつき1試料
	v④	層厚2～5mにつき1試料
	vi	代表ボーリング孔の各土層につき1箇所以上
	vii	帯水する砂質土層・礫質土層ごとに1回以上
	viii	必要に応じて
	ix	必要に応じて代表孔で地表面と2～3深度

（5）地 下 工 事

調査計画の具体例

1）検 討 項 目

① 共通：地盤構成，地下水位，透水係数を検討する

② 山留め工法：土圧，地下水位，せん断強度を検討する

③ 根切り底面の安定性：せん断強度，被圧地下水の有無を検討する

④ 地下水処理：帯水層ごとの土質分類や透水性，貯留係数を検討する

2）必要な地盤情報

区分	必要な地盤情報
共通	a．土地履歴
	b．地盤構成（土質分類，層序，層厚，連続性）
	c．N値
	d．地下水位，間隙水圧，透水係数（k）
	e．土被り圧，側圧
山留め工法	f．単位体積重量（γ_t）
	g．せん断強度（内部摩擦角ϕ，粘着力c）または一軸圧縮強さ（q_u）
根切り底面の安定性	f．単位体積重量（γ_t）
	h．せん断強度（内部摩擦角ϕ，粘着力c）または一軸圧縮強さ（q_u）
地下水処理	i．貯留係数（S）
	j．帯水層圧（D）

3）調査・試験と得られる地盤情報

区分	計画・実施する調査・試験項目	地盤情報
共通	i．文献調査，空中写真判読	a，b
	ii．ボーリング	b，j
	iii．標準貫入試験	c
	iv．現場透水試験	d，j
	v．密度検層・孔径検層（単位体積重量を実測する場合）	e
	vi．乱れの少ない試料採取	
山留め工法	vii．室内土質試験 ①物理試験，②土の湿潤密度試験 ③土の三軸圧縮試験または土の一軸圧縮試験	e，f h
	viii．プレッシャーメーター試験	
根切り底面の安定性	vii．室内土質試験 ①物理試験，②土の湿潤密度試験 ③土の三軸圧縮試験または土の一軸圧縮試験	e，f h
地下水処理	ix．揚水試験	i

4）数量の目安

区分	項目	数量目安
共通	i	1業務ごとに実施
	ii	2箇所以上
	iii	深度1mを標準
	iv	砂質土層・礫質土層ごとに1回以上
	v	必要に応じて
	vi	土質試験に必要な数
山留め工法	vii①	砂質土：深さ1mごと，粘性土地層ごとに1試料以上
	vii②	層厚2～5mにつき1試料
	vii③	層厚2～5mにつき1試料
	viii	代表ボーリング孔の各土層につき1箇所以上
根切り底面の安定性	vii①	砂質土：深さ1mごと，粘性土地層ごとに1試料以上
	vii②	層厚2～5mにつき1試料
	vii③	層厚2～5mにつき1試料
地下水処理	viii	地下掘削に影響する砂質土層・礫質土層ごとに1回以上

調査計画の具体例

4. 報告事項

地盤調査の成果は，**表 2-1-7** に挙げる項目を報告または提出する。報告書作成の詳細は，全国地質調査業協会連合会発行の『報告書作成マニュアル［土質編］ 第２版』を参照されたい。

表 2-1-7　地盤調査の報告事項[1]（一部修正）

項目		基本事項	検討事項
①	共通事項	案内図 調査位置（標高・掘進長・標高の基準点） 調査，試験方法 調査内容一覧	基本事項と共通
②	資料調査	広域地盤状況・地歴 近隣の地形・表層地質	基本事項と共通
③	原位置調査	ボーリング柱状図 地層区分 地質断面図 各調査結果の一覧とデータシート（巻末資料）	調査結果の相関図 近隣や類似地盤との比較 特に問題となる地層の有無
④	室内土質試験	各試験結果 結果一覧 データシート（巻末資料）	試験結果の相関図 近隣や類似地盤との比較
⑤	設計用地盤定数の設定	個別に指示	設計用地盤定数 近隣や類似地盤との比較
⑥	地盤の工学的性質（解析等）	個別に指示	地盤種別 液状化判定 沈下量の評価 ３次元地盤モデル
⑦	基礎工や対策工，追加調査の提案	個別に指示	支持層の選定・提案 支持力の算定 基礎工や対策工の提案 設計・施工上の留意点 近隣や類似地盤での施工例 追加調査の提案
⑧	現場記録写真	実施した調査・試験	準拠する基準 電子黒板の信憑性確認
⑨	電子成果物	報告書 PDF オリジナルファイル ボーリング XML データ 土質試験 XML データ 図面の CAD データ LandXML データ	準拠する基準 地盤情報検定
⑩	土質標本，ボーリングコア	標準貫入試験で採取した試料など	

地盤調査の成果は，後続の調査・設計・施工・維持管理の各段階で活用されるものである。近年では，３次元地盤モデルの作成・BIM/CIM モデルへの反映などが行われており，関係者間の情報共有やデータの高度利用に向けた活用も図られている。

建築物における地盤調査では，地質技術者でないと想像し難い支持層の起伏や傾斜などの３次元的な広がりを持つ問題も，３次元地盤モデルを用いることで設計者・施工者に分かりやすく伝えるという方法もある。

3次元地盤モデルの作成費用については，全国地質調査業協会連合会発行の『全国標準積算資料（土質調査・地質調査）』の「BIM/CIM 活用業務（地質・土質モデルの作成）」を参照されたい。

ただし，3次元地盤モデルの作成には，地盤情報の量と正確な情報が必要となるため，調査量の確保や既存資料の活用，既存資料の精査などを十分に行う必要がある。

5. 積算時の留意点

ボーリング調査の積算には，掘削費（せん孔）・サウンディングおよび原位置試験・土質試験などの直接調査費以外に，運搬費・準備費・仮設費・安全費などの間接調査費と解析等調査業務費の計上が必要になる。

（1）運　搬　費

運搬費は，各原位置試験用機材を調査地点または調査地点近傍まで運搬する費用と，調査地点近傍から調査地点まで機材を分解して運搬する現場内小運搬費用，および採取試料の運搬に要する費用を指す。

ボーリングマシンはクレーン付トラックによる運搬を標準とし，現場内小運搬は特装車（クローラ）やモノレールなど運搬方法により適切に費用を計上する。

（2）準　備　費

準備・後片付け作業（資機材の準備・ボーリング地点の位置出し，各種許可申請手続き・後片付け）に要する費用を計上する。

（3）仮　設　費

仮設費は，主に足場仮設に要する費用を指す。足場の区分は，平坦地足場（0.3 m 以下の板材足場と 0.3 m 超の嵩上げ足場），傾斜地足場（15～30° 未満，30～45° 未満，45～60° 未満），水上足場や湿地足場があり，調査地点ごとに費用を計上する。

（4）安　全　費

安全費は，現場の一般交通に対する交通処理，安全掲示板（工事看板など），保安柵および保安灯・バリケードなどの設置に要する費用を計上する。

（5）解析等調査業務

解析等調査業務と呼ばれる項目は，現場作業時に発生する各種調査結果の取りまとめや地質断面図作成等に係る①直接調査費の解析等調査業務（**表 2-1-8**）と，調査試験結果の評価や地盤定数の設定，設計・施工上の留意点など，室内で総合解析取りまとめ（コンサルティング的業務）を行う②解析等調査業務（**表 2-1-9**）に分かれる。

なお，①直接調査費の解析等調査業務と②解析等調査業務では，項目名が同じものがあるが，実施する内容は異なるため，それぞれの費用を見込む必要がある。

表 2-1-8　直接調査費の解析等調査業務の項目[3)]

種別・規格		単位
資料整理とりまとめ	直接人件（直接調査費分）	業務
断面図等の作成	直接人件（直接調査費分）	業務

表 2-1-9　解析等調査業務の項目[3)]

種別・規格		単位
計画準備	直接人件（解析等調査業務費分）	業務
既存資料の収集・現地調査	直接人件（解析等調査業務費分）	業務
資料整理とりまとめ	直接人件（解析等調査業務費分）	業務
断面図等の作成	直接人件（解析等調査業務費分）	業務
総合解析とりまとめ	直接人件（解析等調査業務費分）	業務
打合せ	直接人件（解析等調査業務費分）	−

（6）計 画 準 備

計画準備は，機械ボーリングなどの現地調査の調査計画（調査内容・方法，数量，仮設計画，安全対策，工程計画）を詳細に立案し，計画書を作成するのに要する費用を指す。ただし，軟弱地盤技術解析などの解析計画は含まない。

（7）軟弱地盤技術解析

建築物のための地盤調査においては，圧密沈下解析や安定解析，液状化の予測・判定を同時に発注する場合がある。これらは，前述の「総合解析とりまとめ」とは別に「軟弱地盤技術解析業務」として費用を計上する必要がある。

軟弱地盤解析は，国土交通省大臣官房技術調査課監修の『設計業務等標準積算基準書』の標準歩掛では，「解析計画」「現地踏査」「現況地盤解析」「検討対策工法の選定」「対策後地盤解析」「最適工法の決定」「照査」の7つに区分され，さらに解析内容に応じて「地盤破壊」「地盤変形」「地盤圧密」「地盤液状化」の4つに細分される（**表 2-1-10**）。

表 2-1-10　軟弱地盤技術解析の項目[3)]（一部修正）

工種（細別）			単位
解析計画			人/業務
現地踏査			人/業務
現況 地盤解析	地盤破壊	円弧すべり	人/断面
	地盤変形	簡便法	人/断面
	地盤圧密	一次元解析	人/断面
	地盤液状化	簡便法	人/断面
検討対策工法の選定			人/業務
対策後 地盤解析	地盤破壊	円弧すべり	人/断面
	地盤変形	簡便法	人/断面
	地盤圧密	一次元解析	人/断面
	地盤液状化	簡便法	人/断面
最適工法の決定			人/業務
照査			人/業務

このほかに，特殊な解析検討として，有限要素法解析（FEM 解析）や地震応答解析，模擬地震波作成（設計用入力地震動）などが必要となる場合がある。各必要項目や解析費は，全国地質調査業協会連合会発行の『全国標準積算資料（土質調査・地質調査)』を参考にされたい。

（8）電子成果品作成費

官公庁の業務では，電子成果品（電子納品）の作成を求められることがある。官公庁業務の場合は，必要に応じて対応する基準書類の確認と電子成果品作成費を盛り込む。

（9）地盤情報データベースに登録するための検定費

地盤情報検定とは，国土地盤情報センターが管理・運用する『国土地盤情報データベース』で行われている，ボーリング柱状図および土質試験一覧表の電子成果を検定するものである。費用は，以下のとおりに算出する。

地盤情報データベースに登録する検定費
＝(ボーリング１本当たりの検定費用)×(ボーリング本数)

(10）平板載荷試験

平板載荷試験は，試験費のほかに床掘りや埋戻し・転圧などの土工費用や反力（重機など）の運搬費用も掛かるため，これらを必要に応じて盛り込む。

2.1.3　調査実施上の留意点

ここでは，「調査計画の留意点」「搬入・仮設計画の留意点」「調査・試験の留意点」を示す。

1．調査計画の留意点

（1）調査段階ごとの考え方

地盤調査を段階に分けて実施することは，対象地域や敷地全体に潜む地質リスクを把握する上で，効率的かつ効果的である。地質リスクの早期発見は，事業全体の工程遅延防止や総事業費の抑制にもかかわるため，事業初期段階から地質技術者がかかわることが重要である。

1）予 備 調 査

予備調査では，調査対象敷地全体の地層構成が把握できる数量および配置で，ボーリングと標準貫入試験やサウンディング試験を計画し，本調査に向けた課題の抽出を行う。

2）本　調　査

本調査では，建物規模や配置，形状などに合わせた調査項目・数量・配置を計画・実施する。予備調査で挙げられた課題解決のために必要な調査を漏れなく実施する。

本調査で判明した新たな課題は，追加調査を検討し，必要な調査・試験・解析項目などを発注者に提案する。

3）追 加 調 査

追加調査では，本調査で判明した課題や施工中に判明した課題の解決を行うために実施する。調査数量および配置などは，課題の内容によって決定する。

（2）環境に対する配慮

近年は，土壌地下水環境保全や自然環境保全，持続可能な開発目標（SDGs)，グリーンインフラなどへの関心が高まっていることや，騒音・振動防止，公害防止の観点からも自然環境・

周辺環境への配慮も考慮した調査計画の立案が望ましい（**表2-1-11**）。

表2-1-11　配慮すべき事項[2)]（一部修正）

配慮すべき条件	配慮すべき内容
井戸・湧水地	周辺の地下水利用への影響
有機質土・粘性土地盤	地下掘削時の地下水揚水による周辺地盤の沈下影響
汚染地盤	要対策区域，形質変更時届出区域など
近接構造物への影響	地下埋設物，上空架線，騒音，振動
自然保護区・ビオトープ	自然環境・生態系への影響

（3）留意すべき地盤

地盤調査では，地盤特性の評価に標準貫入試験で得られるN値が多用されているが，軟弱地盤や礫質地盤，岩盤などの地盤では，N値だけでは適切に地盤特性を評価できない。

さらに，**表2-1-12**に示す地盤では，建築物や施工時に問題が生じることがある。そのため，調査対象地の地形・地質・水理条件から課題を読み取り，最適な調査計画を立案することが求められる。これらの情報は，地形判読や近隣の地盤調査データを用いることで事前に把握することができるため，事前調査段階で収集・整理する。

表2-1-12　留意すべき地盤の種類と問題点[2)]（一部修正）

地盤の種類	問題点
有機質土地盤	大きく長期的な沈下，杭基礎の抜け上がり，建物障害（土間コンなどの不同沈下），建物本体と外構部の間の段差
広域地盤沈下地帯	建物本体と外構部の間の段差，沈下の長期化，負の摩擦力
汚染地盤	建設作業に対する危険性，法令による規制・制約
造成地盤	盛土層厚の差異，支持層の起伏，地盤強度や締固め程度の不均一性
解体跡地	瓦礫などの混在，残存基礎による新規基礎構造への障害，残存杭引き抜き箇所の充填・強度不足
礫質地盤	玉石による杭工法の制約，巨礫の礫径および硬さ・混入量
軟弱地盤	圧密沈下，地震時の地盤の液状化現象，地下水，ヒービング，ボイリング，盤ぶくれ，パイピング
支持層などの起伏や傾斜が想定される地盤	支持層の起伏，埋没谷が存在する地盤，谷埋め盛土，適切な調査間隔
活断層に近接する地盤	想定される地震の規模と再現期間
傾斜地・地すべり	土砂災害，急傾斜地崩壊危険区域・地すべり防止法などによる規制・制約

具体例

2. 搬入・仮設計画の留意点

地盤調査の資機材運搬および仮設計画時の留意点を示す。

（1）作業スペースの確保

ボーリングマシンは，2〜4 t のクレーン付きトラック（ロングタイプやワイドタイプ）で運搬することが多いため，搬入路と駐車スペースの確保が必要となる（**図 2-1-5**）。

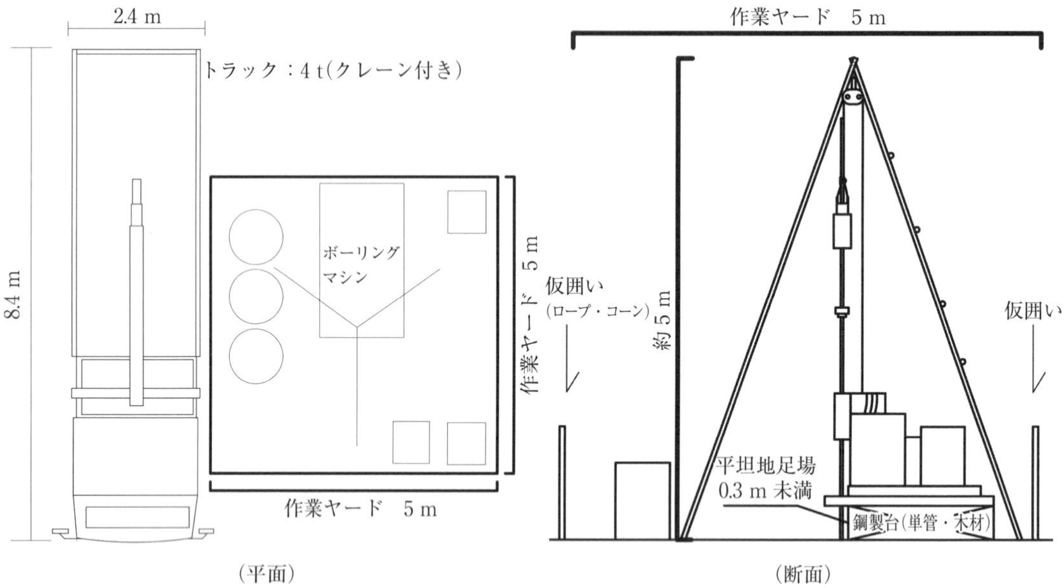

図 2-1-5 平坦地でのボーリングマシン仮設例

（2）小型移動式クレーン作業

ボーリングで実施するクレーン作業では，上空架線との接触事故や放電による感電事故などが発生している。搬入計画にあたっては，クレーン作業範囲と上空架線の位置関係に十分に注意し，図示や現地表示などを行い，事故防止に努める必要がある。

特に，ブームを収納し忘れて走行すると，調査現場および通勤路などで上空架線と接触・切断する事故となるため，十分に注意する必要がある。

（3）現場内小運搬

調査位置までの移動には，特装車（通称：クローラ）やモノレールを用いてボーリングマシンや資機材などの運搬を行う。

一部の地域では，特装車と結合した自走式のボーリングマシンが用いられる。現場内移動の機動性に富むものの，マシン重量が増加するため運搬トラックが大きくなり，搬入路や駐車スペースの確保，過積載に注意が必要となる。

（4）乗り入れ口の養生

既設建物等解体後の埋戻し土などでは，トラックの通行に必要な強度が得られないことがあるため，別途，敷き鉄板での養生や砕石の敷設なども必要となる。

（５）掘削水の確保と汚泥の処理

ボーリングでは，掘削に水を使用するため，その確保が重要となる。現地にて水の確保ができない場合は，タンクによる運搬や貯留場所の確保などが必要となる。

ボーリングの掘削水として使用するベントナイト泥水やスライムは，不要となった後は産業廃棄物となるため，『廃棄物の処理及び清掃に関する法律』に則って適切に処理する必要がある。

（６）既設建物内での調査

近年は，既設建物の解体工事前または解体工事中に既設建物内で地盤調査を実施する事例がある。既設建物内での調査は，近隣住民への配慮から閉鎖環境で実施されることが多く，以下のような留意点がある。

・ボーリングマシン搬入路の確保（壁や扉の解体）
・ボーリング作業エリアの確保
・やぐら組立て・設置や削孔部のための天井・床の解体
・耐圧盤削孔後の地下水の湧水対策（主にケーシング脇からの湧水）
・照明設備および電源の確保
・発動機（ディーゼルエンジン）の排ガス対策（換気設備設置など）
・石綿（アスベスト）の有無
・近隣住民への周知
・解体工事業者との調整（工程，安全管理など）

建物の解体作業は，解体業の許可を必要とするため，建築物の規模や解体規模に関係なく専門業者に依頼する必要がある。特に，古い建築物には石綿（アスベスト）が使用されていることがあるため，地質調査作業員による内装の取り外しなども行ってはならない。

また，解体に伴い開口部が生じた場合は，転落防止措置が必須となる。

（７）埋設物・埋蔵文化財への配慮

ボーリングによる調査は，既存施設が稼働中の現場で実施されることも多い。このような場所では，電気，ガス，上下水道，電話，通信ケーブル，共同溝，浄化槽，オイルタンクなどの埋設物が存在することがある。また，埋蔵文化財指定地で地盤調査が行われることもある。

これらの破損を防ぐには，事前に埋設配管図面の入手や各管理者等へのヒアリングや立会確認を行う必要がある。埋設物有無の試掘確認を行う場合は，試掘深度により地表部の孔径が大きくなることや土質により作業時間が異なることから，これらの費用を反映する必要がある。

（８）安 全 対 策

地盤調査の安全対策は，全国地質調査業協会連合会の『安全手帳』や『ボーリングポケットブック』を参考に，現場条件に応じて適切に計画する必要がある。

3. 調査・試験の留意点

（１）地盤定数・地盤物性値の留意点

地盤定数や地盤物性値を設定する場合は，原位置試験や物理検層，室内土質試験などにより実測した値を用いて，総合的に評価することが重要である。

N値と地盤定数・地盤物性値の相関については，さまざまな既往研究により相関式が提案されている。しかし，N 値そのものに誤差やばらつきが含まれることや，N 値と各種地盤定数の相関式の設定においても経験的な手法による誤差やばらつきが含まれる。

そのため，調査計画時から地盤定数や地盤物性値を評価するための原位置試験や物理検層，室内土質試験を計画する必要がある。

（２）原位置試験の留意点

原位置試験は，プレッシャーメーター試験や現場透水試験など，ボーリング孔を利用して実施する試験である。これらの試験は，目的に応じた地層で，地層を乱さず実施する必要がある。適切な原位置試験を実施するためには，地層構成や地下水状況を事前に把握することが重要である。

そのため，標準貫入試験を実施する孔（本孔やパイロット孔と呼ぶ）から１m 程度離した別孔で実施することで，精度の良い試験が行える。ただし，地層の成り立ちによっては，別孔で目的の地層が出現しないこともあるため，このような場合は，発注者と協議を行う。

なお，原位置試験や物理検層は，機材挿入のための余掘りが必要である。そのため，調査計画および削孔費用に，各試験に必要な余掘りを見込む必要がある。

（３）乱れの少ない試料採取の留意点

乱れの少ない試料採取は，室内土質試験に供する試料を実地盤に近い状態で採取する方法であるため，目的の地層の分布を事前に把握する必要がある。

そのため，本孔で地層構成を把握した後に，別孔で実施する。ただし，地層の成り立ちによっては，別孔で目的の地層が出現しないことや，層厚が薄く各試験に必要な試料長が確保できないこともある。このような場合は，発注者と協議を行う。

（４）室内土質試験の留意点

室内土質試験は，目的に応じて適切な試験項目や試料（乱れの少ない試料採取など）を用いる。

室内土質試験のうち物理試験は，土の基本的な性質を知るための試験であり，せん断試験や圧密試験などの各種試験結果を解釈する指標となる。そのため，各種試験を実施する際には，物理試験を併用することが重要である。

物理試験のうち土の湿潤密度試験は，乱れの少ない試料や配合試験などで作製した試料を用いる。そのため，単位体積重量を求めるために計画・実施する場合は，乱れの少ない試料採取を合わせて計画・実施する必要がある。

土の三軸圧縮試験は，試験目的の土質に応じて試験条件を使い分ける必要がある。これらは，試験目的や得られる試験結果・試験費用が異なるため，注意が必要である。試験条件の違いや特徴は，『改訂３版地質調査要領』p.484 を参照されたい。

《参考文献》

1）日本建築学会：建築基礎設計のための地盤調査計画指針，2009
2）全国地質調査業協会連合会：改訂３版地質調査要領，経済調査会，2015
3）国土交通省大臣官房技術調査課監修：設計業務等標準積算基準書 令和６年度版，経済調査会，2024

2.2　盛土構造物

盛土構造物の調査は，計画から設計・施工に至る過程において，盛土に伴う基礎地盤の沈下や安定などの検討に必要な地盤情報を段階的に取得する必要がある。調査計画を策定する際には，既存の資料や周辺地域の地盤情報を詳細に調査し，当該地域における盛土に関する潜在的な課題を把握することが重要となる。

現地調査は，事前に想定した地盤構成と実際の調査結果が異なることも多く，ボーリング調査の深度や原位置試験の数量ならびに地盤の破壊や変形に対する検討が必要となる場合もあるため，仕様書には調査・試験内容の変更があることを明示し，その場合の対処方法や協議方法についても示しておくことが必要である。

盛土構造物の調査の流れを**図 2-2-1** に示し，発注項目の例を**表 2-2-1** に示す。

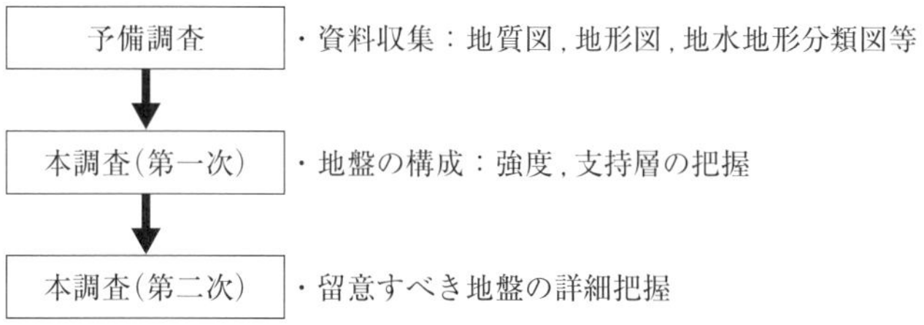

図 2-2-1　地盤調査（盛土）の流れ

表 2-2-1　発注項目と発注内容（例）

発注項目		発注内容
特記仕様書	1. 共通事項	調査件名・調査場所・調査位置図・履行期間
	2. 調査目的	調査段階【本調査・一次調査，二次調査】 調査目的【支持層の確認・地層構成の把握・地下水位の把握・物理特性 強度特性・圧密特性・動的特性の把握・工学的基盤の確認など】
	3. 委託範囲	現地調査，試験に基づく技術解析，報告書作成 設計用地盤定数の設定・液状化判定・沈下量の評価 軟弱地盤対策工の比較検討・提案等
	4. 調査仕様	準拠する規格-基準・仕様書類 測量の基準点の設定方法・表示方法 ボーリング調査終了の判断方法 原位置試験の種類・規格 計画者（発注者・受注者）と協議が必要な事項 中間報告の頻度・内容・方法
数量総括表	5. 調査・試験内容	ボーリング本数・深度・孔径 原位置調査方法・調査数・調査深さ（または調査対象の土質） サンプリング方法・試料数-採取深さ（または採取対象の土質） 室内土質試験方法・試験数・試料数
その他	6. 報告書	報告事項の一覧
	7. 現場説明事項	現地作業に関する注意事項 想定外の事態に対する対応方法

2.2.1　調査の目的

盛土の地質調査は，盛土自体の安定性だけでなく盛土基礎地盤の沈下や変形に関しても考慮する必要がある。そのためには，盛土施工地域の地形や地盤条件・盛土構造・盛土材料の特性などを詳細に把握し，設計・施工に不可欠な地盤情報を収集することを目的とする。また，地質調査は地盤の地質特性だけでなく，地下水の状況や地震の影響も考慮する必要があるため，これらの検討に必要な地盤情報も必要となる。

1. 必要となる地盤情報

（1）地 盤 構 成

調査の着眼点は以下のとおりである。（図 2-2-2）

1）盛土基礎地盤の土質・地質構成，2）層厚の変化，3）支持層の分布状況，4）盛土材料

（2）地盤の工学的性質

工学的性質は，①物理特性（粒度，含水比，コンシステンシー，密度，間隙比など），②強度特性（N値，粘着力，せん断抵抗角など），③圧密特性（圧密排水層の設定，圧密降伏応力，圧縮指数，圧密係数など），④変形特性（変形係数など），⑤地震時の抵抗力（緩い砂質土の分布，地下水位，N値，粒度特性，液状化特性，動的変形特性など），⑥盛土材料（土取場調査）などが挙げられる。これらの情報を総合的に考慮し，適切な対策を講じることで，盛土の安全性と耐久性を確保できる。特に地震時には，地盤の挙動を正確に把握し液状化などのリスクを最小限に抑えるための対策が重要となる。

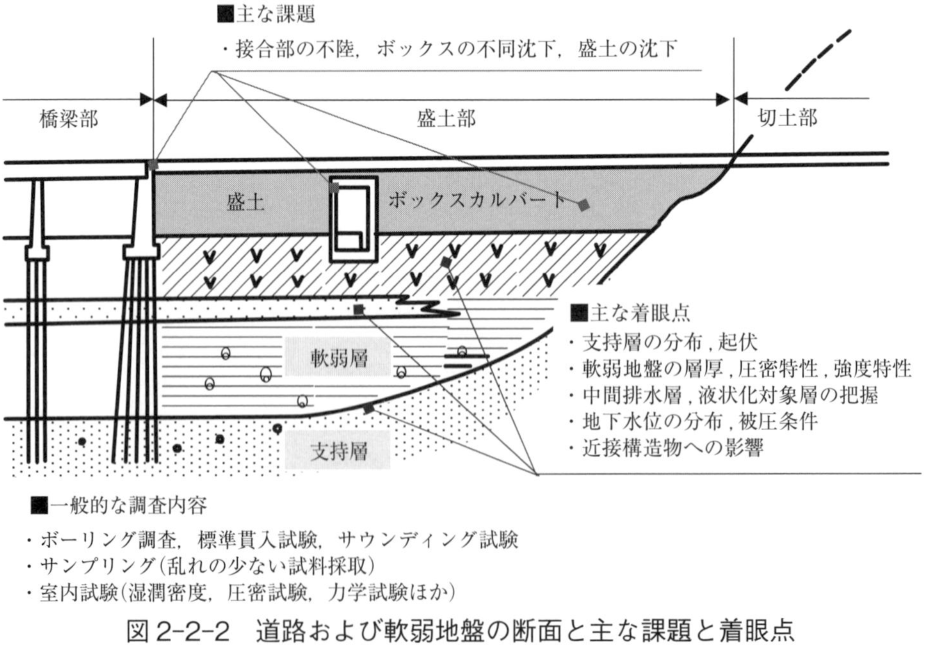

図 2-2-2　道路および軟弱地盤の断面と主な課題と着眼点

2.2.2　調査計画・内容

調査計画は，盛土の設計施工に必要な地盤情報を得るために必要な項目を選定することが重要となる。具体的には，地形や基礎地盤の連続性，盛土の高さ，盛土区間における構造物の種類や規模などを考慮して，適切な調査手法を選定する必要がある。

1. 関連基準・法令など

盛土構造物の調査計画立案や調査内容に関する基準は下記の資料等を参考にするとよい。

・日本道路協会：道路土工（盛土工指針，軟弱地盤対策工指針）
・東日本・中日本・西日本高速道路：調査要領，設計要領 第一集 土工
・地盤工学会：地盤調査の方法と解説，地盤材料試験の方法と解説
・東日本・中日本・西日本高速道路：NEXCO 試験方法，土工施工管理要領

2. 予 備 調 査

予備調査は，盛土計画地およびその周辺の地盤情報や災害に関する資料の収集・整理・分析や現地踏査により当該地における課題を想定し，地盤調査計画を策定するためのものである。

近年は地図の電子化や数値化が進められており下記の情報等がインターネットを介して公開されており，調査計画の立案に利用しやすくなってきている。（**表 2-2-2**）

表 2-2-2　インターネットから入手できる地形地質情報等の一例

種類	入手先	提供元
①地形図，空中写真，地水地形分類図など		
用途：調査地の地形や土地分類，過去の空中写真などの情報収集，地形的な特徴や改変履歴などの整理		
地理院地図（国土電子 Web）	https://maps.gsi.go.jp	国土交通省国土地理院
重ねるハザードマップ	https://disaportal.gsi.go.jp/	国土交通省 水管理・国土保全局 国土地理院 応用地理部
②地質図		
用途：調査地に分布する地質をもとに，支持地盤や中間層の課題などの整理		
地質図 Navi	https://gbank.gsj.jp/geonavi/	国立研究開発法人 産業技術総合研究所
③地質情報データベース（既存ボーリング情報など）		
用途：過去のボーリング結果や室内試験結果などから，調査地の近傍に出現する地層の確認		
国土地盤情報検索サイト“KuniJiban”	https://www.kunijiban.pwri.go.jp/viewer/	国土交通省
ジオ・ステーション Geo-Station	https://www.geo-stn.bosai.go.jp/mapping_page.html	国立研究開発法人 防災科学技術研究所
東京の地盤（GIS 版）	https://www.kensetsu.metro.tokyo.lg.jp/jigyo/tech/start/index.html	東京都建設局
④測量基準点情報		
用途：調査地近傍の基準点情報から，ボーリング調査位置の測量計画に利用		
基準点成果等閲覧サービス	https://sokuseikagis1.gsi.go.jp/top.html	国土交通省国土地理院
⑤その他		
地図・空中写真閲覧サービス	https://mapps.gsi.go.jp/maplibSearch.do#1	国土交通省国土地理院
今昔マップ on the web	https://ktgis.net/kjmapw/index.html	埼玉大学教育学部 社会講座 人文地理学 谷謙二研究室

3. 調査位置の選定と調査深度

ボーリング調査の頻度は，地盤が均一で連続性のよい場合には調査間隔を粗くし，狭い谷や片切・片盛の地点，基礎が軟弱地盤あるいは崖錐のような崩積地盤に位置する場合など，地盤が複雑で不連続な場合には調査間隔を密に設定等，予備調査を踏まえて計画する。

調査頻度の目安を**表 2-2-3** に示す。

表 2-2-3 調査頻度[1)]をもとに作成

頻度	地形等区分	ボーリングの頻度
平面的調査頻度	平地部の一般盛土で土層変化が少ない	1 km 以内ごとに数箇所
	軟弱地盤分布地域	500 m 以内ごとに数箇所 主要横断構造物箇所との兼用を図る
	軟弱層の層相変化が大きい	200 m 以内ごとに数箇所
	山麓部，山間部	地形区分ごとに代表盛土箇所または谷間で 1 箇所
	山腹斜面，地すべり地形，崩壊地形，崖錐地形	概略調査の結果を参考

ボーリング調査の深度は，盛土構造物の基礎として十分な地層までの調査を行うものとし，その地層の土質，N 値および層厚は**表 2-2-4** を目安とする。なお，ボックスカルバートや擁壁工については，準拠資料により支持層の目安などが異なる場合があるため，各調査目的に応じて適切な調査深度を計画するものとする。

表 2-2-4 調査深度[1)]

土　質	N 値	層厚さ（m）
粘性土	20 以上	5
砂質土	30 以上	5
砂，砂礫，玉石，転石まじり土砂	50 以上	3
風化岩，軟岩	50 以上	3
硬岩	—	2

4. 検討すべき項目と調査手法

（1）すべり破壊

1）検討項目：基礎地盤が軟弱層で構成される場合には，すべり破壊に対する安定性の検討が必要となる。軟弱層の存在は，盛土の安定性に大きな影響を与える可能性がある。

2）検討に必要な情報：すべり破壊の検討（安定解析）には地盤の成層状態を把握し，軟弱層の強度特性（粘着力 c，せん断抵抗角 ϕ）および単位体積重量が必要となる。

3）必要な調査・試験：ボーリング調査，標準貫入試験，乱れの少ない試料採取，一軸圧縮試験，三軸圧縮試験

（2）基礎地盤の圧密沈下

1）検討項目：軟弱地盤上の盛土については，盛土荷重による圧密沈下が発生する可能性があるため，圧密沈下の検討を行う必要がある。

2）検討に必要な情報：ボーリング調査と標準貫入試験により地層構成を確認し，圧密沈下対象層の層厚や圧密特性，過圧密地盤の出現深度等を把握する必要がある。

3）必要な調査・試験：ボーリング調査，標準貫入試験，乱れの少ない試料採取，圧密試験

（3）液状化の検討

1）検討項目：液状化により盛土の安定性に影響を与える可能性があるため，地下水位以下の緩い砂質土について，液状化発生の有無を検討する必要がある。

2）検討に必要な情報：液状化の検討は，一般に F_L 法による簡易予測が行われる。

3）必要な調査・試験：ボーリング調査，標準貫入試験，地下水位の計測，粒度試験

これらの検討に必要な調査項目・調査方法を**表 2-2-5** に示す。

表 2-2-5　調査項目と調査方法[1)]

地質調査法 ＼ 調査項目		調査方法																						
						サウンディング							原位置試験											
		資料調査	空中写真判読	地形地質踏査	調査ボーリング	標準貫入試験	スウェーデン式サウンディング	オランダ式二重管コーン貫入試験	動的簡易貫入試験	ポータブルコーン貫入試験	電気式静的コーン貫入試験	オートマチックラムサウンディング	孔内水平載荷試験	間隙水圧測定	現場透水試験	平板載荷試験	弾性波探査	電気探査	速度・PS検層	電気探査	地下水検層	テストピット	土質試験	岩石試験
地　形	不安定地形	○	○	○																				
	軟弱地盤	○	○	○																				
地質構造	地層構成・分布	○	○	○	○	○	○	○	○	○	○	○					○			○		○		
	基盤の傾斜・断層の方向等	○	○	○	○												○		○			○		
地盤の工学的性質	土の物理・力学特性					○	○	○	○	○	○	○	○			○			○				○	
	岩の物理・力学特性												○			○	○		○					○
地下水	地下水位			○	○									○				○		○		○		
	湧水の有無・状況			○	○									○	○						○	○		
	透水係数										○				○									

検討に必要なパラメータと，各試験の種類について**図 2-2-3**，**表 2-2-6**，**表 2-2-7** に示す。

土質試験は，乱れの少ないサンプリング試料あるいは標準貫入試験試料を用いて，必要に応じて**表 2-2-6** に示す試験の一部もしくは全部を実施する。

調査と試験結果ならびに既往調査結果等を総合的に判断することで，軟弱層の特性を詳細に把握し，すべり破壊・圧密沈下・液状化のリスクを評価する。

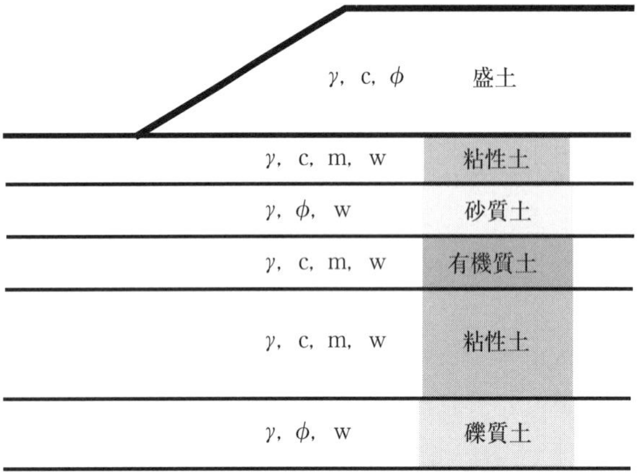

	安定検討	沈下検討
盛土	盛土形状 単位体積重量 γ 粘着力 c せん断抵抗角 ϕ	盛土形状 単位体積重量 γ
地盤	土性横（縦）断図 層厚，層構成 単位体積重量 γ 非排水せん断強さ Cu 強度増加率 m せん断抵抗角 ϕ	土性柱状図 層厚，層構成 単位体積重量 γ 標準貫入試験 N値

図 2-2-3　検討断面図と必要な記載項目（例）[6)]（一部修正）

表 2-2-6　試験項目と求まる土質定数[2)] をもとに作成

	試験名	求まる土質定数		主な利用法
①	土粒子の密度試験	土粒子の密度	ρ_s	土質区分
②	含水比試験	自然含水比	W_n	土質区分
③	粒度試験	均等係数，曲率係数	U_c, U_c'	土質区分，液状化判定
④	液性・塑性限界試験	液性限界，塑性限界	W_L, W_P	土質区分，液状化判定
		液性指数	I_p	土質区分
⑤	密度試験	湿潤密度	ρ_t	土質区分，安定・沈下計算
⑥	一軸圧縮試験	一軸圧縮強さ	q_u	安定計算等
		変形係数	E_{50}	横方向地盤反力係数
⑦	圧密試験	圧縮指数	C_c	沈下計算
		圧密降伏応力	P_c	沈下計算
⑧	三軸圧縮試験（CU）	強度増加率	m	緩速載荷工法等の検討

高盛土・大規模盛土の地震時の安定計算は，盛土の地震応答解析を行った後にすべり土塊の平均加速度を求めてニューマーク法により残留変位量を算定することが，NEXCO『設計要領第一集』の「土工建設編　高盛土・大規模盛土」で規定されている。

動的解析に必要な調査は，標準貫入試験（N値），土質試験（物理試験）等のほかに，**表 2-2-7** に示す試験等を実施する。

（4）盛 土 材 料

盛土材料の検討すべき項目は，盛土材料として材質適否，掘削の難易性，土と岩の分類，盛土の安定性・施工性の調査等である。

1）材 質 適 否

盛土に使用する材料は，地盤の荷重や外部の環境条件に耐える強度と耐久性を持っている必要があり，材料の圧縮強度やスレーキング特性などを評価する。また，地下水や雨水に対する

表 2-2-7　動的解析に必要な土質定数と試験方法[2)]

必要な土質定数	試験方法
せん断弾性波速度，ポアソン比	PS 検層
湿潤密度	密度検層，密度試験
動的変形特性 G～γ曲線（せん断変形係数～ひずみ） h～γ曲線（減衰比～ひずみ）	繰返し三軸試験 繰返しねじりせん断試験
動的強度特性 繰返し応力振幅比（液状化強度）	繰返し三軸試験

浸透性を考慮する必要がある。

2）土と岩の分類

盛土に使用する土の種類や性質を物理試験により把握する。

岩について盛土材料の取得や掘削作業が容易であるかどうかは，地山の弾性波速度や一軸圧縮試験などから判断する。

硬質な岩盤や粘性の高い土壌は，掘削作業に大きな影響を与える可能性がある。

3）盛土の安定性・施工性

盛土の安定性を確保するため，盛土材料と安定勾配の関係が適切であるかどうかを検討する。また，盛土のコンパクション効果や安定性向上のための補強手法を含めて，盛土作業の効率性や施工性を確認する必要がある。

4）汚 染 物 質

盛土材料の汚染物質について，自然由来の重金属等（人為的な汚染を含めて），掘削土量に応じて法令に基づき評価・検討する必要がある。

特に問題となりやすい土の材料特性としては以下が挙げられる[1)]。

・盛土の安定やトラフィカビリティが問題となる土では，高含水比の粘性土が挙げられる。
・降雨により侵食を受ける土としては，まさ土，山砂，しらすなどがあり，降雨による侵食や土砂崩れのリスクが高まる。
・風化の影響を受けやすい材料としては，脆弱岩が挙げられる。風化によって岩石の強度が低下し，安定性に問題を生じる可能性がある。
・敷均しが困難な材料としては，岩塊・転石・玉石がある。これらの材料は，盛土の施工や基礎の設置において均一性を確保することが難しい場合がある。
・凍上の被害が生じやすい土は寒冷地などでよくみられる。凍結・融解サイクルによって土の体積変化が生じ，地盤の安定性や構造物への影響が懸念される。

これらの土の特性を理解し，適切な対策を講じるための検討事項と適用すべき土質試験方法を表 2-2-8 に示す。

表 2-2-8　盛土材の検討事項と適用すべき土質試験方法[1]（一部修正）

調査方法／調査項目			土質試験																		
			土粒子の密度試験	土の含水比試験	土の粒度試験（ふるい分け試験）	土の液性限界・塑性限界試験	土の強熱減量試験	突固めによる土の締固め試験	締固めた土のコーン指数	CBR試験	土の透水試験	土の段階載荷による圧密試験	土の一軸圧縮試験	土の非圧密非排水（UU）三軸圧縮試験	土の圧密非排水（CU）三軸圧縮試験	土の圧密非排水（CUB）三軸圧縮試験	土の圧密排水（CD）三軸圧縮試験	岩石の破砕率試験	岩石の促進スレーキング率試験	凍上性判定のための土の凍上試験	安定処理土の一軸圧縮試験
土の工学的分類方法（日本統一土質分類法*）			○	○	○	○															
路体材・埋戻し	盛土のり面の安定	礫粒土・砂粒土		○	○	○		○			○			○	○						
		細粒土		○		○		○				○	○	○	○	○	○				
	盛土本体の圧縮性		○	○	○	○		○				○						○	○		
	施工機械のトラフィカビリティー			○	○	○		○	○												
	安定処理試験			○		○		○	○												
	上部路体材としての使用の可否			○		○		○		○											
路床・裏込め	強度特性試験		○	○	○	○		○		○											
	風化・細粒化に対する長期安定性		○	○	○			○		○								○	○		
	安定処理試験			○		○				○											○
	凍上・凍結融解に対する安定性				○	○	○			○										○	
表層排水工・フィルター工					○						○										
締固め管理の基準・方法			○	○	○													○	○		

＊　土の工学的分類のみならず，積算上の分類についても区分すること。

5.　調査結果に基づく検討

（1）軟弱地盤の解析

軟弱地盤の解析は，地盤の安定性，変形，圧密沈下，地震時の挙動など，多くの要素を考慮する必要がある。

解析は，解析断面，土質定数および設計条件を設定し，無対策で安定・沈下・変形・液状化の検討を行い，無対策での施工が不可能な場合は，緩速載荷工法および余盛り工法が可能かどうかを優先的に検討し，設計許容値を満足しない場合は，軟弱地盤処理工法を検討する。

解析項目と検討内容および解析に必要な土質定数について，**表 2-2-9** に示す。

表2-2-9　解析項目と土質定数と検討内容[2)]（一部修正）

検討内容	すべり安定計算（基礎地盤の圧密に伴う強度増加の検討を含む）などを実施し，地盤のすべり破壊に対する安全率を算定する。地盤の安定に関わる検討手法としては，円弧すべり計算が一般的に適用される。	
解析項目	土質定数	土質定数を求めるための方法
盛土の安定性	粘着力（C）	・一軸圧縮試験　・サウンディング試験
	内部摩擦角度（ϕ）	・三軸圧縮試験（Cu，ϕu），（Ccu，ϕcu），（C′，ϕ′）
	湿潤単位体積重量（γt）	・湿潤密度試験
	強度増加率（m）	・三軸圧縮試験（Ccu，ϕcu）・土の塑性指数（Ip）・経験的な値

検討内容	地中の鉛直増加応力を算定し，即時沈下量，圧密沈下量（場合によっては二次圧密まで検討する）各圧密度に対する沈下時間を算定する。また，地盤内で発生する応力を算定し，地盤の変形量（側方流動，地盤隆起，仮設構造物の変位などと既設構造物への影響検討を含む）を求める。	
解析項目	土質定数	土質定数を求めるための方法
盛土の沈下量 沈下時間	圧密降伏応力（Pc）	・標準圧密試験
	圧密指数（CC）	
	圧密係数（Cv）	
	体積圧縮係数（mv）	
	間隙比（e0）	
	有効土被り圧（P0）	・γt×H　　H：軟弱層厚
	変形係数（E50）	・一軸圧縮試験

検討内容	液状化に関する検討手法には，簡便法（*N*値と粒度からFL法で推計：『道路橋示方書（V耐震設計編）・同解説』参考）と詳細法（液状化試験で得られる液状化強度比と地震応答解析で得られる地震時せん断応力比より推計）があり，地震時の変形量の予測には，一般的に有限要素法（FEM）解析が採用される。	
解析項目	土質定数	土質定数を求めるための方法
地震時の 変形量	標準貫入試験結果（*N*値）	・ボーリング調査時に実施する標準貫入試験
	密度（ρ）	・PS波検層　・くり返し三軸試験 等
	せん断波速度（Vs，Vp）	
	せん断弾性係数（G）	
	ヤング率（E）	

（2）対策工法の検討

軟弱地盤対策工の選定は，地盤の特性，施工条件，コスト，施工期間などを総合的に考慮して実施する。対策工法の選定においては，緩速載荷工法の採用など，時間の有効活用を最優先にすることがコスト低減に有効であり，沈下対策についても同様である。最適工法の決定は，経済性・施工性・安全性などの観点から総合比較を行い，最適な工法を決定する。軟弱地盤対策工法の選定フローと盛土施工で発生する問題点と対策工法について**図2-2-4**，**表2-2-10**に示す。

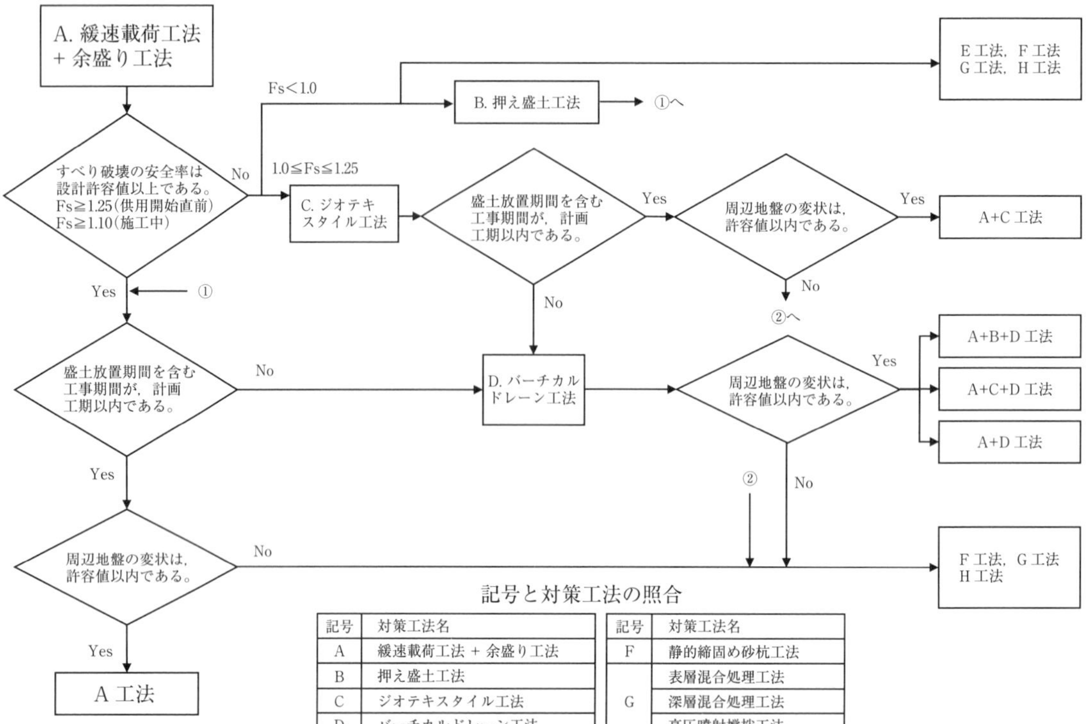

記号と対策工法の照合

記号	対策工法名	記号	対策工法名
A	緩速載荷工法 + 余盛り工法	F	静的締固め砂杭工法
B	押え盛土工法	G	表層混合処理工法
C	ジオテキスタイル工法	G	深層混合処理工法
D	バーチカルドレーン工法	G	高圧噴射攪拌工法
E	コンパクションパイル工法	H	荷重軽減工法

中層混合処理工法は，表層混合処理工法に含む

図 2-2-4　軟弱地盤対策工法の選定フロー[2)]

表 2-2-10　盛土施工で発生する問題点と対策工法[2)]

工法＼問題点		供用後の残留沈下	すべり破壊	周辺地盤の変状：水田の場合	周辺地盤の変状：重要構造物がある場合	工事費のランク
緩速載荷工法			●			1
余盛り工法		●				2
軟弱地盤処理工法	押え盛土工法		●			3
	ジオテキスタイル工法		●			3
	バーチカルドレーン工法	●				3
	コンパクションパイル工法	●	●	●		4
	静的締固め砂杭工法	●	●	●	●	5
	表層混合処理工法	●	●	●	●	4
	深層混合処理工法	●	●	●	●	5
	高圧噴射攪拌工法	●	●	●	●	6
	荷重軽減工法	●	●	●	●	6

●：問題点に対して効果がある工法
工事費のランクは，1 が最も安価で 6 が最も高価（目安）
中層混合処理工法は，表層混合処理工法に含む

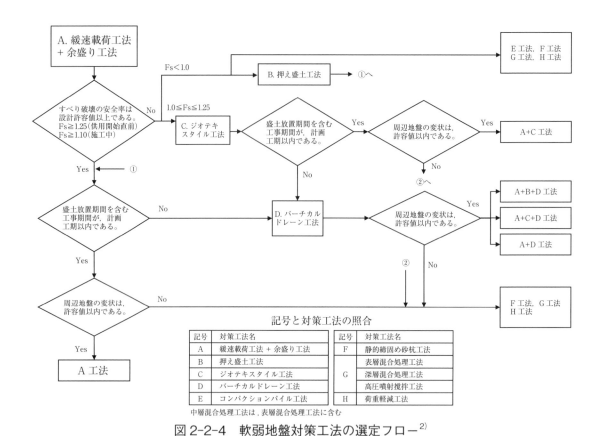

（３）供用開始後の残留沈下対策

供用開始後は，さまざまな状況により残留沈下が発生する可能性がある。特に，道路構造物の場合には，路面の状況に応じて橋台およびボックスカルバートの取付盛土部の段差修正や縦断線形修正を行うことが必要となる場合があるため，予想される事象と残留沈下対策について**表 2-2-11** に整理する。

表 2-2-11　予想される事象と残留沈下対策[3)]

対策部位	予想される支障	残留沈下対策
橋台部	橋台と盛土部の段差	・橋台部のプレロード，サーチャージを十分に行う ・このため道路と交差する中小橋は，単径間（交差道路の切り回しが可能で，プレロード可能の場合），または３径間（交差道路の切り回しが不可の場合）とする
橋台取付盛土部	橋台と盛土部の段差	・踏み掛け版を設置する ・路面を上げ越し施工する
盛土部	縦断線形の悪化（不陸，不同沈下）	・路面を上げ越し施工する
	断面形状の不足	・残留沈下に起因する支障を吸収できるように，予め余裕のある構造（幅員，路肩など）にしておく
カルバートボックス部	縦断線形の悪化（不陸，不同沈下）	・可能なかぎり沈下を促進させておく（プレロードを十分に行う）
	ボックスとしての機能不全	・上げ越し施工する（交差道路専用ボックスの場合） ・断面余裕をとる（交差道路水路併用ボックス，交差水路専用ボックスの場合）
舗装	供用直後の縦断線形の悪化（不陸，不同沈下）	・暫定舗装で供用する
施設	排水勾配の悪化	・補修の容易な構造（排水施設，中央分離帯，防護施設など）にしておく

2.2.3　調査実施上の留意点

1.　留意すべき地盤情報

盛土の変状にはさまざまな原因があり，軟弱地盤上や地すべり地に盛土する場合，高含水比粘性土や風化泥岩等を用いて盛土する場合には，盛立て時の安定や盛土構築後の沈下変形等の問題が生じることがある。特に注意すべき盛土としては沢地形や傾斜地盤上の高盛土が挙げられる。

軟弱地盤が分布する地形的な特徴や，湧水と盛土の位置関係，盛土の変状・崩壊例について**図 1-2-2，図 2-2-5，表 2-2-12** に示す。

（１）軟 弱 地 盤

軟弱地盤上の盛土の安定性や沈下については，以下のような地盤条件の場合に問題が発生しやすいため，調査の実施にあたっては注意を要する。

・谷部など，軟弱層の厚さが著しく変化していることが予想される場合

・排水層の層厚が薄く，地層の連続性に乏しい場合

・高有機質土や海成粘土が厚く分布する場合

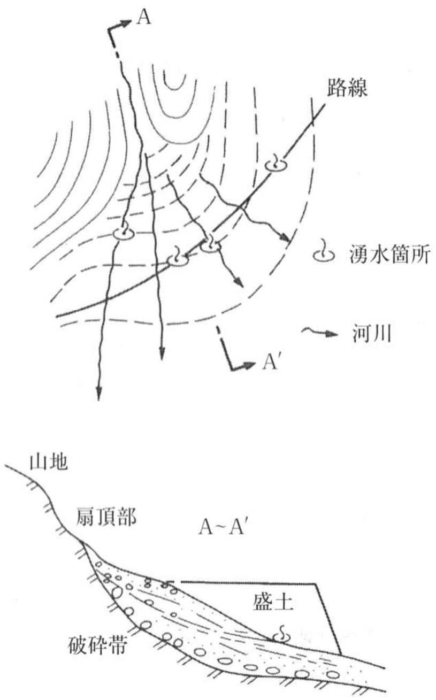

（出典：（公社）日本道路協会「道路土工—盛土工指針」）

図 2-2-5　湧水と盛土の関係例[4)]

（2）液状化地盤

地表付近に飽和した緩い砂層が分布する場合には，地震時に液状化を起こす可能性があるため，耐震設計上の問題となる。地震時の検討を行う場合は，以下を参考にするとよい。

・日本道路協会：液状化の簡易判定『道路橋示方書（V 耐震設計編）・同解説』(2017)

・日本道路協会：盛土の地震時安定解析『道路土工—軟弱地盤対策工指針』(2012)

（3）そ　の　他

その他の留意すべき地盤情報としては以下が挙げられる。

1）近接施工：盛土施工は周囲の施設に影響を及ぼす可能性があるため，施工前に周辺地盤への影響を予測し，適切な対策を講じることが重要である。

2）地すべり地の盛土：地すべり地における盛土は，地盤の均衡を崩す可能性がある。特に，地下水流を妨げることにより間隙水圧が上昇し，地すべりを誘発しやすくなるため，地すべり地での盛土には十分な注意が必要である。

3）斜面上の盛土：急斜面や地盤内にすべりやすい土層が存在する斜面上の盛土は，すべりやすく安定性が低い可能性がある。特に，表層部の風化が激しい場合や，地盤内にすべりやすい土層が狭在する場合には，安定性の検討が必要となる。

4）基盤が傾斜している場合：軟弱層の基盤が傾斜している地盤上に盛土を行う場合，軟弱地盤層の厚い側の方向に側方流動することが多いので慎重な検討が必要となる。

5）地山から湧水がある地盤：地山からの湧水により，盛土内の水位が上昇し，安定性が損なわれる可能性がある。

表 2-2-12　盛土の変状・崩壊例[4)]（一部修正）

解説		模式図	備考
軟弱地盤	軟弱地盤上に盛土する場合，地盤の強度が小さいと地盤を通る円弧すべりが発生することがある。また，供用開始後の時間の経過とともに，軟弱層の圧密・変形により，想定を上回る沈下・変形を生じることがある。特に切り盛り境部や構造物取付け部で路面の段差の原因となることがある。	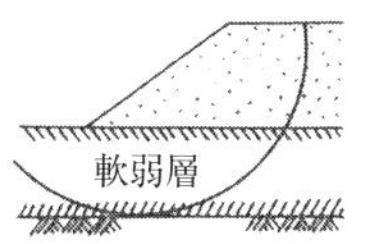	軟弱地盤 「道路土工―軟弱地盤対策工指針」参照
液状化地盤	ゆるい飽和砂質土地盤上の盛土では，地震時に基礎地盤の液状化により大規模な崩壊を起こすことがある。	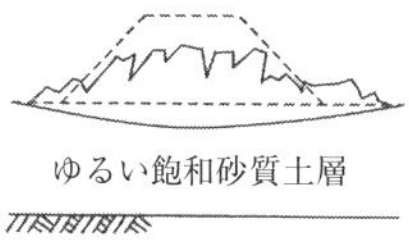	沖積砂質土，埋立地 「道路土工―軟弱地盤対策工指針」参照
地すべり地	地すべりまたは崖錐の頭部の部分に盛土した場合，地すべりを助長することになり大きな崩壊を引き起こすことがある。	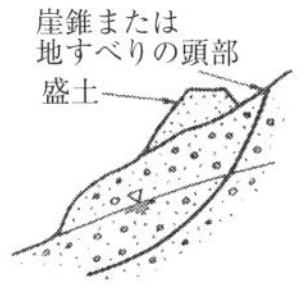	地すべり 崖錐 「道路土工―切土工・斜面安定工指針」参照
地山からの地下水浸透	周辺からの地下水の供給が豊富な地形条件に盛土した場合，間隙水圧の作用によって盛土が崩壊することがある。 a）縦断，横断方向における切り盛り境部付近の盛土 b）沢部を横断する盛土	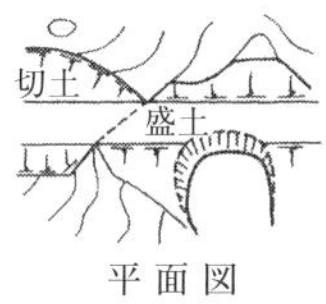 平面図 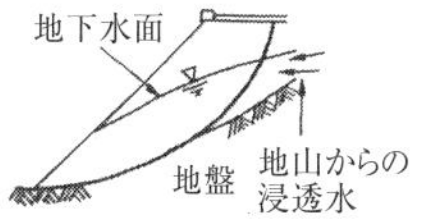 横断図	沢部等の集水地形
地震時	地山からの湧水等により盛土内の地下水位が高い状態で地震を受けると，盛土内の間隙水圧が上昇し大規模な流動的な崩壊を起こすことがある。 盛土のり面端部が軟弱な堆積土に支持されている場合や，地山表面に堆積土が残されている場合に生じやすい。	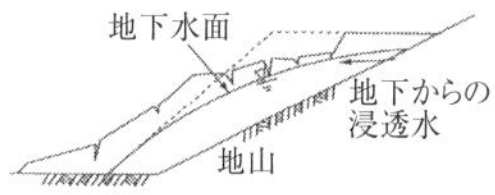	

（出典：（公社）日本道路協会「道路土工―盛土工指針」）

2. 調査計画事例

ボーリングやサウンディングは道路中心上で実施するのが原則である。ボーリングはボックスカルバート等の横断構造物箇所や，区間の中で盛土高が高く軟弱層が相対的に厚い地点を選定する。標準貫入試験を１ｍごとに実施し，軟弱層を対象として室内試験に供する試料のサンプリングを実施する。サウンディング試験は，ボーリングの補足として地層の連続性を把握するために実施する。平野部の調査計画事例を**図 2-2-6** に示す。

調査計画事例　軟弱地盤上に道路盛土を築造する場合

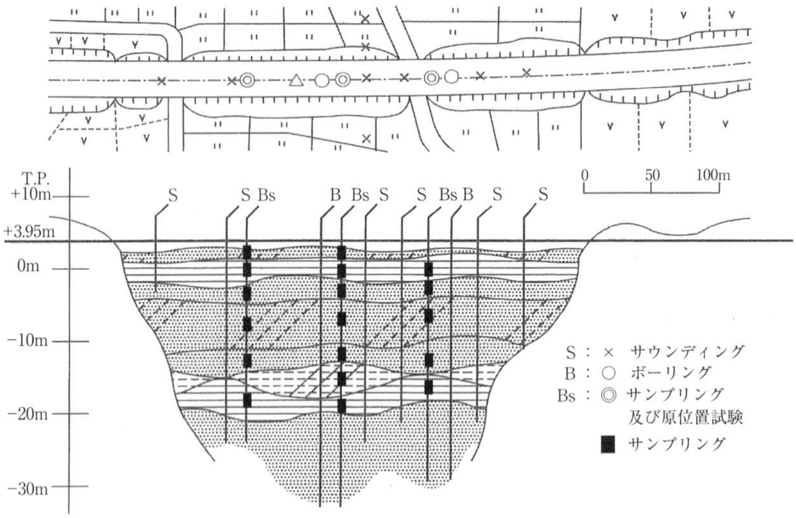

検討項目	・盛土の沈下や安定性の検討 ・液状化についての検討
必要な地盤情報	・地盤の成層状況，N 値 ・軟弱粘性土の圧密特性，強度特性 ・砂質土の粒度特性，強度特性 ・単位体積重量 ・地下水位
調査・試験項目	・ボーリング（軟弱層の厚さ，盛土の支持層） （耐震設計上の基盤面，地震時の検討を行う場合） ・標準貫入試験（1 m ごと，採取した乱れた試料は物理試験に用いる） ・サンプリング（乱れの少ない試料採取 3～5 m 間隔で採取） ・室内土質試験（物理試験，力学試験，圧密試験） ・サウンディング試験（ボーリング調査の補足として実施）

（出典：（公社）日本道路協会「道路土工―軟弱地盤対策工指針」）

図 2-2-6　調査計画事例[5]（一部修正）

2.2.4　積算上の留意点

盛土構造物の調査における積算としては，国土交通省大臣官房技術調査課監修『設計業務等標準積算基準書』，全国地質調査業協会連合会発行『全国標準積算資料（土質調査・地質調査)』など，積算関係の資料を参照するか，調査実績のある地質調査会社から見積りを徴収することにより歩掛を作成するとよい。積算上の主な留意点を以下に示す。

1.　実態に即した発注項目の整理

発注項目は，**表 2-2-1** に示す内容について実態に即して設定する必要がある。

図面のみに基づく仕様書の作成は，以下の事項などについて現場作業との乖離が発生し，変更協議の対象となることが多いため，仕様書の作成にあたり現地を下見することも重要である。

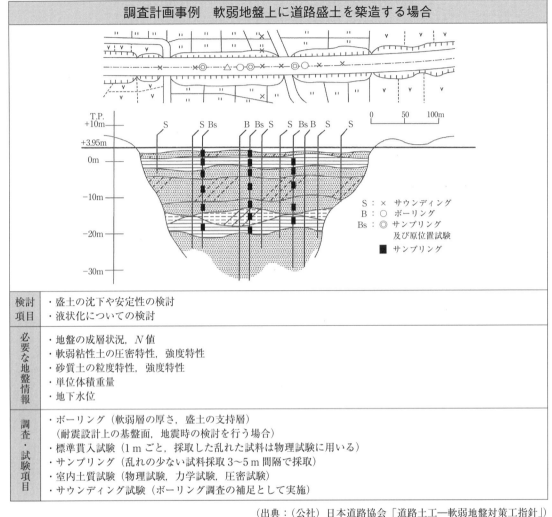

【業務着手後に特記仕様書との違いが明らかになることが多い項目】

①　ボーリング調査地点の測量の必要性

②　現場内小運搬の運搬方法の変更

・人肩運搬，特装車（クローラ）運搬，モノレール運搬，索道運搬など

③　運搬経路の変更

・湿地や急傾斜地の迂回，民地の立ち入りや通過の可否など

④　足場仮設の変更

・湿地足場，傾斜地足場，水上足場など

⑤　給水条件の変更

・給水ホースの延長，給水運搬の距離など

⑥　各種許可申請手続き等

・地下埋設物（水道，電気，ガス等），近接施工協議など

2.　工期の設定

工期は，土地の立入りにかかわる各種手続きの期間や，ボーリング掘進長の延伸・原位置試験やサンプリングの追加など，予備日を含めて工期を設定する必要がある。事前手続きとしては，調査地点の管理者や所有者への許認可・調査地に近接する鉄道・電力・ガス・水道等の埋設協議や近接協議が必要な場合がある。ボーリングに用いる掘削水の給水については，河川管理者・農業関係者・漁業関係者等への手続きが必要となる場合が多い。

季節条件としては，冬季の現場作業は積雪による搬入路の走行障害や，給水設備の凍結防止措置が必要となる。夏季の現場作業は猛暑による現場作業の効率低下が発生する。

入念な事前準備やゆとりのある現場作業が業務の安全管理には重要な要素であるため，余裕のある工期を設定することが望ましい。

3.　調査目的に応じた調査方法の提案

計画構造物の重要性が高い場合や，地形や地質構造が複雑な地域ならびに地形改変や土地利用の変遷等で地歴が複雑な土地では，地質的課題の事前把握やリスク検討も視野に入れる。既往調査がある場合には，ノンコアボーリングで発注される場合が多いが，圧密沈下および安定に関する照査を必要とする場合には，圧密対象層の層厚，分布，圧密特性，強度特性，排水層の有無等の詳細な地層情報の把握が重要であるため，オールコアボーリングによる地層の詳細な確認を基本とする（**図 2-2-7**）。ただし，盛土荷重の影響が小さい場合や安定検討への影響が小さい深部，均一な地層が厚く連続することが十分想定できる場合には，ノンコアボーリングを適用することで工期の短縮やボーリング調査の経済性において有利となる。

4.　本孔と別孔について

室内試験に供する試料のサンプリングや現場透水試験，孔内載荷試験等の原位置試験を本孔で実施する仕様で発注される場合が多いが，この仕様で実施できる条件は，出現する地層が事前に把握されており，サンプリング位置や原位置試験位置を発注段階から確定できる場合のみである。一般的には，本孔（パイロット孔）の掘削を標準貫入試験と並行して実施し，出現する地層構成を把握した上で，別孔（本孔から約１m 程度離れた位置）にてサンプリングや原

位置試験を実施することで試験対象層や出現深度が明確となり，精度のよい地質情報が得られる。ただし，深い深度で孔内試験やサンプリング等を別孔で実施すると，工期や経済性で不利な条件となるため，出現する地層が推定できる場合には，本孔におけるサンプリングや原位置試験を実施する必要がある。

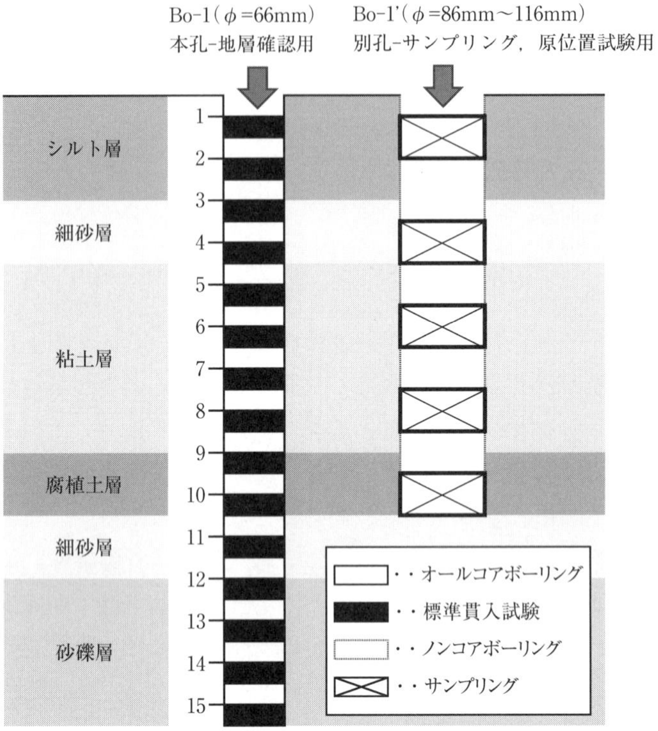

図 2-2-7　本孔ボーリングと別孔サンプリング等の計画（例）[2)]（一部修正）

《参考文献》

1）東日本・中日本・西日本高速道路：調査要領，2024
2）国土交通省北陸地方整備局：設計要領（道路編），2022
3）栗原則夫：現場の知とは何か―JH の軟弱地盤技術の方法とナレッジマネジメント，丸善京都出版サービスセンター，2004
4）日本道路協会：道路土工―盛土工指針，2010
5）日本道路協会：道路土工―軟弱地盤対策工指針，2012
6）東日本・中日本・西日本高速道路：設計要領第一集，2016

2.3　切土構造物

道路建設事業における切土構造物の地質調査は，道路建設の流れに応じて複数回に分けて計画・実施される（**図 2-3-1**）。切土構造物の設計施工においては，切土のり面の安定性能が最優先されるが，常時に加えて豪雨や地震等の異常時における安定性や，施工時の安定性を検討するための地質データを取得する。そのため，地質調査においては，地質技術者から事業者に

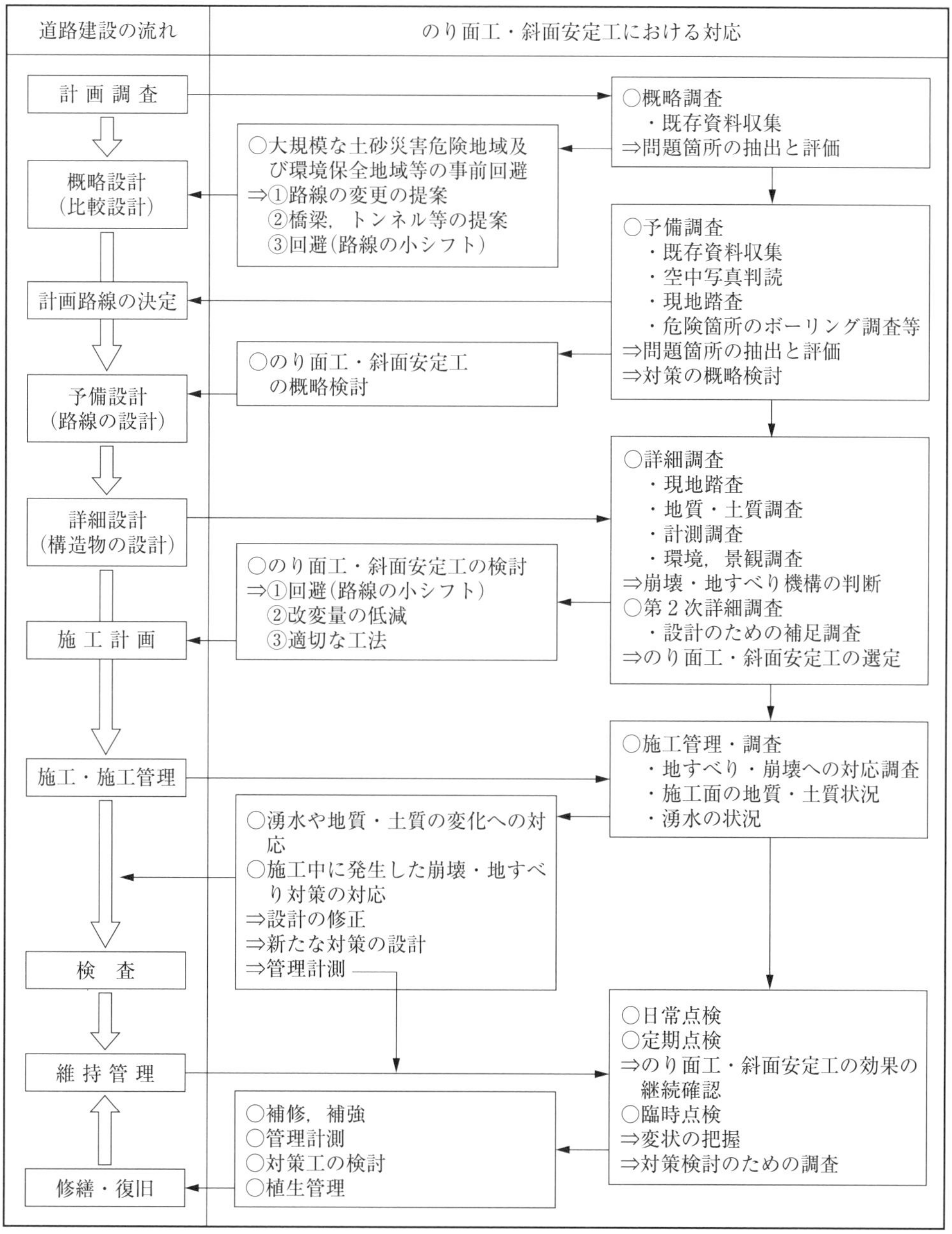

（出典：（公社）日本道路協会「道路土工─切土工・斜面安定工指針」）

図 2-3-1　道路建設の流れと調査手順との対比[1)]

地質データを提供するだけではなく，事業者，設計者および施工者とのコミュニケーションを図り，設計施工における地質的な留意点を共有することで，地質調査で取得する地質データの過不足の予防や地質リスクマネジメント手法を活用した地質的課題への対応および対策を講じることが肝要となる。

2.3.1　調査の目的

切土構造物の地質調査は，切土のり面の勾配と安定性のほか，対策工を検討するための地質情報を得ることを目的とする。具体的には，切土のり面の勾配と安定性を検討するため，地質および地質構造と地質工学的特性，地山の透水特性と地下水分布状況といった基本的な地質データを取得する。併せて，のり面排水，のり面保護工および斜面安定工に関する対策工を検討するため，地表水の流動状況，地山のスレーキング特性，自然由来重金属の有無，掘削施工性等の地質データを取得する。なお，切土構造物は単独で建設されることはほとんどなく，道路や鉄道等の建設に伴い土地を改変される場合に整備されるため，要求される性能や地質調査の目的が不明瞭となりやすいことに留意が必要である。

図 2-3-2 に示すように，道路建設事業では予備設計や詳細設計等のいくつかの段階を経るため，地質調査の実施にあたっては，それまでの設計で決まったことと，これからの設計で決めることを整理して調査計画を立案し，現地調査と成果取りまとめを行う。言い換えると，地質調査がどの段階で行われるものであり，どのような成果が求められているかといった，各段階における地質調査の概要と目的を理解することが大切となる。

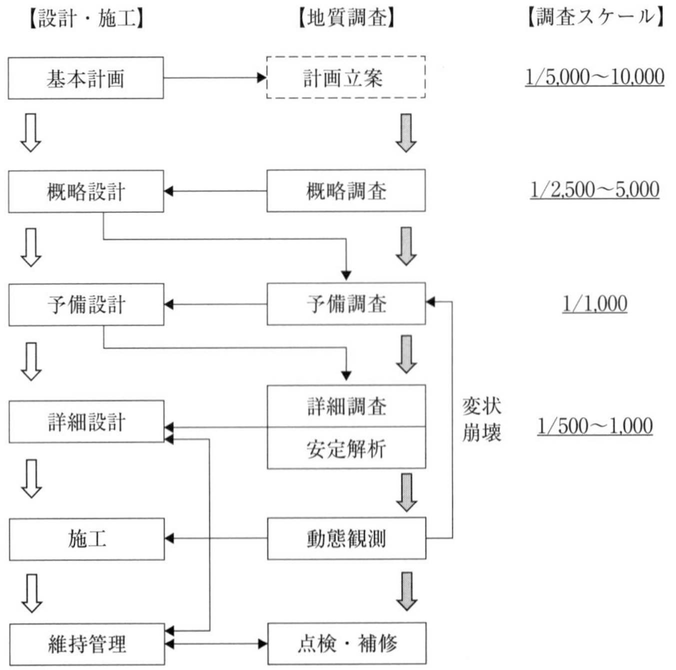

図 2-3-2　切土構造物の調査の流れと調査スケール

このように，一般に切土構造物の地質調査は段階を経て，確認と修正を繰り返しながら品質は確保されるが，災害対応等の段階を経ない場合は，当該地質調査の目的と設計からの要求事項を踏まえて調査計画を立案する。

次より，**図 2-3-2** には**図 2-3-1** を踏まえた切土構造物の調査の流れと各段階の調査で目安となる調査スケール，**表 2-3-1** には各段階での地質調査の概要を整理する。

表 2-3-1　各段階での地質調査の概要

段階	地質調査概要
概略調査	基本計画では，現地形と道路計画高との関係を踏まえて切土構造物は計画されており，その詳細な性能や仕様は検討されておらず，地質調査も行われていない。 概略調査では，路線の比較検討に必要な地質情報を既存資料調査によって得る。既存資料調査では，建設予定地の地形・地質および地質構造のほか，大規模な断層破砕帯や地すべり・崩壊，膨潤性地山や自然由来重金属を含む地山等，その対策に莫大な費用が必要となる，あるいは，それらへの対策が困難と判断される可能性のある地質リスクの抽出に主眼をおいて調査する。また，概略の地表地質踏査を行い，トンネル坑口や代表的な地質状況のほか，長大のり面となる箇所の地形地質状況や現地状況を把握する。
予備調査	予備調査では，路線選定と用地幅の決定に必要な地質情報を，主に地表地質踏査によって得る。地表地質踏査では，地形・地質および地質構造等の情報を参考（**表 2-3-2**）として，切土構造物の建設箇所における地山を区分して標準的な切土勾配を決定する。併せて，概略調査で把握された地質リスクを調査し，リスク評価を行う。本調査で対応が必要と判定された地質リスクについては，ボーリング調査や物理探査等の現地調査を行って，次段階における調査計画や動態観測等を立案する。
詳細調査 安定解析	詳細調査では，切土のり面の勾配（**図 2-3-3**）の決定のほか，切土のり面の安定性を検討する安定解析と対策工の検討に必要な地質情報を，ボーリング調査，物理探査，原位置試験および室内試験等によって得る。これらの調査・試験により，地質および地質構造，地山の硬軟や透水性および地山の速度層構造等を把握して，切土のり面勾配のほか，施工時や施工後の切土のり面の安定性，掘削施工性，地山の膨潤性やスレーキング特性等についても検討する。 第二次詳細調査では，地すべり対策工の詳細設計や安定勾配より急勾配とせざるを得ない箇所での抑止工等の詳細設計において実施し，安定解析と対策工を検討する。また，基準値を超過する自然由来重金属等が確認された場合は，汚染土の分布範囲と掘削土量を把握するための面的調査を行う。
動態観測	切土のり面に斜面不安定化の可能性が予想される場合，地上や地中に観測機器を設置してモニタリングを実施する。その他，衛星画像の活用，ドローンによるレーザー測量や写真撮影，定点カメラ観測，簡易設置が可能な観測機器等，切土構造物の規模や斜面不安定化要素を踏まえて観測機器・方法の選定と配置を検討する。モニタリングは，施工前から維持管理までの各段階の継続性が求められるが，施工中や施工後に突発的に発生する斜面変状にも実施する。
その他の 調査	その他の地質調査には，施工段階の調査，施工後の維持管理段階における点検・補修に伴う調査，自然災害等に伴い切土のり面に変状が発生した場合の調査等がある。これらは緊急的に実施する場合が多く，斜面変状の発生機構と対策を踏まえた調査計画を立案する。ただし，調査が必要になった時点で調査計画に費やす時間的余裕はない状況のもと，現場復旧や作業安全性および変状の再発防止を考慮して，現地調査を実施することが必要となる。

次頁より，**表 2-3-2** には現地踏査で得られる地形・地質の情報，**図 2-3-3** には切土に対する標準のり面勾配を示す。

表 2-3-2　現地踏査で得られる地形・地質の情報[1)]

地形情報	斜面形状	高さ，勾配，縦横断形等
	一般地形	崖錐，段丘，丘陵，一般斜面等
	異常地形	オーバーハング，露岩，遷急線等
	斜面変動地形	地すべり，土石流，崩壊等
地質情報	地質，岩質	地層，岩相
	割れ目	断層，破砕帯，節理，層理
	地質構造	走向，傾斜，しゅう曲
	風化，変質	風化状況，変質状況，強度
	未固結堆積物	種類，構成物，層厚等
表層の情報	浮石・転石の分布	規模，分布密度，不安程度
	植生	種類（森林，草地，裸地等）密度，生育状況
	湧水	位置，量
既設構造物	種類	治山・砂防施設，地すべり防止施設，道路，構造物，河川構造物
	規模	高さ，延長，ポケット，堆砂状況等
	変状	亀裂，はらみ出し等

（出典：（公社）日本道路協会「道路土工―切土工・斜面安定工指針」）

地山の土質		切土高	勾配
硬岩			1：0.3～1：0.8
軟岩			1：0.5～1：1.2
砂	密実でない粒度分布の悪いもの		1：1.5～
砂質土	密実なもの	5 m 以下	1：0.8～1：1.0
		5～10 m	1：1.0～1：1.2
	密実でないもの	5 m 以下	1：1.0～1：1.2
		5～10 m	1：1.2～1：1.5
砂利または岩塊混じり砂質土	密実なもの，または粒度分布のよいもの	10 m 以下	1：0.8～1：1.0
		10～15 m	1：1.0～1：1.2
	密実でないもの，または粒程度の分布の悪いもの	10 m 以下	1：1.0～1：1.2
		10～15 m	1：1.2～1：1.5
粘性土		10 m 以下	1：0.8～1：1.2
岩塊または玉石混じりの粘性土		5 m 以下	1：1.0～1：1.2
		5～10 m	1：1.2～1：1.5

注）① 上表の標準勾配は地盤条件，切土条件等により適用できない場合があるので本文を参照すること。
② 土質構成等により単一勾配としないときの切土高及び勾配の考え方は下図のようにする。

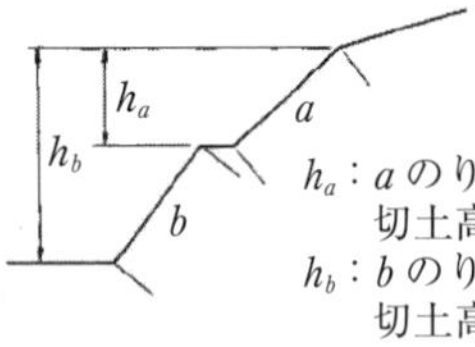

h_a：aのり面に対する切土高
h_b：bのり面に対する切土高

・勾配は小段を含めない。
・勾配に対する切土高は当該切土のり面から上部の全切土高とする。

③ シルトは粘性土に入れる。
④ 上表以外の土質は別途考慮する。

（出典：（公社）日本道路協会「道路土工―切土工・斜面安定工指針」）

図 2-3-3　切土に対する標準のり面勾配[1)]（一部修正）

2.3.2　調査計画・内容

本項では，道路建設事業における切土構造物の地質調査について，各段階で行う地質調査における調査計画・内容のポイントを整理する。

1. 概略調査

概略調査は，机上調査となる既存文献調査を主体として実施するため，地形および地質情報に関する知見や実績が必要となる。また，昨今は，地形データの多様化や精度向上が著しいため，地形データの整理および分析に用いる各種手法の取得も必要となる。

次より，**表2-3-3**には概略調査における調査計画・内容のポイント，**表2-3-4**には切土構造物の概略調査における主な調査対象と内容・留意点を整理する。

表2-3-3　概略調査における調査計画・内容のポイント

番号	調査計画・内容のポイント	計画時の着眼点
1	概略調査では，概略設計で検討される路線の比較検討ルートとその近傍を対象として，主に公開されている既存資料や文献等により建設対象地の地形および地質を把握し，概略設計に用いる標準のり面勾配を設定する。最近は，ボーリング柱状図データ等が公開されている情報サイトも増加しており，公開データの活用による調査精度の向上が期待される。	・公開データ ・標準のり面勾配
2	地形判読に用いる地形データは，公開されている数値地図や数値標高モデルを活用することで精度の高い地形判読が可能となる。データ処理等には時間やコストがかかるため，使用するデータと処理方法の選定が重要となる。	・地形データ ・地形判読
3	概略ルートに交差する，あるいは，近接することが懸念される断層破砕帯や地すべりでは，それらを回避することや横断箇所における施工性や安定性を検討するための地質情報を収集整理する。併せて，類似する施工事例等の情報収集を行う。これらの地質情報等から地質リスクを抽出し，各段階においてリスク評価を行い，リスク対応を決定する。	・断層破砕帯 ・地すべり ・施工事例 ・地質リスクマネジメント

表2-3-4　切土構造物の概略調査における主な調査対象と内容・留意点

調査段階	調査名	地質データ	内容・留意点
概略調査	文献調査	地形，地質	・公開情報（地形図，地質図，ボーリングデータ等）を利用 ・断層破砕帯，地すべり，鉱山跡，温泉，水利用等の把握
	空中写真判読	地形分類，断層，不安定斜面，周辺環境	・実体視による地形判読 ・周辺環境や近接構造物の把握 ・斜面変状履歴等がある場合は2時期の空中写真で活動状況を把握
	地形判読	地形分類，断層，不安定斜面	・建設予定地の地形区分と地形判読 ・数値地図や数値標高モデルの活用
	地表地質踏査	地形，地質，地質構造，地質工学的性質，水文	・代表的な箇所，地質等を対象に実施 ・建設予定箇所周辺の状況を確認

2. 予備調査

予備調査は主に地表地質踏査により実施するため，概略調査結果を踏まえて，観察箇所や内容を事前に整理することで効率的かつ効果的な地表地質踏査を行う。地表地質踏査では，施工前の地山の自然状態における道路計画高さの地質情報を得ることを目的とするため，路線の線形検討に対応できる余裕幅のある地質情報の取得を目途として踏査範囲を設定することが重要となる。また，切土構造物の建設において重大な地質リスクとなる可能性がある場合や，代表的な地質情報の把握が今後の設計施工に必要な場合は，ボーリング調査や物理探査等の現地調査を行う場合がある。なお，予備調査は概略調査と同時に実施されることも多い。

次より，**表 2-3-5** には予備調査における調査計画・内容のポイント，**表 2-3-6** には切土構造物の予備調査における主な調査対象と内容・留意点を整理する。

表 2-3-5　予備調査における調査計画・内容のポイント

番号	調査計画・内容のポイント	計画時の着眼点
1	地表地質踏査で立ち入るエリアの土地所有者や土地利用状況を踏まえて，現地踏査に先立って，立入りに必要な申請手続きや対応を行うことがトラブル防止に不可欠である。	・土地利用状況 ・申請手続き
2	地すべりや崩壊が懸念されるエリアでは，地表地質踏査の実施に先立ってドローン写真測量等を活用して，現況の地形を経済的かつ迅速に取得して地形判読や現地状況の把握を行い，地表地質踏査での確認事項や箇所を事前に整理することで現地調査の効率化を図ることが可能である。	・地表地質踏査 ・ドローン活用 ・地形判読
3	地すべりに関しては，空中写真等の判読結果を踏まえて，現地での変動地形の有無や，地すべり土塊の分布範囲やすべり面の形状や深さと現在の活動状況（降雨との連動性等）といった概略を把握する。	・地すべり
4	切土のり面に影響を及ぼす可能性のある地すべり・崩壊が予見される場合は，切土構造物の調査と地すべり・崩壊の調査を兼ね合わせた調査計画が望ましいものの，地すべり・崩壊に対する調査を単独で行うことも検討する。その際は，施工前～施工中～施工後にわたる観測の継続性を考慮して，観測機器の種類や設置箇所等を検討することが必要である。	・断層破砕帯 ・地すべり ・施工事例 ・地質リスクマネジメント
5	地下水分布および地下水流動を要因とする切土のり面からの湧水により，斜面の表層崩壊等が懸念される場合は，対象区間の地質断面図に想定される地下水分布ラインを示して，地下水の透水性や水質等に対する調査・試験の計画を検討する。	・地下水 ・地下水流動 ・湧水 ・表層崩壊
6	長大のり面（本書では高さ 15 m 以上の切土のり面を長大のり面とする）とならない場合やダム建設等に伴う工事用道路等の建設の場合において，近傍の構造物の調査結果等を参考データとして，詳細調査を実施しないで切土のり面の勾配を決定する場合がある。	・調査未実施
7	気候変動に伴う局所的豪雨の増加により，切土のり面の斜面安定性において，地表水の排水処理が課題となってきている。多量の地表水の集中による切土のり面の侵食・崩壊や，構造物と地山との隙間への地表水の流入による構造物の損傷・破壊等を防止するため，切土構造物背面の地形を精査して地表水の排水処理を検討する。なお，地形判読により地表水の流動状況を把握するには，3 次元地形モデルの利用が効果的である。	・気候変動 ・局所的豪雨 ・地表水排水処理 ・3 次元モデル

表 2-3-6　切土構造物の予備調査における主な調査対象と内容・留意点

調査段階	調査名	地質データ	内容・留意点
予備調査	地形地質踏査	地質，地質構造， 地質性状，水理性状	・切土ラインの地質状況を推定 ・流れ盤，受け盤の把握 ・表層の未固結堆積物層の厚さの把握 ・基盤の風化深度の推定 ・切土のり面の不安定化，脆弱化，湧水等の有無 ・地下水分布ラインの推定
	水文調査	地表水・地下水の分布と流動の状況	・多量の地表水の集中 ・地下水流動の把握 ・切土のり面からの湧水の可能性 ・地下水位変動の降雨および季節的影響の把握
	現地調査	地層構成，地質構造， 地質性状，地下水分布	・代表的箇所でボーリング調査や物理探査を実施 ・建設の履行性を確認するための地質調査

3. 詳細調査・安定解析

詳細調査では，切土構造物の詳細設計に必要なのり面勾配を決定するとともに，地質性状に応じた対策工を検討する。本調査では，ボーリング調査や原位置試験，物理探査等の現地調査と室内試験を実施し，切土対象となる地山の分類や工学的評価等を行う。切土構造物は面的な広がりを持ちながら深さ方向に傾斜するため，切土のり面の安定性の検討では，地山の地質構造を３次元的に把握し，地層や割れ目，断層破砕帯等が切土のり面とどのような関係にあるのかを把握することが必要となる。

安定解析について，切土のり面の設計では，一般的に，地すべりや崩壊等の斜面変状の可能性が無ければ安定解析は行われない。しかし，地質調査段階で把握していなかった崩壊等が施工中に発生する事例もあり，地質調査段階から施工段階において，切土のり面の安定性に懸念がある場合は，安定解析を適用する。

なお，切土によって崩壊が発生しやすい地山条件[1)] は次のとおりである。

① 地すべり地
② 崖錐，崩積土，強風化斜面
③ 砂質土等，特に侵食に弱い土質（しらす，マサ土，山砂，段丘砂礫等）
④ 泥岩，凝灰岩，蛇紋岩等風化が早い岩
⑤ 割れ目の多い岩
⑥ 割れ目が流れ盤となる場合
⑦ 地下水が多い場合
⑧ 長大のり面となる場合

次より，**表 2-3-7** には詳細調査における調査計画・内容のポイント，**表 2-3-8** には切土構造物の詳細調査における主な調査対象と内容・留意点を整理する。

表 2-3-7　詳細調査における調査計画・内容のポイント

番号	調査計画・内容のポイント	計画時の着眼点
1	ボーリング調査における搬入出作業では，トラック運搬の到達点から調査地点までの地形によって運搬方法を選定する。不整地運搬車は，直進と後進方向の起伏には対応できるが，側方に傾斜した状態では転倒の危険性が高く使用できない。モノレール運搬は，急なカーブが必要な箇所ではスイッチバックを用いるが，作業効率が悪くなるため，できる限り１本のライン状に経路を設定する。また，希少種の保護等，環境保全にも留意が必要となる。	・不整地運搬 ・モノレール運搬 ・希少種
2	ボーリング調査は，ボーリング孔と切土のり面の掘削ラインとの位置関係を検討して，切土のり面全体の地質状況を把握できる配置とする。	・調査位置
3	弾性波探査では，地山の速度層構造を取得して切土のり面の勾配を決定する。電気探査では，地山の比抵抗構造を取得して地山の地質状況のほか，地下水分布状況を検討する。これら物理探査の測線は切土のり面の代表断面に配置されるのが一般的である。	・速度層構造 ・比抵抗構造 ・地下水分布状況
4	物理探査測線上でボーリング調査を行い，地層構成や原位置試験結果と速度層構造や比抵抗構造との比較検討により地質解釈の精度を向上させる。	・地質解釈
5	室内試験では，地山の物理的・力学的性質に関するデータを取得するが，スレーキング特性や熱水変質に伴う膨潤性等に関するデータも取得される。	・スレーキング特性 ・膨潤性
6	ボーリング調査と弾性波探査あるいは電気探査を併用して，面的に地質状況や風化状況を把握することが重要である。実施順序については，ボーリング調査を先行することが一般的である。しかし，地山の風化状況が複雑であると予想される場合は，物理探査を先行して，その探査結果をもとにボーリング調査位置を検討する方が，効果的に地山状況を把握できる場合もある。	・面的な地質状況 ・地山の風化状況
7	切土のり面の勾配について，各種の参考図書において地山区分に対応する標準的な切土勾配が示されている。例えば，『道路土工―切土工・斜面安定工指針』[1)]では，岩盤の切土には次の標準のり面勾配が設定されている。 　・硬岩：1：0.3～0.8，軟岩：1：0.5～1.2 標準のり面勾配は幅広く設定されているが，切土のり面勾配の決定は，周辺の地山勾配とその安定性の関係，地質時代と切土のり面勾配の採用率との関係，切土のり面勾配と弾性波速度との関係，地山区分と切土のり面勾配との関係等の地質的要因との関係において比較検討する。そのため，地質技術者が切土のり面勾配を検討・設定することが望ましい。	・のり面の勾配 ・硬岩 ・軟岩 ・地質時代
8	スレーキング特性を有する地山の切土のり面勾配は土砂相当の緩い勾配で設定されることが多い。しかし，土被り荷重の解放程度によっては緩い勾配とすることが必ずしも切土のり面の安定性を高めることにならないため，鉄筋挿入工等の採用や施工事例を踏まえた対策工の検討が必要である。	・スレーキング特性 ・土被り荷重
9	予備調査で抽出された地質リスクは，詳細調査での現地調査結果を踏まえ，リスク分析とリスク評価を行い，リスク対応を決定する。その結果を，事業者や設計者および施工者に継承することが望まれる（**第１章 地質調査の計画と積算**参照）。	・地質リスク ・リスク分析，評価 　リスク対応
10	３次元安定解析により地すべり対策工を検討する場合，地すべり側部のすべり面形状が解析結果に大きく影響する。そのため，側部のすべり面形状を正確に把握できるよう，ボーリング調査位置や物理探査測線の設定を検討する。	・３次元安定解析 ・地すべり ・すべり面形状
11	グラウンドアンカーが計画されている場合，アンカー定着のための不動層の位置を把握するが，グラウンドアンカーの打設角度を考慮した斜めボーリングが効果的である。	・定着層，不動層 ・斜めボーリング

表 2-3-8　切土構造物の詳細調査における主な調査対象と内容・留意点

調査段階	調査名	地質データ	内容・留意点
詳細調査	ボーリング調査	地層構成 地下水位	・切土のり面全体を網羅できる調査配置を計画 ・道路計画高と掘削標高の把握 ・室内試験用の試料採取 ・観測孔仕上げの有無 ・流れ盤や受け盤の評価
	原位置試験	N 値	・地盤の強度 ・室内試験用試料の採取
	物理探査	速度構造断面図 比抵抗構造断面図	・ボーリング地点と測線の位置関係 ・物理探査結果が有する精度や曖昧さを確認
	孔内検層	P 波 S 波の速度構造 地層の走向傾斜	・ケーシングの有無 ・測定可能深度の把握（余掘深さ）
	観測孔設置	—	・目的に応じた観測管の設置 ・観測孔仕上げ
	室内試験	物理・強度特性 スレーキング特性 含有・溶出試験	・試験値の地山への適用根拠 ・供試体の選定 ・自然由来の重金属類の把握
	動態観測	観測データ	・現場状況に応じた観測方法 ・降雨等との連動性 ・施工，維持管理への継続性

4.　動態観測とその他の調査

動態観測は，切土構造物の建設箇所に地すべりや崩壊が認められる場合や，施工中の地山の改変により発生する地すべりや崩壊に対して実施する。前者は施工前からの観測，後者は施工中の変状確認時からの観測となる場合が多い。

観測機器および方法は，近年多様化が進んでおり，地表および地中設置型の観測機器や地上からの撮影・計測データを利用することが可能となってきている。また，地表および地中設置型の観測機器には，現場に簡易に設置できるものや位置情報の取得を兼ね合わせて機能を持つもの等，多様である。

その他の調査としては，施工段階や維持管理段階における地質調査が挙げられる。

施工段階での地質調査は，①地質データを補完するもの，②切土のり面の施工時に発生したトラブルに対応するものが想定される。①では地質データと施工時に確認される地山状況に差異がある場合，②では施工中の切土のり面に変状が発現した場合等がある。

維持管理段階での地質調査は，切土のり面の劣化や変状，のり面対策工等の点検や調査，切土のり面周辺の地山の変状の有無等を確認するために実施する。

次より，**表 2-3-9** には動態観測における調査計画・内容のポイント，**図 2-3-4** には地表と地中を対象にする地すべり観測，**表 2-3-10** にはその他の調査における調査計画・内容のポイントを整理する。

表 2-3-9　動態観測における調査計画・内容のポイント

番号	調査計画・内容のポイント	計画時の着眼点
1	概略調査や予備調査で抽出された地すべり・崩壊地形を対象として，活動が認められるものや過去に活動があったものに対して動態観測を検討する。	・地すべり・崩壊
2	観測機器の設置に際しては，多雨期や融雪期等の地すべり変動の可能性が高い時期の観測データを取得して切土斜面の安定性を検討するが，事業全体の建設スケジュールを踏まえた観測体制の構築を，できる限り早い段階で計画することが必要である。	・多雨期，融雪期
3	地表型の観測機器は，地形判読結果と地表地質踏査結果により地すべり範囲を特定して不動域と移動土塊との境界を対象として設置されるが，主に頭部の滑落崖に設置されることが多い。	・地表型 ・頭部，滑落崖
4	地中型の観測機器の設置には，ガイド管の設置を含めたボーリング調査が必要となる。また，ボーリング調査では，すべり面より10m 程度を目安として，安定地盤（不動層）を確認することが望ましい。	・地中型 ・すべり面 ・不動層
5	観測機器の設置位置は，施工時や施工後も継続的に観測できる箇所とすることが効果的である。	・継続観測
6	一般的な地すべり調査では，地すべりの危険度や規模によって自動・半自動・手動といった観測方式が検討されるが，施工現場での観測では，施工安全性の確保のためリアルタイムでの避難警戒体制の構築等が必要となる。	・自動観測 ・施工安全性 ・避難警戒体制
7	頭部排土が計画されている地すべりでは，頭部排土による背後の新たな地すべり発生の危険性について確認する。	・頭部排土 ・背後の地すべり
8	切土のり面における地山の挙動が基準値を超える場合は対策工の検討が必要となるため，観測機器の設置箇所は，斜面変状の発生が予測される箇所や施工前後において観測が継続できる場所を選定する。	・基準値 ・継続観測

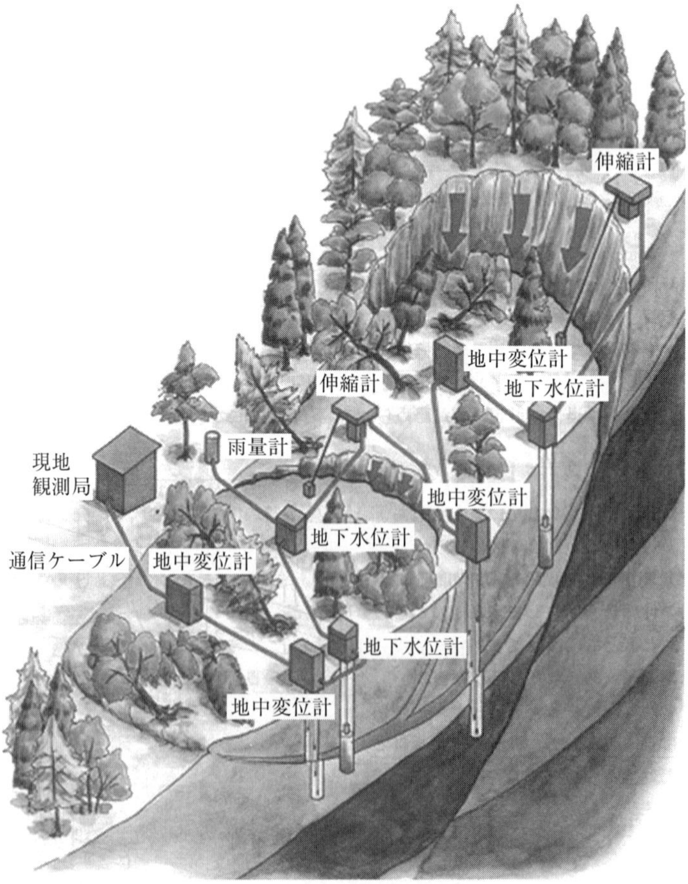

図 2-3-4　地すべりにおける調査と観測の種類[2)]

表 2-3-10　その他の調査における調査計画・内容のポイント

番号	調査計画・内容のポイント	計画時の着眼点
1	維持管理段階で発生した変状を調査する場合は，当該地山および周辺の地質データや観測データを収集して，変状が発生した地質的要因を検討する。	・観測データ ・地質的要因
2	施工中に発生した地山の変状に対する調査では，切土構造物近傍に保全対象となる構造物や建築物の存在の有無を確認するとともに，対策工や現場での動態観測等が検討されることとなる。また，その後の施工中の監視内容や体制が重要となるため，現場状況によっては，地質技術者が施工中の現場において，直接に地山の挙動を監視する対策を講じることも検討する。	・保全対象 ・動態観測 ・施工時の監視
3	まずは変状の進行を抑制するための応急対策（押え盛土等）に必要な調査を可能な限り速やかに実施することが必要である。調査や施工時の安全の確保を目的とした動態観測も併せて検討する必要がある。	・応急対策 ・施工時安全確保
4	施工時の調査では，掘削された切土のり面の観察とスケッチを行い，面的な地質情報として整理することで，切土のり面の変状の原因の検討資料として役立て，施工後の維持管理段階の点検内容にも反映させることが望まれる。	・観察，スケッチ ・面的な地質情報
5	動態観測の観測期間について，地すべりや崩壊の発生が懸念される施工箇所では，施工開始前から施工中および施工後まで地山の挙動を監視することになる。施工中に予期しない変状等が発生した施工箇所では，施工中から施工後まで監視体制が継続されることとなる。両者の場合において，施工後に地山の変動がなく，切土のり面にも劣化や変状等がない場合は，地すべり等の基準・指針を参考として，施工完了後数年を目安とした観測体制の統合や完了を判断する計画の立案が望まれる。	・観測期間 ・観測の統合や完了
6	局所的豪雨等により切土のり面が被災した場合の緊急調査では，被害状況の把握と被害が発生したメカニズムを把握して，原形復旧のための対策が検討される。その調査にあたっては，国土交通省が推進しているBIM/CIM活用を踏まえた災害対応の技術資料[3)]を参照して二次災害の防止等を目的とした応急対応を行い，その後に本格的な復旧を諮ることとなる。	・緊急調査 ・発生メカニズム ・BIM/CIM ・二次災害防止 ・応急対策

2.3.3　調査実施上の留意点

本項では，各調査における留意点，調査実施に際しての安全と環境に関する留意点のほか，各調査手法の規格・適用範囲と新しい技術の調査計画について整理する。

1.　各調査における留意点

ここでは，道路建設事業における切土構造物の地質調査について，各段階で行う地質調査の実施上の留意点を整理する。

（1）概 略 調 査

・道路建設事業においては，既存資料調査で行う地形判読が重要なデータとなる。その判読に用いる画像や地形データは多種多様となってきており，衛星画像，空中写真，電子地図データ等が入手できる。また，現場で簡易に地形データを取得することも可能となってきているため，構造物の規模や地形判読に必要な範囲に合わせたデータを選択・取得することが，その後の判読結果の活用においても重要となる。

（2）予 備 調 査

・地表地質踏査は地質技術者にとっては備えるべき基本的な技術であるが，地質的あるいは水理的知見を設計や施工を踏まえた土木的評価に解釈するには，たくさんの経験と訓練が必要となる。成果品質の確保と，将来的な道路建設事業への地質技術者による対応の継続性を確保するためには，経験度合いの異なる技術者の組合せによる実施体制の構築が重要となる。

・現地調査が行われない高さの低い切土構造物における調査では，地表地質踏査によって切土勾配を設定する地質的根拠を取得しなければならない。近隣の露頭観察のほか，建設予定地周辺の地質に類似性や不均質性があるかないかを判断した上で，近傍の構造物や建築物の調査データを活用することを検討する。

・切土のり面で崩壊が発生しやすい注意が必要な現地条件は**2.3.2 4. 動態観測とその他の調査**で整理したとおりであるが，そのような地質状況が確認された場合は，切土のり面の位置，方向，勾配の検討により崩壊の可能性を低減するとともに，のり面保護工やのり面安定工等の対策工の適用を検討する。

・のり面保護工の選定においては，切土のり面からの湧水の有無や礫の混入状況が重要な情報となる。計画箇所周辺の現地踏査は，このような情報の入手に着目して行う。

・概略調査における地質リスクの抽出には，きわめて高度な技術力と幅広い知識が必要となるので，地質リスクエンジニアの有資格者による実施が望ましい。

・切土のり面の掘削により地すべりや崩壊の発生が予測される場合は，主となる建設事業の事業者および設計者に調査結果とともに申し送り，ルート変更等の計画変更により建設箇所を回避したり，掘削規模を縮小したり，対策工を検討したりすることで地質リスクの低減や回避を検討する。

（3）詳 細 調 査

・岩盤を対象とするボーリング調査では，その掘削過程で必ず地山の試料を採取することとなるため，コア採取とコア保管[4]を行い，コア観察により地質および地質構造や地質性状を把握して，地山区分を行うのがよい。

・切土のり面に平行する断層破砕帯や切土のり面に水平に分布する地層の走向傾斜は，地表地質踏査だけでは正確に分布状況を把握できない可能性がある。そのような場合は，路線線形から少し離れた場所の地質データを取得して地層の分布方向を把握し，切土のり面において受け盤となるのか流れ盤となるのかを判断することも可能である。また，ボーリング孔を利用したボアホールテレビ観察を適用して，直接的に地層の走向傾斜データを取得することも可能であるが，局所的な点のデータとなるため，地層の撓みや凹凸等による分布方向の不均質性の状況を把握して，走向傾斜データの妥当性を検討するか，あるいは，複数孔で走向傾斜データを取得することでデータの妥当性を確保する。

・のり尻もしくは道路計画高前後までのボーリング調査終了時には，その孔内水位の安定を確認してから孔閉塞や観測管等を設置する。その安定水位を確認するためには，孔内洗浄等を行い，孔内水をくみ上げた後の回復水位を観測すること等で地下水位分布状況を把握する。

・地すべりを対象とした地下水位観測では，地下水位測定用塩ビ管のストレーナー深度の設定やシール材等の活用により，すべり面に作用している地下水頭を把握する。

・グラウンドアンカー工法や切土補強土工法の掘削方法の選定の際，孔壁の自立性の評価が必要となる。ボーリング掘削時の孔壁の自立性は，重要な判断材料となるので，ボーリング柱状図の記事欄に詳細に記載する。

2.　安全と環境に関する留意点

・施工中の切土のり面に変状が発生した場合の緊急調査では，その後の施工における安全性を確保するための調査や観測を行うが，現地調査の実施に際しても作業安全性を確保した対策を講じることが重要である。

・通常の調査における作業中止基準のほかに，調査箇所の変状状況に即した中止基準（1日当たりの変位量等）を設定し，現場作業の安全確保を最優先する。

・供用後の維持管理段階で変状が発生した場合の調査では，既設構造物上での現地調査となるため，騒音や泥水逸散の防止や，車道への飛散物の防止の対策等，第三者災害の防止を講じて現地調査を行うことが重要である。

3.　各調査手法の規格・適用範囲

各種の調査手法を調査計画に組み込む際，その調査の規格や適用条件を踏まえて実施手順を検討することで，地質調査の履行性は担保される。

各調査手法の規格と適用範囲を**表 2-3-11** に整理する。

表 2-3-11　各調査手法の規格と適用範囲[5),6)] をもとに作成

調査名	基準・規格	適用範囲	留意点
①ボーリング調査	—	掘削径 66～116 mm	掘削深さに応じて工法選定
②原位置試験			
標準貫入試験	JIS-1219	掘削径 65～150 mm	試験深度による減衰
③孔内検層			
PS 検層	JGS1121	孔径 66～116 mm	測定方法の選定
電気検層	JGS1122	孔径 66 mm～	測定方法の選定
ボアホールテレビ観察	—	孔径 56～200 mm	孔内洗浄，観察時のずれ
④観測孔設置			
地下水位観測	—	孔径 66 mm～116 mm 程度	ストレーナー管の規格と機能，測定区間の設定
地中変動量観測	—	孔径 66 mm～116 mm 程度	測定管種別の設置方法
⑤物理探査			
弾性波探査	—	探査深度 数十～百 m 以上 (測線長や起震方法による)	測線両端のデータ取得範囲 発振・受振の探査計画 速度層構造の地質解釈
電気探査	—	探査深度 最大 200 m (測線長による)	電気的ノイズの確認 比抵抗構造の地質解釈 比抵抗構造の水理解釈
⑥室内試験			
物理試験	JIS A1202～	乱した試料 200 g 以上	物理特性の説明方法
力学試験	JIS A1216～	乱れの少ない試料	試験結果の妥当性の検証
スレーキング試験	JGS2124	50×50×20 mm 程度の直方体/円柱状の岩塊	破砕度試験との併用 岩石の破砕試験： NEXCO 試験法 109 岩石の促進スレーキング試験： NEXCO 試験法 110
溶出試験		乱した試料 500 g 以上	試験試料の選定
⑦土壌分析			
短期溶出試験	環境省告示第 18 号		
全含有量試験	底質調査方法 蛍光 X 線分析法		
直接接種のリスクを把握する試験	環境省告示第 19 号		
実現象再現溶出試験			試験仕様や評価方法について専門家の助言が必要
酸性化可能性試験	JGS0271		

4. 新しい技術の調査計画

（1）斜面安定性評価のための数値解析

構造物の重要度や保全対象の種類によって，斜面安定解析は簡易なものから複雑なものまで適用される。最近は，2次元断面における安定解析だけではなく，3次元安定解析までの数値解析が，斜面安定評価の方法として幅広く適用されるようになっている。

ここでは，2次元解析・3次元解析の概要および基本事項と，数値解析の適用に際して求められる地質データの種類と取得について**表 2-3-12** に整理する。

表 2-3-12　安定解析の種類と使用される地質データ

モデルの種類	解析方法	解析に必要な地質データ	解析内容
2次元	スライス法	［逆解析の場合］ 単位体積重量 すべり面形状	円弧すべりによる安定解析，すべり土塊をいくつかに分割しすべり面上のスライスの滑動力と抵抗力の比を安全率とする方法
	せん断強度低減法	単位体積重量 せん断強度定数 変形係数	斜面を2次元FEMモデルでモデル化し地盤の強度を徐々に低減する静的解析を行い解析解が発散した時点の強度と実際の地盤の強度を比較して安全率とする方法
3次元	2次元極限平衡分割法	［逆解析の場合］ 単位体積重量 すべり面形状	2次元極限平衡分割法（2次元の円弧すべり法）を3次元に拡張した方法
	せん断強度低減法	単位体積重量 せん断強度定数 変形係数	3次元FEMモデルでモデル化しせん断強度低減法により安全率を算定する方法

（2）切土構造物におけるBIM/CIMの活用

2023年度より，土木事業においてBIM/CIMの運用が業務や工事において開始された。これに伴い，地質調査においてもBIM/CIMを活用することが求められるようになる。切土構造物の地質調査においては，『BIM/CIM活用ガイドライン（案）』[7]のうち，「共通編・砂防及び地すべり対策編・道路編」等の複数編が対象となる。これらのガイドラインを踏まえて，3次元地盤モデルにより，発注者と調査者・設計者・施工者で地盤情報を共有する。

「砂防及び地すべり対策編」を踏まえた地すべりCIMについて，**図 2-3-5** にその種類と作成・活用・更新の流れを示す。

なお，3次元モデルの作成や利用方法等については，**第1章 1.4 地質調査の成果と電子納品**を参照されたい。

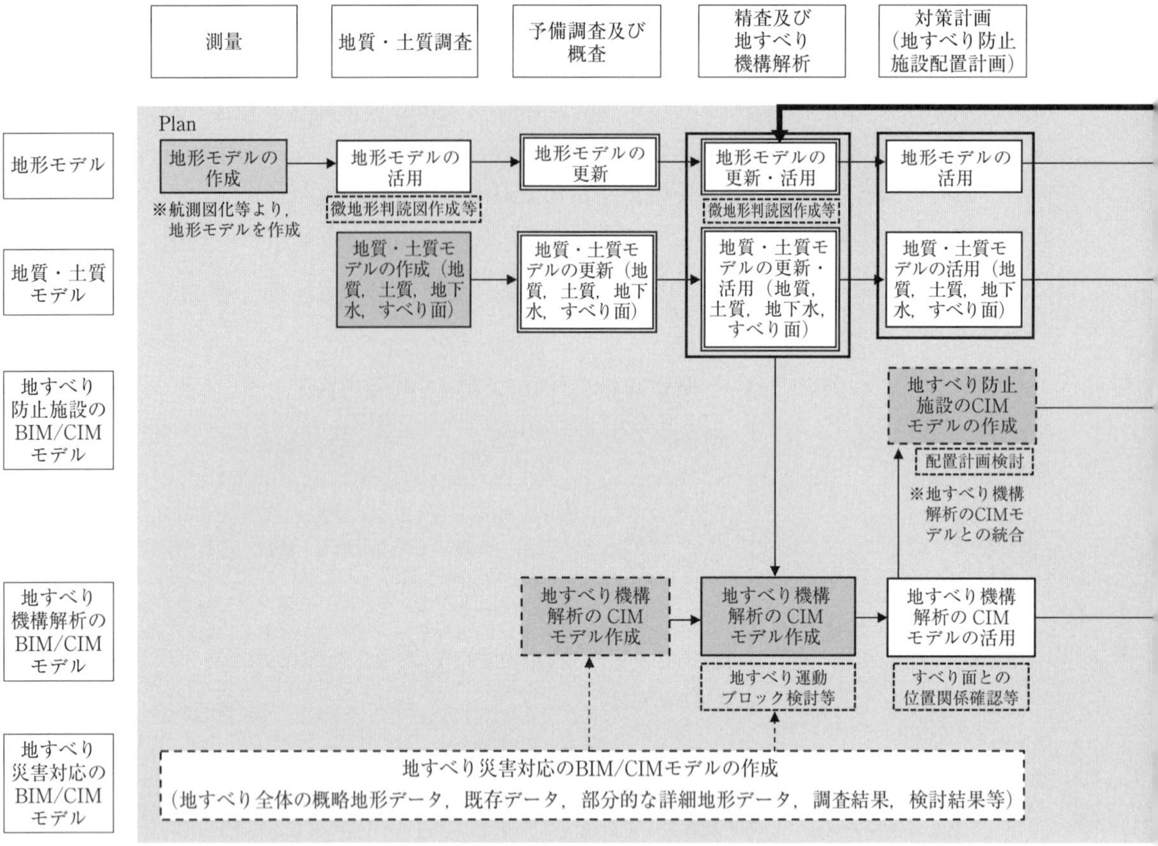

図 2-3-5　地すべり対策における BIM/CIM

《参考文献》

1）日本道路協会：道路土工―切土工・斜面安定工指針，2009

2）山崎孝成・濱崎英作・柴崎達也：地学双書 40 地すべり調査・解析入門，地学団体研究会，2024

3）土木研究所 土砂管理研究グループ 地すべりチーム：地すべり災害対応の BIM/CIM モデルに関する技術資料，2021

4）全国地質調査業協会連合会 社会基盤情報標準化委員会：ボーリング柱状図作成及びボーリングコア取扱い・保管要領（案）・同解説，2015

5）地盤工学会：地盤調査の方法と解説，2013

6）物理探査学会：新版 物理探査適要の手引き―土木物理探査マニュアル 2008―，2008

7）国土交通省：BIM/CIM 活用ガイドライン（案），2022

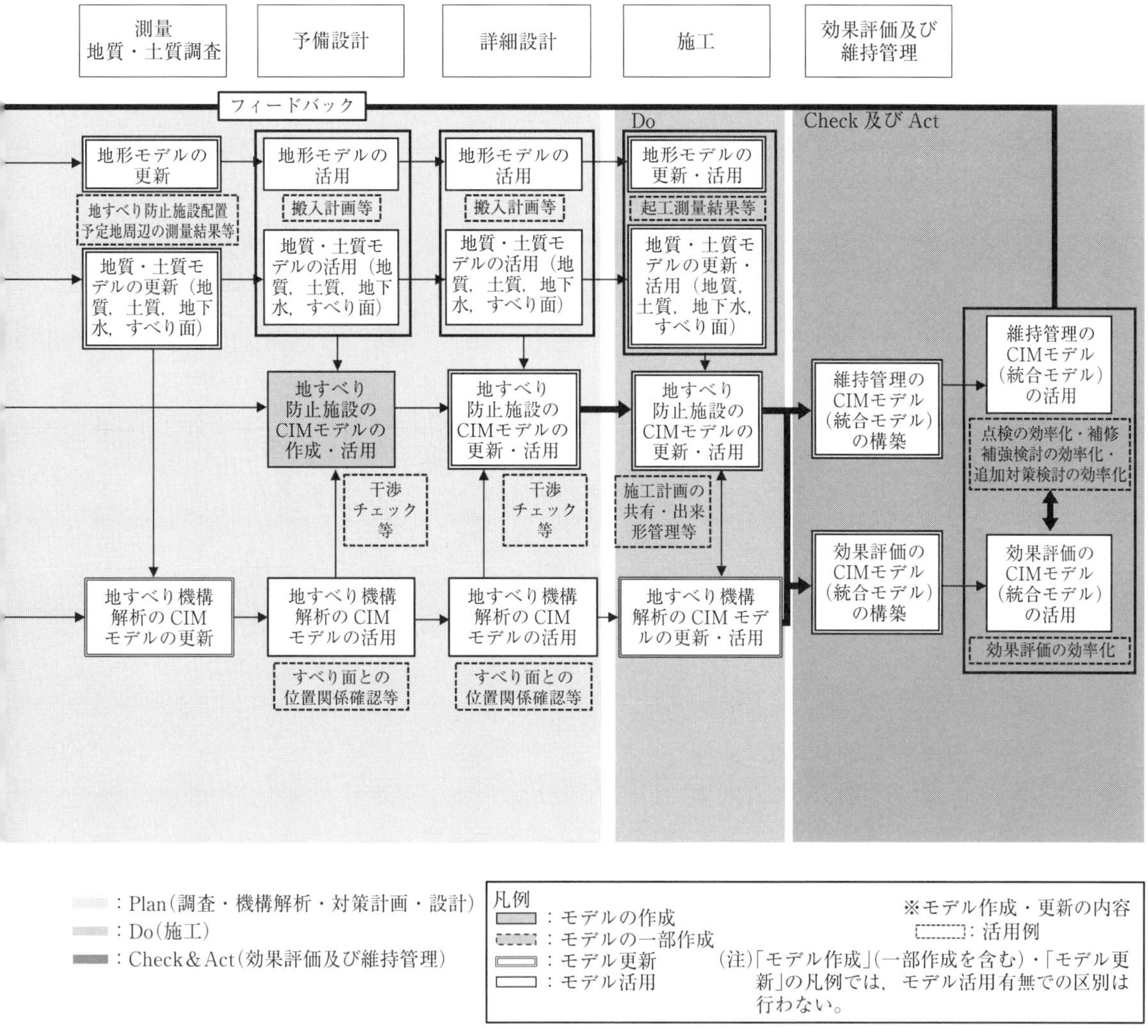

モデルの種類と作成・活用・更新の流れ[7)]

2.4 橋梁基礎

橋梁の設計・施工・維持管理にあたっては，橋梁建設予定地の地形・地質条件，地下水条件，近接構造物の有無等に応じた適切な調査を実施する必要があり，橋梁の規模や基礎形式などに応じて把握すべき項目も異なってくる。

過去には，橋梁基礎の設計・施工において複雑な地形・地質条件で調査不足に起因する施工不良が発生した事例も少なくない（例えば，基礎杭の支持層への未達，橋台の傾きなど）。このような確認不足を回避するために，必要で十分な地質調査を実施することが求められる。

2.4.1 調査の目的

橋梁基礎の地質調査は，架橋地点の地盤構成，地盤定数，地下水の状況などを明らかにし，下部構造の詳細設計（基礎形式の選定，施工方法の検討等）のために実施する。

1. 検討すべき項目

図 2-4-1 は，『道路橋示方書・同解説（Ⅳ下部構造編）』[1) や『調査要領』[2) の記載内容を参考に，橋梁基礎の地質調査で検討すべき項目（着目点）を模式的に示したものである。これらの着目点に対して必要な調査計画を立案し，確実に実施していくことが求められる。

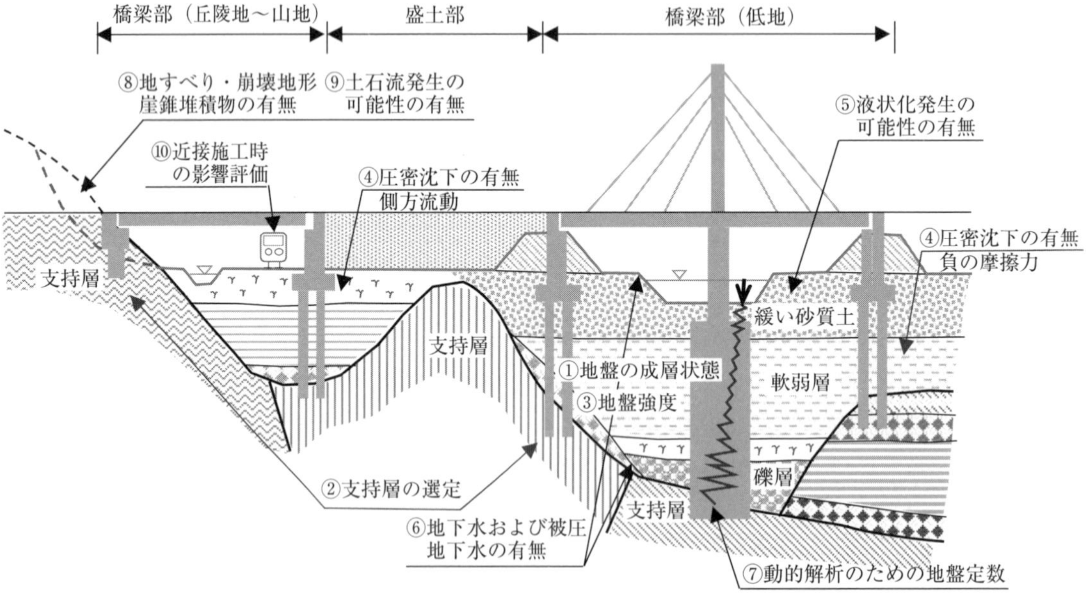

図 2-4-1 橋梁基礎の地質調査で検討すべき項目の着目点

（1）地盤の成層状態

地盤の成層状態を把握することは，支持層の選定，傾斜の有無や中間層の状態，液状化や圧密沈下の可能性がある土層の存在など，橋梁基礎以外の構造物においても共通する重要な検討項目である。

（2）支持層の選定

支持層は，基礎を支持するために十分な強度を有しており，構造物を長期的に安定して支持できる耐力が必要である。基礎形式は，地形・地質条件，施工条件，環境条件等を考慮して選定するが，支持層の深度や平面分布，傾斜の有無等により適用性が異なることから，支持層の選定は最も重要かつ必要な項目となる。

『道路橋示方書・同解説（Ⅳ下部構造編）』[1)]によると，支持層の目安は，粘性土ではN値が20程度以上（一軸圧縮強度q_uが0.4 N/mm^{2}程度以上），砂層，砂礫層ではN値が30程度以上とされている。ただし，砂礫層では礫をたたいてN値が過大に出る傾向があることに十分注意する必要がある。

（3）地 盤 強 度

地盤強度は土圧や支持力計算など基礎の設計計算に必要な項目であり，土層ごとに設定する。求めるべき一般的な地盤強度は，単位体積重量（γ_t），粘着力（c），内部摩擦角（ϕ），地盤反力係数等を求めるための変形係数（E）である。

（4）圧密沈下の有無

圧密沈下の発生が懸念されるような軟弱地盤が分布する場合には，橋台の側方移動や基礎杭に作用する負の摩擦力（ネガティブフリクション）の発生が問題となる。

（5）液状化発生の可能性の有無

地表面付近の比較的浅い深度（GL–20 m以浅）に沖積砂質土層が分布する場合，地震時の液状化が懸念される。液状化した土層は，土の強度および支持力が低下するため，設計計算上は地盤反力係数，地盤反力度の上限値および最大周面摩擦力度を液状化抵抗率に応じて低減する必要がある。液状化の可能性があると判定された場合は，液状化対策のために液状化層の分布範囲を確認することも必要となる。

（6）地下水および被圧地下水の有無

地下水の賦存状況や被圧地下水の有無は，ボイリングやヒービング等の発生要因となるため，掘削時の施工条件に大きく影響を与える要素である。

（7）動的解析のための地盤定数

地震応答解析などの動的解析を行う場合には，地盤種別の判定，各土層の弾性波速度や土の非線形特性を確認する必要がある。

（8）地すべり・崩壊地形や崖錐堆積物の有無

橋台予定地の斜面に地すべりや崩壊地形，崖錐堆積物が分布する場合，その規模によって斜面安定対策の必要性を検討する。

（9）土石流発生の可能性の有無

渓流部に構造物が計画されている場合には，土石流発生の可能性に留意し，橋台位置の選定や土石流対策の必要性を検討する。

（10）近接施工時の影響評価

橋梁基礎に近接して既設構造物が存在する場合は，既設構造物へ与える影響を事前に評価し，対策を検討することが必要となる。

2. 必要となる調査項目と調査方法

表 2-4-1 に橋梁基礎の地質調査において必要な調査項目と調査方法，**表 2-4-2** に設計に用いる諸量と必要な地盤条件について示す。**表 2-4-1** は，『調査要領』[2] に「動的解析のための地盤調査」「近接施工時の影響評価」の項目を加筆し，各項目の調査法の適応について一部見直したものである。なお，より詳細な調査項目と調査手法は『改訂 3 版地質調査要領 pp.110-115　2.5.2 調査計画』を参照されたい。以下に，橋梁基礎の調査に際して留意すべき事項を述べる。

表 2-4-1　調査項目と調査方法[2]（一部修正）

調査法／項目	地形地質踏査	物理探査	調査ボーリング	サンプリング	原位置試験	室内土質・岩石試験	水文地下水調査
①地盤の成層状態	◎	◎	◎	○	○	○	
②支持層の選定	◎	◎	◎	○	◎	○	◎
③地盤強度（支持力・地盤反力係数等）			◎	◎	◎	◎	
④圧密沈下の有無	○		◎	◎		◎	◎
⑤液状化発生の可能性の有無	○		◎	◎	◎	◎	
⑥地下水および被圧地下水の有無	○		◎				◎
⑦動的解析のための地盤定数		◎	◎	◎	◎	◎	
⑧地すべり・崩壊地形や崖錐堆積物の有無	◎	◎	◎				◎
⑨土石流発生の可能性の有無	◎		○				○
⑩近接施工時の影響評価	◎	◎	◎	◎	◎	◎	

◎：特に有効な調査方法　○：有効な調査方法

（1）既存資料の調査および地形地質踏査

地質調査実施前には，**第 1 章 1.2 1.2.3 既存資料**に示す既存資料を収集し調査地点の地形・地質情報を整理する。既存構造物の変状事例や対策例等の情報がある場合には，調査項目の選定の際に有意であるので整理を行う。特に①軟弱地盤，②液状化が生じる地盤，③斜面崩壊，落石や岩盤崩壊，地すべりまたは土石流の発生が考えられる地形，地質，④活断層が考えられる場合には特に注意をして既存資料の調査および地形地質踏査を実施する必要がある。

（2）物 理 探 査

物理探査は，山岳地に計画された橋台部において，支持地盤の深度が大きく変化したり，地すべり・崩壊地形や崖錐堆積物が分布したりすることが予想される場合などに有効である。

（3）乱れの少ない試料の採取（サンプリング）

乱れの少ない試料採取（サンプリング）は，適切な位置や深度でサンプリングを実施する上では，本孔で地盤構成を把握して採取対象層を明らかにした上で，別孔でサンプリングすることを原則とする。

表 2-4-2　設計に用いる諸量と必要な地盤条件[2)]

設計で直接用いる諸量判定 ＼ 設計上必要な地盤条件			地層構成	地下水状況	物理的性質	力学的性質：強度特性	力学的性質：N値	力学的性質：変形係数	力学的性質：圧密特性	力学的性質：弾性波速度	力学的性質：動的性質
設計一般	支持層の選定		○	○	△	○ q_u	○	△	○ P_c	○	—
	耐震設計	設計震度	○	—	—	—	○	—	—	○	—
		砂地盤液状化	○	○	○ γ, 粒度	—	○	—	—	—	—
		粘土地盤流動化	○	○	—	○ q_u	△	—	—	—	—
		動的解析	○	—	○ γ	—	—	—	—	○	○
直接基礎の設計	安定照査	許容鉛直支持力	○	○	○ γ	○ c, ϕ	○	—	—	△	—
		許容せん断抵抗力	○	—	—	○ c, ϕ	○	—	—	—	—
		転倒	○	—	—	—	—	—	—	—	—
		沈下量	—	○	○ γ, e_0	—	△	○	○ P_c, C_c, C_v	—	—
	断面照査	地盤反力度	○	—	—	—	○	○	—	—	—
	施工検討	掘削工法選定	○	○	○ 粒度	○ q_u	○	△	—	—	—
ケーソン基礎の設計	地盤反力度と変位の計算	地盤反力係数	○	—	—	—	○	○	—	—	—
		許容水平支持力度	○	○	○ γ	○ c, ϕ	○	○	—	—	—
		沈下量・水平変位量	○	○	○ γ, e_0	—	△	○	○ P_c, C_c, C_v	—	—
		許容鉛直支持力度	○	○	○ γ	○ c, ϕ	○	—	—	—	—
		許容せん断抵抗力	○	—	—	○ c, ϕ	○	—	—	—	—
		負の周面摩擦力	○	△	△	○ q_u	—	—	△	—	—
	断面照査		地盤反力度と変位の計算を受けて実施し新規の必要はない。								
	施工検討	工法選定	○	○	○ 粒度	○ q_u	○	—	—	—	—
		沈下抵抗	○	○	○ 粒度	△	△	—	—	—	—
杭基礎の設計	反力と変位の計算	地盤反力係数	○	—	—	—	○	○	—	—	—
		杭軸方向バネ係数	△	—	—	—	○	○	—	—	—
	安定照査	許容押込引抜支持力	○	—	○ 粒度	○ c	○	—	—	—	—
		許容水平支持力	○	—	—	—	○	○	—	△	—
		負の周面摩擦力	○	△	△	○ c	○	—	△	—	—
		側方移動	○	△	○	○ c	△	—	—	—	—
	断面照査		地盤反力度と変位の計算を受けて実施し新規の必要はない。								
	施工検討	工法選定	○	○	○ 粒度	○ q_u	○	—	—	—	—
鋼管矢板基礎の設計	反力と変位の計算	地盤反力係数およびバネ係数	○	—	—	—	○	○	—	—	—
	安定照査	許容押込引抜支持力	○	—	○ 粒度	○ c	○	—	—	—	—
		負の周面摩擦力	○	△	△	○ c	○	—	△	—	—
	断面照査		地盤反力度と変位の計算を受けて実施し新規の必要はない。								
	施工検討	仮締切りの検討	○	○	○ 粒度	○ c	○	—	—	—	—

○：必要　　e_0：間隙比
△：必要な場合がある　　q_u：一軸圧縮強度
γ：土の単位体積重量　　C_c：圧縮指数
c：土の粘着力　　C_v：圧縮係数
ϕ：土の内部摩擦角　　P_c：圧密降伏応力

（4）水文地下水調査

建設予定地の水理特性，特に地下水位の高さや被圧地下水の有無を把握するための最も一般的な調査は，ボーリング孔の水位を測定することである。設計に用いる地下水位は原則として無水掘りで確認した水位を用いる。孔壁が自立しない場合や砂礫層や岩盤等の硬質な地盤では無水掘りが困難となるため，その場合は泥水掘削した後にボーリング孔内を洗浄して翌朝水位を確認することで適切な水位を把握する。また，被圧地下水の有無を確認するためには，現場透水試験や湧水圧測定を実施する必要がある。

3. 段階的な調査

橋梁基礎の地質調査において，調査範囲や調査密度は地盤の均一性，構造物の規模や重要度，工期や予算などによって異なるため一概には決められない。例えば『調査要領』[2)] では，予備調査，概略調査，詳細調査，補足調査，施工段階の調査および維持管理段階の調査に分けて，目的や調査方法などを規定している（図 2-4-2 参照）。各作業段階や構造物規模，得られている情報の量や質を勘案しながら，合理的な調査を進めていくことが肝要である。

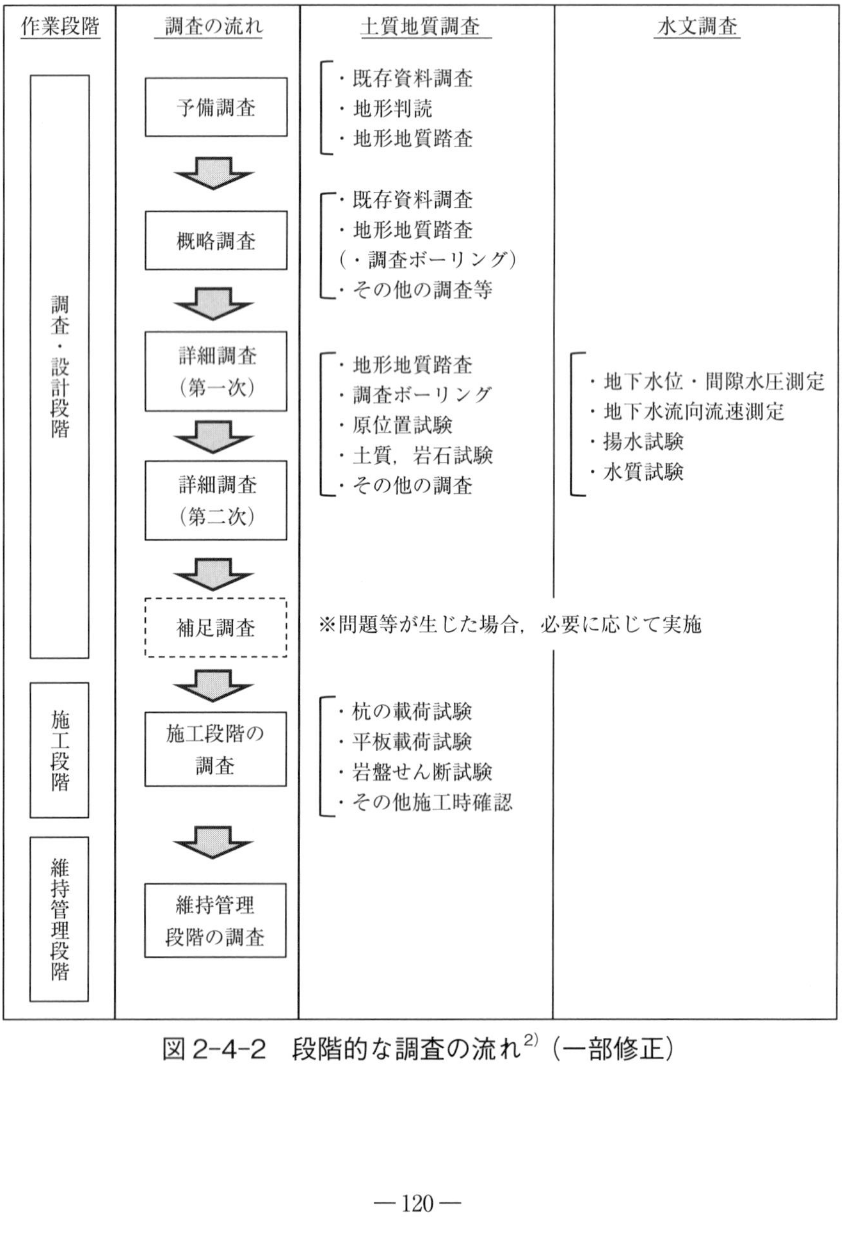

図 2-4-2　段階的な調査の流れ[2)]（一部修正）

2.4.2　調査計画・内容

ここでは，橋梁基礎を行う上での調査位置や調査密度，必要となる地盤情報を示しながら標準的な調査仕様を示す。

1．調査位置の選定と密度

橋梁基礎の地質調査でのボーリング箇所数，支持層と調査深度については『改訂3版地質調査要領 pp.107-122　2.5 橋梁・高架構造物基礎の地質調査』を参照されたい。

図2-4-2に示した「詳細調査（第二次)」では，支持層の傾斜や地盤の工学的特性の変化に応じて，**表2-4-3**に示す頻度が示されている。いずれの地形条件においても橋台および橋脚のジャストポイントでのボーリング調査は必須である。また，特に丘陵地や山岳地において支持層が傾斜している場合，橋台が沈下する事例なども発生しているため，1基につき2点～4点の調査が必要になる。

表2-4-3　二次調査の調査間隔の目安[2)]

地形・地質条件＼基礎形式		直接基礎	杭基礎	ケーソン基礎	鋼管矢板基礎	深礎基礎	摘要
低地・台地	基盤平坦	A	A～B	A	A	A	記号凡例 A：1基につき1点以上 B：1基につき2点以上 C：1基につき4隅に4点
	基礎傾斜	B～C	B	B～C	B	B	
丘陵地	基盤平坦	A	A～B	A		A	
	基礎傾斜	B～C	B	B～C		B	
山岳地	地質単調	B	B			B	
	地質複雑*	C	B			C	

＊　破砕帯，熱水変質などの場合を含む

2．調査事例

（1）橋脚を対象とした調査計画：低地部

図2-4-3に低地部での橋脚を対象とした調査計画例，**表2-4-4**に調査数量の例を示す。本事例は，軟弱層がGL-30 m 程度まで堆積し，杭基礎が想定される場合の調査を仮定した。

1）サンプリング（乱れの少ない試料採取）

力学試験で得られる情報（粘着力，せん断抵抗角など）は，設計に直接用いられる地盤定数であり，各土層の力学特性を精度よく求める必要がある。したがって，サンプリングを実施する対象層や採取深度は，本孔で地盤構成やN値のばらつきを的確に把握した上でサンプリング計画を立て，別孔で採取することが必要である。

2）室内土質試験

物理試験は土の基本的な性質を示す指標が得られるため，原則として土層ごとに実施し，層厚が大きい場合は適宜試料数を増やす。物理試験の基本的な項目は土粒子の密度試験，土の含水比試験，土の粒度試験，土の液性・塑性限界試験であり，標準貫入試験で採取した試料で実

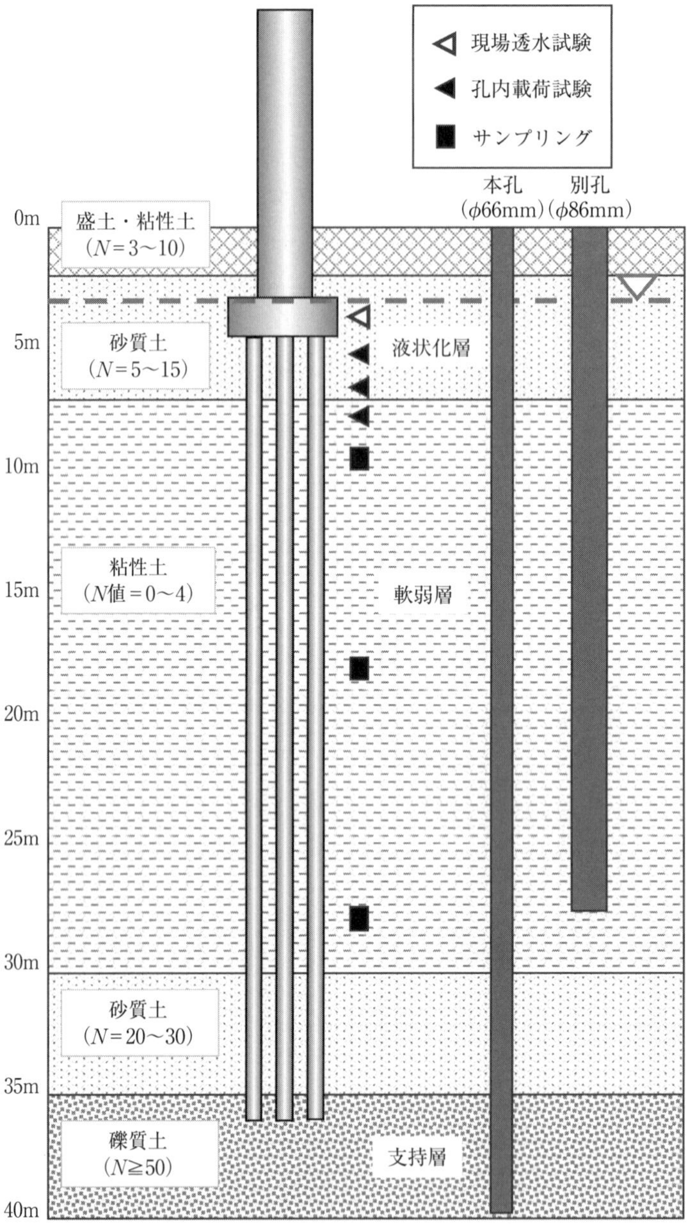

図 2-4-3　橋脚を対象とした調査計画例（低地部）

表 2-4-4　調査数量の例（低地部）

【調査仕様（例）】

<table>
<tr><th>種別・細別</th><th colspan="2">規格</th><th>数量</th><th>単位</th><th>備考</th></tr>
<tr><td rowspan="5">機械ボーリング</td><td rowspan="3">ϕ66 mm ノンコア</td><td>粘性土・シルト</td><td>25</td><td>m</td><td rowspan="3">本孔</td></tr>
<tr><td>砂・砂質土</td><td>10</td><td>m</td></tr>
<tr><td>礫まじり土砂</td><td>5</td><td>m</td></tr>
<tr><td rowspan="2">ϕ86 mm ノンコア</td><td>粘性土・シルト</td><td>22</td><td>m</td><td rowspan="2">別孔</td></tr>
<tr><td>砂・砂質土</td><td>5</td><td>m</td></tr>
<tr><td rowspan="5">サウンディングおよび原位置試験</td><td rowspan="3">標準貫入試験</td><td>粘性土・シルト</td><td>25</td><td>回</td><td rowspan="2">本孔で実施</td></tr>
<tr><td>砂・砂質土</td><td>10</td><td>回</td></tr>
<tr><td>礫まじり土砂</td><td>5</td><td>回</td><td></td></tr>
<tr><td colspan="2">現場透水試験</td><td>1</td><td>回</td><td>別孔で実施</td></tr>
<tr><td colspan="2">孔内載荷試験</td><td>3</td><td>回</td><td>別孔で実施</td></tr>
<tr><td>サンプリング</td><td colspan="2">固定ピストン式シンウォールサンプラー</td><td>3</td><td>回</td><td>別孔で実施</td></tr>
<tr><td rowspan="9">室内土質試験</td><td colspan="2">土粒子の密度試験</td><td>8</td><td>試料</td><td>サンプリング試料 3，液状化判定用 5</td></tr>
<tr><td colspan="2">土の含水比試験</td><td>8</td><td>試料</td><td></td></tr>
<tr><td rowspan="2">土の粒度試験</td><td>ふるい＋沈降</td><td>3</td><td>試料</td><td></td></tr>
<tr><td>ふるい</td><td>5</td><td>試料</td><td></td></tr>
<tr><td colspan="2">湿潤密度試験</td><td>3</td><td>試料</td><td></td></tr>
<tr><td colspan="2">液性限界試験</td><td>3</td><td>試料</td><td></td></tr>
<tr><td colspan="2">塑性限界試験</td><td>3</td><td>試料</td><td></td></tr>
<tr><td colspan="2">圧密試験</td><td>3</td><td>試料</td><td></td></tr>
<tr><td colspan="2">三軸圧縮試験（UU）</td><td>3</td><td>試料</td><td></td></tr>
<tr><td rowspan="2">総合解析</td><td colspan="2">計画準備</td><td>1</td><td>式</td><td>調査計画の立案，実施計画の作成</td></tr>
<tr><td colspan="2">解析等調査</td><td>1</td><td>式</td><td>資料整理取りまとめ，断面図等の作成</td></tr>
<tr><td colspan="3">電子成果品作成費</td><td>1</td><td>式</td><td></td></tr>
<tr><td>検定費等</td><td colspan="2">国土地盤情報データベース検定費</td><td>1</td><td>式</td><td>A 検定</td></tr>
</table>

＊　間接費については搬入条件，仮設条件などを適切に計上する。

施する。また，湿潤密度試験はサンプリング（乱れの少ない試料採取）で採取した試料では必ず物理試験を実施する。なお，地表付近に緩い砂質土が分布する場合は，液状化の有無を判定するため，土の粒度試験が必要であり，1 m ごとに GL−20 m まで実施する（細粒分含有率が 35% を超える場合は液性・塑性限界試験も必要)。橋台や橋台基礎に対する液状化の影響を検討する際には，橋台前面側における完成後の地表面から 20 m 以内の深さに存在する飽和土層を対象に，液状化の判定を行う必要性を検討する[3]。

（2）橋台を対象とした調査計画：山地部

図 2-4-4 に山地部での橋脚を対象とした調査計画例，**表 2-4-5** に調査数量の例を示す。本事例は，山地（傾斜地）で崖錐堆積物および強風化岩が分布し，杭基礎が想定される場合の調

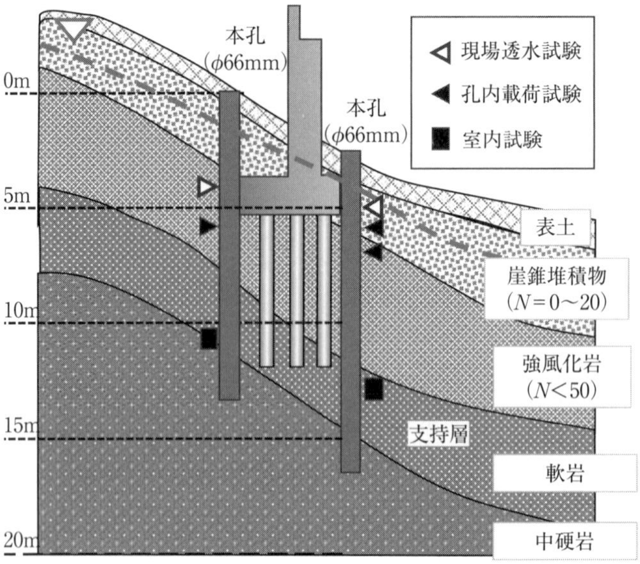

図 2-4-4　橋台を対象とした調査計画例（山地部）

査を仮定した。

岩盤が分布する山地部では，可能な限りコアを採取し，岩種や風化，亀裂，変質等の状態を評価するとともに，採取したコアの一部を用いて室内試験を行う必要がある。また，支持層の傾斜を把握するために，1基につき最低でも2点のボーリングを実施する。

1）標準貫入試験

標準貫入試験は N 値の把握を行うため実施する。原則として深さ1mごとに実施する。岩盤の強度評価にあたって，軟岩においては換算 N 値を用いるが，中硬岩～硬岩の場合は亀裂の影響を大きく受けるため N 値が課題になることに留意し，岩級区分等により評価する。

2）孔内載荷試験

孔内載荷試験は，水平力の検討が重要な杭基礎においては必ず実施する。杭基礎の場合には基礎頭部位置から5～10m程度の範囲（杭の特性値 β に対して $1/\beta$ が目安）で2～3回実施するとよい。また，深礎基礎の場合は代表的な土層に対して各1～2箇所の実施が必要である。

3）現場透水試験

現場透水試験は，基礎掘削時の排水計画で必要となる地盤の透水性を把握するために実施する。一般的には掘削対象となる帯水層（主に砂層や礫層）を対象とし，掘削底面下に被圧帯水層が分布する場合にはその層も対象とする。杭基礎においては，被圧帯水層の存在や被圧の程度によって施工が困難になる場合があるため，支持層までの代表的な帯水層について試験を実施する場合があることに注意が必要である。

表2-4-5　調査数量の例（山地部：2地点/1基の場合）

【調査仕様（例）】

種別・細別	規格		数量	単位	備考
機械ボーリング	ϕ86 mm ノンコア	粘性土・シルト	2	m	土質ボーリング
		砂・砂質土	0	m	
		礫まじり土砂	9	m	
	ϕ66 mm ノンコア	礫まじり土砂	7	m	土質ボーリング
	ϕ66 mm オールコア	軟岩	6	m	岩盤ボーリング
		中硬岩	4	m	
サウンディングおよび原位置試験	標準貫入試験	粘性土・シルト	2	回	
		砂・砂質土	0	回	
		礫まじり土砂	16	回	
		軟岩	6	回	
	現場透水試験		2	回	
	孔内載荷試験		3	回	普通載荷または中圧載荷
室内試験	土粒子の密度試験		4	試料	標準貫入試験試料
	土の含水比試験		4	試料	標準貫入試験試料
	土の粒度試験		4	試料	標準貫入試験試料
	試料作成（軟岩）		2	試料	コア試料から作成
	岩石の密度試験		2	試料	
	岩石の一軸圧縮試験		2	試料	
	岩石の含水比試験		2	試料	
総合解析	計画準備		1	式	調査計画の立案，実施計画の作成
	解析等調査		1	式	資料整理取りまとめ，断面図等の作成
電子成果品作成費			1	式	
検定費等	国土地盤情報データベース検定費		1	式	A 検定

＊　間接費については搬入条件，仮設条件などを適切に計上する。

4）室 内 試 験

室内岩石試験は，岩石の強度を把握するために実施するが，杭先端の支持力の評価，施工法の選定を行う上で重要となる。試験は原則として1試料/1層または1試料/3〜5 m で実施する[4)]。風化，亀裂を生じている岩盤においては，亀裂を考慮した強度定数を求めることが望ましいが，試験に用いる供試体の採取が困難な場合はピーク強度を間接的に評価する方法を用いることも考えられる。この評価法は，風化，亀裂，シーム等が見られない新鮮な岩盤コアを用いた一軸圧縮試験と圧裂試験から無亀裂状態でのピーク強度を求め，地山のP波速度と供試体の超音波伝播速度の比から間接的に亀裂等の影響を考慮してピーク強度を求めるものである。また，軟化したD級岩盤で供試体の採取自体が困難な場合は，孔内せん断摩擦試験により原位置で直接，強度定数を求めることも考えられる。評価法の詳細は『斜面上の深礎基礎設計施工便覧』[5] を参照されたい。

3. 積算における留意点（別孔掘削の計上）

孔内載荷試験や現場透水試験などの原位置試験や室内土質試験に供するための乱れの少ない試料採取（サンプリング）は，その結果を設計計算に直接用いることになるため，適切な位置や深度で実施する必要がある。また，通常本孔では標準貫入試験を併用して掘削を行うため，本孔でのサンプリングや原位置試験は標準貫入試験時の打撃による影響を受ける可能性も考えられる。したがって，原位置試験やサンプリングは別孔で実施することを原則とし，積算においても別孔の調査数量を計上する必要がある。

2.4.3 調査実施上の留意点

1. 段丘・丘陵地や山地付近の斜面部での橋台

一般にボーリング調査は橋軸方向に対して配置されることが多い（**図 2-4-5**：図中▲）。一方で，段丘・丘陵や山地斜面では支持層が傾斜していることも多く，基礎が支持層に未達のため完成後の橋台が沈下や傾斜し，基礎の再施工に伴う事業費の増大や工期遅延が発生した事例もある。支持層の傾斜が想定されるような地形・地質の場合には，基礎の四隅 4 点でボーリング調査を実施し，支持層の深度を確実に確認する必要がある（**図 2-4-5**：図中●）。

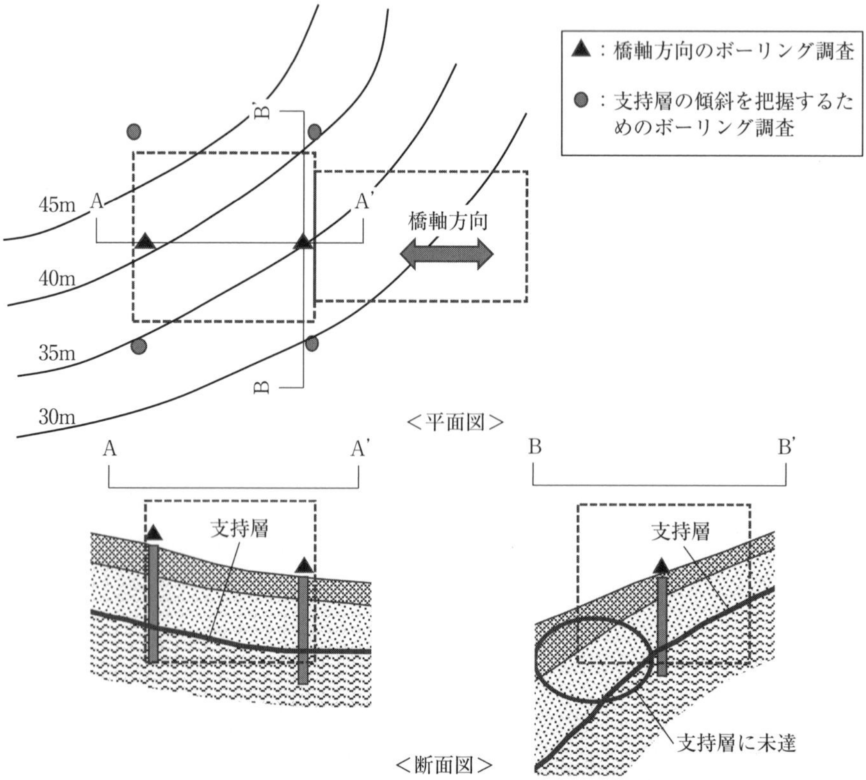

図 2-4-5　地層の傾斜による支持層未達の事例

2.　N値から推定した地盤強度の取り扱い

一般に，N値と各種地盤定数（粘着力c，内部摩擦角ϕ，変形係数Eなど）には相関関係があるとされており，設計計算においてもN値から推定した地盤定数が用いられることも多い。ただし，N値から地盤定数への相関式は経験式に基づくため，ばらつきや誤差を含む上，相関の基データには地域性に偏りのある場合もある。特に軟弱な粘性土層や緩い砂質土層については，その相関関係の精度が著しく低下するため[6]，各種の技術指針等においても原則として地盤定数は原位置試験や室内土質試験から得られた結果で設定することが示されている。したがって，N値から地盤定数を推定することを多用すべきではなく，原位置試験や室内土質試験を実施することを前提とした調査計画を立案する必要がある。

3.　3次元地盤モデル

地質や土質の3次元モデルを作成することは，地質構造と計画構造物を3次元的に視覚化することであり，例えば基礎杭の支持層への根入れ，橋台と崖錐性堆積物，地すべりブロックや活断層などとの位置確認などが把握しやすくなる（**図2-4-6**参照）。また，関係者間での確実な情報共有が可能となるほか，設計・施工など後工程に確実に情報を引き継ぐことでミス防止にも大きく寄与する。

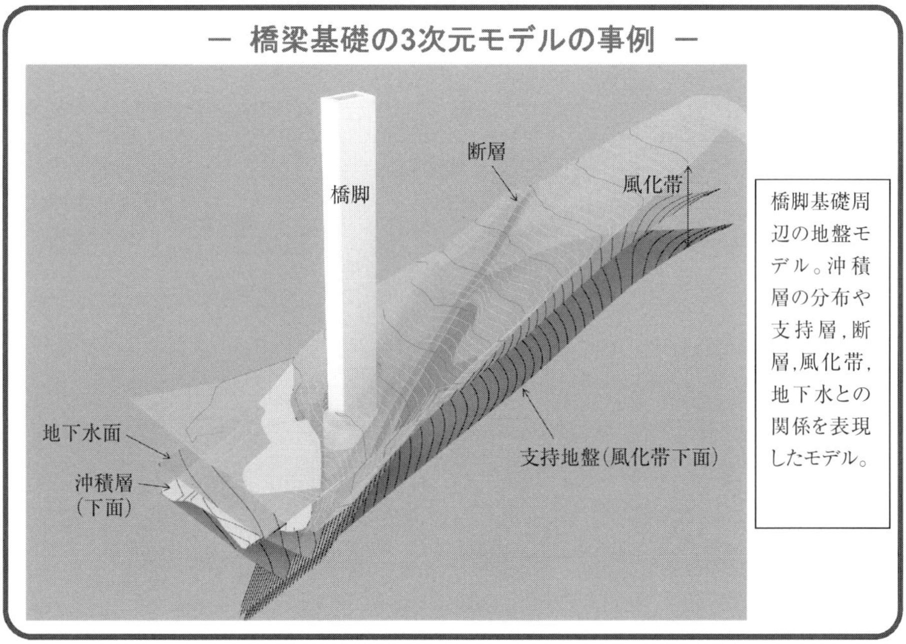

図2-4-6　橋梁基礎の3次元モデルの事例[7]

《参考文献》

1）日本道路協会：道路橋示方書・同解説（Ⅳ下部構造編），2017
2）東日本・中日本・西日本高速道路：調査要領，2024
3）日本道路協会：道路橋示方書・同解説（Ｖ耐震設計編），2017
4）日本道路協会：杭基礎設計便覧，2020
5）日本道路協会：斜面上の深礎基礎設計施工便覧，2022
6）山邊晋，中川渉，河野寛，調修二：N値に関する物性値換算の問題と適応性の限界について，全国地質調査業協会連合会「技術フォーラム 2020 Web 技術発表会」，2020
7）全国地質調査業協会連合会：CIM 対応ガイドブック―地質調査版―，2014

2.5　河川構造物

河川堤防は，構造物の延長が長いことや，平野部では軟弱地盤が対象となることから，調査項目としては盛土構造物に共通するものが多い。河川構造物の調査目的，調査計画・内容，調査実施上の留意点について，河川堤防と河川構造物に分けて本節に記載する。

河川構造物の設計・施工における地質調査は，計画段階から施工までの過程で必要となる地盤情報を段階的に取得することが求められる。調査計画を策定する際には，既存構造物の設計資料や周辺地域の地盤情報を詳細に調査し，該当地域における構造物建設に関する潜在的な課題を把握することが重要となる。

現地調査は，事前に想定した地盤構成と実際の調査結果が異なることも多く，ボーリング調査の深度や原位置試験の数量，さらには地盤の破壊や変形に対する検討が必要となる場合もあるため，仕様書には調査・試験内容の変更があることを明示し，その場合の対処方法や協議方法についても示しておく必要がある。

河川構造物の調査の流れを**図 2-5-1** に示し，発注項目の例を**表 2-5-1** に示す。

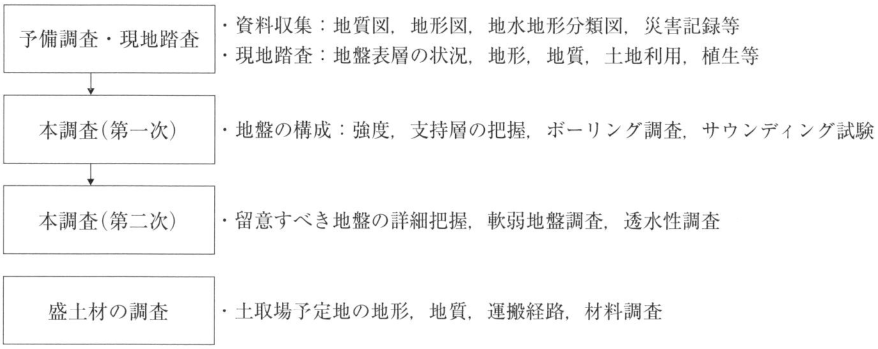

図 2-5-1　地盤調査の流れ（河川構造物）

表 2-5-1　発注項目と発注内容（例）

発注項目		発注内容
特記仕様書	1. 共通事項	調査件名・調査場所・調査位置図・履行期間
	2. 調査目的	調査段階【本調査・一次調査，二次調査】 調査目的【支持層の確認・地層構成の把握・地下水位の把握・物理特性・力学特性・変形特性・動的特性の把握・工学的基盤の確認など】
	3. 委託範囲	現地調査，試験に基づく技術解析，報告書作成 設計用地盤定数の設定・液状化判定・沈下量の評価 基礎形式・対策工の比較検討・提案等
	4. 調査仕様	準拠する規格‐基準・仕様書類 測量の基準点の設定方法・表示方法 ボーリング調査終了の判断方法 原位置試験の種類・規格 計画者（発注者・受注者）と協議が必要な事項 中間報告の頻度・内容・方法
数量総括表	5. 調査・試験内容	ボーリング本数・深度・孔径 原位置調査方法・調査数・調査深さ（または調査対象の土質） サンプリング方法・試料数‐採取深さ（または採取対象の土質） 室内土質試験方法・試験数・試料数
その他	6. 報告書	報告事項の一覧
	7. 現場説明事項	現地作業に関する注意事項 想定外の事態に対する対応方法

2.5.1　調査の目的

河川堤防は，洪水時に堤内地への河川水の流出を防止するための土構造であり，その設計と維持は地盤の性質に大きく依存する。一方，河川構造物は，堰，樋門，樋管，水門など，河川に接して設置される構造物で，これらもまた地盤の性質によってその性能が左右される。したがって，河川堤防や河川構造物の築造・強化あるいは維持管理を行うためには，地質調査が不可欠であり，地質調査の目的は，計画地域の地盤構成を詳細に把握し，それに基づいて安全で効率的な河川関連施設の設計・施工・維持管理を行うために必要な地盤情報を得ることである。

1.　必要となる地盤情報【河川堤防】

河川堤防の設計と施工においては，地盤の性質が重要な要素となる。特に，軟弱地盤，透水性地盤，液状化地盤は問題となる地盤であり，これらの地盤の特性を詳細に把握するため地盤調査は以下の情報の取得が重要となる。（図 2-5-2）

1）すべり破壊：標準貫入試験による N 値，地盤の強度，単位体積重量が必要となる。

2）圧密沈下：圧密特性と単位体積重量が必要となる。

3）透水性地盤：透水係数と間隙水圧が必要となる。

4）液状化：標準貫入試験による N 値，粒度特性，塑性指数，単位体積重量が必要となる。

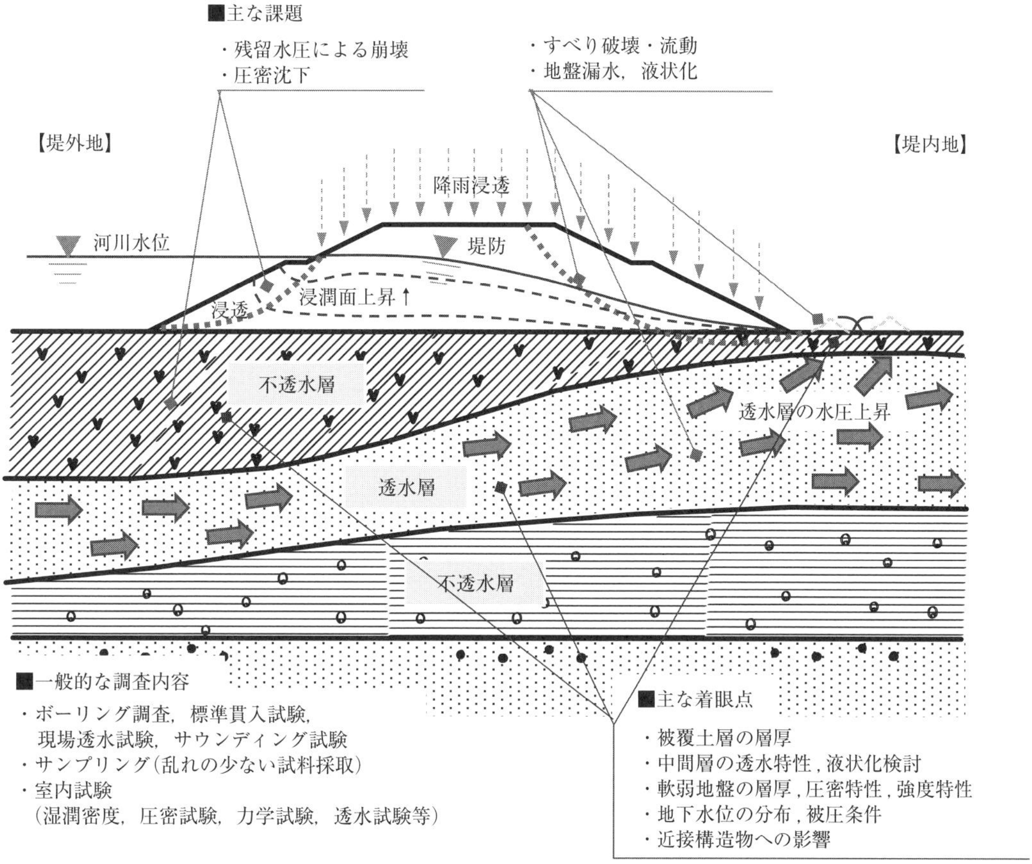

図 2-5-2　河川堤防の断面と主な課題と着眼点

2.　必要となる地盤情報【河川構造物】

河川構造物の設計と施工においても地盤の性質が重要な要素となるが，構造物の種類によって基礎の設計方針が異なるため，検討すべき項目も異なる。

剛支持構造と柔支持構造の基礎の設計方針の違いについて**図 2-5-3** に示す。

1）堰や水門などの「剛支持構造」では，基礎は良好な支持層に着底あるいは根入れされ，基礎の沈下はほとんど発生しない。これは橋梁や高架構造物の設計原則と同様である。（「剛支持構造」の堰および水門については，橋梁・高架構造物に準ずる。）

2）一方，樋門や樋管などの「柔支持基礎」では，軟弱地盤であっても基礎は良好な支持層に着底させず，比較的大きな基礎の沈下を許容する方針である。

これらの設計方針を適切に適用するためには，以下の地盤情報の詳細な調査が必要となる。

①　地盤支持力の検討：地盤の強度と標準貫入試験による N 値が必要となる。

②　残留沈下量の検討：圧密特性と単位体積重量が必要となる。

③　透水性地盤の検討：透水係数と間隙水圧が必要となる。

<table>
<tr><th></th><th>イメージ図</th></tr>
<tr><td rowspan="2">剛支持構造</td><td>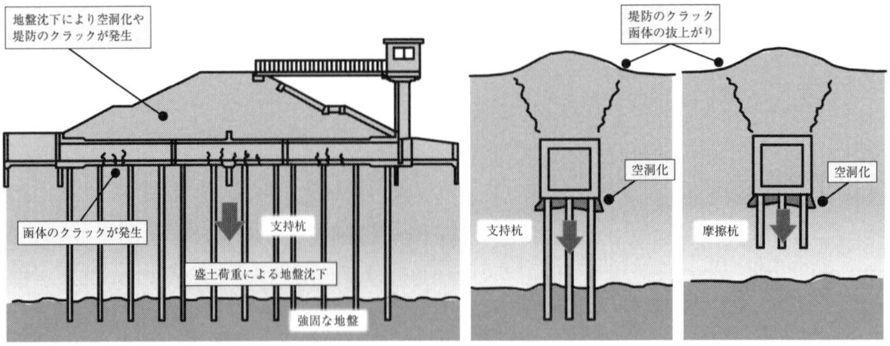
</td></tr>
<tr><td>・強固な地盤に根入れした支持杭又は摩擦杭などを打設し函体沈下を生じさせない形式。
・盛土荷重等による地盤沈下に函体が追随しないため，函体周辺の空洞化や，堤体及び函体のクラックが発生し，樋門としての止水機能(水密性)が低下する場合がある。</td></tr>
<tr><td rowspan="2">柔支持構造</td><td>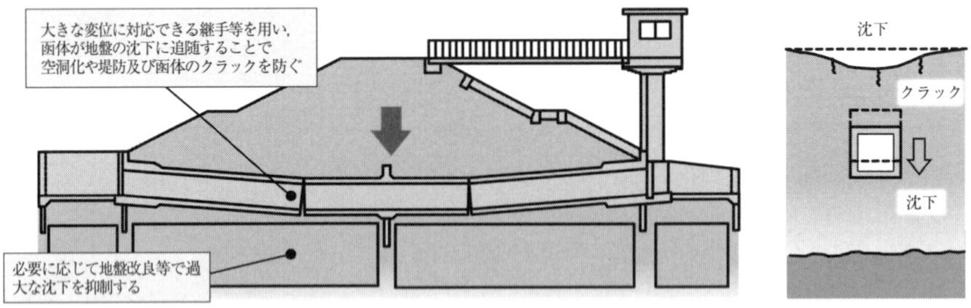
</td></tr>
<tr><td>・支持杭等を用いずに，比較的大きな沈下を許容する形式。
・変位に対応する継手(可撓継手)を用いて地盤の沈下に追随できる函体構造とする。
・樋門が堤防と一体となって挙動するため，函体周辺の空洞化や堤体のクラック等の発生が少ない。
・許容沈下量(一般に 30cm 程度)以上の大きな沈下が生じる場合がある。</td></tr>
</table>

図 2-5-3　剛支持構造と柔支持構造の違いと特徴[1]（一部修正）

2.5.2　調査計画・内容

調査計画は，河川構造物の設計施工に必要な地盤情報を得るために必要な項目を選定することが重要となる。具体的には，地形や基礎地盤の連続性，堤防盛土の高さ，堤防区間における構造物の種類や規模などを考慮して，適切な調査手法を選定する。

1.　関連基準・法令など

河川構造物の調査計画立案や調査内容に関する基準は下記の資料等を参考にするとよい。

・国土交通省：河川砂防技術基準（調査編）
・国土技術研究センター：柔構造樋門設計の手引き，河川堤防の構造検討の手引き，河川堤防の浸透に対する照査・設計のポイント，河川土工マニュアル
・地盤工学会：地盤調査の方法と解説，地盤材料試験の方法と解説

2.　予備調査【河川堤防・河川構造物 共通】

河川構造物の計画地およびその周辺の地盤情報や災害に関する資料に加えて，既設堤防では築堤履歴の収集・整理・分析が予備調査の重要な一部であり，これにより地盤調査計画を策定

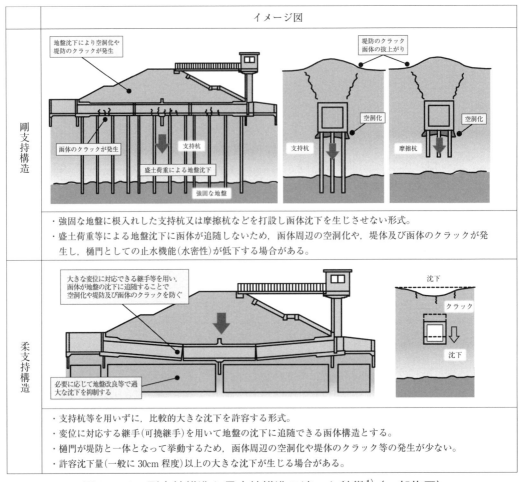

する。現地踏査を行うことで具体的な課題を想定し，より適切な地盤調査計画を立てることが可能となる。近年は地図の電子化や数値化が進展し，地盤情報などがインターネット上で公開されていることから，設計者や施工者は，必要な情報を迅速に取得し，設計や施工の精度を向上させることが可能となった。これらの情報は，地盤の性質，地震のリスク，地下水の状況など，堤防の調査，設計，施工に影響を与える多くの要素をカバーしている。（**表 2-5-2**）

表 2-5-2　インターネットから入手できる地形地質情報等の一例

種類	入手先	提供元
①地形図，空中写真，地水地形分類図など		
用途：調査地の地形や地水地形分類，過去の空中写真などの情報収集，旧河道等の留意すべき地形的特徴の整理		
地理院地図（国土電子 Web）	https://maps.gsi.go.jp	国土交通省国土地理院
重ねるハザードマップ	https://disaportal.gsi.go.jp/	国土交通省 水管理・国土保全局 国土地理院 応用地理部
②地質図		
用途：調査地に分布する地質をもとに，支持地盤や中間層の課題などの整理		
地質図 Navi	https://gbank.gsj.jp/geonavi/	国立研究開発法人 産業技術総合研究所
③地質情報データベース（既存ボーリング情報など）		
用途：過去のボーリング結果や室内試験結果などから，調査地の近傍に出現する地層の確認		
国土地盤情報検索サイト "KuniJiban"	https://www.kunijiban.pwri.go.jp/viewer/	国土交通省
ジオ・ステーション Geo-Station	https://www.geo-stn.bosai.go.jp/mapping_page.html	国立研究開発法人 防災科学技術研究所
東京の地盤（GIS 版）	https://www.kensetsu.metro.tokyo.lg.jp/jigyo/tech/start/index.html	東京都建設局
④測量基準点情報		
用途：調査地近傍の基準点情報から，ボーリング調査位置の測量計画に利用		
基準点成果等閲覧サービス	https://sokuseikagis1.gsi.go.jp/top.html	国土交通省国土地理院
⑤その他		
川の防災情報	https://www.river.go.jp/index	国土交通省
水文水質データベース	http://www1.river.go.jp/	国土交通省

3.　調査計画・内容【河川堤防】

堤防は，河川沿いの自然に形成された地形・地質の上に築造されるため，わずかに距離が違うだけでも基礎地盤の条件が異なる（**図 2-5-4**）。特に，軟弱地盤，液状化地盤，透水性地盤は問題となる地盤であり，これらの地盤の特性を詳細に把握することが必要となる。

なお，『国土交通省河川砂防技術基準 調査編』によれば，これらに該当する地盤の目安を**表 2-5-3** のように設定している。

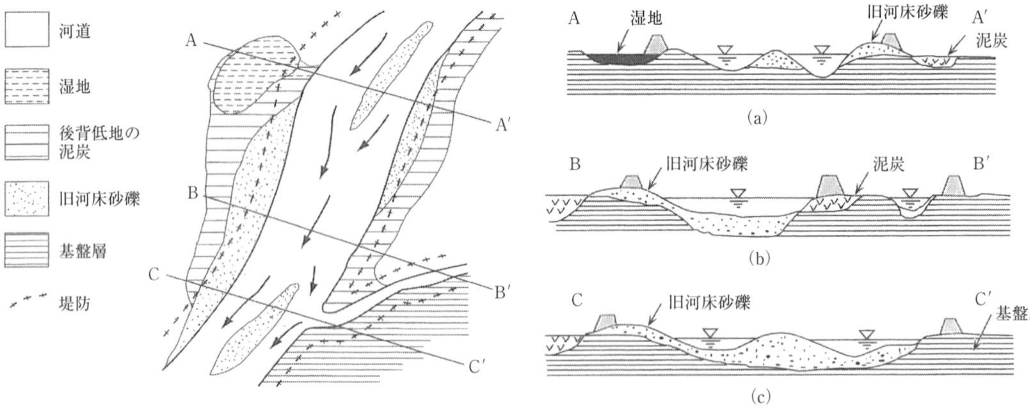

堤防は基礎地盤の条件により，安全度に大きな差が出る。同じ堤防でも，A 断面の湿地や B 断面の泥炭上につくられた堤防は沈下が大きい。また，旧河床砂礫の上の堤防は下部からの浸透が大きく，地震時には液状化の危険性がある。

図 2-5-4　堤防と基礎地盤の種類[2)]（一部修正）

表 2-5-3　軟弱地盤の判定の目安[3)] をもとに作成

①軟弱地盤の判定
・標準貫入試験による N 値が 4 以下の地盤 ・オランダ式二重管コーン貫入値が 300 kN/m^2 以下の地盤 ・スウェーデン式サウンディング試験において 1 kN 以下の荷重で沈下する地盤
一方，軟弱層の基底は，以下の項目に該当するかを目安に判断してよい。 ・粘性土で N 値 4～6 以上の層 ・サウンディング結果では，粘性土で 1 m 当たりの半回転数が 100 程度以上 ・オランダ式二重管コーン貫入試験では，粘性土では qc＝1,000 kN/m^2 程度以上 ・砂質土では 4,000～6,000 kN/m^2 程度以上
②液状化地盤の判定
・沖積層のゆるい砂質土層
③透水性地盤の判定
・表層が砂礫又は砂の地盤 ・不透水性の薄い表層の下に，連続した砂礫層又は砂質土層が存在する地盤

4. 調査段階と調査項目【河川堤防】

『国土交通省河川砂防技術基準　調査編』によると，河川堤防に関する調査は調査段階として，（1）新設時，（2）既設堤防の安全性照査時，（3）被災時，（4）河川堤防開削時について，以下の内容を行うことを標準としている。新設時と，既設堤防の安全性照査時の調査仕様について，**表 2-5-4**，**表 2-5-5** に示す。

（1）新　設　時

河川堤防を新設するための計画・設計・施工にあたり，その安全性等に影響する地盤の分布およびそれらの状況を適切に把握するために，軟弱地盤調査，液状化地盤調査および透水性地盤調査等を実施する。また，堤防に使用する土質材料に対しては，材料選定のための調査を実施する。調査標準は下記のとおりとし，本調査（第 1 次）において軟弱地盤，液状化地盤または透水性地盤の存在が判明した場合には，その影響を検討し，必要に応じて引き続き本調査（第2次）を実施する。なお，重複する部分が多い液状化地盤と透水性地盤の調査においては，効率的に調査を進めるため，一次調査と同時期に実施することが望ましい。

1）予備調査および現地踏査

予備調査は，計画線に沿った近隣の既存資料や地質調査資料を重点的に収集する。

・収集資料：地形図，空中写真，治水地形分類図，迅速図，災害・河川改修履歴など

現地踏査は，計画線の位置や付近一帯の表層地盤の状況を調査する。

・着眼点：地形，地質，土質，地下水，湧水，土地利用，家屋状況，植生状況など

2）本調査（第1次）

第一次調査は，堤防の計画線に沿って200 mごとにボーリングを実施し，縦断方向の地盤調査を行う。ボーリング深さは，計画堤防高の3倍程度を基準とし，原位置試験は標準貫入試験を基本とする。地盤を構成する土質の種類，層厚，深さ方向の強度変化，支持層の深さなどを把握した上で，表層部に比較的軟らかい地盤が分布する場合には，サウンディング試験をボーリング地点の間で実施する。

3）軟弱地盤調査，液状化地盤調査，または透水性地盤調査を主とした本調査（第2次）

第一次調査で軟弱地盤，透水性地盤，液状化地盤と判定された場合は，これらの地盤の詳細を把握するための第二次調査を実施する。第二次調査は，堤防縦断方向に細かく地盤調査を実施するとともに，横断方向の地盤調査も実施する。

（2）既設の河川堤防の安全性照査時

既設堤防の調査は，洪水時における浸透や地震など想定する外力に対する堤防の弱点箇所の抽出および補強手法の検討を目的として実施する。一般に堤体の土質構成は複雑で強度も不均一なため顕在化していない弱点箇所を明らかにすることが重要となる。

1）予備調査および現地踏査

予備調査は，空中写真や治水地形分類に加えて，築堤履歴や洪水時の被災履歴および復旧履歴，既設対策工の有無などを重点的に収集する。

現地踏査は，のり面や構造物とその周辺の変状の有無などに着目するとよい。

2）本　調　査

本調査は，洪水時の浸透や地震等の想定する外力に対する堤防の弱点箇所を代表断面として設定し，その位置にて堤体の土構造と基礎地盤の状況を把握する。

（3）被　災　時

被災時の調査は，豪雨や出水，地震等による被災原因の把握と復旧策の検討などを目的として，被災が発生した堤体，基礎地盤およびその周辺を対象として実施する。

1）予備調査および現地踏査

予備調査は，被災原因を推定するための情報収集を目的として，被災前後の河川水位や降雨状況，堤防の築堤履歴，既設対策工の有無などの確認を行い，現地踏査にて被災規模・形態，被災後の断面形状，発生経緯などの情報収集を行う。

2）本　調　査

本調査は，被災状況や想定されるメカニズムを考慮して，ボーリング調査やサウンディング試験および室内土質試験などを実施する。被災メカニズムを想定するために代表的な解析手法として，浸透流解析・円弧すべり解析，圧密沈下解析，地震時の地盤変形解析などがあり，それら解析に用いるパラメータを取得するための調査項目を選定する必要がある。

（4）河川堤防開削時

堤防を開削するときには，堤防の質的向上に資するために築堤履歴や堤体を構成する土質，水みちなどを把握するための調査を実施する。

1）基 礎 調 査

基礎調査は，既往の土質・地質調査資料や古い空中写真，旧版地形図，災害記録，復旧記録などを収集・整理する。

2）事 前 調 査

事前調査は，開削前の堤体表面や周辺構造物の現状と変状の有無などについて確認と記録を行う。

3）開削時調査

開削時調査は，『河川堤防開削時の調査マニュアル H23.3 国土交通省河川局治水課』に則り，開削のり面の土質分布，混入物，空洞，亀裂などの変状のスケッチや写真撮影を行い，現場密度試験や堤体土の採取と室内土質試験を実施する。

表2-5-4　本調査の調査位置，調査密度の目安（河川堤防新設時の調査）[3)]

調査段階	本調査（第一次）	本調査（第二次）		
調査の種類		軟弱地盤調査	液状化地盤調査	透水性地盤調査
ボーリング調査	頻度			
	堤防法線付近に沿って 1個所/200 m 程度	堤防法線付近に沿って 1個所/100 m 程度	堤防法線付近に沿って 1横断/100 m 程度 横断方向 表のり尻1個所 裏のり尻1個所	堤防法線付近に沿って 1横断/100 m 程度 横断方向 表のり尻1個所 裏のり尻1個所
	深度			
	支持層が確認されるまでとし，一般に計画堤防高の3倍程度まで	堤防の沈下が安定に影響を及ぼすと判断される軟弱層の深さまで	地震時に液状化が想定される層下端の深さまでとし，軟弱層（液状化が想定される層）が厚い場合には，地盤種別の判定ができる深さ25 m 程度まで	基礎地盤の上面から最低限10 m 以上，連続した不透水層までまたは20 m まで
	主目的			
	土層構成の把握（軟弱地盤，液状化が想定される地盤，透水性地盤の把握），乱れた試料採取	土層構成の把握，乱れの少ない試料採取	土層構成の把握，乱れた試料採取	土層構成の把握，試料採取，現場透水試験実施
サウンディング試験	頻度			
	堤防法線付近に沿って 1個所/50～100 m	堤防法線付近に沿って 1個所/20～50 m 横断方向に堤防の大きさや地盤の広がりに応じ， 数個所/1横断	堤防法線付近に沿って 1個所/20～50 m 横断方向に堤防の大きさや地盤の広がりに応じ， 数個所/1横断	堤防法線付近に沿って 1横断/20～50 m 横断方向 数個所/1横断
		深度		
		堤防の沈下や安定に影響を及ぼすと判断される軟弱層の深さまで	液状化が想定される層下端，または地盤種別の判定が可能な層まで	基礎地盤の上面から最低限10 m 以上，連続した不透水層までまたは20 m まで
試料採取	平面的な頻度			
	堤防法線付近に沿って 1個所/200 m 程度	堤防法線付近に沿って 1個所/100 m 程度 規模の小さな軟弱地盤の場合は　代表点1個所	堤防法線付近に沿って 1個所/100 m 程度 規模の小さな液状化地盤の場合は　代表点1個所	堤防法線付近に沿って 1横断/100 m 程度 横断方向 表のり尻1個所 裏のり尻1個所
	深度方向の頻度			
	コア試料　1個以上/1 m 土質試験用試料 1個以上/2 m または土層の変化が著しい場合　1個以上/土層	1個以上/2 m または土層の変化が著しい場合　1個以上/土層	1個以上/2 m または土層の変化が著しい場合　1個以上/土層 液状化が想定される層においてはペネ試料　1個/1 m	1個以上/2 m または土層の変化が著しい場合　1個以上/土層
現場透水試験	—	—	—	堤防法線付近に沿って 1横断/100 m 程度 横断方向 表のり尻1個所 裏のり尻1個所 深度方向　1個以上/土層
土質試験	深度方向の頻度			
	1個以上/2 m または土層の変化が著しい場合　1個以上/土層	1個以上/2 m または土層の変化が著しい場合　1個以上/土層	1個以上/2 m または土層の変化が著しい場合　1個以上/土層 液状化が想定される層においては，物理試験を 1個/1 m	1個以上/2 m または土層の変化が著しい場合　1個以上/土層

表 2-5-5　本調査の調査位置，調査密度の目安（既設堤防の安全性照査時の調査）[3)]

<table>
<tr><td>調査段階</td><td rowspan="2">本調査（堤防縦断方向）</td><td colspan="2">本調査（堤防横断方向）</td></tr>
<tr><td>調査の種類</td><td>液状化特性把握のための地盤調査</td><td>透水特性把握のための地盤調査</td></tr>
<tr><td rowspan="6">ボーリング調査</td><td colspan="3">頻　度</td></tr>
<tr><td>透水特性把握のための調査では，堤防付近に沿って
1 個所/1～2 km 程度
液状化特性把握のための調査では，堤防付近に沿って
1 個所/4～500 m 程度</td><td>一連区間で液状化に対して条件が厳しい地点を選定
横断方向
表のり尻付近　1 個所
天端　1 個所
裏のり尻付近　1 個所</td><td>一連区間で浸透に対して条件が厳しい地点を選定
横断方向
表のり中央付近　1 個所
天端　1 個所
裏のり中央付近　1 個所</td></tr>
<tr><td colspan="3">深　度</td></tr>
<tr><td>液状化特性把握のため
支持層が確認される深さまで
透水特性把握のため
基礎地盤の上面から 10 m 程度の深さまで</td><td>地震時に液状化が想定される層下端の深さまでとし，軟弱層（液状化が想定される層）が厚い場合には，地盤種別の判定ができる深さ 25 m 程度まで</td><td>基礎地盤の上面から最低限 10 m 以上，連続した不透水層までまたは 20 m まで</td></tr>
<tr><td colspan="3">主　目　的</td></tr>
<tr><td>土層構成の把握（液状化が想定される地盤，透水性地盤の確認），乱れた試料採取</td><td>土層構成・地下水位の把握，乱れた試料採取が主目的</td><td>層構成の把握，試料採取，現場透水試験実施が主目的</td></tr>
<tr><td rowspan="4">サウンディング試験</td><td colspan="3">頻　度</td></tr>
<tr><td rowspan="3">天端中央付近に沿って
1 個所/50～100 m</td><td>横断方向に堤防の大きさや地盤の広がりに応じ，　数個所/1 横断</td><td rowspan="3">横断方向に堤防の大きさや地盤の広がりに応じ，　数個所/1 横断</td></tr>
<tr><td>深　度</td></tr>
<tr><td>液状化が想定される層下端，または地盤種別の判定が可能な層まで</td></tr>
<tr><td rowspan="4">試料採取</td><td colspan="3">平面的な頻度</td></tr>
<tr><td>天端中央付近に沿って
1 個所/200 m 程度</td><td>横断方向
表のり尻付近　1 個所
天端　1 個所
裏のり尻付近　1 個所</td><td>横断方向
表のり中央付近　1 個所
天端　1 個所
裏のり中央付近　1 個所</td></tr>
<tr><td colspan="3">深度方向の頻度</td></tr>
<tr><td>1 個以上/2 m
または土層の変化が著しい場合
1 個/土層</td><td>1 個以上/2 m
または土層の変化が著しい場合
1 個/土層
液状化が想定される層において
1 個以上/1 m</td><td>1 個以上/2 m
または土層の変化が著しい場合
1 個/土層</td></tr>
<tr><td>現場透水試験</td><td>—</td><td>—</td><td>横断方向
表のり中央付近 1 個所
裏のり中央付近 1 個所
深度方向　1 個以上/土層</td></tr>
<tr><td rowspan="2">土質試験</td><td colspan="3">深度方向の頻度</td></tr>
<tr><td>1 個以上/2 m
または土層の変化が著しい場合
1 個/土層</td><td>1 個以上/2 m
または土層の変化が著しい場合
1 個/土層
液状化が想定される層においては物理試験を
1 個以上/1 m</td><td>1 個以上/2 m
または土層の変化が著しい場合
1 個/土層</td></tr>
</table>

5. 検討すべき項目と調査方法【河川堤防】

検討すべき項目は，盛土のすべり破壊に対する安定性の検討，盛土荷重による圧密沈下の検討，洪水時の基礎地盤漏水ならびに浸透水が堤体の安全性に及ぼす透水性地盤についての検討，地震時の液状化の検討が挙げられる。それらの検討に必要な情報と，情報の取得に必要な調査・試験方法について**表 2-5-6** に示す。

表 2-5-6　河川堤防の調査において検討すべき項目と調査方法

検討項目	検討に必要な情報	情報を得るのに必要な調査・試験 （一般に用いられる調査・試験）
すべり破壊	地盤の成層状態	ボーリング
	N 値	標準貫入試験
	強度特性（粘着力，せん断抵抗角），強度	乱れの少ない試料採取
	増加率，単位体積重量	土の一軸・三軸圧縮試験（UU，CU） 物理試験
圧密沈下	地盤の成層状態	ボーリング
	N 値 地下水位	標準貫入試験
	圧密特性	乱れの少ない試料採取 土の圧密試験 物理試験
透水性地盤	地盤の成層状態	ボーリング
	N 値	標準貫入試験
	地下水位	ボーリング
	透水係数	乱れの少ない試料採取
	地下水分布状況	堤体：室内透水試験，粒度試験 基礎地盤：現場透水試験，室内透水試験，粒度試験，周辺の井戸調査
液状化	地盤の成層状態	ボーリング
	N 値 地下水位	標準貫入試験
	粒度特性	粒度試験
	塑性指数	液性限界・塑性限界試験
	単位体積重量	乱れの少ない試料採取 一般値，湿潤密度試験
	液状化強度比	N 値，粒度特性から推定 （繰返し非排水三軸試験）
	弾性波速度	N 値から推定（PS 検層）
	土の動的変形特性	既往の一般値から推定 （繰返し三軸試験） （繰返しねじりせん断試験）

6. 調査計画・内容【河川構造物】

『国土交通省河川砂防技術基準 調査編』では，河川構造物を新設するための土質調査の方針として，予備調査・現地踏査と本調査に分けて行うものとしている。

河川構造物を新設する場合に，建設地点の選定あるいは概略設計のために行われるのが予備調査・現地踏査であり，実施のための詳細な調査が本調査である。

ここでは，建設地点が決まった後の本調査の方針について述べる。

（1）本　調　査

本調査は，河川構造物建設地点の地質構成，地盤工学的性質，地下水の状況などを知るために実施するものである。

1）調 査 地 点

ボーリング調査は，翼壁を含めた樋門全体の地層状況が把握できるように，川表・川裏の堤防法先付近および堤防天端部分の3地点で実施することを標準とし，構造物の規模・地層の成状・想定される仮設計画等により，ボーリング調査地点を増減する。（**図2-5-5**）

ただし，既設構造物による障害などによってジャスト地点で実施するのが困難な場合には，最寄りの位置で実施する。

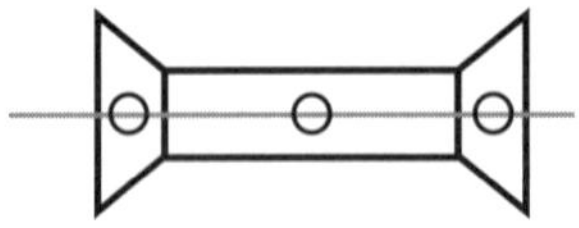

①線的な調査地点

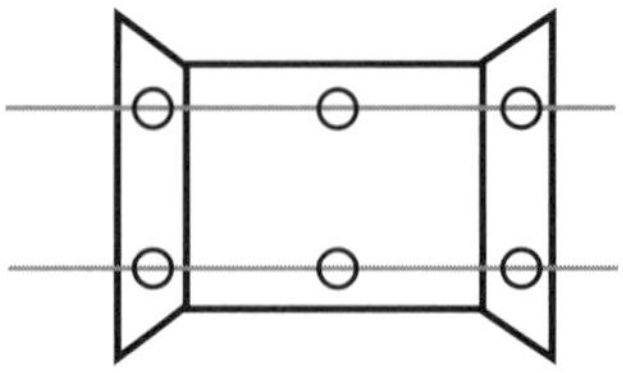

②平面的に広がりを持つ調査地点

図2-5-5　ボーリング調査地点の例[4)]

2）調 査 深 度

調査深度は，支持力，すべり，圧密，透水，施工などに影響する範囲とする。直接基礎のような浅い基礎の場合，基礎底面より基礎最小幅の1.5倍の範囲を調査すれば支持力に対しては十分であると考えてよい。また，圧密沈下を生じるおそれのある粘土層が存在する場合には，基礎最小幅の1.5～3倍の深さを調査する。

3）土 質 試 験

対象地域が軟弱地盤，透水性地盤，液状化地盤と判定された場合は，河川堤防と同様に乱れの少ない試料を採取し，それぞれの検討に必要な地盤情報を得るための土質試験を実施する。

7. 検討すべき項目と調査方法【河川構造物】

河川構造物の設計において必要となる土質定数と試験法について**表2-5-7**に示し，それらを取得するための調査方法および結果の利用について**表2-5-8**に示す。

表 2-5-7　河川構造物の設計に必要となる主な土質定数と試験法[4)]

性質			土質定数		試験法
物理的性質	固有の特性	土粒子・粒度・コンシステンシー	土粒子の比重	G_S	土粒子の比重
			均等係数	U_C	粒度試験
			液性限界	W_L	液性限界試験
			塑性限界	W_P	塑性限界試験
			収縮限界	W_S	収縮限界試験
			塑性指数	I_P	
	状態の特性		土被り荷重	P_0	単位体積重量試験
			圧密降伏応力	P_C	圧密試験
			間隙比	e	
			含水比	W	含水量試験
			単位体積重量	γ_t, γ_d	単位体積重量試験
			飽和度	S_r	
			鋭敏比	S_t	一軸圧縮試験
力学的性質	変形特性	圧密沈下	圧縮指数	C_c	圧密試験
			圧縮係数	a_v	
			体積圧縮係数	m_v	
			圧密係数	C_v	
			変形係数	E_{50}, E_u	一軸圧縮試験
		変位・変形	破壊ひずみ	ε_f	三軸圧縮試験
			地盤反力係数	K_v	平板載荷試験
			変形係数	E_0	孔内載荷試験
	強度特性	全応力・有効応力	せん断強さ	S_u, S_d	直接せん断試験
			粘着力	C_u, C_d, C'	一軸圧縮試験
			せん断抵抗角	ϕ_u, ϕ_d, ϕ'	三軸圧縮試験
			強度増加率	C_u/p	
その他	締固め特性	締固め	最大乾燥密度	γ_{dmax}	締固め試験
			最適含水比	W_{opt}	
		透水	透水係数	K	透水試験
		原位置強度	コーン指数	q_c	コーン貫入試験
			N 値		標準貫入試験

表 2-5-8　河川構造物の調査方法と結果の利用[4)]（一部修正）

主な目的	調査方法		得られる主な情報	主な利用法	備考
土層構成の把握 土質定数の概略推定	ボーリング		・土層区分（分類，厚さ） ・地下水位，支持層の位置	・土層構成の把握 ・設計地下水位	・自然地下水位も同時に測定する。
	標準貫入試験 （ボーリングと併用）		・N値 ・試料採取による土質の分類	・砂の内部摩擦角 ・砂地盤の液状化の判定 ・粘土の一軸圧縮強度，粘着力 ・杭の鉛直支持力 ・土の変形係数 ・地盤反力係数	・一般にボーリングと併用して用いる。 ・これらの調査結果から推定される土性値は概略値として用いるべきである。
	サウンディング	オランダ式二重管コーン貫入試験	・コーン支持力	・N値の推定 ・粘土の一軸圧縮強度，粘着力の推定	・一般に概略的な調査として，あるいはボーリング間の土層の連続性を把握するために用いる。
		スウェーデン式サウンディング試験	・貫入量1mあたりの半回転数	・N値の推定 ・粘土の一軸圧縮強度，粘着力の推定	・軟弱地盤では本試験を実施するのが望ましい。
地盤の変形特性	原位置試験	ボーリング孔内水平載荷試験	・地盤の変形係数	・地盤反力係数 ・地盤の即時沈下	・特に入念な検討を行う場合に調査する。
地盤の鉛直支持力		平板載荷試験	・地盤の極限支持力 ・変形係数	・地盤の支持力 ・地盤反力係数	・特に入念な検討を行う場合に調査する。
土質定数の把握	室内土質試験	物理試験 （土粒子の密度，含水比，湿潤密度，粒度，液性・塑性限界試験など）	・土の判別分類 ・土粒子の密度，含水比 ・湿潤密度 ・粒度分布 ・液性・塑性限界	・砂地盤の液状化の判定 ・土の単位体積重量 ・地盤の透水係数（密度試験） ・粘土の圧縮指数，圧密係数（液性・塑性限界試験）	・土の力学特性の推定値は概略値として用いるべきである。 ・土性に応じたサンプリングを行う。
		一軸圧縮試験	・土の一軸圧縮強度 ・変形係数	・土の支持力 ・土の強度増加率 ・地盤反力係数	・粘性土地盤の土質定数を求める場合，切土や盛土の斜面の安定を検討する場合にこの試験が必要である。 ・地盤強度に応じたサンプリングを行う。
		三軸圧縮試験	・土の粘着力 ・内部摩擦角 ・変形係数	・地盤の支持力 ・土の強度増加率 ・地盤反力係数	
圧密沈下量の推定		圧密試験	・圧密降伏応力 ・e-logP 曲線 ・圧密係数 ・体積圧縮係数	・圧密沈下発生の有無の判定 ・粘土層の圧密沈下，圧密沈下量	・軟弱粘性土層の場合は，この試験が必要である。 ・地盤強度に応じたサンプリングを行う。
地下水対策 透水性地盤	地下水調査	地下水試験	・各帯水層の地下水位 ・間隙水圧 ・流向・流速	・施工法選定の資料 ・被圧の有無の判定 ・砂地盤の液状化の判定 ・水圧分布の測定	・仮締切工や土留工の検討，堤防開削の場合には調査することが望ましい。
		現場透水試験 室内透水試験 揚水試験	・地盤の透水係数 ・地盤の貯留係数	・施工法選定の資料	・透水性地盤や重要な構造物の場合は，調査することが望ましい。

2.5.3　調査実施上の留意点

河川堤防および河川構造物の調査における留意点は，**2.2 盛土構造物**における留意点と共通する部分が多い。

1.　留意すべき地盤情報【河川堤防】

河川堤防は，河道に沿う自然堤防上だけでなく，さまざまな地形・地質条件の場所に築造されている。河川堤防と地形・地質の関係を**表 2-5-9** に示し，治水地形分類と堤防の地震被害

表 2-5-9　河川堤防と地形・地質の関係[2)]（一部修正）

地形			地質			工学的性質				備考
区分	名称	成因・定義	地質	地層の連続性	地層の厚さ	透水性	強度	圧縮性（沈下）	地震時の液状化	
台地	台地	低地からの比高が1 m 以上の平坦地	洪積世とそれより古い地層で砂，礫，粘土	良好	非常に厚い	やや不良（砂層で中位）	強い	少	ない	洪水に対して安全であるが，降雨による被害が出る場所もある
微高地	自然堤防	洪水時に河川が運搬した土砂が流路外に堆積したもので低地との比高は 1～2 m 程度	砂，礫が多い	良好	厚い	良好	中	少	しやすい	中・小規模の洪水には安全な集落が多い
微高地	旧川微高地	かつての河川跡で砂州などの微高地 周辺低地との比高は同じか少し低い	砂，礫が多い	不良	中	良好	中	少	しやすい	高水の影響を受けやすく，湧水等を生じやすい
微高地	扇状地	山地河川により山麓に堆積した砂礫の斜面 平地より勾配が急で，流路の変化が大きい	砂，礫，礫径が大きい	良好	薄～中	良好	強い	少	ほとんどない	大きな高水では旧河道が流路となる 基盤漏水を生じやすい ガマの発生が多い
凹地	旧河道	過去の河川流路の跡　新しいものは湛水している 周辺の低地より低く，両側の自然堤防より 1～2 m 低い	新しいものは砂，礫 古いものは上部粘性土，下部　砂，礫	中	薄～中	良好	粘性土はきわめて弱い，砂，礫は中	粘性土は大 砂，礫は少	しやすい	高水時に漏水やボイリングを起こしやすい 内水氾濫で湛水する
凹地	落堀 旧落堀	過去の破堤でできた池または池の跡 池または湿地で残っているものが多い	粘性土が多い	不良	薄	不良	弱い	大	砂の埋立はしやすい	堤防に接して存在するものは，漏水を生じやすい 降雨で湛水しやすい
低地	氾濫平野	河川の沖積作用や浅海性堆積作用によって形成された平地 河川勾配は下流部で緩く最下流部は海岸平野となる	粘性土が多いが，上部に砂が分布する地域もある	良好	厚い	一般に不良	弱い	大	砂地盤はしやすい	下流部は高水による内水氾濫や，洪水になりやすい 人口密集地が多く，その他は水田となっているところが多い
低地	湿地 旧湿地	砂丘や河川の後背湿地で，沼や凹地が多い 地下水位が高い	粘性土，腐植土が多い	中	中	不良	きわめて弱い	大	少ない	降雨によって内水氾濫を起こしやすく，湛水時間が長い
人工地形	干拓地	干拓地は，水面を干して陸地としたため，堤外地水位より低い	一般に粘性土が多く，場所により腐植土	良好	厚い	不良	弱い	大	砂地盤はしやすい	堤内地地盤高が外水面よりも低いため，人工的に水位を管理している

の可能性，浸透が特に問題となる基礎地盤の土層構成について，それぞれ**表 2-5-10**，**図 2-5-6** に示す。

堤体の土質で問題となるのは，**図 2-5-7** に示すような透水性の異なる土質が複雑に分布する堤体である。複数回の河川改修を経た堤防は嵩上げや堤防断面の拡大により，堤防自体が複雑な土層構成となっている場合がある（**図 2-5-8**）。

堤体内部の浸潤線上昇や，液状化・パイピングの原因となる地形・地質条件や堤体の土質構成を明らかにすることが堤防の調査では重要となる。

表 2-5-10　治水地形分類による地形区分と堤防の地震被害の可能性[5]

地形区分による危険度ランク	治水地形分類による地形区分
A　（極大）	旧河道，落堀，旧落堀，高い盛土地，干拓地，砂丘
B　（大）	自然堤防，旧川微高地，氾濫平野，湿地，旧湿地
C　（小）	扇状地，浅い谷
D　（なし）	山地・丘陵地，台地，崖

（括弧内は地震による堤防の沈下の可能性）

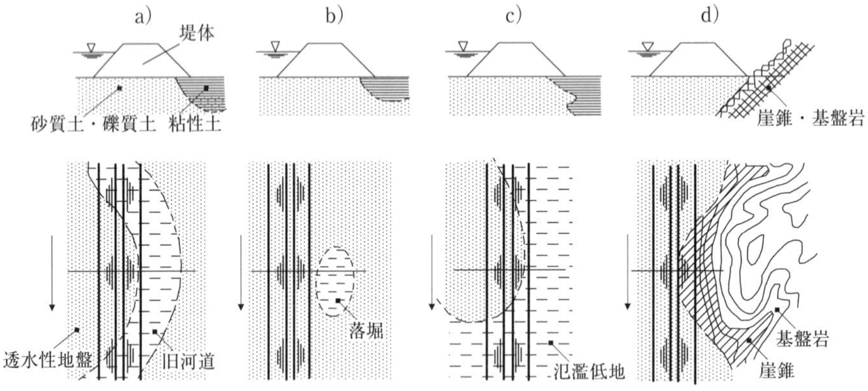

	堤外側の地形	堤内側の地形
a)	旧河道・自然堤防・旧川微高地	埋積された旧河道
b)	旧河道・自然堤防・旧川微高地	落堀
c)	旧河道・自然堤防・旧川微高地	氾濫低地
d)	河床・自然堤防	崖錐・基盤岩

図 2-5-6　浸透が問題となる基礎地盤の土質構成[6]

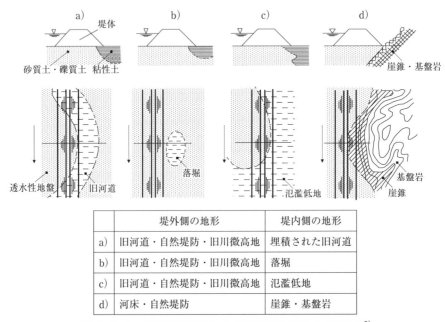

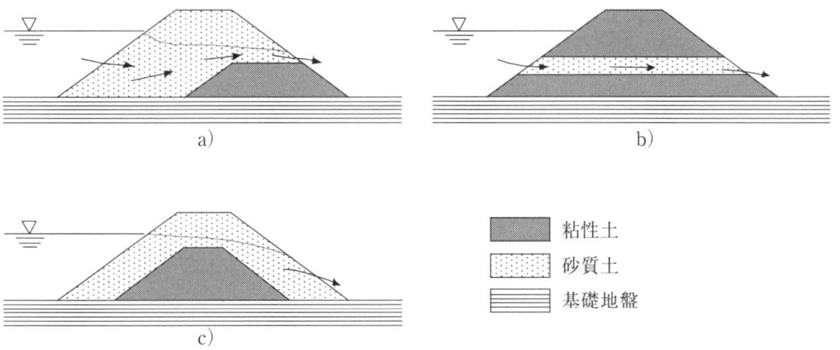

図 2-5-7　浸透が問題となる堤体の土質構成[6)]

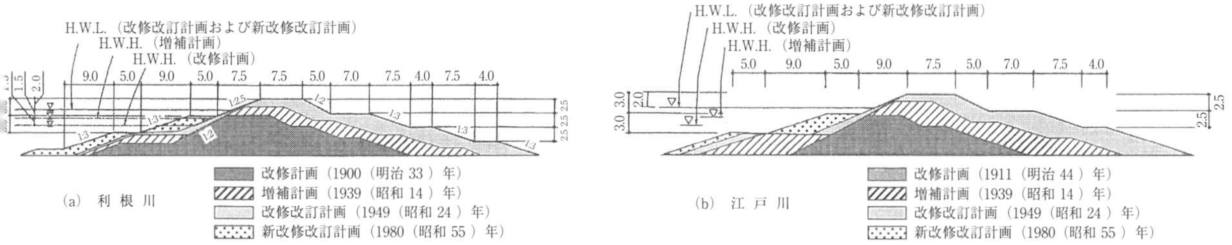

図 2-5-8　堤防断面の変遷（例）[2)]

2.　調査計画事例

河川堤防は **2.2 盛土構造物**に記載した圧密沈下および安定や地震に関する事項に加えて，浸透に関する照査が重要となるため，透水層の分布にも着目した詳細な地層構成の把握が必要となる。ボーリング調査は，コア採取による地層の詳細な確認を基本とし，透水特性が大きく変化しない連続した地層についてのみノンコアボーリングを適用とするとよい。ボーリング調査地点の配置は，既設堤防については堤体および基礎地盤の土質が把握できる配置とし，1 断面当たり 3 箇所程度が必要となる（**図 2-5-9**）。新設堤防については，基礎地盤の堆積環境などを考慮して配置することが望ましい。

調査計画事例　既設堤防の横断方向の調査例

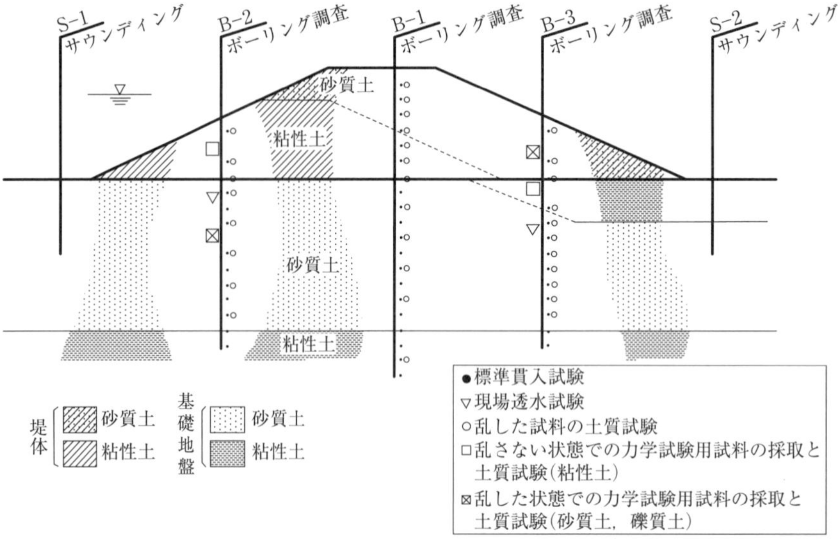

調査目的	調査方法	
	堤体	基礎地盤
土質構成の把握	ボーリング調査，サウンディング試験，電気探査等	
浸透特性の把握	主として室内土質試験（粒度試験，室内透水試験）	主として現場透水試験，土質試験（粒度試験）
強度特性の把握	標準貫入試験・サウンディング試験・室内土質試験（密度試験・せん断試験等）	主として標準貫入試験・サウンディング試験
材料特性の把握（堤防新設の場合）	室内土質試験（締固め試験および締固めた材料の密度試験・透水試験・せん断試験等）	

土質試験の項目			礫質土	砂質土	粘性土
物理試験	土粒子の密度試験		○	○	○
	含水量試験		○	○	○
	粒度試験		○	○	○
	液性限界・塑性限界試験		△	△	○
	湿潤密度試験		○	○	○
力学試験	透水試験		○	○	
	三軸圧縮試験もしくは一面せん断試験	UU 試験			○
		CU 試験	○	○	◎
		CUB 試験	◎	◎	○
		CD 試験	◎	◎	
材料試験（堤防新設の場合）			○	○	○

△：Fc15% 異常は実施が望ましい
せん断試験結果は，一般全応力法によるすべり安定計算に利用する

調査・試験項目	・ボーリング（軟弱層の厚さ，盛土の支持層） （耐震設計上の基盤面，地震時の検討を行う場合） ・標準貫入試験（1 m ごと，採取した乱れた試料は物理試験に用いる） ・サンプリング（乱れの少ない試料採取 _3～5 m 間隔で採取） ・室内土質試験（物理試験，力学試験，圧密試験） ・サウンディング試験（ボーリング調査の補足として実施）

図 2-5-9　堤防横断方向の土質調査の事例[6]（一部修正）

また，河川堤防は縦断方向に連続する構造物であることから，基礎地盤表層の地層構成を詳細に調査し縦断方向の連続性を確認することが望ましい。堤防縦断方向の堤体および基礎地盤の土質構成，浸透や耐震性等で問題となる脆弱部を連続的に抽出する合理的な手法として，地層構成を縦断的に把握するサウンディング試験に加えて，複数の物理探査による異なる物性値から地盤の土質特性を推定する「統合物理探査」がある。河川堤防における物理探査の役割と統合物理探査による評価例を**表 2-5-11**，**図 2-5-10** に示す。

表 2-5-11　堤防の安全性照査・設計にかかわる調査事項と統合物理探査の役割[7]（一部修正）

現象	調査対象		調査によって把握すべき事項	物理探査の役割	模式図
浸透	一般堤防部	縦断方向	●堤体の土質構成 ●基礎地盤における透水層の分布範囲・層厚 ●旧河道等の要注意地形の分布範囲	●ボーリング調査等では把握できない地盤構造の解明 ●ボーリング柱状図の妥当性評価	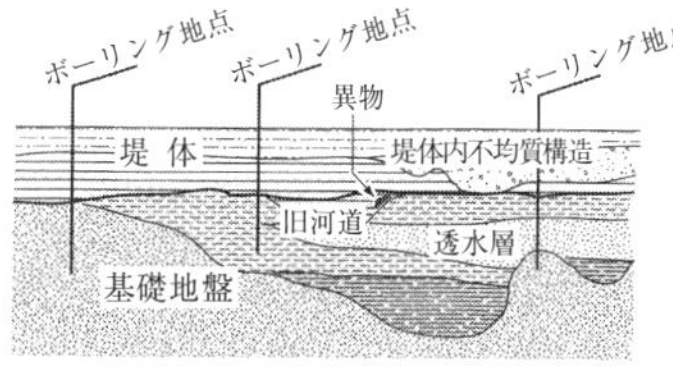
			●異物（木片，瓦礫等）の有無	●ボーリング調査等では捉えられない異常箇所の把握	
		横断方向	●堤体の土質構成 ●透水層および被覆土層の分布状況	●ボーリング調査等では把握できない詳細地盤構造の解明 ●小規模異常箇所の把握	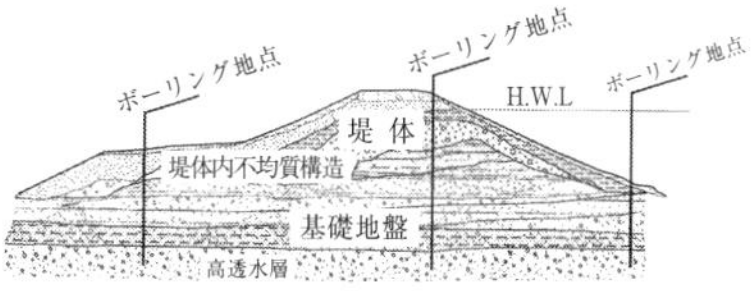
	構造物周辺		●樋門等構造物周辺における緩みや空洞の有無・大きさ	●サウンディング等では捉えられない空洞の拡がりや局所的な異常箇所の把握	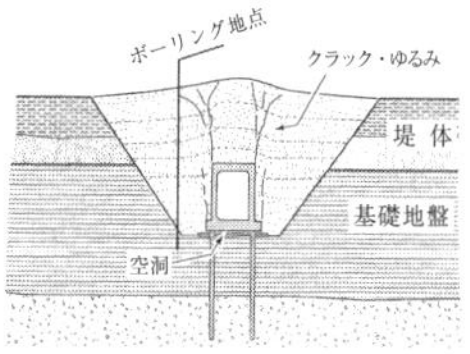
	堤防表裏のり		●護岸背面空洞の有無・大きさ	●ボーリング調査や目視調査では捉えられない空洞の拡がりの把握	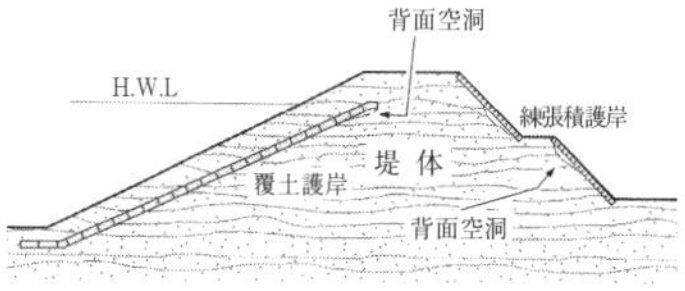
地震	一般堤防部	縦断方向	●液状化層の分布範囲・層厚 ●砂質土の N 値・粒度特性	●ボーリング調査等では把握できない地盤構造の解明 ●ボーリング柱状図の妥当性評価	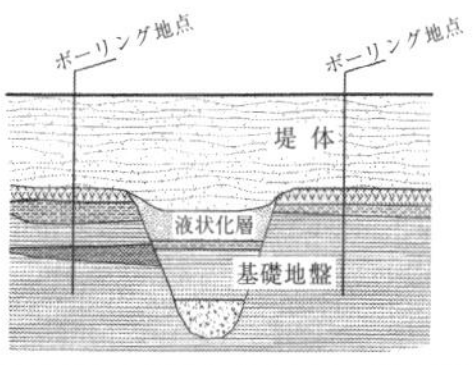
		横断方向	●液状化層の分布範囲・層厚	●ボーリング調査等では把握できない詳細地盤構造の解明	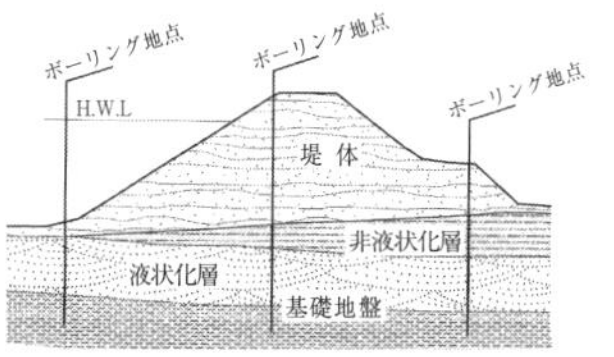
			●砂質土の N 値・粒度特性	●ボーリング柱状図の妥当性評価	

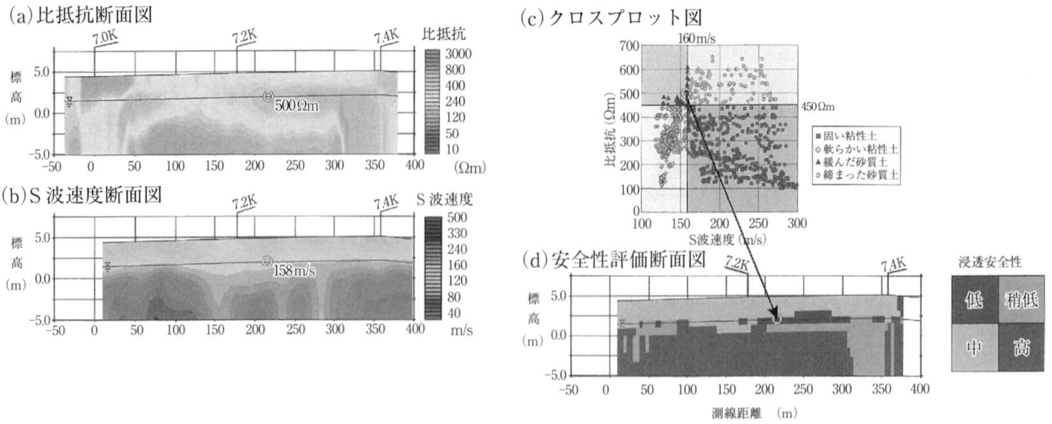

図 2-5-10　統合物理探査による河川堤防の安全性評価断面図作成の過程[7)]

3.　留意すべき地盤情報【河川構造物】

河川構造物（樋門）周辺の堤防は，コンクリートと土の材料の違いや周辺地盤の不同沈下等によって，構造物周辺に緩み・クラック・空洞等の隙間が生じ，この隙間が水みちとなって漏水やパイピングなどが発生することがある。

地盤が軟弱で無処理時の残留沈下量が 10 cm を超える場合には，地盤改良工法により残留沈下量を 10 cm 以内に抑制する必要がある。地盤改良工を併用しても残留沈下量を 10 cm 以内に抑えることができず杭基礎を採用する場合には，**図 2-5-11** に示すような構造物周辺の変状が発生する可能性があるため，圧密沈下量を精度良く推定できるような地質調査および室内

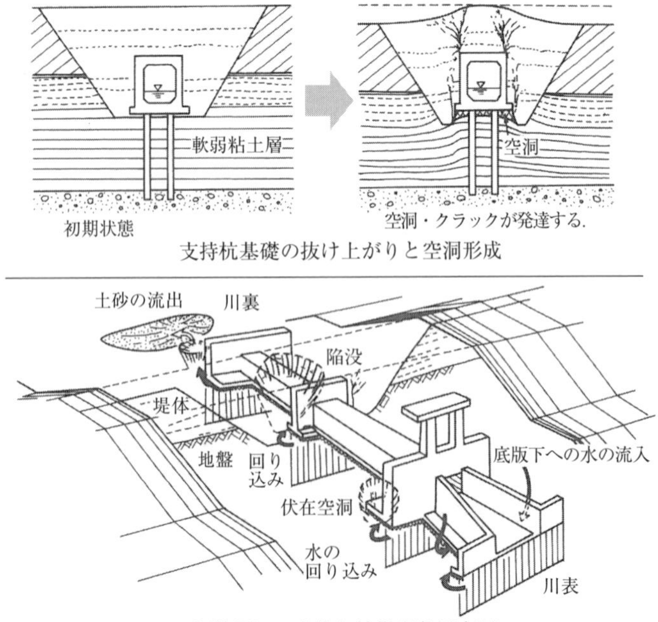

図 2-5-11　構造物周辺の堤防の変状図[8)]

試験計画が重要となる。

4. 河川構造物の調査における留意点

（1）柔支持構造

柔支持構造の河川構造物は，残留沈下が発生する場合に適用される構造である。残留沈下の検討のため，構造物周辺の堤防盛土同様に圧密沈下に関する事項に加えて，残留沈下を抑制するために地盤改良を伴う場合は，配合試験が必要となる。

（2）剛支持構造

剛支持構造の河川構造物は，不同沈下を起こさず，堤防の弱点とならないことが重要である。基礎の設計にあたっては，『道路橋示方書（Ⅳ下部構造編）・同解説』（2012），杭基礎にあたっては『杭基礎設計便覧』（2015）および『杭基礎施工便覧』（2015）により設計する。『道路橋示方書』は2017年11月に，『杭基礎設計便覧』および『杭基礎施工便覧』は2021年9月に改訂されており，これらの改訂では，性能規定（限界状態設計法および部分係数法）に対応した記述に見直されている。従来の仕様規定（許容応力度設計法）とは異なる設計体系となっていたため，『道路橋示方書』，『杭基礎設計便覧』および『杭基礎施工便覧』の設計法を適用する場合は，従来の仕様規定について記載しているものを適用する必要がある。

（3）i-Construction

i-Construction推進の一環として，ICTによる建設生産プロセスのシームレス化が取り組まれている。剛支持構造の河川構造物については，地盤調査に基づいて作成した地質・土質モデル（3次元地盤モデル）を用いることによって，支持層の面的な分布と傾斜等の課題が明らかとなり，杭・基礎構造物が支持層に貫入されていることを視覚的に確認することに活用できる。また，施設の3次元モデルを活用することにより，構造に関して関係者の理解と合意形成が促進される利点もある。（図2-5-12）

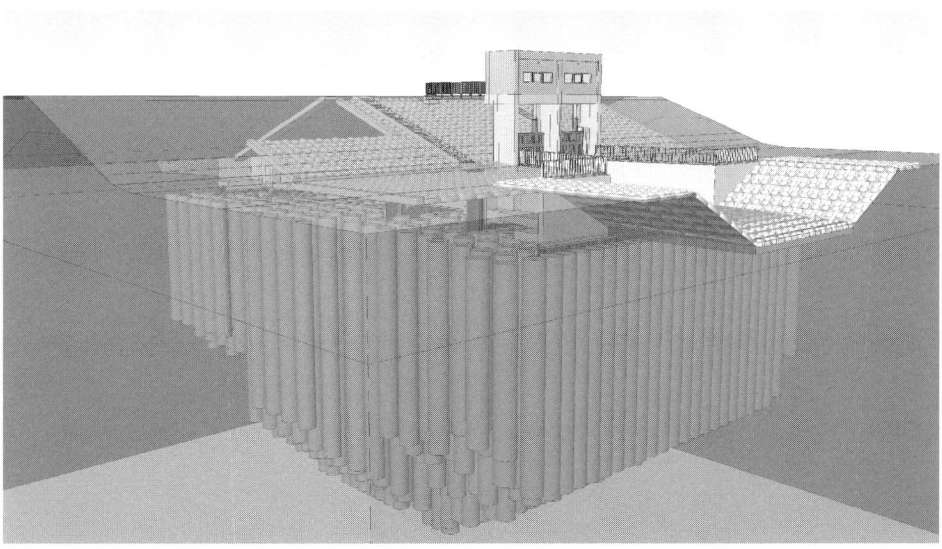

図2-5-12　3次元モデルを活用した地盤改良のモデル（例）

2.5.4　積算上の留意点

河川構造物の調査における積算としては，国土交通省大臣官房技術調査課監修『設計業務等標準積算基準書』，全国地質調査業協会連合会発行『全国標準積算資料（土質調査・地質調査)』など，積算関係の資料を参照するか，調査実績のある地質調査会社から見積りを徴収することにより歩掛を作成するとよい。

河川堤防および河川構造物の調査における留意点は，**2.2 盛土構造物**にて述べた積算上の留意点に加えて以下が挙げられる。

1.　水上作業の留意点

河川構造物の調査は水上作業を伴う場合があり，水上調査の積算では足場仮設や供用日数などを考慮する必要がある。河川では，流速や水深ならびに川底の状況などにより足場の仮設方法が異なるため，ボーリング地点の選定にあたり，調査予定地の条件を事前に把握する必要がある。一般的には単管パイプによる足場仮設またはスパット台船による方法が用いられる。台船作業は船舶による曳航や，台船までの通勤船・警戒船等の準備，関係機関との調整や許認可が必要となる場合が多いため，実態に則した積算が必要となる。

《参考文献》

1）国土交通省水管理・国土保全局河川環境課：堤防等河川管理施設及び河道の点検・評価要領 参考資料，2019
2）中島秀雄：図説 河川堤防，技報堂出版，2003
3）国土交通省水管理・国土保全局：国土交通省河川砂防技術基準 調査編，2014
4）国土交通省関東地方整備局河川部河川工事課：河川構造物（樋門）設計の手引き，2022
5）国土交通省水管理・国土保全局治水課：河川堤防の耐震点検マニュアル，2016
6）国土技術研究センター：河川堤防の構造検討の手引き（改訂版），2012
7）土木研究所，物理探査学会：河川堤防の統合物理探査―安全性評価への適用の手引き―，愛智出版，2013
8）建設省河川局監修，日本河川協会編：改訂新版 建設省河川砂防技術基準（案）同解説 調査編，技報堂出版，2008

2.6 港　湾

近年，貨物輸送需要を踏まえた船舶大型化等の輸送能力強化に対応するため，ハード整備として，岸壁の大型化・増深が実施されている。また，洋上風力発電設備の基地港湾では，重厚長大な資機材（洋上風力発電設備の部材）の取扱いが可能な耐荷重・広さを備えた施設整備が必要不可欠である。これらの新たな港湾施設の構築，設計にあっても，地盤調査の内容は変わるものではないが，岸壁の増深や耐荷重の増加に伴い，より慎重に段階を追って調査を実施することが肝要である。

港湾の地質調査で対象とする地盤は主に粘土・砂を主体とした軟弱地盤である。軟弱地盤上に構造物を設置する場合は沈下や液状化，安定の問題等，一般地質調査と比べて特殊な問題を検討・解決する必要がある。

港湾の地質調査の方法については，『港湾の施設の技術上の基準・同解説』に各種調査手法について詳述されている。本節では，港湾構造物を対象とした地質調査の留意点に主眼をおいて述べるとともに，海上足場，磁気探査等，港湾の地質調査で必要となる特殊な項目や積算上影響の大きい項目についても述べる。

2.6.1 調査の目的

1. 求めるべき情報とその意義

港湾施設の地盤調査は，設計に関連し，調査を経済的・効果的に実施するため，**図 2-6-1** に示すように概略調査から詳細調査へと段階的に進められる。段階を踏むことにより，事業計画・設計方針の見直しや変更等にも対応でき，効率的かつ効果的な地盤調査を実施することができる。

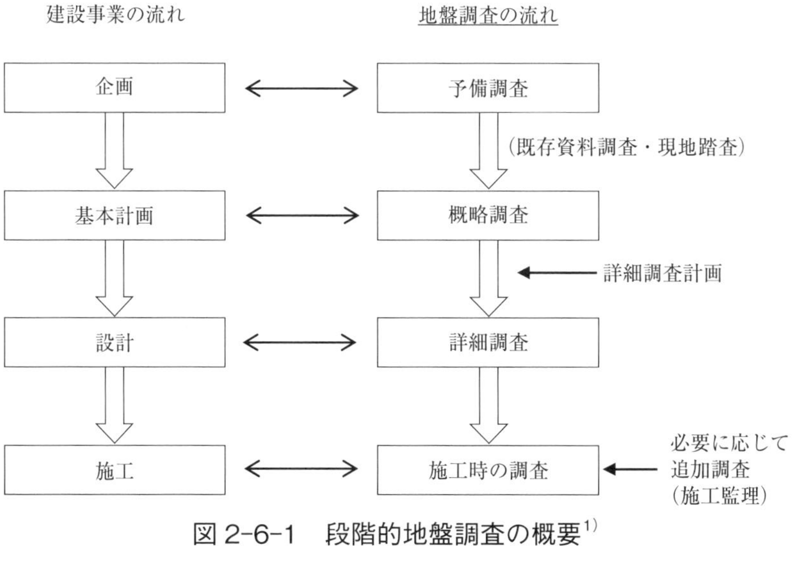

図 2-6-1　段階的地盤調査の概要[1)]

2.　一般的な検討項目と必要な地盤情報

調査項目別の調査方法とそれぞれの調査から得られる地盤情報を表 2-6-1 に示す。港湾施設の整備に必要な地盤条件は，支持層の深さ，工学的基盤層の深さ，軟弱層の厚さなどの地盤の成層状況，地下水位（残留水位），粗密の程度（締まり具合），物理特性，せん断特性，圧密特性，透水性などである。土は応力依存性が強い材料であり，埋立て後より時間が経過した埋立て地などでは，圧密などにおける時間の経過や上載圧の変化によってその特性が大きく変わるため，必要に応じて地盤調査を実施することが必要である。

表 2-6-1　一般的な検討に必要な調査項目（例）[1)]（一部修正）

分類	調査目的	調査方法	得られる情報
成層状態	成層状態の確認	物理探査，ボーリング，サウンディング	層序，支持層深度，工学的基盤深度，軟弱層厚
物理特性	土質の分類	乱した試料による物理試験（湿潤密度は乱れの少ない試料が必要）	湿潤密度 ρ_t，含水比 w_n，液性限界 w_L，塑性限界 w_p，均等係数 U_c，粒径加積曲線
透水性	透水性の評価	現場透水試験，乱れの少ない試料による室内透水試験	透水係数 k
応力状態	応力状態の確認	間隙水圧測定，地下水位観測	帯水層の地下水位，間隙水圧 p_w
力学特性	支持力，斜面安定，土圧，地盤反力の評価	乱れの少ない試料によるせん断試験，原位置試験（サウンディング）	湿潤密度 ρ_t，一軸圧縮強さ q_u，粘着力 c，せん断抵抗角 ϕ，非排水せん断強さ c_u，強度増加率 m，貫入抵抗値の指標（N 値，W_{sw}，N_{sw}），変形係数 E
	圧密特性の評価	乱れの少ない試料による圧密試験	圧密降伏応力 p_c，圧縮指数 C_c，圧密係数 c_v，体積圧縮係数 m_v，圧縮曲線（$e \sim \log_p$），（透水係数 k）
	締固め特性の評価	締固め試験（乱した試料でも可）	締固め曲線，最大乾燥密度 ρ_{dmax}，最適含水比 w_{opt}
	動的性質の評価	乱れの少ない試料による動的せん断試験	せん断剛性率 G，減衰定数 h，液状化特性

3.　地震の影響に関するシミュレーションにおける地盤調査項目

港湾設計では耐震設計を実施する際，地震応答解析を実施する。港湾設計で適用される地震応答解析の手法は，全応力法の等価線形 1 次元解析 SHAKE，有効応力法の 1，2 次元解析 FLIP が使用される。SHAKE および FLIP で必要となるパラメータとそれらの調査のための試験について，表 2-6-2 および表 2-6-3 に示す。

これらの解析を実施する際には，乱れの少ない試料を多く必要とすることから，調査孔から採取できる乱れの少ない試料の採取の本数が試験試料を満足するかを事前に確認して試料採取計画を立案する必要がある。

表 2-6-2　等価線形一次元解析 SHAKE に必要となるパラメータおよび調査・試験[1)]

パラメータの種類	パラメータ	調査・試験
物理特性	湿潤密度	乱れの少ないサンプリング試料を用いた湿潤密度試験または原位置における密度検層
工学的基盤	S 波速度，N 値，地層の広域的分布	ボーリング，標準貫入試験，PS 検層
動的変形特性	初期せん断剛性：G_0	原位置での PS 検層や室内での動的変形試験
	剛性の非線形特性：$G/G_0\sim\gamma$	乱れの少ないサンプリング試料を用いた動的変形試験
	減衰定数の非線形特性：$h\sim\gamma$	乱れの少ないサンプリング試料を用いた動的変形試験

表 2-6-3　FLIP による動的解析に必要となる主なパラメータおよび調査・試験[1), 2)]

パラメータの種類	パラメータ	調査・試験
物理特性	湿潤密度：ρ_t	乱れの少ないサンプリング試料を用いた湿潤密度試験または原位置における密度検層
	間隙率：n	乱れの少ない試料に対する物理試験
動的変形特性	初期せん断剛性：G_{ma}	原位置での PS 検層や室内での動的変形試験
	体積弾性係数：k_{ma}	初期せん断剛性とポアソン比により算出
	せん断抵抗角：ϕ'	三軸 CD 試験，あるいは CU-bar 試験
	粘着力：c'	三軸圧縮試験から算出
	減衰定数の最大値:h_{max}	動的変形試験
	Steady State 時のせん断応力：S_{us}	大ひずみ領域までの非排水せん断試験
液状化特性	変相角：ϕ_p	標準値を用いることが多い 液状化試験の応力経路から算出できる
	液状化パラメータ ：w_1，p_1，p_2，c_1，S_1	液状化試験結果に対してフィッティングさせることにより算定する

2.6.2　調査計画・内容

1.　調査計画のステップ

港湾の調査手順は**図 2-6-1** に示した手順で行われる。地盤調査では予備調査，概略調査から詳細調査へ進めていくことで，設計目的に応じて調査の精度を高めることができ，事業計画・設計方針の見直しや変更等への対応も可能になる。**表 2-6-4** に各調査段階における調査方法と目的の例を示す。

（1）予 備 調 査

予備調査では，事前に現地踏査と既存資料収集により，周辺の海域状況，港湾施設の状況，対象地の地盤状況を確認する。特に，既存資料では，地盤情報検索サイト『KuniJiban』を活用し，対象地および周辺の土質性状を把握することが重要である。

（2）概 略 調 査

概略調査は予備調査から推定される成層分布および対象構造物の配置を計画し，その法線に沿って構造物の重要性を考慮して，ボーリング調査位置を配置する。

ボーリング調査では，標準貫入試験およびPS検層を実施し，地盤構成，工学的基盤，弾性諸定数，地盤の物理特性を把握する。

（3）詳 細 調 査

概略調査の結果を踏まえて，詳細調査では，構造物の法線上およびその直角方向のすべり破壊，沈下などの影響のある部分に調査地点を配置し，設計に必要な地盤情報を得るため，原位置試験やサンプリング，室内土質試験を実施する。

この調査は，設計に必要なすべての資料を入手することが目的であり，高度な技術を必要とする。また，地盤条件の変化などが生じた際に臨機応変の処置がとれるよう十分配慮した計画が必要である。

また，詳細調査では，地層の力学的特性を把握するため，乱れの少ない試料採取を実施して，三軸圧縮試験や一軸圧縮試験，圧密試験等の力学試験を実施する。

また，サウンディングで，ボーリング地点の中間に適当数の配置を行い，調査密度を高くすることで，より詳細に地層分布を把握することができる。

表 2-6-4　各調査段階における調査方法と目的（例）[1)]（一部修正）

分類	調査方法	調査目的	調査内容
予備調査	資料調査， 現地踏査	構造物配置計画， 概略調査計画資料	既往調査資料， 地下水位， 地形図， 地質図， 構造図， 構造物の施工記録， 航空写真
概略調査	ボーリング工， 原位置試験	地盤構成（層序）の把握， 工学的基盤の把握 弾性諸定数の把握， 地盤の物理特性の把握	標準貫入試験， 速度検層（PS検層）， 土質試験（物理試験）
詳細調査	ボーリング工， 原位置試験， サンプリング， 室内土質試験 サウンディング	地盤物性値の把握（変形係数・強度定数・圧密定数等） 液状化判定 （地震応答解析） 動的変形解析 地盤構成の把握	標準貫入試験， 孔内水平載荷試験 （プレッシャーメータ等）， 物理・せん断・圧密試験， 液状化・動的変形試験

2. 調査箇所および調査内容の設定

（1）調査地点の配置計画

図2-6-2に土質調査地点の配置例および**表2-6-5**に調査地点の間隔の目安を示す。

なお，調査地点の位置，間隔は対象とする構造物の大きさによって決定する。調査地点数の決定には地盤の均質性・不均質性を考慮して，配置することが重要である。

【調査地点の配置例】

① 調査地点を結ぶ測線は1方向だけでなく，その直角方向にも配置する。

② 地質が非常に均質な場合でも，3箇所以上の調査地点を配置する。

③ サウンディングを併用し，ボーリング地点の中間点に配置し，調査密度を高める。

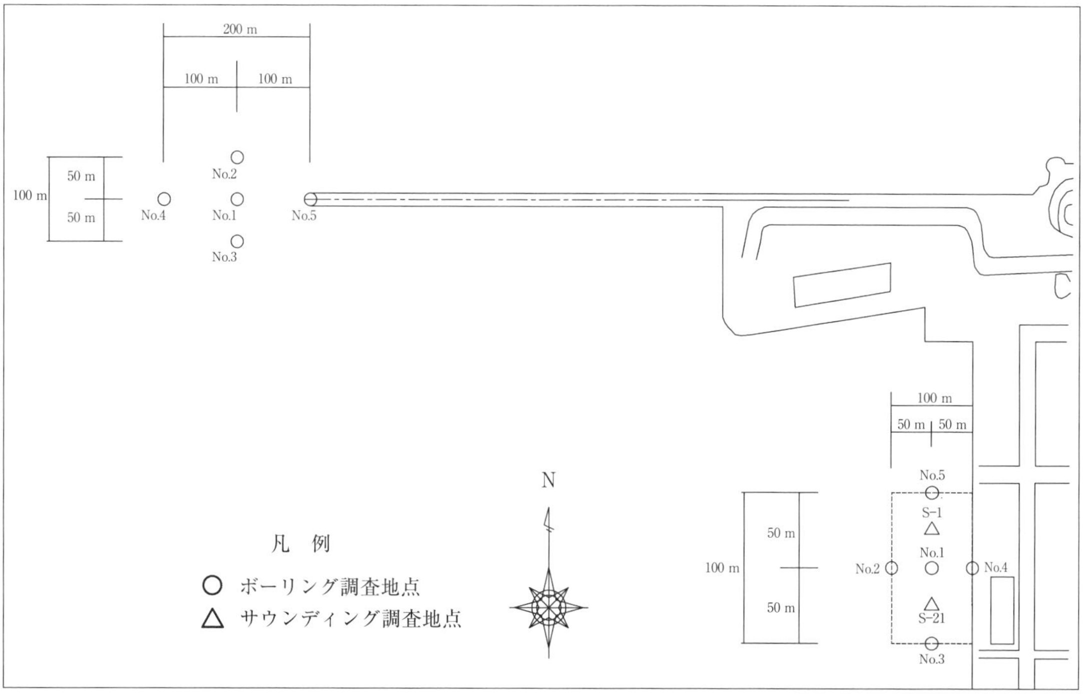

図2-6-2　岸壁での調査地点の配置（例）[1]（一部修正）

表 2-6-5　ボーリングおよびサウンディングの調査地点の間隔の目安[1]

①　成層状態が水平方向にも鉛直方向にも比較的均質な場合　（単位：m）

		法線方向		法線直角方向			
		配置間隔		配置間隔		法線からの距離（最大）	
		ボーリング	サウンディング	ボーリング	サウンディング	ボーリング	サウンディング
概略調査	広範囲の地域	300～500	100～300	50	25	50～100	
	小範囲の地域	50～100	20～50				
詳細調査		50～100	20～50	20～30	10～15		

②　成層状態が複雑な場合　（単位：m）

	法線方向		法線直角方向			
	配置間隔		配置間隔		法線からの距離（最大）	
	ボーリング	サウンディング	ボーリング	サウンディング	ボーリング	サウンディング
概略調査	50 以下	15～20	20～30	10～15	50～100	
詳細調査	10～30	5～10	10～20	5～10		

＊　サウンディングには，ボーリング孔を必要とするものと，必要としないものとがある。表中のサウンディングは，ボーリング孔を必要としないもののみを対象とする。ボーリング孔を必要とするサウンディングは，ボーリングの欄を適用する。

（2）調 査 深 度

調査深度は，構造物の形式，規模，構造物の耐震性，土質の液状化特性によって決定される。

まず，一般的な構造物の調査深度の確認すべき N 値と層の厚さの関係の目安は以下のとおりである。**図 2-6-3** に掘削深度を決める N 値と層厚の例を示す。

- N 値が 10～20 の地層を 5 m 以上の確認：埋立て工事
- N 値が 20～30 の地層を 3～5 m 以上の確認：杭基礎でない構造物（防波堤，護岸・岸壁等）
- N 値が 30～50 の地層を 2～3 m 以上の確認：杭基礎構造物（桟橋等），ただし大型構造物，耐震構造物は N 値 50 以上が目安。

また，耐震照査および液状化を対象とする場合の調査深度は以下のとおりである。

耐震性能照査では，工学的基盤を把握することが必要である。工学的基盤は，それよりも下方にあるすべての土層が以下のいずれかである土層の上面までとする。

- 岩盤
- 標準貫入試験（N 値）が 50 以上の砂質土層
- 一軸圧縮強さが 650（kN/m^2）以上の粘性土層
- せん断波（S 波）速度が 300（m/s）以上の土層

液状化を検討する場合，過去の地震による液状化の事例調査によると，地表面より深さ 20 m 以深では液状化した事例はないと報告[3] されている。そのため，液状化の予測・判定のための

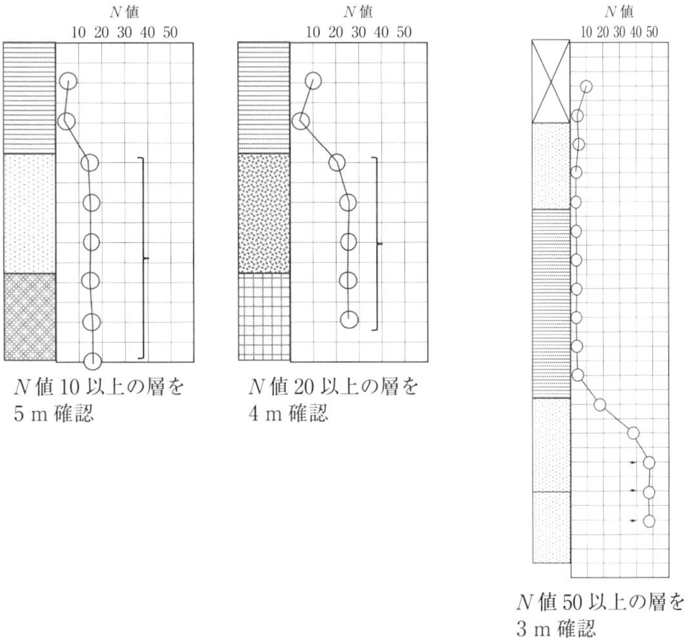

図 2-6-3　掘削深度を決める N 値と層厚（例）

調査深度は，地表面または海底面より 20 m の深さまでとすることが標準的である。液状化検討のための地質調査の詳細は，『埋立地の液状化対策ハンドブック（改訂版）』が参考となる。

（３）サウンディングとの合理的な組合せ

表 2-6-6 に代表的なサウンディングの方法・特徴および適用地盤を示す。

サウンディングは，ボーリングに比べて機材がコンパクトであり，平坦地では仮設を必要としないことが特徴であるため，ボーリング地点間の地層の状況を把握する上で有効な調査手法である。

試験方法においては，

・層厚を調べる場合→簡易動的コーン貫入試験やスクリューウエイト貫入試験など

・粘性土の強度を推定する場合→ポータブルコーン貫入試験やオランダ式二重管式コーン貫入試験など

といったように，調査目的に応じた試験を選定することが重要である。

表 2-6-6　サウンディングの方法・特徴および適用地盤[1)]（一部修正）

方法	名称	連続性	測定値	測定結果の利用や推定方法	適用地盤	可能深さ（m）	特徴
静的	スクリューウエイトサウンディング試験	不連続	各荷重による沈下量（W_{sw}）貫入1 m当たりの半回転数（N_{sw}）	標準貫入試験の N 値，粘性土の一軸圧縮強さ，支持力等。	玉石，礫を除くあらゆる地盤	15 m 程度	標準貫入試験に比べて作業が簡単である。
	ポータブルコーン貫入試験	連続	荷重，コーン貫入抵抗 q_c	粘性土の一軸圧縮強さ，非排水せん断強さ。	粘性土や腐植土地盤	5 m 程度	簡易試験で極めて迅速。
	電気式コーン貫入試験	連続	コーン貫入抵抗 q_c，周面摩擦 f_s，間隙水圧 u	粘性土の非排水せん断強さ，土質判別，圧密特性等。	粘性土地盤や砂質土地盤	貫入装置や固定装置の容量による	データの信頼度が高い。
	原位置ベーンせん断試験	不連続	回転角度，測定トルク	粘性土の非排水せん断強さ，繰返しせん断強さ・鋭敏比。	軟弱な粘性土地盤	15 m 程度	軟弱粘性土の cu 値を直接測定。
	孔内載荷試験（プレッシャーメータ等）	不連続	圧力，孔壁変位量，クリープ量	変形係数，水平方向地盤反力係数，粘性土の非排水せん断強さなど。	孔壁面が滑めらかでかつ自立するようなあらゆる地盤，岩盤	基本的に制限なし	推定量の力学的意味が明瞭である。
動的	標準貫入試験	不連続最小測定間隔は 50 cm	N 値（所定の打撃回数）	粘性土の一軸圧縮強さ，砂質土の相対密度・せん断抵抗角・せん断剛性率，支持力等。	玉石や転石を除くあらゆる地盤	深くなる程，打撃エネルギーはロスする	普及度が高く，ほとんどの地盤調査で行われる。
	簡易動的コーン貫入試験	連続	N_d 値（所定の打撃回数）	粘性土の N 値や一軸圧縮強さ。	同上	4～5 m 程度（深くなるとロッドの摩擦が大きく，引抜き困難）	標準貫入試験に比べて作業が簡単である。

（4）物理探査との合理的な組合せ

物理探査は，主として地上や海上で測定した物理量を用いて間接的に地盤性状を解析する調査技術の総称である。物理探査は面的に地盤性状を把握することができることから，ボーリングの補助手段として活用されることが検討される。地盤調査で用いられる主な物理探査手法を表 2-6-7 に示す。

表 2-6-7　地盤調査に用いられる物理探査法[1)]

探査名	測定する物理量	着目する物理量	調査される情報	対応深さ			探査効率	主な目的	備考
				～10 m	～100 m	100 m～			
弾性波探査	地震波初動到達時間	弾性波速度	断面層構造	○	◎	○	○	基礎地盤性状調査	岩盤分類等の力学的特性の評価
表面波探査	表面波	表面波速度	断面層構造	○	○		◎	基礎地盤性状調査，液状化予測，空洞調査	起振器利用と多チャンネルの2方式。
常時微動	地盤振動	振動特性 地盤構造	地盤振動特性	○	○	△	◎	地盤の振動特性評価，構造物周辺の地盤構造	構造物の耐震設計に使用。
電気探査 （比抵抗法）	電位分布	比抵抗	断面	○	◎	○	○	地下水，地すべり，トンネル路線調査	比抵抗以外に，IP，自然電位に着目する手法もあり。
地中レーダ	電磁場伝播時間	反射面深度	断面異常	◎	△		◎	空洞，埋設管，埋設物及び遺跡調査	車両搭載型等の特化した機器も開発。
電磁探査	誘導電磁場	比抵抗 電気伝導率	面的異常	△	△		○	地下水，地すべり，断層の概略調査	空中探査等の多くの手法が開発。
音波探査	反射時間	反射面深度	断面層境界		○	△	○	堆積物，断層等の水底地盤構造	海上（水上）のみ。
磁気探査	磁場	磁気異常	面的異常	○			○	爆弾等の金属埋設物調査	陸上でも適用可。

＊1　対応深さ　◎：最適，○：適，△：適用可
＊2　探査効率　◎：手軽に測定，○：普通，△：大掛かりに測定

（5）計 測 管 理

軟弱地盤上に対する埋立て工事では，設計時点で埋立てに伴う沈下量が予測されているが，実際の沈下量と予測された沈下量が異なることが多い。また，設計によっては，埋立て施工段階で，軟弱地盤の強度増加を見込みながら段階的に埋立てを行うことが求められる場合がある。そのような場合，工事の初期段階から最終段階に至るまで計測管理を行いながら施工することが求められる。

埋立てにおける計測管理は，①安定管理，②沈下管理，③周辺地盤への影響の防止という3項目に大別できる。したがって，これらの管理項目に足して必要な計測器を配置し，得られるデータを解析・評価して施工にフィードバックすることが必要である。**表 2-6-8** に管理項目と計測機器の例を示す。

表 2-6-8　管理項目と計測機器の例

計測項目	内容	計測方法
地盤の沈下管理	・埋立て盛土量の計測や安定管理（盛土速度のコントロール） ・沈下予測・沈下管理に測定結果を使用する	地表面沈下計 沈下板 水圧式沈下計
	軟弱層が厚く土層構成が複雑で，沈下速度の遅い層の圧密速度や残留沈下が問題となる箇所に設置し，各層の計算沈下量の検証に使用する。	層別沈下計
	粘土の圧密による強度増加および圧密度を評価するために用いる。沈下量と併せて総合的に圧密度を評価する。	間隙水圧計
護岸・埋立て盛土の安定管理，周辺地盤への影響確認	・地盤の強度増加の確認と安定解析による次施工盛土の施工可否判断 ・埋立てに伴う護岸の鉛直・水平変位を測定し，護岸の安定性を検討する。	地表面変位鋲 地表面沈下計
	・埋立て盛土周辺地盤の地中水平変位量の測定	傾斜計

3.　調査すべき項目と調査手法

港湾の地質調査の方法については，『港湾の施設の技術上の基準・同解説』に各種調査手法について詳述されている。国土交通省港湾空港部の業務では，『港湾設計・測量・調査等業務共通仕様書』が調査設計業務の契約図書として使用されている。また，補助事業においては，これを参考図書として仕様書を定めているところが多く，広く港湾関係の調査設計業務の実施において活用されている。『港湾設計・測量・調査等業務共通仕様書』はボーリング，サンプリング，サウンディングなどの現地調査から，地質調査，成果品（報告書）提出に至るまでの一般的な規定を明示したものであるが，調査条件によっては，この規定が適用できないことがある。このような場合は，調査仕様書の特記事項で規定の一部を修正したり，承諾あるいは協議事項を設けるなどして対処する。

『港湾の施設の技術上の基準・同解説』の下巻には，地質調査計画および調査方針などの基本方針が示されている。**表 2-6-9** に港湾施設における標準的な地盤調査項目を示す。対象とする構造物，土質の種類によって，原位置試験の試料採取法および適用すべき土質試験は異なることから留意が必要である。

表 2-6-9　港湾施設における標準的な地盤調査項目の例
（原位置試験・試料採取・室内土質試験）[1]（一部修正）

<table>
<tr><th>施設名</th><th>検討項目</th><th>想定土質</th><th>原位置試験あるいは試料採取法</th><th>物理試験</th><th>力学試験圧密試験</th><th>備考</th></tr>
<tr><td rowspan="6">岸壁/防波堤</td><td rowspan="2">滑動，転倒，基礎地盤の支持力，地盤のすべり</td><td>砂質土</td><td>標準貫入試験による乱した試料</td><td>粒度，含水比</td><td>三軸</td><td>三軸は必要に応じて実施。</td></tr>
<tr><td>粘性土</td><td>サンプリング</td><td>粒度，含水比，湿潤密度，コンシステンシー</td><td>一軸，三軸</td><td></td></tr>
<tr><td rowspan="2">沈下</td><td>砂質土</td><td>標準貫入試験による乱した試料</td><td>粒度，含水比</td><td></td><td>N 値から変形係数を推定し即時沈下量を算出。</td></tr>
<tr><td>粘性土</td><td>サンプリング</td><td>粒度，含水比，湿潤密度，コンシステンシー</td><td>圧密</td><td>各層の圧縮曲線から沈下量，圧密係数から圧密沈下に要する時間を算出。</td></tr>
<tr><td rowspan="2">レベル 1 地震動，レベル 2 地震動に関する照査</td><td>砂質土</td><td rowspan="2">標準貫入試験，PS 検層，サンプリング</td><td>粒度，含水比，湿潤密度，（細粒分 15% 以上の場合，コンシステンシー）</td><td>液状化，動的変形</td><td rowspan="2">粘性土の液状化試験はシルトのみ対象。</td></tr>
<tr><td>粘性土</td><td>粒度，含水比，湿潤密度，コンシステンシー</td><td>一軸，三軸，液状化，動的変形</td></tr>
</table>

また，ボーリング調査の試料採取には，「乱した試料採取」と「乱れの少ない試料採取」がある。乱れの少ない試料採取では，適用地盤によりサンプラーを適切に選定することが必要である。**表 2-6-10** に基準化されたサンプラーと適用地盤の関係を示すとともに，留意事項を示す。

・土質によって，適用できるサンプラーの種類は異なる。

・サンプラーにより掘削孔径が異なることに留意する必要がある。

・粘性土地盤の場合，乱れの少ない試料採取は深度 1～1.5 m ごとに実施，標準貫入試験は 1～2 m ごとに実施する。

・砂質土地盤の場合，乱れの少ない試料採取は 1.5～2.0 m ごとに実施，標準貫入試験は 1 m ごとに実施する。

・確実で高品質なサンプリングを実施するためには，サンプリング孔の調査を実施する前に，成層状態を確認するためのパイロット孔が必要となる。

表 2-6-10　基準化されたサンプラーの構造と適用地盤[1)]

サンプリング及びサンプラー		構造	ボーリング孔径（mm）	地盤の種類										
				粘性土			砂質土			砂礫		岩盤		
				N 値の目安			*N* 値の目安			*N* 値の目安		軟岩	中硬岩	硬岩
				0～4	4～8	8 以上	10 以下	10～30	30 以上	30 以下	30 以上			
				軟質	中くらい	硬質	ゆるい	中くらい	密な	ゆるい	密な			
固定式ピストンシンウォールンサンプラー（JGS1221）	水圧式	単管	86	◎	◎	○，◎	○，◎	◎	◎					
	エキステンションロッド式	〃	86	◎	○		○							
ロータリー式二重管サンプラー（JGS1222）		二重管	116		◎	○								
ロータリー式三重管サンプラー（JGS1223）		三重管	116		◎	◎	○	◎	◎		○			
ロータリー式スリーブ内蔵二重管サンプラー（JGS1224）		二重管	66～116	○	○	○	○	○	○	○	○	◎	◎	◎
ブロックサンプリング（JGS1231）		—	—	◎	◎	◎	○	○	◎		○	○		
ロータリー式チューブサンプリング（JGS3211）		多重管	66～116			○						◎	○	

◎最適，○適

採取された試料は土質試験に供することとなる。**表 2-6-11** に採取した試料に応じて対応できる土質試験の関係を示す。力学試験は主として「乱れの少ない試料採取」で採取した試料を用いる。湿潤密度試験を除いて，ほとんどの物理試験は「乱した試料採取」で採取した試料を用いることができる。

4.　積算上の留意点

埋立てや港湾施設の調査では海上での調査が多く，特に海上調査では，確実な調査，安全性の確保の観点から，足場の選定が重要である。

（1）足 場 仮 設

海上足場としては，鋼製櫓，スパッド式足場，パイプ足場があり，各々で足場の規模・単価が大きく異なる。海上足場は，水深，海底地形，海底地盤，ボーリングの深さ，波浪の状況，要求される調査精度などから選定されるため，事前に海底地形図や深浅測量によりこれらの情報を把握しておく必要がある。

また，調査場所によっては，周辺に足場を所有する調査会社がなく，遠方からの運搬となることもあることから，事前に足場を所有している企業の所在地を把握して，運搬費等を積算に考慮しておく必要がある。

（2）臨機の対応

海上調査は，台風等の荒天により，安全が確保できないと判断された場合は，災害防止等のため臨機の措置をとり，調査地点から安全な場所まで退避せざるを得ない場合があることから，安全確保のため，受発注者で意思決定することが重要である。

表 2-6-11　採取試料について実施する土質別の室内土質試験項目[1)]

区分	試験方法		規格・基準	乱した試料		乱さない試料	
				砂質土	粘性土	砂質土	粘性土
物理試験	土粒子の密度		JIS A 1202 JGS 0111	○	○	○	○
	含水比		JIS A 1203 JGS 0121	△[*1]	○	○	○
	粒度（ふるい分け）		JIS A 1204 JGS 0131	○		○	
	粒度（ふるい分け＋沈降分析）		JIS A 1204 JGS 0131	△[*1]	○	△[*1]	○
	液性・塑性限界		JIS A 1205 JGS 0141	△[*1]	○	△[*1]	○
	湿潤密度		JIS A 1225 JGS 0191			○	○
力学試験	一軸圧縮		JIS A 1216 JGS 0511				○[*2]
	簡易 CU 試験						○
	三軸圧縮・伸張 （UU・CU・CD 条件等）		JGS 0521～6			○[*3]	○[*4]
	繰返し振動三軸	液状化特性	JGS 0541			○[*5]	○[*5]
		動的変形特性	JGS 0542			○[*6]	○[*6]
	繰返し中空ねじりせん断 （動的変形特性）		JGS 0543			○	○
	圧密（段階載荷）		JIS A 1217 JGS 0411				○[*7]
	圧密（定ひずみ速度載荷）		JIS A 1227 JGS 0412				○[*7]

○：標準的に実施，△：必要に応じて実施

＊1　液状化の予測・判定において，均等係数の算定に必要な D_{10} を沈降分析試験で求める必要が生じた場合は，含水比試験及び沈降分析試験を実施する。また，細粒分含有率 15% 以上の土質は，塑性指数を用いて等価 N 値の補正を行うため，液性・塑性限界試験を行う必要がある。

＊2　一軸圧縮試験は，1 試料に対して 2 から 3 供試体行う。

＊3　砂質土の三軸圧縮試験は，地盤を構成する各砂質土層の代表的な試料を対象とし，1 試料に対して 3 から 4 供試体を用いて実施する。

＊4　粘性土の三軸圧縮試験は，地盤を構成する各粘性土層の代表的な試料を対象とし，1 試料に対して 3 から 4 供試体を用いて実施する。異方性を考慮する必要がある場合は，三軸圧縮試験に加えて三軸伸張試験を実施する。

＊5　FLIP 解析や繰返し振動三軸による液状化判定を行う場合，対象層について 1 試料に対して 4 供試体以上実施する。

＊6　地震応答解析等に必要な地盤の非線形特性を把握するため，各土層の代表的な試料を対象とし，通常 1 試料に対して 1 供試体実施する。

＊7　複雑な地盤あるいは圧密沈下が特に問題になるような地盤の場合には，実施頻度を増やすべきである。なお，通常は 1 試料に対して 1 供試体で試験を実施するが，各土層におけるデータのばらつきを評価するのに十分な試験数量が得られるように，必要があれば 1 試料に対して複数の供試体に対して試験を実施する。また，中間土（低塑性粘性土），疑似過圧密粘土，大深度試料については段階載荷と定ひずみ速度載荷を併用すべきである。

2.6.3　調査実施上の留意点

1.　留意すべき地盤

港湾・施設の設計などに際して留意すべき地盤としては，軟弱地盤がある。軟弱地盤は「建造物の基礎地盤として十分な地耐力を有していない地盤で一般的に粘土，シルト，有機質土，あるいは緩い砂質地盤などの土層で構成されている地盤をいう。軟弱地盤の判定は，そこに設けられる建造物の種類や大きさによって異なる。」[4] とある。つまり，対象とする構造物によって軟弱地盤となり得るか否かが決まってくる。同じ地盤強度であっても，構造物が軽ければ基礎地盤として取り扱うことが可能であり，構造物が重たければ軟弱地盤となる。

軟弱地盤での地盤工学上の問題点は，安定問題・沈下問題・液状化問題等がある。各項目については『改訂 3 版地質調査要領』に詳述されているので参照されたい。

（1）安 定 問 題

安定問題とは，護岸や岸壁の安定（円弧すべり），基礎の支持力，軟弱地盤上に岸壁を構築する場合，地盤の支持力など軟弱地盤のために起こる種々の問題である。安定問題へ対処するためには，地盤の深度方向のせん断強度の分布を適切に把握することが重要である。

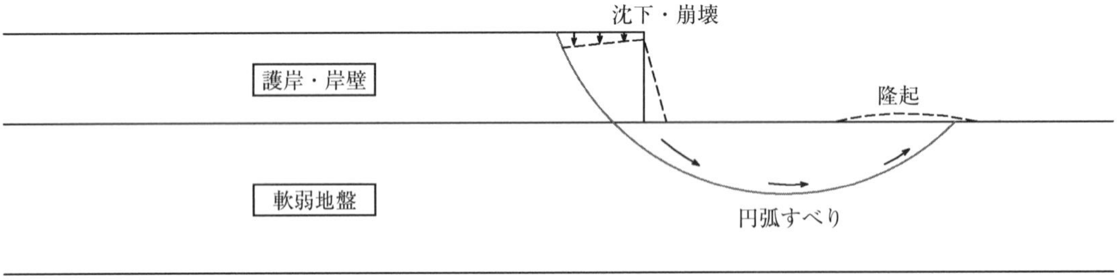

図 2-6-4　安定問題：円弧すべりのイメージ図

（2）沈 下 問 題

沈下問題とは，圧密沈下，即時沈下，不同沈下，杭のネガティブフリクションなど，地盤の圧縮性が大きいために起こる種々の問題である。特に，海底面には軟弱な砂質土や沖積粘性土が広く，厚く分布していることが多いことから，港湾構造物の構築にあたっては留意する必要がある。

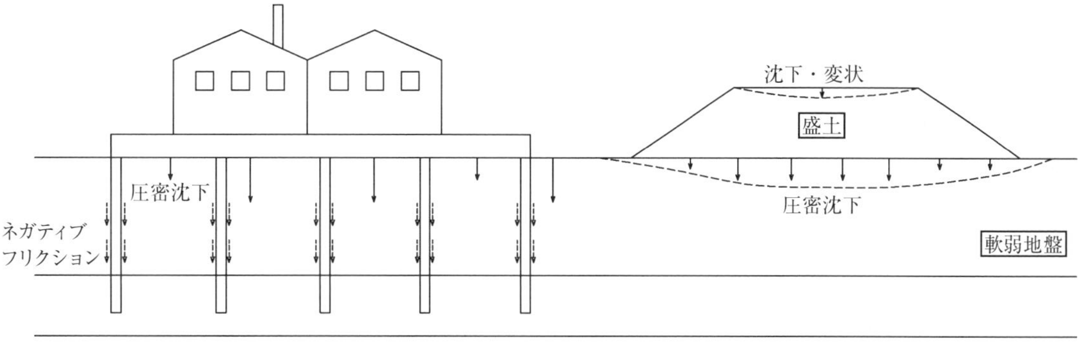

図 2-6-5　沈下問題：圧密沈下，ネガティブフリクションのイメージ図

（３）液状化問題

液状化問題とは，砂質土地盤での地震時の液状化に伴う種々の問題である。令和６年能登半島沖地震が記憶に新しいが，液状化による被害として「構造物の沈下・傾斜，変形，地中構造物の浮き上がり」や「建築物などの基礎杭，地中埋設管などの変形」等がある。

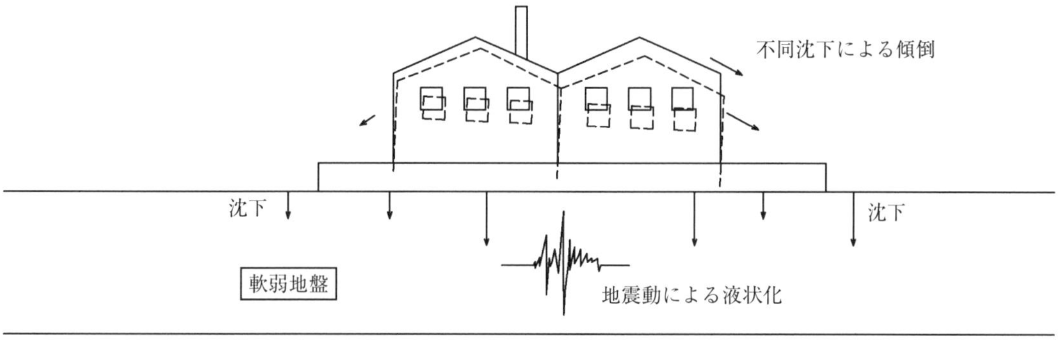

図 2-6-6　液状化問題：不同沈下のイメージ図

2.　サウンディング，物理探査との組合せにおける留意点

先述したように，ボーリング調査に合わせてサウンディングおよび物理探査を行うことにより，効率的・効果的な調査を行うことが可能となる。

しかし，サウンディングと物理探査においては適用地盤，適用深度等に制限があり，十分な検討を行わずに実施すると，目的とした情報が得られずに終わってしまうことになる。

以下にサウンディングおよび物理探査を検討する上での留意点を述べる。

（１）サウンディングにおける留意点

・一般的にサウンディングは玉石，転石，礫などの地盤に対しては，貫入することが困難であることが多い。

・調査深度は 15 m 程度と比較的浅いことから，適用深度に留意する必要がある。

・サウンディング試験より得られるコーン貫入抵抗，間隙水圧などの情報からN値や細粒分含有率，せん断強度を推定することが可能であるが，適用する式の選定には十分注意が必要である。

（2）物理探査における留意点

・物理探査を適用する場合は，各手法の特徴や限界を踏まえて，目的や対象物の深度に適した手法を選択することが最も重要である。手法によって探査可能な深さが異なるため，対象とする深さに対応した手法を選ばなければならない。

・音波探査は海上で堆積土層や基盤層の分布を面的に把握することができ，ボーリング間の地層を推定できる。測線の検討においては，ボーリング実施地点を含めた測線を設定し，音波探査とボーリング結果の対比を行った上で面的な解析を行うことが重要である。

・地中レーダーや表面波探査は岸壁背後の埋立て地盤での面的に陥没箇所を把握するために適用されるが，適用深度は2〜3m程度であるため，調査目的を踏まえて実施する必要がある。

3. 調査事例

近年では，使用されている護岸等の施設の更新に伴う地盤調査が増えている。その際，既設の港湾施設が利用されている中での調査となることが多い。ここで紹介する事例は，桟橋延伸工事のための地盤調査の例である。**図2-6-7**に調査位置平面図を示す。

調査対象地では，既設桟橋および岸壁は輸送船が頻繁に着岸することから，海域での調査できる範囲および期間が限られていた。桟橋の基礎は杭構造であるため，基盤層の深さを正確に調査することが必要とされた。

初年度に新設桟橋の延伸縦断方向に，地点No. 1〜No. 3の3箇所で海上ボーリングを実施した。**図2-6-8**に新設岸壁の縦断方向の地層推定断面図を示す。

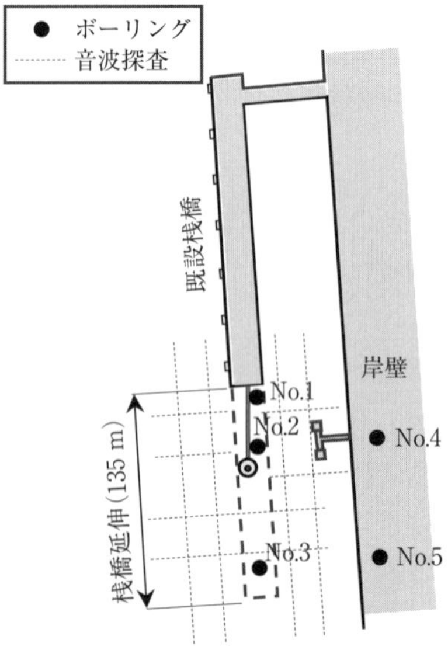

図2-6-7　調査位置平面図

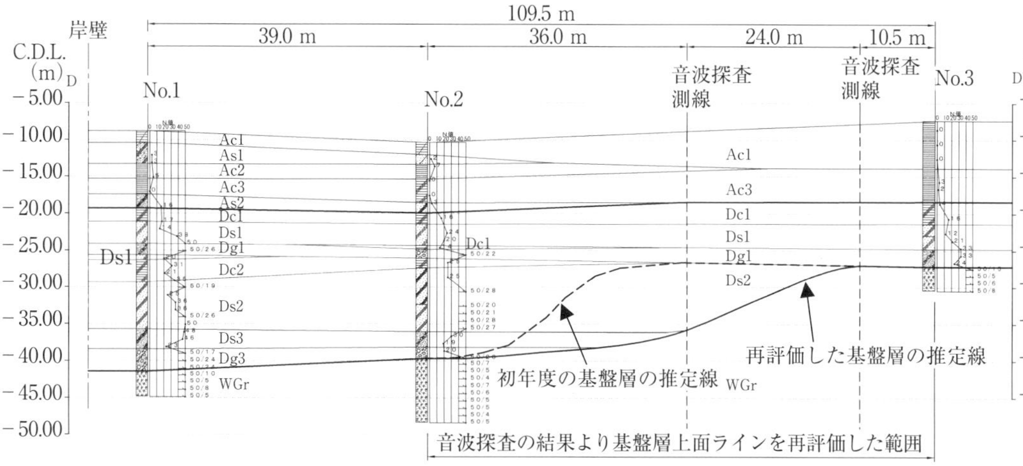

図 2-6-8　新設桟橋縦断方向の地層推定断面図

地点 No. 1 から地点 No. 2 は水平距離で 39 m 離れている。調査の結果，地点 No. 1 および No. 2 では基盤層である花崗岩の出現深度はおおむね水平であることが確認された。一方，地点 No. 2 から No. 3 は水平距離で約 70 m である。調査の結果，地点 No. 2 から地点 No. 3 では基盤層の深さは，地点 No. 2 で CDL −40 m，地点 No. 3 で CDL −27 m であった。2 地点間で約 13 m も基盤層の深さが異なることが確認された。

なお，No. 1 および No. 3 の掘削深度は，工学的基盤と想定された風化花崗岩（WGr）を 3 m 確認するまでとした。No. 2 では，サスペンション式の PS 検層を実施していることから，余堀り 5 m が追加されている。

この結果を受けて，次年度に No. 2 と No. 3 の間で，追加の海上ボーリング調査が必要と考えられた。しかし，航行する船舶の往来が多いことから，海上ボーリング調査を実施することができなかった。海上ボーリング調査に代わり，陸上でのボーリング調査と海上で音波探査を実施し，基盤層の深さを面的に推測することとした。**図 2-6-8** には，初年度の基盤層の推定線，次年度の音波探査等の追加調査から推定し，再評価した基盤層の推定線を示している。両者では，基盤層の推定線が随分異なることが分かる。

追加調査の結果で，桟橋の設計は実施されることとなった。ただし，桟橋の新設工事の前には，杭位置にて海上ボーリング調査を実施して，基盤層の深度を確認する必要がある。

今回の調査のように，調査は概略調査から始め，調査結果を踏まえて，詳細調査を計画することが重要である。また，近年では，供用されている岸壁の更新などの調査も多く，調査範囲や調査時期が限られることも多い。したがって，ボーリング調査だけではなく，調査期間が短く，移動性の高い物理探査やサウンディングなどの技術と組み合わせて調査することも必要と考えられる。

《参考文献》

1) 国土交通省港湾局監修：港湾の施設の技術上の基準・同解説，日本港湾協会，2019

2) 沿岸技術研究センター（FLIP 研究会 14 年間の検討成果のまとめ WG）：FLIP 研究会の 14 年間の検討成果【事例編】，2011

3) 運輸省港湾局監修：埋立地の液状化対策ハンドブック（改訂版），沿岸開発技術研究センター，1997

4) 地盤工学会：地盤工学用語辞典，2006

2.7　開削・シールド

トンネル工法は，開削工法，シールド工法，山岳トンネル工法に大別される。本節では，これらの工法のうち，開削工法およびシールド工法について，事業段階ごとの地質調査の考え方やポイントについて，トンネル標準示方書に準じて述べる。また，事業計画策定や業務発注において特にポイントとなる，施工においてトラブルを生じやすい地盤特性等について事例を挙げ，地質調査実務や地盤工学の観点から留意点等について述べる。

表2-7-1 に，トンネル工法の特徴を示す。

表2-7-1　開削工法およびシールド工法の特徴[1]（一部修正）

	開削工法	シールド工法
工法概要	地表面から土留め工を施工しながら掘削を行い，所定の位置に構造物を築造して，その上部を埋め戻し，地表面を復旧する工法である。	泥土あるいは泥水等で切羽の土圧と水圧に対抗して切羽の安定を図りながら，シールドを推進させ，セグメントを組み立てて地山を保持し，トンネルを構築する工法である。
適用地質	基本的には地質による制限はない。地質の変化への対応は，各種地質に適応した土留め工，補助工法等を選定する。	一般的には，非常に軟弱な沖積層から，洪積層や新第三紀の軟岩までの地盤に適用される。地質の変化への対応は比較的容易である。また，硬岩に対する事例もある。
地下水対策	ボイリングや盤ぶくれの対策として，土留め壁の根入れを深くしたり，地下水位低下工法や地盤改良等の補助工法が必要となる場合が多い。	密閉型シールドでは，発進部および到達部を除いて，一般には補助工法を必要としない。
トンネル深度	施工上，最小土被りによる制限はない。最大深度は，40 m 程度の実績が多いが，それ以上となる大深度の施工実績も少しずつ増えている。	最小土被りは，一般には 1.0～1.5D（D：シールド外径）といわれている。最大深度は岩盤で約 200 m（水圧 0.69 MPa）の実績があるが，砂質土等の未固結地盤では 100 m 以下の実績が多い。
断面の大きさ	断面の大きさおよびその変化に対して，施工上からの制限はない。ただし，断面が変化する隅角部は，十分な補強を行う必要がある。	トンネル外径の実績は，最大で 17 m 程度である。施工途中での外径の変更は一般には困難であるが，径を拡大あるいは縮小する工法の実績もある。
周辺環境への影響	近接施工の場合は，土留め工の剛性の増大を図るとともに，近接度合いにより補助工法を用いることもある。 施工区間に作業帯を常時設置するため，路上交通への影響は大きい。 騒音や振動は，各施工段階において対策が必要であり，低騒音・低振動の工法や低騒音・低振動建設機械の採用，防音壁等で対応している。	近接施工の場合は，近接の度合いにより補助工法や既設構造物の補強を必要とすることもある。 路上交通への影響は，立坑部を除き，きわめて少ない。 騒音・振動は，一般には立坑付近に限定され，防音壁，防音ハウス等で対応している。

2.7.1　調査の目的

図2-7-1 に，『トンネル標準示方書［共通編］・同解説／［開削工法編］・同解説』[1] および『トンネル標準示方書［共通編］・同解説／［シールド工法編］・同解説』[2] における，地盤調査の段階および流れについて示す。両工法ともに，予備調査，概略調査・基本調査，詳細調査から構成される段階的な調査を基本としており，調査の目的も段階ごとに異なる。

予備調査は，地形的特徴や地層構成の概要を把握し，設計や施工上問題となり得る地質・地盤の予測を行い，これらの問題を確実に解決するための精度の高い調査計画を立案することを主な目的としている。

概略調査・基本調査は，地盤解析や設計・施工計画に必要な対象区間全体の地層構成や地盤工学上の諸物性値を把握することを主な目的としており，併せて施工や維持管理上の地質・地盤リスクを抽出し必要な詳細調査計画を立案することを目的としている。

詳細調査は，設計や施工において重要なポイントとなる詳細な諸物性値の把握や，施工・維持管理上の地質リスクへの対応などを主な目的として実施する。

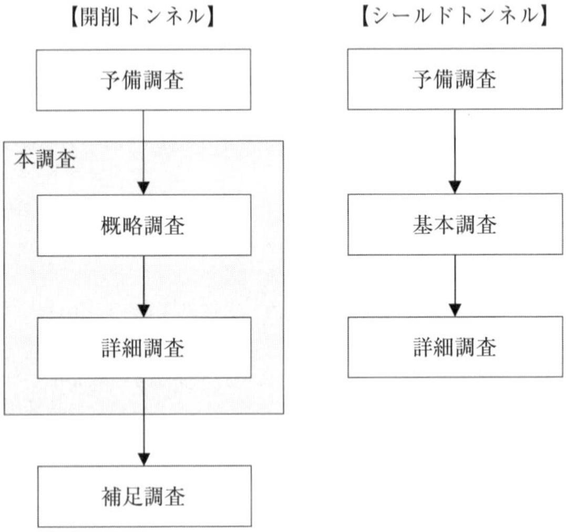

図 2-7-1　地盤調査の段階および流れ

1.　検討すべき項目

調査は，トンネルの工法や形状，施工方法，安全対策，環境保全対策，工事・維持管理費等を検討するために必要な資料を得る目的で実施する。調査には大別して立地条件調査，支障物件調査，地形・地盤調査，環境保全のための調査があり，本節では地盤調査を中心に述べる。

（1）開削トンネル

地下道や地下街など比較的浅い部分に構造物を構築する場合の標準的な工法として用いられており，都市部等において既存構造物や周辺環境への影響を抑えるため，高度な施工技術が求められる場面で多く採用される工法である。施工は，土留めを施工しながら開削掘削を行い，構造物等を構築した後にその上部を埋戻して復旧する手順となる。地質・地盤条件による制限は少なく，地質や地下水の変化等に対して，施工条件に応じて土留め工や補助工法で対応する工法である。

土留めの施工難易や根切り掘削に伴うパイピングやヒービング等の諸問題，人為汚染地盤や自然由来重金属含有土の処理，地下水流動阻害への対応などがリスクとなる場合が多く，これらの検討項目に対応した地盤情報の把握が必要となる。

（２）シールドトンネル

建物や鉄道など既存インフラが輻輳する都市部において，開削工法に代わる工法として普及した工法であり，泥土や泥水等で切羽の安定を図りながらシールドを掘進させ，セグメントにより周辺地盤を保持しながらトンネルを構築する。一般的に地質変化への対応は比較的容易であり，軟弱な沖積層から洪積層や軟岩までの地盤に適用される。

掘削地盤の硬軟変化，切羽の崩壊や取り込み過多，周辺地盤への影響などがリスクとなる場合が多く，これらの検討項目に対応した地盤情報の把握が必要となる。

2.　必要となる地盤情報

トンネルは地中に構築される構造物であるため，土圧や水圧等の外力がトンネルに及ぼす影響がきわめて大きく，事前に綿密な地質調査を行い，必要な地盤情報を把握する必要がある。

（１）開削トンネル

地質変化や地盤変位等に対して土留め工や地下水位低下工などの補助工法で対応することが一般的であり，地盤情報の把握にあたっては，土圧や水圧の作用，強度・変形特性や透水性などに着目して調査項目を決定する必要がある。

必要となる地盤情報には，礫層（玉石層），飽和砂層，軟弱粘性土層の分布，地下水の賦存状態や水理特性などが挙げられる。また，一般的に掘削土量が甚大となることから，地下水環境影響や作業環境影響，発生土の有効利用，人為・自然由来の土壌汚染対応など環境に関する地盤情報の把握も重要となる。

（２）シールドトンネル

泥土や泥水等で切羽の安定を図りながらシールドを掘進させる工法であり，土圧や水圧の作用，強度・変形特性，砂礫や均等係数の小さい砂など施工性に大きく影響する地質変化などに着目して調査項目を決定する必要がある。

必要となる地盤情報には，礫層（玉石層），高透水性の飽和砂層，軟弱粘性土層，硬軟変化に富む地層の分布，地下水の賦存状態や水理特性などが挙げられる。また，大深度での施工や一般的に発生土量が甚大となることから，地下水環境影響や作業環境影響，発生土の有効利用，自然由来重金属含有土の処理など環境に関する地盤情報の把握も重要となる。

2.7.2　調査計画・内容

1.　調査段階と調査項目

調査の段階は，前述のとおり予備調査，基本調査・概略調査，詳細調査から構成される。以下，調査段階ごとの着目点および調査項目例について述べる。

（１）開削トンネル

調査段階は，一般的に予備調査と本調査（概略調査・詳細調査）からなり，必要に応じて補足調査を行う。**表 2-7-2** に調査段階ごとの調査目的，調査内容および調査方法について示す。

１）予 備 調 査

対象区間全体を大局的に把握するための調査であり，地形や地質などに関する文献や既存資料，周辺の地質調査情報や工事資料などを収集し，大まかな地形地質や水理環境などの把握，問題となる地質・地盤の予測，事業全体にかかわる調査方針や本調査計画の策定などを目的として実施する。予備調査の成果は，地質リスクの早期把握，設計・施工上の課題の把握など後続の調査精度にも大きく影響するため，適切な項目および数量について実施する必要がある。

【予備調査における調査項目・調査内容例】

・文献調査（既存地質調査データ，地質図幅・解説書，土地条件図，治水地形分類図など）
・地形判読（地形図，空中写真，陰影起伏図，微地形表現図など）
・地表地質踏査（概査，精査，概略的な水文地質踏査，井戸調査など）
・地質リスク調査検討（対応方針，情報抽出，解析，対応検討など）
・調査計画立案（全体調査計画方針および概略調査計画など）

2）本調査（概略調査・詳細調査）

概略調査では，区間全体の地層構成や地盤状況を把握し，地下水等の水理条件や基本的な物性値，問題となる地質・地盤等の整理を行う。また，詳細調査では，地盤工学的課題や問題となる地質等に対し，設計や施工に必要となる詳細な地盤情報を把握する。

調査では，物理探査やボーリングによる地質調査を実施する。調査項目や詳細な仕様は，予備調査の結果やトンネルの構造および位置等によって決定する必要がある。明らかにすべき地盤情報の精度に応じて物理探査，ボーリング，サウンディングや原位置試験，土質試験などを適切に組み合わせ，効率的かつ効果的な調査を行う必要がある。

補足調査では，地盤変位や液状化などの地盤工学的課題への対応，耐震設計において動的解析を実施する必要が生じた場合や近接施工など周辺地盤の変形が重要視される場合など，詳細な地盤情報を把握する。

地質調査成果は，後続の調査，設計，施工，維持管理の各段階において活用されるものであり，BIM/CIM モデルに反映し，関係者間の情報共有やデータの高度利用に向けた活用を図る必要がある。

【本調査における調査項目・調査内容例】

・物理探査（弾性波探査，電気探査，地中レーダー探査，表面波探査など）
・ボーリング調査（サウンディング，原位置試験，孔内検層，現場透水試験・揚水試験，有害ガス調査，サンプリングなど）
・室内土質試験（物理試験，力学試験，土壌分析試験など）
・BIM/CIM モデル作成および更新（実施計画，作成・更新，活用検討など）
・後続調査計画立案（詳細調査計画，補足調査計画など）

表2-7-2　開削トンネルにおける地質調査の目的，方法および内容[1]（一部修正）

<table>
<tr><td rowspan="2">調査段階</td><td colspan="2">予備調査</td><td colspan="2">本調査</td><td rowspan="2">補足調査</td></tr>
<tr><td>資料調査</td><td>現地踏査</td><td>概略調査</td><td>詳細調査</td></tr>
<tr><td>調査目的</td><td colspan="2">・概略の地層構成，地盤状況の把握
・問題となる土質の予測
・本調査の調査地点や必要調査項目の確認</td><td>・地層全体の地層構成，地盤状況の把握
・問題となる土質の把握
・地下水位等水理条件の把握
・基本的な地盤物性の把握
・詳細調査の方針の決定</td><td>・地盤工学的な詳細物性の把握
・より詳細な水理条件の把握
・問題となる土質のより詳細な把握</td><td>・本調査の補充
・解明不十分な箇所の追加調査
・地震等の特殊条件下における設計上必要な定数の把握
・数値解析等の予測に必要な定数の確認</td></tr>
<tr><td>調査方法</td><td>・既往資料の調査
・文献調査
・現地調査による観察</td><td>・現地調査による観察
・井戸調査
・聞き取り調査</td><td colspan="3">・物理探査
・ボーリング
・サウンディング
・原位置試験
・室内土質試験
・試掘調査
・水質調査</td></tr>
<tr><td>調査内容</td><td colspan="2">・地形，地質
・周辺の環境（自然，社会）
・水文，気象条件
・既往災害
・本調査での調査地点の選定</td><td colspan="3">・地層構成
・軟弱地盤等問題となる地層の分布
・水理条件（地下水位，帯水層等）
・地盤物性（物理，強度，動的特性）
・設計，施工上の問題点</td></tr>
</table>

（2）シールドトンネル

調査段階は，一般的に予備調査，基本調査および詳細調査からなる。**表2-7-3**に調査段階ごとの調査目的，調査内容および調査方法について示す。

1）予 備 調 査

路線全体を大局的に把握するための調査であり，周辺の地質調査情報などを収集し，大まかな地形地質や水理環境などの把握，問題となる地質・地盤の予測，事業全体にかかわる調査方針や基本調査計画の策定などを目的として実施する。予備調査の成果は，地質リスクの早期把握，設計・施工上の課題の把握など後続の基本調査や詳細調査の精度にも大きく影響するため，適切な項目と数量について調査を実施する必要がある。以下に調査項目例を示す。

【予備調査における調査項目・調査内容例】

・文献調査（既存地質調査データ，地質図幅・解説書，土地条件図，治水地形分類図など）
・地形判読（地形図，空中写真，陰影起伏図，微地形表現図など）
・地表地質踏査（概査，精査，概略的な水文地質踏査，井戸調査など）
・地質リスク調査検討（対応方針，情報抽出，解析，対応検討など）
・調査計画立案（全体調査計画方針および基本調査計画など）

2）基 本 調 査

路線全体の地層構成や地盤状況を把握し，地下水等の水理条件や地盤工学的特性の把握，問題となる地質・地盤等の把握を主な目的とし，ボーリングや物理検層，原位置試験などを主体とした地盤調査を行う。ボーリングの深さや実施間隔などの仕様は，予備調査で整理した地盤条件や施工条件，地質リスクなどを考慮して決定する。調査結果に基づき地質縦断図を作成し，地盤工学上の課題の抽出や詳細調査計画の立案を行う。地質調査成果は，後続の調査，設計，施工，維持管理の各段階において活用されるものであり，BIM/CIM モデルに反映し，関係者間の情報共有やデータの高度利用に向けた活用を図る必要がある。

【基本調査における調査項目・調査内容例】

・ボーリング調査（サウンディング，原位置試験，有害ガス調査，サンプリングなど）
・物理検層（PS 検層，電気検層など）
・室内土質試験（物理試験，力学試験，土壌分析試験など）
・BIM/CIM モデル作成および更新（実施計画，作成・更新，活用検討など）
・後続調査計画立案（詳細調査計画など）

表 2-7-3　シールドトンネルにおける地質調査の目的，方法および内容[2]（一部修正）

調査段階	予備調査	基本調査	詳細調査
調査目的	・地形，土質，地層構成の概要 ・問題となる土質の予測 ・基本調査・詳細調査の基礎資料	・路線全体の地層構成および地盤状況の把握 ・地盤工学的諸性質の把握 ・土質縦断図の作成	・地盤調査の充実 ・設計施工上の問題となる地盤の詳細調査 ・地震，その他の特殊条件の場合の設計資料
調査方法	・既存資料の収集整理 ・近傍類似工事に関わる資料収集整理 ・文献調査 ・現地調査による観察	・物理探査 ・ボーリング調査 ・サウンディング ・サンプリング ・地下水位調査 ・間隙水圧試験 ・室内土質試験	・ボーリング調査 ・サウンディング ・サンプリング ・間隙水圧測定 ・透水試験 ・室内土質試験 ・孔内水平載荷試験 ・酸欠空気，有害ガス，可燃性ガス調査 ・大口径調査孔 ・PS 検層 ・ジオトモグラフィー ・小型動的貫入試験 ・回転圧入試験 ・微動アレイ
調査内容	・地図類の文献調査（地形，土質，地盤図，地歴，断層） ・地盤調査記録 ・既設構造物の工事記録 ・井戸，地下水 ・現地における地形，土質，周辺状況の観察 ・地盤沈下	・地層構成（土質・地質区分，N 値，地下水位など） ・水理特性（地下水分布，透水係数，間隙水圧など） ・物理特性（土粒子の密度，含水比，粒度分布，液性限界・塑性限界，土の湿潤密度など） ・力学特性（一軸圧縮強さ，粘着力，内部摩擦角，圧密特性など） ・環境特性（自然由来重金属分布など）	・地層構成（土質・地質区分，N 値，地下水位，巨石・粗石の径など） ・水理特性（透水係数，流向流速，間隙水圧，塩分など） ・物理特性（土粒子の密度，含水比，粒度分布，液性限界・塑性限界，土の湿潤密度など） ・力学特性（一軸圧縮強さ，粘着力，内部摩擦角，圧密特性，変形係数，地盤反力係数など） ・動的特性（弾性波速度，耐震設計上の基盤，せん断剛性低下率，地盤初期剛性など） ・環境特性（自然由来重金属分布，遊離・溶存ガスの種類と濃度など）

3）詳 細 調 査

予備調査や基本調査を補足するものであり，調査地点の追加や設計・施工上の問題となる地盤の詳細な調査，地震その他特殊条件下における設計資料を得るための調査等が該当する。また，予備調査や基本調査において明らかになった地盤工学的課題に対し，原位置試験や室内土質試験など適切な調査手法を組み合わせて解決に導く必要がある。

【詳細調査における調査項目・調査内容例】

・ボーリング調査（サウンディング，原位置試験，サンプリングなど）
・物理検層（PS 検層，電気検層，ジオトモグラフィーなど）
・室内土質試験（変形特性試験，動的特性試験など）
・後続調査計画立案（補足調査計画など）

2. 調査のポイント

（1）開削トンネル

1）地形・地質

基盤岩の構造や断層など地質的な脆弱部，未固結地盤の堆積環境や地下水の賦存状態などを反映していることがあるため，まず地形判読を主体とした机上調査を行う。

丘陵地や台地，段丘や扇状地，旧河道や沖積低地，埋没谷や閉塞谷などの地形の判読から，良好な地質が想定される地形や，以下に示すような地盤工学上の課題を有する地質の分布をある程度推定することが可能である。

・砂礫層や玉石まじり砂礫層など施工上の課題が想定される地形
・施工中の地下水影響や供用後の地下水環境変化が想定される地形
・軟弱地盤や腐植土が厚く分布する地形

地形判読結果と併せて既存調査資料の精査や地表地質踏査，ボーリング調査等の情報を加味し，路線全体の地層構成や層厚，連続性などについて把握する。

地質ごとの地盤工学的特徴や一般的な諸物性値，既存調査資料などから，路線全体の概略の地質構成を把握するとともに，問題となる地質・地盤の予測を行う。また，路線の計画に応じて地層や地下水の分布を想定し，調査仕様を検討する。

2）地 盤 物 性

地質が形成された時代，堆積環境や構成材料等によって各々特徴を有し，砂質土と粘性土など，物理的・力学的性質や透水性等の地盤工学的性質が著しく異なるため，対象とする地盤の生成年代やその地質の層相や地盤工学的特徴を把握する必要がある。

また，同じ地盤物性であっても検討項目ごとに調査のポイントや調査方法が異なるため，**表2-7-4** 等を参考に効率的かつ効果的な調査方法を選択する必要がある。

3）地　下　水

各帯水層の賦存状態（水位・水圧，変動状況等）や地盤内の流動性（透水係数，貯留係数等）の把握が重要となる。複数の帯水層に賦存する場合が一般的であり，その特性も異なるため，帯水層ごとに賦存状態や流動性を把握する必要がある。

・ボイリングや盤ぶくれなどのトラブルや工程遅延の原因となる場合があるため，水理地質構造を十分に理解した調査や評価を行う。

・山地や台地の近傍，扇状地の砂礫層など被圧水頭を有する場所では，帯水層ごとに，設計に用いる水圧が異なることに注意する。

・地下水位低下工法や薬液注入等による止水などの補助工法を用いる場合は，帯水層の透水係数や貯留係数等を調査し，必要揚水量やその影響範囲，止水方法について検討する。

・地下水位や被圧水頭は，時間的・季節的に変化する場合が多いため，測定時の環境（降水量，潮位，気温など）を併せて把握する。

4）有害ガス・酸欠空気

揚水等により地下水位が大きく変動した砂礫層や不透水層下の砂層では，地層の間隙中に有害ガスや酸素が欠乏した空気が含まれる場合があるため，施工時の災害防止の観点から調査を実施しておく必要がある。

・メタンガスを生成する可能性のある腐植土層の分布，天然ガス等の賦存地（地層），近傍での工事記録などを調査する。

・ガス成分，濃度，含有量を調査し，警報装置の設置や換気，酸素濃度測定（鉄分や有機物の酸素消費量）等など施工計画や安全対策に確実に反映させる。

5）土壌汚染・自然由来重金属

発生土に含まれる有害物質や地下水汚染の拡散などが問題となる場合がある。特に工場跡地などでは十分な評価や検討が必要となる。

・自然由来の重金属が問題となる場合も多く，一般的に発生土量が多く甚大な事業リスクにつながるため，事業の早期段階でリスクを把握し対応を検討する。

・発生土は，再生資源としての有効利用が基本であるため，土壌汚染対策法，事業者の仕様や『建設工事における自然由来重金属等含有岩石・土壌への対応マニュアル（2023年度版）』等に準じて適切に対応を検討する。

表2-7-4　開削トンネルの設計検討項目ごとの調査手法例[1]（一部修正）

地盤調査手法				検討項目					
				土質分類地層構成	仮設構造物の設計	本体構造物の設計　常時地震時（静的）	本体構造物の設計　地震時（動的解析）	本体構造物の設計　液状化検討	備考（内容および留意事項）
本調査補足調査	現地調査原位置試験	物理探査	弾性波速度探査（PS検層）	△			○	△	土層毎に弾性波速度を測定することで，せん断剛性や変形係数および地盤構成の調査に用いる。算定されるせん断剛性や変形係数は，微小なひずみレベルに対応するため，地震応答解析を用いる場合等の初期せん断剛性として用いる。
			電気検層	△					土層毎の比抵抗を測定することで地盤構成および帯水層，不透水層の調査に用いる。
			地中レーダー磁気探査	△					埋設物，空洞といった調査に用いる。
		サウンディング	標準貫入試験	○	○	○	○	○	最も一般的に用いられているサウンディングであり，N値から各種の土質諸定数を推定することが可能である。
			その他	△	△	△	△	△	ボーリングを用いた標準貫入試験を補完するように，スクリューウエイト，動的コーン貫入試験等を併用することで，路線上の地層構成を詳細かつ合理的に把握することができる。
		孔内水平載荷試験			△	△			ボーリング孔内で変形係数を求めるための試験である。孔壁の状態に試験結果が大きく異なってしまうため，孔壁を乱さないようなボーリングを実施して試験する必要がある。
		現場透水試験			△	△		△	ボーリング孔内で透水係数を測定する試験である。揚水工法を併用する場合等において必要となる試験である。また，より詳細（広範囲）な透水係数や貯留係数などを調査する場合には揚水試験が必要となる。
		地下水位測定		○	○	○	△	○	季節変動や潮位の影響も考慮した地下水位測定を実施する必要がある。
		流向流速試験			△	△			地下水の流れが速く，土留め壁や構造物の影響により地下水流動阻害等の影響が懸念される場合には，数箇所のボーリング孔内を利用して，地下水の流速や流向を計測する必要がある。
		試掘調査		△	△				埋設物調査のほかに，主に地表面に転石や巨礫が堆積している場合に実施して状況を目視確認することが望ましい。
		水質調査		△	△				施工に伴い水質汚濁のおそれがある場合や揚水工法を併用する場合には必要に応じた項目の水質調査を実施する必要がある。
	室内土質試験	粒度試験		○	○	○		○	土の基本的な性状の確認のために，砂質土，粘性土ともに土層毎に必要な試験である。なお，標準貫入試験に伴って採取した試料を用いて試験することが可能である。
		土粒子の密度試験		○	○	○			
		含水比試験		○	○	○			
		液性限界，塑性限界		○	○	○			粘性土の基本的な性状把握のために土層毎に必要な試験である。
		湿潤密度試験		○	○	○			
		一軸圧縮試験		△	△	△			粘性土の場合には，非排水圧密（UU）試験に代わる簡便なせん断試験として用いることができ，せん断強度Cu＝qu/2として算定することができる。なお，硬質な粘性土や砂分の多い粘性土の場合にサンプリング時の乱れや脆性的な破壊の影響により強度を過少に評価する可能性もある。
		三軸圧縮試験		△	△	△			排水条件によって得られる強度定数が異なる。粘性土の場合には土水一体として扱う場合が多いことから，非圧密非排水（UU）試験，また，砂質土の場合には土水分離として扱う場合が多いことから，圧密排水（CD）試験を行うとよい。ただし，粘性土地盤においても，有効応力法による解析を行う場合には，間隙水圧を測定したCU試験を実施するのが良い。
		圧密試験			△	△			軟弱な粘性土が堆積している場合で，トンネル供用後の長期的な沈下や施工時の揚水に伴う圧密沈下現象が懸念される場合には実施する。
		液状化強度特性を求めるための繰返し非排水三軸試験						△	砂質土で液状化が問題となる場合には，一般的にはN値や粒度分布試験から液状化強度を推定して液状化判定を行う。ただし，詳細な液状化検討を行う場合には，本試験から算定される液状化強度を用いて液状化判定を行う。また，液状化を考慮した動的解析を用いる場合にも本試験が必要となる。
		変形特性を求めるための繰返し非排水三軸					○	△	耐震設計を動的解析により実施する場合には，動的変形特性試験を実施することがある。

○：実施することが望ましい　△：必要に応じて実施する

（2）シールドトンネル

1）地形・地質

基盤岩の構造や断層など地質的な脆弱部，未固結地盤の堆積環境や地下水の賦存状態などを反映していることがあるため，まず地形判読を主体とした机上調査を行う。

丘陵地や台地，段丘や扇状地，旧河道や沖積低地，埋没谷や閉塞谷などの地形の判読から，良好な地質が想定される地形や，以下に示すような地盤工学上の課題を有する地質の分布をある程度推定することが可能である。

・砂礫層や玉石まじり砂礫層など施工上の課題が想定される地形
・施工中の地下水影響や供用後の地下水環境変化が想定される地形
・軟弱地盤や腐植土が厚く分布する地形

また，文献調査や地表地質踏査を行い，対象路線を含む広い範囲にわたり地層構成を把握する必要がある。地形判読などの結果と併せて既存調査資料の精査や地表地質踏査，ボーリング調査等の情報を加味し，路線全体の地層構成や層厚，連続性などについて把握する。地質ごとの地盤工学的特徴や一般的な諸物性値，既存調査資料などから，路線全体の概略の地質構成を把握するとともに，問題となる土質の予測等を行う。

路線の計画に応じて地層や地下水の分布を想定し，調査方法の選択や調査頻度（配置間隔や深度など）を検討する。

2）地 盤 物 性

設計や安全で経済的な施工のため，地盤の工学的な諸性質の把握が必要となる。地盤物性は，地質が形成された時代，堆積環境および構成材料等によって特徴が異なり，砂質土と粘性土など，物理的・力学的性質や透水性等の地盤工学的性質が著しく異なるため，対象とする地盤の生成年代やその地質の層相や地盤工学的特徴を把握しておく必要がある。設計にあたっては，作用圧力や地震時の外力，造成等や地下水位変動による土被り応力変化等についても調査しておく必要がある。また，カッタービットや排泥管等の設計のために粒度組成や礫の形状，寸法，含礫率および硬さなど，必要な地盤物性は多岐にわたる。

表 2-7-5 に設計・施工の検討に必要となる地盤物性と試験方法・目的の一例を示す。

3）地　下　水

各帯水層の賦存状態（水位，水頭，間隙水圧等）および地盤内の流動性（透水係数，貯留係数等）の把握が必要となる。複数の帯水層に賦存する場合が一般的であり，その特性も異なるため，帯水層ごとに賦存状態や流動性を把握しておく必要がある。

・切羽の流動化や噴発など，事故や工程遅延の原因となる場合があるため，水理地質構造を十分に理解した調査や評価を行う。
・山地や台地の近傍，扇状地の砂礫層など被圧水頭を有する場所では，帯水層ごとに，設計に用いる水圧が異なることに注意する。
・地下水位や被圧水頭は，時間的・季節的に変化する場合が多いため，測定時の環境（降水量，潮位，気温など）を併せて把握する。
・地下水に塩分が含まれている場合は，シールドトンネルの劣化が激しく塩害対策が必要と

表 2-7-5　シールドトンネル設計に必要となる地盤物性および試験方法・目的[3)]（一部修正）

土質諸数値	土質試験法	利用方法
単位体積重量	○土の湿潤密度試験	荷重（土圧）算定
土の内部摩擦角	○標準貫入試験 　三軸圧縮試験	荷重（ゆるみ土圧）算定
土の粘着力	○標準貫入試験 ○一軸圧縮試験 　三軸圧縮試験 　コーン貫入試験 　ベーンせん断試験	荷重（ゆるみ土圧）算定 鋭敏比
側方土圧係数	平板載荷試験 　孔内水平載荷試験 　標準貫入試験	側方土圧の算定
地盤反力係数	○標準貫入試験 ○一軸圧縮試験 　三軸圧縮試験 　平板載荷試験 　孔内水平載荷試験	地盤反力の算定
圧密係数	○土の段階載荷による圧密試験	粘性土の圧密沈下量-圧密時間の算定
間隙比	○土の湿潤密度試験	粘性土の過圧密比の算定 飽和土の場合，土粒子密度試験と含水比試験結果から算定可能
粒径・粒度	○土の粒度試験	砂質地盤の液状化，透水係数の判定 切羽の自立性の検討 注入難度の判定
含水比	○含水比試験	施工時の安定性の検討
液性限界 塑性限界	○土の液性限界・塑性限界試験	土の圧密沈下量の概算 施工時の安定性の検討
透水係数	○透水試験（現場・室内） ○圧密試験 　粒度試験	排水量の算定 注入難易度の判定 透気係数の概算値
透気係数	透気試験（現場・室内）	空気消費量の算定

○：一般に行われている重要度の高い試験
＊1：地下水に関する調査は，地下水位，地下水涵養源，水質等必要により調査するものとする。
＊2：地震の影響を評価する場合には，動的試験を行い，動的荷重に対する土の挙動を調査しておくことが望ましい。
　土の動的特性を得るための試験としては，動的三軸圧縮試験，動的単純せん断試験，共振法試験，常時微動測定，PS 検層等がある。

なるため，地下水の水質（塩分や鉄分等のイオン化物，有害物質の有無および濃度）等を把握する。

４）有害ガス・酸欠空気

揚水等により地下水位が大きく変動した砂礫層や不透水層下の砂層では，地層の間隙中に有害ガスや酸素が欠乏した空気が含まれる場合があるため，施工時の災害防止の観点から調査を実施しておく必要がある。

・メタンガスを生成する可能性のある腐植土層の分布，天然ガス等の賦存地（地層），近傍での工事記録などを調査する。

・ガス成分，濃度，含有量を調査し，警報装置の設置や換気，酸素濃度測定（鉄分や有機物の酸素消費量）など施工計画や安全対策に確実に反映させる。

・硫化水素が確認された場合には覆工等の防食対策にも留意する。

5）自然由来重金属・土壌汚染

立抗は，事業所の敷地や跡地に計画されることもあるため，発生土に含まれる有害物質や地下水汚染の拡散などが問題となる場合がある。特に工場跡地などでは十分な評価や検討が必要となる。

・自然由来の重金属が問題となる場合も多く，一般的に発生土量が多く甚大な事業リスクにつながるため，事業の早期段階でリスクを把握し対応を検討する。

・発生土は，再生資源としての有効利用が基本であるため，土壌汚染対策法，事業者の仕様や『建設工事における自然由来重金属等含有岩石・土壌への対応マニュアル（2023 年度版）』等に準じて適切に対応を検討する。

3. 積算上の留意点

地質調査成果は，設計および施工や施工管理に大きく影響を及ぼすものであるため，地質条件や施工条件に応じて段階的かつ綿密に行う必要がある。トンネルは，地質条件等に応じて適切に設計・施工を行えば安全な工法であるが，地質に関する不確実性や設計施工条件との乖離によるトラブルも発生しており，より安全で確実性の高い施工を行うためには，地質リスクへの対応が重要となる。地質リスクは，事業の初期から維持管理まで幅広い段階に影響を与え，とりわけ建設コストへの影響がきわめて大きなものとなる。そのため，事業の早い段階から地質リスクを洗い出すことは，その後の対応の幅が飛躍的に広がることになり，地質に起因するトラブル，事故，工期延長やコスト増大を防止する上できわめて有効な手段である。このため，予備調査やその事前段階から地質リスク調査検討業務（**第 5 章 地質リスクマネジメント**参照）と並行して実施することが望ましい。

2.7.3 調査実施上の留意点

1. 留意すべき地盤情報

（1）開削トンネル

表 2-7-6 に，開削トンネルの設計・施工において留意すべき地盤の情報について示す。土留工の変状や施工性，根切り掘削に伴うトラブルに関連する地盤が挙げられる。土留め背面の沈下など施工箇所周辺への影響にも直結しやすいため，このような地盤が想定される場合は，詳細な調査や検討が必要となる。

（2）シールドトンネル

表 2-7-7 に，シールドトンネルの設計・施工において留意すべき地盤の情報について示す。切羽の崩壊や掘削土の取り込み過多，シールドの胴締めによる工程遅延や蛇行の原因に関連する地盤が挙げられる。ルート上の地表面沈下など周辺地盤への影響にも直結しやすいため，このような地盤が想定される場合は，詳細な調査や検討が必要となる。

表 2-7-6　開削トンネルの設計・施工において留意すべき地盤情報

留意すべき地盤	留意点
巨礫層・玉石層	土留め壁の貫入や掘削等に影響するため，土留め壁の種類や掘削方法について，十分に検討しておく必要がある。地下水位低下工法等の補助工法を必要とする場合もある。
飽和砂質土層	液状化よりトンネルの浮き上がりや沈下が生じる場合があるため，周辺地盤の液状化の可能性について検討しておく必要がある。また，掘削に際して，ボイリングやパイピングが発生する場合があるので，地盤改良工や地下水位低下工の採用を検討する必要がある。
高鋭敏比粘性土層	掘削時に周辺地盤へ大きな変状を与える場合や，ヒービングが発生する場合があるため，強度や変形特性を把握する必要がある。土留め壁の根入れ長，支持力，切ばり間隔，掘削方法等を検討する必要がある。
軟弱粘性土層	地震時の地盤変位が大きく，レベル2地震動によるせん断剛性の低下が著しいため，詳細な地盤の動的解析が必要となる場合がある。工事の難易に大きく影響するため，トンネルと地層構成や地下水賦存状況との関係を十分に考慮して設計および施工を行う必要がある。

表 2-7-7　シールドトンネルの設計・施工において留意すべき地盤情報

留意すべき地盤	留意点
巨礫層・玉石層	掘削土の取り込みが困難となる場合や，共まわりによる切羽の撹乱，カッタービットの摩耗や破損などを引き起こす場合があるため，掘削の方法やビットの選定等について，十分に検討しておく必要がある。
高透水性砂層	湧水に伴う切羽の崩壊や掘削土の取り込み過多による地盤沈下を引き起こすことがあるため，周辺地盤の透水性や粒度組成について十分に調査しておく必要がある。
高鋭敏比粘性土層	施工に伴い周辺地盤へ大きな変状を与える場合や，地盤の流動化による切羽の崩壊に伴う地盤沈下等が生ずるおそれがあるため，強度や変形特性を把握する必要がある。
硬軟変化に富む層	軟弱粘性土層や緩い砂質土層の取り込み過多による地盤沈下やシールド蛇行の原因となる場合があるため，正確な地質縦断図を作成し，トンネル位置と地層構成，地下水位等との関係を十分に考慮して設計および施工を行う必要がある。

2. 工事の際にトラブルを生じやすい地盤特性と地質調査時の留意点

（1）開削トンネル

1）トラブル事例および地盤特性

開削工事におけるトラブルには，砂質土におけるボイリングやパイピング，粘性土におけるヒービングをはじめとして，土留め壁の変形，被圧地下水圧による盤ぶくれ，掘削除荷によるリバウンドなどがある。また，土留め壁の施工時のトラブルとして，連続地中壁掘削時の孔壁崩壊や柱列式土留め壁の孔曲がり，噴射撹拌混合による地盤改良時の改良不良なども事例の多いトラブルである。

開削工事におけるトラブルについて，地盤特性等を原因とする事例を**表 2-7-8** に示す。開削工事におけるトラブルは，パイピングにより掘削部の水没や背面地表面が沈下した事例が多く発生している。ボイリングやヒービング，盤ぶくれ，土留めの変形等については，事前に地盤特性を適切に把握し，検討を行うことでトラブルを防ぐことが可能である。パイピングは地盤の異方性や異物の介在など予測が困難な場合もあるが，発生リスクを低減する対策が重要であり，トラブル発生時の対処方法等を定めておくことで対応可能である。

開削工事におけるトラブル事例と地盤特性の事例から，①ボイリング・パイピング，②ヒービング，③盤ぶくれ，④地下水流動阻害に係る地質調査時の留意点について述べる。

表 2-7-8　開削工事におけるトラブル事例と地盤特性[4)]（一部修正）

発生した現象	発生深度	地盤情報	トラブルの概要	トラブルの原因
パイピング	GL −20〜−23 m 付近	粘土混じり砂礫	連続地中壁（RC 連壁：70 cm 厚）の継手付近から土砂を伴う漏水が発生し，背面地表面が陥没した。	粘土層の下にある透水層の被圧地下水が連壁の継手欠損箇所から浸透し，一旦水みちが形成された後に百数十 kN/m^2 の水圧によって急速にその水量を増し，水みちが拡大した。同時に建物外側の透水層にパイピングを生じた結果，大量の出水と土砂の流入に至ったものと推論された。
パイピング	GL −25 m 付近	沖積砂〜砂礫層	地下連壁ジョイント部から土砂を伴う異常出水により，背面地表面が沈下した。	沖積の砂および粘土層が周辺よりも厚く堆積する旧谷部にあたり，流動性の高い砂からなる被圧帯水層を含む複雑な堆積環境下にあったことが素因の一つと考えられた。
パイピング	GL −12 m	砂〜砂礫層	立坑の構築を路下連続壁で計画し，路下室の掘削を完了させ，引き続き路下連続壁の前工程であるガイドウォールの掘削途上で大規模な出水を生じ路下作業室が水没した。	路下室掘削完了時の水位は，路下室の底盤付近に位置することを確認していたにも関わらず，ガイドウォール掘削途上でパイピングが発生した原因として，付近を流れる河川からの伏流水による影響と判断した。
パイピング	GL −19 m	粘土〜砂層	土質調査のボーリング孔を未処理のまま立抗の掘削を行ったため，被圧された地下水がボーリング孔から噴き上げ，立抗が水没した。	土質調査のボーリングに使用した鋼管が残置されており，後始末の不備によるものであった。
パイピング	GL −25 m 付近	洪積砂礫層（東京礫層）	開削隅角部（SMW と RC 連壁の接続部）から土砂を伴う異常出水により背面の地下駐車場が沈下した。	東京礫層が乱流堆積物状態を呈するマトリックス分の少ない巨礫の存在する箇所にあたる可能性が高いことが予測できなかった。
土留め壁の変形 パイピング	GL −16 m	砂層	底盤の地盤改良を補助としたシートパイル土留で床付け付近を掘削していたところ，シートパイルに沿ってパイピング現象が現れ，徐々にその範囲が拡大し立坑が水没した。	底盤改良はシートパイルの盤膨れが防止できる厚みとしたが，根入部のシートパイルが掘削により変形し，底盤改良部との境に隙間が生じパイピングを引き起こしたものと判断した。
土留め壁の変形	OP −2〜−12 m	沖積粘土層	鋭敏比が非常に高い沖積粘土を開削し，直接基礎構造物を構築する工事に際し，構造物の沈下や土留め壁の過大変形，トラフィカビリティが問題になると予想された。鋼矢板土留め壁の変位が計算値を大きく上回る 120〜150 mm の過大な変位が生じた。	グラウンドアンカーの施工時の一次注入時のセメントペーストが自由長部に付着したことによる自由度の低下や受働側地盤のクリープが原因と推定した。
ボイリング	GL −6 m	玉石混じり砂礫層	柱列杭は複列配置としたが，本体掘削時に流砂現象などが発生した。柱列杭の背面に幅 1.5 m の地盤改良を行ったが出水は止まらず，立坑を水没させ補助注入を行い掘削を続行したが，ボイリングの兆候が現れた。	玉石が杭打設の障害となり，不連続で打設されたことが原因の一つと考えられる。
リバウンド	GL −45 m	洪積粘性土	発進および到達立坑の掘進完了後もリバウンドが継続し，底盤コンクリートを打設した後に収束した。	ディープウェルからの揚水量の増加はなく，盤膨れの兆候は見られないこと，また大深度の円形立坑で十分な連壁根入れがありヒービングの可能性が無いことから，リバウンドと潜在クラックを有する洪積粘土層の応力解放によるものと考えられる。

2）地質調査時の留意点

①　ボイリング・パイピング

ア．現　象

図2-7-2にボイリングおよびパイピングの発生イメージを示す。掘削部周辺の地下水位が高い場合，掘削面と背面側とに山留め壁を挟んで水位差が生じ，根入れ先端を回って掘削底面側に流れ出す。このときの水位差がある条件を超えると，掘削底面で細砂を含んだ地下水が湧き上がる現象が生じる。これがボイリング現象であり，いったんこの現象が起きると掘削底面の強度が消失し，山留め壁の傾斜や周辺地盤の沈下などを引き起こす。地盤は均質ではなく，浸透流の流路長も一定ではないため，ボイリングは局所的に発生することが多い。局部でボイリングが発生すると浸透流によってその部分の土粒子が洗い流され，その地点に至る浸透流の流路長が短くなり動水勾配が大きくなる。パイピングは，この部分の浸透水圧が大きくなり，ボイリングがパイプ状に上流部に向かって進行する現象である。

イ．留　意　点

ボイリングの予測は，一般にTerzaghiの方法や限界動水勾配の方法が用いられる。必要な地盤情報は，地層構成，地下水位，土および水の単位体積重量，土粒子密度，間隙比が基本となる。ボイリングに対する安全率を満足している場合でも，パイピングが生じる場合があるため，粒度組成や透水係数も把握しておく必要がある。

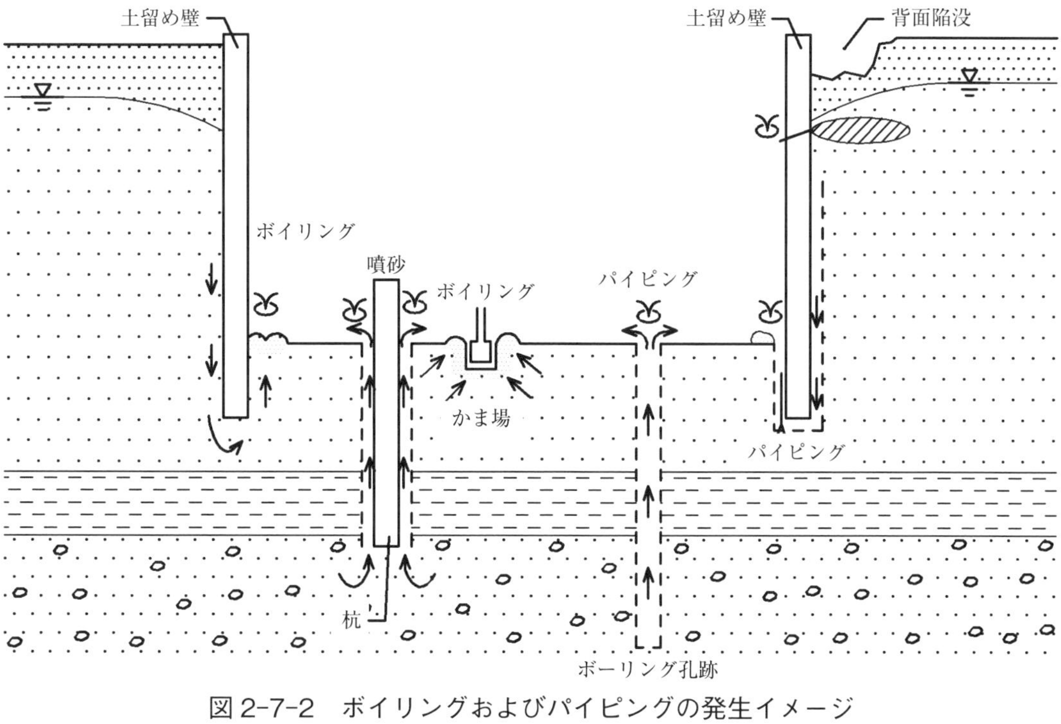

図2-7-2　ボイリングおよびパイピングの発生イメージ

ウ．調査のポイント

地下水位低下工法等を併用する場合は，透水試験や揚水試験により水理定数を求めておく必要がある。また，山留め壁の根入れ部に透水係数の異なる透水層が存在する場合には，単層地盤に対してボイリングの危険性が高くなる場合もあるため，根入れ部の地層構成の把握も重要となる。

② ヒービング

ア．現　象

図 2-7-3（左）にヒービングの発生イメージを示す。掘削底部が膨れ上がる現象であり，軟弱な粘性土地盤においてほとんど受働土圧が期待できない場合に生じやすい。この現象が発生すると，山留め壁の傾斜や周辺地盤の沈下などを引き起こす。

イ．留　意　点

ヒービングの予測方法は，支持力理論によるものとモーメントのつり合いによるものに大別される。必要な地盤情報は，地層構成，地下水位，土および水の単位体積重量，自然含水比，液性限界，土の非排水せん断強さが基本となる。

ウ．調査のポイント

掘削底盤の乱れや地盤の異方性に影響を受けやすく，自然含水比が液性限界を超えるような鋭敏な粘性土では乱れによる影響を強く受けるため，施工条件等を考慮した調査や評価が重要となる。

③ 盤ぶくれ

ア．現　象

図 2-7-3（右）に盤ぶくれの発生イメージを示す。掘削底面下に，粘性土地盤や細粒分の多い細砂層のような難透水層があり，その難透水層が上向きの浸透圧や被圧地下水による揚圧力により上方へ持ち上げられる現象を盤ぶくれと呼ぶ。

イ．留　意　点

盤ぶくれの予測に必要な地盤情報は，地層構成，地下水位（被圧水頭），単位体積重量が基本となる。土留め壁と地盤の摩擦抵抗を考慮する場合は，対象地盤の粘着力や内部摩擦角の把握が必要となる。

ウ．調査のポイント

地下水位低下工法等を併用する場合は，透水試験や揚水試験により水理定数を求めておく必要がある。また，掘削幅が広くなる場合，掘削底面側に引張応力が発生し地盤破壊の原因となる場合があるため，必要に応じて曲げに対する検討を行う。

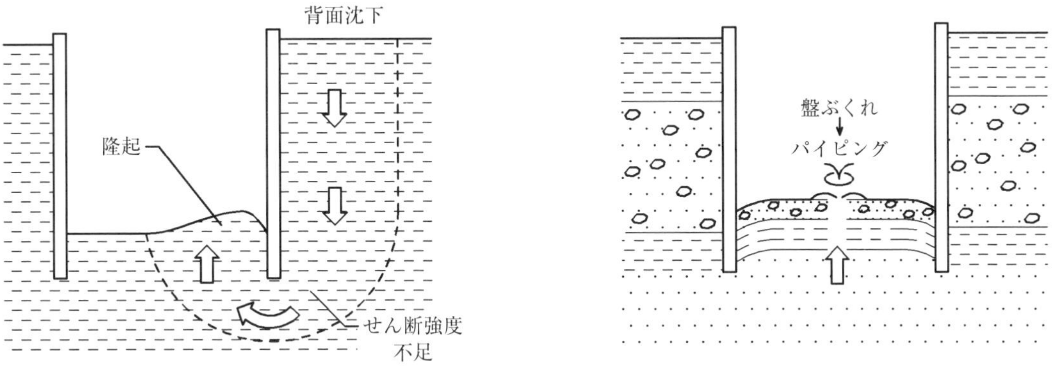

図2-7-3　ヒービング（左）および盤ぶくれ（右）の発生イメージ

④　地下水流動阻害

ア．現　象

地下水流動阻害による地盤環境への影響には，**表2-7-9**に示すようなものがある。帯水層を相当範囲にわたり遮断するような連続的な掘割構造物を構築する場合，構造物の上流側での水位の堰上げと，構造物の下流側で水位の低下など，地下水の流動阻害が問題となる場合がある。

イ．留　意　点

地下水の流動阻害が生じやすい地形は，谷の出口や盆地など台地から平野への移行部，段丘地形や旧河道など，地下水の流向が制限される地形や水みちが形成されている場所であり，比較的地下水の動水勾配が大きい地形が対象となる。平野部は，地下水の動水勾配が小さく地下水の流動阻害は生じ難いが，計画構造物と地下水流向との位置関係を踏まえ慎重な検討が必要となる。

ウ．調査のポイント

地下水流動保全のための調査は，帯水層や難透水層の分布のほか，旧河道や埋没谷など水みちとなる地形を文献や地形判読，地表踏査などにより把握する必要がある。流動阻害が懸念される箇所では，地下水流動保全対策の検討を行う必要がある。地下水流動保全対策は，集水機能と涵養機能の一対構成が基本となるため，工法の検討にあたっては，阻害する可能性のある帯水層の層相変化や地下水の賦存状態（水位・水圧，変動状況等）を把握する必要がある。また，自然流下による地下水流動の保全が望ましいため，粒度組成など物理特性や流動性（限界動水勾配，透水係数，貯留係数など）について詳細に把握しておく必要がある。

表 2-7-9　地下水流動阻害による地盤環境への影響[5)]

	上流側		下流側	
地下水利用面への影響	利用水量が増える		水量変化	井戸枯れ
				水田減水深増加
	水質変化	滞留による	水質変化	塩水化
		汚染物質の拡散		酸化
地盤・構造物への影響	地盤	液状化危険度増大	地盤	圧密沈下
		地盤の湿潤化		地表陥没（圧密以外）
		凍上・融解		地表の乾燥化
		水浸沈下（コラップス）		
		こね返しによる強度低下		
	構造物	構造物の浮き上がり	構造物	ネガティブフリクション
		構造物への漏水増大		杭の腐食
				地中埋蔵文化財への影響
自然環境，動植物・生態系への影響	自然環境	泉や池の氾濫	自然環境	湧水枯渇
		地表の気象変化		河川，湖水の減水
				地表の気象変化
	動植物生態系	根腐れ	動植物生態系	植物の枯死
				水生生物，水生植物

（2）シールドトンネル

1）トラブル事例および地盤特性

シールド工法でのトラブルは，特に砂礫層において多く発生している。出水トラブルは，発進・到達時に多く，掘進中は土砂圧送管の閉塞による掘進停止や逸泥等による切羽の崩壊，土砂取り込み過多による地表面の陥没，砂礫土によるカッタービットや面板の異常摩耗，洪積砂礫層の流動化による胴締めによる掘進停止などが発生している。

粘性土層でのトラブルとしては，面板等への粘性土の固着による掘進停止などがある。その他，メタン等の可燃性ガスを多く含む土層での安全管理も施工性に大きく影響する場合がある。施工時のセグメントのせりによる破損や急曲線部でのセグメントリング間の目開きなど，これら以外にも施工中のトラブルが数多く報告されている。

シールド工事におけるトラブルについて，地盤特性等を原因とする事例を**表 2-7-10** に示す。なお，ここに紹介した自然地盤に起因するトラブル事例以外にも，掘進中に想定しない杭や土留め壁等の支障物に接触し，シールドの破損や復旧が困難な変状を生じるトラブルも発生していることから，事前に支障物の調査をしておくことも重要である。

シールド工事におけるトラブル事例と地盤特性の事例から，①異常出水，②土砂噴発・地盤沈下，③圧送管閉塞，④胴締めに係る地質調査時の留意点について述べる。

表 2-7-10　シールド工事におけるトラブル事例と地盤特性[4)]（一部修正）

発生した現象	発生深度	地盤情報	トラブルの概要	トラブルの原因
異常出水	TP −10 m 付近	大阪層群砂層	開放型シールド発進直後において大阪層群砂層の流動化現象が発生し，異常出水が発生した。	異常出水の直接的な原因は，シールド断面下部の大阪層群の砂層からの流動化現象であった。また，切羽地山が流動化現象を起こしやすい場合には，圧気圧を理論圧気圧まで上げる必要があったが，その措置を行わなかったことが原因としてあげられる。
異常出水	GL −9 m 付近	—	圧気併用手掘シールドで，立坑から約 80 m 掘進した時点で地下水位変動により出水した。	地盤改良範囲の天端付近の盛土層との層境には逸水ゾーンがあり，注入液が漏逸した。また，付近には旧池があるため，潜在的な水みちが存在し，集中降雨による地下水が一気に流下し坑内に流入したことによる。
土砂噴発	GL −11.1〜26.5 m	砂層，砂礫層	バインダー量の少ない（74 μ 以下の粘土の混入率が 20% 以下）帯水砂層，砂礫層の推進となる区間で，スクリューコンベアから土砂が噴発，土砂の取り込みが過多となり推進不能となった。	想定以上に土質が変化し，通常の粘性付与材だけではチャンバー内の土をその土質に適合した状態（適正な止水材と流動性）を確保できなかった。
地盤沈下	GL −10 m 付近	沖積砂礫層	玉石混じり砂礫層において，カッター拘束による土砂取り込み過多等により，国道に 21 箇所の陥没および空洞が発生した。	スクリューコンベアの閉塞が多発し，掘進停止後の再掘進時の切羽土圧低下による土砂の過剰取り込み，玉石の取り込みによる空隙の発生，掘進時の振動による緩い砂礫地盤の沈下などの要因が複雑に絡み合って発生した。
圧送管閉塞	GL −7 m	砂礫層	泥土圧シールド工法で掘進するもので，排土はポンプ圧送方式であった。掘削対象地盤に砂礫層が含まれていたが，この砂礫層を掘進中に礫だまりの影響で圧送管の閉塞が数度にわたり発生し進捗が低下した。	トラブルの原因は小礫で，これらが掘進停止中に管内で細粒分と分離・沈降し，掘削再開と同時に「管内礫だまり」が圧送されて管内に集積し閉塞することが明らかになった。
圧送管閉塞	GL −23 m 付近	沖積粘性土と洪積砂礫層の互層	掘削土層が沖積粘性土層と洪積砂礫層の互層であり，ボーリングデータよりも砂礫層が卓越しており圧送管が閉塞した。	沖積粘性土層と洪積砂礫層の互層となっており，ボーリングデータをもとにシールド円形断面積をボーリングのポイント毎に粘性土と砂礫土に按分して，平均土層として取り扱い，作泥材の量を決定していた。しかし，初期掘進時において，想定以上に砂および礫が多く，当初の作泥材量では圧送管が閉塞を起こし，その後も想定より礫量が多く閉塞を繰り返す結果となった。
胴締め	GL −16〜−18 m 付近	—	泥水式シールドでの曲線掘進において，余掘り部で地山が崩壊し，胴締め現象が発生し掘進困難となった。	粒径加積曲線は，流動化現象に注意すべきゾーンに含まれており，余掘り部で地山が崩壊し，シールドの胴締め現象が発生した。
胴締め	GL −10.7〜−29.5 m	洪積砂礫層	下りから上りの勾配変化点付近から推力が上昇し，マシン姿勢制御ができず縦方向に蛇行した。	推力上昇のためマシン姿勢制御が難しくなったのが大きな原因と考えられた。推力の上昇は，カッタートルクの異常上昇やシールドマシンの異常がないことから，洪積砂層における周面摩擦の増加であると考えられ，この砂層は，排泥土砂の分析結果では均等係数 2 前後の細砂であったことから，周面摩擦の増加原因は，胴締め現象であると推測した。

2）地質調査時の留意点

①　異 常 出 水

ア．現　象

発進・到達時の施工方法に依存するものが多く，地盤特性を原因とするものでは，砂層の流動化現象に伴うものや潜在的な水みちからの出水事例などがある。

イ．留　意　点

設計・施工では，設計水圧の把握が特に重要であり，地層構成や不圧・被圧地下水の分布，年間の水位変化，時間変化も調査することが重要である。

ウ．調査のポイント

難透水層を介する帯水層では，必ずしも同一の静水圧分布を示しているとは限らないため，帯水層ごとに間隙水圧を測定しておく必要がある。地下水位や被圧地下水頭は，季節的な変動をすることが多いため，長期的な変化を把握しておく必要がある。

②　土砂噴発・地盤沈下

ア．現　象

図 2-7-4 に土砂噴発・異常出水によるトラブルのイメージを示す。均等係数が小さく流動化しやすい細砂地盤などでは，排土口からの流砂を伴う土砂噴発が報告されている。また，流動化による切羽崩壊による取り込み過多による地盤沈下は，こうした細砂層の流動化のほか，玉石層掘削時の緩みや切羽崩壊を伴う取り込み過多によるものも報告されている。

イ．留　意　点

緩い帯水砂層や玉石まじり砂礫層では，地盤の物理特性（密度試験，含水比試験，粒度試験，コンシステンシー試験等）に着目した調査計画が重要となる。

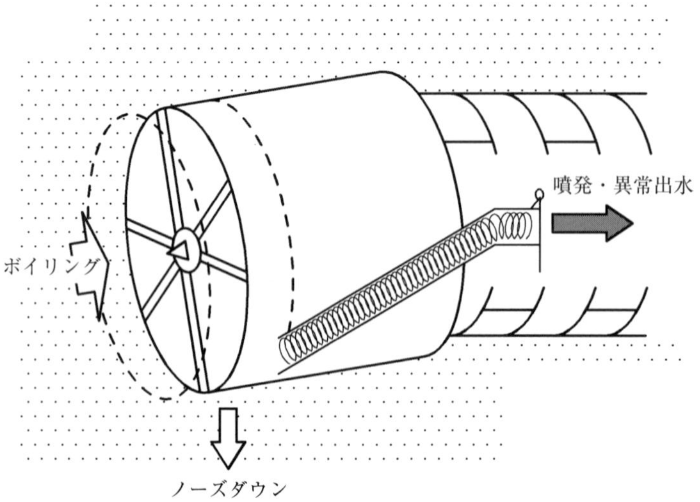

図 2-7-4　排土時の噴発に伴うトラブル[4)]（一部修正）

ウ．調査のポイント

透水試験や揚水試験等により水理特性を把握しておくことも重要である。なお，ボーリング孔は，逸泥や噴発の原因となりやすいため，調査位置や埋戻し方法について十分に検討する必要がある。

③　圧送管閉塞

ア．現　象

砂礫層では，掘削土の塑性流動性の確保が難しく，圧送管閉塞に関するトラブルが多く報告されている。その原因の多くは，礫層の分布範囲や礫径（巨礫・玉石），マトリックスの粒度組成が想定と異なる場合である。

イ．留　意　点

スクリューコンベアや排泥管の設計には，地層構成や地下水位，粒度分布や礫径・形状，含礫率，硬さ，透水係数等の調査が必要である。

ウ．調査のポイント

ボーリング等の地盤調査のみで礫だまりや巨礫の存在を把握することは困難であるため，地形判読や既存調査資料の精査，微動アレイなどの物理探査を適宜組み合わせ，リスクに応じて精度を高めることが重要となる。リスクが想定される場合には，ボーリング間隔を縮めるなどの対応が必要となる。

④　胴　締　め

ア．現　象

図2-7-5に胴締めによるトラブルのイメージを示す。砂礫地盤や均等係数の小さい大阪層群砂層での掘進において多数報告されている。胴締めは，均等係数の小さい細～中砂

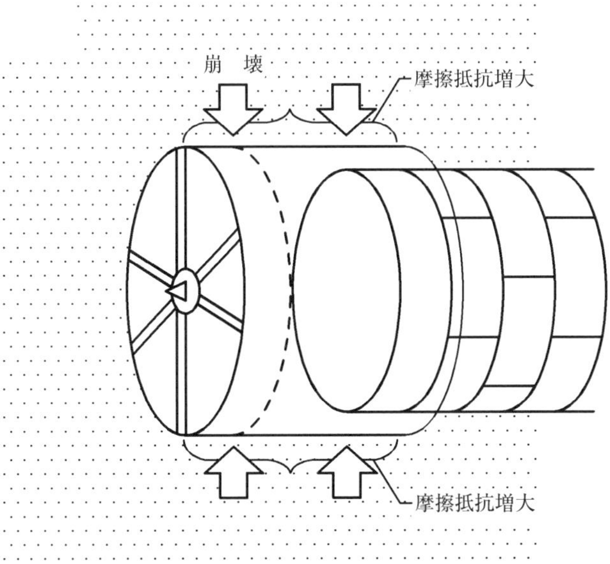

図2-7-5　シールド掘進時における胴締め現象[4)]（一部修正）

層の地山崩壊や掘削した砂礫地盤が応力解放やせん断を受けて膨張変形し，シールド胴体部に密着することによってシールドと地盤の摩擦抵抗が上昇する現象である。

イ．留　意　点

曲線線形の掘進時にも発生しやすく，反力となるセグメントの変形や破損が生じる場合がある。

ウ．調査のポイント

緩い砂層や砂礫層では，地盤の物理特性（密度試験，含水比試験，粒度試験，コンシステンシー試験等）やせん断強度（内部摩擦角）に着目した調査計画が重要となる。

《参考文献》

1）土木学会：トンネル標準示方書［共通編］・同解説/［開削工法編］・同解説，2016
2）土木学会：トンネル標準示方書［共通編］・同解説/［シールド工法編］・同解説，2016
3）地盤工学会：地盤工学・実務シリーズ29 シールド工法，2012
4）地盤工学会関西支部：地下建設工事においてトラブルが発生しやすい地盤の特性とその対応技術に関する研究委員会報告書，2013
5）地盤工学会：地盤工学・実務シリーズ19 地下水流動保全のための環境影響評価と対策—調査・設計・施工から管理まで—，2004

《その他参考文献》

・国土交通省シールドトンネル施工技術検討会：シールドトンネル工事の安全・安心な施工に関するガイドライン，2021

2.8　山岳トンネル

山岳トンネルは線状の地中構造物であるため，一度の調査でトンネル全体の地山状況を把握することが困難である。このため，山岳トンネルの地質調査では，**図 2-8-1** に示すように計画（路線選定）から維持管理までの各段階で精度を上げながら調査が行われる。

本節は，トンネル標準示方書を参考にして，各段階の調査の目的（**2.8.1 調査の目的**：地質調査の考え方やポイントについて），調査計画・内容（**2.8.2 調査計画・内容**：検討項目や地質調査項目および調査数量の具体例について），調査実施上の留意点（**2.8.3 調査実施上の留意点**：地質リスクの観点を考慮した山岳トンネル特有の課題について）を示す。

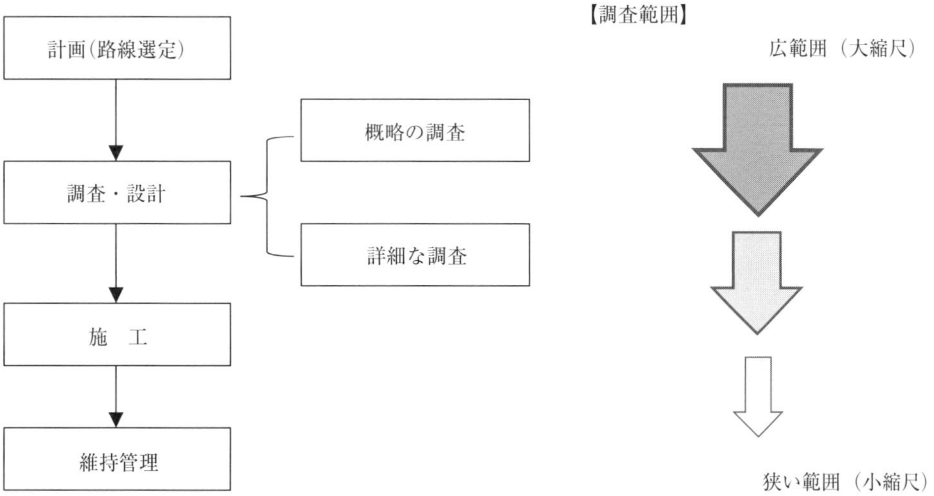

図 2-8-1　山岳トンネルの計画から維持管理までの流れ

表 2-8-1　山岳トンネル　調査の目的と精度[1)]（一部修正）

段階	目的	調査の内容	調査範囲と精度
計画（路線選定）	・路線の決定 ・線形，坑口部の設定	・地山条件の全体的な把握 ・特殊な地山条件の有無 ・立地条件の把握	・1/25,000～1/5,000 ・比較路線を含む広範囲
調査・設計	・概略の調査	・地形，地質条件の把握 ・特殊な地山の分布と性状	・1/5,000～1/1,000 ・路線周辺および関係があると推定される箇所
	・詳細な調査 ・施工計画	・支保工設計に必要な地山条件の把握 ・施工計画や積算に必要な情報の取得 ・施工の影響が予測される箇所の確認	・1/1,000～1/100 ・路線
施工	・施工管理 ・設計変更 ・補償	・切羽観察等の地山状態の観察や支保の挙動計測 ・切羽前方探査 ・トンネルの変状 ・周囲の環境変化 ・施工実績と地山条件の整理	・トンネル内および施工の影響を受ける範囲
維持管理	・補償 ・維持更新	・トンネルの変状 ・周辺の環境変化	・トンネル内および施工の影響を受ける範囲

2.8.1　調査の目的

山岳トンネルは地山自体がトンネル構造の一部となる。トンネル掘削に伴って，トンネル空間を保持できるように地山と支保等を一体化させてグランドアーチを形成することで，地山自体が本来持っている能力を積極的に利用して施工される。

したがって，トンネル空間を保持するために必要な地質情報（地山条件や地質構造，地下水情報等）をそれぞれの段階で入手していくことが重要となる。

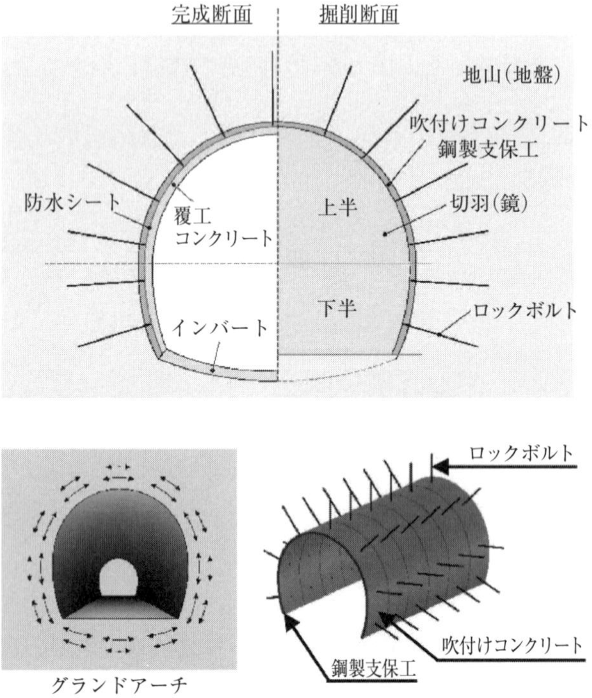

図 2-8-2　トンネル掘削断面の例

（1）計画（路線選定）の目的[2)]

> 計画（路線選定）の目的は，次のとおりである。
> ・路線の決定
> ・線形（平面系や縦断勾配）の設定
> ・坑口位置の決定

【説明】

路線の決定は，トンネルの機能，地山条件，立地条件，工事の安全，周辺環境に与える影響，経済性を考慮することが基本となる。トンネル路線は平面形や縦断勾配を少し細工しただけで諸問題が解決できることがある。したがって，条件が許せる範囲で地質条件の少しでも良いところに路線や坑口位置を計画できるようにトンネル全体の地山条件を把握して選定する必要がある。やむなくよいところに計画できなかったとしても，選定した路線や坑口位置がどのような地山条件にあるか事前に分かっていれば，施工や維持管理に際しても対処しやすくなる。

線形が決まってからの地質調査では問題を解決できない場合もある。地質調査は路線選定の段階で最も力を入れるべきで，形だけの地質調査とならないように，地質技術者やトンネル技術者が路線選定の段階からかかわっていくことがきわめて大切となる。

（2）調査・設計の目的

> 設計時（施工計画時）の目的は，次のとおりである。
> ・概略の設計のための地質資料
> ・詳細な設計のための地質資料
> ・トンネル全体の地山分類を行い支保の標準パターンを決定（施工計画）

【説明】

調査・設計段階の地質調査は，トンネル地山条件の全容を把握して，設計および施工計画に必要な基礎資料を得ることを目的に段階的に実施して，精度を高めていくことが重要となる。特に，トンネル全体の地山分類を行って，標準支保パターンを決定することがこの段階の最大の目的となる。

なお，調査によってトンネル施工に際して支障となる新たな地質情報が得られた場合には，それまでの調査成果を再度見直した上で，追加調査の必要性や設計時の施工計画の変更を検討する必要がある。

（3）施工時の目的

> 施工時の目的は，次のとおりである。
> ・施工中に生じる問題点の予測およびその確認
> ・設計変更や施工管理，補償に対する基礎資料を得る

【説明】

施工時の地質調査は，トンネルを安全かつ経済的に施工するため，必要に応じて行われる。トンネルは線状構造物であることから，調査・設計段階の地質調査のみでは十分に地山条件を把握できない場合もある。このため，地質調査不足によって，施工時に想定外の問題が発生することも考えられるので，事前に問題点を予測しておくことが重要となる。

また，施工時にはトンネル湧水により周辺の地下水環境が変化して渇水問題が発生することがある。対処法の1つに水文調査があり，渇水対策や補償に向けた対応など基礎資料を事前に得ることができる。なお，水文調査は施工時だけでなく，計画（路線選定）段階から周辺環境への影響を予測することが重要であり，適切な時期に適切な調査項目を計画して，問題の発生に備える必要がある。本要領の**第4章 4.1 水文調査**に詳しい記載があるので参照されたい。

（4）維持管理時の調査目的

維持管理時の調査目的は，次のとおりである。 ・維持管理に必要となる補償に関する資料 ・トンネルの維持更新に関する資料

【説明】

維持管理時の地質調査は，供用後，トンネルの機能を維持するために必要に応じて行われる。トンネルの損傷を早期に発見して適切な対応を行うことが求められる。トンネル維持管理で行われる点検項目には，覆工コンクリートの劣化・損傷，漏水，背後地山の緩み等があり，これらを適切に定期的に点検・記録して健全性を評価している。

最近ではBIM/CIMモデルを活用した取り組みが行われている。BIM/CIMモデルについては，『CIM導入ガイドライン（案）第6編トンネル編』（2020）が国土交通省より示されている。この中で「山岳トンネル構造物を対象にBIM/CIMの考え方を用いて調査・設計段階でBIM/CIMモデルを作成すること，作成されたBIM/CIMモデルを施工時に活用すること，更には調査・設計・施工のBIM/CIMモデルを維持管理に活用する際に適用する。」としている。

発注機関は，工事完了後の供用開始にあたって，設計や施工で得られた地質情報等を反映したBIM/CIMモデルを統合して，共有サーバに格納し，維持管理段階で事務所・出張所職員等が共有・活用できるようにすることが求められている。

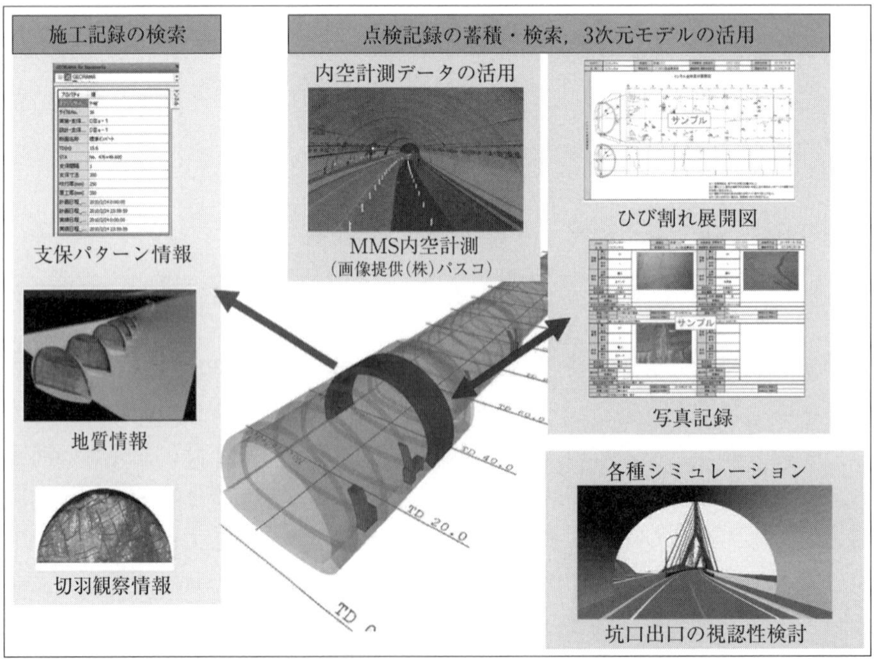

（資料提供：株式会社大林組）

図 2-8-3　維持管理段階のトンネル BIM/CIM モデルの例[3)]

2.8.2　調査計画・内容

ここでは，各段階の調査計画とその内容について，次の項目ごとに述べる。

（１）検討すべき項目

（２）取得すべき地盤情報

（３）地盤調査の具体例

（４）報告事項

なお，維持管理段階は（３）地盤調査の具体例のなかに（４）報告事項を含めた。

1.　計画（路線選定）

（１）検討すべき項目

> 計画（路線選定）時の検討すべき項目は，次のとおりである。
> ・トンネル地山周辺の地質構成および地質構造（線形と勾配）
> ・トンネル坑口の地形および地質条件
> ・地山条件および立地条件

【説明】

トンネルは一度つくったら簡単にはやり直しができない構造物であるため，路線の決定には細心の注意が必要である。線形はできるだけ直線または大きな半径として，地山条件が良好で維持管理が容易，周辺環境への影響が少ない位置がよい。また，坑口位置は安定した地山で地形条件にも恵まれた位置を選定する。トンネル路線の選定基準は路線の目的や立地条件などで異なるが，一般的には路線の勾配が緩く，できるだけ延長が短く，直線に近い方がよい。

（２）取得すべき地盤情報

> 取得すべき地盤情報は次のとおりである。
> ・地形，地質，水文の把握
> ・特殊な地山条件の有無とその範囲
> ・渇水の可能性

【説明】

路線を決定した後で，特殊な不良地質や渇水の可能性が見つかったとしても，すでに決定した後では避けることはできない。したがって，「路線を決定した後の地質調査では遅すぎる」ことをよく念頭において地盤情報を取得することが重要となる。

表 2-8-2 には地山条件，調査項目と調査方法の関係を整理した。路線選定時には一般的に次の地質調査を行って，地形や地質構造，岩質および土質，地下水等の地盤情報を取得する。

表 2-8-2　地山条件，調査項目と調査方法の関係[1]

区分	地山条件／調査法	地形：地すべり，崩壊地形	地形：偏土圧が作用する地形	地形：土被り	地質構造：地質分布	地質構造：断層，褶曲	岩質および土質：岩質，土質名	岩質および土質：岩相	岩質および土質：割れ目等分離面	岩質および土質：風化，変質	岩質および土質：固結度	地下水：帯水層	地下水：地下水位	地下水：透水係数	地下水：地下水流動	物理的性質：弾性波速度	物理的性質：物理特性	力学的性質：圧縮強さ等の強度特性	力学的性質：変形係数等の変形特性	鉱物化学的性質：粘土鉱物	鉱物化学的性質：スレーキング特性	鉱物化学的性質：吸水，膨張率	その他：地熱	その他：温泉	その他：有害ガス	その他：地下資源
一般的な地山条件	硬岩および中硬岩	○	○		○	○	○	○	○	○		○	○		○	○	○	○					△	△		△
一般的な地山条件	軟岩	○	○	○	○	○	○	○	○	○		○	○	○	○	○	○	○	○	○	○	○	△	△	△	△
一般的な地山条件	土砂	○	○	○	○	△	○				○	○	○	○	○		○	○	○							
特殊な地山条件	地すべりや斜面災害の可能性がある地山	○	○	○	○		○			○	○		○		○	○	○	○		○						
特殊な地山条件	断層破砕帯，褶曲じょう乱帯	○			○	○	○	○	○	○	○	○	○	○	○	○	○	○	○	○	○	○		△	△	
特殊な地山条件	未固結地山			○	○		○				○	○	○	○	○		○	○	○							
特殊な地山条件	膨張性地山	○	○	○	○	○	○	○	○	○	○					○	○	○	○	○	○	○			△	
特殊な地山条件	山はねが予想される地山			○			○	○	○							○	○	○								
特殊な地山条件	高い地熱，温泉，有害ガス，地下資源等がある地山			△	○	○	○	○	○	△		○	○		○	△	○	△	△	△		△	○	○	○	△
特殊な地山条件	高圧，多量の湧水がある地山				○	○	○	○	○	△	○	○	○	○	○	○										
路線選定段階	資料調査	○	△	○	△	△	△	△															△	△	△	△
路線選定段階	地形判読（空中写真，地形図等）	○	△		△	○		△	△																	
路線選定段階	地表地質踏査	○	○	○	○	○	○	○	△	○	○	○											△	△	△	△
路線選定段階	弾性波探査	△			△	○			○	○	△					○									△	
設計 施工計画段階～施工段階	電気探査	△			△			△		△	△	○	○				△						△	△		
設計 施工計画段階～施工段階	ボーリング調査	○			○	○	○	○	○	○	○	○	○										△	△	△	△
孔内試験および検層	標準貫入試験										○							△	△							
孔内試験および検層	孔内水平載荷試験																		○							
孔内試験および検層	透水試験											○		○										○		
孔内試験および検層	湧水圧試験											○	○	○												
孔内試験および検層	速度検層				△	△			○	○	△					○	△									
孔内試験および検層	電気検層				△		△			△	△	○	△	△			△									
孔内試験および検層	地下水検層											○	○		○											
孔内試験および検層	ボアホールスキャナ					△			○																	
室内試験	密度試験																○									
室内試験	含水比試験																○				△	△				
室内試験	粒度試験																○		○							
室内試験	土粒子の比重試験																○		△							
室内試験	液性限界，塑性限界試験																○		△			△				
室内試験	一軸圧縮試験									△	△							○	△			△				
室内試験	三軸圧縮試験																	○	○			△				
室内試験	引張り強さ試験																	△								
室内試験	点載荷試験																	○								
室内試験	針貫入試験																	○								
室内試験	透水試験													○												
室内試験	超音波速度測定															○	○	△								
室内試験	スレーキング試験（浸水崩壊度試験）	△																		△	○	△				
室内試験	陽イオン交換容量試験（CEC）	△																		○	△	△				
室内試験	吸水膨張試験																			△	△	○				
室内試験	顕微鏡観察						○			○										○						○
室内試験	X 線回折分析																			○						○
設計 施工計画段階～施工段階	調査坑調査				○		○	○	○	○	○	○	○			△	△	△	△			△	○	○	○	

（地山条件）○：把握すべき，△：場合によって把握すべき　（調査法）○：有効，△：場合によって有効

・資料調査
・地形判読（空中写真，地形図等）
・地表地質踏査
・弾性波探査
・電気探査
・ボーリング調査

なお，各種調査手法や調査項目の詳細は，参考図書[1),4),5)]が多数あるので参考となる。

（３）地盤調査の具体例

地盤調査の具体例として次の事例を示す（詳細は**２次元コード**参照）。
○九州新幹線八代・新水俣間[2)]

【九州新幹線八代・新水俣間】

・地形地質と地質構造の概要

地形は山地地形，地質は秩父帯の砂岩，礫岩，砂岩泥岩互層，混在岩，チャート，石炭岩および蛇紋岩などで構成される。北縁は中央構造線の九州への延長とされる臼杵―八代構造線，南縁は仏像構造線で境される。

・路線の検討

当初は鹿児島本線に沿う海沿いの路線が計画されていた。しかし，２つの構造線の間に蛇紋岩地山や付加体地質に起因する問題箇所が分布するため，路線海岸部（八代海）から球磨川までの広範囲について検討することになった。

・調査項目

弾性波探査を実施した。路線方向に行うのではなく，八代海から球磨川にかけた範囲の数箇所について横断する測線を設けて，不良地山，不良地質となる区間の把握を調査目的とした。

・路線の選定

日奈久温泉への影響を避け，蛇紋岩地帯や付加体地質に起因する問題箇所を極力避けることができた。

（４）報 告 事 項

報告事項は次のとおりである。
・路線選定上の地形的および地質的な問題点
・選定した路線の全体的な地山条件
・概略調査に向けた調査計画

【説明】

計画（路線選定）段階では，トンネル線形を決定する上で問題となる地形や地質，水文状況を資料調査や地表地質踏査により把握する。これらの総合評価結果から問題となる事項が重要と考えられる場合には，事前に弾性波探査などの物理探査やボーリング調査を行い，路線の全体的な地山条件を検証の上，路線計画に反映しなければならない。

特に，坑口周辺の地形および地質条件は路線選定を大きく左右する。地すべり地や崩壊地形などの不安定な地形や地質が予想される箇所で，計画（路線選定）段階の地質調査が困難な場合は，今後の調査計画を立案して，問題点などを整理しておく必要がある。

2. 調査・設計

（1）検討すべき項目

調査・設計時に，検討すべき項目は次のとおりである。

・概略の設計

・詳細な設計

・周辺環境への影響（水文調査）

・発生土に対する検討

【説明】

山岳トンネルの地質調査は，計画（路線選定）から維持管理まで各段階で実施されるが，各段階で実施する地質調査はトンネルそれぞれでさまざまである。実際には，対象とするトンネルの目的（用途）や規模によって，各段階で実施する地質調査は異なり一様ではない。

一般的には，計画（路線選定）時に決定した路線について，地質構成・地下水分布等の概要把握（概略の設計）から特異な地質構造や各地層の物性値等の詳細把握（詳細な設計）まで段階的に調査を実施する。このほかの検討すべき項目として，水文調査および発生土に対する調査を行うことが重要である。

（2）取得すべき地盤情報

ここでは，トンネル一般部・トンネル坑口部の取得すべき地盤情報を説明する。周辺環境への影響（水文調査）については次節**3. 施工**，トンネル発生土については**2.8.3 調査実施上の留意点**のなかで説明する。

取得すべき地盤情報は次のとおりである。

・トンネル地山全体の地質構成，地質構造および地下水分布

・トンネル地山に分布する各地層の工学的性質

・トンネルの地山分類

・坑口位置の地形および地質条件と問題となる項目の整理

・坑口部の問題に対する対策に必要な基礎資料

・切羽の自立性，支保工の設計，補助工法の選定，掘削工法および掘削方式のための資料

・特殊地山の性状に関する資料および対策工検討のための資料

【説明】

繰り返しになるが，一度に地質調査を行うことはできないので，トンネル地山全体（概略の調査）から問題のある箇所を抽出して必要な地山情報を把握する調査（詳細な調査）へと段階を踏んで地質調査を実施することが山岳トンネルでは有効である。

特に，トンネル一般部や坑口部においては，トンネル周辺や施工に影響を及ぼす条件として，次に示す項目が挙げられる。

○特殊な地山条件

① 地すべり等の移動性地山および斜面災害が予想される地山
② 断層破砕帯，褶曲じょう乱帯
③ 未固結地山（土砂地山）
④ 膨張性地山
⑤ 山はねが予想される地山
⑥ 高い地熱，温泉，有毒ガス等のある地山
⑦ 高い水圧や大湧水の発生が予想される地山
⑧ 急崖を形成する岩盤斜面

○特殊な地形・立地条件

① 土被りの小さい地山
② 都市域を通過する場合
③ 水底を通過する場合
④ 斜坑や立坑を設置する場合
⑤ 坑口部
⑥ 偏圧地形
⑦ 近接施工となる場合
⑧ 大断面となる場合

これらの地山条件や地形・立地条件を十分に考慮した上で，**表 2-8-2** に示した調査項目を満足できるように調査手法を選定する。特に，坑口部および湧水に関する地質情報は，トンネル施工の要所となるため，以下に示す地盤情報を検討しなければならない。

○トンネル坑口部の取得すべき地盤情報

トンネル一般部は主として地質・地質構造・地下水等の地山内部の条件によって，その挙動が支配されるのに対して，トンネル坑口部の挙動はさらに地形改変・気象等の外的条件によっても支配される。したがって，トンネル坑口部では，次の事項が取得すべき地盤情報となる。

・坑口位置の地形，地質条件および坑口斜面の安定度と必要な斜面安定工
・坑口部として施工する範囲と坑口付けの方法
・坑口部の支保構造と補助工法
・気象災害の可能性と必要な対策工
・地表面沈下等坑口周辺の構造物等に与える影響

坑口部は地表面に近く斜面裾部に位置することから，斜面崩壊，偏圧，地耐力不足，地表面

沈下等が予想される。したがって，地すべり地形や段丘地形，崖錐堆積物など未固結層で構成される地形条件，土石流，斜面崩壊など周辺の地形条件についても把握しなければならない。

図 2-8-4 に標準的な坑口の範囲を示す。

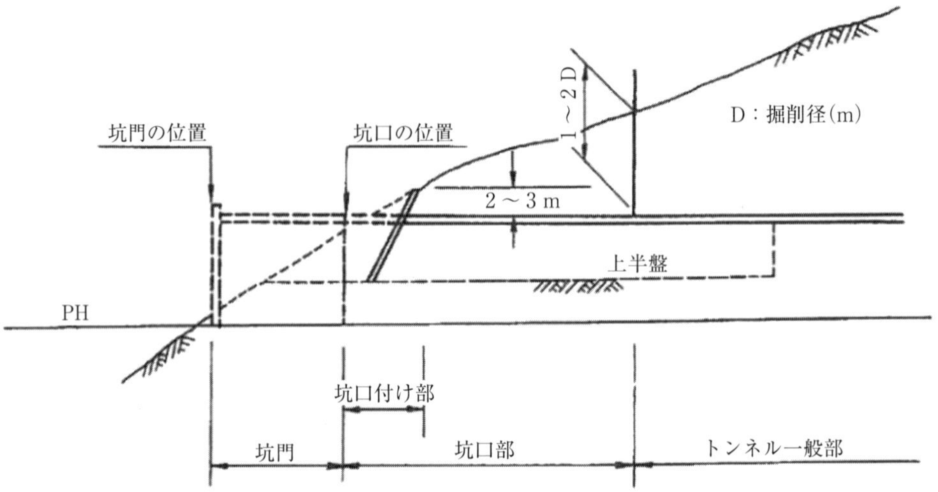

図 2-8-4　標準的な坑口の範囲[6)]

○トンネル湧水の取得すべき地盤情報

トンネル掘削に伴う湧水は，切羽の崩壊・土圧の増大・基礎地耐力の低下等をもたらし，工事の安全性・工期・工費等に大きく関係する要因となる。施工に向けた取得すべき地盤情報は次のとおりである。

① 切羽の安定性：特に未固結地山における切羽崩壊，土砂流出

② 土圧の増大：軟岩地山の吸水膨張，クリープ

③ 支保機能の低下：吹付コンクリート，ロックボルト付着力不良，支保工脚部の沈下

④ 湧水処理等：坑内冠水，湧水処理施設の設置，施工中，完成後の排水・揚水設備の増設

⑤ 施工の安全性：泥ねい化等による路盤の劣化

⑥ 品質低下（維持管理）：湧水・漏水に伴う充填物，土砂の流出，インバート，路盤コンクリート下の侵食，酸性水・温泉水等によるコンクリートや鋼材の劣化，豪雨等に起因した異常な水位変動に伴う構造物本体等への影響

（3）地盤調査の具体例

設計時の地盤調査の具体例をそれぞれ示す。取得すべき地盤情報で示した項目は一度の調査で把握するのではなく，段階を踏んで地盤情報を得ることが重要となる。

1）概略調査

概略調査は，原則として次の調査を行うものとする。
① 地表地質踏査
② 弾性波探査
③ 調査ボーリング（発破孔兼用とする）
④ 原位置試験
⑤ 岩石試験・土質試験

【説明】

概略調査は，トンネル区間の地質条件，土圧条件，湧水条件などの地山条件の全容を把握し，設計・施工計画を立案するために必要な情報を得るために行う。同時に計画（路線選定）段階の調査で指摘された問題点を解明し，トンネル基本設計を行うための基礎資料を得る。調査にあたっては，地山の条件によって適否や適用の限界もあるので，それぞれの調査の長所・短所を十分理解しこれらを適切に組み合わせて実施する。**表 2-8-3** に地山の種類と調査項目を示す。

なお，各種調査手法や調査項目の詳細は，多数ある参考図書[1),4),5)]が参考になる。

表 2-8-3　地山の種類と調査項目[4),7)]

	地形	地質構造	岩質・土質	地下水	力学的性質	物理的性質	鉱物・化学的性質	記事
硬岩地山	地すべり 崩壊地 偏土圧地形	地質分布 断層・褶曲	岩石名 岩相* 割れ目 風化・変質	帯水層 地下水位	一軸圧縮強度	地山弾性波速度 超音波速度		特にもろく土砂状のものは土砂地山に準ずる。
軟岩地山	地すべり 崩壊地 偏土圧地形 土被り	地質分布 断層・褶曲	岩石名 岩相* 割れ目 風化・変質	帯水層 地下水位 透水係数	一軸圧縮強度 粘着力 内部摩擦角 変形係数 ポアソン比	地山弾性波速度 超音波速度 密度	スレーキング特性	同上 スレーキング特性が著しい場合は膨張性地山に準ずる。
**土砂地山	地すべり 崩壊地 偏土圧地形 土被り	地質分布	土質名 固結度	帯水層 地下水位 透水係数	一軸圧縮強度 粘着力 内部摩擦角 変形係数 ポアソン比 N 値	密度 粒度組成 含水比		均等粒径であって粘土分をほとんど含まない場合は，流動性の検討を要する。
膨張性地山	地すべり 崩壊地 偏土圧地形 土被り	地質分布 断層・褶曲	岩石名 岩相* 割れ目 風化・変質		一軸圧縮強度 粘着力 内部摩擦角 変形係数 ポアソン比	密度 粒度組成 液性限界 塑性限界 含水比 地山弾性波速度	含有粘土鉱物 スレーキング特性	

*岩石の粒度，鉱物組成，空隙状態を指す。
**土砂地山で粘性土の場合は，軟岩地山，膨張性地山の欄も参考とする。

【概略調査：調査計画例】

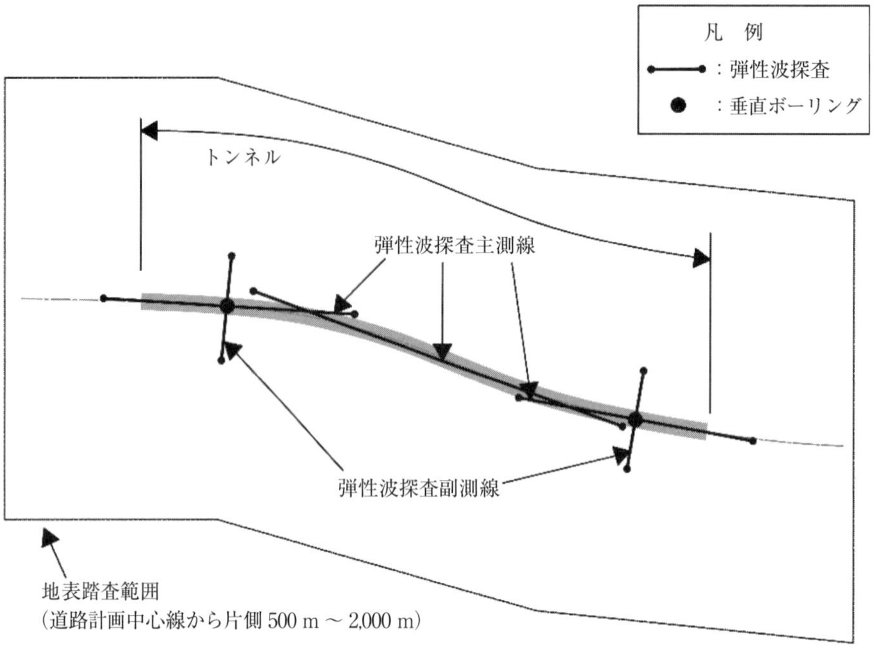

平面図

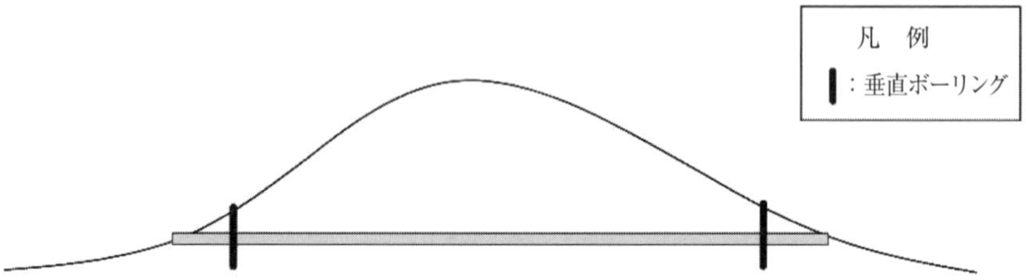

縦断図

図 2-8-5　概略の設計時　調査計画例

(基本的な考え方)

弾性波探査測線はトンネル計画ルートに沿う形で主測線を計画する。主測線が複数になる場合は，探査深度を目安としてできるだけ長く重複させる。副測線は，坑口付近に地すべり地形や段丘堆積物，あるいは断層など不安定な地形状況が想定される場合に計画するとよい。また，ボーリング調査を両坑口で行い，坑口部の地盤情報を把握する。

このほか地表地質踏査を行う。範囲は中心線から 500 m の範囲を基本とする。しかし，地表地質踏査が路線選定段階で実施されていない場合は，路線中心線から 2,000 m の範囲まで行うことが推奨される。

詳細な設計に向けて，課題を抽出することも目的となる。したがって，路線選定段階で指摘された問題点に応じて，適宜，室内岩石試験や検層なども計画するとよい。

なお，両坑口の調査ボーリングは弾性波探査時に発破孔として利用するとよい。火薬量が少なく安全に調査ができ，さらにトンネル施工面の情報も得られるため，精度の高い調査結果を得ることができる。

2）詳 細 調 査

詳細な設計時には，原則として次の調査を行うものとする。
① 地表地質踏査
② 調査ボーリング
③ 湧水圧試験
④ 岩石試験・土質試験
⑤ その他の調査（物理探査・物理検層など）

【説明】

前節で説明した概略調査は，トンネル地山の地質状況が不明確な状況で開始されるため，合理性や経済性の面から調査数量は自ずと制限され，トンネル路線の平均的な地質情報が得られる傾向にある。一方，詳細調査での地質調査は，概略の調査で明らかになった問題点を解明して地山条件に応じた適切な地質情報を入手することが求められる。

特に，詳細調査では，概略調査と異なり調査の対象箇所が絞られてくる。地山の種類（硬岩地山，軟岩地山，土砂地山）や土被りなどの地形条件，さらに地下水状況や破砕帯など断層の有無によって，それぞれ注目すべき問題点の内容が異なるので，各種調査の方法，範囲，頻度，深度および数量はその状況に応じて適切に計画しなければならない。

表 2-8-4 に詳細な設計時に行われるボーリング調査の考え方の一例を示す。なお，このような各種調査手法や調査項目の詳細は，多数ある参考図書[1),4),5)]が参考になる。

表 2-8-4　調査ボーリングの頻度と深度[4)]

ボーリングの方向	坑　口　部	トンネル中央部	摘　　要
水平ボーリング	数量　1孔/坑口 長さ：通常100～200 m/孔 但し地山が安定するまで	――	湧水量の測定も実施する。 （掘削位置はトンネル断面外のSL付近）
垂直または 傾斜ボーリング	――	地質的に問題があると考えられる箇所について実施 深さ：原則として計画高より3～5 m深く掘削。	――
垂直ボーリング	坑口付近の詳細設計に必要がある場合，適宜実施 深さ：計画高より3～5 m深く掘削。	――	――

【詳細調査：調査計画例】

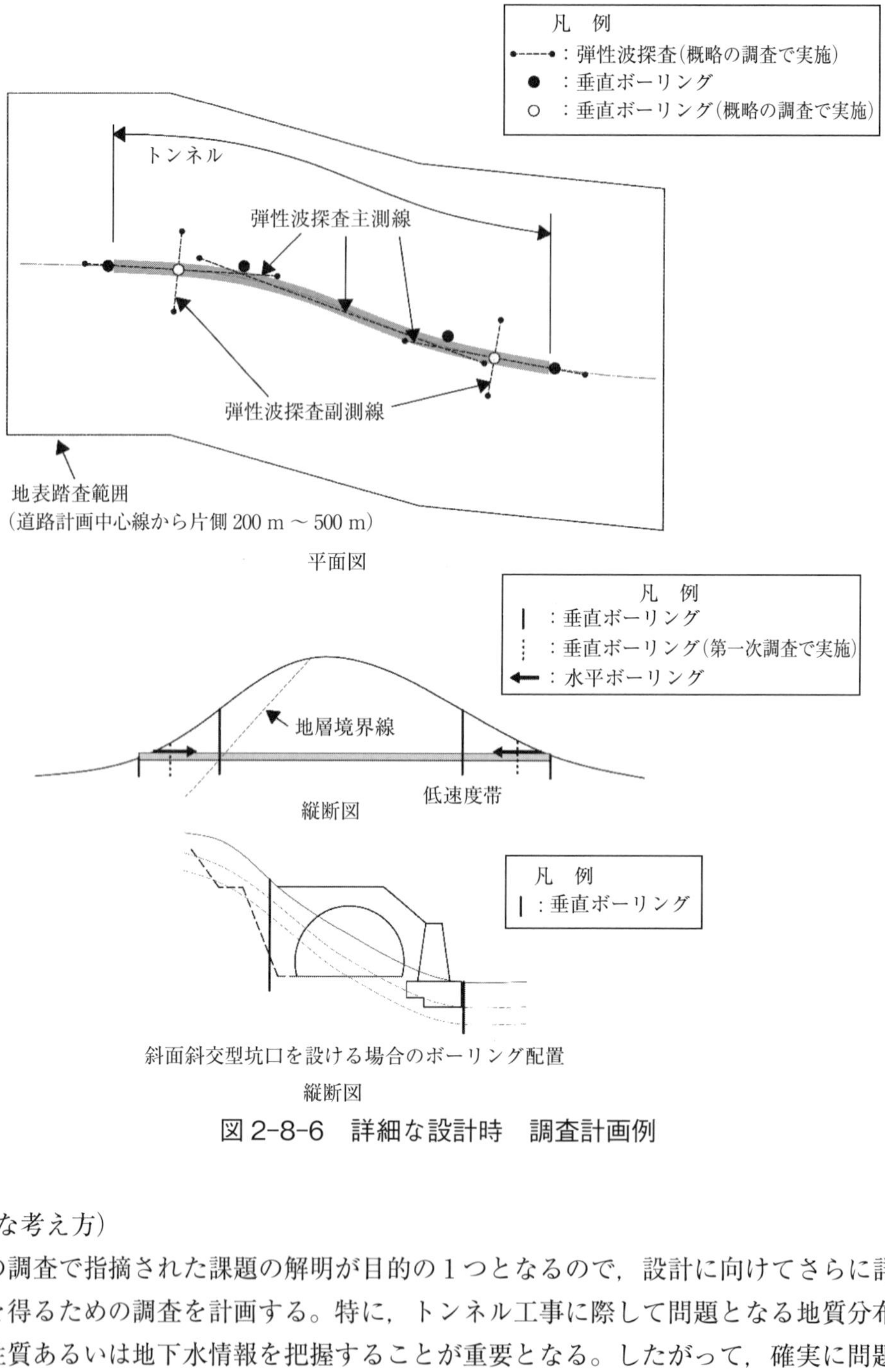

図 2-8-6　詳細な設計時　調査計画例

(基本的な考え方)

概略の調査で指摘された課題の解明が目的の１つとなるので，設計に向けてさらに詳細な地盤情報を得るための調査を計画する。特に，トンネル工事に際して問題となる地質分布やその工学的性質あるいは地下水情報を把握することが重要となる。したがって，確実に問題となる地質情報を得るために，例えば水平あるいは傾斜ボーリングを計画することも必要となる。

弾性波探査測線は，坑口部が不安定な地形であるにもかかわらず，概略の調査で副測線が実施されていない場合は行うべきである。また，室内岩石試験や検層など地盤物性値も確実に把握する必要がある。

（1）報 告 事 項

調査の結果は，単に調査結果を整理しただけのものや地質学的観点だけでなく，工学的観点に立って設計や施工および維持管理の検討に利用しやすいように地山の評価を行い整理しなければならない。なお，道路（高速道路），鉄道（新幹線）など対象によって地山分類も異なるので，それぞれの図書[1),4),5)]を目的に応じて参考にされたい。

1）概 略 調 査

① 報告書には次の内容を含む必要がある。
ア．調査の概要（調査名，調査位置，調査数量など），調査の方法および結果
イ．地形と地質，地層の物性値やその工学的特徴（トンネル地質縦断図にも整理する）
ウ．調査目的に対する所見
エ．今後に残された問題点と今後の調査計画
オ．その他（柱状図，試験データ，記録写真など）
② トンネル地質縦断図には，図の下にSTANo.，地盤高，計画高のほかトンネル計画高における各種の地山情報を記入する。
ア．地層名，岩種
イ．弾性波速度値
ウ．一軸圧縮強度，地山強度比
エ．湧水の予測
オ．トンネル施工上，特に問題となる地山条件について
その出現の可能性，問題の程度，これに対する対策の考え方を項目別にまとめる。
カ．残された問題点と調査項目および位置

2）詳 細 調 査

詳細調査の結果は，問題に対する必要な情報と今までに得られた情報とを総合的に整理して報告書，図面類などに取りまとめる。報告書には次の内容を含む必要がある。
① 調査の概要（調査名，調査数量など），調査の方法および結果
② 詳細調査までの経緯，問題となっている項目の背景と理由
③ 地形と地質，地層の物性値やその工学的特徴
④ 調査項目に対する所見
⑤ その他（柱状図，試験データ，記録写真など）
図面類の内容と縮尺などについては，概略調査に準ずる。また，新たな問題が生じた場合は補足調査のための後続調査計画を作成する。

トンネル地質縦断図の例を**図 2-8-7** に，弾性波探査で得られる観測走時曲線と理論走時曲線の例を**図 2-8-8** に示す。トモグラフィ解析断面図，はぎとり法による速度層断面図，波線図および弾性波探査に関する報告事項は，参考図書[例えば4)]を参照されたい。

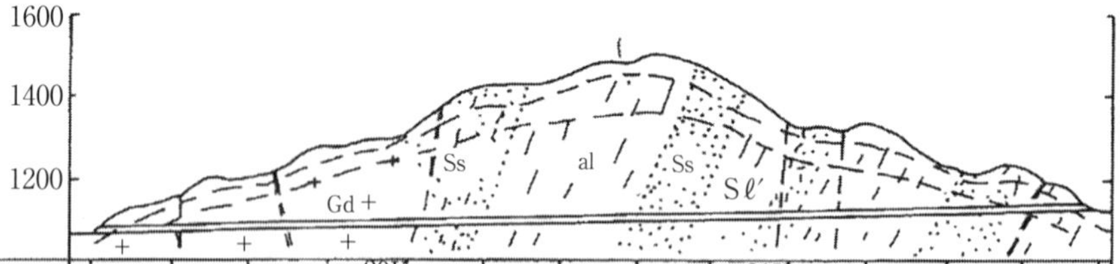

	距離程	200 400 600 800 20K0 200 400 600 800 21K0 200 400 600 800
	地盤高	1015 1150 1208 1280 1310 1445 1450 1510 1480 1345 1390 1210 1195 1720
	計画高	1080 … 1650
施工基面付近の地山の状況	地層名，岩種	花崗閃緑岩 / 砂岩 / 砂岩・粘板岩 / 砂岩 / 砂岩粘板岩 / 砂岩 / 砂岩・粘板岩 / 砂岩 / 砂岩 / 砂岩・粘板岩
	地山弾性波速度(m/s)	900 / 3700 1500 / 5100 / 4500 / 3700 / 1700 1500
	一軸圧縮強度(MN/m²)	花崗閃緑岩 qu＝10 MN/m²　粘板岩 qu＝40 MN/m²　砂岩 qu＝50 MN/m²
	地山強度比	$\alpha=15$　$\alpha=5$　$\alpha=7$
	湧水状況	地質境界で80～100 ℓ/分　坑口付近で10～20 ℓ/分
	記事	坑口付近マサ状の風化が厚い / 境界部付近の砂岩・粘板岩はフォルンフェルス化している / 断層は粘土化がすすむ / 坑口付近に地すべりの可能性がある。

＊　横と縦の縮尺が異なることがある。この場合，横は地質平面図と同縮尺とする。

図 2-8-7　トンネル地質縦断図の一例[4)]

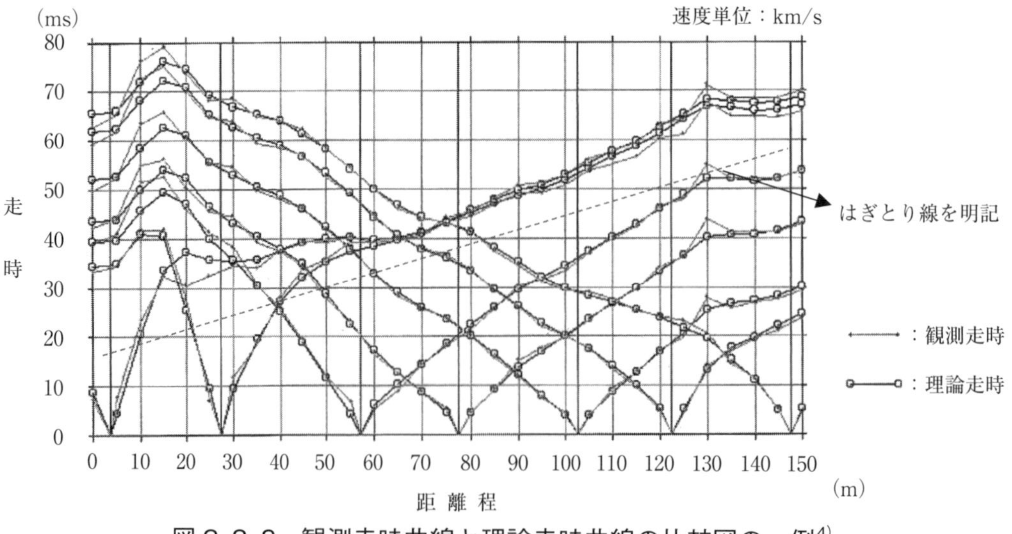

図 2-8-8　観測走時曲線と理論走時曲線の比較図の一例[4)]

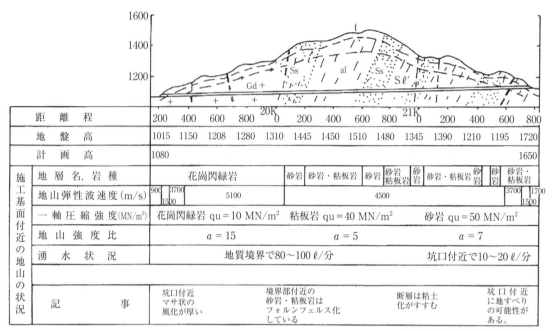

3. 施　工

（1）検討すべき項目

検討すべき項目は，次のとおりである。
・施工管理
・設計変更
・補償（水文調査）

【説明】

トンネル施工時の重要な要素に施工管理があり，予定された工程に沿って安全かつ効率的な施工が求められる。したがって，調査・設計段階で指摘された問題箇所については，サイクルタイムにトンネル前方を確認する調査を組み込むなどの対応により適切な施工管理が行われる。しかし，トンネル掘削では地質調査の予想と大幅に異なることが少なくない。この場合，設計変更や施工管理の修正に向けた地質資料を得るために，調査・設計段階で示したボーリングや弾性波探査などの追加調査を行わなければならない。

また，施工時には，トンネル湧水の水質や湧水に伴う周辺の地下水位低下などトンネル掘削による影響が散見されてくる。したがって，渇水問題など周辺環境への対策や補償に向けた対応についても検討すべき項目として挙げられる。

（2）取得すべき地盤情報

ここでは，1）施工時の地質調査（トンネル坑内からの切羽前方確認調査）と 2）水文調査（周辺環境に関する調査）について取得すべき地盤情報を説明する。

1）施工時の地質調査（トンネル坑内からの切羽前方確認調査）

施工時の地質調査において，取得すべき地盤情報は次のとおりである。
・切羽に関する情報（地山状態，工学的特性，予測）
・トンネル変状に関する情報
・トンネル周辺の地質情報

【説明】

施工時には切羽観察結果をトンネル縦断図に順次記入して地質の変化を的確にとらえる。これまでの地質調査の成果からトンネル前方に湧水が予測される場合や破砕帯が懸念される場合は，先進ボーリングや切羽前方探査によって，事前に地質の状態を予測しておくことが重要となる。**表 2-8-5** に施工中に実施する切羽前方探査技術を示す。

なお，切羽前方の各種調査手法や調査項目の詳細は，多数ある参考図書[1),4),5)]が参考になる。

表 2-8-5　施工中の坑内から実施する前方探査技術の現状と評価[1)]

			切羽観察	先進ボーリング						削岩機の活用	物理探査		調査坑	
				ボーリング調査		削孔検層法	ボアホールスキャナ	孔内試験および検層	地山試料試験	削孔検層法	坑内水平反射法弾性波探査	電磁誘導法	調査坑の掘削	各種原位置試験
				ノンコア	コア									
基本事項	調査および試験内容		切羽の地質状況	削孔情報	コア状況	削孔エネルギー	孔壁の画像	力学特性等		削孔エネルギー	弾性波反射面等	比抵抗分布	各種の地山情報	力学特性等
基本事項	探査距離（m）*1		鏡	ボーリングの延長						30 m	150 m	50 m	調査坑の延長	
基本事項	準備，作業時間*2		◎	△	△	△	△	△		△	△	◎	△	
基本事項	解析時間*3		◎	◎	△	◎	△	○		◎	◎	◎	△	
調査項目*4	地層状況の変化	破砕帯等の位置		○	◎	◎				◎	○	○	◎	
調査項目*4	地層状況の変化	破砕帯等の走向，傾斜	◎								○	○	◎	
調査項目*4	地層状況の変化	破砕帯等の規模（幅等）		○	◎	◎				◎	○		◎	
調査項目*4	地層状況の変化	地下空洞の有無		○	◎	◎	◎			◎		○	◎	
調査項目*4	地層状況の変化	ガスの賦存位置		○	○	△				△			◎	
調査項目*4	地層状況の変化	岩質，地層対比	◎	△	◎	○	◎			○	○	△	◎	
調査項目*4	地下水	帯水層の位置		○	○	○				○	△	○	◎	
調査項目*4	地下水	帯水層の透水性	△					◎	◎				△	◎
調査項目*4	地下水	水圧	△					◎	◎				△	
調査項目*4	地質の状態	不連続面の間隔	◎		◎		◎						◎	
調査項目*4	地質の状態	不連続面の状態	◎		◎		◎						◎	
調査項目*4	地質の状態	風化，変質	◎	○	◎	○	◎	◎	◎	○	○	○	◎	◎
調査項目*4	力学的性質	地山強度	△	△	△			◎	◎		○		○	◎
調査項目*4	力学的性質	変形係数	△					◎	◎				○	◎
調査項目*4	力学的性質	異方性	△					◎	◎					◎
調査項目*4	力学的性質	緩み領域	△	△	△	○	○	◎	◎	○	○		△	○
実用化のレベル*5			◎	◎	◎	◎	◎	◎	◎	◎	◎	△	◎	◎

*1　探査距離 同一技術でも岩質等の地山条件によって差異が生じる
*2　準備，作業時間 ◎：1～2 時間程度，○：半日程度，△：一日以上掘削休止
*3　解析時間 ◎：ほぼリアルタイム，○：数日以内，△：1 週間以上
*4　調査項目に関する評価 ◎：信頼性の高い情報となる，○：傾向をつかめる情報となる，△：参考になる程度の情報となる
*5　実用化のレベル ◎：実用化技術，慣用技術，○：試行段階の技術，△：実験段階の技術

２）水文調査（周辺環境に関する調査）

取得すべき水理情報は次のとおりであり，周辺環境に与える影響を把握する。
・渇水：河川や湧水，用水の渇水，地下水位や井戸水の水位低下
・地盤沈下：地表面沈下や陥没，および構造物の変状
・水質変化：補助工法による地表水や地下水の汚染，酸性水や温泉・鉱泉水，重金属による汚染
・水温：水田など農作物への影響
・地下水流動の遮断：地下水の水みちが変化したことによる渇水，植生変化等

【説明】

トンネル湧水に伴って水利用に対する影響や渇水問題が発生した場合，周辺の沢水や地下水環境が大きく変化して社会問題になることも少なくない。したがって，トンネル工事による影響について幅広く把握することが重要となる。

水文調査においても，ボーリング調査や弾性波探査などの地質調査と同様に，路線選定から維持管理にかけて徐々に精度を高めて調査を計画することが推奨される。**表 2-8-6** に段階ごとの水文調査と効果的な進め方の内容を示す。

表 2-8-6　段階ごとの水文調査と効果的な進め方[8)]

区分	時　　期	目　　的	内　　容	範　　囲
路線選定のための調査	比較路線の検討からトンネル路線の決定まで	水問題の程度と性質を想定し，問題の少ない，対策の可能な路線を選定するための資料を得ること。（以後の調査は問題の根本的な解消にはならないので，この段階の調査が一番重要である。）	水文地質調査，水収支調査，水文環境調査，事例調査，一般に概略的な調査	比較路線を含む広範囲
設計・施工計画の為の調査	トンネル路線の決定以降工事着工まで	水問題に関係した対策のための設計，計画，積算等に必要な資料を得ること。	水文地質調査，水収支調査，水文環境調査　一般に精密な調査	トンネル掘削の影響が考えられる範囲をカバーした地形・地質的単元を範囲とする。
施工の調査	施工中	施工中に生じる湧水・渇水問題の予測と確認および，設計変更，施工管理，補償のための資料を得ること。	水文地質調査，水収支調査，水文環境調査　前の段階の調査内容の補促および調査結果との対比	上に同じ
竣工後の調査	竣工後	工事中に生じた渇水等の問題に関して復元の有無等の資料を得ること。	水文地質調査，水収支調査，水文環境調査　トンネル掘削の影響が認められた水源やトンネル渇水そのものについての施工前，施工中の段階の結果との対比	トンネル掘削の影響があった範囲

図 2-8-9 には，トンネル施工前と施工後の水収支を示した。トンネル掘削によって，施工前に地下に貯留されていた地下水がトンネル湧水によって減少し，さらに地山の地下水位が低下することで，河川流量や湧水・井戸水，農業用水の減少が発生する。

トンネル湧水によって，確実に地下水位は低下して渇水問題が顕在化してくるので，各段階に応じた，適切な水文調査を計画・実施することで，事前の対策を講じることができる。

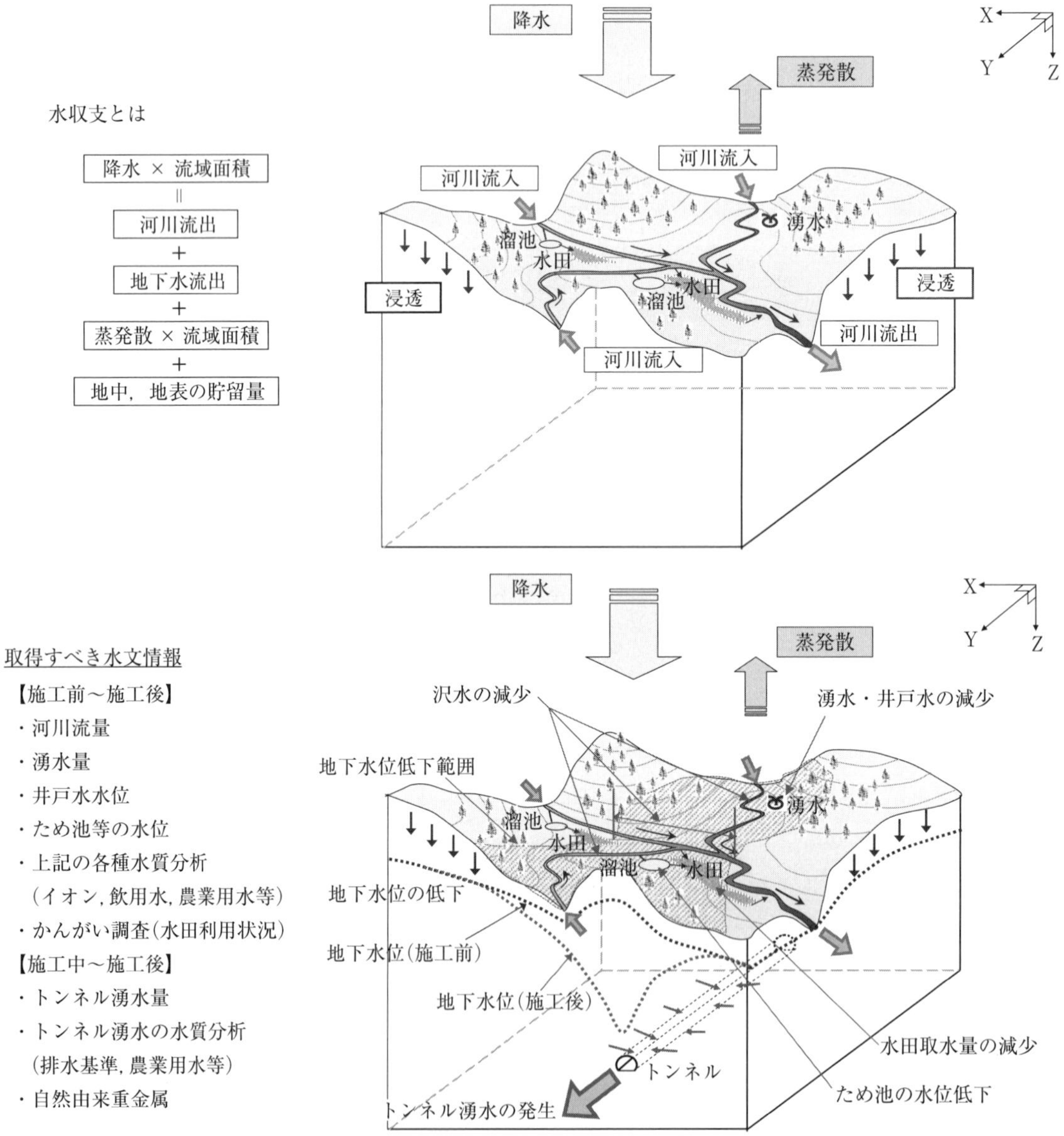

図 2-8-9　トンネル施工前と施工後の水収支[9]

（3）地盤調査の具体例

1）施工時の地質調査（トンネル坑内からの切羽前方確認調査）

トンネル坑内からの切羽前方を確認する施工時の地盤調査のうち，ここでは次の2つの事例を示す。

○先進水平ボーリング

○削孔検層法

【説明】

先進水平ボーリングは，直接地質を確認することができるほか，湧水状況も確認することができる。湧水が多い地山条件の場合，水抜き孔も兼ねる利点がある。検層や孔内試験あるいは岩石試験を行う場合には，時間が制限されるので事前の工程管理が重要となる。

削孔検層は，ドリルジャンボによる削孔時に得られる削孔速度，打撃圧等の油圧データを活用して，切羽前方地山の硬軟を客観的に評価する手法である。得られた削孔データについての工学的判断に課題が残るものの，比較的短時間で探査可能であり，簡易な前方探査技術として広く活用されている。

このほか，施工時にはBIM/CIMモデルを活用した取り組みも行われているので，参考資料[3)]を参照されたい。

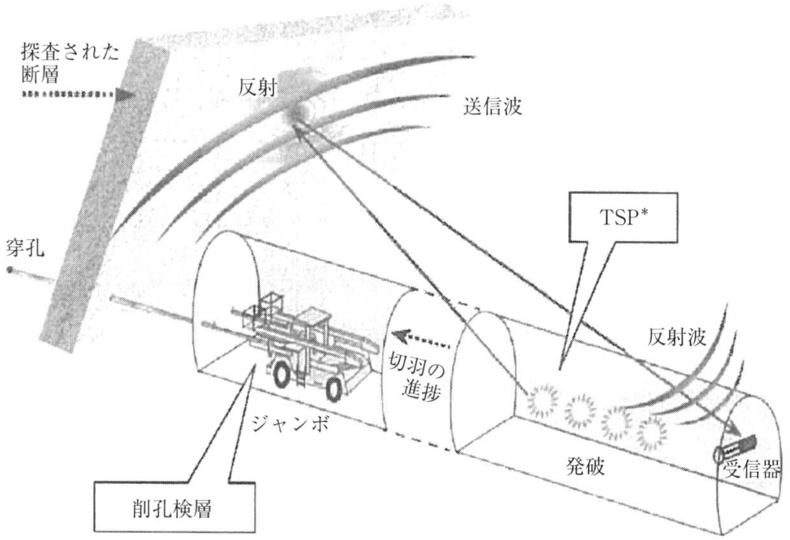

＊　TSP：Tunnel Seismic Prediction 反射法弾性波探査の原理を用いた切羽前方探査のこと
このほか HSP：Horizontal Seismic Profiling が採用される場合もある

図2-8-10　削孔検層と切羽前方探査の概念図[10)]（一部修正）

2）水 文 調 査

水文調査は，原則として次の調査を行うものとする（詳細は**第 4 章 4.1 水文調査**を参照）。

① 水利用調査
② 地下水位観測
③ 流量観測
④ 水質分析
⑤ 水収支シミュレーション

【説明】

水文調査はトンネル工事前に水利用調査が行われることが一般的である。この調査によって，沢水の農業用水への利用状況，集落の井戸分布状況と使用形態，簡易水道として沢水の利用や飲用水として井戸水が利用されていることなどが分かる。調査の段階で水文調査が行われていない場合は，まず水利用調査を行う必要がある。

次に，地下水位観測（井戸水等），流量観測（沢や湧水），および水質分析を実施する。トンネル掘削前（施工前）とトンネル掘削中（施工中），供用開始後（施工後）の地下水，沢水流量，水質がそれぞれどのような状況にあるか定量的に把握することを目的として実施する。

これらのデータを時系列に整理することで，定量的にトンネル施工前と施工後の水理地質状況を把握することができ，トンネル掘削による影響が出たときには補償対策資料としても活用できる。

（4）報 告 事 項

施工時に実施した地質調査の報告事項は，次の事項を考慮するものとする。

・問題箇所の位置，規模，性状
・設計変更の記録
・補償対策の資料として整理

【説明】

施工段階では，トンネル完成後の竣工図に加えて，トンネル施工時の切羽観察，計測結果，トラブル発生時の対策資料，設計変更の記録など，施工時の情報について管理し，施工者，発注者，管理者のほか地質技術者と情報を共有する必要がある。例えば，施工時に切羽の崩落等が断層・破砕帯で発生した場合，その位置・規模・性状等を地質技術者から施工者と管理者に，より高い精度で地質情報を提供することができる。

また，水文調査データについても渇水や水質汚濁等のトラブルが発生した際には，施工前と比較したデータが求められるので，GIS 等データベースを軸とした管理が必要となる。

４. 維持管理

（１）検討すべき項目

検討すべき項目は，次のとおりである。
・補償
・維持更新

【説明】

トンネル供用開始後の維持管理段階になると行われる地質調査は限られてくる。トンネルが永続的に支障なく機能することが重要となるので，検討すべき事項としては，維持更新のための検討のほか，周辺環境の変化などで問題が継続している場合には補償についての調査を必要に応じて行うことになる。

（２）取得すべき地盤情報

取得すべき地盤情報は次のとおりである。
・トンネル変状に関する地質調査
・周辺の環境変化に関する地質調査（水文調査）

【説明】

取得すべき地盤情報は，変状箇所の位置や規模，程度などの情報であり，維持管理時にはBIM/CIMを活用するなどデータを蓄積して効率よく活用することが重要になってくる。周辺環境の変化（水文調査）についても，いつトラブルが発生しても対応できるように，GISを用いた管理を行うことで維持管理がしやすくなる。

（３）地盤調査（BIM/CIMモデル）の活用例

維持管理の地質調査は，データ管理が重要となってくるのでここではBIM/CIMの活用方法を説明する。
詳細は『CIM導入ガイドライン（案）第６編トンネル編』（2020）を参照されたい。

【説明】

発注者は，工事完了後，対象路線の供用開始にあたり，設計業務やトンネル工事（本体，設備），周辺の明かり構造（橋梁，のり面工等）とともに，トンネル施工で判明した地山情報等を反映したBIM/CIMモデルを統合の上，共有サーバに格納し，維持管理段階で事務所・出張所職員等が共有・活用できるようにすることが望ましい。

2.8.3　調査実施上の留意点

山岳トンネルは地山深部の線状構造物であることから，人工構造物に比べて不均質性が大きくまた地下の状況をすべて直接見ることはできない。このためトンネル工事では不確実性や地質リスクが課題となってくる。

トンネル工事における地質リスクの発現原因は**図 2-8-11** に示す例がある。不具合の多くは自然リスクと人為リスクが相まって発生する。

ここでは，各段階の地質調査実施上の留意点を地質リスクの観点から簡潔に説明する。

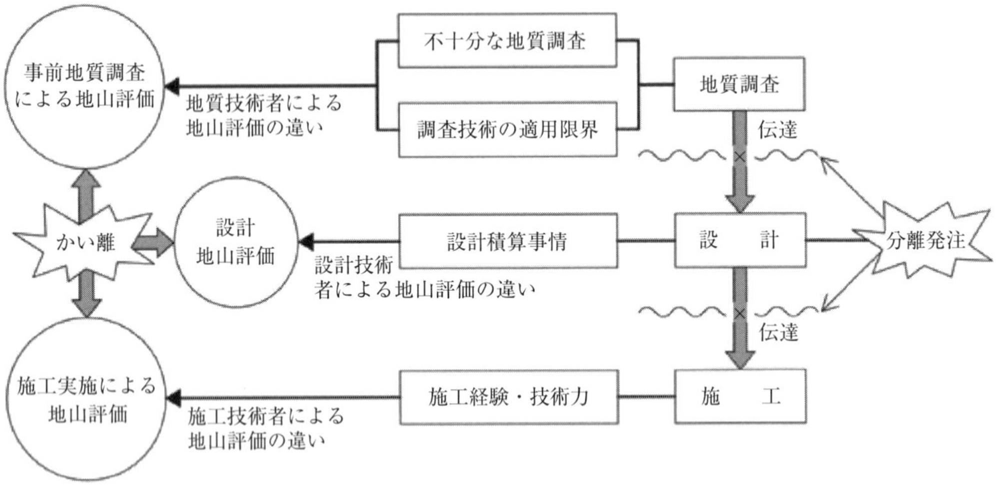

図 2-8-11　トンネル工事におけるリスクの発現のイメージ例[11)]

1.　計画（路線選定）

計画（路線選定）時の地質調査における留意点は次のとおりである。

・トンネルの路線は，地山条件を十分に把握した上で決定する。

・問題となる地質構成や断層等の地質構造が事前に分かっている場合は，弾性波探査などの物理探査やボーリング調査も実施して，より条件のよい箇所を選定する。

・BIM/CIM モデルは，路線選定の段階から活用できるので「BIM/CIM モデル作成　事前協議・引継書シート」へ必ず記録し継承する。

・選定する路線に保安林や砂防指定地，国定公園などが存在する場合は，地質調査時に作業許可申請が必要となるので，事前に把握しておくとよい。

2.　調査・設計

調査・設計時の留意点は，1）現場作業と 2）地質調査に分けて説明する。

1）現 場 作 業

・弾性波探査を行う場合，発破孔を設置しないと弾性波が施工面を通過しないので，留意が必要である。特に，測線長が長く土被りが大きい場合，発破孔が必須となる。

・トンネルの長さが L＝3.0 km 以上になると 1 日に用いる火薬量が 25 kg を超える可能性が

出てくる。この場合，火薬類取扱所の設置が必要となるので特記仕様書に記載されたい。

・弾性波探査測線が高速道路や鉄道に近接する場合，発破振動の計算を求められることがあるので，例えば日本火薬工業会『あんな発破こんな発破』[12]を参考に事前に発破による影響を検討しておくとよい。

・ボーリング位置が低土被り部などトンネル一般部を調査対象とする場合は，施工時にトラブルが予想されるため，トンネルセンターから10 m程度離れた位置で調査するとよい。

・また，地下水が問題となる場合は，水位観測孔として残置することで施工時に有効に活用できるので，現場状況に応じて検討されたい。

・地山条件によってトンネルズリに自然由来重金属が含まれている場合があり，事前に調査が必要となるので留意する[13]。

2）地 質 調 査

・トンネルの地質リスクとして，「押出し・大変形」「切羽崩壊・地表面陥没」「近接施工」「地すべり・斜面崩壊」「山はね」が挙げられる。

・これらの要因は，地山の力学的要因，地下水に関する要因，あるいは地球化学的な要因が考えられる。**表 2-8-7** に示す低減策を検討されたい。

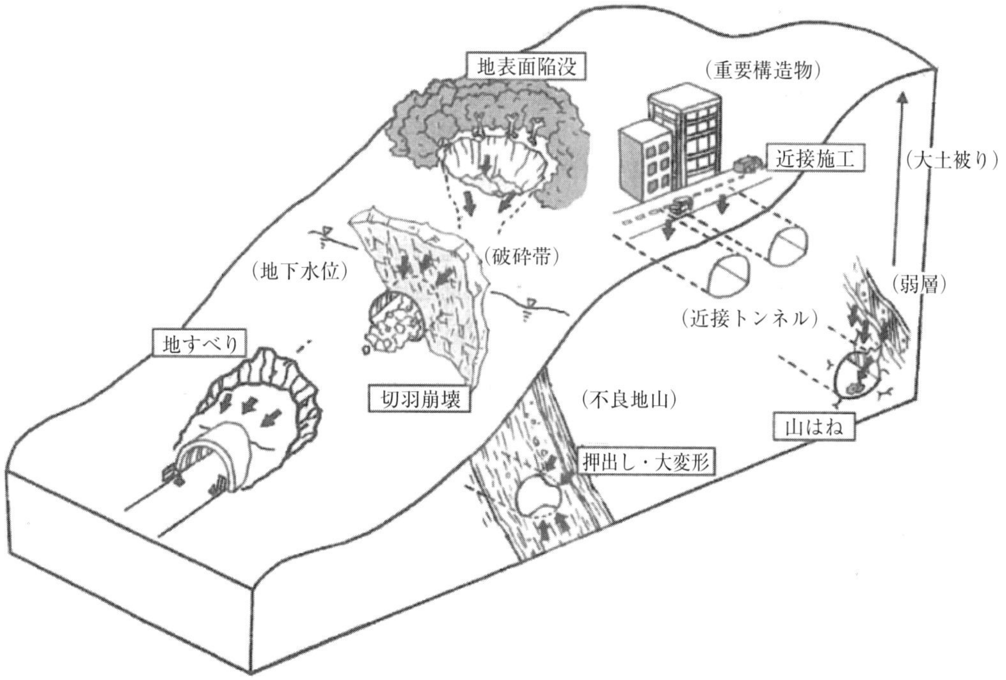

図 2-8-12　地質リスクの概念図[10]（一部修正）

表 2-8-7　不良地山とリスク低減策[14)]

要因	不良地山	リスク低減対策
力学的	膨張性	・事前調査における力学的条件の詳細把握 ・地山の力学的条件に適用した支保工の選定 ・切羽前方のゆるみを抑制するための補助工法，掘削工法の選定 ・施工状況に応じて臨機応変に変更可能な施工体制の準備
	塑性変形性	・地山条件に適応した剛性の大きい支保工の計画
	山はね	・初期応力の状態を測定する（鉛直応力＜水平応力） ・円形に近いトンネル断面を採用 ・鋼管膨張型ボルトやファイバー混入の吹付けコンクリートの採用 ・AE センサー測定による山鳴り現象の把握
	地すべり	・事前調査・設計段階での地すべりの有無の確認（専門技術者による） ・地すべりによる変位がある場合は地すべり安定対策を優先させる ・トンネル内湧水の積極的な排水処理 ・周辺地山の緩みやトンネル位置関係に応じて支保工，覆工の剛性増加 ・切羽面の自立性確保のための補助工法
地下水	大量湧水・突発性湧水	・切羽より水抜きボーリングなどで事前に地下水位を低下させる ・地山改良工法などによる難透水ゾーンの形成
	地すべり頭部陥没帯	・ルートは陥没帯を避ける ・回避できない場合は，排水工法で地下水位を低下させる 　または，注入固化する方法などの補助工法を採用
	帯水した断層破砕帯	・地表踏査による事前把握（1/2500～1/5000 程度） ・ボーリング調査（地表あるいは施工時の先進ボーリング）での確認
地球化学的	高温地熱・温泉	・地表からのボーリング調査（出来れば調査坑が望ましい） ・作業員の健康被害を防ぐための十分な換気 ・高熱に適応した支保材料の選定
	可燃性ガス・有毒ガス	・既存資料などによる旧坑道（空洞）やメタンガスの事前把握 ・先進ボーリングによるガス含有状況の掌握 ・掘削中のガス検知管理と換気装置の配備
	酸性水・重金属の溶出	・変質帯の性質に着目した化学分析等の実施 ・有害物に対応した排水，ずり処理の計画的な実施

3. 施　工

施工時に行う地質調査のうち，1）切羽前方調査と 2）水文調査の留意点を示す。

1）切羽前方調査

・調査の際に問題となった箇所について切羽前方調査を行う。地質調査の不確実性も踏まえた上で調査を行い，地質リスクを評価することが重要となる。

・BIM/CIM モデルを活用する場合は，発注者と協議を行い，維持管理段階の有用な情報になり得るか事前に協議を行い，属性情報として付与する。

2）水 文 調 査

・渇水問題や水質変化など発生した場合，トンネル施工前のデータがないと施工後に同程度変化したか比較できないので，補償対応は困難である。

・補償対応は，応急対策と恒久対策に分けられる。特に，恒久対策は地元と時間をかけて補償する水量などを十分に協議することが重要となるので留意されたい。

4. 維持管理

維持管理の留意点として，BIM/CIM モデル活用する際の地質調査の課題を示す。

・問題があった場合は，事業全体に携わる関係者間で情報を共有できるようにする。

・複雑な地質構成や地質構造，あるいは低土被りや膨張性地山などさまざまな地山条件が数多くあるので，まずはBIM/CIM モデルをより数多く蓄積して事例を増やすことが急務である。

2.8.4　積算上の留意点

山岳トンネルで行う各種地質調査の積算については，全国地質調査業協会連合会発行『全国標準積算基準（土質調査・地質調査)』などが参考になる。ここでは，弾性波探査における積算上の留意点を挙げる。

1. 測線配置計画

測線は計画ルート上に主測線を設定することが一般的であるが，計画ルートが大きく曲がる場合には複数の直線の主測線を組み合わせなければならない。このとき，**図2-8-13**のように主測線が主測線1と主測線2に分かれる場合は，主測線の延長は計画ルートの直上だけでなく，その延長上に長く設定しなければならない。交点から延長する長さは，調査地点の土被りによって設定されるが，トンネル一般部ではできるだけ長く設定するとよい。

したがって，計画ルートが曲がる場合は，複数の主測線を設けるため，測線延長が長くなることに留意されたい。

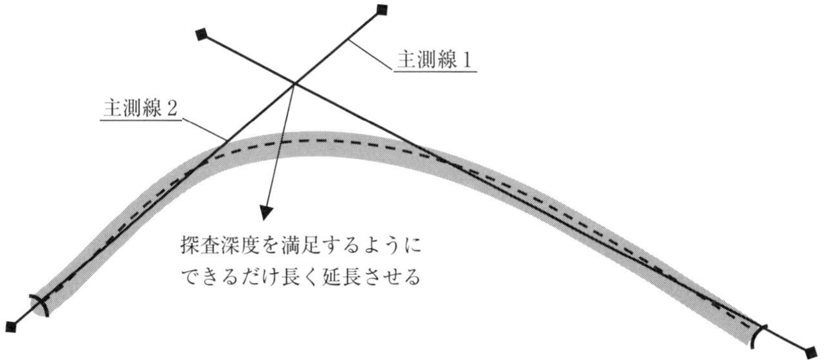

図2-8-13　路線が大きく曲がった計画ルートの弾性波探査の測線配置

2. 発破孔ボーリング

土被りが大きい（経験的に200 m 以上）トンネルで弾性波探査を行う場合，トンネル施工面の下まで弾性波が届かない状況が懸念される。せっかく調査を行っても施工に反映できない結果となってしまうので，土被りが大きい場合は，トンネルの両坑口付近に発破孔をそれぞれ設けなければ，有益な結果が得られないことに留意が必要である。

したがって，計画するトンネルの土被りが大きい場合には，事前に発破孔の設置を見込んだ積算に留意されたい。

《参考文献》

1）土木学会：トンネル標準示方書［共通編］・同解説/［山岳工法］・同解説，2016
2）大島洋志：増補 私の地質工学随想～国鉄・隧道とともに～—古希を記念して—，2012
3）国土交通省：CIM 導入ガイドライン（案）第 6 編トンネル編，2020
4）東日本・中日本・西日本高速道路株式会社：調査要領，2024
5）鉄道総合技術等研究所：鉄道構造物等設計標準・同解説—トンネル・山岳編，2022
6）東日本・中日本・西日本高速道路株式会社：設計要領第三集トンネル，2024
7）土木学会：トンネル標準示方書（山岳工法編）・同解説，1996
8）日本トンネル技術協会：トンネル施工に伴う湧水渇水対策に関する調査研究（その 2）報告書，p.74，1983
9）西日本高速道路関西支社大阪工事事務所：新名神高速道路大阪府域地下水流動対策検討委員会第 3 回委員会，資料-2，2009
10）土木学会：実務者のための山岳トンネルのリスク低減対策，2019
11）土木学会：より良い山岳トンネルの事前調査・事前設計に向けて，2007
12）日本火薬工業会：あんな発破こんな発破 発破事例集，2002
13）国土交通省：建設工事における自然由来重金属等含有岩石・土壌への対応マニュアル，2023
14）竹林亜夫・滝沢文教・上野将司：山岳トンネルにおける不良地山に関する地質工学的考察，トンネル工学報告集，Vol.16，土木学会，2006

2.9　ダ　ム

ダムの地質調査では，ダムの目的，ダムの規模・型式，調査対象となる施設の種類等の基本的な情報を踏まえて調査計画を立案するが，調査対象エリアの地形・地質状況を踏まえた調査計画の内容は多様であり，多くの種類の調査手法を用いる必要がある。また，近年の気候変動の影響に伴う局地的大雨等の増加を踏まえて，総合治水から流域治水へと施策が変遷している中，ダムに求められる役割が見直されており，新しいダムの建設に加えて，既存ダムの再生やダム群連携が図られるダム再生事業への対応も重要である。

以上のような背景を踏まえて，本節では，ダムの地質調査について整理する。なお，ダム事業における地質調査段階と適用される地質調査手法については，『改訂3版地質調査要領』に**表2-9-1**のとおり整理されているが，本表はダムサイトの地質調査を中心として整理されていることに留意されたい。

表2-9-1　地質調査段階，対象と手法の適用性[1]（一部修正）

調査段階	調査区分（調査対象・目的）	地質調査手法											
		地形図等収集	文献調査	地形判読	地表地質踏査	弾性波探査	ボーリング	調査坑	トレンチ調査	岩石試験	原位置試験	各種物理探査	各種計測測定
ダムサイト選定調査	・広域地質（広域地質構造確認，他調査基礎資料）	○	○	○	○					△			
	・基礎耐荷性（ダムサイト候補地点地質）	○	○	○	○	○	○	△		△			
	・水理地質構造（貯水池漏水可能性調査）		○	○	△								
	・堤体材料（材料採取可否・候補地点抽出）	○	○	○	○								
	・斜面安定（ダム計画に影響する地すべり調査）	○	○	○	○	○	△	△					
	・第四紀断層調査		○	○	△			△	△			△	△
ダム軸選定調査	・基礎耐荷性（ダム軸選定のための地質・岩盤状況）				△	△	○	○	△	△	△	△	
	・水理地質構造（ダムサイト）				△		○	○				△	
	・水理地質構造（貯水池漏水調査）	○	△	△	○	△	△	△				△	
	・堤体材料（各候補地地質岩盤状況・候補地追加抽出）				○	○	○	○		○		○	
	・斜面安定（貯水池周辺地すべり）		△	○	○	△	△						△
	・仮設備等調査				○	○	○						
設計調査	・基礎耐荷性（設計のための地質・岩盤状況）				△	△	○	○	△	○	○	○	
	・水理地質構造（ダムサイト）				△	△	○	△				△	△
	・水理地質構造（貯水池漏水調査）				△	△	○	△			○	△	
	・堤体材料（賦存量・品質・施工計画）				△	△	○	○		○		○	
	・斜面安定（地すべり安定化対策設計）		△	△	○	△	○	△				△	○
	・斜面安定（長大のり面安定化対策）			○	○	○	○	○		○	○	○	
	・仮設備等調査				○	○	○	△					
細部調査	・ダムサイト固有の地質工学的課題に対する調査				○		○	○		○		○	○
	・貯水池周辺斜面安定調査			△	○	○	○	○				○	○
	・長大のり面に関わる調査			○	○	○	○	○		○	○	○	
	・貯水池漏水調査				○	○	○	△				○	
施工時の調査					○		△	△	△				

○：実施する　△：必要に応じて実施する

2.9.1　調査の目的

1．ダムの型式と機能

ダムの型式はコンクリートダムとフィルダムの2種類に大別される。コンクリートダムには重力式コンクリートダム，アーチ式コンクリートダム，台形CSGダム等，フィルダムにはアースダム，ロックフィルダム等があるが，コンクリートダムとフィルダムが一つのダムを形成する複合ダムも挙げられる（**図2-9-1**）。ダムに求められる機能には，洪水調整，流水の正常な機能維持，生活用水・都市用水・農業用水等の利水，発電利用等があるが，これらの機能のうち単一あるいは複数を目的としてダムは建設される。

ダムの型式は主にダムサイトの地形および地質によって決定されるため，ダムの型式と機能との間に関係性はほとんどない。そのため，ダム建設の初期段階では，ダムサイト候補地の地形および地質を把握することが地質技術者の主な役割の一つとなる。

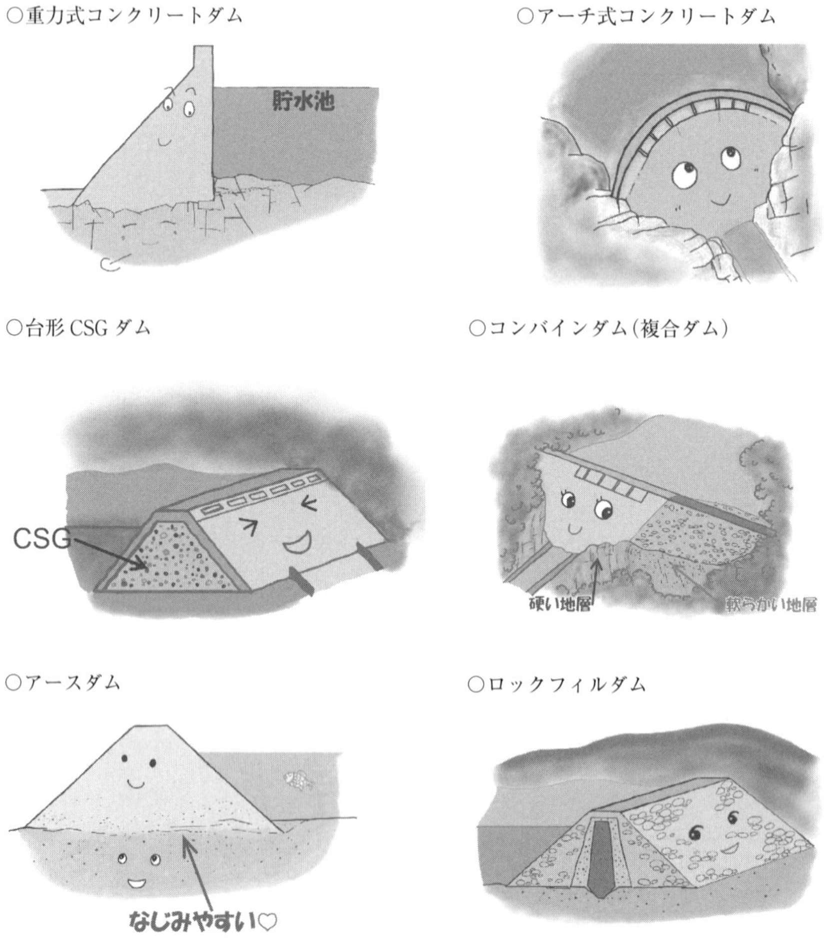

図2-9-1　ダムの種類[2)]

2. ダム事業の地質調査

ダム事業では，主にダムサイト，貯水池周辺および原石山で地質調査が行われるが，その他には，ダム湛水による道路および鉄道等の代替ルートや地元住民のための代替地等の建設に伴う地質調査等が実施される。そのため，ダム事業で行われる地質調査はその調査対象が広範となり，多様な調査手法を用いるため，「技術の宝石箱や～！」的な事業となり，地質技術者には専門的かつ広範な知見が求められる。

表2-9-2には，ダム事業における調査対象と地質調査の種類等について整理した一覧表を示す。これらの地質調査では，ダム特有の調査手法のほか，公共事業に伴う地質調査に適用されている一般的な調査手法を多く含んでいるため，適宜，ほかの章節を参照されたい。また，ダム事業に適用される調査手法については，『改訂3版地質調査要領』に詳述されているので，そちらを参照されたい。

表2-9-2　ダム事業における主な調査対象と調査の種類（例）

対象施設	調査対象	調査の種類	主な参照箇所
ダムサイト	ダム本体	ダムサイト選定調査	・表2-9-1
		ダム軸選定調査	・表2-9-1
		設計調査	・表2-9-1
	工事用道路	切土・盛土	・2.2 盛土構造物，2.3 切土構造物
		トンネル	・2.8 山岳トンネル
		橋梁	・2.4 橋梁基礎
	転流工	トンネル	・2.8 山岳トンネル
		仮締切	・表2-9-1
	仮設備	構造物基礎調査	・2.1 建築構造物
原石山・土取場	原石山・土取場	材料調査	・表2-9-1
		仮設備調査	・2.1 建築構造物
貯水池周辺	貯水池	地すべり調査	・3.2 土砂災害防止
		水文観測	・4.1 水文調査
付替道路・鉄道	道路・線路	切土・盛土	・2.2 盛土構造物，2.3 切土構造物
		トンネル	・2.8 山岳トンネル
		橋梁	・2.4 橋梁基礎
代替地	代替地	切土・盛土	・2.2 盛土構造物，2.3 切土構造物
		造成	・3.5 宅地盛土および特定盛土
		構造物基礎調査	・2.1 建築構造物

3. ダム再生事業の地質調査

ダム再生事業では，既存ストックの有効活用として，既存ダムの長寿命化やダム機能の維持向上が図られている。『河川データブック 2022』[3) によると，2022 年 4 月 1 日時点で完成したダム再生事業は 34 ダム，事業中は 33 ダムとなっている。それらダム再生事業の主な実施内容としては，ダムの嵩上げや土砂バイパスおよび堆砂対策により貯水容量を増やすものと，洪水吐の増設・改造やトンネル洪水吐等の新設により運用を変更するものがある。その中でも，ダムの嵩上げに伴う地質調査では，ダム基礎岩盤の設計条件を把握するため，新設ダムの地質調査と同じような調査手法が適用されることが多い。また，土砂バイパスやトンネル洪水吐等はダムサイト近傍の地山にトンネルを建設するため，トンネルの地質調査に関する図書[例えば 4)] が参考となる。ただし，既設ダムの近傍もしくはその堤体内で地質調査を行うため，以下のような事項について留意し，調査計画を立案する。

- ・稼働中となる既設ダムの機能を損傷しないこと
- ・稼働中となる既設ダムの運用を妨げないこと
- ・限られたエリア・空間において，作業性と安全を確保すること
- ・ダム堤体内での調査の場合，貯水位と湧水に留意すること

表 2-9-3 には，ダム再生事業における地質調査について，その調査対象と目的を整理する。

表 2-9-3　ダム再生事業における調査対象と目的[5) をもとに作成]

調査対象	目　的
既設堤体・基礎地盤の設計条件の把握	ダム再生事業の検討にあたっては，設計の前提となる既設堤体と基礎地盤の設計条件を十分に把握する。
第四紀断層	ダム再生事業の実施にあたっては，第四紀断層に関する既設ダム建設時の調査結果や最新の文献等を踏まえ，第四紀断層調査を実施することを基本とする。
貯水池周辺の地すべり等	ダム再生事業のうち堤体の嵩上げによる貯水位の変動を伴う場合は，貯水池周辺地すべり等の調査を行い，必要な場合には対策を検討する。堤体の嵩上げを伴わず，貯水池の運用変更のみ実施する場合は，既設ダムにおける貯水位の変動実績等に基づき，運用変更後における貯水池周辺斜面の安定性を確認することとし，安定であることが確認できた場合は，貯水池周辺地すべり等の対策を行う必要はない。

2.9.2　調査計画・内容

1.　ダムサイトの地質調査

（1）調査の概要

ダムサイトの地質調査は次の施設に対して行われる（**表 2-9-2** 参照）。

・ダム本体

・工事用道路，転流工等の仮設備

ここでは，これらを対象とした地質調査について概説する。

1）ダム本体

ダム本体の地質調査は**表 2-9-1** に示されているとおり段階的に実施する。

①　ダムサイト選定調査

②　ダム軸選定調査

③　設計調査

以下では，これら段階に応じて実施される地質調査の概要を述べる。

①　ダムサイト選定調査

ダムサイト選定調査では，広域的に地形地質を把握して，ダムの建設箇所を選定する。このダム建設前の初期段階の地質調査では，文献収集・整理，地形判読，地表地質踏査といった調査手法が主に適用されるが，ダム基礎岩盤の力学的および水理学的な安全性，堤体積や掘削量等による経済性，ダムの機能の確認，その他施設の配置等，ダムサイト選定における課題を踏まえて，ダム計画の可能性を検討する。また，地形地質の把握に伴い，対象エリアに適したダムの型式が選定されるが，コンクリートダムやフィルダムに求められる地山条件や堤体材料についても並行して地質調査を行い，ダム計画の実現性を検討する。

②　ダム軸選定調査

ダム軸選定調査では，前段階の地質調査で選定されたダムサイトにおいて，ダム軸の選定，ダム型式と規模の決定，座取り・掘削ラインの検討等を行う。このダム建設前の中間段階の地質調査では，想定されるダム軸を中心として 40 m 前後のグリッドを設定し，そのグリッドに基づいてボーリング調査や横坑調査等を実施する。そして，この段階では，ダム堤体敷きおよびその両側斜面を中心にボーリング調査等を配置するとともに各種原位置試験も並行して実施し，地質断面図・岩級区分図・ルジオンマップといったダム建設の設計の基礎となる図面を作成する。また，ダム軸付近の地山では横坑調査を行い，地山における地質および地質構造や岩級区分等を観察・判定し，原位置せん断試験や平板載荷試験等により岩級区分と力学特性の関係性を検討し，計画されるダムに求められる強度を満たすダム基礎岩盤の岩級区分を設定する。

③　設計調査

設計調査では，前段階となる中間段階で決定されたダム軸を中心に，ダムの詳細設計に必要な地質データを取得する。ダム建設前の最終となるこの段階の地質調査では，地質および地質構造の３次元的な分布や連続性を詳細に把握するとともに，水理特性を合わせた水理地質構造も把握する。これらの地質データに基づき詳細設計は行われ，ダムの形や大きさ，地山の掘削ライン，ダム基礎岩盤の処理や止水計画等を決定する。併せて，ダム本体の施工のための工事用道路，仮締切や仮排水トンネル，コンクリートや原石山からの材料運搬設備，骨材プラントやバッチャープラントの仮設備等，ダム本体施工にかかわる各種施設も設計される。また，ダムサイトの地質調査と並行して付替道路や代替地の建設に伴う地質調査を行うが，これらの調査は地元や地域社会への影響を踏まえて，早い段階から実施する場合もある。

2）仮　設　備

工事用道路や転流工，その他のダム本体の施工にかかわる仮設備については，ダム本体の調査とは別途に計画して実施する場合が多い。

工事用道路については，既設道路からダム本体付近までのアクセス道路として，路線線形や道路の幅員および勾配等の道路構造のほか，車両の種類，通行量，重量等に基づいて設計が行われるが，切土や盛土，仮設栈橋等の計画に対して地質調査を実施する。その際の調査手法は，道路事業における切土および盛土や橋梁に適用される調査手法が参考となる。

転流工は，その性質上，ダム本体を上下流方向に跨ぎ，かつ河川に平行なルートとなる場合が多い。そのため，仮締切や呑口部および吐口部を設置する対象地盤は河床堆積物や河川沿い斜面に分布する未固結堆積物となる可能性があるため，それら施設の設置に伴うのり面の安定性や保護，施工中の河道変更による水流の変化に起因する地山の侵食等に留意しながら地質調査を実施する。なお，仮排水トンネルの地質調査は，一般的なトンネル調査の調査手法と同じものとなるが，将来的にダムの施設の一部となる場合もあることに留意が必要である。

（2）調査計画のポイント

ダムサイトの地質調査における調査計画のポイントを以下に整理する。

・ダムサイトの地質調査は，段階的に広域からダムサイトに調査対象を絞っていくため，河床部および両岸部とその上下流方向および深度方向に，地質および地質構造や力学特性および水理特性を３次元的に把握できるような配置とする。
・段階的な地質調査によって取得する地質データを重ね合わせていき，近傍の地質データと比較検討することによって地質データの妥当性は高まり，ダムサイトの地質状況を精度良く把握する。
・計画時に留意すべき地質リスク[6]について，ダムサイトに分布する地質体によって考慮すべきリスク源を整理して（**表 2-9-4**），調査箇所で抽出された地質リスクを踏まえた調査計画を立案する。
・ダムサイトの地質調査においては，使用する土地が国有林や保安林である場合が多いため，その申請手続きに係る時間や費用を計画に組み込むことが，事業のスムーズな進捗に重要である。
・さまざまな調査手法が適用されるダムサイトの地質調査では，その搬入出・仮設方法や給水方法等の施工計画が重要となるため，現地確認で現地調査の方法と履行性を確認するとともに，環境保全や地元対応等にも留意することが大切となる。

表 2-9-4　ダム計画上意識すべき主な土木地質リスク源とリスク事象の関係[6)]

土木地質リスク源＼土木地質リスク事象		強度不足	変形（不等沈下・膨張等）	高透水（漏水）	浸透破壊	斜面不安定化	透水性難改良	止水範囲の広域化	劣化（スレーキング・凍結融解等）	溶食	不良材料（低品質・含有害鉱物）	有害物質流出（重金属等）	分布・地質構造の推定の困難さ
不連続面	断層（活断層の場合を除く）	○	○	○	○	○	○	○	○		○	○	○
	節理	○		○		○		○					
	片理	○		○		○							
	層理	○		○		○							
	軟質挟在層	○	○		○	○	○	○	○		○		○
火山活動	熱水変質	○	○		○	○	○	○	○		○	○	○
	貫入岩	○	○	○	○				○		○	○	○
	自破砕状溶岩	○	○	○	○	○	○	○			○		○
	火砕物	○	○	○	○	○	○	○			○		
風化		○	○	○	○	○	○	○			○	○	
侵食・堆積	不整合	○		○	○	○		○					○
	メランジュ	○	○	○		○	○	○			○	○	○
	砕屑岩脈	○	○	○	○								○
	段丘堆積物	○	○	○	○	○	○	○					
	崖錐堆積物	○	○	○	○	○	○						
	炭酸塩岩			○			○	○		○			○

○：関連し合うことが多い土木地質リスク源と土木地質リスク事象

2. 材料の調査

(1) 調査の概要

材料調査では，次のとおり，段階的に地質調査が行われる。

- 初期段階：ダムサイト近傍での材料採取の可否の検討や選定
- 中間段階：採取地の選定，材料となる岩石等の物性の把握，賦存量や設計値の概算
- 最終段階：採取可能な材料の賦存量の確定，採取方法や管理基準値の設定

材料調査はコンクリートダムの場合とフィルダムの場合では，調査対象が異なる。コンクリートダムの場合はコンクリート骨材としての河床礫や岩石等の材料，フィルダムの場合は盛立材料としての透水性材料，半透水性材料および遮水材料について，それらの分布範囲を確認するとともに，賦存量や施工性・経済性に観点を置いた地質調査を計画・立案する。また，昨今，建設事例が増加している台形 CSG ダムは材料の合理化に着目された新しいダム[7)]であるため，本項において，台形 CSG ダムにおける材料調査についても概説する。

1）コンクリート骨材

コンクリート骨材に求められる性質とその試験方法は『コンクリート標準示方書（ダムコン

クリート編)』[8]（2023）に示されている。また，『ダムの地質調査』[9]（1986）によれば，コンクリート骨材に求められる条件は，次のとおりである。

・堅硬で耐久性に富むこと
・粒径，粒度分布が適当であること
・有害物含有量が許容量を超えないこと

これら条件を踏まえて，材料を採取する原石山を選定するための地質調査を行うが，コンクリート骨材として利用できる岩石だけが分布することはない。そこで，原石山の地層構成や岩盤の風化変質状況等の調査結果から，コンクリート骨材としての適用区分により歩留まりを把握して，コンクリート骨材の賦存量と廃材の量を算定する。併せて，廃材のための土捨て場の選定，採取・運搬といった施工計画，採取後の原石山の保全・利用等について検討して原石山としての利用が決定される。

表 2-9-5 には，コンクリート骨材としての岩種別特性を示す。

表 2-9-5　コンクリート骨材としての岩種別特性[9]

分　類	代表的岩石	コンクリート骨材としての良否
火成岩		
火山岩類（細粒結晶質）	玄武岩 安山岩 流紋岩	骨材としては良質，ただし，蛋白石質を含んでいる火山岩類の場合は注意する必要がある
深成岩類（粗粒結晶質）	花崗岩 閃緑岩	（同上）
堆積岩		
砕屑岩　火山砕屑岩	凝灰岩 集塊岩	一般的に多孔質なので注意する必要がある
砕屑岩　水成砕屑岩	頁岩	偏平性があり，あまり良質でない
	砂岩	骨材としては良質
	礫岩	こう結物質が弱い場合には，骨材として良質でない
有機性，化学的堆積岩	石灰岩	骨材として良質
	チャート（珪岩）	骨材として比較的良質。ただし，層理が発達している場合には粒径が小さくなる
	蛋白石	アルカリ骨材反応を生じるので不適
変成岩		
動力変成岩	粘板岩 片石	偏平性が強く骨材としては良質でない
	片麻岩	骨材としては比較的良質
熱変成岩	ホルンフェルス 大理石	骨材として良質

2）盛 立 材 料

フィルダムの築堤材料となる透水性材料，半透水性材料と遮水材料は，それぞれの採取可能量とそのバランスがダムの型式の決定において主要な要素の一つとなる。また，それぞれの材料の基本的な物性も重要な要素であり，フィルダムの各ゾーンにおける強度および変形性や透水性の設定においては所定の室内試験を行う。

表 2-9-6 には，調査段階に応じて実施する材料試験項目を示す。

表 2-9-6　調査・設計の区分と試験項目[10)]

試験項目*3	第Ⅰ期（材料調査および選定）*1				第Ⅱ期（設計値および施工計画の決定）*1				第Ⅲ期（施工管理）*1*4			
	土質材料		砂礫・ロック材料		土質材料		砂礫・ロック材料		土質材料		砂礫・ロック材料	
	中央*2	現場	中央	現場	中央	現場	中央	現場	中央	現場	中央	現場
比重	◎	△	◎	△	◎	◎	◎	◎		○	△	◎
吸水率			◎	△			◎	◎			△	◎
含水量	◎	△	◎		◎	◎	◎	◎	△	◎		◎
粒度	◎	△	◎	△	◎	◎	◎	◎	△	◎	△	◎
コンシステンシー	◎	△			◎	◎				◎		
有機物含有量	○		○									
水溶性成分含量	○		○									
粘土鉱物成分	○		○									
吸水膨張	○		○									
耐久性			○				○				○	○
一軸圧縮			◎				○					
締固め*5	◎				◎	◎	◎	◎	△	◎	△	◎
透水*5	◎		◎		◎	◎	◎	◎	△	◎		◎
圧密	○				◎							
せん断*6	△				◎		◎		◎		◎	
現場採取						○		△		◎		◎
現場盛立						○		△		◎		◎

◎：必ず実施すべき試験　○：材料により実施すべき試験　△：必要に応じ実施する試験

*1　第Ⅰ期，第Ⅱ期，第Ⅲ期の区分とその意義・目的は次のとおりである。
- 第Ⅰ期とは，材料選定の基本方針を立てる段階で，現場の試験設備が完備しておらず主に中央の試験室で試験を行う。手順としては物理試験を優先して行う。
- 第Ⅱ期とは，設計値を求め施工計画を立てる段階である。中央試験室では代表試料について試験を行い，現場試験室では材料の幅を押さえるとともに担当者の養成を行う。
- 第Ⅲ期とは，工事発注後施工管理を行う段階であるので現場試験室が主体となり，問題が生じた時には中央試験室で試験を行う。

*2　「中央」とは中央試験室で，「現場」とは現場試験室で試験を分担することを表す。なお，第Ⅰ期における中央と現場との分担は現場の体制により変更することがある。

*3　特に，高いダムや特殊な材料を用いるダムでの試験項目は，必要に応じて適宜追加するものとする。

*4　第Ⅲ期には現場密度・現場透水試験が含まれる。

*5　締固め試験・透水試験では，材料の性質・施工方法等に応じてエネルギーを変化させた試験も実施する。

*6　せん断試験は，材料の性質・現場の状況を考慮して試験条件の設定を行うこととする。

3）台形CSGダムにおける材料調査

台形CSGダムの建設においても，母材となる材料調査は重要な実施項目となり，母材の賦存量や賦存状況，基本的な物性を把握するとともに，採掘や運搬の施工性や経済性，採取地の環境保全や跡地利用についても検討する。このような調査の目的はフィルダムの材料調査と同じであるが，台形CSGダムの特徴は「材料の合理化・設計の合理化・施工の合理化」にある。その合理化の結果，ダムの形状が台形とされたことで堤体材料に求められる強度は低くなり，材料選定の範囲が大きくなった。それにより，掘削ズリ，砂礫等の河床堆積物および段丘堆積物，風化岩等が母材の対象となり，ダムサイト周辺で確保することが容易となった。ただし，それらの材料をCSG材として使用する場合は，母材の粒径および粒度組成と密度や吸水率等の基本的な物性を踏まえて作製されたCSGの試験供試体の強度試験結果により，母材の品質が判断される。

（2）調査計画のポイント

材料の調査における調査計画のポイントを以下に整理する。

- ダムサイトの地質調査の段階に沿って，ダム建設の履行性を確認するために，**表2-9-7**のように材料調査も段階的に実施される。
- グリッドシステムを活用して，採取候補地の地質状況を3次元的に把握するような物理探査測線の設定，ボーリング調査位置の選定を行い，材料区分に必要な硬さや脆弱性のほか，風化状況や割れ目の状況等の地質性状を把握する。
- 地質調査では，物理探査により材料となる地質の分布範囲を確認するとともにボーリング調査地点を選定し，ボーリング調査により地質性状を把握して材料区分を行う等，採取候補地の地質および地質構造等を踏まえて調査計画を立案する。

表2-9-7　段階的に実施される材料調査の内容（例）

ダムの調査段階	材料の調査段階[11]	材料調査の内容
ダムサイト選定調査	ダムサイト選定段階	文献調査，空中写真判読・地形判読，地表地質踏査（概略），物理探査等
ダム軸選定調査	概略設計段階	地表地質踏査（詳細），ボーリング調査，室内試験等
設計調査	実施設計段階	材料区分，賦存量の算出，追加の現地調査と室内試験，採取計画等

3. 貯水池周辺の調査

（1）調査の概要

貯水池周辺では，ダム湛水によるダム貯水位の上昇あるいは下降により，ダム貯水池に面する斜面の地すべり等が変動し，ダム本体の安全性やダム貯水池の機能に影響を与えることが懸念される。そこで，ダム湛水により，貯水池周辺に地すべり等が発生する可能性があるかどうかを調査する。なお，一般的な地すべりに対する調査手法については，本書の他項を参照いただき，本項では，ダム湛水という人為的な影響について着眼し，調査の概要を整理する。また，本項の対象は，新規に建設されるダムだけではなく，ダム再生事業において，嵩上げ等によりダム貯水位が上昇する場合や放流設備の増設による貯水位の変化の増大やその上昇・下降の速度変化の場合等も含める。

図2-9-2には，湛水に伴う地すべり等の対応の手順を示す。

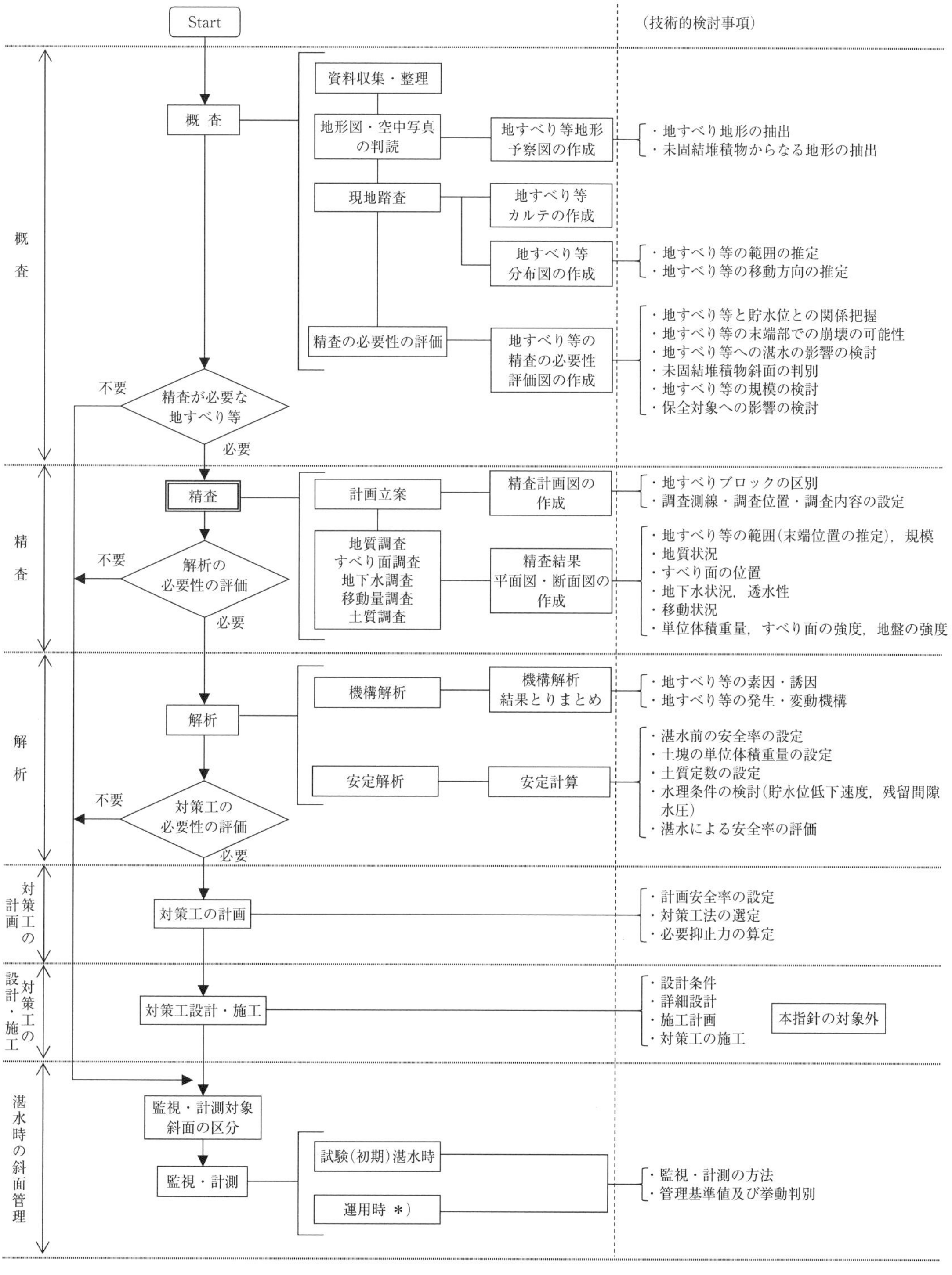

＊）運用時の管理方法は基本的には試験湛水時に準ずるが，定期的に計測項目・頻度等を見直すことも重要である。

図 2-9-2　湛水に伴う地すべり等の対応の手順[12)]

貯水池周辺の地すべり調査と対策においても，次のとおり，段階的に進められる。

・概査
・精査
・解析
・対策工の計画
・対策工の設計・施工
・湛水時の斜面管理

これらのうち，前半の3つの項目で地質調査が実施されるため，その内容を概説する。

1）概　査

概査では，下記のとおり，一般的な地すべり調査と同じ調査手法を用いる。

・地すべり地形の分布を把握するための地形判読
・地すべりの分布状況を把握するための現地踏査
・地質および地質構造と地下水の状況を把握するためのボーリング調査および物理探査
・地すべり土塊の変動を把握するための動態観測

上記の調査結果より地すべり等カルテを作成した上で，精査の必要性を検討する。精査する地すべり土塊を選定する際には，地すべり末端部が貯水位に係るか否かが重要である。そのため，地すべりの分布範囲とダム湛水による貯水位との関係を整理し，地すべり土塊内の地下水位が直接的あるいは間接的に上昇する可能性を検討した上で，精査対象の地すべり土塊を選定する。

2）精　査

精査では，ボーリング調査ですべり面の分布深さや形状を把握するとともに，地すべり地の地質および地質構造や地質性状および透水性状等の地すべり機構解析に必要なデータを把握する。安定解析に必要な湛水前の安全率を検討するため，挿入式孔内傾斜計ガイドパイプ等の地すべり観測機器を設置し，計測調査を実施して地すべり土塊の変動状況を把握する。また，安定解析に必要な地下水位を観測するため，地下水位観測孔を設置する。調査にあたっては，当該地すべり地の地質状況を踏まえて，解析において検討条件となる内容を事前に整理しておくことが望まれる。

3）解　析

解析では，地すべり機構解析，湛水に伴う地すべり安定解析，対策工検討を行う[13)]。

機構解析では，前段までの概査と精査で整理された地すべりの素因と誘因を分析して，地すべりの発生機構を明らかにする。その際，人為的な影響による誘因のうち，湛水により発現する可能性のあるものは次のとおりである[13)]。

・浮力の発生：地すべりブロックの水没による間隙水圧の発生
・残留間隙水圧：貯水位の急激な下降による残留間隙水圧の発生
・地下水位の堰上げ：水没による地すべりブロック内の地下水位の上昇
・末端崩壊：水際斜面の侵食・崩壊に伴う受働部分の押え荷重の減少

これらの誘因とその判定方法を事前に整理しておくことで，概査および精査段階での地質調査を効率的かつ効果的に実施することが可能となる。

安定解析では，**表2-9-8**のとおり解析条件を整理する。これらの解析条件は概査および精査段階の調査結果により整理・適用されるため，湛水前の地下水位，土塊の単位堆積重量，すべり面の土質強度定数，残留間隙水圧等の設定方法を踏まえた調査計画を立案する。

表2-9-8　安定解析条件と内容[12)]

解析条件	内　容
地すべり等の湛水前の安全率（F_{S_0}）	地すべり等の湛水前における計測調査等によって現状の変動状況を評価し，これを安全率F_{S_0}で示す。
地すべり等の湿潤状態における土塊の単位体積重量	地すべり等の土塊の構成材料を考慮した土塊の単位体積重量とする。
地すべり等の土質強度定数（c'，ϕ'）	土質試験によって求めた値又は湛水前の安全率（F_{S_0}）を用いて逆算法で求めた値とする。ただし，崖錐堆積物等の未固結堆積物の土質強度定数は事例又は土質試験によって求めた値とする。
残留間隙水圧の残留率	地すべり等の地形，地質，地下水位，貯水操作，対策工の種類などに応じて適切に設定する。
貯水位変動範囲	貯水池運用計画に基づく貯水位の変動範囲とする。

（2）調査計画のポイント

貯水池周辺の調査における調査計画のポイントを以下に整理する。

・過去に繰り返し運動した結果として地すべり地形を呈するが，ダム湛水の影響により不安定化が懸念される貯水池周辺の斜面のうち未固結堆積物や風化岩等が分布する箇所では，地すべり地形が明瞭に現れていない可能性がある。そのため，地すべりの素因となる地質や地質構造等が確認された場合は，詳細な地表地質踏査等が必要となる。

・貯水池周辺の斜面に未固結堆積物が分布する場合，その成因を判定することが，概査あるいは精査を実施する際に必要な情報となる。未固結堆積物の成因の判定には，地質学的な知見のほかコア判定等の経験も必要とされるため，資格や業務実績等を活用できる実施体制の構築が重要となる。

・残留間隙水圧の残留率は一般的に50%で設定することが多い。地すべり土塊の透水係数や地下水位観測結果から浸透流解析を実施することで，残留率を個別に設定できる場合がある。その場合は再現解析等で解析モデルおよび条件の妥当性を十分に検証する必要がある。

・ダム再生事業における嵩上げや放流設備の増設等により貯水位が上昇あるいは変動する場合に，既存の調査結果や安定解析結果等を活用することで地質調査を効率化することは可能であるが，調査対象箇所の地形の変化や改変等に留意して，その適用性を検討することが必要である。

・貯水池周辺の地すべり調査では，ダム湛水前からダム湛水試験，ダム湛水といったダムの運用開始後まで斜面の挙動を監視することとなる。そのため，ダム湛水後の計測設備の機能維持を考慮したモニタリングシステムの構築が必要となる。

2.9.3　調査実施上の留意点

1.　ダムサイトの調査

表 2-9-9 (1)～(2) に，ダムサイト調査における実施上の留意点と着眼点を整理する。

表 2-9-9 (1)　ダムサイト調査の実施上の留意点と着眼点

番号	調査実施上の留意点	調査時の着眼点
1	ダムは人工構造物の中でも最大規模の構造物である。そして，ダム堤体の自重とダム堤体に作用する水圧を支えるダム基礎岩盤には，ダムの安全性や貯水機能の確保のため，所要の力学特性や水理特性が求められる。これらの基本的な要求内容を踏まえて地質技術者はダムサイトの調査を行うが，地質および地質構造といった地質特性と力学特性や水理特性との関係を整理するには，学術的な知見に加えて多くの現場経験が必要となる。	・ダム基礎岩盤 ・ダムの安全性 ・貯水機能 ・地質特性 ・力学特性 ・水理特性
2	ダム基礎岩盤の力学特性は，主に，ボーリングコア観察[14]による，岩片の硬軟，コアの形状（割れ目の間隔），割れ目の状態（風化・変質の状況）により岩級区分が行われ，その岩級と横坑調査等に係る原位置せん断試験等によるせん断強度を対応させることで設定される。そのため，ダムサイトの調査で高品質ボーリングを適用して，地山の状態を保持したボーリングコアを採取して岩級区分を行い，ダム基礎岩盤の評価精度を向上させる。	・岩級区分 ・せん断強度 ・高品質ボーリング ・ダム基礎岩盤
3	横坑調査は，ボーリング調査等で取得された地質情報をもとに調査箇所が選定される。ダム基礎岩盤の直接的な観察により，地質および地質状況のほか，割れ目や風化・変質状況，断層や変質帯の状況等を原位置で連続的に計測・確認する。直接的な地質観察から多種の地質情報を得られる調査であるが，横坑調査で適切な成果を得るためには，当該ダムサイトの地質データに精通することや，横坑調査の結果を展開図に整理する経験が必要となる。	・横坑調査 ・ダム基礎岩盤 ・地質観察 ・展開図
4	ダムの安全性と貯水機能の確保に必要となるダム基礎岩盤の水理特性については，グラウチング指針の改訂[15]により安全かつ経済的な止水処理方法を検討することとなり，ダム基礎岩盤の透水性や地下水分布状況の把握が重要となった。それにより，止水処理の設計および施工に資する，地質特性と水理特性との関係による水理地質構造の調査[16]が重要となっている。	・グラウチング指針 ・止水処理 ・透水性 ・地下水分布 ・水理地質構造
5	ダム基礎岩盤の透水性は，ルジオンテストによって得られるルジオン値によって整理される。ルジオンテストの試験方法については『ルジオンテスト技術指針・同解説』[17]に示されているが，漏水等のない整備された試験ツールの使用，孔内圧力センサー方式による注入圧力と注入量の計測等の試験設備の確認と，試験前の試験区間の地下水位の確認，試験区間における脆弱部等の存在の有無等の地質および水理状況を検討して，最適な注入ステップを設定して，ルジオン値や限界圧力を把握する。また，地層境界における各地層の透水性や断層および変質帯の透水性を把握する際は，ダブルパッカー等を利用して計測対象を絞って試験を実施する場合もある。	・ルジオンテスト ・ルジオン値 ・限界圧力 ・孔内圧力 ・注入圧力 ・注入量 ・注入ステップ
6	精査段階におけるダムサイトの調査では，既存孔に近い箇所でボーリング調査が実施される場合がある。そのような状況でルジオンテストを行うと，近接する既存孔の孔内水位が注水の影響を受け変動する場合がある。そのような現象が確認された場合は，試験実施孔と影響を受けた既存孔の孔番と位置のほか，試験区間やどの注入ステップからそのような現象が発現したのか，孔内水位はどれくらい変動したのか等を記録して，そのデータ使用に注意喚起をするとともに，その妥当性を検討する。	・近接する既存孔 ・注水の影響 ・変動記録

表 2-9-9（2）　ダムサイト調査の実施上の留意点と着眼点

番号	調査実施上の留意点	調査時の着眼点
7	ダムサイトの調査時には，孔内水位を作業前と作業後に計測し，孔内水位経時変化図として整理するが，止水設計やグラウチング範囲の決定等において，ダム基礎岩盤の水理状況を検討する孔内水位データとなる。ルジオンテストで試験前にパッカー設置後の地下水位を計測して得られる区間水頭も地下水解析では有効なデータとなるため，取得することが望ましい。	・孔内水位 ・経時変化図 ・区間水頭 ・地下水解析
8	ダム嵩上げのための調査の場合，既存ダムの地質データが残っていないことも多く，既設ダムの監査廊内でボーリング調査や原位置試験を行い，ダムサイトの地質および地質構造やダム基礎岩盤の透水性および強度を調査する。ダム基礎岩盤の透水性は，ダム建設時のグラウチングにより止水性が高まっていると推測されるが，現状を把握するためにルジオンテストを行う。ただし，グラウチング時の注入圧力を超えて注水すると止水処理の機能を損なう可能性があるため，ルジオンテスト時の注入圧力の設定には留意が必要である。また，孔内載荷試験によりダム基礎岩盤の強度を検討する場合は，ダム堤体の荷重が作用している状態であることを考慮する必要がある。	・ダム嵩上げ ・監査廊での調査 ・注入圧力 ・止水処理の機能 ・孔内載荷試験 ・堤体荷重

2. 材料の調査

表 2-9-10 に，材料調査における実施上の留意点と着眼点を整理する。

表 2-9-10　材料調査の実施上の留意点と着眼点

番号	調査実施上の留意点	調査時の着眼点
1	採取地での調査では，材料となる地質の分布範囲の特定と地質性状に応じた材料区分の結果が3次元的に把握されることとなる。例えば，火山岩からなる原石山の調査では，その分布範囲を把握するには物理探査が有効となる。ただし，物理探査のみの材料区分は困難であり，地質性状のコントロールデータとなるボーリング調査と組み合わせて，合理的な調査を行う。	・材料区分 ・3次元 ・原石山 ・物理探査
2	材料の調査では，グリッドシステムを活用した地質データの整理が行われるが，ダムサイトの調査のように密にボーリング調査が配置されることはないため，地形や地表地質踏査により代表的な地質性状が得られる調査箇所を選定することが重要である。	・グリッドシステム
3	ボーリングコアの観察時に，シュミットハンマーテストやエコーチップ試験等の簡易的な硬さ試験を適用することで，材料区分の妥当性や判断の客観性を向上することとなるため，それらデータをボーリング観察結果のほか，一軸圧縮強度等との関係性を整理することは，材料評価において有効な取り組みとなる。	・シュミットハンマー，エコーチップ ・材料区分 ・圧縮強度 ・材料評価
4	台形 CSG ダムの材料には，ダム本体の基礎掘削時に採取する材料やダム本体上流の河床堆積物等が利用されるが，それら材料の地質性状を把握する試験の試料には，ダムサイトの調査で行われるボーリングコア等が利用される場合がある。	・台形 CSG ダム ・基礎掘削 ・河床堆積物 ・材料試験

3. 貯水池周辺の調査

表 2-9-11 に，貯水池周辺調査における実施上の留意点と着眼点を整理する。

表 2-9-11　貯水池周辺調査の実施上の留意点と着眼点

番号	調査実施上の留意点	調査時の着眼点
1	地すべり調査では，繰り返しの斜面変動で形成されたすべり面や変形構造を把握するため，高品質ボーリングが適用される場合が多い。また，貯水池周辺の斜面に分布する未固結堆積物の地層判定にも適用される。ただし，高品質ボーリングは調査手法であり，コア観察による地質構造解析や地層判定は地質技術者が担うため，履行性を担保する実施体制の構築が重要である。	・地すべり調査 ・変形構造 ・高品質ボーリング ・地質構造解析 ・地層判定
2	ボーリング調査孔は，調査完了後に地中の変位や地下水位の計測に利用される場合が多いため，掘削孔径や深度について，計測機器等の設置に対しても対応できる掘削仕様であることを確認する。	・地中型計測 ・掘削孔径，仕様
3	貯水池周辺の斜面は，未利用の森林が広がっていることが多く，特に目印となるような構造物や地形の変化点がない場合，調査地点や測線に齟齬が発生する可能性がある。調査着手前に，調査地点や測線が計画と整合しているかどうか地形図や空中写真から，調査位置に大きな乖離がないかどうか確認することは，時にはトラブル防止につながることもある。	・貯水池周辺斜面 ・調査地点，測線 ・地形図 ・空中写真
4	貯水池周辺の調査では，貯水池周辺の地形図が古い，あるいはない場合があるので，新しい地形図を作成することとなる。このとき，業務への適用が進められている『BIM/CIM 活用ガイドライン』[18] において活用されている空中レーザー測量やドローン写真測量等の活用により，地すべり地形判読等の概査を行い，その後の精査や対策工の検討の必要性を判断することができる。	・地形図 ・BIM/CIM ・空中レーザー測量 ・ドローン写真測量 ・地形判読

4.　その他の調査

表 2-9-12 に，その他の調査における実施上の留意点と着眼点を整理する。

表 2-9-12　その他の調査の実施上の留意点と着眼点

番号	調査実施上の留意点	調査時の着眼点
1	ダム建設では，多くの施設において切土のり面の施工が行われ，その斜面の安定性が課題となる。ダム堤体両岸斜面，付替道路建設時の道路斜面，代替地建設時の切土・盛土斜面，原石山の材料採取による切土斜面等，地形および地質状況を踏まえた斜面安定解析や建設前後の斜面の動態観測等により，各設備の運用時には斜面に変状が発生しないような対策や斜面変状を早期に把握する観測体制の整備を行う。	・切土のり面 ・安定解析 ・動態観測
2	ダム事業におけるコスト縮減や工期短縮において，地質調査もその対象となる場合がある。ダム建設の設計・施工の基礎資料となる地質データを整理する際には，維持管理段階の対応を含めた合理的な課題や対応を事業者に報告することが肝要である。また，地質リスクの抽出と評価・対応といった地質リスクマネジメント手法を活用する等して，設計や施工に対しても，継続性のある分かりやすい報告となるよう努めることが必要となる。	・コスト縮減 ・工期短縮 ・地質リスク
3	ダムサイトの調査におけるボーリング調査では，孔内水位をはじめ，湧水時の湧水圧と湧水量，逸水箇所，各種の水質等，日々あるいは定期的な計測データが，ダムサイトにおける地下水流動の検討に役立つ。また，ダム再生事業におけるダム堤体内でのボーリング調査の場合は，孔口に防噴装置等の湧水対策を講じて掘削作業時の安全確保や湧水圧および湧水量の計測に使用されるが，これらの計測データも，既設ダムのダム基礎岩盤の透水性を検討する際のデータとなる。そのため，ダムサイトの調査では，シングルおよびダブルパッカーや水圧および水量を計測する道具を備えておくと役立つ。	・孔内水位 ・湧水圧と湧水量 ・水質 ・地下水流動 ・湧水対策 ・安全確保

《参考文献》

1) ダム技術センター：平成17年版 多目的ダムの建設 第3巻 調査Ⅱ編，2005
2) 日本応用地質学会・土木地質研究部会：ダムのかたちは地質で決まる！，https://www.jseg.or.jp/02-committee/doboku.html，2024.11.30閲覧
3) 国土交通省水管理・国土保全局：河川データブック2022，2022
4) 土木学会：トンネルの地質調査と岩盤計測，1983
5) 国土交通省水管理・国土保全局河川環境課流水管理室治水課事業監理室：ダム再生ガイドライン，2018
6) 綿谷博之・宮村滋：連載講座 地質体における土木地質調査の要点（3）ダム編（その1）正常堆積物（前編），応用地質，第62巻 第3号，2021
7) 台形CSGダム技術資料作成検討会：台形CSGダム設計・施工・品質管理技術資料，ダム技術センター，2012
8) 土木学会：コンクリート標準示方書（ダムコンクリート編），2023
9) 土木学会：ダムの地質調査，1986
10) 水資源開発公団：ダム設計指針（案）第4編別冊，フィルダム材料試験法，1982
11) ダム工学会：総説 岩盤の地質調査と評価 現場技術者必携 ダムのボーリング調査技術の体系と展開，2012
12) 国土交通省水管理・国土保全局河川環境課治水課：貯水池周辺の地すべり等に係る調査と対策に関する技術指針・同解説，2019
13) 国土技術研究センター：改訂新版 貯水池周辺の地すべり調査と対策，2010
14) 全国地質調査業協会連合会社会基盤情報標準化委員会：ボーリング柱状図作成及びボーリングコア取扱い・保管要領（案）・同解説，2015
15) 国土技術研究センター：グラウチング技術指針・同解説，大成出版社，2003
16) 土木学会：ダム建設における水理地質構造の調査と止水設計，2001
17) 国土技術研究センター：ルジオンテスト技術指針・同解説，大成出版社，2006
18) 国土交通省：BIM/CIM活用ガイドライン（案）第3編 砂防及び地すべり対策編，2022

2.10　上下水道および関連施設

上下水道施設の建設は，主に管路敷設のためのトンネル構造物と，その関連施設としての建築構造物や土木構造物に分かれる。このうち，トンネル構造形式の施工方法には，開削工法，推進工法，シールド工法が主に挙げられ，推進工法，シールド工法では，立坑などの付帯仮設施工が加わる。関連施設については，貯水施設，浄化施設，ポンプ施設，管理施設などさまざまな施設構造物があるが，これらは建築構造物または土木構造物，その複合型構造物に分類される。本節においては，これら管路敷設とその関連施設において実施される地質調査に関する目的，計画を解説し，その留意点を説明する。

2.10.1　調 査 目 的

管路および関連施設に対する調査項目を**表 2-10-1** に示す。このうち地質調査の実施項目は，地層構成の把握，地盤物性，地下水および酸欠有害ガスが挙げられる。地層構成は，地層区分や地盤モデルの把握を目的とし，地盤物性および地下水は地盤定数となる強度特性，圧密特性，変形特性，地下水位，透水特性などの把握を目的とする。また，酸欠有害ガスは，ガスの種類や分布状況の把握を目的として実施する。これらは，いずれも設計施工に必要な地盤情報を得るために行うものである。

表 2-10-1　管路・関連施設に対する調査事項

1. 立地条件調査	土地利用状況，権利，計画，道路交通状況，河川，湖沼，排水
2. 支障物件調査	地上地下構造物，埋設物，井戸，構造物跡，仮設工事跡
3. 地質調査	地層構成，地盤物性（土質），地下水，酸欠有害ガス
4. 環境保全のための調査	騒音，振動，地盤変状，薬液注入，建設副産物

1. 調査の流れ

地質調査は，計画や設計・施工段階に合わせて，予備調査，本調査，補足調査という段階的な調査計画を立てて行われる（**表 2-7-2**，**図 2-10-1** 参照）。

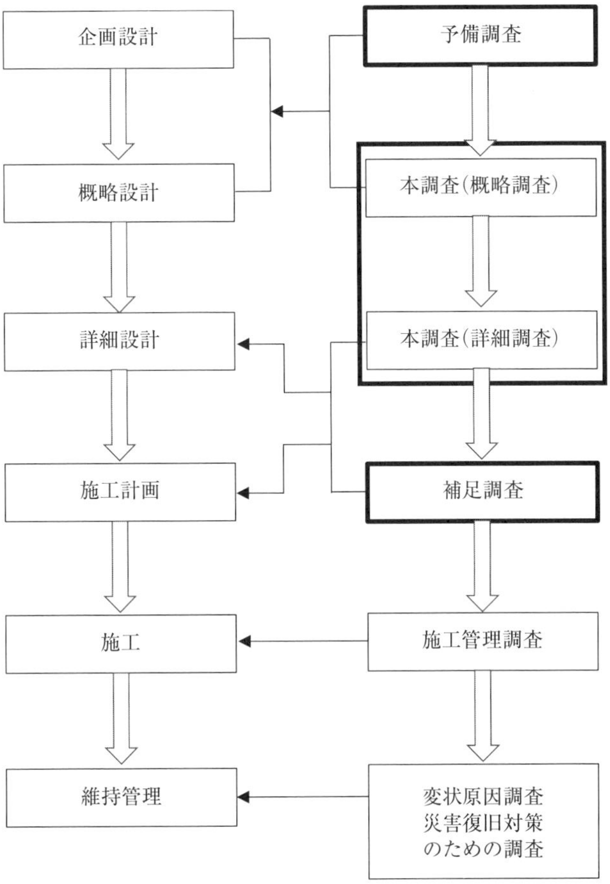

図 2-10-1　地質調査の流れ[1)]（一部修正）

（1）予 備 調 査

予備調査は，路線および計画敷地の概略的な土質性状を把握することを目的とした調査である。**表 2-10-2** に示す既往資料や文献などを利用して確認し，さらには現地踏査などを行って，計画に対する問題点や課題などを抽出するが，必要に応じてボーリング調査を行う場合もある。

表 2-10-2　資料整理・分析により得られる情報[2)]

地形	対象敷地の地形の改変，地歴
地質	地質の概要と地質学的特性
推定地質断面	地層構成，地層の連続性，支持層の想定，透水層の存在と特性
地盤の物性値	物理・力学的性質の代表値
設計・施工の諸問題	液状化・沈下・土砂災害の可能性，地震動の大きさの推定，既存建物の利用の可能性，地中障害の存在，根切り掘削工事・地下水処理の必要性や注意点，杭の施工性

（2）本　調　査

本調査は，主に設計段階における地質調査であり，基本的な計画路線や計画構造に対する地層構成を把握することを目的としてボーリングマシンを利用した調査を行うものである。調査手法は設計段階によって異なり，概略設計段階では概略調査を行って計画の絞り込みをするものや，詳細設計においてはより細かい技術的な問題，課題に対して行う手法がある。

1）概 略 調 査

概略調査は，路線や施設敷地内に沿って標準貫入試験や試料採取，地下水調査を行い，土層縦断図など具体的な地質情報の資料を作成する。また，予備調査の段階で設定した計画の再検討，精査を行うことを目的とする。

2）詳 細 調 査

詳細調査は，概略調査で不足する土質情報を得ることを目的として行う。

概略調査で確認された土質性状，地下水位の結果などは，基本的な設計において十分な情報となるが，詳細設計や施工の検討資料として不足する部分を補足する。

（3）補 足 調 査

補足調査は，主に詳細設計での終盤や施工段階において，本調査で不足している情報の補足や，解明不十分な箇所の追加調査などを目的として行う。

2.　地質調査の実施項目

地質調査は，（1）地層構成，（2）地盤物性，（3）地下水，（4）酸欠・有害ガスの各項目について把握する必要がある。以下にそれぞれの内容を説明する。

（1）地 層 構 成

地層構成の把握は，予備調査で既往資料などの文献調査により，地形判読，地質図などの概略的な確認と具体的な調査計画の立案を進め，本調査でボーリングおよび掘削孔を利用した標準貫入試験やオールコア採取などにより土の状態や分類を判定して土層区分するなど，より詳細な地層構成の把握を進める。

なお，ボーリングの実施箇所数は，調査段階，計画構造物の規模や地形の違い，地層の複雑さなど，条件によって設定する必要がある。

また，詳細な調査手法については，後述する調査計画において工法ごとに示す。

（2）地 盤 物 性

地盤物性は，地質年代や堆積環境，さらにはその地層を構成している土質の種類によって特性が変化するため，ボーリング孔を利用して行う原位置試験や，室内土質試験を実施して，物理，力学的な特性など，工学的特性を把握する。地盤の物性値は地盤定数としてさまざまな解析や設計検討に利用するため，適切なサンプリング方法や室内土質試験の選定，試験結果の評価が必要である。

（３）地　下　水

地下水は，地下・地中掘削を伴う構造物，トンネル構築などの設計施工において非常に重要な情報である。また，地下水は，主として透水性の良好な砂質土や礫質土などに帯水しており，**図 2-10-2** に示すようにその水位や透水性など地層によって異なる場合がある。これは，帯水層に挟まれる粘性土が不透水層となり，帯水する地下水の被圧状態や不圧状態が区分されているためである。

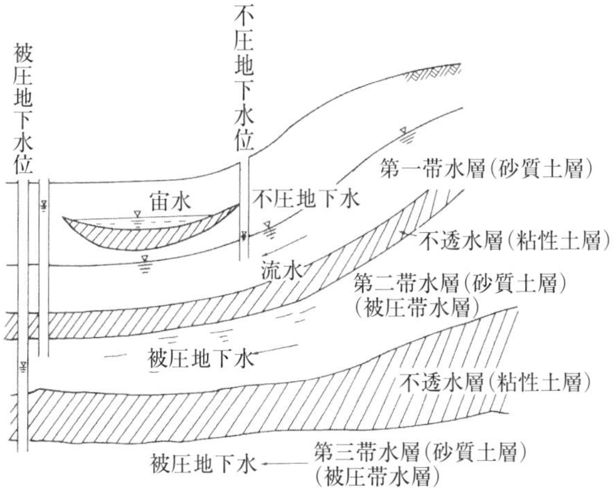

地下水状態の模式図

地下水に関する検討項目

分類	検討項目
設計関連	・地下外壁の設計 ・基礎底盤の設計 ・建物全体の浮き上がり ・砂地盤の液状化
施工関連	・山留めの計画 ・排水計画 ・掘削および残土処理計画 ・場所打ち杭の施工管理
周辺環境	・周辺地盤，構造物の沈下 ・井戸などの枯渇 ・水質汚染

図 2-10-2　地下水の分布模式図[2),3)]

地下水位の変化は，設計施工時に大きく影響する。この地下水特性や帯水層の透水性などの地盤物性は，施工の際に発生する地盤の変状や挙動，湧水や渇水など問題を起こす要因となることから，ボーリングによる原位置試験や室内土質試験を実施して確認する必要がある。

（４）酸欠・有害ガス

酸欠・有害ガス調査は，地下や地中を掘削する際に事前に確認すべき調査事項である。酸欠空気は，不透水層の下に分布している地下水が存在しない透水層（礫質土，砂質土）に存在する可能性が高い。また，有毒ガスのうちメタンガスなどの可燃性ガスは，不透水層に覆われる有機質を含んだ腐植土層などに存在することがある。このような地中に賦存するガスの存在やその成分の確認を地質調査で行う必要がある。

表 2-10-3 に有害ガスおよび可燃性ガスの種類を示し，**図 2-10-3** に地中ガス調査の実施手順を示す。地中に存在するガスは，分布範囲が不明確であるため，図のように段階的な調査が基本となる。

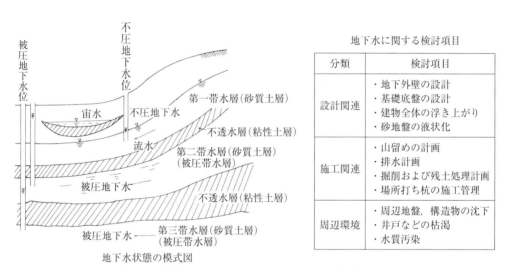

表 2-10-3　有害ガス，可燃性ガス等の一覧[4]（一部修正）

種類	色，臭気等	予想される中毒・障害等	比重（空気 1.0）	爆発範囲（Vol %）	法令上の制限値	許容濃度（ppm）	
						日本産業衛生学会	ACGIH
一酸化炭素（CO）	無色，無臭	中毒他	0.97	12.5～74.0	100 ppm 以下	50	25
二酸化炭素（CO_2）	無色，無臭	酸素欠乏，中毒	1.53	—	1.5% 以下	5000	5000
一酸化窒素（NO）	無色，刺激臭	中毒	1.04	—	—	—	25
二酸化窒素（NO_2）	赤褐色，青黄色，硝煙臭	中毒	1.59	—	—	検討中	0.2
二酸化硫黄（SO_2）	無色，硫黄臭	中毒	2.26	—	—	検討中	0.25 C
硫化水素（H_2S）	無色，腐乱臭	中毒	1.199	—	1 ppm 以下	5	1
塩化水素（HCl）	無色，刺激臭	中毒	1.27	—	—	2 C	2 C
酸素欠乏空気（O_2）	無色，無臭	酸素欠乏	1.11	—	18% 以下	—	—
過剰空気（O_2）	無色，無臭	激燃焼	1.11	—	—	—	—
ホルムアルデヒド（$HCHO$）	無色，刺激臭	中毒	1.07	—	0.1 ppm 以下	0.1	0.3 C
メタン（CH_4）	無色，無臭	爆発	0.55	5.0-15.0	1.5% 以下	—	—
アセチレン（C_2H_2）	無色，エーテル臭	爆発	0.91	2.5-100	—	—	—
プロパン（C_3H_8）	無色，無臭	爆発	1.56	2.2-9.5	—	—	—
アンモニア（NH_3）	無色，刺激臭	中毒・爆発	0.597	15.0-25.0	—	25	25

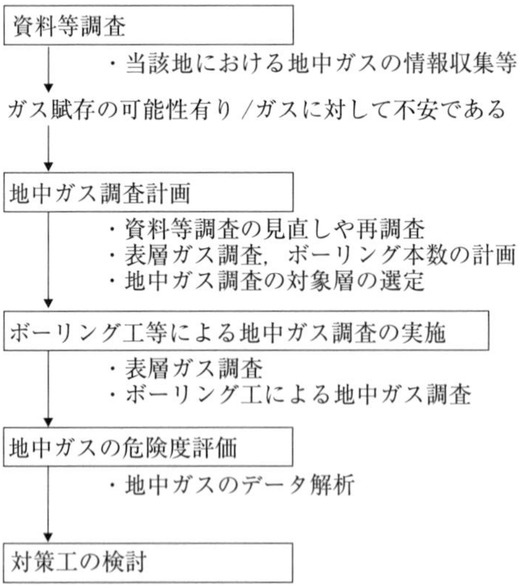

図 2-10-3　地中ガス調査手順[5]

2.10.2　調査方法・計画

1.　工法ごとの検討項目および調査手法

ここでは，管路敷設工（トンネル）に関する検討項目，調査手法について工法ごとに述べる。

（1）開 削 工 法

開削工法は，地表面から土留め工を施しながら掘削を行い，所定の位置に構造物，敷設物を築造して，その上部を埋戻して復旧する工法である。地中障害物の除去や保護が容易であり，施工精度はよいものの，掘削によるヒービングや地下水の影響による盤ぶくれやボイリングなどの施工に対する掘削底面の安定などが問題となる。なお，上下水道の管路敷設深度としては，3 m 以浅のケースがほとんどであり，大深度での実施は少ない。

1）調 査 手 法

開削工法における地質調査の手法と検討項目の事例を**表 2-7-4** に示す。これらの調査手法に基づいて，工事の規模や重要性，検討項目，既存の情報に応じて適切な試験項目や手法を選定して地質調査を実施する。

2）検 討 項 目

開削工法設計における検討項目のうち，トンネル構造物に作用する地盤の荷重や本体を支える地盤の構成，支持力，沈下の影響などにかかわる検討項目に対して実施する調査や試験を以下に示す。

①　土留め壁について

土留め壁の根入れ長さや土圧に対しての変形などの検討については，単位体積重量，変形特性，強度特性などの地質情報が必要である（**表 2-10-4** 参照）。

表 2-10-4　土留め壁の検討において必要とする地質情報

必要とする地質情報	調査試験方法
土層縦断図（土層構成・*N* 値・地下水位）	標準貫入試験，コア採取，物理試験，地下水位測定
単位体積重量 γ_t	湿潤密度試験
変形係数 E	孔内載荷試験または一軸圧縮試験
粘着力 c，内部摩擦角 ϕ	三軸圧縮試験（UU・CD 条件）

②　掘削底面の安定

掘削底面の安定検討については，地盤のすべり破壊など安定性に対する検討が必要である。その際に必要な地質情報は，土層縦断図（土層構成・*N* 値・地下水位），単位体積重量 γ_t，粘着力 c，内部摩擦角 ϕ などである（**表 2-10-5** 参照）。

表 2-10-5　掘削底面の安定において必要とする地質情報

必要とする地質情報	調査試験方法
土層縦断図（土層構成・N 値・地下水位）	標準貫入試験，コア採取，物理試験，地下水位測定
単位体積重量 γ_t	湿潤密度試験
粘着力 c，内部摩擦角 ϕ	三軸圧縮試験（UU 条件）一軸圧縮試験

③　支持力・沈下について

管路および敷設構造物は主に底面に荷重が伝えられるため，躯体荷重に対する地層の地盤反力を求める必要がある。

直接基礎の場合は，支持力算定のための粘着力 c や内部摩擦角 ϕ が必要であり，杭基礎の場合は土層構成と N 値が必要である。沈下は圧密沈下と弾性的な即時沈下が生じることから，圧密試験による圧密降伏応力 Pc，圧縮指数 Cc や変形係数 E を地盤定数として求める必要がある（**表 2-10-6** 参照）。

表 2-10-6　支持力・沈下の検討において必要とする地質情報

検討項目	必要とする地質情報	調査試験方法
支持力（土留め壁および中間杭） 地盤反力係数	土層縦断図（土層構成・N 値・地下水位）	標準貫入試験，コア採取，物理試験， 地下水位測定
	単位体積重量 γ_t	湿潤密度試験
	粘着力 c，内部摩擦角 ϕ	三軸圧縮試験（UU 条件・CD 条件）
	変形係数 E	一軸圧縮試験
沈下	土層縦断図（土層構成・N 値・地下水位）	標準貫入試験，コア採取，物理試験， 地下水位測定
	圧密降伏応力 Pc，圧縮指数 Cc	圧密試験
	単位体積重量 γ_t	湿潤密度試験
	変形係数 E	一軸圧縮試験

④　地下水対策，水圧揚圧力について

透水性の高い砂質土や礫質土は，水圧の作用が施工地盤や敷設構造物に対して大きな影響を与える。地下水位は地層の分布状況によって，その水位に変化が生じる場合があるため，**図 2-10-4** に示すように間隙水圧（水頭）の分布が異なる場合がある点に留意する必要がある。また，地下水位は季節によってもその水位変化が生じることから，場合によっては長期的な観測が必要なケースもある。

このことから，地下水対策などを検討する上では，土層の分布状況の確認と地層ごとの地下水位および透水性の確認が必要である（**表 2-10-7** 参照）。

表2-10-7　地下水対策，水圧揚圧力の検討において必要とする地質情報

検討項目	必要とする地質情報	調査試験方法
地下水対策 水圧・揚圧力	土層縦断図（土層構成・N値・地下水位）	標準貫入試験，コア採取，物理試験，地下水位測定（長期観測含む）
	透水係数	現場透水試験

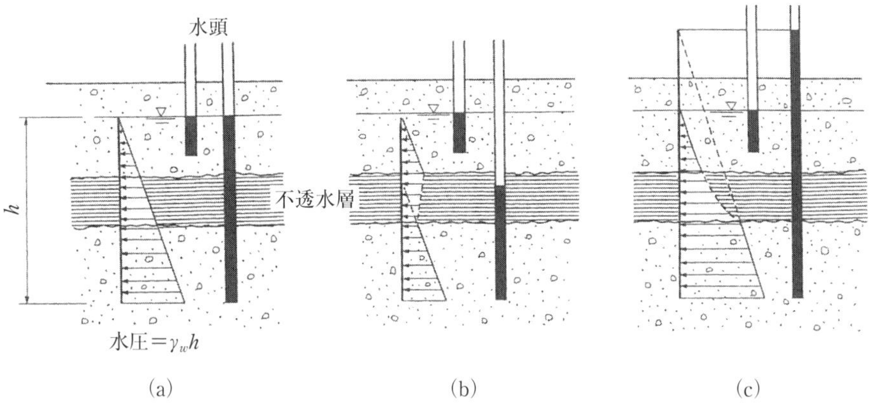

図2-10-4　間隙水圧の例[6)]

⑤　液状化に対する構造物の浮沈

地震時における検討事項のうち，液状化による構造物の浮沈や側方流動がある。液状化によって生じる荷重の影響など，地盤の安定性を十分に検討する必要がある。

地質情報としては，液状化強度の把握のために，N値の把握や粒度特性，繰返し非排水三軸試験などの実施が必要である（**表2-10-8**参照）。

表2-10-8　液状化の検討において必要とする地質情報

検討項目	必要とする地質情報	調査試験方法
液状化による構造物の浮沈	土層縦断図（土層構成・地下水位） N値，粒度特性	標準貫入試験，物理試験，地下水位測定
	液状化強度	繰返し非排水三軸圧縮試験

（2）推 進 工 法

推進工法は推進管，推進設備を用いて管路を敷設する工法をいう。敷設深度は一般に3～15 mであり，必要な最低土被りは管径の1.0～1.5倍が目安となる。また，敷設管の大きさは円形管で呼び径3000 mm程度までであるが，近年では経済性および施工性の観点からこれを超える推進工事も行われるようになっている。推進工法は経済面で比較すると開削工法とシールド工法の中間であり，開削工法と比較し上部土地利用の制限が少ない。

検討事項としては，掘削地山の崩壊による陥没や地下水位低下による圧密沈下検討などが必

要である。また，施工で使用する推進機種や滑剤の選定など，機械や材料の選定に地質情報は重要である。

1）調 査 手 法

推進工法における地盤調査は前掲の**表 2-7-2** にも示すとおり，段階的に行い，状況に応じて調査内容を変更する必要がある。また，各検討項目に対する試験を選択する必要がある。

2）検 討 項 目

推進工法設計における一般的な検討項目は，表層の地盤変状や敷設構造物の沈下などがある。また，管路や立坑などに作用する土圧も検討項目として挙げられる。

これらの検討項目に対する調査項目および試験方法を以下に示す。

① 管路に作用する設計外力

管に作用する外力の検討では，作用土圧，水圧の把握が必要である。また，推進力の検討（**図 2-10-5** 参照）では，推進に抵抗する先端抵抗，摩擦抵抗力が必要である。さらに支圧や立坑の検討においては，土留め壁背面土の耐力が必要である。これらの検討に必要な地質情報を**表 2-10-9** に示す。

表 2-10-9　作用する外力，推進力，立坑，支圧壁設計に必要な地質情報

必要とする地質情報	調査試験方法
土層縦断図（土層構成・N 値・地下水位）	標準貫入試験，コア採取，物理試験，地下水位測定
単位体積重量 γ_t	湿潤密度試験
粘着力 c，内部摩擦角 ϕ	三軸圧縮試験（UU・CD 条件）または一軸圧縮試験

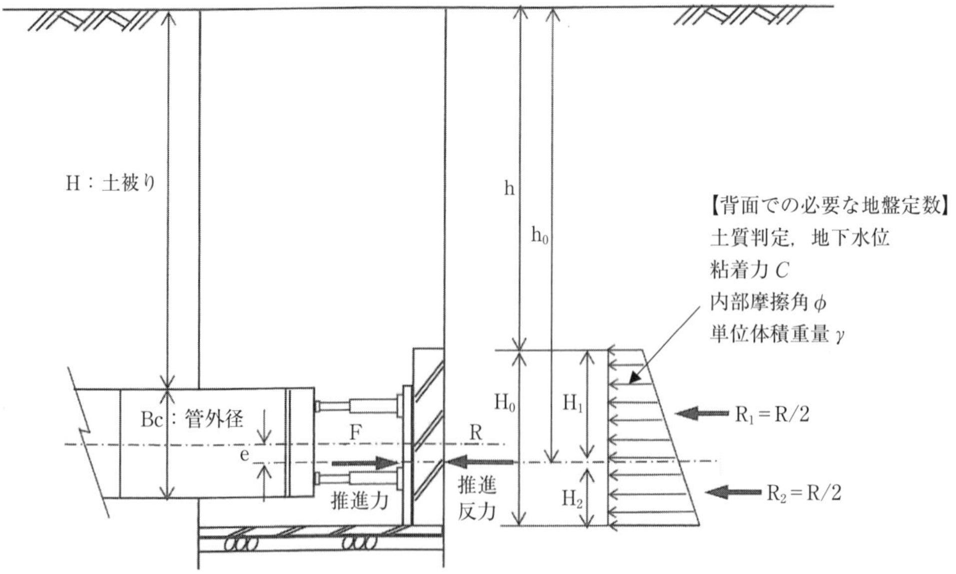

図 2-10-5　支圧壁高さの説明[7]（一部修正）

②　地盤変状

推進工法において懸念される地盤の変状には，軟弱地盤での地下水位を低下させた際に生じる圧密沈下や，推進管が通過することにより生じる地表面の変形がある。これらの検討において必要な地質情報を**表 2-10-10** に示す。

表 2-10-10　地盤変状の検討に必要な地質情報

必要とする地質情報	調査試験方法
土層縦断図（土層構成・N 値・地下水位）	標準貫入試験，コア採取，物理試験，地下水位測定
単位体積重量 γ_t	湿潤密度試験
粘着力 c，内部摩擦角 ϕ	三軸圧縮試験（UU・CD 条件）または一軸圧縮試験
変形係数 E	孔内載荷試験
圧密降伏応力 Pc，圧縮指数 Cc	圧密試験

③　滑材の選定

滑材は地山と推進管との摩擦抵抗の低減，また地山の緩みを防ぎ，止水を目的とするものである。近年は，砂質土や礫質土でも逸散されにくく，掘削時には滑材でその後固化して裏込め材になる遅硬性滑剤の開発が進められている。よく使用される滑材には，混合型，固結型，粒状型などがあるが，選定にあたっては，浸透性や希釈性の観点から対象地盤（砂，粘土）の判断が重要である。選定の際に必要な地質情報を**表 2-10-11** に示す。

表 2-10-11　滑材の選定に必要な地質情報

必要とする地質情報	調査試験方法
管敷設位置の土の粒度組成	粒度試験・土質判定

④　推進機種の選定

管路の設計とともに推進工法の施工を左右するのは機種の選定であり，土層構成や地盤強度（主に N 値）により決定される。管の通過位置の地盤で玉石や礫の径などは，特に注意が必要であり，また，粘性土では含水比，砂質土では透水係数なども選定の参考となる。**表 2-10-12** に機種選定に必要な地質情報を示す。

表 2-10-12　推進機種の選定に必要な地質情報

必要とする地質情報	調査試験方法
土層縦断図（土層構成・N 値・地下水位）	標準貫入試験，コア採取，物理試験，地下水位測定
管通過位置の粒度	粒度試験・土質判定
コンシステンシー	液性限界・塑性限界
管敷設位置の含水比（粘性土の場合）	含水比試験

（3）シールド工法

シールド工法は，泥土あるいは泥水で土圧と水圧に抵抗して切羽の安定を図りながら，シールドを掘進させ，覆工（セグメント等）を組み立てて地山を保持し，トンネルを構築する工法である。必要な土被りは，管径の1.0～1.5倍以上である。適用地盤は工法によって異なるものの，一般に中硬岩以外は適用可能とされている。シールド工法でのリスクとしては，通過位置の表層地盤の陥没や沈下，地中支障物（既存構造物や巨礫）の出現による掘進障害，管内への漏水などがある。開削工法などと比較し障害対策が非常に困難な工法であることから，事前の調査は十分に実施しておく必要がある（**表 2-10-13** 参照）。

表 2-10-13　シールド工法計画で考慮するリスクの例[4)]

段階	施工時	供用時
リスク事象	・用地の確保や関係機関との協議，関係工事や計画の遅れ ・環境基準を超えた汚染土 ・巨礫，岩盤の出現や可燃性ガス ・地中支障物 ・立坑や坑内からの出水，地上の冠水による水没 ・大幅な蛇行，出来形不良 ・施工時加重等によるセグメントの重大な損傷 ・大きな地表面沈下や陥没 ・シールドの重大な故障や破損 ・労働災害の発生 ・発進基地やシールドからの騒音，振動の発生 ・周辺住民からのクレームや訴訟等	・漏水，覆工の劣化や変形 ・大地震等の自然災害 ・近接施工，周辺地盤の沈下や地下水位の大幅変動等に伴う荷重条件の変化 ・改良工事や新たな計画による荷重や構造の変化 ・坑内火災，浸水等の重大な災害の発生 ・法律，基準類の変更に伴う要求性能の変化 ・計画能力に対する需要の大幅な増減等

1）調 査 手 法

地形や地盤条件は，シールド工法の設計や施工に大きく影響するため，地盤調査は入念に計画する必要がある。そのため，計画から設計，施工における各段階において調査手法を検討し目的に沿った調査を実施する必要がある。

2）検 討 項 目

シールド工法の設計，施工における検討項目のうち地盤が影響するものは，土圧，水圧に関する割合が大きい。特に切羽の安定性などにおいては，掘進の施工性にかかわるため，検討においては重要な項目となる。主な検討を実施するための調査や試験方法を以下に示す。

①　覆工に作用する外力の算定

覆工（セグメントなど）に対して考慮する外力は，非常に多く複雑である。地盤にかかわるものには，土圧（鉛直・水平），水圧，地盤反力（**図 2-10-6** 参照）などである。このような外力の把握に必要な地質情報を**表 2-10-14** に示す。

表 2-10-14　セグメントに作用する外力の算定で必要な地質情報

必要とする地質情報	調査試験方法
土層縦断図（土層構成・N 値・地下水位）	標準貫入試験，コア採取，物理試験，地下水位測定
単位体積重量 γ_t	湿潤密度試験
粘着力 c，内部摩擦角 ϕ	三軸圧縮試験（UU・CD 条件）

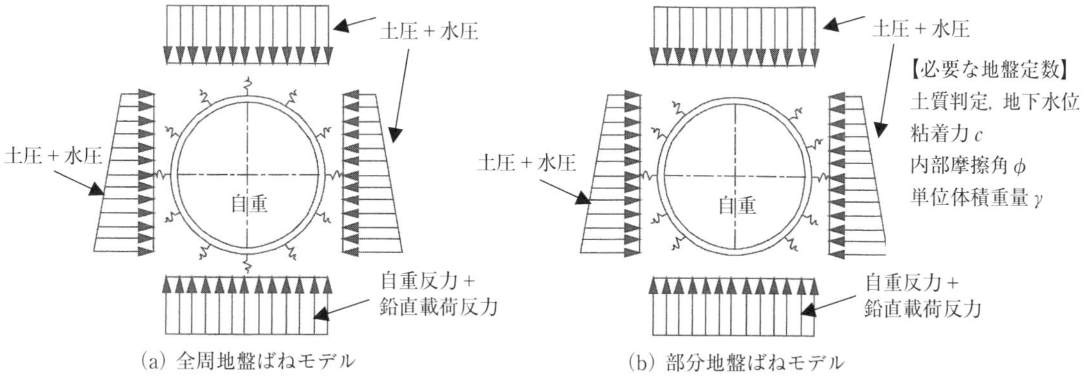

図 2-10-6　地盤ばねモデルの例[4]（一部修正）

②　地 盤 変 状

シールド工法において懸念される地盤変状は，推進工法と同じであり，軟弱地盤での圧密沈下，シールド管通過時の地表面の変形，既存構造物付近通過などの近接施工における地盤の緩みによる変形などを検討する必要がある。これらの検討に必要な地質情報を**表 2-10-15** に示す。

表 2-10-15　地盤変状に対する検討で必要な地質情報

必要とする地質情報	調査試験方法
土層縦断図（土層構成・N 値・地下水位）	標準貫入試験，コア採取，物理試験，地下水位測定
単位体積重量 γ_t	湿潤密度試験
粘着力 c，内部摩擦角 ϕ	三軸圧縮試験（UU・CD 条件）または一軸圧縮試験
変形係数 E	孔内載荷試験
圧密降伏応力 Pc，圧縮指数 Cc	圧密試験

③　シールド機種の選定

シールドの機種は，開放型シールドと密閉型シールドに大きく分けられる。開放型シールドは，地山に十分な自立性がある場合や，地盤改良や圧気工法を用いて安定性が確保できる場合に用いられ，密閉型シールドでは，水圧や土圧を制御して安定させる必要がある地盤に用いられる。切羽部分の安定性は施工に大きく影響するため，機種の選定にあたっては，地盤特性の把握が特に重要になる。そのための土質条件，地下水条件などは十分に確認しておく必要がある。機種の選定に必要な地質情報を**表 2-10-16** に示す。

表 2-10-16　シールド機種の選定に必要な地質情報

必要とする地質情報	調査試験方法
土層縦断図（土層構成・N 値・地下水位）	標準貫入試験，コア採取，物理試験，地下水位測定
管通過位置の透水係数，被圧水頭	現場透水試験
単位体積重量 γ_t	含水比，液性・塑性限界試験
含水比・コンシステンシー	湿潤密度試験
変形係数 E	三軸圧縮試験（UU・CD 条件）または一軸圧縮試験
粘着力 c，内部摩擦角 ϕ	孔内載荷試験
圧密降伏応力 Pc，圧縮指数 Cc	圧密試験

3）耐 震 設 計

地下構造物（トンネル構造物）は，以下に示すような点から地震の影響は比較的小さいと考えられている。

① 地震発生時に作用する慣性力が周囲の地山の慣性力に比べて小さい

② 地震動による共振現象が発生しにくい

③ 土被りがある構造物は地盤の変形に追従する

しかしながら，兵庫県南部地震において生じた開削トンネルの被害により，耐震設計への考え方が見直されている。

上下水道施設における耐震対策指針を以下に示す。

・日本水道協会『水道施設耐震工法指針・解説』(2022)

・日本下水道協会『下水道施設の耐震対策指針と解説』(2014)

耐震設計の手順としては図 2-10-7 に示すようなフローがある。ここでは，地質にかかわる検討項目に対して必要な情報を得るための調査手法について以下に示す。

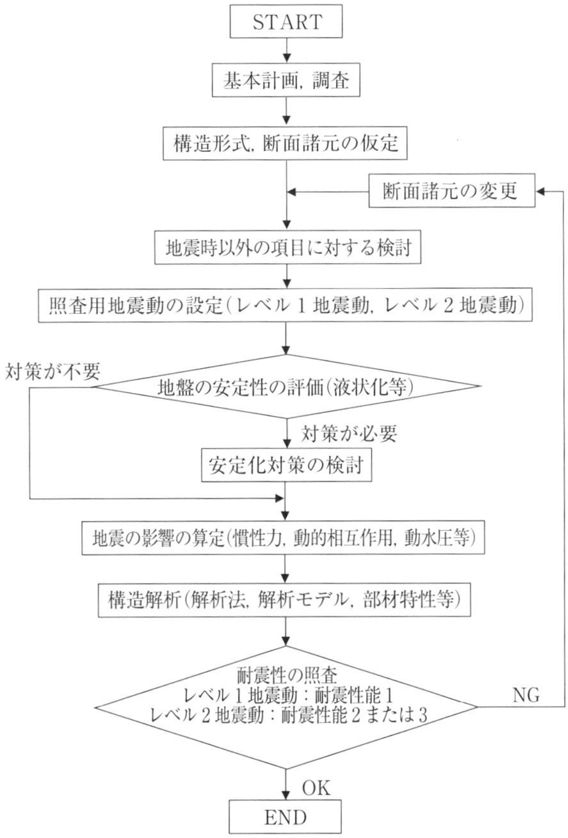

図 2-10-7　耐震設計の手順[6)]

シールド工法を例とした耐震設計では，**図 2-10-8** に示すような条件において地震動の影響が及ぶと想定される。その中でも，「(d) 軟弱地盤で地盤変位が大きい場合」や「(e) 地盤条件が変化する場合」や，「(h) 液状化が生じる場合」は，地質の影響による部分が大きい。

そのため耐震検討では，発生地震動を想定して地震応答解析が行われ，構造物に影響する要素に対して検討するが，この地震応答解析における地盤モデルを作成する上で地層構成，地下水位，基盤層および対象地層のせん断波速度，地盤剛性率，減衰定数などが必要である。また，トンネル構造の安定性を検討する上で，液状化判定や変位解析に対して，液状化強度比や間隙水圧などの地質情報が必要である（**表 2-10-17** 参照）。

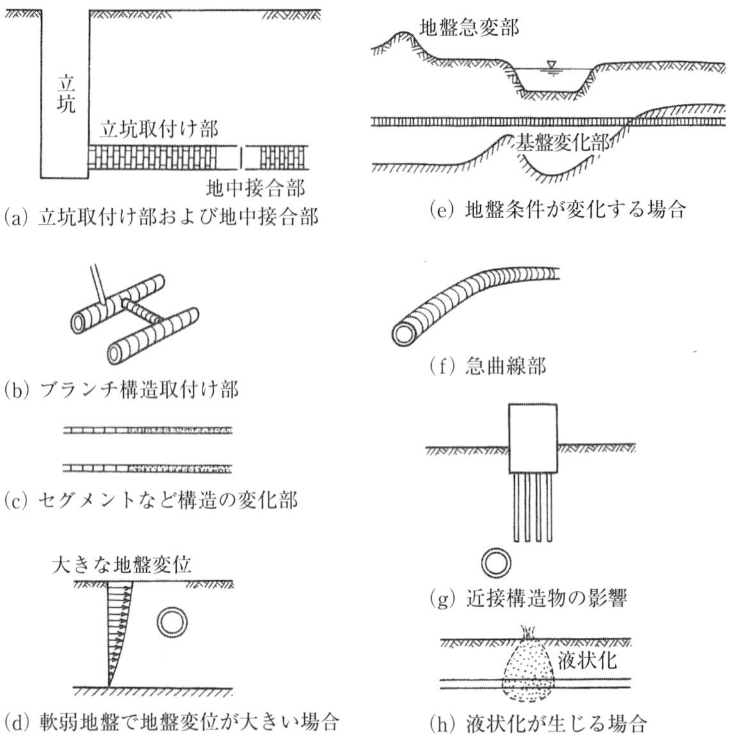

図 2-10-8　地震の影響を大きく受ける条件の例[8)]

表 2-10-17　管路の耐震設計に必要な地質情報

必要とする地質情報	調査試験方法
土層縦断図（土層構成・*N* 値・地下水位）	標準貫入試験，コア採取，物理試験，地下水位測定
せん断波速度 Vs	PS 検層
間隙水圧	現場透水試験
単位体積重量 γ_t	湿潤密度試験
液状化強度比	粒度試験，繰返し三軸試験（液状化試験）
剛性率，減衰定数	繰返し三軸圧縮試験（動的変形）

（4）関 連 施 設

上下水道の関連施設は，貯水施設，浄化施設，ポンプ施設，管理施設などさまざまな構造物があり，建築および土木構造物の区分がなされている。また，上下水道の関連施設はさまざまな場所で構築されるため，場所によっては地盤条件の悪い地域に計画されることがある。基礎形式の選定や掘削深度，範囲の計画などでは，地質条件，構造物の特性，施工条件，環境条件など十分に考慮する必要がある。さらに，**図 2-10-9** に示すような外的要因や災害を想定した検討も必要である。

なお，関連施設のための地質調査の詳細な内容に関しては，**2.1 建築構造物**において解説があるため，そちらを参照されたい。

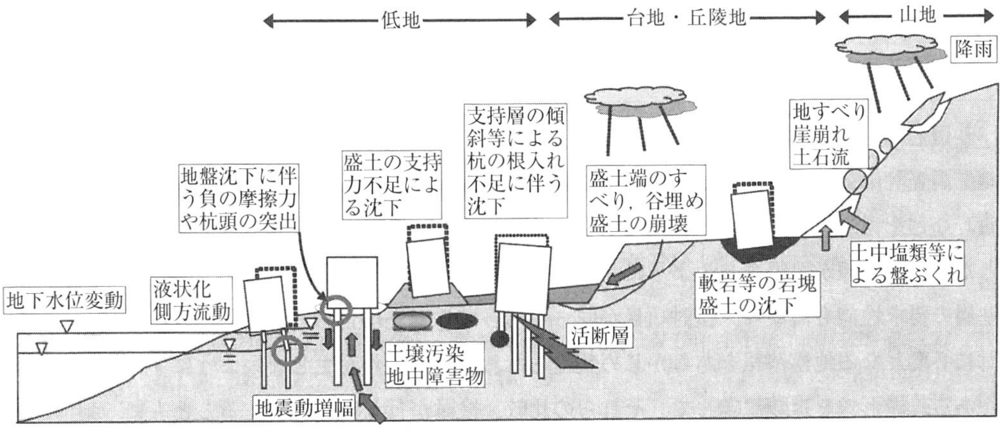

図 2-10-9　地盤・敷地に起因する外的要因および災害[2)]

2.10.3　調査実施上の留意点

1.　調査実施段階における留意点

地質調査は，建設サイクル（計画，設計，施工，維持管理）の各実施段階において調査の目的が異なるため，調査計画の手法が異なる。そのため，実施段階を明確にし，調査計画を立てる必要がある。それぞれの段階での調査は，前掲の**表 2-7-2** に示すように予備調査，本調査，補足調査に区分される。地表地質踏査などの調査計画を立案する際の基礎的な事前調査では，各段階で異なる積算となる点に留意されたい。また，仮設計画なども調査の条件によって大きく異なる点に気を付けなければならない。

（1）道路が計画地となる場合の留意点

管路敷設は，供用中の道路直下に敷設する場合が多いため，地質調査の際には，作業範囲の確保や，ガス管や電力・通信ケーブルなどの埋設物の有無に注意を払う必要がある。

調査段階では，道路が供用されている状況でボーリング調査を実施する際は，十分な作業エリアが確保できない場合が多いため，状況に応じて計画路線沿線の民有地を借りるなどの措置を検討する必要がある。この場合，地元の自治会との調整，地権者や警察との協議など，準備段階での工期確保が必要となる点に留意する。また，埋設物に関しては，関係機関から図面を取り寄せ，その位置を確認してから着手する必要がある。

（2）軟弱地盤や透水性の高い地盤における留意点

開削工法では，軟弱地盤や透水性の高い地盤において事前に土留めの対策や排水対策などの対応が柔軟にできる。しかしながら，推進工法やシールド工法においては切羽の自立が困難な地盤や，湧水などによる切羽部の接地面のバランスが崩れるなどの施工障害が生じた場合，復旧に時間がかかり，施工計画の根本的な見直しが必要となることがある。これらの状況も踏まえて，推進工法やシールド工法での地質調査においては，調査箇所を増やして地盤の強度特性や地下水位の把握を精度よく把握する必要がある。

（3）立坑や開削工法での埋戻しにおける留意点

立坑位置や開削で敷設した箇所は，施工後に埋戻しを行う必要がある。埋戻しにおいては，その後の沈下や変状が生じないように十分に転圧する必要がある。その際の埋戻し材料として当該地の掘削土砂の利用もしくは，客土の利用を検討する必要がある。使用する埋戻し材料は締固めに適した土である必要があるため，事前に使用する土の締固め試験などを実施し，埋戻し材料の選定と施工管理を検討する必要がある。

（4）酸欠・有害ガスが存在する地盤の留意点

地中に存在するガスは前述のとおり，地域によって分布範囲が異なっており，その存在は不明確なところが多く，ボーリングを伴う地中ガス調査では，調査位置が限定的となるため，ガスが噴出するような地層の把握は難しい場合が多い。

ただし，可燃性ガスに関しては，地下水に溶存しているものを分析確認し，溶存量から分離した場合のガス量などを推定することができる。

酸欠ガスは，気体の状態で地層中に分布するため，調査での確認が難しい点に留意する必要がある。

（5）地形変化のある地域における留意点

管路敷設は線形構造物であるため，場所によって地形が変化する地域を横断する場合がある。地形の変化は，堆積している地層が変化している場合が多く，硬質地盤から，軟質地盤，もしくはその逆で軟質から硬質地盤へ変わる場合がある。その際には，地形の変化点周辺でボーリング調査を計画し，その地層の変化を確認し，計画する管路に影響がないかを検討する必要がある。また，その調査数量によって地層分布を確認する精度が変わる点にも留意する必要がある。

2. 積算上の留意点

上下水道および関連施設の地質調査を積算する上で留意すべき事項を以下に示す。

（1）別孔によるサンプリング，原位置試験の実施

管路敷設深度は，一般に標高で管理されることが多い。また，浅い深度の地層は変化に富むことが多い。このため，適切な地盤性状を把握するためには，標準貫入試験を実施する本孔とは別にサンプリング・原位置試験を行う別孔を掘削することが望ましい。この際，別孔についても適切に掘削費用を計上する必要がある。

（2）透 水 試 験

地盤の透水性を把握するための現場透水試験は，オーガー法，ケーシング法，一重管法，二重管法，揚水法などの方法があるため，地盤状況に応じた適切な試験方法を採用する必要がある。

（3）耐震設計上の基盤面の確認

耐震設計上の基盤面を確認する必要がある場合は，N 値のみによる判定だけでなく，少なくとも1孔においてPS検層を実施しS波速度を確認することが望ましい。

（４）地層確認におけるコア採取

上下水道設備は，線形構造物であり，地形の変化に対応して敷設する必要がある。低地などの軟弱地盤ではノンコアボーリングを基本とする標準貫入試験での地層確認をするが，山岳地域などの岩盤や硬質地盤が存在する箇所ではコア採取による地層確認をする必要がある。

（５）仮　設

ボーリングマシンの仮設は平坦地を基本とするが，さまざまな地形条件で上水道施設が敷設されることから現場状況を十分に確認した上で，仮設条件を設定する必要がある。

《参考文献》

1）土質工学会：現場技術者のための土と基礎シリーズ 14　土質調査計画―その合理的な計画の立て方―，1988
2）日本建築学会：建築基礎設計のための地盤調査計画指針，2009
3）川島眞一：東京都における地下水の経年変化，基礎工，Vol.29，No.11，2001
4）土木学会：トンネル標準示方書［共通編］・同解説/［シールド工法編］・同解説，2016
5）営繕工事における天然ガス対応のための関係官公庁連絡会議：施設整備・管理のための天然ガス対策ガイドブック，国土交通省関東地方整備局東京第二営繕事務所，2007
6）土木学会：トンネル標準示方書［共通編］・同解説/［開削工法編］・同解説，2016
7）日本推進技術協会：推進工法体系Ⅱ 計画設計・施工管理・基礎知識編，2023
8）地盤工学会：地盤工学・実務シリーズ３　シールド工法の調査・設計から施工まで，1997

第３章
維持管理・防災のための地質調査

第3章　維持管理・防災のための地質調査

3.1　構造物の維持管理のための地質調査

構造物の維持管理は，その構造物の使用・供用が開始された後，経年劣化や地震などの外力が起因として生じる変状などの進行や発生を確認，補修などを行うことで構造物を継続的に機能維持することを目的としている。その構造物は，河川堤防，ダム・貯水池・ため池，海岸・港湾，空港，埋立て地，道路，鉄道，トンネル，土地造成，ライフライン，建築建物など多岐にわたる。

この維持管理業務としては，点検，調査，評価，予測，補修・補強に加えて，それらの履歴の情報化が必要とされる。これらの要素技術が総合的に活用されることによって，十分な維持管理成果を得ることができる。

ここでは，構造物の維持管理に関連する地質調査の手法を示し，その留意点を解説する。

3.1.1　調 査 目 的

1.　地質調査の目的

維持管理調査は構造物の種類や，調査段階によって実施目的が異なる。一般的に維持管理のフローとしては，**図3-1-1**に示すような例がある。調査の流れは，全体状況を把握する一次調査（点検調査）から始まり，健全度を判定の上，必要性が生じた場合に個別変状箇所を把握する二次調査（個別調査）に進む。さらに，その原因の特定，劣化状況の確認を行い，対策工の検討へと進められる。各調査の目的は下記に示す内容となる。

- 一次調査：点検検査。目視を基本として実施し全体的な概要を把握する。
- 二次調査：個別検査。点検調査で確認された変状・劣化に対し，入念な目視を基本とし，変状の状態により各種の詳細な調査を実施し，対策検討のデータとする。

構造物の変状の原因は，「環境の変化」「外力の変化」「地盤条件の変化」に大きく分けられる。構造物の変状は，単独の原因で発生することはまれで，複数の原因が共存して発生するのが一般的である。変状の発生原因の例として，以下のものがある。

- 経年変化による劣化（腐食，繰返し応力など）
- 支持層など周辺地盤の経年変化による劣化（風化，変形，沈下，強度低下など）
- 調査設計時の欠陥（外力の誤評価，設計強度不足など）
- 施工時の欠陥（施工不良など）

求めるべき情報としては，一般に次のものがある。

- 建設時の情報：調査時の地盤情報，設計時の設計条件・構造物形状など，施工資料
- 経年変化：構造物の履歴（変状履歴，補修補強履歴など），周辺環境の変化（土地利用・改変）
- 現況：構造物の変状・物性，地形地質状況，地山の物性

このうち，地質調査（ボーリングや地盤物性値の確認）が必要となる段階は，主に二次調査（個別調査）における変状確認後の施設機能低下のおそれのある事象原因の特定や現状の詳細確認を行う場合である。

地質調査は，周辺地盤の評価と地盤物性値の比較を行い，現状を把握するための重要な役割を有している。

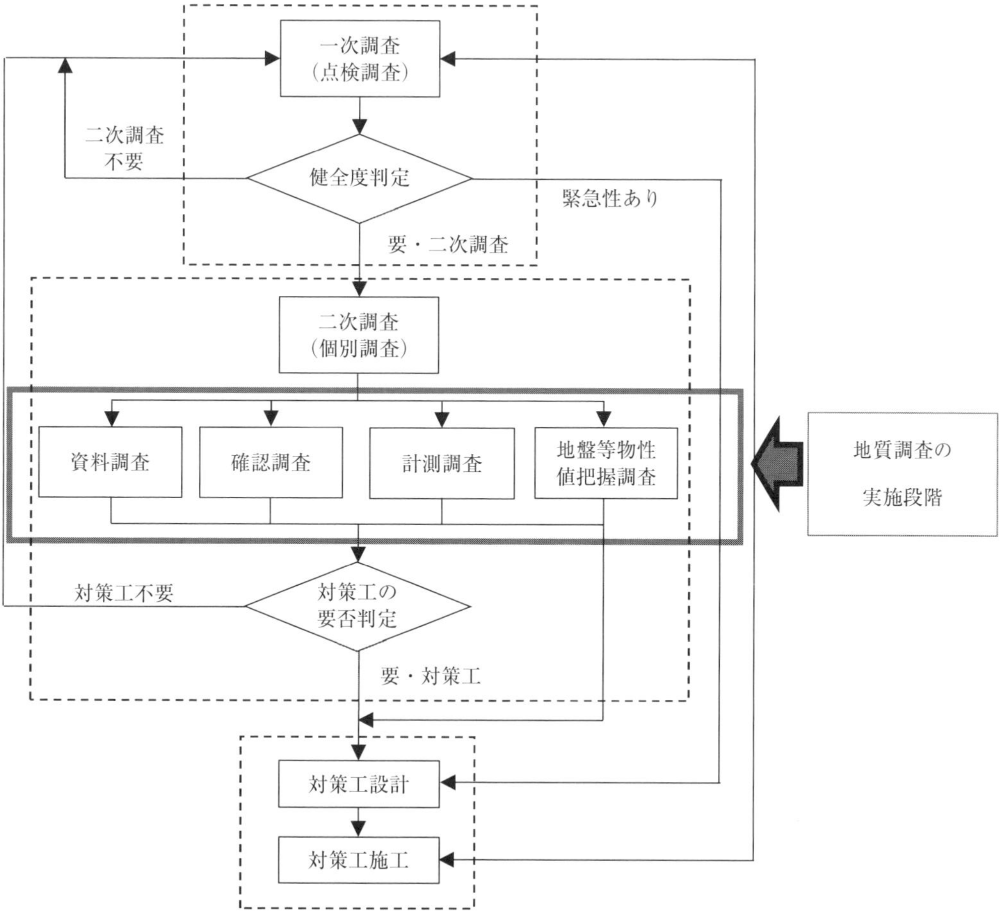

図3-1-1　維持管理のための調査概略フロー

2.　構造物別の地質調査

各構造物の種類別による一般的な維持管理の調査手法を**表3-1-1**に示す。

地質調査は，主に構造物に対して生じた変状，劣化の外的要因となる地盤の状況や地下水の状況を確認するための調査と，その地盤の物性値を確認するための調査を実施する。これに加えて，変状の進行具合や外力の動き，地下水位を確認する計測調査などがある。

その調査手法は，現地踏査，ボーリング調査，原位置試験，室内土質試験のほかに，物理探査（地中レーダー，磁気検層）などがある。

調査で得られた結果は，構造物を構築した際の既存地質調査結果との比較のデータとして，原因を特定するための基礎資料となる。

構造物別の地盤変状に対する検討項目は，**表 3-1-2** に示すように土圧，水圧，地盤すべり，支持力不足，沈下などのほかに，土砂崩れや地震などの液状化など自然災害の要因なども含まれる。なお，検討項目は，対象構造物によって異なり，その調査目的，調査手法が異なる点に注意が必要である。

表 3-1-1　維持管理調査における一般的な調査手法

構造物の種類	一次調査	二次調査			
		資料調査	確認調査	計測調査	地盤等物性値把握調査
コンクリート構造物の劣化度	目視観察 シュミットハンマー 打音法 熱赤外線画像解析	設計報告書 工事施工記録 完成後の点検記録 定期点検記録	現地踏査 シュミットハンマー 打音法 熱赤外線画像解析 AE 法 RC レーダー法	亀裂変位計	単位体積重量試験 圧縮強度試験 圧裂引張試験 超音波速度試験 中性化試験
基礎構造物の損傷	目視観察 （地上構造物・周辺地盤）	調査設計報告書 工事施工記録 完成後の点検記録 定期点検記録	現地踏査 ボーリング調査 ボアホールカメラ 磁気検層 インテグリティー試験 AE 法 衝撃振動試験	—	—
吹付のり面老朽化	目視観察	地形地質関係文献 調査設計報告書 工事施工記録 完成後の点検記録 定期点検記録	現地踏査 打音法 熱赤外線画像解析 地中レーダー探査 弾性波探査 ボーリング調査	—	PS 検層 単位体積重量試験 圧縮強度試験 圧裂引張試験 超音波速度試験
トンネルの変状	目視観察 打音法 各種カメラによる画像解析	地形地質関係文献 調査設計報告書 工事施工記録 完成後の点検記録 定期点検記録	現地踏査 地中レーダー探査 弾性波探査 ボーリング調査	亀裂変位計 地中変位計 水準測量 内空変位測量	PS 検層 単位体積重量試験 圧縮強度試験 圧裂引張試験 超音波速度試験 X 線回折分析 中性化試験 アルカリ骨材反応試験
河川堤防の老朽化診断	目視観察	土地利用履歴 調査設計報告書 工事施工記録 被害履歴 定期点検記録	現地踏査 比抵抗 2 次元探査 地中レーダー探査 高密度表面波探査 ボーリング調査 開削調査 地下水調査 連通試験	水準測量 地下水位観測 孔内傾斜計観測	盛土材料試験 （物理・力学・透水） 現場透水試験
老朽ため池漏水	目視観察	土地利用履歴 調査設計報告書 工事施工記録 定期点検記録	現地踏査 比抵抗 2 次元探査 地中レーダー探査 高密度表面波探査 ボーリング調査 地下水調査	水準測量 地下水位観測 孔内傾斜計観測	盛土材料試験 （物理・力学・透水） 現場透水試験
路面下空洞	目視観察 路面性状調査	土地利用履歴 調査設計報告書 工事施工記録 被害履歴 定期点検記録	現地踏査 比抵抗 2 次元探査 地中レーダー探査 ボーリング調査 開削調査 高密度表面波探査	—	—

表3-1-2　各構造物における地盤変状に対する地質調査の検討項目

検討項目＼構造物の種類	トンネル	盛土構造	擁壁	橋梁基礎	建設構造物	港湾施設	河川堤防
土圧	○		○			○	
水圧	○	○	○				
背面空洞・沈下	○		○	○		○	
支持力不足	○		○	○	○		
地盤すべり	○	○	○			○	
沈下	○	○	○	○	○	○	○
のり面崩壊		○	○				○
侵食				○			○
漏水	○						○

3.1.2　調査計画・内容

1.　構造物別の調査項目と方法

前述のとおり，維持管理調査における地質調査は，変状原因の状況把握のための二次調査の一つとして位置づけられる。このことから，外的要因に対する調査を主として実施し，変状原因の特定や現状の把握を調査方針として，その計画を実行していくことが必要となる。

地質調査の方法の例として，鉄道構造物維持管理に対する変状の外的条件に関する調査方法を**表3-1-3**に示す。これによると，対象構造物によって，その調査方法を選択することになり，地質調査は地盤の影響を伴う変状に対して実施され，現地踏査による目視確認，ボーリング調査，サウンディング試験，室内土質試験，物理検層などの調査手法が行われる。

調査計画や内容は，対象構造物によって異なることから，詳細に関しては，各構造物の維持管理マニュアルや指針などにゆだねるものとする。以下に示す指針，基準，マニュアル等を参考として利用されたい。

（1）コンクリート構造物の劣化度調査

・土木学会：『コンクリート標準示方書（維持管理編）』[2)]

・日本建築学会：『鉄筋コンクリート造建築物の耐久性調査・診断および補修指針（案）・同解説』[3)]

（2）基礎構造物の損傷調査

・国土交通省道路局：『道路橋定期点検要領』[4)]

・土木技術研究所：『橋梁基礎構造の形状および損傷調査マニュアル（案）』[5)]

・鉄道総合技術研究所：『鉄道構造物等維持管理標準・同解説（構造物編）基礎構造物・抗土圧構造物』[1)]

（3）道路等防災点検（切土のり面，盛土のり面，斜面，橋梁基礎洗掘）

・全国地質調査業協会連合会：『道路防災点検の手引き（豪雨・豪雪等）』[6)]

表 3-1-3　変状の外的条件に関する主な調査方法[1)]

調査区分	調査対象	調査項目	主な調査方法	解　説
地盤の影響	構造物周辺の地盤	周辺地盤条件の変化	標準貫入試験等各種サウンディング	地下水位の変化に伴う構造物の変状は，地盤沈下に伴うネガティブフリクションの発生等，深刻である。地下水位あるいは水位の変化，および周辺地盤の地質，地盤の透水性を把握し，措置に関する検討資料とする。
		地下水位の変化	土質試験	
			地下水位計測	
		地すべり等地盤の側方移動の有無	測量	通常の構造物は地盤の動きに大きく影響を受けるため，傾斜地など変状の発生するおそれのある場所に構築された構造物，また既に変状の発生している構造物については，比較的広い範囲にわたって地盤（地表および地中）の水平変位・鉛直変位の有無，進行性の有無，および進行の速度等について，調査・把握することが重要である。
			資料調査	
			構造物周辺の地盤の目視調査	
河川・海洋の影響	構造物周辺の河川・海洋	洗掘深さ	巻き尺等による計測	上流側におけるダム・頭首工の建設による河床面の低下は，橋梁下部構造物にとって深刻な問題となる。 また，出水に伴って生じるみお筋の変化も橋梁下部構造物の安定性において影響は大きい。 したがって，橋脚周辺の比較的狭い範囲だけでなく，橋梁周辺，あるいは河川上流域における建設工事の動向について調査することが重要である。
		河床低下の有無	線路縦断測量，線路横断測量，資料調査，構造物周辺の環境の目視調査	
		みお筋の変化	線路縦断測量，構造物周辺の河川の目視調査	
		洪水時の最高水位・高潮時の最高潮位・高波時の最高波高	資料調査，構造物周辺の浸水状況の目視調査	洪水の最高水位が桁まで達した場合，構造物に過大な水平力が作用したと考えられ，構造物に対し詳細な調査が必要となる。 また，護岸の侵食は波浪，潮流によって生じるが，遠く離れた位置で施工される港湾関係者等による工事の影響を受けることもあることから，構造物近傍だけでなく，広い範囲にわたる調査も重要である。
近接施工の影響	構造物周辺の地盤	工事の状況	資料調査	基礎構造物においては，近接施工による影響を大きく受ける場合があるが，これは近接工事の接近度と地盤の強さ（軟弱さ）によってその程度が異なる。 したがって，近接工事の計画・状況，構造物が位置する地盤条件をあらかじめ把握することで，近接工事により構造物に生じる変状を予測し，さらに変状の観測体制を整えておくことが重要である。
			施工側からの情報収集	
		地形・地質条件	資料調査	
			構造物周辺の地盤の目視調査	
		地盤変位	観測杭の測量	
地震の影響	構造物周辺の地盤	地震力および過去の地震歴	資料調査	構造物に生じた変状と，各種の記録から，変状程度を推定するのがよい。 また，構造物の健全度の判定に当たっては，過去に経験した地震歴を参考にするとよい。 なお，余震により構造物が再度被災するおそれが大きいので，必要に応じて措置を講じるのがよい。
			周辺の地震計の記録収集	
			構造物周辺の地盤の目視調査	

・建設省道路局：『防災カルテ作成・運用要領』[7)]

・鉄道総合技術研究所：『落石対策技術マニュアル』[8)]

（４）吹付のり面老朽化調査

・土木技術研究所：『熱赤外線映像法による吹付のり面老朽化診断マニュアル』[9)]

（５）トンネルの変状調査

・国土交通省道路局：『道路トンネル定期点検要領』[10)]

・国土交通省近畿地方整備局監修：『道路トンネル点検・補修の手引き』[11)]

・日本道路協会：『道路トンネル維持管理便覧（本体工編）』[12)]

・鉄道総合技術研究所：『変状トンネル対策工設計マニュアル』[13)]

・鉄道総合技術研究所：『鉄道構造物等維持管理標準・同解説（構造物編）トンネル』[14)]

（６）河川堤防の老朽化調査

・国土技術研究センター：『河川堤防の構造検討の手引き（改訂版）』[15)]

・国土交通省水管理・国土保全局治水課：『樋門等構造物周辺堤防詳細点検要領』[16)]

・国土技術研究センター：『中小河川における堤防点検・対策の手引き（案）』[17)]

（７）老朽ため池漏水調査

・農業土木学会：『土地改良事業設計指針「ため池整備」』[18)]

2．調査計画（道路トンネル）

維持管理調査の分野において，対象となる構造物は前述のように多岐にわたるため，ここでは道路トンネルにおける維持管理の地質調査計画を一例として以下に示す。

（１）調 査 項 目

道路トンネルの維持管理における変状調査フローは，**図 3-1-2** に示すとおりである。これによると，調査は段階的な調査（一次調査，二次調査）を実施し，対策工の検討へと進められる。

一次調査は，定期点検や地震など自然災害が発生した際に行われる臨時点検調査であり，目視観察などによる変状箇所の有無を確認し，構造物の健全度評価と対策を必要とする区間の選定を行うことを目的として実施される。

二次調査は，一次調査で確認された変状箇所を，必要に応じて，より詳細に把握するために調査を実施し，変状原因の検討や変状状態を把握することを目的として行われる。

これらの調査の結果から，変状箇所およびその要因となる事項に対して，最終段階において，対策工の検討を行う。

地質調査が実施される段階は，二次調査における変状原因の詳細な把握のために行われる。調査方法は，既存調査資料の確認，実際のボーリング調査や物理探査（非破壊検査），室内試験などがあり，これに加えて，変状の経過観察を必要とする場合は，計測調査が実施される。

各調査項目の内容と推定される変状原因の対応例のうち，地質調査に関連する項目を抜粋して**表 3-1-4** にまとめて示す。

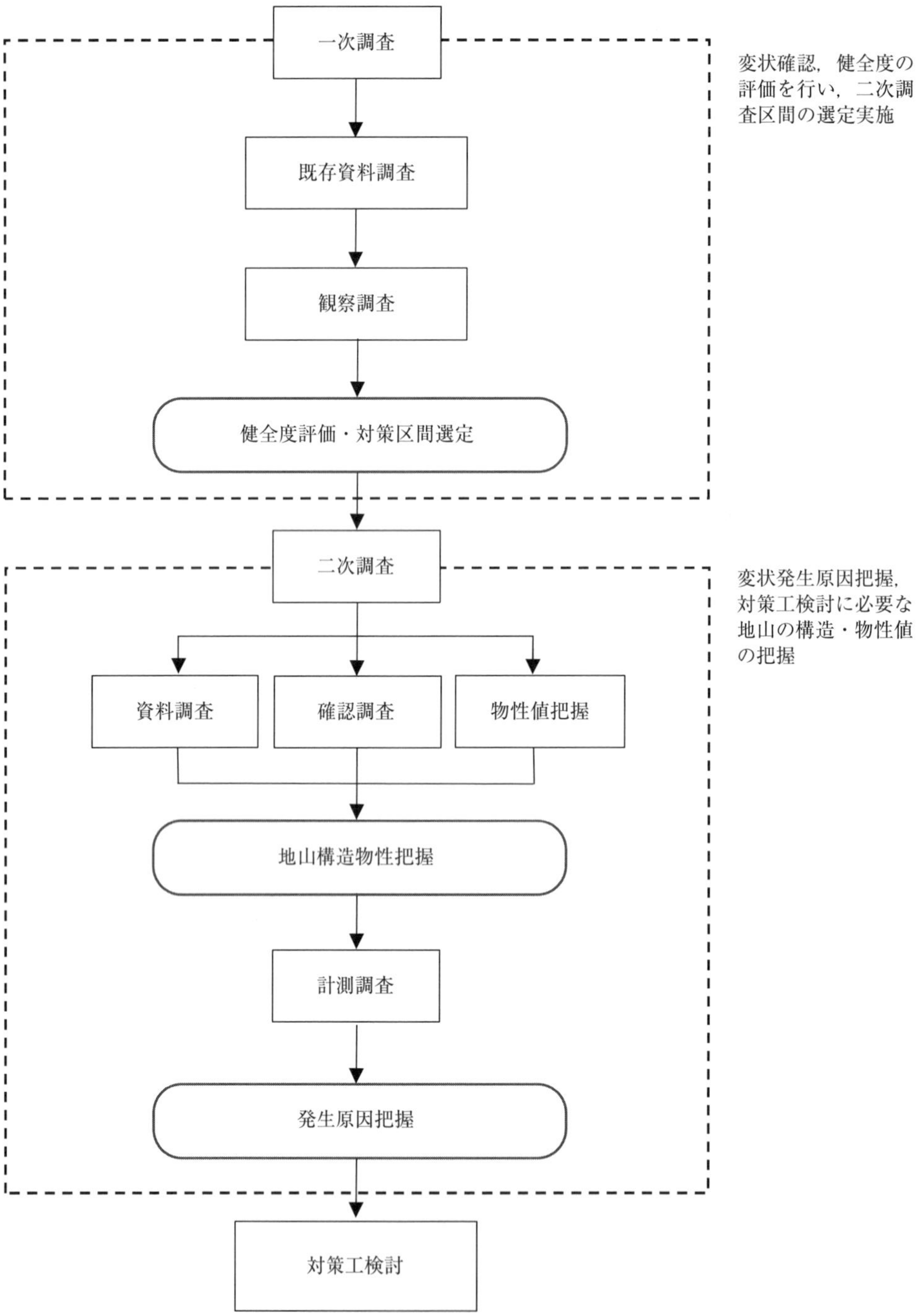

図 3-1-2　変状調査概略フロー

表 3-1-4　調査項目・内容と推定される変状原因の対応例[13]（一部修正）

調査対象	調査項目	代表的な調査内容	代表的な調査手法	推定される変状原因											
				外力								環境			
				緩み土圧	偏土圧	地すべり	膨張性土圧	支持力不足	水圧	凍上圧	近接施工	経年劣化	漏水	凍害	塩害有害水
地表面・地山	地形・地質調査	地形，地質，地下水条件，近接工事の調査	踏査，ボーリング，孔内検層，坑内弾性波探査	○	◎	◎	○	○	○	○	○		○		
	地山挙動調査	地中変位測定，地すべり変位測定	地中変位計，孔内傾斜計，地すべり計，パイプひずみ計，GPS/GNSS変位計等		○	◎	○	○			○				
		ゆるみ領域，塑性領域確認	地中変位計，孔内傾斜計等	◎	○	○	◎	○			○				
	地山試料試験	物理試験・力学試験	密度試験，一軸・三軸圧縮試験，浸水崩壊度試験等	○	○	○	○	○		○					
本体全般	観察	覆工，坑門工および内装板の表面のひび割れ，劣化，漏水状況の観察，展開図作成	カメラ，巻尺，ノギス，クラックスケール等	○	○	○	○	○	○	○	○	○	○	○	○
漏水等	漏水状況観察	漏水量測定，土砂流出状況，微生物被害状況	ストップウォッチ，メスシリンダー等						◎				○		
	漏水水質試験	水温，水質化学分析	pH 測定，電導度試験，土砂流出状況調査等										○		◎

【凡例】：◎よく用いられる項目，○用いられる項目

（2）調 査 方 法

1）地形・地質調査（ボーリング調査）

変状原因の特定や対策工設計のために地形，地質，地下水条件等に対する詳細な情報を把握する必要がある場合には地形・地質調査を実施する場合がある。

調査項目としては，設計・施工段階で実施される地質調査手法が適用される。

・地表地質踏査（**図 3-1-3** に示すような地表面変状を確認）
・ボーリング調査
・原位置試験（標準貫入試験，孔内載荷試験，現場透水試験，速度検層等）
・室内土質試験（物理試験，一軸圧縮試験，三軸圧縮試験，圧密試験等）
・物理検層（弾性波探査，電気探査，地中レーダー探査等）

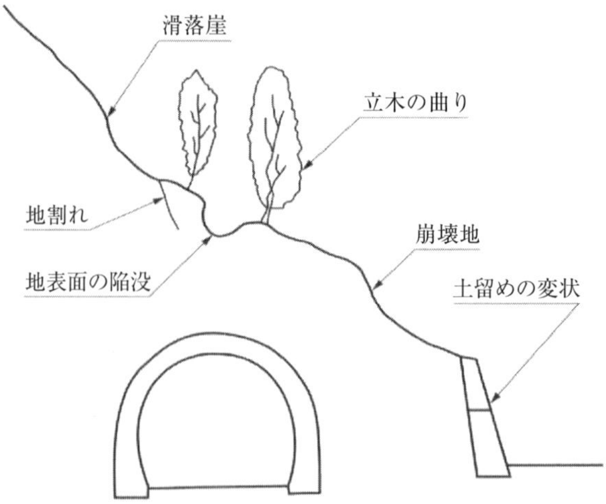

（出典：（公社）日本道路協会「道路トンネル維持管理便覧（本体工編）」）

図 3-1-3　地表面の変状の例（概念図）[12)]

2）地山挙動調査（変位計測調査）

地山が挙動する要因としては，地すべり，地山の緩み，近接工事・対策工事の影響などがある。これらの地山挙動を把握するために，地中変位測定や地すべり変位測定等を用いて挙動の計測を実施する場合がある（**図 3-1-4**～**図 3-1-6** 参照）。

・地中変位測定（地中の任意点における変動量を測定し，偏土圧，地山のゆるみ領域を把握）

・地すべり変位測定（孔内傾斜計，地すべり計，GPS/GNSS 変位計を利用して地すべり変動箇所，移動速度を測定し，地すべりの挙動を把握）

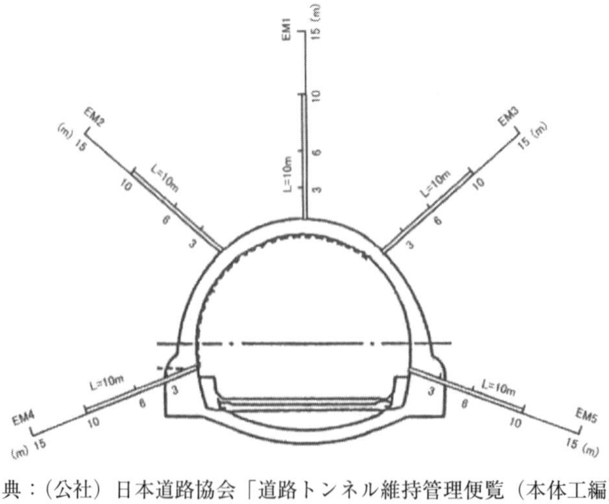

（出典：（公社）日本道路協会「道路トンネル維持管理便覧（本体工編）」）

図 3-1-4　地中変位計の設置例[12)]

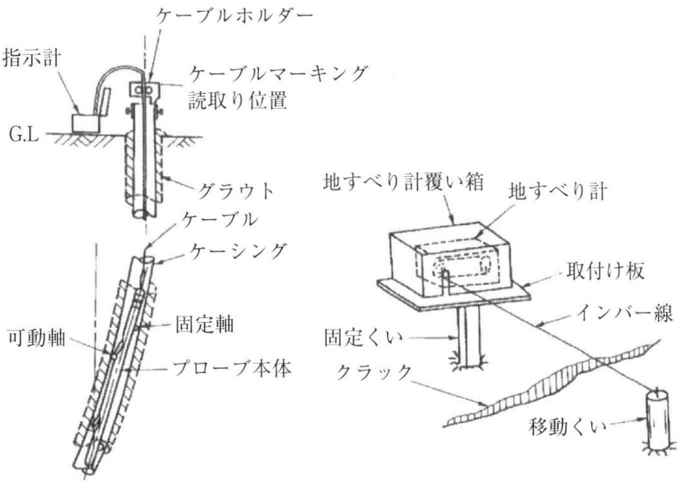

図 3-1-5　孔内傾斜計，地すべり計の設置図[19)]

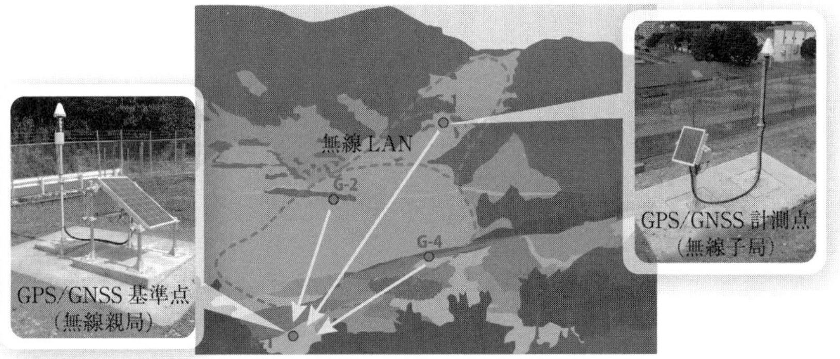

図 3-1-6　GPS/GNSS を用いた変位計の構成図の例[20)]

３）地山試料試験（室内土質試験）

地山試料試験は，地山の物性値を把握するために実施する（**表 3-1-5** 参照）。これらの試験結果は，変状原因の推定や対策工の検討のための資料となる。

・物理試験（単位体積重量，含水比，粒度等）
・力学試験（一軸圧縮，三軸圧縮，圧密，動的特性等）
・材料試験（スレーキング，膨張性等）

表 3-1-5　主な室内土質試験と試験方法[13]（一部修正）

試験項目	得られる特性値	コンクリート	地山条件			
			硬岩	軟岩	土砂	
					粘土質	砂質
単位体積重量試験	単位体積重量	○	△	○	○	○
自然含水比試験	含水比	○		○	○	○
粒度試験	粒度分布				○	○
土粒子の密度試験	土粒子の真比重				○	○
コンシステンシー試験	液性・塑性限界，塑性指数				△	
一軸圧縮試験	一軸圧縮強さ，静弾性係数，静ポアソン比	○	○	○	○	○
三軸圧縮試験	粘着力，内部摩擦角			△	△	△
圧裂試験	引張強度		△	△		
点載荷試験	引張強度		△	△		
透水試験	透水係数					△
超音波伝播速度試験	P 波速度，S 波速度，動弾性係数，動剛性率，動ポアソン比	○	○	△		
スレーキング試験	浸水崩壊度			○		
陽イオン交換容量試験	モンモリロナイト等の含有量			△		
X 線分析	粘土鉱物の種類，含有量			△	△	
コンクリート pH 試験	pH	○				
中性化試験	中性化深さ	○				

○：多くの場合実施する　△：実施した方がよい

4）観 察 調 査

観察調査は，点検において確認された箇所に対して，変状原因の推定，調査計画および対策工検討の基礎資料となる調査である。

・ひび割れ調査
・漏水状況調査
・土砂流出調査
・路肩，路面の変状の把握
・打音検査およびコンクリートテストハンマーによる覆工コンクリート調査
・微生物被害調査

5）漏水状況調査

漏水状況調査は，覆工面や底盤面などからの地下水流出の有無や流出量などを確認し，覆工のひび割れの存在を確認できる調査である。また，漏水量を調べ覆工背面への水圧が作用している点や流出水に濁りや土砂が混じっていないか目視で確認する。これらは，覆工変状や背面の空洞の存在を推定する情報となる（**表 3-1-6** 参照）。

表 3-1-6　漏水状況の分類[12)]

漏水の度合	噴出	流下	滴水	浸出（にじみ）
漏水状態	水圧の作用により水が噴き出している	自然流下のような状態で，連続的に水が流出している	ポタポタと落ちるような状態で，断続的に水が流出している	表面が濡れている状態で，滴水等はない
模式図			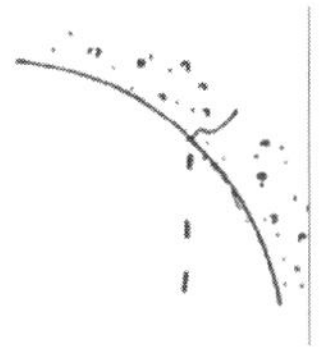	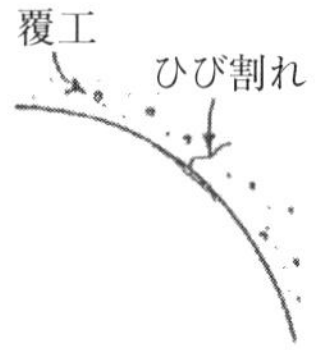

（出典：（公社）日本道路協会「道路トンネル維持管理便覧（本体工編）」）

６）漏水水質試験

水質試験は，覆工コンクリート等の劣化原因や漏水の流出経路を推定する試験である。漏水する水を採取し，以下に示す水質分析を行う。

・水温（漏水供給源との水質比較）
・pH 試験（コンクリートの劣化状況の確認，漏水供給源との水質比較）
・電気伝導度試験（漏水供給源との水質比較）

3.1.3　調査実施上の留意点（道路トンネル）

1.　調 査 計 画

① 調査計画は，原因の特定や対策工の想定をして計画を立てるため，事前に資料調査を十分に行うことが重要である。

② 調査対象や項目，手法は多岐にわたり，推定される変状原因等に応じて選定する必要がある。

③ 地震や火災による被害に関しては，発生頻度が比較的低いことに加え，被害形態や発生現象およびその原因が多岐にわたることから，状況に応じて個別に必要な調査項目と内容を選定する必要がある。

2.　既存調査資料との比較

① 標準貫入試験は，2013 年以降，設計に用いられる N 値の基準が設けられ，全自動もしくは半自動落下の N 値が設計に採用される値となる。そのため，既存調査資料が基準以前の結果であるものを用いる場合は，試験の方法（コーンプーリー法など）を確認し，その取り扱いに注意する必要がある。

3.　観 測 調 査

① 観察調査においては，トンネル断面が小さい場合は，ブーム型トンネル点検車の使用が困難な場合があるため，垂直昇降型の点検車やローリングタワーの使用も検討する必要がある。

② トンネル断面が大きい場合や変状が多い場合は，作業日数が多くなる可能性がある。

4. 点検・調査に伴う交通規制

① 車道幅員が狭い場合は，通行止めが必要となる。

② 規制延長が500 m程度の場合でも，無線の中継要員が必要となる場合がある。トンネル断面が小さい場合や規制車を設置する場合は，無線が届きにくいことがある。

③ 坑口付近の見通しが悪い場合は，停止位置を見通しのよい位置でトンネルから離すか，徐行旗を持った誘導員を追加配置する必要がある。

④ 一般車の車線切り替えを考慮すると，坑口から停止位置まで一定の距離が必要となるが，その間に民家や側道等がある場合は，**図3-1-7**に示すように停止位置をトンネルから離し，民家や側道に誘導員を配置する必要がある。

⑤ トンネル前後区間で別工事等による交通規制を行う場合，規制区間の重複による警備業法上の問題や規制区間内に車両が停止する等の問題が生じるため，トンネル周辺の工事予定を事前に把握する必要がある。

⑥ 車線の切り替えに必要なスペースは，規制速度だけでなく縦断勾配や規制延長（規制延長が長いと車両速度が高い）も影響する場合がある。

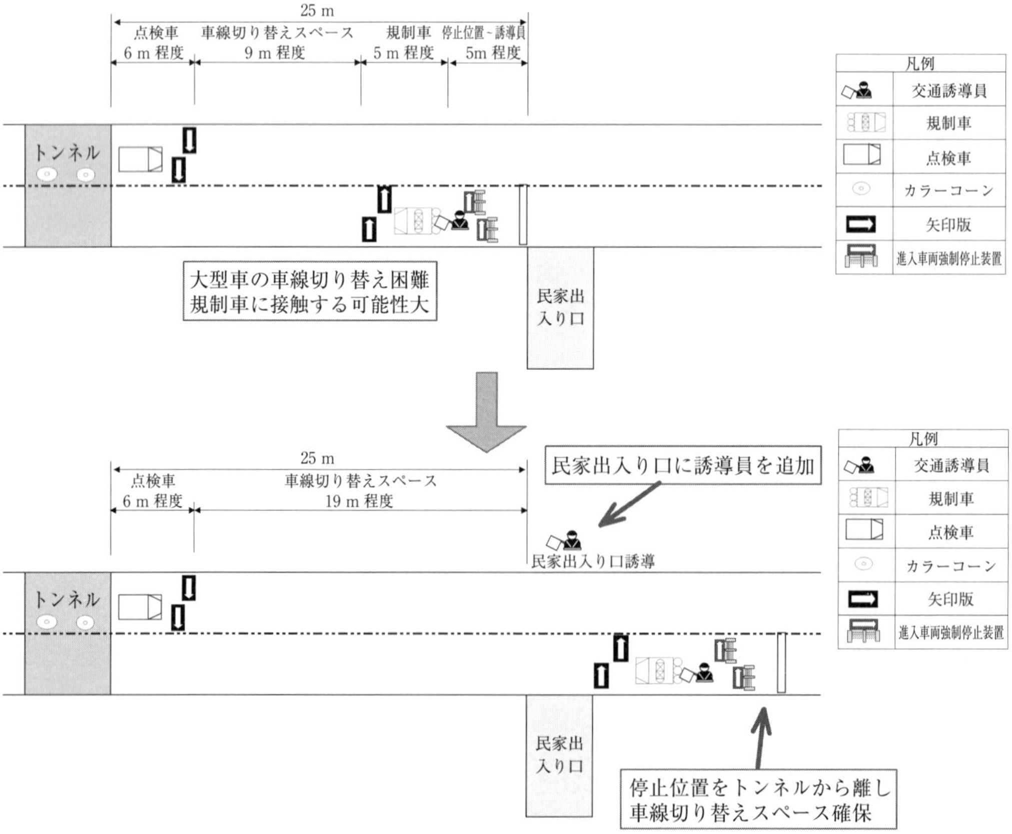

図3-1-7 誘導員配置変更例

5.　地山挙動調査

①　地中変位計を設置する際にトンネルの防水シートなど貫通する場合は，別途防水処理などの対応を行う必要がある。

②　孔内傾斜計は，地すべり地帯の地中の水平変位を測定して地盤変動の把握に利用されることが多いが，近接施工の影響を把握する場合にも利用される。

③　地表面の平面的な動きを把握するために，地すべり計やGPS/GNSS変位計を設置するが，設置においては動植物の影響による測定障害が生じないよう配慮した設置方法が必要である。

6.　漏 水 調 査

①　地下水の挙動はトンネルの維持管理において重要であることから，漏水などの現象が生じた際は地下水観測井戸の設置を検討し，降雨との相関，流出量の相関なども把握することが望ましい。

②　土砂の流出が湧水とともに確認される場合は，舗装面などの沈下や覆工背面に空洞が生じる可能性が考えられるため，土砂流出状況調査を行う必要がある。

③　土砂流出により沈下が生じた場合は，排水ますなどに帯泥が発生することがあるため，排水維持のための清掃処理などを行う必要がある。

3.1.4　積算上の留意点（道路トンネル）

1.　点 検 調 査

（1）ひび割れ密度

・『道路トンネル定期点検業務積算資料（暫定版）』[21]（以下，積算資料）では，進行の認められるひび割れまたは新たなひび割れを囲む範囲でひび割れ密度を算出する。

・変状の多いトンネルで２回目以降の点検を行う場合は，**図 3-1-8** に示すように実作業日

【ひび割れ密度計算例】

右図に示すように，進行性が認められるまたは新たなひび割れが２箇所にあり，それぞれの延長がL1，L2，ひび割れを囲む長方形部分の面積がそれぞれ al，a2である時，ひび割れ密度はそれぞれ
Cl=Ll/al，C2=L2/a2
と定義される。
進行性が認められるまたは新たなひび割れがスパン全体に分布する場合は，その延長の合計をスパン面積Aで除した値をひび割れ密度として計算する。

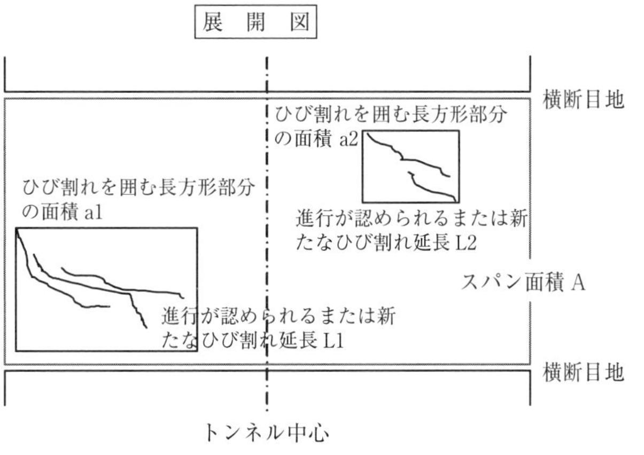

図 3-1-8　二回目以降の打音検査の範囲イメージ図[21]

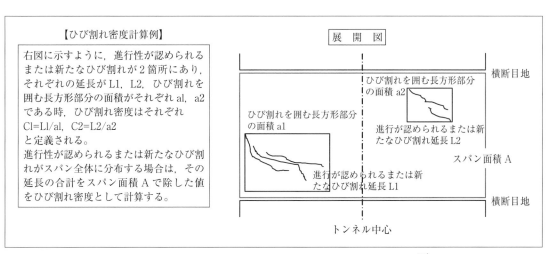

数による精算であれば問題ない。ただし，点検日数に関係なく積算資料[21)]記載の日数のみで各種経費等を精算する場合は，受注者側の負担が増える可能性がある。

（2）安　全　費

・積算資料[21)]では，**表3-1-7**に示すように1日当たりの交通誘導員数が定められており，(注) 1で「トンネル条件，交通状況，その他現地の状況等を勘案して人数を計上する」とされている。ただし，標準積算どおりでしか精算されない場合は，側道等に配置した交通誘導員や無線の中継で配置した交通誘導員が契約変更の対象外となる場合がある。

表3-1-7　交通誘導員の班編成[21)]

（2）安全費

1）交通誘導員

交通誘導員はトンネル点検のための規制期間日数に，下記の班編成の人員を乗じた額を計上する。

班編制　　（1日当り）

項目		交通誘導警備員 A	交通誘導警備員 B
トンネル延長	1 km 未満	1.0	2.0
	1 km 以上	1.0	3.0

（注）1. 上表は片側交互通行により点検を実施した場合の基本的な班編制の例を示すものであり，トンネル条件，交通状況，その他現地の状況等を勘案して計上するものとする。

2）保安施設

保安施設は，道路工事保安施設設置基準（案）等を参考に，立看板，保安灯，矢印板，バリケード等を，点検区間長，交通量，交通状況，その他現地の状況等を勘案して計上するものとする。

2. 個別調査（地質調査）

（1）ボーリング調査

・ボーリング作業での運搬仮設においては，さまざまな条件によって内容が異なるため，積算費用も大幅に変わってくる。そのため，調査箇所を事前に確認し，適切な仮設，運搬経路を見込んでおく必要がある。

・サウンディング試験などは試験方法によって，運搬費が計上されないものがあるため，作業条件を確認の上，積算の際はそれを加味する必要がある。

（2）原位置試験，サンプリング

・原位置試験やサンプリングにおいては，本孔での地層確認を実施した後に別孔で実施深度の計画を立てることが効率的であるため，地層の分布が不確実な調査孔の場合は別孔を基本として積算する必要がある。

（3）計 測 調 査

・GPS/GNSSを用いた地盤の平面的な移動計測は，積算資料に載っていないため，調査手法の確認と見積りを取得するなど，計画の際の事前準備に注意が必要である。

・観測装置の保守点検では，設置した装置以外の環境の変化もあるため，雑木林などの伐採または設置箇所の再検討などを想定した条件を見込むことが大切である。

（4）地盤物性試験（室内土質試験）

・力学特性の確認を優先する試験計画であっても，結果の検証を行うために物理特性を把握する試験は省かずに計上する必要がある。

《参考文献》

1）国土交通省鉄道局監修・鉄道総合技術研究所：鉄道構造物等維持管理標準・同解説（構造物編）基礎構造物・抗土圧構造物，丸善出版，2007
2）土木学会：コンクリート標準示方書（維持管理編），2022
3）日本建築学会：鉄筋コンクリート造建築物の耐久性調査・診断および補修指針（案）・同解説，1997
4）国土交通省道路局：道路橋定期点検要領，2019
5）土木研究所：橋梁基礎構造の形状および損傷調査マニュアル（案），1999
6）全国地質調査業協会連合会：道路防災点検の手引き（豪雨・豪雪等），2022
7）建設省道路局監修・道路保全技術センター編：防災カルテ作成・運用要領，1996
8）鉄道総合技術研究所：落石対策技術マニュアル，2019
9）土木研究センター：熱赤外線映像法による吹付のり面老朽化診断マニュアル，1996
10）国土交通省道路局：道路トンネル定期点検要領，2019
11）国土交通省近畿地方整備局監修：道路トンネル点検・補修の手引き，2001
12）日本道路協会：道路トンネル維持管理便覧（本体工編），2020
13）鉄道総合技術研究所：変状トンネル対策工設計マニュアル，2000
14）国土交通省鉄道局監修・鉄道総合技術研究所編：鉄道構造物等維持管理標準・同解説（構造物編）トンネル，丸善出版，2007
15）国土技術研究センター：河川堤防の構造検討の手引き（改訂版），2012
16）国土交通省水管理・国土保全局治水課：樋門等構造物周辺堤防詳細点検要領，2012
17）国土技術研究センター：中小河川における堤防点検・対策の手引き（案），2004
18）農林水産省農村振興局整備部監修：土地改良事業設計指針「ため池整備」，農業農村工学会，2015
19）鉄道総合技術研究所：トンネル補強・補修マニュアル，1990
20）shamen-net 研究会：高精度 GPS/GNSS を用いた計測情報提供サービス 第20版，2024
21）国土交通省道路局：道路トンネル定期点検業務積算資料（暫定版），2019

3.2　土砂災害防止

地すべりや崩壊などの土砂災害は，斜面を構成する岩盤や土砂の風化による強度低下，間隙水圧の上昇，地震動により不安定化し，重力等によって下方に移動することで引き起こされる現象である。

ここでは，留意すべき土砂災害として，以下の現象に対し，調査計画を行うにあたっての要点について述べる。

①　斜面崩壊（侵食・崩落，表層崩壊，大規模崩壊，岩盤崩壊など）

②　地すべり（岩盤すべり，風化岩すべり，崩積土すべり，粘質土すべり）

③　土石流（渓床堆積物・山腹崩壊土砂・地すべり土塊の流動化，天然ダムの決壊）

④　落石（抜落ち型落石，剥離型落石など）

なお，土砂災害の発生形態および地質特性との関係については，『改訂3版地質調査要領』pp.242-250を参照されたい。

土砂災害の防止対策としては，防護工等の対策工事によるハード対策と，ハザードマップ・土砂災害防止法（基礎調査）等によるソフト対策に大別されるが，本節ではハード対策に関連する地質調査について記述する。

3.2.1　地質調査の基本方針

1. 調査方針の策定

土砂災害防止にかかわる地質調査の目的は，斜面の地質特性の把握と斜面変動機構・安定度の評価を基本とするが，災害復旧事業・防災事業・建設事業等の事業区分ならびに事業の進捗段階に応じて下記のとおり，地質調査の位置づけ・主目的は変化する。

【事業段階別の調査目的】

・事業の計画段階：危険箇所抽出や崩壊規模・危険度・対策必要性の評価のための調査

・実施段階：崩壊機構・地盤特性等の安定解析および対策工設計の基本条件の把握ならびに施工中の安全確保のための調査

・管理段階：対策効果・安定度の監視や対策工の健全度を把握するための調査

図3-2-1は，道路建設の各段階においてのり面・斜面安定工での適切な対応を行うために必要な調査を示した事例である。のり面・斜面安定工の調査をどの段階で実施し，道路の計画・設計・施工時および供用中や災害時にどう反映させるかをよく認識してそれに適した調査を実施する。なお，適切な対応策を実施するためには，調査等で災害発生の素因や誘因である地質・土質の変化や湧水等の予測をすることが重要である。

2. 調 査 手 順

土砂災害に関連した地質調査の一般的な実施手順を**図3-2-1**に示す。

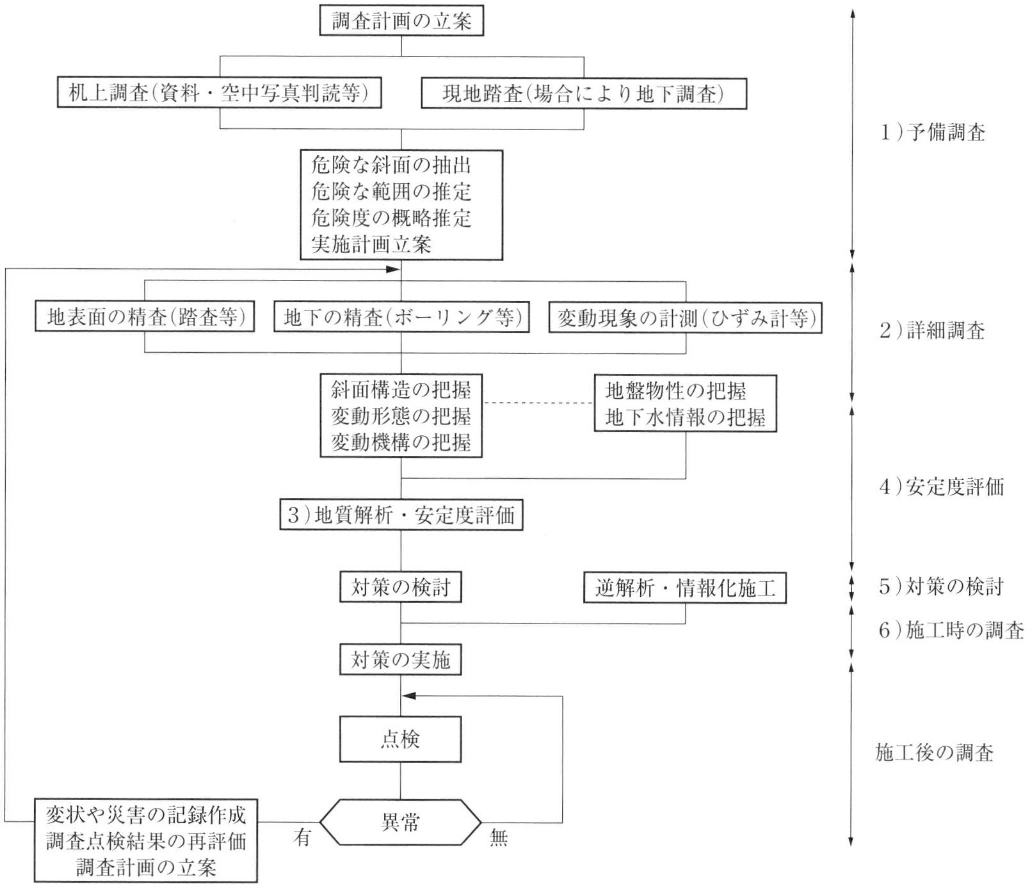

図 3-2-1　土砂災害に関する一般的な調査フロー[1)]（一部修正）

１）予 備 調 査

予備調査の目的は，事業の計画段階において斜面変動の可能性の高い箇所を抽出するとともに，その後の調査計画を立案・検討（実施計画を立案）することにある。調査方法としては，広域調査としての地形・地質調査を主体とし，地形・地質的に斜面変動が発生しやすい箇所や変状箇所を抽出し，補助的に地表地質踏査によってそれらの箇所の状況を確認する。

予備調査の手法としては，空中写真判読や DEM データ，LP データによる応用地形判読，現地踏査（水文条件；湧水，流水跡，地下水位等々，環境条件，地盤変状の有無を概略的に確認），聞き取り調査（災害履歴調査），既往調査資料など，広範囲をとらえる手法が適用される。なお，予備調査段階における危険度の評価手法としては，斜面勾配区分等の斜面特性区分による評価手法や，道路防災点検の評点法[2)] による安定評価手法がある。

２）詳 細 調 査

詳細調査の目的は，予備調査において土砂災害の危険性が考えられた斜面変動現象の安定度および対策工を検討するために，地質構成・性状，地下水状況，変状の進行状況を，質的ならびに量的に把握することにある。

詳細調査の調査項目は，土砂災害の発生形態によってさまざまであり，調査手法も種々の手法が用いられる。斜面災害にかかわる地形地質要因は複雑・多様であり，現地状況に応じて各手法を組み合わせて調査を実施し，対象箇所の地形地質特性を総合的にとらえ，必要な情報を分かりやすく表現し，利用者に提供する必要がある。

【地質・崩壊形態と調査の組合せの例】

・表土（崩壊）：簡易貫入試験，地表水調査

・表土・崩積土・火山砕屑物・段丘堆積物・強風化岩（滑落）
　：ボーリング，サウンディング，物理探査，地下水調査，土質試験斜面変位調査

・軟岩（崩落）：ボーリング，物理探査，岩石試験

・軟岩（滑落）：ボーリング，標準貫入試験，物理探査，地下水調査，岩石試験，斜面変位調査

・中硬岩・硬岩（崩壊）：ボーリング，物理探査

・中硬岩・硬岩（滑落）：ボーリング，物理探査，地下水調査，岩石試験，斜面変位調査

3）地質解析・安定度評価

地質解析・安定度評価では，調査結果をもとに対策工を検討するため下記の基本条件を取りまとめる。

・地形地質特性の評価（地質平面図，断面図，地盤物性の評価）

・斜面変動機構の推定（崩壊形態区分，位置，規模，素因，誘因，すべり面の想定等）

上記の検討事項は，対策工の具体的な内容を直接左右するものであるが，斜面を構成する地質特性は複雑・不均質・不確実な側面を有し，調査結果ならびに既往の実績や経験等を考慮して総合的に評価する。

4）安定度評価

安定度評価では，対策工を検討するために下記の基本条件を取りまとめる。

・安定度の評価（現況の安定度，変状の進行程度，安全率による評価）

・崩壊影響度の評価（崩壊土砂等の到達範囲，到達エネルギー，保全対象）

・活動度の評価（発生頻度，変状の確実度の評価）

・対策必要範囲の抽出（目標安全率，必要抑止力等）

安定度評価では，対象とする斜面変動形態に応じて極限平衡法（安全率）による変状土塊の静的な安定度評価と，崩壊シミュレーション等による崩壊土塊の影響度評価を実施する。近年，安定度評価において3次元解析が適用される機会が増えている。地すべり形状によっては，従来の2次元解析と検討結果に差異がない場合があるため，3次元解析を適用する場合には，**表3-2-1**に示す地すべりブロックの形状による適用性，**表3-2-2**に示す利点と留意点に留意する。また，定量的な数値解析手法を用いる場合には，**表3-2-3**に示すメリットと留意点とともに，解析手法に十分な調査精度（数量）の確保，地山の不均質性のモデル化等を考慮することが重要である。

また，対策の必要性や緊急度等を評価する際には，現状における斜面変状の活動度を的確に評価することが重要であり，移動変形量調査のほか，地割れ等の断裂面の状態や落石と立木の

接触痕の状態等が活動度評価の参考となる場合があり，きめ細かい地表地質踏査の実施が重要となる。

表 3-2-1　3次元解析の適用性[3)]

三次元解析の適用が望ましいケース	・地すべりブロック形状や地すべり層厚が横断方向で大きく変わる場合（左右非対称な場合）。 ・地すべりブロック中央と側部で地下水位の分布傾向が異なる場合。 ・地すべりブロック側部で対策工を施工している場合。
三次元解析の適用が不要/困難なケース	・地すべりの断面形状が主測線で代表できる場合（横断方向で概ね同じ場合）。 ・主測線以外の調査結果が得られない場合。

表 3-2-2　3次元解析の利点と留意点[3)]

項目	メリット	留意点
地形・地下水位	・二次元解析では，通常，地すべり最深部の断面を用いるため，地すべり土塊の土量を過大に評価することになる。三次元解析では，地すべり土塊の土量や地下水位分布を正確に反映させた解析が実施できる。	・主断面以外での情報（すべり面深度，地下水分布等）が必要になるため，相応の調査が必要になる。
地下水排除工及び必要抑止力	・ブロック側部の地下水位分布を計算に考慮することができる。例えば，ブロック側部に地下水排除工を実施した場合の効果を反映することが可能である。 ・地すべり土塊の土量を正確に反映した必要抑止力が算定可能であり，二次元解析よりコスト的に有利になる場合がある。	・三次元解析では，ブロック形状，土塊の層厚，地下水位，流動層等が三次元的に示される。これを有効的に活用するためには，三次元的な対策工配置を検討する必要がある。

表 3-2-3　数値解析法の利点と留意点[3)]

項目	内容
利点・特徴	・地盤の応力-ひずみ関係に基づいたすべり挙動や安定性が評価できる。 ・変位量の算出が行える。 ・極限平衡法と同様に，強度定数を低減させ連続した塑性域（すべり面）を形成させることで安全率を定義することができる（せん断強度低減法）。 ・すべり面が不明な斜面に対し，地形形状や地盤物性値に基づき不安定化領域を推定することができる。
課題・留意点	・極限平衡法で必要となる強度定数（c，ϕ）に加え，地盤の変形係数，ポアソン比等の物理定数が必要となる。 ・極限平衡法と比較し，計算時間が大幅にかかる。

5）対策の検討

調査結果，地質解析・安定度評価結果をもとに，事業の目的・重要度，崩壊現象の安定度・影響度，経済性，景観等を考慮して対策を検討する。対策の検討にあたっては，施工後の維持管理・点検方法や管理基準等を併せて検討し，建設コストのみでなく維持管理までを含めたライフサイクルコストの観点からリスク回避等を含めた検討が重要である。また，その地点や地区でリスクが回避できない場合は，技術的に対処しやすい代替案を提供することも必要である。

なお，斜面においても地震に対して安全性を確保することが望ましいが国内で対応すべきのり面・斜面の延長は膨大であるため，財政的制約や投資効果上の課題がある。斜面の地震に対して確保すべき安定性に関しては，保全対象構造物の重要度，復旧の難易度等を考慮して設定する。

6）施工時・施工後の調査

施工時ならびに施工後の調査は，以下の目的・手法によって実施される。

・調査目的：施工時の安全確保，対策の効果判定，対策工の健全度の監視

・調査手法：精査としての地表変動計測の手法（一般に用いられる）

特に斜面変状発生時の留意点としては，以下の点が重要である。

① 調査・設計・施工・維持管理の各段階における地盤情報を共有

② 必要に応じ，追加の地質調査や対策を実施

③ 変状を観察しながら，段階的に防災性能を高める

豪雨や強震動等によって斜面状況が経年的に不安定化を示す現象としては，擁壁背面の崩土の増加および小落石の発生等が挙げられるため，施工時ならびに施工後の斜面の不安定化の進行性について判断するためには，点検や点検記録の共有化を体系的に実施することが重要である。

3.2.2 斜面崩壊（侵食・崩落，表層崩壊，大規模崩壊，岩盤崩壊）に関する調査

1. 調査の目的

斜面崩壊が懸念される山地斜面の表層部は，腐食土層，溶脱層などの土壌の構成要素と，基盤岩の風化が進んだ風化層で構成されている。一般に，風化層の厚さは尾根に近いほど厚く，谷に近いほど薄い傾向にある。基盤岩が風化していない谷部では，硬堅な基盤岩の上の土壌層が表層であり，同じ表層が崩壊してもそのボリュームは小規模なものに留まる。一方，尾根付近での表層崩壊は，土壌層とともに強度の小さい風化層も巻き込んで起きるので崩壊深度が深く，より規模の大きなものとなりやすい傾向がある。侵食・崩落ならびに表層崩壊に関する地質調査は，**表 3-2-4** に示す表層地盤の特徴を踏まえ，対象斜面の地盤情報（崩壊の発生機構，崩壊防止工事の計画・設計・施工を適切に行うため，崩壊形態の想定，崩壊要因の推定，施工対象範囲の設定，対策工の設計・施工のための地盤情報）を取得することを目的とする。

前述の調査方針のとおり，調査の目的（取得したい地盤情報）は，①予備調査，②詳細調査の各段階で異なる。斜面崩壊に関する一般的な調査手順を**図 3-2-2** に示す。

表 3-2-4　表層崩壊という脆弱性（リスク）を持つ地盤の特徴[4]（一部修正）

微地形	条　件
斜面の傾斜	傾斜角が概ね30度以上の斜面は崩壊しやすい。
傾斜の状況	標高の低い方が急傾斜である斜面は崩壊しやすい。（遷急線が高いところにある）
谷型の斜面	凹地など，地表水が集まる地形を持つ斜面は崩壊しやすい。
集水面積	集水面積が大きい場合は，斜面崩壊の可能性が高くなる。
上方が緩傾斜	斜面の上方に平坦地がある場合は，斜面崩壊の可能性が高くなる。 人工的な地形改変により斜面上方に平坦地を造成すると，斜面は崩壊しやすくなる。
地質状況	特定の地質との関連性は薄い。（どんな地質でも発生する）
表土層	大きな間隙率を持つ土壌などが雨水で飽和すると，崩壊の可能性が高くなる。 表土層が厚くなると崩壊の危険性は高くなる。表土層の厚さ：概ね2ないし2.5 m
流れ盤構造	地層が斜面側に傾いていることを言うが，この構造は地層境界面ですべりやすい。
不透水層の存在	地盤に浸透した地下水が不透水層で遮られ，斜面に流れ出るため境界面ですべりやすくなる。 流れ盤構造では，相乗効果によって崩壊の危険性が更に高くなる。
植生の影響	ある。2013年10月に発生した伊豆大島の表層崩壊がその例。

＊　風化層については，特定の地質との関連性は薄いが，切土すると崩れやすい地質には**表 3-2-5** に示す様な特徴がある。

表 3-2-5　崩壊性要因を持つ地質[5]

区分	崩壊性要因をもつ地質	代表地質など
土質・岩質的問題	①侵食に弱い土質	しらす，山砂，まさ土
	②固結度の低い土砂や強風化岩	崖錐性堆積物，火山灰土，火山砕屑物（第四紀）崩積土や強風化花崗岩など
	③風化が速い岩	泥岩，凝灰岩，頁岩，粘板岩，蛇紋岩，片岩類など
	④割れ目の多い岩	片岩類，頁岩，蛇紋岩，花崗岩，安山岩，チャートなど
地質構造的問題	⑤割れ目が流れ盤となる岩	層理，節理が斜面の傾斜方向と一致している片岩類，粘板岩など
	⑥構造的弱線をもつ地質	断層破砕帯，地すべり地，崩壊跡地など

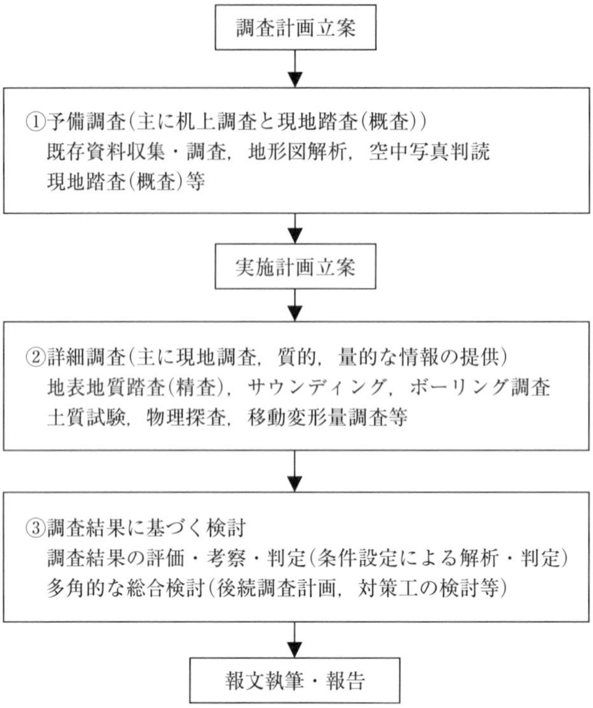

図 3-2-2　斜面崩壊に関する一般的な調査手順

1）予 備 調 査

予備調査は，表層崩壊の可能性が高い区域を抽出することを目的に実施する。

・調査内容：既存資料調査，地形図解析，空中写真判読，現地踏査（概査）等

・検討内容：斜面勾配，表層崩壊に関連する微地形・集水地形等の有無，概略の安定度・対策工の概略検討，概略詳細調査必要範囲および調査計画等の検討

2）詳 細 調 査

詳細調査は，予備調査によって表層崩壊の危険性が検討された箇所について，崩壊位置や崩壊規模を推定し，対策の必要範囲や適切な対策工の設計・施工のための基礎資料を得ることを目的に実施する。

・調査内容：地表地質踏査（精査），サウンディング，ボーリング，土質試験等

・検討内容：表層の地盤状態，地下水・表層水の状態，植生，変状地形（段差地形や地割れ）の有無等

2.　調査計画・内容

（1）調査すべき項目と調査手法

表層崩壊で調査すべき項目としては下記のものが挙げられる。

ア．斜面勾配等の地形条件，イ．斜面表層数 m までの土質地質条件，ウ．斜面変状の有無，エ．植生状況，オ．地下水や表流水の浸透，カ．集水条件

以下に，上記を把握するための調査手法の概説を記載する。

1）地形解析・地形判読

地形図やDEMデータ，LPデータ等を利用して，傾斜区分，傾斜変換点，斜面方位等を解析するとともに，地形判読結果に基づく表層土質区分と分布，変状地形，侵食地形等の微地形判読を行って，地形条件を明らかにする。

2）地表地質踏査（精査）

地表地質踏査（精査）によって表層地盤の状態，湧水や表流水（侵食）の状況やパイピングの有無，崩壊跡・変状地形の有無，植生，既存対策施設の状況等を把握する。植生の状況は，倒木による表層変状履歴の推定や樹種による地下水状況（高含水地盤での竹の繁茂等）の推定等に利用できる場合がある。

3）サウンディング

ボーリング調査地点を補完し，表層地盤の厚さや性状を把握するため，必要に応じて土検棒貫入試験や簡易動的貫入試験等のサウンディングを実施する。土検棒貫入試験は，試験機が軽量で可搬性が高く，試験方法も簡易であるため多点のデータを取得して土層厚分布を把握するのに有効である。

調査密度はサウンディングの種類と急傾斜地の状況（対象土質，強度範囲，探査深度，作業性等）に応じて判断する。**表3-2-6**は地質・崩壊分類とサウンディングの適用例を示す。

表3-2-6　地質・崩壊分類とサウンディングの適用例

		表土		崩積土		火山砕屑物		段丘堆積物		強風化岩		軟岩	
		崩落	滑落	崩落	滑落	崩落	滑落	崩落	滑落	崩落	滑落	崩落	滑落
サウンディング	標準貫入試験				◎		△		△		○		△
	コーン・ペネトロメータ		○		△		△				○		
	スクリューウエイト貫入試験		○		◎		△				○		
	簡易貫入試験（土研棒）	△	◎		◎		○		○		○		△

◎：よく用いられる，○：必要に応じて用いられる，△：場合により用いられる

4）ボーリング調査

対策工の工種や地下水状況に対応して必要に応じて安定地盤の確認や地下水状況を把握する（地下水観測孔設置）ことを目的としたボーリングを実施する。

【対策工の設置が計画されている場合】

・擁壁基礎部は，直接基礎を想定する場合，N値30以上を3m程度確認する。

・のり面部調査は，崩壊を想定する土砂の厚さと強度を確認することを目的とし，N値30程度が確認できるまで調査する。のり面部の風化が厚い場合や硬軟が交互に現れる地盤の場合には，のり尻までの深度を上限として斜面の地盤状況を把握することも適切な対策工選定には有効な場合がある（事業予算を鑑み発注者と要協議）。

ボーリング調査を実施する場合には，必要に応じて簡易貫入試験（JGS 1433 準拠）（試験値：Nc 値）を実施する。

5）土 質 試 験

斜面の安定計算や対策工の設計条件の設定などで，地盤の諸性質の把握が必要な場合には，土質試験を行う。また，岩石の性質が崩壊の要因となるような場合には，岩石の諸性質の試験を行う。

6）物 理 探 査

斜面高が大きい場合や大規模な崩壊が想定された場合には，ボーリングに加えて弾性波探査が実施されることがある。弾性波探査では，重錘落下装置を起振源として，地層の不連続面（想定崩壊面）の位置・形状，地層の種類と強度の目安および地下構造の推定に用いられることが多い。

7）移動変形量調査

表層の変状の進行が明らかな場合や崩壊の発生が懸念される場合には，崩壊の監視や施工時の安全確保を目的として，地盤伸縮計や地盤傾斜計等による移動変形量調査を実施する。現在，斜面の挙動を把握するために，計測は次第に自動観測体制に移りつつある。また，斜面崩壊防止工事施工時には安全管理用として，警報装置を取り付けたものが用いられることが多い。計測器の種類等の詳細については，全国治水砂防協会『新・斜面崩壊防止工事の設計と実例』（2019）を参照されたい。

（2）調査手法の合理的な組合せによる調査計画の立案

詳細調査内容については，対象斜面の規模，想定される崩壊規模，変状地形の有無・程度等の斜面状況に応じて調査手法や数量を検討する（**表 3-2-7**）。

サウンディング・ボーリング・物理探査の実施位置については，地形特性や地質特性を踏まえた測線（代表断面）を設定して配置する。また，斜面全体の表層地盤の厚さをとらえることが必要となった場合にはグリッド方式やトラバース方式によってサウンディング等を配置する。

なお，調査は対象斜面全域で実施すべきであるが，経済性の観点から全域での調査が困難な場合は，簡易貫入試験とボーリング・標準貫入試験を適切に組み合わせ，地盤状況の把握に努める。また，簡易貫入試験や土検棒貫入試験を実施する場合は，標準貫入試験の実施箇所付近で簡易貫入試験や土検棒貫入試験を実施して N 値と Nc 値，Nd 値の相関性を把握する。

ボーリング調査を補完する簡易貫入試験等のサウンディング試験の配置は，面的に斜面の崩壊形態を把握するためのデータを得ることを目的に，ボーリングおよび標準貫入試験箇所と合わせて 10m 程度のメッシュとなるように調査箇所を設定するとよい（**図 3-2-3**）。

表3-2-7　斜面状況（調査レベル）と調査内容[6)]（一部修正）

調査レベル	調査対象斜面の概要	標準的な本調査内容（予備調査にプラスする調査）
Ⅰ	1. 斜面が小さく勾配も緩い。 2. 地層構造が単純で地表地質調査で明確にできる。 3. 想定される崩壊規模が非常に小さい。 4. 崩壊歴がない。 5. 施工過程における斜面の不安定化のおそれがない。	地層構造，地表面の変状の把握および崩壊形態の想定を主目的とする現地精査（地表地質調査）に重点を置き，必ずしもサウンディング等を実施する必要はない。
Ⅱ	1. 斜面高がやや大きく，勾配もやや急。斜面高は低いが勾配が急。 2. 地層構造がやや複雑で地表地質調査だけでは明確にしにくい。 3. 想定される崩壊規模がやや大きい。 4. 小規模な崩壊歴がある。 5. 施工過程における斜面の不安定化のおそれがややある。	・地表地質調査 ・簡易サウンディング（簡易貫入試験，コーンペネトロメーター試験等）……2，3測線（測線間隔は5～20 m程度） ・ボーリング……1本以上（構造物の基礎の確認が必要な場合は特に重要となる）
Ⅲ	1. 斜面高が大きく，勾配もやや急。 2. 地層構造が複雑で簡易なサウンディングだけでは明確にしにくい。 3. 想定される崩壊規模が大きい。 4. 中規模以上の崩壊歴や斜面の異常変状がある。 5. 施工過程における斜面の不安定化のおそれがある。	・地表地質調査 ・ボーリング……2本以上 ・サウンディング（簡易貫入試験，コーンペネトロメーター試験，スウェーデン式サウンディング，標準貫入試験）……数測線（測線間隔は5～20 m程度） ・弾性波探査（測線間隔は10～20 m程度） ・土質試験

（3）調査結果に基づく検討項目

調査結果をもとに表層崩壊の発生位置・規模（範囲・深さ）を推定し，崩壊，斜面ならびに保全対象に関する諸元を整理して，対策工検討の資料とする（『改訂3版地質調査要領』p.255 表3-3-7参照）。

以下に調査結果に関する主要な検討項目を概説する。

1）崩壊範囲の推定

・谷頭斜面，傾斜変換点等の地形特性をもとにした崩壊範囲

・表層クリープの変状が確認される範囲

・周辺の崩壊履歴等と類似する地形地質特性を有する範囲

2）崩壊深さの推定

・サウンディング結果や物理探査結果に基づく表層基底部（基盤岩境界）を推定。

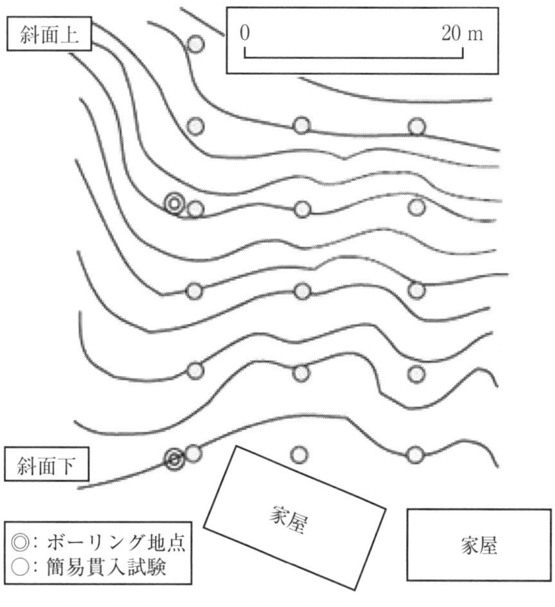

図3-2-3　ボーリング調査とサウンディングの配置事例[7)]

・周辺の崩壊履歴等に類似する地質境界（深度）

3）安定度の推定

・極限平衡法による安定解析を実施

・前項の崩壊深さの推定が困難な場合，安定解析で最も不安定となる崩壊面も有効

4）対策工の検討

現在の傾斜よりも緩く切り直す，あるいは整形することが最も効果的である。環境保全の観点からも残すべき植生や土壌が含まれる場合，上方に建物が位置している場合には，安定勾配に切り直すことができないケースがある。

一般に，困難な場合や，土質試験により得られた強度を用いて現況の斜面の安定性を検討した場合でも不合理な安全率（Fs＜1.0）を示す場合がある。このような場合は，N値から推定式等を用いて土質定数（c，ϕ）を求める方法，もしくは逆算法によって強度を求める方法を主に用いて斜面の安定解析を行う。

対策工の選定に際しては，『新・斜面崩壊防止工事の設計と実例』p.59の工法選定の概念図，同書p.56～57の斜面崩壊防止工の分類が参考になる。

3. 調査実施上の留意点

1）地形解析・地形判読

地形解析・地形判読は，現地調査を効率的かつ効果的に進めるために非常に有効な調査項目であり，**表3-2-4**に示す表層崩壊の特徴を踏まえて実施すると，調査計画立案上の見落とし，手戻りが軽減できる。

2）地表地質踏査（精査）

防災対策工の新設，増設が予定されている場合，特に道路と隣接する斜面においては，道路幾何構造，路側，歩道，車道の幅員を把握しておくと，対策工選定時に有効である。

3）サウンディング

簡易貫入試験（JGS 1433準拠）（試験値：Nc値）は，深度が3～4 mまでの調査なら作業が簡単であり，比較的打撃エネルギーが小さいので，わずかな土層の貫入抵抗の変化をとらえることができ，岩を除く土質に適用できる。玉石や礫を含む土質には不向きであるが，作業が簡単なので短時間に多くの測点を調査でき，急傾斜地を面的に調べ得る利点がある。一般的に表土層および強風化層の層厚を推定し，崩壊深さを予測するために用いることが多い。

土検棒貫入試験は，試験機が軽量で可搬性が高く，試験方法も簡易であるため多点のデータを取得して土層厚分布を把握するのに有効である。

4）ボーリング調査

のり面部の風化が厚い場合や硬軟が交互に現れる地盤の場合には，のり尻までの深度を上限として斜面の地盤状況を把握することも適切な対策工選定には有効な場合がある（事業予算を鑑み発注者と要協議）。

事業予算や斜面規模にもよるが，想定外の工事変更や追加調査を避けるため，ボーリング調査を実施する場合は最低2箇所の実施が有効である。擁壁工を計画する場合は，擁壁の基盤部となる箇所で調査を行うことが効率的である。

５）移動変形量調査

加速度センサーと GPS，通信システムを搭載した地盤傾斜計が開発されている。機器の設置が簡単，小さいスペースに設置できかつリアルタイムに変状が監視できることで，作業効率や観測精度が向上する。

3.2.3　地すべりに関する調査

1.　調査の目的

地すべり防止のための調査は，地すべり機構の解明，地すべり防止計画の策定および地すべり防止施設等の設計のための資料を得ることを目的に実施するものである。地すべりに関する一般的な調査手順を**図 3-2-4** に示す。

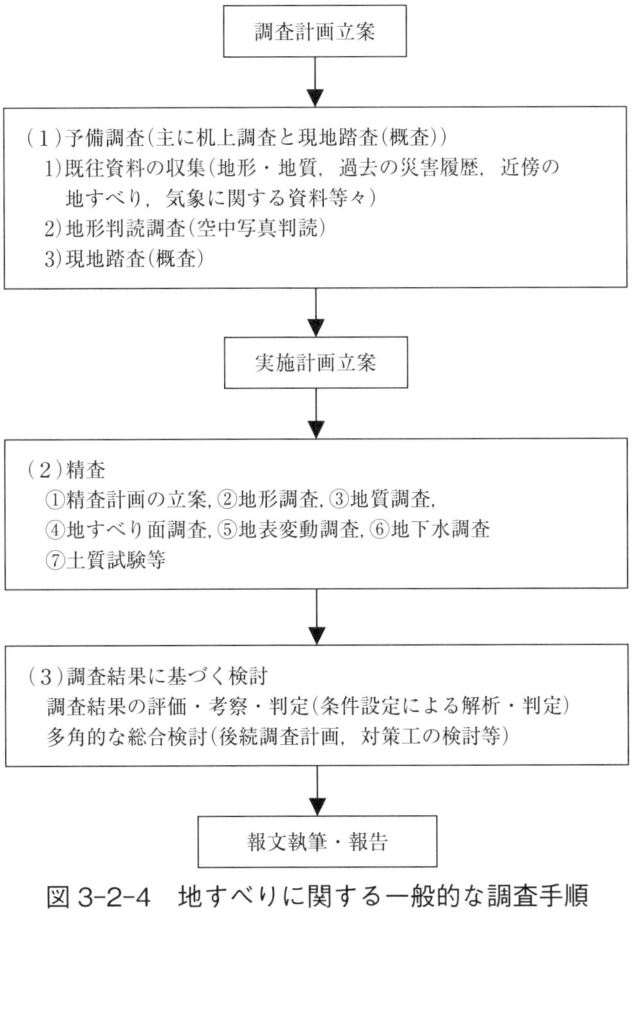

図 3-2-4　地すべりに関する一般的な調査手順

（１）予 備 調 査

予備調査は，概査に先立ち，対象地域周辺の地すべり地の分布，地形，地質，地下水状況等の概況を把握することを目的として行う。

予備調査では，基本調査として，以下の資料を入手する。

1）基本調査（既往文献・資料の資料収集）

① 地形・地質等の地盤条件に関する資料

地形図・数値標高モデル，空中写真，地質図，地すべり地形分布図，地形分類図，土地条件図，その他（既存の土質，地質調査報告書等）等々

② 過去の災害履歴，近傍の地すべりの発生に関する資料

被災範囲，被災状況（現地調査，資料収集等），既存の工事誌，災害調査報告書，学会等の研究論文，報告書，集落分布，土地利用状況に関する資料，地誌，新聞，その他（地元住民からの聞き取り）

③ 気象等に関する資料

気象月報，各種観測所の観測資料

「土砂災害警戒区域等における土砂災害防止対策の推進に関する法律」に基づく基礎調査は，予備調査，概査，精査と重複する部分もあることから，これらのデータが得られる場合には参考資料として活用する。

2）地形判読調査

地形判読調査は，空中写真および地形図，レーザプロファイラー等による高精度な数値標高モデル等を用いて，広域における地形・地質上の特徴を知ることを目的に行うものである。

地形判読調査は，地すべり地形および地質構造上の特性を調査する。空中写真はそれを立体視することにより，微細な地形まで判読することができる。判読にあたっては縮尺1/20,000～1/5,000程度の空中写真（カラーまたは白黒）で，できるだけ新しいものを用いて立体視し，地すべり地形および地質構造上の特性に関する事象（詳細は**2. 調査計画・内容**の**②地形判読調査**に記載）を地形図上に記載する。

3）現地踏査（概査）

概査は，現地踏査により行い，地すべり発生・運動機構とその影響について概略把握を行うことを目的とし，地すべり災害の緊急性を判断し，また精査を効率よく行うために，精査に先立って実施するものである。

現地踏査では，既往資料や地形図，空中写真から判読した事項を確認するとともに，さらに詳細な地形変状等を調査する。特に，①地すべり範囲および危険範囲の推定，②地質性状と地質構造，③微地形や大地形による地質構造の推定，④地下水分布の推定，⑤運動形態の推定，⑥誘因の推定，⑦今後の地すべり運動予測，⑧被害の予測に留意して行う。また，過去の移動履歴についても聞き取りによる調査を行う。

（2）精　査

精査は，地すべり機構解析のもとになるデータの取得を目的に実施する。実施項目は，①精査計画の立案，②地形調査，③地質調査，④地すべり面調査，⑤地表変動調査，⑥地下水調査，⑦土質試験等からなる。精査時に把握すべき内容と調査項目は，予備調査の結果に基づいてあらかじめ検討し，必要性を十分検討した上で各調査を実施する。精査計画立案時点においては，どのような解析を実施するか十分に検討しておく必要がある。

2. 調査計画・内容

（1）調査すべき項目と調査手法

1）予 備 調 査

予備調査では，基本調査として以下の資料を入手し，地形判読調査を実施する。また，「土砂災害警戒区域等における土砂災害防止対策の推進に関する法律」に基づく基礎調査は，予備調査，概査，精査と重複する部分もあることから，これらのデータが得られる場合には参考資料として活用する。

① 既往文献・資料の資料収集

ア．地形・地質等の地盤条件に関する資料

a．地形図・数値標高モデル（高精度であることが望ましい）

b．空中写真（国土地理院の基盤地図情報ダウンロードサービスから入手）

c．地質図

d．地すべり地形分布図，地形分類図，土地条件図（産総研地質調査総合センターの地質図 Navi で参照）

e．その他（既存の土質，地質調査報告書等）

イ．過去の災害履歴，近傍の地すべりの発生に関する資料

a．被災範囲，被災状況（現地調査，資料収集等）

b．既存の工事誌，災害調査報告書，土質（地質）調査報告書

c．学会等の研究論文，報告書

d．集落分布，土地利用状況に関する資料

e．地誌，新聞

f．その他（地元住民からの聞き取り）

ウ．気象等に関する資料

a．気象月報

b．各種観測所の観測資料（気象庁 HP より入手）

② 地形判読調査

地形判読調査は，空中写真と地形図を用い地すべり地形および地質構造上の特性を調査する。

空中写真はそれを立体視し，次の事項について判読を行い，地形図上に記載する。

a．地すべり地域周辺の地形区分（山頂緩斜面，山腹緩斜面，山麓緩斜面，急斜面，段丘，谷底，低地等）

b．大規模地すべり（一次地すべり）の範囲確認と，その地形的明瞭度（古くて河川による侵食が進んでいるか，新しくて明瞭か）

c．亀裂や段差，隆起，陥没等の微小地形の判読と，それらを総合した地すべりブロックの区分およびすべり面形状の推定

d．地すべりブロックの移動方向と概略安定度の推定

e．崩土の流出方向と流出範囲

f．小崩壊地形等の位置と規模

g．線状構造の有無・位置（直線状の谷や山麓線等，断層や破砕帯が存在する可能性があるような線構造はないか）

h．地質図との対比による地質の差に伴う地形的特徴の有無

i．河川，渓流による地すべりブロックの侵食状況

j．立木の乱れ等の有無

k．土地利用（地すべり地域の土地利用は棚田になっていることが多い。棚田がすべて地すべり地域とはいえないが，畦畔率が高い場合や，荒廃地を挟んでいる場合には地すべり地域であることが多い。）

l．過去の空中写真と，最新の空中写真の比較で，地すべりブロックの運動状況がとらえられることがある。また，土地利用の変遷も確認できる。

2）精　査

①　精査計画の立案

機構解析や地すべり防止計画の策定は，一体となって移動している運動ブロックごとになされることから，精査計画を立案するためには，まず，地すべり地域をいくつかの運動ブロックに分割し，調査測線を設定する。精査計画の立案は，概査結果に基づき運動ブロック，調査測線を設定した上で必要な調査項目・位置・種別等の内容を検討する。

ア．運動ブロックの設定

運動ブロックの分割は，地形，地質，想定される被害等を考慮して決定する。ブロック分割は，微地形と運動状況により行い，一つの頭部を含む斜面や引張亀裂に囲まれた斜面を一つの単位とする。運動ブロックは，精査結果により見直しを行う必要がある。

イ．調査測線の設定

調査測線は，地質調査，地下水調査等の実施位置を決定する基本となる測線であり，運動ブロックごとに設定される。地すべりの幅が広い場合には，調査測線を複数設定する。調査の主測線は地すべりブロックの地質，地質構造，地下水分布，地表変動およびすべり面等が具体的に確認でき，対策の基本計画および基本設計を行うのに適した位置および方向に設定しなければならない。調査測線の設定例を図 3-2-5 に示す。

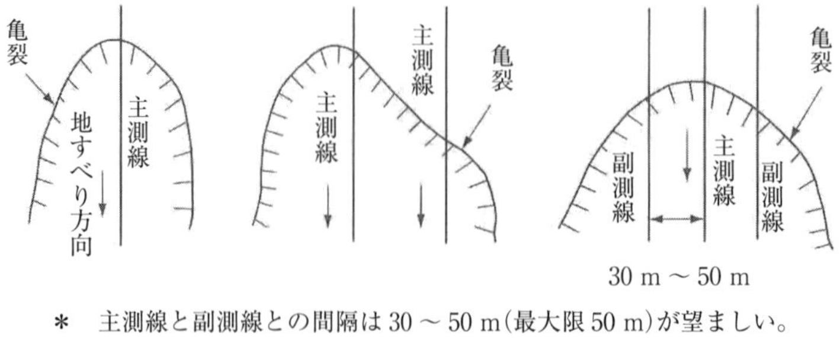

＊　主測線と副測線との間隔は 30 ～ 50 m（最大限 50 m）が望ましい。

図 3-2-5　調査側線の設定例[3)]

なお，主測線は地すべりブロックの中心部で運動方向にはほぼ平行に設けるが，斜面上部と下部の運動方向が異なる場合は，折線または曲線になってもよい。

＊　地すべりブロックが二つ以上の場合は主測線も二つ以上とする。また，地すべりブロックの幅が100 m以上にわたるような広域の場合は，主測線の両側に50 m以内の間隔で副測線を設ける場合が多い。

② 地 形 調 査

地形調査は，地すべり対策の基礎資料とするため，概査の結果に基づいて，地すべり地およびその周辺地域の必要範囲を示す地形図を作成する。

地形図には，**表3-2-8**，**図3-2-6**に示すように調査および対策のために必要な事物，例えば家屋，道路，各種構造物，河川（小渓流を含む），崩壊地，沼地，湧水地点，湿地，亀裂，滑落崖，水田，畑等を記入する。必要に応じ，対象とする地すべり周辺の地形や過去の地すべり地も含めた広範囲な地形図を作成する。

表3-2-8　地形図に用いる記号の例[3)]

事　項	記　号	記　号
滑　落　崖		
開　い　た　亀　裂		適宜亀裂幅を記入する
閉　じ　た　亀　裂		
亀裂の移動方向　沈下		適宜移動量を記入する
水平		〃
斜め		〃
上昇		〃
隆　起　部		
沈　降　部		
舌　端		
地塊の移動方向		
不　動　地		
た　め　池	カラ池（荒廃池）	
沼沢・湿地		
湧　水　地		
ブロック境界		
地すべり防止区域の指定境界		

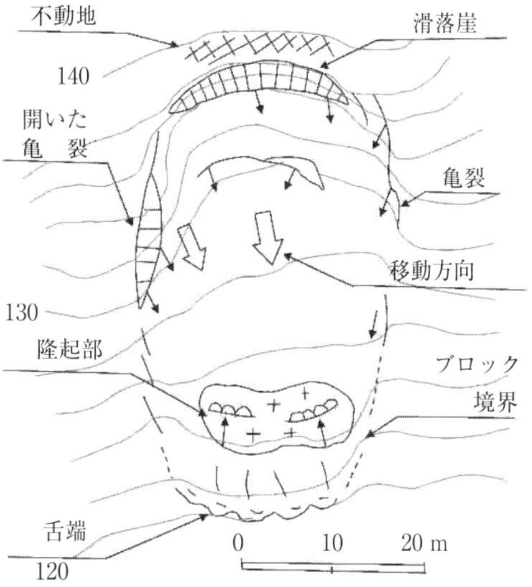

図3-2-6　地形図表示例[3)]

③　地 質 調 査

地質調査は，地質，土質，すべり面等の状況を把握する。地すべりは，地下水等の助長作用に伴い，斜面内部のせん断強度が低下して破壊が発生し，結果的に斜面物質がすべり面に沿って下方へ移動していく現象である。地質調査では，この斜面物質を地層，土砂，岩石という単元ごとに区分してその分布，性状等を調査し，地すべりが発生している斜面の構成要件を把握する。

地質調査は地表地質踏査とボーリング調査を基本とし，必要に応じて弾性波探査，電気探査，電磁探査等の物理探査を行う。個々の調査手法の現場への適・不適および適用限界に留意し，地すべりの特性に応じた調査方法を選択する。

ア．ボーリング調査

ボーリング調査は，サンプルを採取し，地すべりのすべり面や地質および地質構造を直接観察できる調査でありオールコア採取を原則とする。

・調査位置：主測線に沿って30～50 m 間隔で地すべりブロック内で3本以上およびブロック外の上部斜面内に少なくとも1本以上の計4本以上行う。地すべりブロックの面積が小さい場合は，地質状況を把握するのに最適な位置に2本以上配置する。副測線では50～100 m 間隔で必要に応じて行う。基盤内に断層，破砕帯が分布していたり，地質構造が複雑であったり，すべり面の分布が複雑な場合には，別途補足のボーリングを行う。

・ボーリング長：1本のボーリングの長さは，基盤岩を確認するのに十分な長さ，通常不動岩盤と判断される地層を5m 程度確認できる深さとする。地すべりブロックの層厚が推定不可能な場合は，原則として1本当たりの長さを地すべりブロック幅の1/3程度として，実施にあたって長さを調整する。調査ボーリング計画例を**図 3-2-7** に示す。

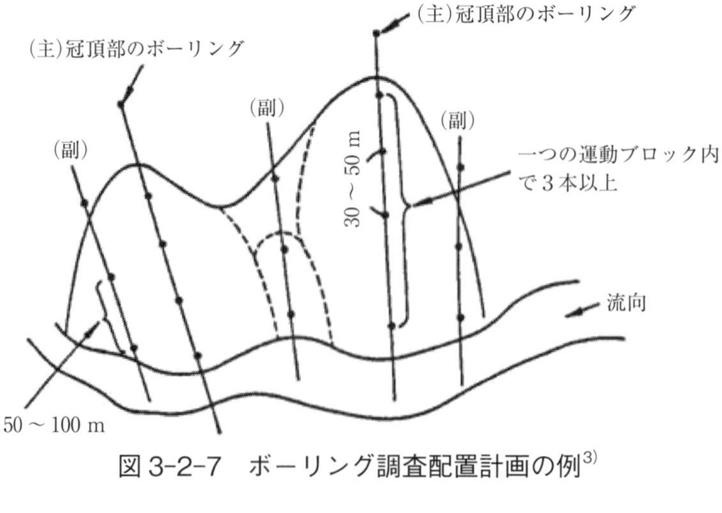

図 3-2-7　ボーリング調査配置計画の例[3)]

ボーリング調査の結果整理にあたっては，地すべり地の地質，土質やすべり面を検討する上で必要な項目について観察した所見をボーリング柱状図に取りまとめる。地すべり調査のボーリング柱状図作成については，土木研究所より，『地すべり調査用ボーリング柱状図作成要領（案）』[8] が作成されており，活用されたい。

なお，ボーリング調査は，調査の目的により次の区分とし，それぞれ別孔で掘削する。

ａ．土や岩の試料の採取による地質構造の調査

ｂ．ボーリング孔を用いる孔内試験等のための掘削

イ．物 理 探 査

地質構造が複雑で，調査地全体の地質状況を把握する必要がある場合，必要に応じて物理探査を実施する。物理探査は地すべり地内外における大まかな地質状況を把握するもので，弾性波探査，電気探査等がある。これらの調査方法は原理的に一長一短があるから，現地踏査の結果に基づいて最も有効な調査方法を選定しなければならない。地すべり機構の解析を行うにあたり，明らかにしたい情報と対比し，探査手法を選定する。各探査手法の適用条件については，物理探査学会発行『物理探査ハンドブック』を参照されたい。

④　地すべり面調査

ボーリングコアによるすべり面の判定は，高品質ボーリングで採取した良質なコアを観察することにより，鏡肌の存在，すべり面粘土の有無，破砕度区分のほか，地質構成，風化状況，統計学的なすべり面位置の推定（地すべりブロック幅の 1/6～1/3），地下水位（間隙水圧）を手がかりとして行う。地表踏査等で，あらかじめすべり面の位置が推定される場合には，その部分のみロータリー式二重管サンプラーまたはロータリー式三重管サンプラーで採取する。

さらに，パイプひずみ計などの計器観測，あるいは地層構成，地盤強度，地下水流動状況などを総合的に検討して確定する必要がある。

⑤　地表変動調査

現状の安定性（現状の安全率）を判断するため，地表部における移動量の測定（地表移動量調査）と地中における移動量の測定（地中移動量調査）を併せて実施する。両調査ともにその調査手法には各種のものがあり，それぞれ長所，短所を有している。主たる調査目的，移動速度の大小，地域地点の特性に応じて，適切な調査手法を選択する必要がある。**図3-2-8** に地すべり移動量調査の把握すべき事項とその目的を示す。

また，地すべり移動量調査は，地すべり活動の把握に大きく寄与するものであるから，降雨の多い時期，積雪期，融雪期等，地すべり変動が特に顕在化する時期の観測が不可欠である。

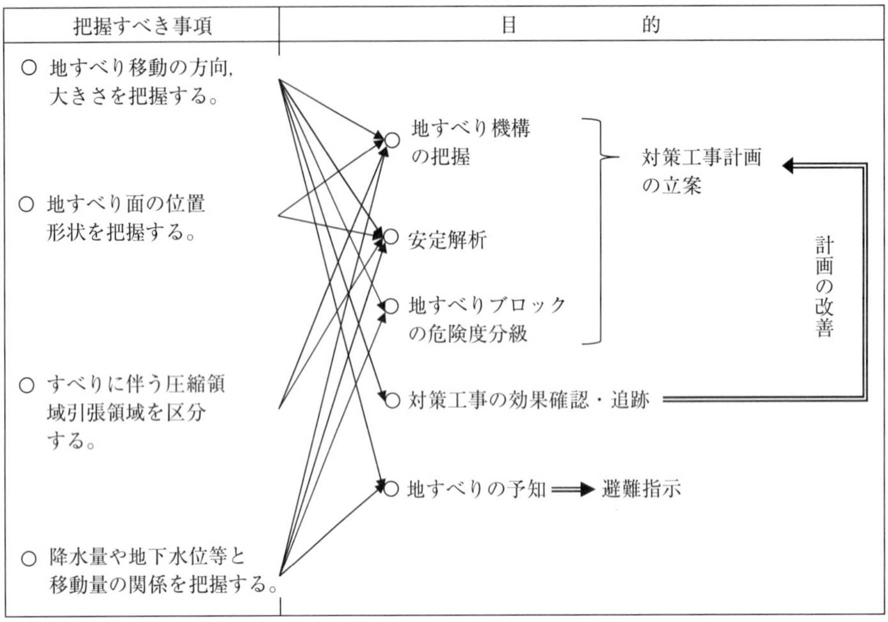

図 3-2-8　地すべり移動量調査の目的[3)]

⑥　地下水調査

地下水調査は，以下の情報を明らかにする。

ア．地すべりの誘因としての地下水の賦存形態，性質，流動経路，流動量を３次元的に把握し，地すべり機構の解明を行うとともに地下水排除工の基礎資料とする。

イ．安定解析を行う際の地すべり面にかかる間隙水圧を把握する。

ウ．地下水排除工の効果の追跡を行う。

地すべり地域は，複雑な地質構造のため，地下水の性質および挙動は一様でない。例えば，透水性が大きく均質な地層内では地下水の水圧は静水圧分布とみなすことができるので，地層内のある点の間隙水圧は観測孔内に生じる地下水位に反映される。しかし，粘土層等では間隙水圧と地下水位の変動が一致しないことがある。また，不透水層が挟在しているところでは，その上位と下位の地下水はそれぞれ独立した間隙水圧や地下水位を持っている(**図 3-2-9**)。このような複雑な地下水の賦存形態等を把握するためには，各調査手法を適切に選択して実施する。

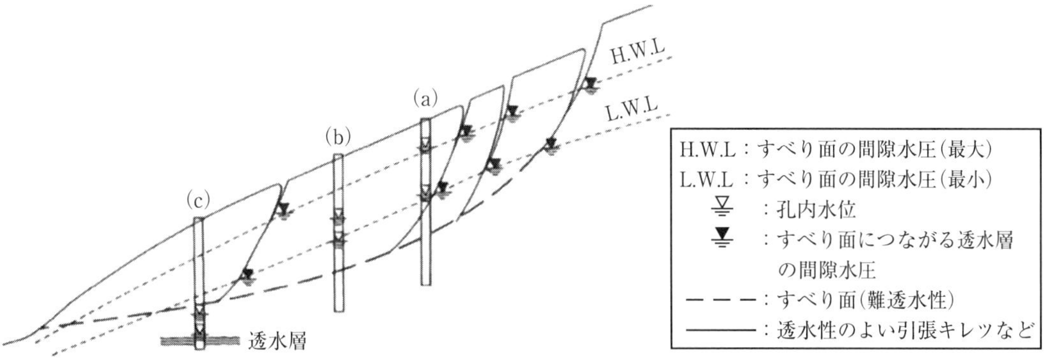

図3-2-9　すべり面に作用する水圧と孔内水位の関係[9)]

図3-2-9の（a）孔は，すべり面につながる引張亀裂などの透水性のよい部分に遭遇した観測孔で，すべり面の間隙水圧をほぼ正確に計測できる。(b) 孔は，すべり面を貫通しているが，すべり面の透水性の悪い部分にあたった観測孔で，すべり面の間隙水圧が上昇してもすべり面から孔内に供給される水量が十分でなく，孔内水位の上昇として反映されにくい。(c) 孔は，すべり面下に分布する基盤岩中の水圧の低い透水層に遭遇したため，すべり面の間隙水圧が上昇しても，基盤岩中の透水層に漏水があるため，すべり面の間隙水圧の上昇が孔内水位として反映されにくい。すべり面の間隙水圧を測定するための観測孔としては，**図3-2-9**の（a）孔のような位置が望ましく，（b）孔，（c）孔のような場合は，すべり面の間隙水圧を限定して測定できるように観測孔の構造で有孔部分を限定し，その他の区間には止水を行う等の工夫が必要となる。

また，地下水位の変動状況は，地すべりの安定度に大きく影響するものであるから，降雨の多い時期，積雪期，融雪期等，地すべり変動が特に顕在化する時期の観測が不可欠である。

調査方法の選定区分を，**表3-2-9**に示す。

表3-2-9　調査方法と選定区分[3)]（一部修正）

選定区分	調査方法	対応する他基準	明らかにされる情報・数値の概要
通常実施	地下水位測定	JGS 1311 JGS 1312	地下水位（降雨と地下水位変動の相関）
必要に応じ実施	1m深地温探査		地下水流動（浅層地下水の流動経路）
	トレーサ調査		地下水流動（地下水の流動経路及び流速の推定）
	地下水検層	JGS 1317	地下水流動層（流動地下水の流入箇所及び流入程度）
	簡易揚水試験		地すべりブロックの透水係数や地下水賦存量の概略の把握
	間隙水圧計による測定	JGS 1313	すべり面にかかる間隙水圧
	水質調査		地下水の流下経路や賦存状況
特殊条件下で実施	湧水圧試験	JGS 1321	岩盤の平衡水位及び透水係数

＊　表中でJGSとしたものは「地盤工学会基準」であり，「地盤調査の方法と解説」(2013)（地盤工学会）を参照する。

⑦　土 質 試 験

地すべりブロックにおける土の物理的・力学的性質を明らかにするため，試料を採取し，土質試験等により土質を調査する。

ア．サンプリング

物理試験・力学試験に適した試料の採取。

イ．物 理 試 験

崩土およびすべり面粘土の土粒子の密度，コンシステンシー，粒度分布，自然含水比ならびに土の密度の測定。

ウ．室内力学試験

すべり面粘土等の粘着力およびせん断抵抗角の測定。

地すべりの安定解析では，すべり面の土質定数を設定する必要がある。一般には，すべり面の試料を採取することが困難であることや，土質試験によって理想的なすべり面の強度を得ることが難しいことなどから，逆算法によって c・ϕ 値を決めていることが多い。

逆算法においても，地すべり層厚から c（粘着力）を定めて（**表 3-2-10**），ϕ（せん断抵抗角）を求めているが，ϕ を定めて c を逆算により求めるといった方法も定着しつつある。

地すべりは再滑動する二次すべりが多いことから，すべり面の強度は残留強度に近いものも多く，すべり面の試料が採取可能な場合は，リングせん断試験により求めることが望ましい。

表 3-2-10　地すべり土塊の最大鉛直層厚と粘着力[10), 11)]（一部修正）

地すべり土塊の最大鉛直層厚（m）	粘着力 c'（kN/m^2）
5	5
10	10
15	15
20	20
25	25

＊　c' は，全国のすべり面の土の試験値と土塊の厚さ（先行荷重）の関係から求めた推定値。地すべり土塊の層厚と粘着力 c' の関係は，道路土工では「すべり面の平均層厚」，河川砂防基準では，同表の最大鉛直厚を用いる。

（出典：（公社）日本道路協会「道路土工―切土工・斜面安定工指針」）

なお，斜面勾配が急な場合，地すべり層厚から定めた c を用いた逆算値の ϕ が過大に算出される場合がある。このような設計値を用いると，地下水排除工等の対策工の効果に大きく影響を及ぼすため，慎重に決定することが求められる。こうしたことから，ϕ を与えて逆算法により c を求める方法も用いられる。

ϕ を決めるには，近傍類似地区の実績や同じ地質から想定される経験値（**表 3-2-11 等**）を参考にするほか，斜面勾配から推定することもある。

表 3-2-11　風化岩のすべり面強さの範囲[10)]

風化岩の種類		事例数	粘着力 c（kN/m²）	せん断抵抗角 φ（度）
変成岩		6	0～ 2 （1）	20～28（26）
火成岩		8	0 （0）	23～36（29）
堆積岩	古生層	7	0～ 4 （1）	23～32（29）
	中生層	6	0～10 （5）	21～26（24）
	古第三紀層	4	0～20 （7）	20～25（23）
	新第三紀層	32	0～25（20）	12～22（12.5）

＊（ ）内は平均値を示す。
（出典：（公社）日本道路協会「道路土工―切土工・斜面安定工指針」）

（2）調査結果に基づく検討項目

地すべりの調査結果に基づく検討は，地すべりの発生機構を解析することとその結果を反映した適切な対策工を提案することである。

1）機 構 解 析

地すべり機構の解析は，それぞれの調査結果を総合し，地すべりを生じさせているさまざまな要因およびその相互関係を明らかにすることにより，具体的にどのような過程で斜面におけるせん断推進力の増大またはせん断抵抗力の低下が起こるかを解明することである。せん断推進力とせん断抵抗力の均衡度合の数値的な表現は，安定解析により行うことになるので，ここでは地すべりの要因を明らかにし，安定解析に直接関連するすべり面の形態および地下水賦存状態を把握するとともに，地すべりブロック相互間の位置づけを明らかにするため，危険度分級を行う。

2）地すべりの素因・誘因の解明

地すべりの素因としては，次に示すように地形的なもの，岩質・土質的なものおよび構造的なものに区別される。

①　地形的素因
・地形傾斜
②　岩質・土質的素因（岩質・土質の中のせん断抵抗力が低くなっている部分）
・未固結堆積物（崩積土，崖錐堆積物，火山砕屑物，未固結堆積層）
・粘土化の進んだ岩類（断層粘土等の軟質粘土，熱水変質帯（温泉余土），蛇紋岩等の膨張性岩，強風化帯）
・軟質岩（古第三系および新第三系泥質岩および凝灰岩，風化岩）
・割れ目の発達した岩石（断層破砕帯，節理の発達した岩石）
・片理構造の発達した岩石（片岩類，千枚岩）
③　構造的素因（地殻変動の外力を強く受けている部分）
・褶曲構造帯
・断層構造帯
・流れ盤構造

一般に，地すべりの多発する地帯として新第三系の泥岩地帯が挙げられるが，上記の構造的素因が顕著でないときは地すべりの発生はまれである。地すべりが発生しやすい構造的素因とは，地殻変動の外力を強く受けているところで，岩盤が変形または破壊して粘土化・細片化が進み，褶曲，断層等の構造帯のところまたは地層が単一方向に傾斜しているため，地層の境界に沿ってすべりやすい条件を備えている流れ盤構造のところをいう。そのほか，これらの構造帯が現在も地殻変動の外力を受けている場合（活構造）は，この部分で地盤の変形または破壊が生ずることが多いので，それが地すべりと結びつくことが十分考えられる。

以上のような地すべりの素因についての広域的な情報は，既往文献等によって知ることができる。次いで地すべりブロック内およびその周辺の地質踏査によって岩質・土質の分布・性状を明らかにすることで，地すべりの素因が解明できる。

地すべり発生の誘因としては，

① 降雨，融雪，地下水等の水の作用

② 侵食，人工掘削，盛土等の斜面の変形作用

③ 地震または火山爆発による振動の作用

が考えられる。①は主として降雨・地下水の作用等による斜面物質内の間隙水圧の上昇，粘着力の減少として現れる内部的な誘因である。②および③は斜面の安定を乱す外部的な誘因である。

これらの誘因は，一般に**図 3-2-10** のような作用過程を経て，地すべりの発生につながると考えられている。したがって，当該地すべり地域における素因のみならず，主な誘因およびその作用過程を明らかにすることによって，初めて適切な対策工法が計画できる。具体的には，

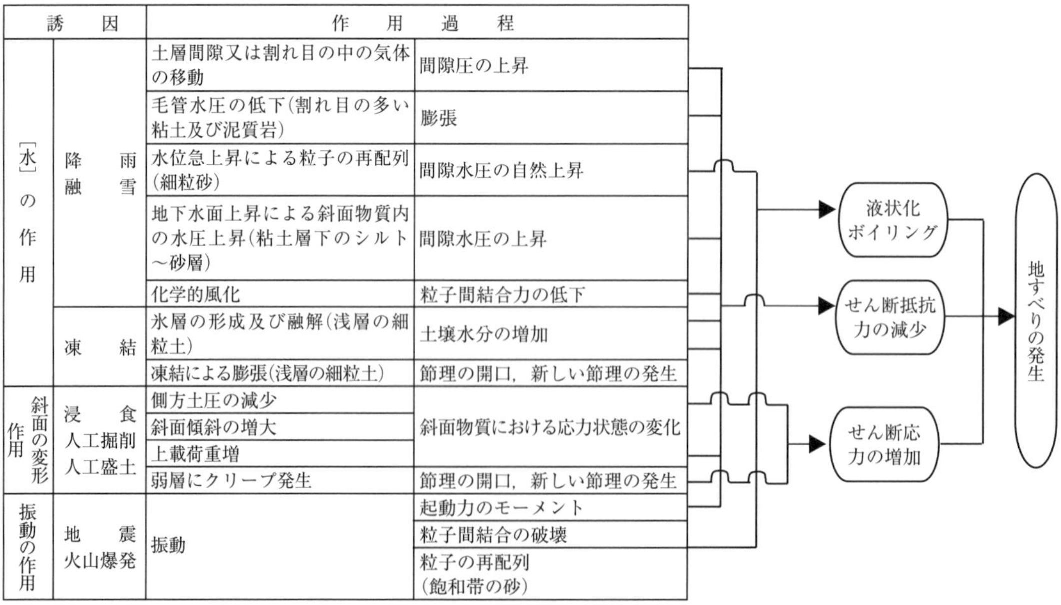

図 3-2-10　地すべりの誘因および作用過程[3)]（一部修正）

安定計算の各項にこれらの素因・誘因の性質が反映されることになり，主として素因は地すべり面の形状およびせん断強度に，誘因は斜面形状および地下水状況によって表現される。

３）すべり面形状の把握

地すべり防止対策の計画設計にあたっては，地すべり運動を力学的に解析するため，すべり面の深さおよび形状を把握することが重要である。すべり面が決まらないと次の段階である安定解析や工法の検討に進めない。すべり面の位置は，ボーリングコアの観察によるほか，パイプひずみ計などの観測結果によって判定し，断面図に記入する。すべり面は地盤の強度の変化点である崩積土と風化岩の境界や風化岩と新鮮岩との境界部に形成されることが多い。明確な連続したすべり面が認められない場合は，各種調査結果等を総合的に解析して，すべり面に転化しそうな地質の不連続面または弱層をつなげて，すべり面を仮定する。また，休眠中の地すべりではすべり面の判定が困難であることからこれ以上深いところにはないという風化岩の基底にすべり面を想定することが多い。

４）地すべりブロック区分

地すべりブロックの抽出および区分は，地形調査結果，地表移動量調査をもとに，地質調査，地中移動量調査結果等により把握したすべり面形状を考慮し検討する。また，地すべりブロックごとに移動方向および移動量，降雨・融雪，地下水位等の関連性について検討し，変動特性，今後の移動の可能性および範囲等について機構の解析を行う。

一般に地すべりは繰り返し変動が発生し，変動の履歴により**図 3-2-11** の地形的特徴例に示すような微地形（滑落崖，緩斜面，押し出し地形等）が形成されるため，地形調査でこれらの

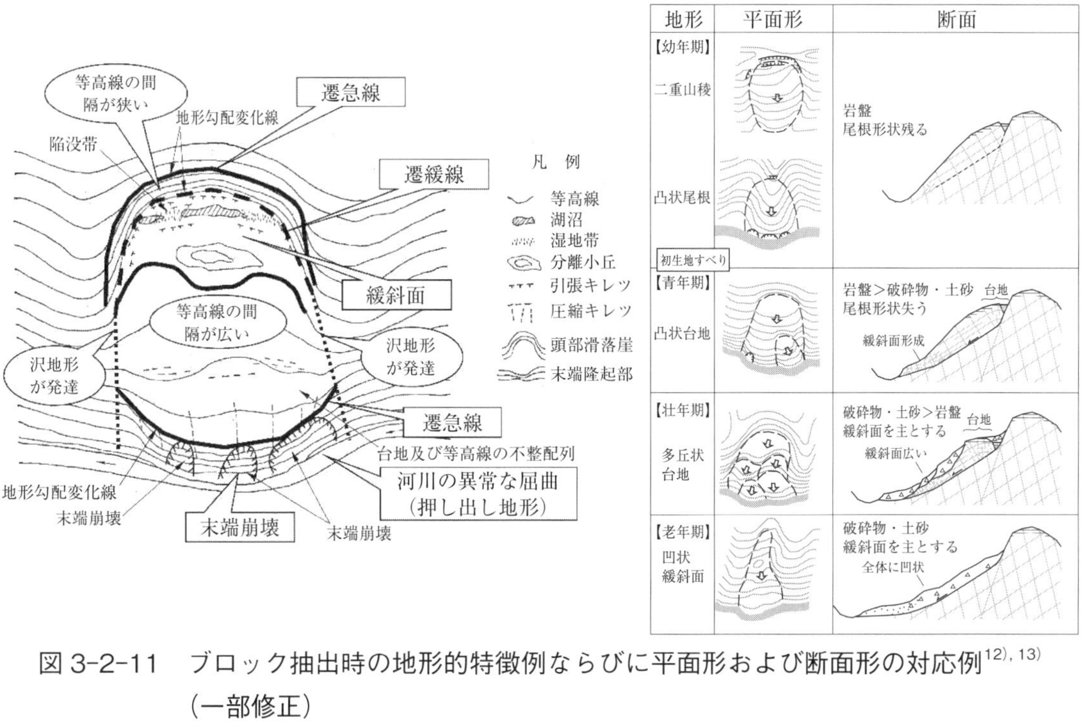

図 3-2-11　ブロック抽出時の地形的特徴例ならびに平面形および断面形の対応例[12), 13)]
（一部修正）

微地形を把握し，平面的範囲および形状を検討することが重要である。微地形把握は，レーザ測量等により作成された高精度の地形図等を用いて行うことが有効である。

区分した地すべりブロックごとの規模，活動性，変動特性等の機構を解析することにより，個々の地すべりブロックによる被害の規模および範囲が想定しやすくなる。ブロックごとの機構の解析および被害想定結果をもとに地すべりブロックの危険度分級を行う。

5）地下水の賦存状況の把握

地すべり地域へ外から地下水を供給する断層破砕帯（または亀裂帯）等の有無および地すべりブロック周囲（上流側（山側）等）の地下水の流動経路等の地下水の賦存状態を把握することは，地すべり地域の水循環および水の作用を考える上で重要である。

地下水の賦存状態を把握する際の一般的な手順は，

① 地下水の入れ物としての地質の性状を把握

地形図および現地踏査によって透水層，不透水層の区分，その分布および関係を明らかにする。同時に地下水位の参考となる湧水，沼沢地，湿地，井戸等の位置等から地域の水文環境を明らかにする。

② 帯水層の透水性の評価および流動経路の推定

現地踏査によって概定された水文条件について，ボーリング，各種検層，観測等によって帯水層の広がり，地下水位，間隙水圧等地下水の性質を確認する。

また，透水試験，トレーサ法，水質分析等によって帯水層の透水性の評価および流動経路の推定を行う。

6）地すべりブロックの危険度分級（危険度ランク）

地すべり地域には，複数の地すべりブロックが存在することが多い。各々の地すべりブロックは，固有のすべり面および活動特性を持っており安定度もそれぞれ異なる。地すべりブロックの区分を行った後，各ブロックの活動状況，地すべりの履歴，地形，地質，地下水等の要因を手がかりにして，地すべりブロックを危険度に応じて分級することができる。

危険度分級に際しては，保全対象の重要性（立地特性）を考慮して危険度分級を行うことが重要である。

危険度分級に関して参考となる手法として，日本地すべり学会により開発されたAHP法（階層構造分析法）を用いた危険度評価手法，『道路土工構造物技術基準』（国土交通省道路局，2015）の要求性能の考え方等が挙げられる。

7）安 定 解 析

安定解析は，すべり面の決定から土質定数の設定，安定計算，工法工種による安全率の試算までの一連の作業をいう。安定計算に用いられる式は，多くの問題点が指摘されているものの，簡便式が多く用いられている。土質定数は前述したように本来は試験値を用いるべきであるが，逆算法により c・ϕ 値を設定していることが多い。初期安全率は活動中のものは Fso＝0.95～0.98 とすることが多く，目標安全率は対象保全物件により Fsp＝1.05～1.20 の範囲で設定されている。

安定計算式は標準的に Fellenius 法（簡便法）が用いられている。簡便法以外の方法としては，円弧すべりに対する簡易Bishop法，非円弧すべりに対する簡易Janbu法等実用的な式がいくつか提案されている。また，地形，地すべり形状等が左右非対称な場合，または規模の大きな地すべりで詳細な検討が有効な場合では，3次元安定計算を行うこともある。

簡便法は，計算式が容易で理解しやすい反面，簡便法以外の方法に比べ安全率が小さく算出される傾向がある。抑止杭やアンカーに関する計算式は，近年考え方が整理されてきているので，技術基準や学会・協会などの専門書（例：斜面防災対策技術協会『新版地すべり鋼管杭設計要領』，日本アンカー協会『グラウンドアンカー設計・施工基準，同解説』を参考にされたい。

8）対策工法の検討

対策工の検討にあたっては，以下の事項に留意するものとする。

① 地すべり機構に適合した効果的かつ経済的なものにする。
② 基本的には，長期的な安定確保の観点から抑制工中心の工法選定が望ましい。
③ 保全対象に対して，地域特性に配慮し，できる限りその機能を損なわず維持できる工法を選定する。
④ 概成後の管理においても，地すべり防止施設が地域において適切に管理され，長期的・安定的に機能を発揮して，地すべり災害が確実に防止され続けられるように工法を選定する。

対策工法には，大別して地すべり活動を促す誘因を軽減または除去することにより，間接的に地すべりを安定させる抑制工と，地すべりに対する抵抗力を付加することでその安定化を図る抑止工とがあり，それぞれの機能に応じ**図3-2-12**のように分類される。

3. 調査実施上の留意点

1）地 形 判 読

土地の改変状況によっては，古い空中写真の方が元の地すべり地形を判読しやすい場合がある。

2）概査（現地踏査）

地すべり地形の概況を現地把握するためには，河川・渓流の対岸等から遠望目視により観察するとよい。また，現地踏査の時期は植生被覆が少なく，地形的特徴を把握しやすい晩秋から早春が望ましい。

3）ボーリング調査

ボーリング調査は，地表地質踏査およびその他の地質調査と関連して行うことにより効果を発揮する。主として垂直ボーリングにより地層の状態，岩質，基盤の深さ，鏡肌の存在，すべり面粘土等を調査するが，地層や断層の方向または地形条件によっては，斜方向，水平方向のボーリングも併用する。また，ボーリングコアの観察，掘進記録（ボーリング日報）では，下記の事項がすべり面の推定の参考となる。

① 層理面，断層，粘土挟在面などの傾斜
② 酸化しているコアや割れ目の深度
③ 毎日の掘進前後の孔内水位，掘進中の湧水および逸水の深度

- 対策工法
  - 抑制工
    - 地表水排除工
      - 承水路工
      - 排水路工
      - 浸透防止工
    - 地下水排除工
      - 暗渠工
      - 明渠工
      - 深層渠工
      - 水抜きボーリング工
      - 集水井工
      - 排水トンネル工
      - ディープウェル工
    - 侵食防止工
      - 渓流護岸工
      - 堰堤工
      - 渓流暗渠工
      - 河川付替工
      - 海岸侵食防止工
      - 湖岸侵食防止工
      - 鉄筋挿入工*1（地山補強土工）
      - 擁壁工*2
    - 斜面改良工
      - 排土工
      - 押え盛土工
      - 応急押え盛土工
  - 抑止工
    - 杭工
    - シャフト工
    - アンカー工

*1　鉄筋挿入工は急傾斜地対策等では抑止工だが，地すべり防止対策では抑制工として取り扱う。

*2　擁壁工は地すべり土圧が直接かかる場合には耐えられないため，侵食防止工へ分類する。

図 3-2-12　地すべり防止対策工法の種類[3)]

4）物 理 探 査

広大な地すべり地域において地層の分布状況を把握する手法として有効な弾性波探査（屈折法弾性波探査）は，火山岩分布域や一部の新第三紀以降の堆積岩，深層風化や破砕を受けた軟質岩上に緻密な溶岩等の硬質岩が分布する地域等では，適用が困難な場合がある。屈折法は，地盤の深部ほど弾性波速度が速くなるという層状の速度構造を想定して解析されるものであるが，①不規則な互層：火山礫凝灰岩と溶岩とが不規則な護送をなす場合や新第三紀層の砂岩泥岩互層，②中間に高速度層：新第三紀層中に溶岩を挟在する場合はブラインド層となって，同層が検出されないことがある（**図 3-2-13**）。

5）すべり面調査

ボーリングコアによるすべり面の判定は，良質なコアを観察することにより，鏡肌の存在，すべり面粘土の有無，破砕度区分のほか，地質構成，風化状況，統計学的なすべり面位置の推定（地すべりブロック幅 W とすべり面最大深さ D：D/W＝1/3.0〜1/10.7，地すべり斜面長 L とすべり面最大深さ D：D/L＝1/2.8〜1/19.2），地下水位（間隙水圧）を手がかりとして行うのが一般的であるが，明確な連続したすべり面が認められない場合がある。この場合は，各種調査結果等を総合的に解析して，すべり面に転化しそうな地質の不連続面または弱層をつなげ

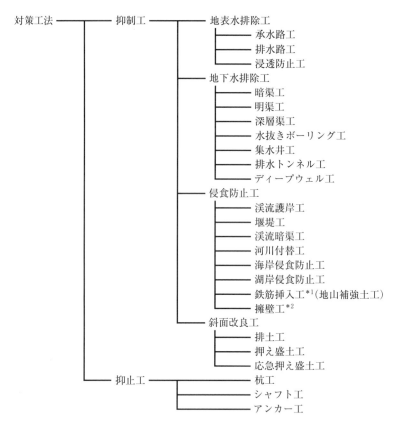

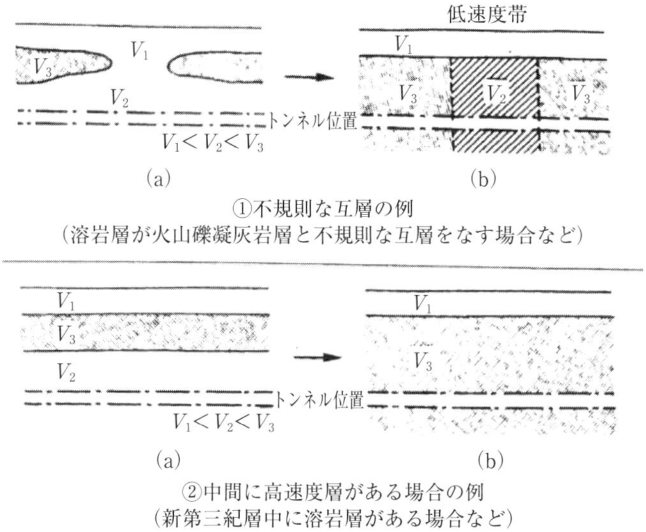

①不規則な互層の例
(溶岩層が火山礫凝灰岩層と不規則な互層をなす場合など)

②中間に高速度層がある場合の例
(新第三紀層中に溶岩層がある場合など)

図 3-2-13　屈折法解析上の留意すべき地形・地質[14) 一部抜粋]

て，すべり面を仮定する。また，休眠中の地すべりではすべり面の判定が困難であることから，これ以上深いところにはないという風化岩の基底にすべり面を想定することが多い。

実際の地すべり現象においては，ある一面のすべり面に沿って地すべりブロックが移動する例は必ずしも多くなく，一般に，複数の不連続なすべり面またはクリープ帯を作りながら地すべりが進行することに留意するものとする。

すべり面の地表に現れた範囲は，一般に地すべりブロック上端部の引張亀裂および変状の分布，下端部の隆起帯，圧縮亀裂，せん断亀裂等の分布等を考慮して決定する。すべり面の左右端は，通常，側端亀裂，道路，畦畔等の食い違い等から定める。ただし，古い地すべりでは側端部に沢が発達し，明確な境界が不明となっているものもある。その場合には，ボーリング調査結果等から推定する。

一般的にすべり面形状は，円弧すべり，平面すべり（非円弧すべり）に区分される。また，円弧すべりおよび平面すべりの特徴を併せ持つ複合すべりも多く存在する。仮定するすべり面形状によって，適用可能な安定計算式が異なる場合があること，地すべり防止工事の対策効果が変わる場合があることに留意し，慎重に検討する必要がある。

６）地すべりブロックの危険度分級（危険度ランク）

地すべり地域には，複数の地すべりブロックが存在することが多い。各々の地すべりブロックは，固有のすべり面および活動特性を持っており安定度もそれぞれ異なる。

危険度分級に際しては，保全対象の重要性（立地特性）を考慮して危険度分級を行うことが重要である。

危険度分級は，地すべりブロックの運動の状況，履歴，地すべり地形等から判読される斜面そのものの安定度および想定される地すべり被害の影響を考慮した保全対象の重要度を組み合わせて行うことが多い。

危険度分級の表現方法としては，安定度および地すべり被害の影響を考慮した保全対象の重要度を組み合わせた判断基準に基づき，危険度を3〜4ランクに区分して説明する方法，地形，地質，地下水，地すべり状況，地すべり被害の影響を考慮した重要度の評定要素について各要素ごとの配点，重み付けを行いそれに基づいて点数をつけ，総合点を求めて分級する方法等があるが，それぞれ一長一短がある。また，危険度分級に関して参考となる手法として，日本地すべり学会により開発されたAHP法（階層構造分析法）を用いた危険度評価手法，『道路土工構造物技術基準』（国土交通省道路局，2015）の要求性能の考え方等が挙げられる。

一般に，危険度分級は自然状態の斜面の保全を対象とした評価であり，これにダムおよび道路の建設，ほ場整備等による斜面の改変を行う場合またはダムによる貯水等の人為的な影響を加える場合の評価は別途行う。

3.2.4　土石流に関する調査

土石流の発生形態には，渓流堆積物による土石流，渓岸の表層崩壊や地すべりの崩壊土砂による土石流，天然ダムの決壊による土石流等があり，発生形態に応じて調査内容が変化する。本章では渓流堆積物の流動化による土石流を主に想定し，調査の概要について記述する。

なお，土砂災害防止法（土砂災害警戒区域等における土砂災害防止対策の推進に関する法律）の基礎調査については，各地方自治体が作成する「基礎調査マニュアル（通称）」を参照されたい。

1.　調査の目的

（1）求めるべき地盤情報とその意義

土石流調査に関する一般的な調査手順を**図3-2-14**に示す。

1）予 備 調 査

予備調査は，土石流の発生が予想される渓流を抽出することを目的に実施する。予備調査としては既存資料調査，地形解析，空中写真判読や地表地質踏査（概査）等を実施し，渓床勾配，渓流の集水面積，渓床堆積物，過去の土石流発生履歴，土石流堆積物に対応した微地形解析等を実施する。なお，地形解析については，QGISソフト等を活用すると効率的である。土石流調査の調査項目と調査方法については，『改訂3版地質調査要領』p.269の表3-3-9を参照されたい。

2）詳 細 調 査

詳細調査は，予備調査によって土石流の発生が懸念された地域や渓流について，土石流の発生の可能性，頻度，規模，影響範囲等の評価で必要となる地形地質特性を把握し，対策検討のための基礎資料とすることを目的として実施する。詳細調査としては，主に地表地質踏査（精査）と聞き取り調査を実施し，以下を明らかにする。

①　土石流の発生可能性（発生履歴，発生頻度，発生時の降雨条件等）

②　土石流の発生土砂量（流出する可能性のある土砂量・最大礫径・流木状況等）

③　土石流氾濫区域の想定範囲

④　既設の砂防治山施設の有無，現況（諸元，健全度等）

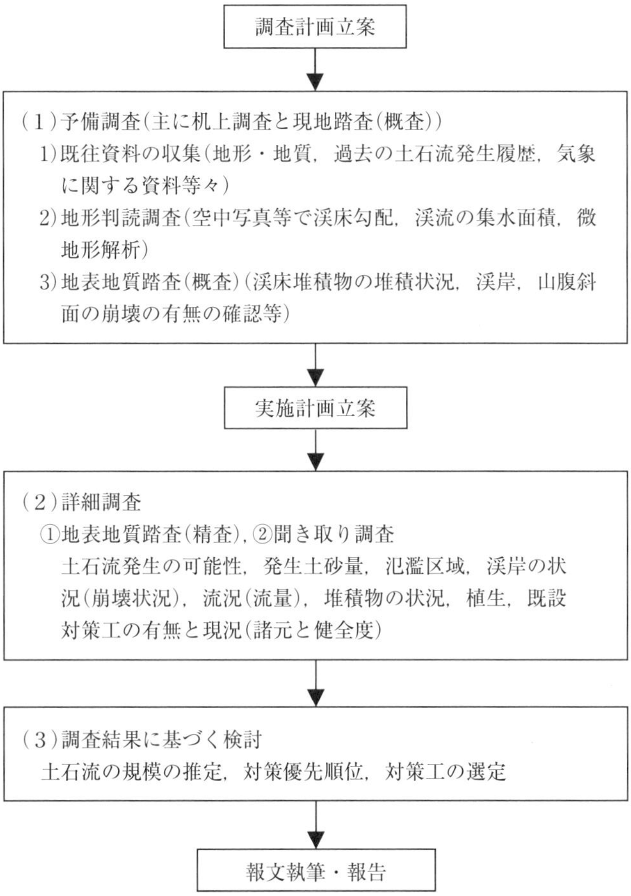

図 3-2-14　土石流調査に関する一般的な調査手順

（２）留意すべき地盤に関する課題

１）土石流の発生形態の推定

土石流が発生する渓流の条件として下記が指摘されており，土石流の運動形態は渓床勾配に応じて発生・流下・堆積・掃流の各区間に大別される（**図 3-2-15**）。

①　渓流の勾配が 15° 以上であること

②　土石流を構成するための土砂が山腹や渓流に存在すること

③　多量の水が渓流に供給されること

土石流の発生形態・規模の推定は，土石流発生場や運動形態に関連した渓流状況をもとに算定される。土石流の規模の想定においては，流動化する可能性のある土砂量を的確に把握することが重要であり，山腹斜面の表層崩壊や地すべり地形の有無やこれらから供給される土砂量に留意が必要である。

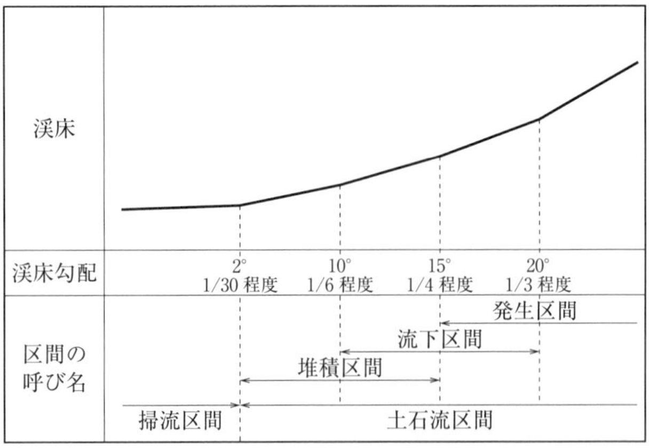

図 3-2-15　土砂移動形態と渓床勾配[15)]

2）土石流の発生履歴

土石流は，流動化する土砂を生じやすい地質の分布地域で，繰り返し発生することが知られており，災害記録調査や聞き取り調査によって発生履歴を把握することが重要である。また，土石流堆積物の末端部の緩傾斜地は沖積錐と呼ばれ，一般的には崖錐よりも緩傾斜を，扇状地よりも急傾斜を示し，沖積錐の分布から過去の土石流の発生状況が推定できる。土石流の発生間隔はさまざまであり，土石流の発生履歴に関しては聞き取り調査などとともに地形判読による履歴調査の実施が望ましい（図 3-2-16）。

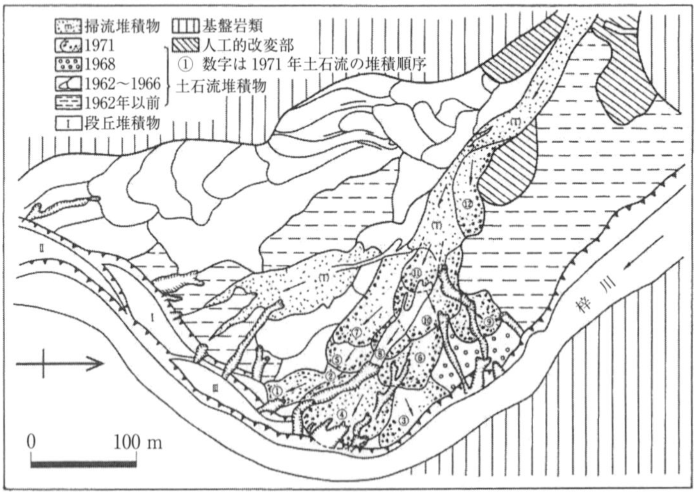

図 3-2-16　土石流に関する地形判読例[16)]

3）土石流の危険度（対策必要性）の評価

土石流発生の危険度や対策の必要性については，想定される土石流の規模・発生頻度・保全対象への影響度等をもとに評価する。ただし，土石流対策は，砂防事業・建設事業と事業種別によって取り組み方も異なり，事業目的も含めて対策の必要性を総合的に評価する必要がある。

なお，道路構造物等に関連した土石流調査では，2006年度の『点検要領』までは，道路を横断して流下する流域面積1 ha以上かつ上流の最急渓床勾配10°以上の渓流を点検の対象としていたが，近年の災害事例を見ると，集水面積が小さくても，道路に影響する土砂流が発生することがあるため，安定度調査に際しては小渓流が道路を横断する地点においても，渓床の堆積物の状況や周辺の斜面状況を調査する必要があるとされている。

また，道路よりはるか上方の谷頭斜面や谷埋め盛土は，通常，安定度調査の範囲外であるが，ここが発生源となる土石流が道路に被害を与えること，トンネル出口上方の谷型斜面からの土石流により坑口が被災することもあるとされている。このため，谷頭斜面・谷埋め盛土・沢の渓岸斜面での崩壊や渓床部での土砂堆積など，土石流の原因となる事象の有無につき，空中写真やレーザ測量地形図での判読が必要である。

4）既存資料の活用

土石流の発生が懸念される渓流に関しては，土石流危険渓流調査記録（カルテ），土砂災害防止法による基礎調査記録，道路防災点検記録（カルテ点検記録）等が作成されている場合があり，過去の災害履歴や現地状況（地形改変の有無）等の資料調査にこれらを活用することが有効である。

（3）環境に対する配慮

対策工の実施に関しては自然環境や景観資源との調和を図ることが重要である。このため，調査段階においても自然環境・景観資源等への影響を念頭に置いた対策工法を想定し，動植物（貴重種），地下水環境（水源の枯渇・工事による濁り），景観資源（国立公園特別保護地区，長野県上高地などの特別名勝・特別天然記念物）に関する調査を実施しておくことが望ましい。

2．調査計画・内容

（1）調査すべき項目と調査手法

土石流に関する調査項目としては以下のものが挙げられる。

【調査項目】

・渓流の地形特性（渓床勾配，山腹斜面勾配，流域面積等）
・渓流周辺地質状況（地質，地質構造，表層の厚さ，性状等）
・渓床堆積物の状況（渓床堆積物の分布位置，規模，土質等）
・土石流発生履歴（地形解析や現地踏査による土石流堆積物の範囲等）
・土石流堆積物の土質（最大粒径等）
・斜面変状の有無，程度（表層崩壊跡や地すべり地形の有無・規模等）
・流水状況（流水量，湧水箇所等）
・植生状況（山腹斜面内の裸地の有無・面積，立木の密度・樹幹径等）
・気象条件（降雨記録等）
・既存砂防施設状況（諸元，健全度，堆砂状況等）

以下に上記を把握するための主要な調査手法を概説する。

【調査手法】

１）既存資料調査（聞き取り調査）

既存資料調査や聞き取り調査を実施し，過去の土石流の発生状況を把握する。過去に土石流が発生している場合は，気象観測記録を調査して土石流の発生・非発生の境界となる降雨条件を求める。

降雨量調査は，地上雨量計，レーダー雨量計のデータについて収集する。その際，土砂・洪水氾濫を引き起こす一連の降雨継続期間を勘案した上で，保全対象ごとに降雨の量だけでなく時間分布や空間分布を調査する。また，収集したデータは水文統計解析により，年超過確率の評価を行う。なお，生産土砂量・流出土砂量と関連性の強い降雨指標（例えば，時間雨量，日雨量，実効雨量）は，土砂生産・流出現象の形態により異なるため，過去の生産土砂量・流出土砂量と関連性の高い降雨指標を適切に選択する必要がある。

２）地形解析・地形判読

地形図等をもとに渓床勾配等の地形特性を把握する。さらに，DEM データ（レーザプロファイラー）や空中写真等を利用して地形判読を行い，過去の土石流堆積物の分布位置，渓流の山腹斜面における表層崩壊跡地すべり地形の有無・規模等を把握する。

また，地形で明らかにする指標には，以下に示すようなものがある。

斜面形状は流水の集まりやすさ，表層物質の下方への移動に関係する因子である。斜面形状は，平面形状，縦断形状等があるが，一般的には縦断形状で区分する。上昇（凸）斜面，下降（凹）斜面，平衡（直線）斜面，および複合斜面がある。豪雨型の崩壊が生じやすいのは下降斜面と複合斜面といわれている。また，数値標高モデルから平均曲率を算出するなどして斜面形状を把握することができる。

３）地表地質踏査

渓流およびその周辺について地表地質踏査（精査）を実施して，渓流周辺の地質状況（地質，地質構造表層の厚さ，性状），渓床堆積物状況，過去の土石流堆積物の分布範囲，斜面変状の有無・程度，流水状況，植生状況，既存砂防施設状況等を把握する。また，土石流の流出量算定のため，以下を調査する。

・土石流発生時に侵食が予測される平均渓床幅と渓床堆積土砂の平均深さ（**図 3-2-17**）
・流木量に関する調査（10×10 m 範囲でのサンプリング調査）
・最大礫径調査（200 個以上のサンプリング調査と 95% 粒径）（**図 3-2-18**，**図 3-2-19**）
・堆積区間下端部の確認（勾配が 2° 未満となる位置）
・既存砂防治山施設状況（健全度，位置，高さ，長さ等）

４）その他の調査

渓流山腹斜面において表層崩壊や地すべりの危険性が認められた場合にはそれぞれに対応した地質調査を実施し，安定度および発生土砂量等を検討する。また，必要に応じて渓床堆積物の堆積深度や範囲を確認するためのサウンディングや物理探査，大規模土石流等の挙動把握のための数値シミュレーション等を実施する。

土石流調査の対象地域は一般に広範囲となることから，現地の地形特性を効率的に把握する

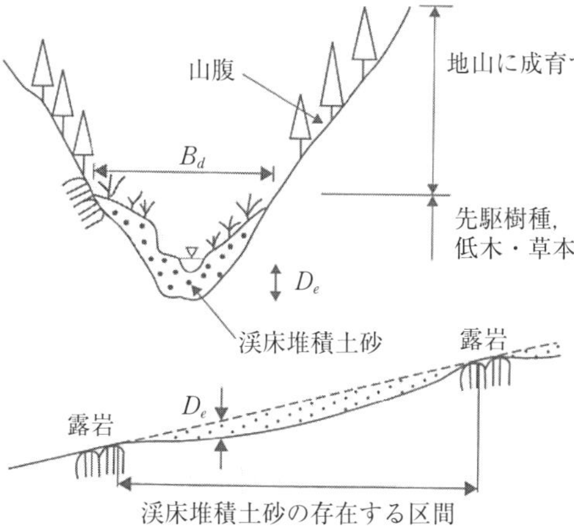

図 3-2-17　平均渓床幅（B_d）と平均深さ（D_e）[15)]

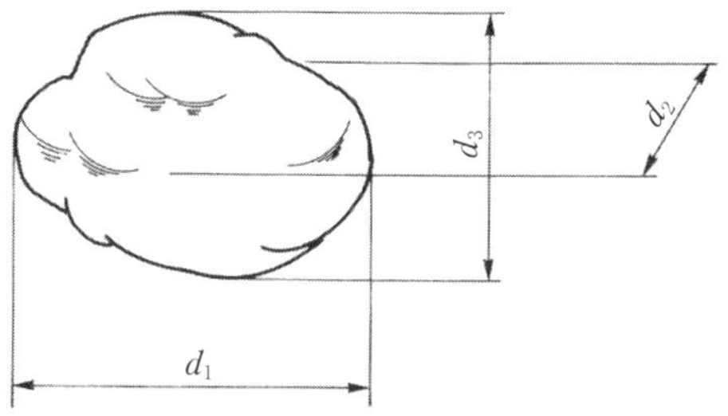

・測定の対象となる巨礫は土石流のフロント部が堆積したと思われる箇所で，渓床に固まって堆積している巨礫群とし，礫径分布を代表するような最大礫径を設定する。
・角礫，材質が異なる等，明らかに山腹より転がってきたと思われる巨礫は対象外とする。
・横径，縦径，高さ（それぞれ d1・d2・d3）の平均値とする。

図 3-2-18　巨礫の粒径[17)]（一部修正）

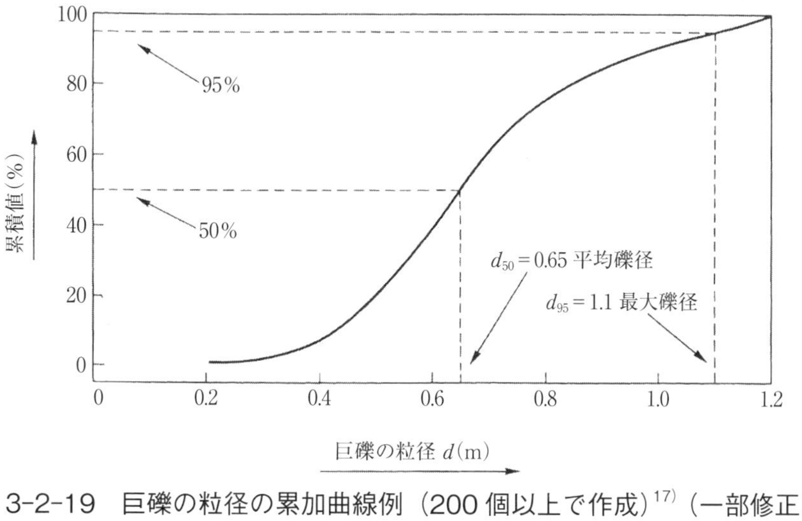

図 3-2-19　巨礫の粒径の累加曲線例（200 個以上で作成）[17)]（一部修正）

ためには地形解析や空中写真による地形判読を先行して実施することが有効である。また，谷の出口付近の地形地質状況から過去の土石流発生状況をある程度類推することが可能であり，予備調査段階では谷出口付近の状況に着目した現地踏査（概査）が有効である。

（2）調査結果に基づく検討項目

1）土石流の規模の推定

土石流対策の種類，規模，位置，設計条件を決定するために調査結果をもとに土砂量，流量，ピーク流量，流速と水深，単位体積重量，最大礫径，流体力等の土石流の規模を推定する。なお，山腹斜面で表層崩壊等が想定される場合には，これらの土砂量を考慮することが望ましい。土石流の規模に関する各項目については，過去の土石流観測データをもとにした経験式が用いられる。

土石流の規模の算定に関する詳細については，『国土交通省河川砂防技術基準 調査編』「第17章砂防調査」を参照されたい。

２）対策優先順位

対応すべき渓流が近接して複数ある等の場合には，あらかじめ優先順位を定めて対策工の配置を計画する。優先順位は，保全対象の有無やその重要性のほか災害発生の危険性の程度等から総合的に判断する。

３）対策工の選定

調査結果および土石流の規模の推定結果等をもとに，土石流の規模・影響度，経済性，景観等を考慮して対策を検討する。対策工としては，砂防事業においては土砂の流出防止や抑制，侵食防止等の砂防施設工（**表 3-2-12**）が，治山事業においては，渓流勾配に応じた土石流，流木対策工（森林整備，山腹緑化，治山ダム等（**表 3-2-13**）），また道路事業等では，土石流の流出土砂量を考慮した渓流横断構造物による対応（ボックスカルバート工の断面積の確保等）や線形変更（橋梁による渓流横断や土石流堆積域外への線形シフト等）があり（**図 3-2-20**），事業の目的・方針に即した対策検討が必要となる。

表 3-2-12　砂防施設の目的と工種[18]

砂防等施設の目的			施設・工種
砂防施設	水系砂防計画及び土石流対策計画に基づき策定される砂防施設	土砂生産抑制	山腹工（山腹基礎工，山腹緑化工，山腹斜面補強工）
			砂防堰堤，床固工，帯工，護岸工，渓流保全工
		土砂流送制御	砂防堰堤，床固工，帯工，護岸工，渓流保全工，導流工，遊砂地工
	火山砂防対策施設	火山泥流対策	山腹工（山腹基礎工，山腹緑化工，山腹斜面補強工） 砂防堰堤，床固工，帯工，護岸工，渓流保全工，導流工，遊砂地工，流木止工
		溶岩流対策	砂防堰堤，遊砂地，導流工等
流木対策施設			流木発生抑制施設（山腹工，砂防堰堤，床固工，護岸工，渓流保全工等） 流木捕捉施設（流木止工，砂防堰堤等）
地すべり防止計画に基づき策定する地すべり防止施設			抑制工（地表水排除工，地下水排除工，排土工，押え盛土工，河川構造物等による侵食防止工等） 抑止工（杭工，シャフト工，アンカー工等）

表 3-2-13　土石流・流木の対策工種と渓床勾配等の目安[19]

	～土石流発生区間～ 15°～20° 以上 0 次谷の小渓流・山腹	～土石流流下区間～ 10°～20° 1 次谷が集合した流域	～土石流堆積区間～ 2°～15° 広い集水面積
発生源対策	森林整備 山腹工（山腹基礎工，山腹緑化工） 遮水型治山ダム	森林整備 山腹工（山腹基礎工，山腹緑化工） 護岸工 遮水型治山ダム	
流下抑制対策	遮水型治山ダム	遮水型・透過型治山ダム	遮水型・透過型治山ダム
氾濫対策		護岸工 導流堤	護岸工 導流堤 遊砂地 渓畔林造成

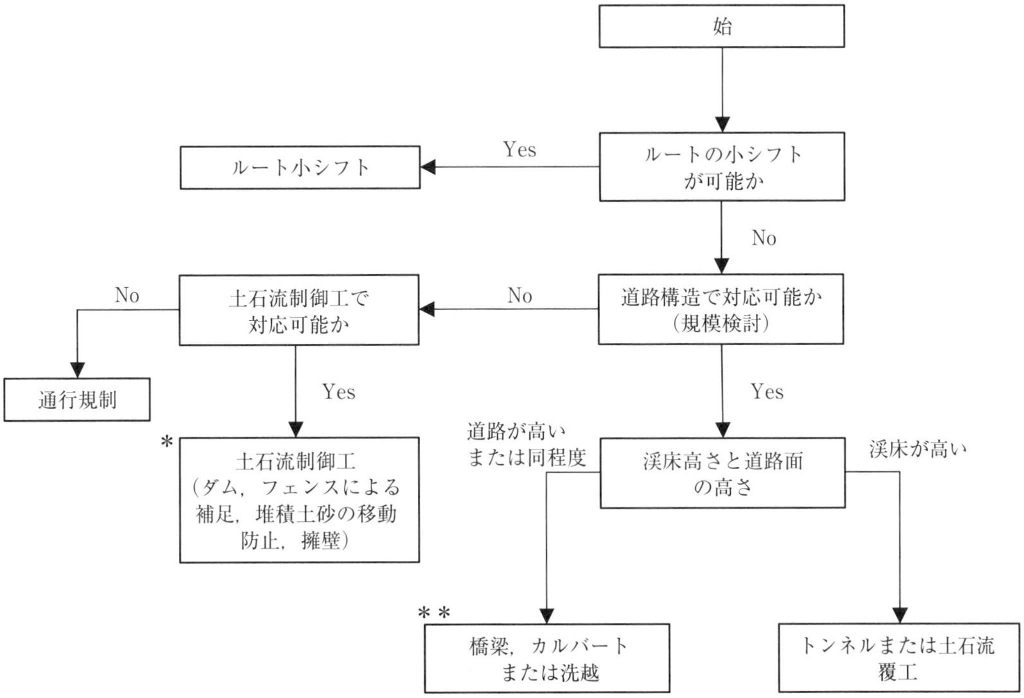

＊　橋梁，カルバートとの組み合わせを検討する
＊＊　通行規制の組み合わせを検討する

（出典：（公社）日本道路協会「道路土工—切土工・斜面安定工指針」）

図 3-2-20　土石流対策工選定のフローチャート[10]（一部修正）

3.　調査実施上の留意点

1）UAV 自立飛行による緊急調査

地震や豪雨により生じた大規模な河道閉塞（天然ダム）（以下，「河道閉塞（天然ダム）」を「天然ダム」とする）は，天然ダム上流に溜まった水が越流することにより土石流（以下，「天然ダムを原因とする土石流」という）を発生させ，天然ダム下流に甚大な被害を及ぼすことがある。

このような天然ダムを原因とする土石流による被害を軽減するためには，被害の生じるおそれのある範囲および時期を速やかに推定することが重要となる。緊急時の災害調査手法として無人航空機（UAV）の活用方針が，国土交通省近畿地方整備局大規模土砂災害対策技術センターより『UAVの自律飛行による天然ダムの緊急調査及び被災状況把握に関する手引き』（2023）が発行されている。同手引きでは，緊急調査時における課題とUAVを活用した対策案・調査シナリオ，無人航空機を取り巻く関連法令や機体・気象条件等の制約，着手の判断～初動期の実施フローにおけるUAVによる代替手段または従来手法の補完手段が記載されている。

2）既設砂防堰堤の有効活用

新設基数に対し老朽化する施設の増加数が，近年では約4倍に達している。また，砂防堰堤は，保全対象や流域の荒廃状況により優先度の高い箇所から整備を進めているため，既設砂防堰堤の保全対象の重要度は高い傾向にあると想定される。その観点から，既設砂防堰堤を有効活用し，長寿命化対策と機能向上を組み合わせた改築を行うことが，地域の安全度向上に効果的・効率的に寄与する。さらに機能向上においては，現行基準で見た場合に土砂や流木，特に流木流出リスクに着目して対策を進めることが望ましいと考えられる。

検討手順は以下のとおりである。

① 保全対象の重要度に応じて，対象とする流域および砂防堰堤を整理する。この保全対象の重要度は事業実施主体ごとに異なるため，状況に応じて検討する。

② 現地調査を行い，必要な土砂・流木処理計画を立案する。

③ 必要な機能を確保できる流木捕捉機能の追加を検討する。既設が不透過型砂防堰堤の場合は，透過型砂防堰堤への改築や張り出しタイプの流木捕捉工の設置や前庭保護工への流木捕捉工の設置を適宜選択する。なお，土砂量の追加整備が必要な場合は，透過型砂防堰堤や計画堆積土砂量を見込む堰堤への変更も適宜実施する。

④ 土砂移動が発生した際には適切に施設点検を行い，除石・除木の必要性を検討する。

3.2.5 落石・岩盤崩壊に関する調査

落石と岩盤崩壊では崩壊の形態・規模も異なるが，同一の斜面内で両者の発生が想定され，両者を対象として一連の地質調査を実施するケースがあり，本章では落石と岩盤崩壊に関する調査を一括して記述する。

1．調査の目的

落石・岩盤崩壊に関する調査は，当該事象の発生のおそれのある区間を抽出し，効果的な対策を検討するための基礎資料を得るものである。本調査は，概査，精査，維持管理点検調査，その他の調査に分類される。それぞれの調査目的は以下のとおりである。

① 概査（予備調査）：既存資料や空中写真，地形図，簡便な現地踏査により，落石・岩盤崩壊の可能性が高い区域を抽出すること。

② 精査（詳細調査）：概査で抽出された区域に対して落石・岩盤崩壊の位置や規模を把握，対策の必要範囲や適切な対策工の設計・施工のための基礎資料を得ること。

③ 維持管理点検調査：すでに対策が実施された区間で，既設対策工の健全性評価だけでなく，地山を含めた斜面やのり面全体の劣化や不安定化を定期的に調査・比較することで，災害の発生を未然に防ぐことにある。

④ その他の調査：路線全体の総合的な防災計画策定のための調査，災害発生後の復旧および原因究明のための調査等がある。

本項では，①②について扱い，③は『道路防災点検の手引き（豪雨・豪雪等）』（2022）[2]，④は他書に譲る。

以下に，①②の調査の概要を記す。

① 概　査

概査は，既存資料調査，地形解析，1/10,000 の空中写真（レーザープロファイラーデータ）判読や道路等から視認が困難な岩盤露頭やガレ場（転石群）等の位置を簡便な現地踏査によって落石・岩盤崩壊の可能性が高い区域を抽出する。

なお，花崗岩分布域等で一般に認められる斜面上の転石群等は，空中写真による判読が植生の影響で通常は困難であり，現地踏査が重要となる。調査範囲は，保全対象の位置から対象斜面の尾根までとする。現地踏査を実施する場合は，積雪地域を除けば落葉する秋～冬が望ましい。既設構造物を保全対象とする場合には，既往点検資料を十分に活用する。

国内の岩盤崩壊事例から，危険な岩盤斜面には以下の特徴がある。

ア．地形的特徴は，河川の源流・峡谷・攻撃斜面，海食崖が主体で，いずれも侵食の著しい地区にあたる。崩壊箇所の斜面としては，やや緩傾斜で地すべり的な事例があるが，傾斜50 度以上の急崖斜面が多い。

イ．地質的には，新期の堆積岩や花崗岩をはじめとする深成岩に崩壊事例は少なく，火山岩，変成岩，および比較的古い時代の堆積岩に崩壊事例が多い。

② 精　査

精査は概査によって落石・岩盤崩壊の危険性が検討された箇所について，落石・岩盤崩壊の形態，崩壊の位置や規模，落下経路，発生機構，不安定度，対策工の地山の強度等を把握し，対策の必要範囲や適切な対策工の設計・施工のための基礎資料を得る。岩盤斜面等では，落石・岩盤崩壊の要因や崩壊メカニズムが複雑となっており，精査は第一次・第二次と分けて段階的に実施することが多い。

ア．第一次精査

第一次精査は，一般的には既存資料調査，空中写真判読等の机上調査と測量・地表地質踏査によって，落石・岩盤崩壊の発生源状況と崩壊時の影響を把握するための地形特性を把握する。転石型落石のように単一な落石発生源が斜面上に分布する場合等では，第一次精査のみで対策工が検討できる場合がある。

イ．第二次詳細調査

第二次精査は，物理探査，ボーリング，岩石試験等からなり，第一次精査結果を補足するとともに，崩壊機構・安定度等の評価や対策工を検討するための詳細な地盤情報を得ることを目的として実施する。岩盤壁面踏査（登はん調査）は特殊高所作業が必要となるが，岩盤斜面から直接的に亀裂状況や不安定岩塊に関する情報を入手でき，詳細調査と同程度の情報を得ることができる（**図 3-2-21**）。一方で，不安定岩塊が存在しており，調査にはかなりの危険性が伴うので細心の注意が必要である。

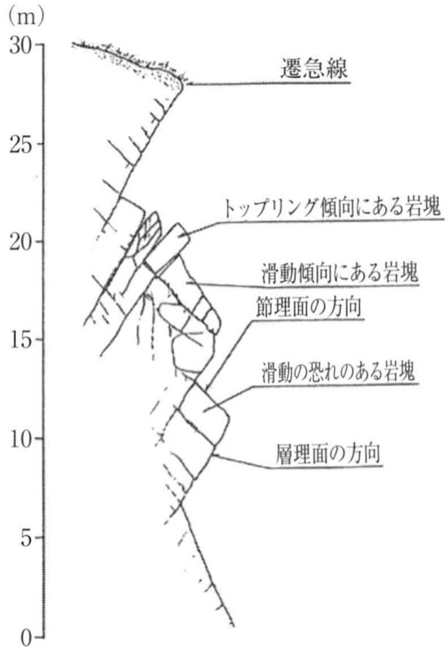

図 3-2-21　岩盤斜面の調査例（見取図）[20]

図 3-2-22 に落石・岩盤崩壊調査のフロー，**図 3-2-23** に精査の第一次精査，第二次精査のフローを示す。

第二次詳細調査が必要なケースとして以下が挙げられる。

・落石対策としてアンカー工等が検討され，対策工検討のために安定地盤の確認が必要となった場合。

・くさび破壊等の岩盤斜面崩壊が想定され，崩壊機構を明らかにするために不連続面の分布や岩盤緩み範囲等の岩盤状況の把握が必要となった場合

さらに，斜面変動の監視と活動性評価，対策工施工時の安全確保ならびに対策工施工後の効果確認などを目的として，変位観測等の計測調査を実施する。

2．調査計画・内容

（1）調査すべき項目と調査手法

1）概　査

①　調査対象箇所の選定

概査では，地形図や地質図，路線図と現地状況をもとに，まず下記に示す「落石・岩盤崩壊の対照査面の目安」に従って調査対象地域を選定する。調査対象箇所の選定の後は，当該箇所の斜面やのり面の落石に関する安定度を広域的かつ迅速に判定し，精査あるいは緊急な対策の必要性を判断するために，既存の資料調査，空中写真の判読，簡便な現地踏査を実施する。

【落石・岩盤崩壊の対照査面の目安】

ア．災害に至る危険性がある要因が明らかに認められる斜面*

イ．過去の災害履歴等から点検の必要性が認められる斜面

ウ．直近の既往調査・点検以降に，対策工・人為的改変行為等で状況変化が認められる箇所

エ．高さ 15 m 以上ののり面・自然斜面，または勾配 45° 以上の自然斜面

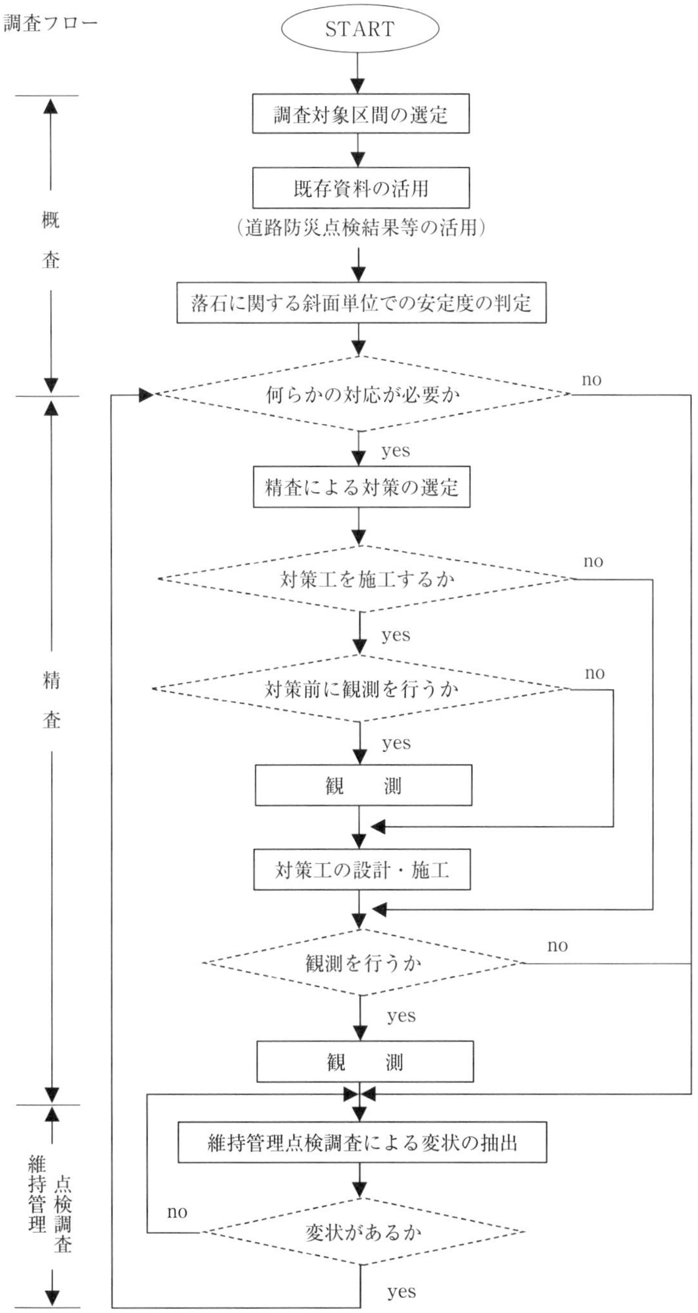

（出典：（公社）日本道路協会「落石対策便覧」）

図 3-2-22　落石・岩盤崩壊調査のフロー[21)]

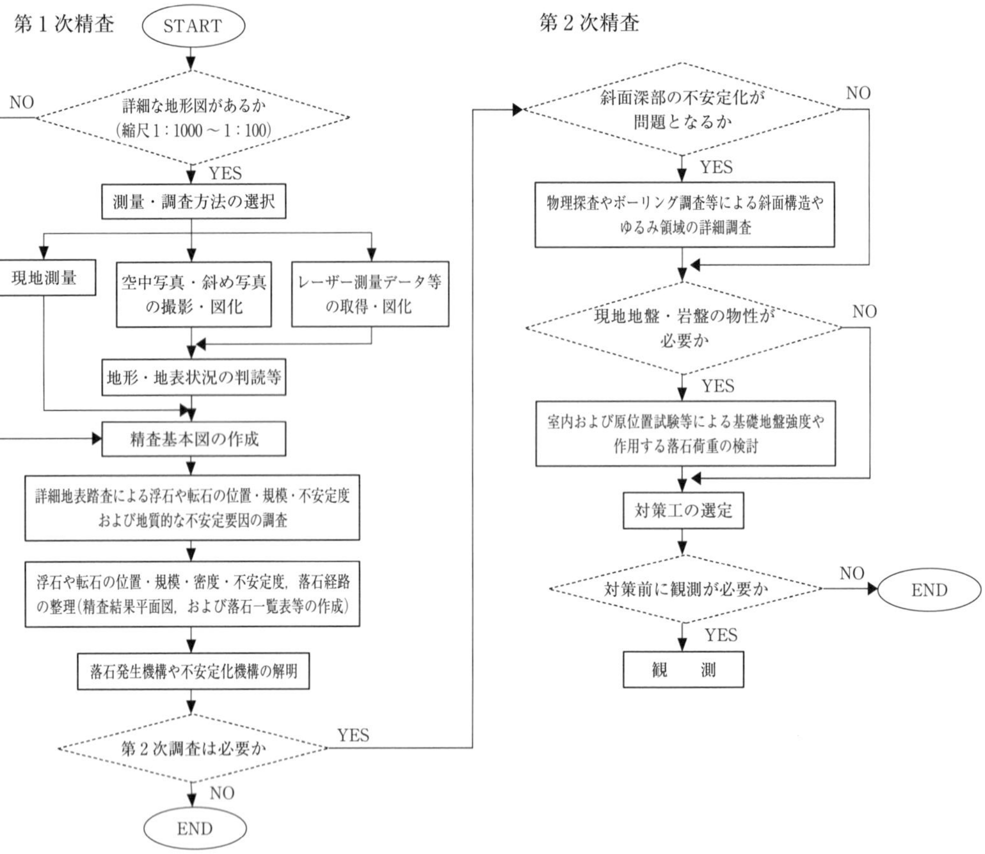

(出典：(公社) 日本道路協会「落石対策便覧」)

図3-2-23　第1次精査，第2次精査のフロー[21]（一部修正）

オ．表層に浮石，転石が存在する斜面

カ．崩壊性の土質，岩質，構造の斜面

キ．既設対策施設が老朽化している，または対策施設の効果を確認する必要がある箇所

ク．ロックシェッドが設置されている斜面で，上記のエ～キに一つでも該当する箇所

＊　災害に至る危険性がある要因とは，次のような要因が複数かつ顕著に認められる状況を指す。

・地形：崖錐地形，崩壊跡地，遷急線明瞭，台地の裾部もしくは脚部の侵食地形，オーバーハング，集水型斜面，土石流跡地，尾根先端部の凸型斜面

・土質：侵食に弱い土質

・地質：割れ目や弱層の密度が高い

・構造：層理面や弱層が流れ盤，キャップロック構造（上部が硬質岩，脚部が脆弱な岩）

・表層：浮石，転石が分布，湧水有，裸地～草本の分布

図3-2-24に概査の主な調査項目を示す。

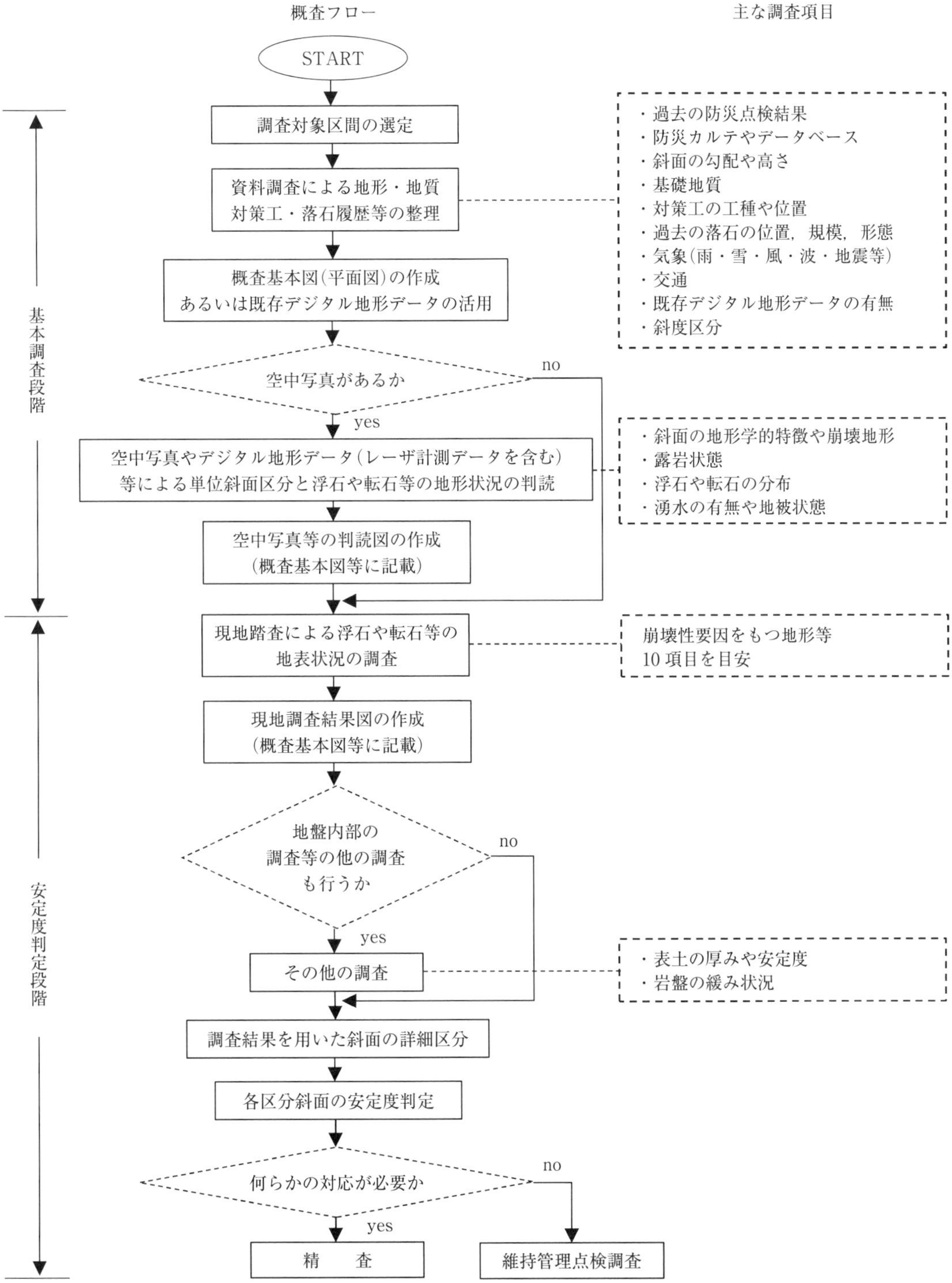

（出典：(公社) 日本道路協会「落石対策便覧」）

図 3-2-24　概査のフローと主な調査項目[21)]

② 既存の資料調査

空中写真，土地条件図，土地利用図，土地保全図，文献資料，既往報告書（防災点検関連資料を含む），被災履歴資料，防災対策関連資料（設計図書）を収集し，地形，地質，対策工，災害履歴等について整理する。

③ 空中写真判読

空中写真による判読は，現地踏査の不可能な箇所を含め広範囲を比較的均一的な精度で短期間に調査できる利点がある。空中写真は，縮尺1：10,000程度のものを用いて以下の特徴に着目し，斜面やのり面の落石に関する安定度を広域的かつ迅速に判定する。航空レーザ測量データを用いると，北側斜面の陰影部や樹林に覆われた地表面形状，岩盤斜面の分布も把握できる。急崖部は，斜面を俯瞰的に撮影した斜め写真を利用する。急崖斜面の抽出は，5～10メートルメッシュの標高データを用い，勾配区分図を作成して抽出する方法もある。結果は，類似の特徴をもった連続する斜面を一つの単位斜面として，抽出した特徴を1/2,500～1/10,000程度の地形図にプロットする。**図3-2-25**は，航空レーザ測量データを用いて災害の要因となる特徴を抽出した事例である。

これらの地形図を用いて，簡便な現地調査を行い，安定度を評価する。

【空中写真判読の着眼点】

・斜面勾配および斜面変換点
・尾根，谷等の斜面の水平断面形状
・崩壊跡等の特殊な地形
・浮石，転石，落石・崩壊地形，
　地すべり地形，土石流地形
・道路からは視角外となる斜面上の不安定物質
　（崖錐堆積物，崩壊残土，地すべり土塊等）
・植生の被覆状況や小渓流（ガリー等）

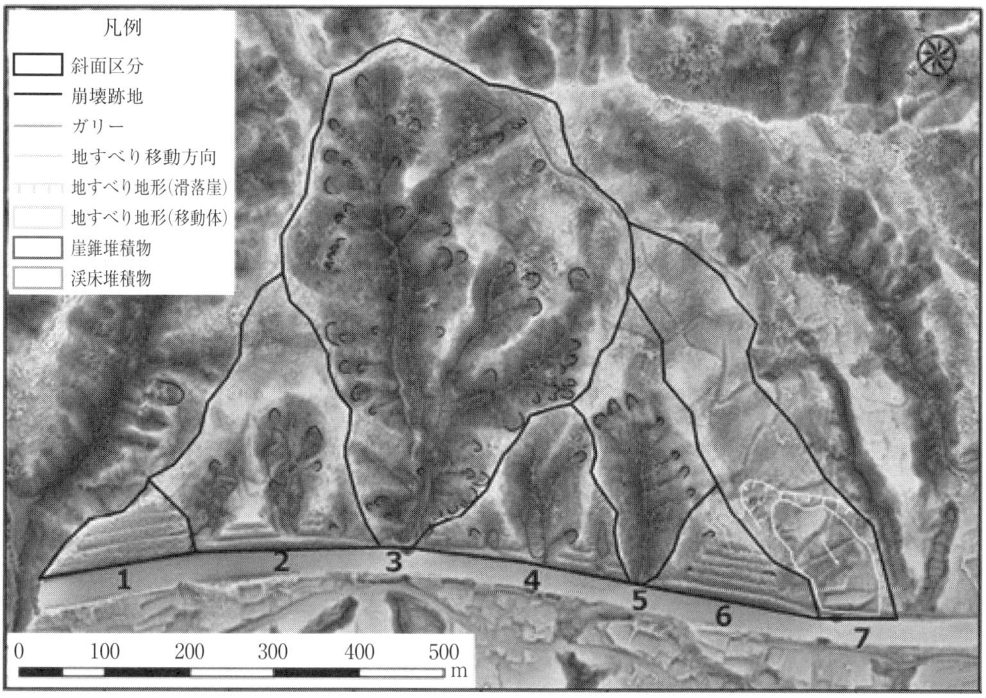

斜面区分-連番	1	2	3	4	5	6	7
距離標（kp）	123.500-123.650	123.650-123.820	123.820-123.830	123.830-124.010	124.010-124.015	124.015-124.170	124.170-124.250
上下線の別	上り線	上り線	上り線	上り線	上り線	上り線	上り線
区間延長（m）	150	170	10	180	5	155	80
既往防災点検	対策不要	落石・崩壊（切土）	対策不要	落石・崩壊（自然斜面）	無し	対策不要	無し
判読された災害要因と想定される災害	災害要因は判読されない	既存点検では確認されていないガリー侵食がある。斜面崩壊，小渓流からの土砂流出	崩壊跡地やガリーが発達。谷頭からの土石流発生，渓床堆積物の流出	崩壊跡地及びガリーが判読される。自然斜面の崩壊，小渓流からの土砂流出	崩壊跡地とガリーが判読される。侵食拡大に伴う土石（土砂）流	微地形表現図で法面上部に崩壊跡地あり。自然斜面の崩壊	地すべり地形が判読される。地すべり土塊の道路への流出
対象項目	落石・崩壊	落石・崩壊	土石流	落石・崩壊	土石流	落石・崩壊	地すべり
新たな安定度調査の必要性	×	○	○	○	○	○	○

図 3-2-25　空中写真（航空レーザ測量データ）判読による災害要因判読事例2)

概査のための調査項目は以下のとおりである。

④　現 地 踏 査

現地踏査は，概査段階で最も多くの情報を入手できる手段であり，ア．地形，イ．土質，地質および地質構造，ウ．斜面表面の状況，エ．対策工等の人口構造物，オ．変状を確認する。

ア．地　形

斜面形状，一般地形，異常地形を確認する。

・斜面形状：斜面の幾何学的特徴（斜面の規模（高さ，傾斜，斜面長），斜面の形態（縦断型，横断型，平滑性等），斜面方位等）

・一般地形：地表の基本的な形状パターン（山地斜面，段丘，火山斜面等）
・異常地形：オーバーハング，崩壊地，顕著な遷急線，斜面表面のクリープ地形，陥没・亀裂地形等

図 3-2-26 に落石に関係する地形的特徴の例を示す。

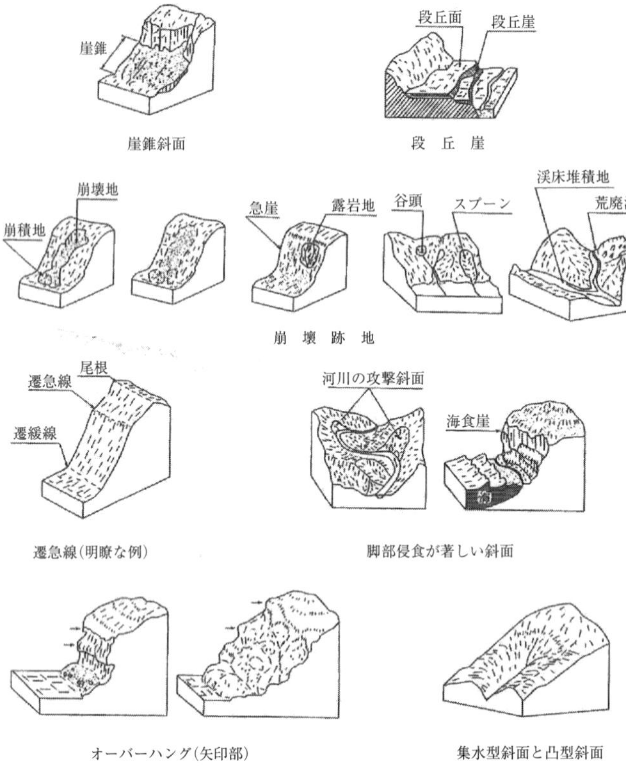

図 3-2-26　落石に関係する地形的特徴の例[22]

イ．土質，地質および地質構造

調査対象箇所の露頭を主体に，ハンマーとクリノメータを用いた地表地質踏査手法で，**表 3-2-14** に示す観察項目を確認する。踏査結果については，空中写真判読結果を整理した地形図に併記する。これらに表現できない情報については，別紙に取りまとめる。

表 3-2-14　現地で観察すべき地質情報[21]

地質構造	地層の状況	地層の分布状況，境界，走向・傾斜等
	割れ目の状況	断層・破砕帯の規模，節理の状況等
岩盤の性状	岩相・岩質	岩盤の種別と強度等
	風化・変質	風化の程度，変質の程度
未固結堆積物の性状	種類と構成物	段丘，崖錐，火山灰等の種別と礫・砂等の構成物
	堆積物の状況	固結度，厚さ，湧水等

（出典：（公社）日本道路協会「落石対策便覧」）

ウ．斜面表層の状況

表土および浮石・転石の状況，湧水状況，のり面・斜面の被覆（植生状況）を確認する。**表 3-2-15** に浮石・転石および表土の安定性評価の目安を示す。

表 3-2-15　浮石・転石および表土の安定性評価の目安[21)]

評価	≪表土層≫	≪浮石・転石≫
『不安定』	・表土層が厚く（50 cm 程度以上），表層の動きが見られたり，侵食を受けている。 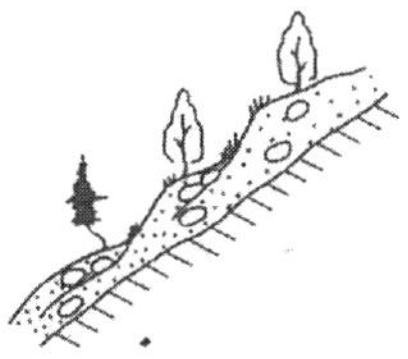	・以下のようなものが多数散在する場合 ①　直径のほぼ 2/3 以上が地表から露出するもの。 ②　完全に浮いており，人力で容易に動くと判断されるもの。 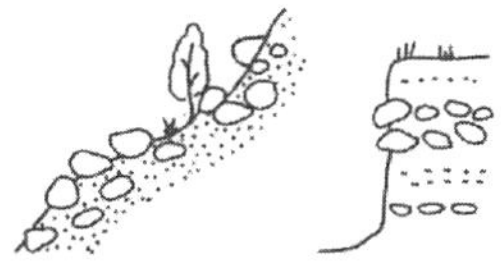
『やや不安定』	・表土層は厚くても表層の動きや侵食は見られない。 ・表土層は薄いが，動きや侵食の可能性がある。 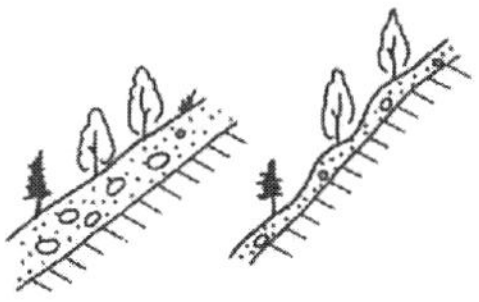	・上記①，②のようなものが少ない。 ・露出の程度が小さい。 ・やや浮いてはいるが，人力では動かせない。 
『安　定』	・表土層が薄いかほとんどなく，植生状況からも表層の動きがない。 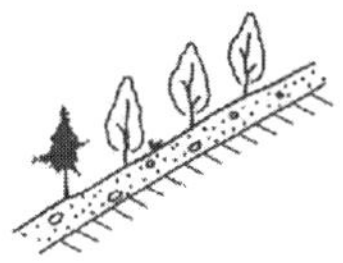	・浮石，転石がない。 ・あっても比較的安定しているもの。 

（出典：（公社）日本道路協会「落石対策便覧」）

エ．湧水の状況

湧水の状況は，斜面内の地下水位が高い可能性を示唆したものであり，雨天の地下水位上昇による間隙水圧の増加が落石の誘因になりやすいため注意が必要な確認項目である。

オ．対策工等の人工構造物

斜面やのり面に対策施設がある場合は，想定される落石の規模や発生形態に対し対策効果が十分かどうかを検討する。施設台帳がある場合には，参考資料として整理する。合わせて構造物の現況の健全度も確認する必要がある。

カ．変　状

のり面・斜面にみられる変状は，安定度を判断する目安となる。のり面・斜面の安定度評価の直接的な目安となるものは，肌落ち，小落石，ガリー侵食，洗堀，パイピング孔，陥没，はらみ出し，根曲がり，倒木，亀裂等である。構造物に亀裂，沈下，はらみ出し等の変状がある場合，その位置や規模をスケッチするとともに，変状の発生原因（落石による破損，地すべりの土圧等によるもの，地盤沈下，施工不良によるもの等）を考察しておく。

⑤　その他の調査

地表踏査で落石を伴う土砂崩壊が予想される場合，何らかの変状が発見された場合には，必要に応じて現地測量，簡易貫入試験による表土厚の確認，土質試験を実施する。

⑥　安定度の判定

落石の可能性を判定する方法に，確立された方法はない。概査の段階では，斜面上の石が落下する可能性に着目して，浮石や転石の有無とその不安定度を**表 3-2-15** に示すような評価法を用いて目視で判定することが基本である。その他にも，斜面上の浮石や転石が不安定化しやすい箇所かどうか，現地踏査で確認した地形，土質，地質および地質構造，斜面表面の状況に加え，湧水の状況，過去の落石発生履歴，変状の有無を考慮して判定する。概査の段階では，保全対象箇所付近の転石の分布や過去の落石の到達例から推定するのが一般的である。

2）精　査

①　第１次精査

第１次精査は，斜面やのり面の特徴を取りまとめた精査基本図の作成と，詳細地表踏査による不安定機構の解明で，具体的な対策工法を検討する。

調査手法は，ア．現地測量，イ．リモートセンシング技術を用いた調査，ウ．詳細な地表踏査，エ．落石シミュレーションがある。

ア．現 地 測 量

1/1,000～1/100 程度の地形図を作成する。

イ．リモートセンシング技術を用いた調査

精度の高い標定点を現地に設置し，航空機，ヘリコプター，無人航空機，クレーン車等を使った詳細写真測量，1m 格子間隔以上の精度で標高値を取得した航空レーザ測量データを用いて斜面変化量を把握する。

ウ．詳細地表踏査

ア，イで取得した詳細な地形図を用いて，斜面上を詳しく踏査する。観察項目は**表 3-2-14** と同様であるが，個々の転石や浮石の情報を調査し，安定度の評価を行う。観察結果は，詳細な地形図に記入し，大きな転石や浮石には番号を付けて，**図 3-2-27** に示す安定度判定を実施する。

観察項目の主なものは以下のとおりである。

ａ．岩盤の地質構造と岩質

・岩盤の種類（礫岩，砂岩，泥岩，火山砕屑岩等），岩石の硬さ等

・岩盤の割れ目の種類（層理，片理，へき開，節理等）と性質と分布状況

・地質構造（地層の走向・傾斜，褶曲構造，岩脈，断層や破砕帯の規模と状況）

・風化・岩盤の緩み状況（岩質の変化の程度と深さ，風化物の有無）

b．浮石および転石

・形状および岩質（大きさ，形，岩種，割れ目，硬さ）

・分布状況（位置，個数，配列および粒径分布）

・安定性（**図 3-2-27** 参照）

c．水 の 状 況

・晴天時の湧水の状況，雨天時表流水の流路等

d．割れ目の調査方法と評価

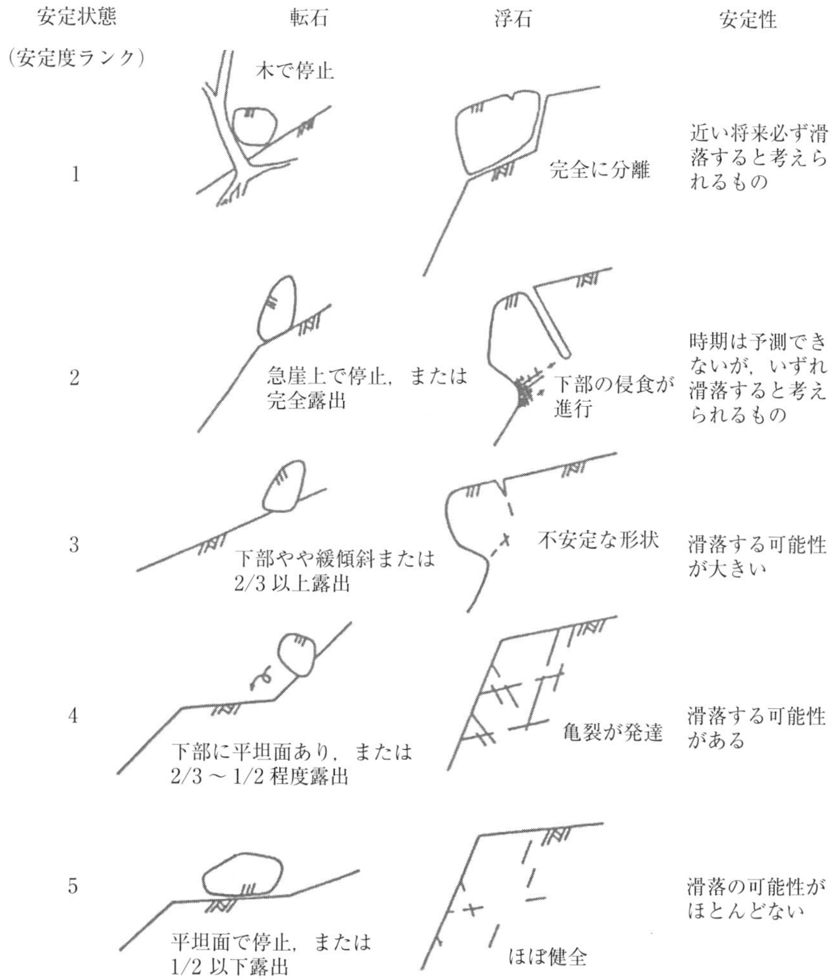

（出典：（公社）日本道路協会「落石対策便覧」）

図 3-2-27　現地観察による安定度判定の一例[21)]

岩盤中に存在する不連続面には，微細亀裂，片理・層理・節理・シーム・破砕帯・断層等の種類がある。浮石型の落石の発生やその規模により大規模な崩壊への発展性等を推定するためにこれらの調査が重要である。調査方法や評価法には以下のものがある。

【割れ目計測方法】

自然露頭について，測線を設け，測線に係る割れ目の計測を行うスキャンライン法と，格子枠を設け，枠内の割れ目を計測するグリット法がある。

【割れ目正常の評価】

割れ目の方向性や卓越性を評価する球面座標のステレオ投影網であるシュミットネットあるいはウルフネット上に割れ目の走向・傾斜をプロットして，円形カウンターを用いて分布密度を把握する方法がある。

割れ目の連続性と開口性は，割れ目の長さや節理本数のヒストグラム等を作成して評価する。開口幅と割れ目の長さは相関性が高いといわれており，地表の開口幅が大きければ地下深くまで連続していると考えられる。

【落石ブロックの想定】

斜面の割れ目のスケッチ結果等から想定する方法のほか，割れ目の密度から統計的にブロックの大きさ，分布や安定度を推定する方法がある。

エ．落石の発生機構解析と安定度評価

第一次精査の結果は，個々の対象斜面ごとに詳しい調査表と平面図・断面図として整理する。斜面下の到達域に分布する転石も含めて整理すると落石経路や到達範囲を検討するのに役立つ。事例として，**図 3-2-28** に示すように斜面区分，および径 50 cm 以上の転石，浮石のすべてに番号を打ち，個々の安定度を評価することで，落石の運動形態や停止状況の推定，ならびに対策工法の選定や設計条件の基礎資料として利用できる。安定度については**図 3-2-27** を目安にするとよい。

第 1 次精査の結果を整理したら，これらを総合的に検討して落石の発生機構について解析する。落石の発生機構は**図 3-2-29** に示すように原則的にいくつかのパターンに分類できる。詳細については，日本道路協会『落石対策便覧』(2017) を参照されたい。

オ．対策工の検討

第 1 次精査で安定度評価を実施した浮石・転石から，落石対策の対象とするランクを判断し，これらに属する落石群に対して，落石エネルギーや経路，跳躍高さを勘案して，抑制・抑止可能な工種・工法を選定し，比較検討する。

対策工について通常は，保全対象施設付近の防護工を基本に検討するが，防護できない落石等に対しては発生源対策や落石経路の途中に対策施設を設置する防護工を検討する。場合によっては，落石監視システム等も検討する。**表 3-2-16** に落石・岩盤崩壊の主な対策工の種類，機能，特徴などの一覧表を示す。

表 3-2-17 には，調査項目と設計目的との対比表を示す。同表は，精査で得られた地質状況と対策工設計時の諸元との関係を示している。

対策工の実施に関しては自然環境や景観資源との調和を図ることが重要である。このため，調査段階においても自然環境・景観資源等への影響を念頭に置いた対策工法を想定し，動植物（貴重種），地下水環境（水源の枯渇・工事による濁り），景観資源に関する調査を実施しておくことが望ましい。選定した対策工を設計するにあたり第 1 次精査で不足する情報がある場合は，第 2 次精査を計画提案する。

また，より大きな崩壊や岩盤崩壊が懸念される場合や対策工の基礎を検討する場合は斜面内部の性状把握のための第 2 次精査を実施する。

（出典：（公社）日本道路協会「落石対策便覧」）

図 3-2-28　精査結果の平面図取りまとめ事例[21)]

落　石

転　石　型（抜落ち型）
（礫と土砂の境界が分離し落石となるもの）

土 砂 斜 面

岩盤上の土砂斜面
（複合斜面）

浮　石　型（はく離型）
（岩盤中の不連続面が分離し落石となるもの）

岩 盤 斜 面

そ　の　他

分類	礫を含む土砂斜面（段丘，火山砕屑物等）	上部が土砂の斜面（自然斜面上部の遷急線部，切土のり面ののり肩付近等）	下部が土砂の斜面（自然斜面下部の崖錐等）	表層が土砂～強風化岩の斜面（自然斜面中腹等）	不連続面（節理，層理，片理，弱層等）が中程度の勾配の流れ盤をなす斜面	流れ盤と受け盤の複合斜面や，方向が不規則な不連続面を持つ斜面	急勾配の受け盤～垂直の不連続面を持つ斜面	不連続面が低勾配の流れ盤～受け盤をなす斜面	急勾配の流れ盤の不連続面を持つ斜面	不連続面のない岩盤斜面	風化・侵食で残留した尾根上の巨礫等
構造			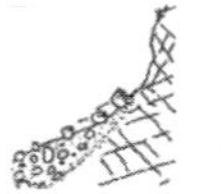								
予想される崩壊形態（カッコ内は，可能性は低いが発生し得るもの）	落石 土砂崩壊	落石 土砂崩壊 （岩盤崩壊）	落石 （岩盤崩壊・地すべり）	落石 土砂崩壊 （岩盤崩壊）	落石 平面型岩盤崩壊 くさび型岩盤崩壊 （岩すべり）	落石 転倒崩壊 平面型岩盤崩壊 くさび型岩盤崩壊 （岩すべり）	落石 転倒崩壊	落石 （岩すべり）	落石 （転倒崩壊）	落石 （肌落ち）	落石
落石による斜面の不安定化（より大規模な崩壊への発展性）	小	中 （落石により上部の土砂が不安定化する場合あり）	小	中 （落石により上部の土砂が不安定化する場合あり）	大 （落石により上部の岩塊が不安定化する）	大 （落石により上部の岩塊が不安定化する）	大 （落石により上部の岩塊が不安定化する）	小	中 （転倒崩壊に発展することがある）	小 （はく離により風化が促進され，落石が継続することがある）	小
その他の特徴	礫を主とするものと泥～砂からなる基質中に礫が含まれるものがあり後者の方が侵食されやすい。	土砂崩壊を伴う落石が多い。岩盤斜面の対策も必要。	崖錐部は堆積域であり落石に関しては比較的安定だが，上部は岩盤斜面であり複合的対策を要することがある。	急斜面であることが多く，転石も不安定な場合が多い。風化花崗岩等玉石状の硬質部が残る斜面もこれに含む。	不連続面の平滑度や挟在物の有無によりすべり摩擦角は大きく変化する。	開口亀裂等，緩みの範囲と程度に注意する必要がある。	斜面脚部に軟弱な層があるとキャップロック構造となり，大きな崩壊を引き起こす。斜面上部の開口亀裂に注意。	硬軟互層でも同様の発生形態を持つ。	不連続面が風化したオーバーハング部に注意する必要がある。	新第三紀以降の軟岩に多い。軟質な礫岩は土砂斜面と同様の落石機構を持つ。	支持部の風化程度に注意する必要がある。

（出典：（公社）日本道路協会「落石対策便覧」）

図 3-2-29　落石のパターン分類[21)]

表 3-2-16　主な岩盤崩落対策工の種類，機能，特徴などの一覧表[20]

目的別	対策工種	風化浸食	発生防止	方向変更	信頼性	耐久性	工種の略図	工法の概要・機能・施工性，他	使い分けと景観など
	特徴・機能他 →	対策工の効果など							
風化・浸食・流失防止工	切土・除去工	—	◎	—	◎	◎	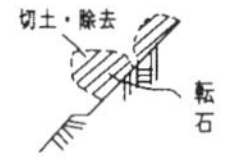	不安定な岩盤部などを切土またはクレーンなどにより除去し恒久的な安定を図る。高所や狭い場所での施工はむずかしい。この場合経済的に不利。	切土後ののり面にも植生などが必要。用地の制約や交通条件などの良い場合に採用。
	排水工	◎	—	—	○	○	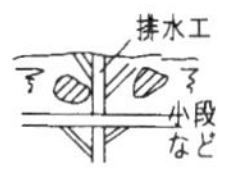	不安定岩盤周辺及び岩盤自体の浸食を防止し，岩盤内等の間隙水圧低下を目的とし，斜面などの表面保護，安定化を図ることにより岩盤を安定化。排水工は表面および浸透水の排除もある。施工性は中程度。	表面排水も暗渠とすれば周囲との調和が可。湧水や浸透水の多い箇所や表面集水部に採用。
	吹付工（モルタルコンクリート）	◎	○	—	○	○		のり面などの表面風化防止と保護を目的とし，効果的であるが，耐久性はやや劣る。狭い場所でも，あらゆる場所に適用でき，施工性が良い。	景観は良くないが，経済的に有利。あらゆる場所に適用できるが，施工高さや吹付搬送距離は限界がある。(100～150 m 程度)
	編柵工	○	○	△	△	○		小規模の落石や，小規模表層崩壊（岩盤崩壊）の防止として比較的緩斜面での採用が多い。施工性は比較的良好。	周景には比較的調和的。 緩斜面での土砂状風化岩盤地山に摘要。
	植生工（防止林も含む）	○	○	—	△	○	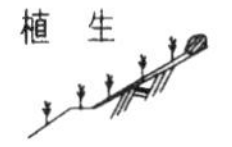	表層の風化岩盤等の流化・流失を予防することが目的。主に景観を重視する場合に用いられる。施工性は非常に良い。	景観を目的として採用されることが多い。緩勾配の土砂状風化岩盤斜面に採用が多い。
固定・安定化工法	根固工	—	◎	—	○	◎		不安定な転石状岩盤部などの下部斜面にコンクリートなどを詰め安定化を図る。多くの転石状岩盤がある場合は多量のコンクリートを要するなど不経済。施工性は比較的良好。	大規模岩塊のときは打設コンクリートが目立つので景観は良くない。コンクリートなどの打設可能な位置で採用（4～50 m）程度。
	接着工	○	○	—	△	△	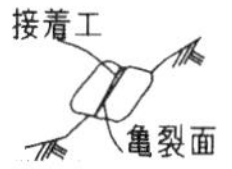	岩塊や岩盤の亀裂などに接着剤を用いて一体化し，安定を図る。大規模岩塊には不適である。施工性は比較的良好。経済的には不利。	景観に配慮する場合は有利。多数の転石を固定する場合は景観が劣る場合もあり。 小規模部に採用が多い。
	張工（コンクリート石，ブロック他）	◎	◎	—	○	◎	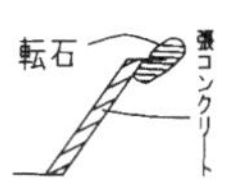	表面風化防止・保護を主目的とするが，モルタルやコンクリート吹付より期待度が高い。擁壁様に用いて鉄筋や鋼材を配置することがあり，抑止力を期待する場合もある。 施工性は比較的良好。	景観はやや劣るが，安価である。比較的低い斜面部（10 m 以下）で採用することが多い。場合によっては 20 m～30 m のこともある。
	枠工（プレキャスト，コンクリート吹付）	◎	◎	—	◎	◎	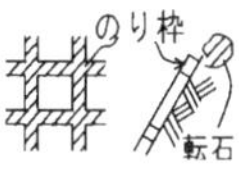	軽量のり枠やのり枠単独では抑止は期待できないが，ロックボルトなどと組み合わせて使用し抑止を期待。比較的高所，急傾斜面でも施工。施工性は良好。	枠内に緑化することで景観が良好。各種のり面，斜面に適用。
	ワイヤロープ掛工	—	◎	—	○	○		ワイヤロープとロックボルトなどで不安定岩盤部を直接支承・安定化させる。ワイヤなどの防食や耐久性を考慮する必要有。 施工性は良好。経済的に有利。	ワイヤロープは目立たないので，景観は変化なし。高所でも簡単に施工でき，あらゆる場所で適用可，信頼性にやや欠ける。
	グラウンドアンカーロックボルト他	—	◎	—	◎	◎		単独ではなく受圧構造物（のり枠など）と組み合わせて大きな抑止力を期待する。恒久的な信頼度も高い。施工性は場合にもよるが比較的良好なことが多い。経済性は中程度。	景観は採用する受圧構造物により異なる。 広く適用できる。
	擁壁工	◎	◎	△	◎	◎		不安定な転石や岩盤下部に用いて多少の抑止力を期待。施工性は場合にもよるが，一般には良好～中程度。	景観は劣るが比較的経済的。 8.0 m 程度までの高さで適用されることが多い。
	各種組合せ工法（主に固定安定化工法を組合せ）	◎	◎	—	◎	◎		グラウンドアンカーやのり枠などの組合せによって比較的大きな抑止力を期待する。各種の組合せによって広く対応が可。施工性などもそれらによって異なる。 組合せ例は適用覧参照。	景観の評価は各種組合せによって異なる。 採用箇所は多岐にわたる。
摘要	＊　◎非常に効果あり　○効果あり　△場合により効果あり［ロックネット（覆式，ポケット式）については防護工を参照］ 組合せ工法の一例：①吹付工＋ロックボルト　②張工＋ロックボルト，グラウンドアンカー　③のり枠工＋ロックボルト，グラウンドアンカー　④落石防護網（覆式）＋ロックボルト　⑤擁壁工＋ロックボルト，＋グラウンドアンカー　⑥根固め工＋ロックボルト，＋グラウンドアンカー								

表 3-2-17　調査項目と設計項目との対比表[21)]

調査項目		対策工の計画・設計目的	評価方法
落石・転石	位置，分布	落石エネルギー，落下経路等の基礎データ	分布図表示
	大きさ	落石エネルギー算出のため	個々の数値表示
	形状	同上	スケッチおよび現場写真
	岩石の飽和時単位体積質量	浮石エネルギー算出のため	室内岩石試験
	岩質（硬度）	落下途中の破砕の程度を知る	岩盤分類法等の利用
	不安定度	対策の優先順位決定のため	浮石・転石の安定度区分
斜面形状	凹凸度	落石の跳躍高決定	平滑か，凹凸か，凹凸の大きさ，小段の位置と幅，勾配変化
	植生の状態	落石の落下経路の状況。落石跳躍高決定	裸地，草本，疎林，密林
	縦横断形状	平面的な落石落下経路の決定	直線型，凹型，凸型などの区分
	勾配	落石落下経路と跳躍高決定	―
	高さ	同上	―
斜面地質	割れ目の方向性・卓越性	対策工法の選定	方向性の組合せによる落石発生形態の推定
	割れ目の密度	同上	平均密度，最大間隔などによる落石規模の推定
	割れ目の開口性	同上	開口幅による安定度の推定，開口部の位置による落石発生形態の推定
	表層の岩盤硬度	落石の跳躍高決定のため	岩盤分類法の利用
	岩盤の構成物と強度	アンカー等の定着部を決定するため	柱状図
	斜面下部の地盤強度	地盤支持力決定のため	標準貫入試験・力学試験
斜面下部から道路までの間の距離		落石跳躍高の決定	

（出典：（公社）日本道路協会「落石対策便覧」）

②　第２次精査

第２次精査は，岩盤崩壊や土砂崩壊を伴うような大規模な崩壊がないか等を確認し，対策方針の決定と対策工設計に必要な情報を得るために実施する。主な手法は，以下の３つである。

ア．物 理 探 査

落石・岩盤崩壊の調査で用いられる物理探査としては，弾性波探査，電気探査，電磁波探査，物理検層（電気検層，放射能検層，音波検層）がある。

ａ．弾性波探査

弾性波探査は，斜面について全般的な地表堆積物や崖錐の厚さ，岩盤の緩み，破砕帯等の弱層を弾性波速度分布から推定することができるが，個々の浮石や転石の安定性について直接情報を得ることは難しい。また，オーバーハングや凹凸が激しい斜面，大きな浮石，転石が分布しているような斜面では適用ができない。

b．電 気 探 査

電気探査は，斜面の岩相分布や風化・変質・破砕部等の大まかな把握に用いられる。

c．電磁波探査

電磁波探査は，岩盤表面から数 m 以内の小規模な亀裂の探査に用いられる。

d．電 気 検 層

電気検層は，岩盤の電気比抵抗値を測定するもので，風化・変質・破砕部等の検知に適している。

e．放射能検層

放射能検層は，岩盤の密度や間隙率を測定するのに用いられることがある。

f．音 波 検 層

音波検層は，ボーリング孔内を利用して弾性波伝搬速度を測定するもので，岩盤の強度や亀裂状況を把握するのに適している。

イ．ボーリングおよびサウンディング調査

ボーリング調査は，直接的に斜面を構成する岩石や土質を観察し，以下の情報を得る。ボーリング孔内にボアホールカメラを挿入することで，亀裂の開口幅や走向，破砕帯の詳細な性状をより詳細に把握することができる。

【ボーリング調査で把握できる情報】

・基盤岩に到達するまでの深さ

・地下水状況

・緩み地盤の厚さおよび岩質と割れ目の状況

・風化岩の厚さおよび割れ目の状況

・崖錐の厚さと構成する土砂や岩塊の分布状況と性状

・斜面上の岩塊が浮石か転石かあるいは露岩かの区別

上記のほか，構造物基礎の性状把握のために実施することが多い。

ウ．岩石試験・土質試験

岩石試験・土質試験は，落石の特徴や落石の落下部の土質特性を調べるために行う試験であるが，落石対策の設計条件を得るために必要な試験は限定的である。

岩石の物理試験では，落石エネルギーを検討する目的で，岩石の単位体積重量を把握する密度試験がある。落石が落下する際に破砕されるかどうかを調べる方法として力学試験があるが，岩石の破砕は岩石そのものの強度よりも割れ目の状態に影響されるため，現地で節理等の状況を観察しておくことが重要である。

土質試験の強度試験や変形試験は，構造物基礎の地盤強度を調べる方法として用いることがあるが，通常はボーリング調査と標準貫入試験，ボーリング孔を利用したプレッシャーメータ試験で判断することが多い。

（２）調査結果に基づく検討項目

前述の概査と精査の結果は，落石の運動形態や停止位置の推定，ならびに対策工法の選定や設計条件の基礎資料として活用される。

第２次精査の結果は，斜面内部の推定地質平面図や岩級区分図として弱層の位置や緩みの範囲を明らかにするほか，地盤強度等の物性値や地質・土質性状が分かる形で整理することで，維持管理，災害発生時や防災対策工を新設，計画する場合に重要な資料となる。

3. 調査実施上の留意点

１）観測の提案

調査の結果，落石の頻発が予想される場合やより大規模な崩壊への発展性が想定される場合には，落石に関する観測を提案する。観測には，対策工施工時の安全性を確保する目的で行うもののほか，施工後の不安定化の有無をチェックする目的で行うものがあり，観測方法も監視によるものと検知によるものがある。

① 落石監視システム

斜面上の浮石や不安定岩塊の変状・傾動・応力変化等を計測し，異常を監視するためのシステムで，伸縮計や傾斜計等の計測器を用いて計測する方法や定点光波測量やビデオ監視がある。

② 落石検知システム

落石の発生・落下を検知するための計測システムで，落石の落下・衝突を感知する計測機器を使用する。

これらの観測結果は，直接警報等に用いるほか，変位量の基準値を設けて施工管理や道路通行規制に用いたりするほか，データの額解析から地山の性状把握や落石発生時期の予測等の基礎資料として用いることもできる。

２）対策工計画・設計に関する提言

落石対策工の計画・設計に際して最も重要なことは，落石の発生形態，運動形態，停止状態を確実に想定することであり，現地を詳しく観察した調査者が現地の状況を踏まえて対策工の計画・設計に提言することである。

最適の対策方法を検討する場合には，斜面や山の特徴，落石の形状が非常に重要な要素となる。前掲の**表 3-2-17** に示した調査項目に対する結果を対策工計画・設計の目的と対比して，分かりやすく取りまとめ設計段階に引き継ぐこと，可能であれば検討段階で直接参画し詳細を提言することが重要である。

《参考文献》
1）日本応用地質学会：斜面地質学，1999
2）全国地質調査業協会連合会：道路防災点検の手引き（豪雨・豪雪等）〔改訂版〕，2022
3）農林水産省：土地改良事業計画設計基準 計画「農地地すべり防止対策」，2022
4）地形・地質情報ポータルサイト：地質の解説，
https://www.web-gis.jp/GS_Topics/Doshasaigai/Doshasaigai1.html，2024.11.30 閲覧
5）地盤工学会：事例で学ぶ地質の話，2005
6）全国治水砂防協会：新・斜面崩壊防止工事の設計と実例（本編），2019
7）愛知県建設局砂防課：急傾斜地崩壊防止施設設計の手引き（調査編），2021

8）土木研究所：地すべり調査用ボーリング柱状図作成要領（案），2002
9）上野将司：地すべり地の地下水調査における微流速計の適用，地すべり，Vol.36，No.4，日本地すべり学会，2000
10）日本道路協会：道路土工―切土工・斜面安定工指針，2009
11）国土交通省砂防部・土木研究所：地すべり防止技術指針及び同解説，2008
12）藤原明敏：地すべり調査と解析―実例に基づく調査・解析法―，理工図書，1994
13）小坂英輝：バランス断面法による岩盤斜面の初生地すべり地形とその変異率，応用地質，vol.56，2015
14）大島洋志監修：わかりやすい土木地質学，土木工学社，2000
15）国土交通省国土技術政策総合研究所：砂防基本計画策定指針（土石流・流木対策編）解説，2016
16）日本応用地質学会：山地の地形工学，2000
17）埼玉県：埼玉県砂防設計基準（土石流・流木対策編），2019
18）国土交通省北陸地方整備局：設計要領（河川編），2018
19）林野庁：土石流・流木対策指針，2018
20）土木学会：岩盤崩壊の考え方，2004
21）日本道路協会：落石対策便覧，2017
22）国土交通省道路局：点検要領，2006

3.3 地震防災

地震による被害には，構造物の崩壊・機能低下・津波による浸水，損壊のほか，斜面崩壊や地すべり等の土砂災害・液状化・盛土の崩壊等の地盤災害が挙げられる。地盤災害の事前の対応として，地質調査により地質リスクを抽出し，対策を行うこと（ハード対策）や，災害発生時の情報伝達・避難誘導体制・住民への啓蒙活動整備（ソフト対策）がとられる。このうち，地すべりや斜面崩壊，落石・転石については**3.2 土砂災害防止**や**3.4 道路防災**，地質リスクマネジメントについては**第5章**を参照されたい。事後の対応としては，その地盤災害を引き起こした原因を把握するために，地形・地質状況の調査を実施し，復旧時に再度災害防止のための対策工を実施する。

令和6年能登半島地震は，2024年1月1日16時10分に石川県能登地方の深さ約15 km，マグニチュード（M）7.6で，この地震により石川県輪島市や志賀町（しかまち）で最大震度7を観測したほか，能登地方の広い範囲で震度6強や6弱の揺れを観測した。この地震の発震機構は北西-南東方向に圧力軸を持つ逆断層型で，地殻内で発生した地震である[1)]。

この地震による液状化被害は石川県，富山県，新潟県の広い範囲で被害が確認されていることから本節では，地震防災にかかわる新しい情報として**3.3.1 地盤の液状化**とハザードマップについて，**3.3.2 活断層調査**として陸上および海上での活断層調査について述べる。

〈令和6年能登半島地震による能越自動車道の被災調査の結果概要（[2)]より引用)〉

- のと里山海道や穴水道路では，沢埋め高盛土を中心に多くの盛土の被災が確認された。
- のと里山海道においては，**図3-3-1**に示すように2007年の能登半島地震で大規模崩壊しその後排水対策等を施した本復旧箇所においては，多くの箇所において被災が軽微にとどまっていた。また，4車線を有する区間では，交通機能が喪失するような崩壊はなかった。
- **表3-3-1**に示すように盛土の締固め基準等が引き上げられた2013年以降に供用された輪島道路（2023年供用）は崩壊に至るような盛土の被災がないなど，それ以前に供用された穴水道路（2006年供用）に比べて被災が軽微であり，盛土の締固め基準の引き上げが寄与して被災発生を減少させたことを示唆している。

〈令和6年能登半島地震における被害（[3)]より引用)〉

- 令和6年能登半島地震では，**図3-3-2**に示す液状化被害，**図3-3-3**に示す道路や**図3-3-4**に示す下水道等のインフラ被害，**図3-3-5**に示す土砂災害等の地盤災害が発生した。

表 3-3-1　能越自動車道の令和6年能登半島地震による被災盛土数[2)]

■徳田大津 IC～のと三井 IC　被災盛土数　（ ）内は，全数に対する割合（%）

道路名	延長(km)	供用年月	盛土全数	R6 地震被災盛土　※同一盛土内で複数被災を計上				
				段差極小路面クラック	沈下・段差1m 未満	沈下・段差1m 以上	大規模崩壊	計
輪島道路（のと三井IC～のと里山空港 IC）	4.7	R5.9（2023 年）	26	13（50%）	7（27%）	0（0%）	0（0%）	20（77%）
穴水道路（のと里山空港 IC～穴水 IC）	6.2	H18.6（2006 年）	31	3（10%）	13（42%）	6（19%）	7（23%）	29（94%）
のと里山海道（穴水IC～徳田大津 IC）	26.7	S57（1982 年）	96	25（26%）	26（27%）	15（16%）	21（22%）	87（91%）
計	34.6	—	155	41（26%）	46（30%）	21（14%）	28（18%）	136（88%）

■特定道路土工構造物となっている高盛土（H10 m 以上）を母数として比較　（ ）内は，全数に対する割合（%）

道路名	特定道路土工構造物件数（盛土）		R6 地震被災盛土　※同一盛土内で複数被災を計上				
	全数	未被災	段差極小路面クラック	沈下・段差1m 未満	沈下・段差1m 以上	大規模崩壊	計
輪島道路（のと三井IC～のと里山空港 IC）	20	5（25%）	9（45%）	6（30%）	0（0%）	0（0%）	15（75%）
穴水道路（のと里山空港 IC～穴水 IC）	20	1（5%）	3（15%）	8（40%）	4（20%）	4（20%）	19（95%）
のと里山海道（穴水IC～徳田大津 IC）	85	8（9%）	19（22%）	23（27%）	14（16%）	21（25%）	77（91%）
計	125	14（3%）	31（25%）	37（30%）	18（14%）	25（20%）	111（89%）

【注】特定道路土工構造物は全国道路施設点検データベースに登録されたデータより抽出
　　のと里山海道は，高さ 10 m 以上の盛土を特定土工構造物として計上　　20240202 1010

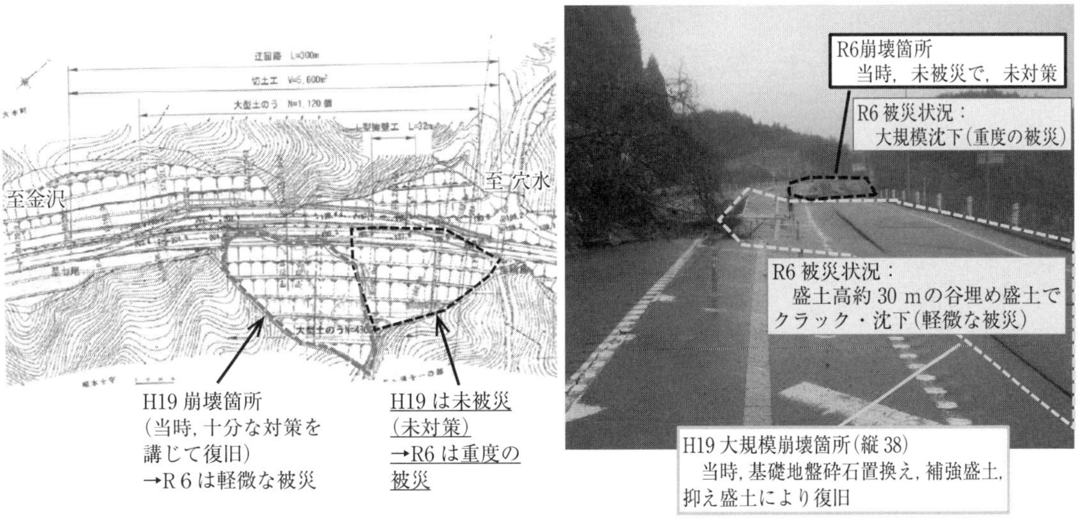

出典：能登有料道路　復旧工事記録誌　石川県土木部・石川県道路公社

図 3-3-1　能越自動車道の H19 崩壊・復旧箇所に隣接する令和6年地震被災状況[2)]（一部修正）

図 3-3-2　令和 6 年能登半島地震による液状化被害状況[3)]

図 3-3-3　令和 6 年能登半島地震による道路被災状況[3)]

図 3-3-4　令和 6 年能登半島地震による下水道被害状況[3)]

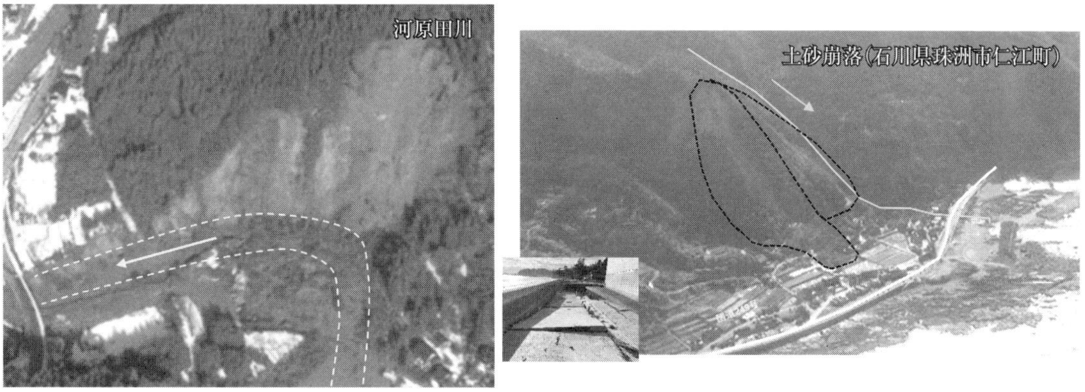

図 3-3-5　令和６年能登半島地震による土砂災害状況[3)]

3.3.1　地盤の液状化

液状化は，地下水位が浅く，主に沖積層の砂地盤に震度５弱程度以上の地震に襲われた場合に発生しやすい。液状化現象が発生すると，**図 3-3-6** のように噴砂や構造物が沈下・傾斜する等の被害が生じる。兵庫県南部地震や東北地方太平洋沖地震では，人工改変地（埋立て地，盛土造成地等）で液状化被害が多くみられた。

液状化被害を防止・軽減するためには，液状化が生じる可能性がある地盤か否かを調査し，液状化のおそれがある場合には対策を講じることが重要となる。

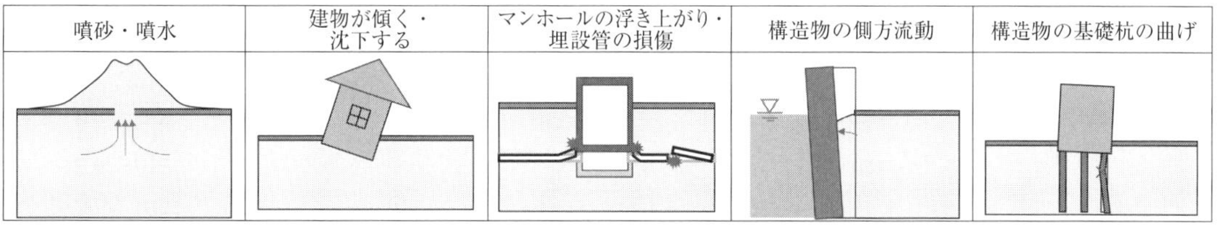

図 3-3-6　液状化被害の例

液状化の有無を判定する方法は，一般的に簡便法と詳細法に分類することができる。一般的に簡便法は地盤構成や地下水位のほか，*N* 値や粒度特性など一般的な地盤情報で液状化の可能性を判定することができる。液状化の判定方法や評価，必要な地盤情報は各種設計指針等で異なることから，詳細については対象とする構造物に応じて下記に示す設計指針等を参照されたい。

【液状化判定を行う際に適用する設計指針等の例】

・『建築基礎構造設計指針』[4)]

・『道路橋示方書・同解説（Ⅴ耐震設計編）』[5)]

・『港湾の施設の技術上の基準・同解説』[6)]

・『水道施設耐震工法指針・解説』[7)]

・『鉄道構造物等設計標準・同解説　耐震設計』[8)]
・『共同溝設計指針』[9)]
・『河川堤防の液状化対策工法設計施工マニュアル（案）』[10)]
・『危険物の規制に関する技術上の基準の細目を定める告示』[11)]
・『高圧ガス設備等耐震設計指針 レベル 2 耐震性能評価』[12)]

国土交通省では「地形区分に基づく液状化の発生傾向図」と「都道府県液状化危険度分布図」をハザードマップポータルサイト『重ねるハザードマップ』[13)]で公開している。ただし，これに掲載されるほとんどは250 m メッシュでの微地形区分に基づいた評価や近傍のボーリングデータで代表させた液状化可能性の判定となっている[14)]。これらは，被害を算定し被害の全体像や被害規模を明らかにするという行政の防災・減災対策の検討においては十分な精度を持っているが，250 m メッシュではより狭い範囲内での液状化を表現することができないことや，地盤特性に大きな仮定を含むため不確実性があるという課題もある[14)]。本項では，地震動や液状化による被害予測などの防災・減災対策の検討において活用が可能な，国土技術政策総合研究所による 3 次元地盤構造モデルに基づく高精度な液状化被害予測を用いたハザードマップの作成[14)]に関して記述する。

1. 調査の目的

液状化ハザードマップは，地域の液状化の発生傾向を示し，液状化による危険性を把握することを目的として作成する。本項で記述する 3 次元地盤構造モデルに基づく高精度な液状化被害予測を用いたハザードマップは，地質・地盤の分布の複雑さや液状化被害要因となる地盤特性を反映した 3 次元地盤構造モデルを作成し，液状化予測を行う。これにより，インフラ施設の液状化被害およびその他の分野においても，地震動や液状化による被害予測などの防災・減災対策の検討において活用できるハザードマップの作成を行うことを目的とする。

2. 調査計画・内容

3 次元地盤構造モデルは，これまで広く採用されている液状化ハザードマップ作成手法にも適用することが可能であり，精度向上を図った液状化ハザードマップ（FL 値や PL 値分布等）を作成することができる。これにインフラ施設の位置情報や液状化に対する要求事項を設定することにより，インフラ施設の液状化リスクマップを作成することができる[14)]。

液状化ハザードマップ作成の流れは**図 3-3-7** のとおりである。

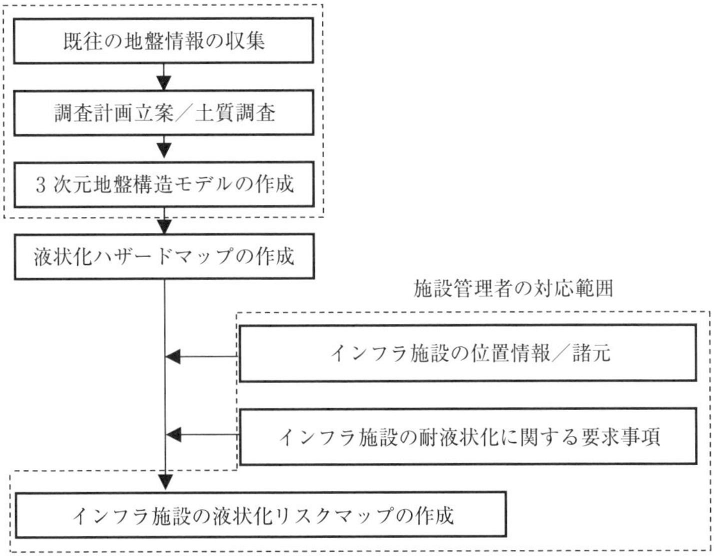

図 3-3-7　インフラ施設の液状化ハザードマップ整備の流れ[14]（一部修正）

（１）既存資料の収集・整理

液状化を引き起こす地盤は，その土地の成り立ちや地形，液状化履歴の有無からリスクを把握することができる。また，既往の土質調査および地盤資料を収集し，不足する情報について収集・整理する必要がある。

土地の成り立ちや地形については，旧地形図・空中写真や『地理院地図（電子国土 web)』[15] にて閲覧することが可能である。また，農業環境技術研究所が公開する『歴史的農業環境閲覧システム』[16] では，明治初期から中期にかけて関東地方を対象に作成された「迅速測図」と現在の道路，河川，土地利用図とを比較することができる。なお，『今昔マップ on the web』[17] では上記資料と現在の地形を比較することができ，土地の変遷が確認できる。

液状化履歴は，これまでの液状化に係る調査・研究により，近年では液状化履歴図として整理されていることも多い。例えば，『J-SHIS 地震ハザードステーション』[18] では，東北地方太平洋沖地震による液状化履歴が公開されているほか，『国土数値情報ダウンロードサイト』[19] では，災害履歴図として 1923（大正 12）年関東地震における液状化地点なども公開されている。また，『日本の液状化履歴マップ　745-2008』[20] なども参考となる。

ボーリング柱状図等による地盤情報は，**表 3-3-2** や**表 3-3-3** に示す国や各機関がウェブ等で公開しているものを利用することができる。なお，ボーリング柱状図のほか，表層地質図や地形区分図，人工改変履歴の情報を収集する。

表 3-3-2　主な地盤情報データベース（全国・地域別の例）[21)]

【全国的なデータ】

データベース名	作成主体	内　容	参考 URL 等
国土地盤情報検索サイト　Kunijiban	国土交通省，国立研究開発法人土木研究所，国立研究開発法人港湾空港技術研究所	国土交通省管内のボーリング柱状図，土質試験結果一覧表，土性図等	http://www.kunijiban.pwri.go.jp/jp/
ジオ・ステーション（Geo-Station）	国立研究開発法人防災科学技術研究所	防災科学技術研究所，産業技術総合研究所，土木研究所のほか9つの自治体が公開しているデータ（Kunijiban のデータを含む）	https://www.geo-stn.bosai.go.jp/index.html
全国電子地盤図（ジオステーション内で公表）	公益社団法人地盤工学会	地域の地盤情報を活用して作成された 250 m メッシュの表層地盤モデル。33 地区のデータが公開されている（2019 年 2 月現在）	https://www.jiban.or.jp/?page_id=432

【地域別のデータ】

データベース名	作成主体	内　容	参考 URL 等
北海道地盤情報データベース	地盤工学会北海道支部	北海道 有償（CD-ROM）	http://jgs-hokkaido.org/pastweb/hokkaido.html
みちのく GIDAS とうほく地盤情報システム	みちのく GIDAS 運営協議会	東北地方	https://www.michinoku-gidas.jp/
ほくりく地盤情報システム	北陸地盤情報活用協議会	北陸地方 （有償・会員制）	https://www.hokuriku-jiban.info/
地盤情報データベース	地盤工学会関東支部	関東地方 （有償「新・関東の地盤」付録 DVD）	http://jibankantou.jp/
関西圏地盤情報データベース	関西圏地盤情報ネットワーク	近畿地方 （有償・会員制）	http://www.kg-net2005.jp/
四国地盤情報データベース	四国地方整備局四国技術事務所	四国地方 （有償 CD-ROM）	http://www.skr.mlit.go.jp/yongi/ ※詳細については直接問合せください。
九州地盤共有データベース	地盤工学会九州支部	九州地方 （有償 CD-ROM）	http://jgskyushu.jp/xoops/

表 3-3-3　主な地盤情報データベース（都道府県・市町村別の例）[21]

【都道府県・市町村】

作成主体	データベース名	内　容	参考 URL 等
栃木県県土整備部 技術管理課	とちぎ地図情報公開システム	栃木県の土木工事の際に行った地質調査の結果	https://www.sonicweb-asp.jp/tochigi_pref/
栃木県県土整備部建築課	栃木県　地質調査資料	栃木県の公共建築物の建設の際に行った地質調査の結果	http://www.pref.tochigi.lg.jp/h10/town/jyuutaku/kenchiku/kouji/tishitu.html
（公財）群馬県 建設技術センター	群馬県ボーリング Map	群馬県	http://www2.gunma-kengi.or.jp/boring/
埼玉県環境科学 国際センター	地図で見る埼玉の環境 Atlas Eco Saitama	埼玉県	https://www.pref.saitama.lg.jp/a0501/gis/atlaseco.html
茨城県土木部	（ジオ・ステーションで公表）	茨城県	http://www.geo-stn.bosai.go.jp/jps/index.html
水戸市	（ジオ・ステーションで公表）	水戸市	http://www.geo-stn.bosai.go.jp/jps/index.html
千葉県総務部 情報システム課	ちば情報マップ	千葉県	https://www.pref.chiba.lg.jp/wit/chishitsu/chishitsudb.html
東京都建設局土木技術支援・人材育成センター	東京の地盤（GIS 版）	東京都	http://doboku.metro.tokyo.jp/start/03-jyouhou/geo-web/00-index.html
足立区政策経営部 情報システム課	あだち地図情報提供サービス	東京都足立区	https://www.sonicweb-asp.jp/adachi/map?theme=th_6
新宿区都市計画部 建築指導課	新宿区地盤情報閲覧システム	東京都新宿区	http://www.city.shinjuku.lg.jp/seikatsu/ShinjukuBoring/Default.html
中央区都市整備部建築課	中央区地盤情報システム	東京都中央区	https://jiban.city.chuo.lg.jp/chuojiban/
世田谷区建築審査課	『世田谷区地盤図』の閲覧・写し	東京都世田谷区	https://www.city.setagaya.lg.jp/mokuji/sumai/002/002/006/d00038443.html
豊島区都市整備部建築課	豊島区地図情報システム	東京都豊島区	https://www.city.toshima.lg.jp/319/1904151117.html
（財）神奈川県 都市整備技術センター	かながわ地質情報 MAP	神奈川県	http://www.kanagawa-boring.jp/
横浜市環境創造局政策調整部環境科学研究所	横浜市地行政地図情報提供システム「地盤 View」	横浜市	http://wwwm.city.yokohama.lg.jp/
川崎市環境局環境対策部 環境対策課	ガイドマップかわさき （地質図集）	川崎市	http://kawasaki.geocloud.jp/webgis/?p=0&bt=0&mp=38-2
（公）岐阜県 建設研究センター	県域統合型 GIS ぎふ （ボーリングデータマップ）	岐阜県	http://www.gis.pref.gifu.jp/
静岡県交通基盤部 建設技術企画課	静岡県統合基盤地理情報システム（静岡地質情報マップ）	静岡県	http://www.gis.pref.shizuoka.jp/
鈴鹿市都市整備部 都市計画課　他	鈴鹿市シティサイト （土地情報）	鈴鹿市	http://www.city.suzuka.lg.jp/city/chiri/index.html
滋賀県土木交通部	（ジオ・ステーションで公表）	滋賀県	http://www.geo-stn.bosai.go.jp/jps/index.html
神戸 JIBANKUN 運営委員会	神戸 JIBANKUN	神戸市（有償）	http://www.strata.jp/KobeJibankun/
島根県土質技術 研究センター	しまね地盤情報配信サービス	島根県（有償）	http://www.shimane.geonavi.net/shimane/top.jsp
岡山県土木部技術管理課	おかやま全県統合型 GIS	岡山県	http://www.gis.pref.okayama.jp/map/top/index.asp
徳島県県土整備部 建設管理課	徳島県地盤情報検索サイト Awajiban	徳島県	https://e-awajiban.pref.tokushima.lg.jp/
高知地盤情報利用連絡会	こうち地盤情報公開サイト	高知市等	https://publicweb.ngic.or.jp/etc/kochi/index.html
長崎県土木部	（ジオ・ステーションで公表）	長崎県	http://www.geo-stn.bosai.go.jp/jps/index.html
（公財）鹿児島県 建設技術センター	かごしま地盤情報閲覧システム	鹿児島県	http://www.kago-kengi.or.jp/map/geoMapKiyaku.php

＊　ここに示した以外にも，地方自治体や民間企業が独自に作成しているデータベースもある
・国土交通省都市局によるデータベース（http://www.mlit.go.jp/toshi/toshi_fr1_000013.html）
・「全国ボーリング所在情報公開サイト（https://publicweb.ngic.or.jp/etc/zenkoku/）」においても，全国のボーリングデータの所在情報を公開・提供している。

（2）調査計画立案および土質調査

液状化のリスクのある土地でなおかつ既存資料が不足する場所では，地盤調査を実施することが望ましい。調査は，全範囲で網羅的に行うことが現実的には難しいため，旧地形や既往地盤情報から想定される液状化対象層の分布から情報が不足する地点を選定し，予算や時間を考慮した調査計画を立案する必要がある。

地盤調査では，機械ボーリングを実施し，当該地の地盤状況，地下水位および標準貫入試験により N 値を把握し，室内土質試験を実施する。なお，近年では，簡易な試験により液状化判定を行う方法が開発されている。簡易な試験は，ピエゾドライブコーン試験（PDC）[22]，スクリュードライバーサウンディング試験（SDS）およびスクリューウエイトサウンディング試験（SWS）[23] 等による調査が挙げられる。各試験の詳細については，『改訂3版地質調査要領』[24] pp.363-365や参考文献を参照されたい。

1）調査計画立案

既存資料の収集・整理の結果をもとに，調査位置および数量を計画する。現地踏査では，ボーリング調査等の現地作業に係る詳細条件（搬入出計画，仮設備計画等）を立案する。

2）機械ボーリング（PDC・SWSへの代替も可）

機械ボーリングは，自然水位を把握するために原則として地下水位を確認するまでは無水掘削とする。

機械ボーリング実施時は，地盤の工学的性質（N 値）を確認するために，それぞれの深度で標準貫入試験を合わせて実施する。また，標準貫入試験試料を用いて，液状化判定に必要な物理試験を実施する。物理試験の項目は，対象構造物に応じた各設計指針に則り，必要な試験項目を実施する。

現地状況や予算等に応じて，調査目的を達成できる場合はPDCやSWSへの代替することも検討とする。

（4）3次元地盤構造モデルの作成

3次元地盤モデル作成の目的は，液状化判定を行うためであることから，単純な地層・構成のみでなく，物性も加味した3次元解析を行う。3次元地盤モデルの作成方法は『三次元地盤モデル作成の手引き』[25] 等を参照されたい。

（5）液状化判定および液状化ハザードマップの作成

液状化判定は，前述した構造物に応じた指針・基準を用いて実施する必要がある。この判定結果をもとに，液状化のおそれ区分を作成し，平面分布を示すことでハザードマップを作成する。

3. 調査実施上の留意点

（1）地下水位の設定・評価

地盤の液状化は，地下水位以深の砂層で発生する現象であるため，液状化判定では地下水位の影響が非常に大きい。したがって，可能な限り資料収集や調査を行い，面的な地下水位コンターを作成した上で，地下水位を適切に設定することはきわめて重要である。

地下水位は，季節変動，地形，自由水面を有する河川，湖沼，海との距離などを念頭において設定する。なお，人工埋立て地盤等では宙水となっている場合等があるため，初期水位の把握が重要である。集められた情報の精度によるが，集めたボーリングの孔内水位を単なる補完するのではなく，埋立ての条件等を踏まえて推定することが望ましい。[14)]

（２）人口改変地の把握・評価

これまで液状化被害の多くは，人の手が加わった人工改変地で発生している。可能な限り資料収集や調査を行い，面的な人工地盤をモデルに組み込むことが望まれる。

液状化リスクを評価する上では，過去の地形変遷を調査し，人工改変を把握することも含め，表層地質を正確に把握することがきわめて重要であり，これらに着目して精度の高い液状化ハザードマップを作成することが求められる。[14)]

3.3.2　活断層調査

活断層がひとたび動けば甚大な被害が発生する。最近では2024年１月１日に発生した令和６年能登半島地震や平成28年熊本地震が記憶に新しい。これらの地震では震度７を記録し液状化や土砂災害による交通の寸断，ライフラインへの影響など社会的・経済的に大きな影響を受けた。このような活断層による影響を事前に予測することが活断層調査の役割となる。

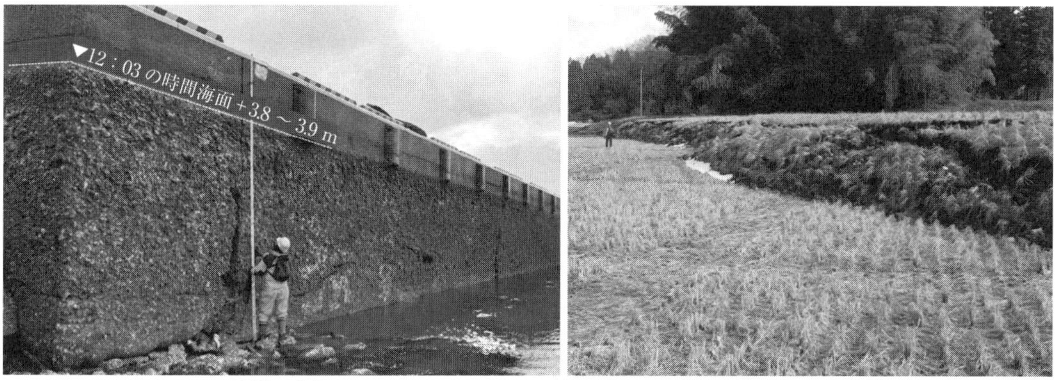

海岸の隆起　　　　水田に生じた落差

図 3-3-8　令和６年能登半島地震による地形変状の例[26)]

断層が活動すると地形や地層にずれが生じる。このずれが繰り返されると累積されるため，古い時代に形成された地形や地層ほどずれの量が大きくなる。地表近くの地層が軟らかいところでは断層のずれが地表まで到達せずに，軟らかい地層内で変位が拡散されて撓（たわ）みとして地形に現れる（撓曲崖（とうきょくがい））。また，分岐断層を伴う場合もあるので，対象とする活断層周辺の地形や地下構造がどのような状態になっているか，活断層調査によって把握する。

活断層調査により断層の規模や性状が分かれば，耐震設計や防災・減災に向けた資料として活用でき，活断層による社会的・経済的な影響を小さくすることが期待される。

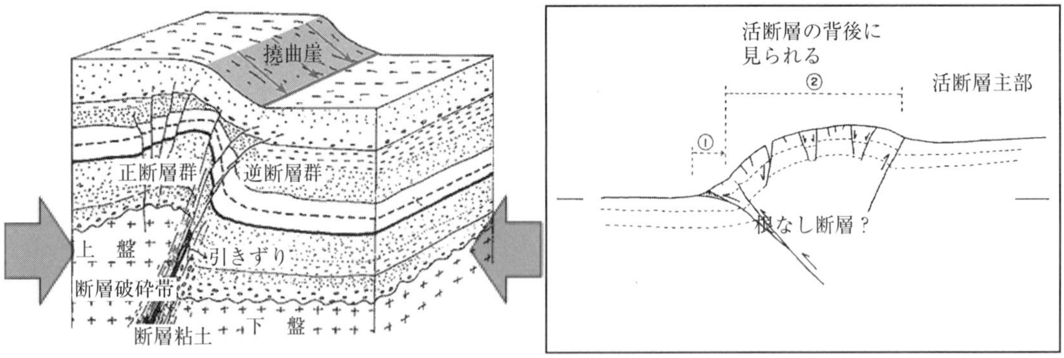

活撓曲の模式図（岡田，1979 を一部改変）

(a) 活断層模式図（松田 1995）　　(b) 断層帯の例（千屋断層）

図 3-3-9　逆断層の模式図[27),28)]（一部修正）

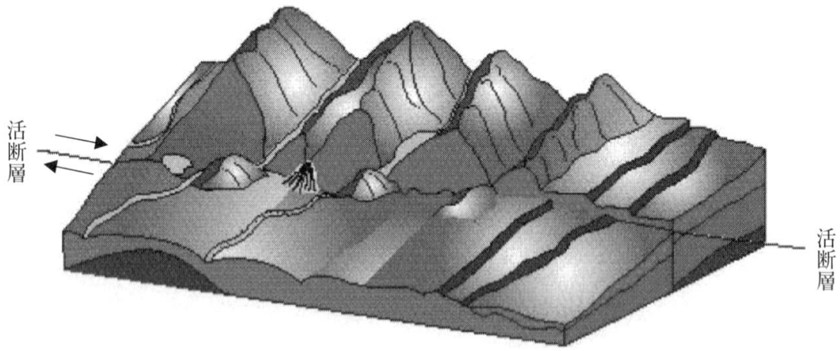

（説明）

図中の活断層を境として，向こう側が右方向にずれている。活断層のずれの累積性により，段丘や尾根のずれ，河川の屈曲，三角末端面などさまざまな地形がみられる。

図 3-3-10　横ずれ断層の模式図[29)]（一部修正）

【活断層の定義について】[30)]

活断層の定義は発注機関によってさまざまある。原子力規制委員会は第四紀後期更新世以降となる 12 万～13 万年前以降に動いた断層を活断層と定義しており，国土地理院は数十万年以降に繰り返し活動，将来も活動すると考えられる断層を活断層（第四紀以降（260 万年以降）に活動した証拠がある断層すべてを活断層と呼ぶことがある）としている。

調査対象とする構造物や事業者によって，活断層に対する許容度合は異なってくる。そのため，調査に先立ち，それぞれの発注機関が示す活断層の定義等を確認しなければならない。

【活断層の活動度について】[29)]

活断層調査では，活断層の活動度を求めることが目的の１つとなる。活動度とは，活断層の活動の活発さの程度であり，簡潔に表現するために，ずれの平均的な速さから活断層を A～C のランクに分けている。

・活動度 A 級：1,000 年当たりの平均的なずれの量が 1 m 以上 10 m 未満

・活動度Ｂ級：1,000年当たりの平均的なずれの量が10 cm以上１m未満
・活動度Ｃ級：1,000年当たりの平均的なずれの量が１cm以上10 cm未満

活動度Ａ級の活断層は，中央構造線や糸魚川-静岡構造線，近畿トライアングルなど，日本列島の形成にかかわる大断層に多くみられる。

活動度Ｂ級は最も数が多く，地震調査研究推進本部が1997年に定めた主要活断層の選定条件（確実度ⅠまたはⅡ，活動度Ｂ級以上，長さ20 km以上）の１つになっている。

活動度Ｃ級の活断層は，ずれの平均的な速さが小さく，地形に残された累積したずれがその後の侵食によって不明瞭になっていることが多いと考えられる。

活断層の評価に際しては，活動度に加えて，地形・地質条件も考慮しなければならない。

1.　陸上での活断層調査

（1）調査の目的

陸上での活断層調査は，存在の有無，ある場合はどこに位置するか，そして活断層の性状（規模や活動度）を把握することが調査の目的となり，設計の基礎資料として活用される。

なお，調査計画の立案に際しては，各発注機関が示す活断層に対する考え方を把握しておくことが重要となる。

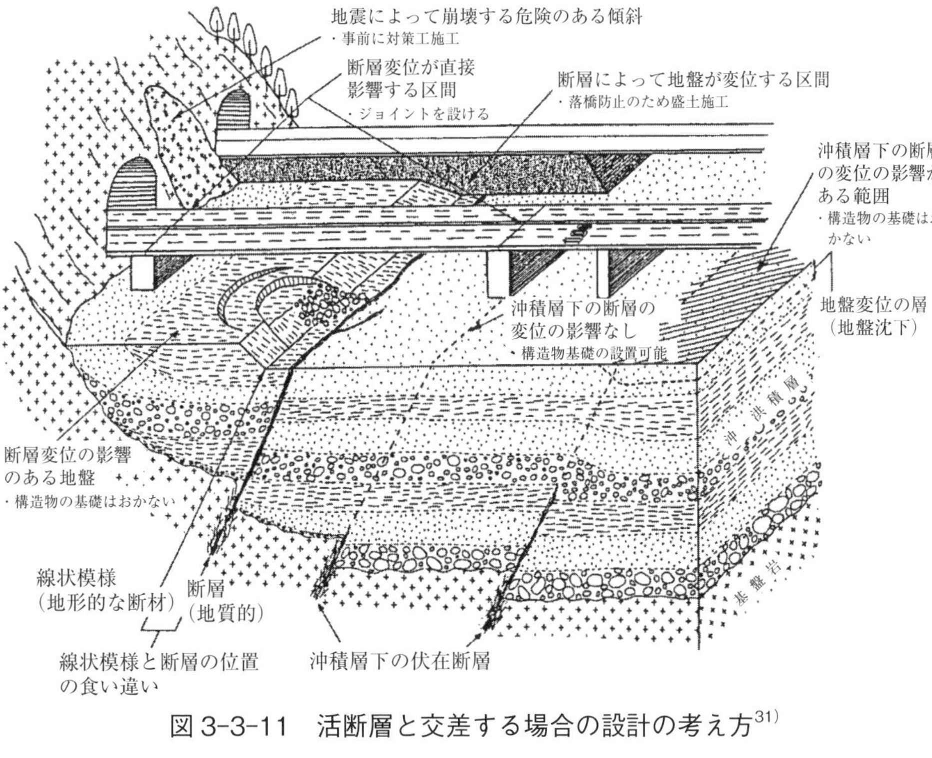

図3-3-11　活断層と交差する場合の設計の考え方[31)]

（2）調査計画・内容

基本的な活断層調査の調査項目は次のとおりである。

・文献資料調査
・地形調査（空中写真判読，地形判読）
・地表地質踏査
・物理探査手法の選定
　弾性波探査（反射法，屈折法）
　電気探査
　重力探査
・ボーリング調査
・年代分析測定
・トレンチ調査
・活断層の評価

ここでは活断層調査の全体的な流れについて説明する。各種調査手法の個々の詳細については参考図書等を参照されたい。

【活断層調査の進め方】[32)]

a．ステップ1

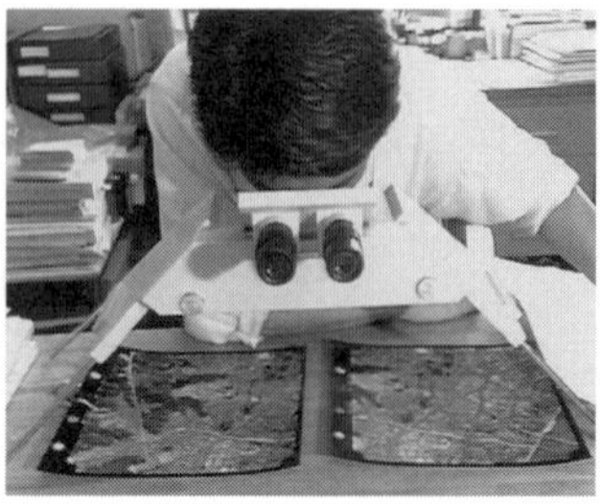

最初に，調査対象となる活断層の概要を把握するために文献資料調査を行う。活断層の概略が分かった段階で，地形調査（空中写真判読，地形判読）を行い，活断層周辺の地形状況など現地調査に向けた具体的な課題を収集した上で，地表地質踏査を行う。

b．ステップ2

地形調査と地表地質踏査の結果を整理して，文献資料との比較や想定される活断層位置を予測して，活断層位置の特定に向けた調査計画を立案する。

c．ステップ3

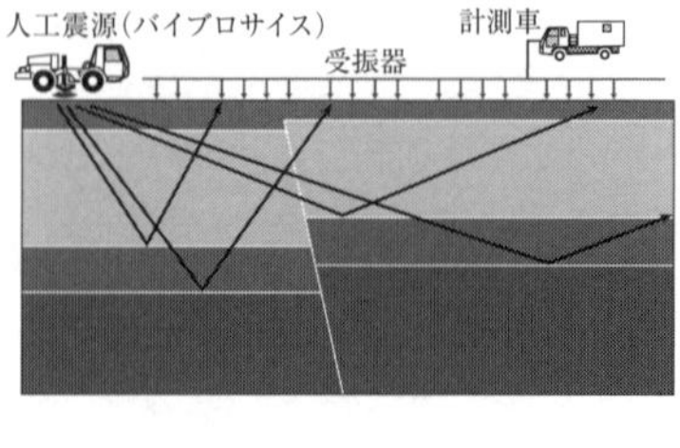

第一段階の調査として物理探査，特に反射法弾性波探査によって活断層の有無および位置を把握することができる。反射法弾性波探査は地下の構造を可視化できる探査手法であるため，活断層による地層の変形を確認することができる。

なお，調査対象が横ずれ断層の場合は，上下方向の変位が小さいことが予想されるので，反射法弾性波探査では，活断層による地層の変形を明瞭にとらえることが難しい。例えば，電気探査や屈折法弾性波探査を行うことで地盤の物性値の違いを把握して，活断層の位置および規模を確認する調査手法が提案される。

d．ステップ４

活断層の有無および位置が特定されたら，次にボーリング調査あるいはトレンチ調査を実施して，活断層による地層の変形度合いを直接確認する。変形の程度が把握できた段階で年代分析（火山灰分析や花粉分析等）によって，活断層の性状（規模・活動度）把握を行う。

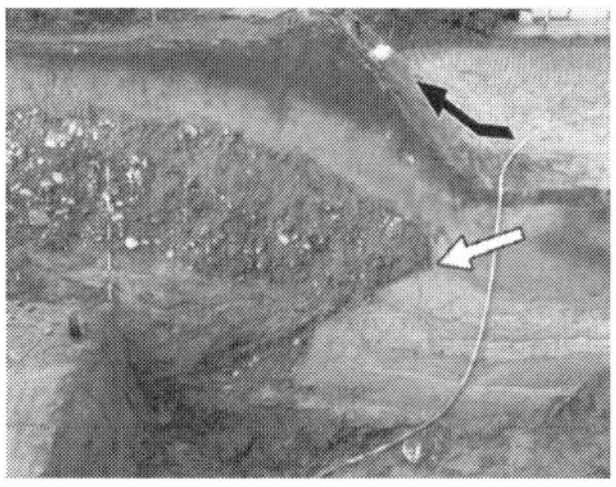

e．ステップ５

文献資料調査から年代分析試験まで，実施したすべての調査・試験結果を総合的に検討する。対象とした活断層の評価を行って，設計・施工に向けた基礎資料とする。

以下，整備新幹線における活断層調査の計画例を示す。

調査計画（整備新幹線）の例

調査目的：
この調査は，①活断層の位置を特定すること，②活断層の規模・性状等の確認を目的とする。

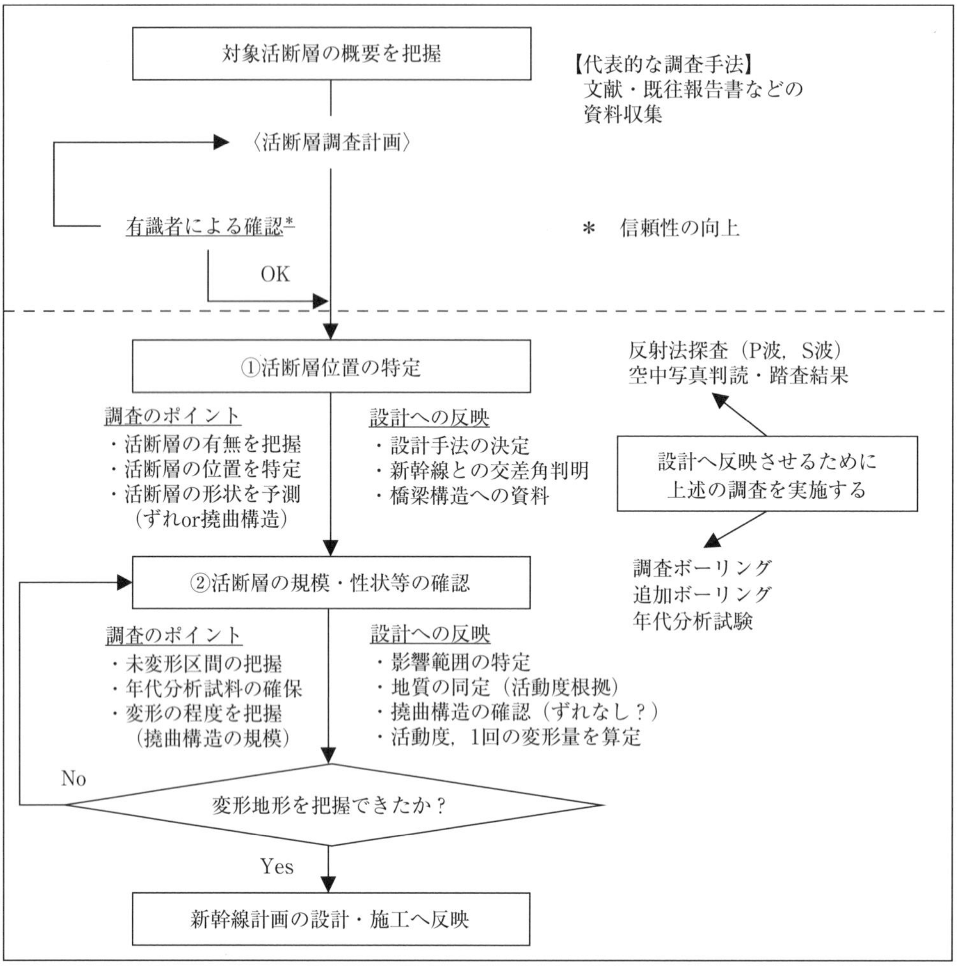

図 3-3-12　活断層調査計画の例（整備新幹線）

【調査結果の事例紹介】

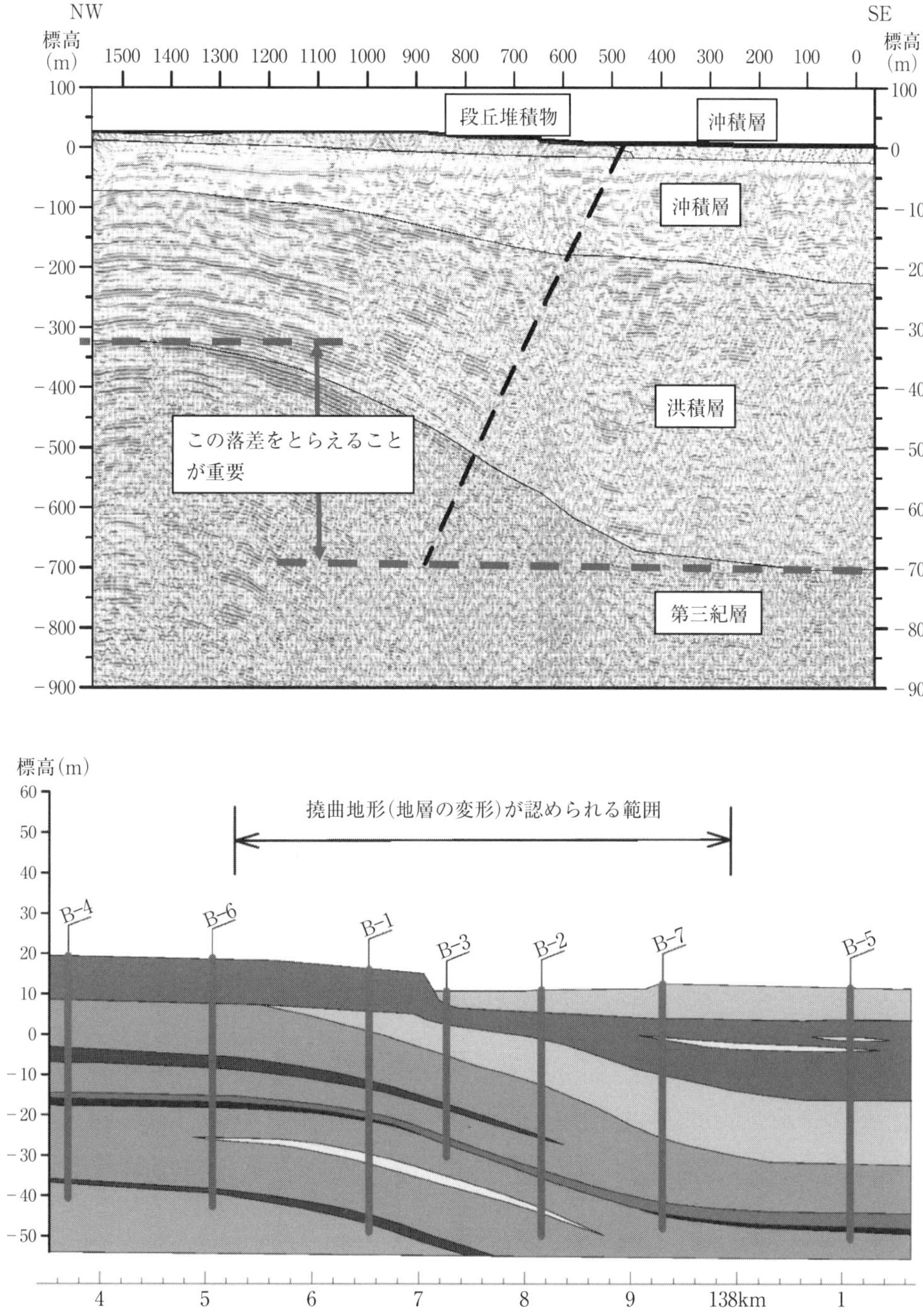

図 3-3-13　活断層調査結果の例（整備新幹線）

（３）調査の留意点

１）資料収集・文献調査・地形地質踏査における留意点

活断層に関する資料や情報は，国土地理院をはじめ産業技術総合研究所，海上保安庁，地震調査研究推進本部（文部科学省）などさまざまな機関が調査・報告を行っている。また，活断層に関する文献としては，『都市圏活断層図』（国土地理院），『活断層データベース』（産業技術総合研究所），『活断層詳細デジタルマップ』（東京大学出版会），『海域活断層域を含む沿岸調査及びその成果』（海上保安庁）などがある。これらの資料は，活断層の位置や表現方法が必ずしも一致しているわけではないので，現地の地形・地質調査と合わせて，それぞれの資料が示す根拠を整理しておくことに留意が必要である。

２）物理探査手法の選定における留意点

物理探査手法のうち，特に利用される反射法弾性波探査の留意点について整理する。

反射法弾性波探査にはＰ波とＳ波があり，Ｓ波を用いた反射法は，Ｐ波に比べて短い波長を扱うためＰ波では可視化できない地表付近の細かい地質構造を知ることができる。一方，Ｐ波は，大局的な地質構造を把握することを目的に行われる（調査対象深度：～1000 m 程度）。

また，Ｓ波を用いた探査では，受振器間隔を小さく（50 cm～1 m）した高分解能Ｓ波反射法探査も行われる。この手法は，地表付近の詳細な地質構造の把握や断層位置の特定を目的としており，調査対象深度 50 m 以浅として実施される場合が多い。

このように，反射法弾性波探査は，知りたい深度によって，さまざまな調査手法が選定できるので，対象とする活断層をよく理解して，適切な探査手法を計画・実施することに留意が必要となる。

３）ボーリング調査における留意点

ボーリング調査では，物理探査手法で可視化できた地層の変形を具体的に地質断面図として示すことが目的となる。したがって，求める地質断面図の精度の高さに比例して，ボーリング本数も多くなることに留意が必要である。現場によっては，実施できるボーリング本数に限りもあるので，ボーリングを行う順序を計画的に進める必要がある。

４）年代分析における留意点

活断層調査に有効な年代分析手法としては，放射性炭素年代測定，火山灰分析，花粉分析などがある。放射性炭素年代測定は５万年より新しい時代の地層に有効であり，火山灰分析は火山灰が堆積した地層に有効となる。花粉分析はその地層の堆積環境（温暖か寒暖か）を推察することができる。このように，それぞれ特徴があるため，対象地の地質分布に応じた分析手法の選定に留意が必要である。

年代分析の目的は「地層の同定」を行うことである。変形した地層状況を正しく地質断面図に反映させて，活断層の活動度を求めることができる。

年代分析に有効な地層が少ない場合には，活動度を正しく評価することが難しくなるため，１つの手法にとらわれずに複数の年代分析手法を計画・提案すべきである。できる限り得られる情報を収集して，総合的に活断層を評価することが重要となる。

2.　海上での活断層調査

海水中の光は減衰が大きいため，海域では光を利用した調査が大きな制約を受ける。海水は電磁波をほとんど通さないため，陸上の活断層調査で有効な航空写真をはじめとする光を用いたリモートセンシングが適用できない。一方で，海水中では音波が遠くまで減衰せずに伝わるという性質がある。このため，海上の地形・地質調査では活断層調査に限らず音波がよく利用される。

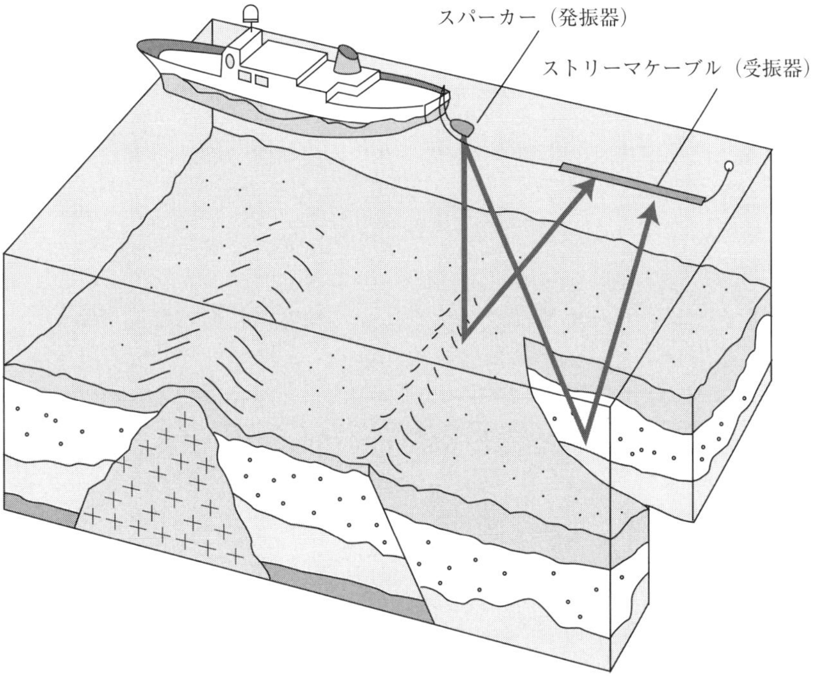

図 3-3-14　音波探査による海底地下構造探査の概念図[32)]

（１）調査の目的

海上における活断層調査の目的も陸上の活断層調査と同様である。まず活断層の有無を判断して，その次に活断層の具体的な位置の特定，そして活断層の性状を把握する。

活断層調査を行って，海域に分布する活断層による地層の変形度合いを把握することが目的となる。

（２）調査計画・内容

海上における基本的な活断層調査の調査項目は次のとおりである。

・文献資料調査

・海底地形調査

・音波探査（ソノプローブ，ブーマー，スパーカー，ウォーターガン）

・反射法音波探査（マルチチャンネル），超高分解能３次元地震探査（UHR3D）

※各種調査手法の詳細については参考図書等を参照されたい。

【調査のポイント】

海域は活断層が堆積層に覆われて見えにくくなるが，海底下に地層の変形として保存される。したがって，反射法音波（地震）探査によって過去から現在までの累積してきた変形を連続的に観察することができる。陸上では侵食作用を受けやすい環境にあるが，海域では侵食されることなく，ある程度の厚さの堆積層に覆われていることによって，活断層であるかどうかの判断や，活動度，活動履歴などの判断が可能になる。

このように，海上の活断層調査では音波（地震波）を用いた調査が有効となる。以下，各種調査の事例を紹介する。

1）文献資料調査

海上保安庁は1995年1月に発生した兵庫県南部地震を契機として，東京湾・大阪湾・伊勢湾の三大湾を皮切りに日本沿岸の活断層調査（地形・地質構造等）を実施している。その成果は，『海域活断層域を含む沿岸調査及びその成果』[33]として海上保安庁ホームページにて閲覧でき，地震調査研究推進本部が実施している長期評価にも活用されている。

2）海底地形調査

ここでは，マルチナロービーム測深システムによる別府湾における調査事例[34]を紹介する。

最近では，マルチナロービームが多用されている。

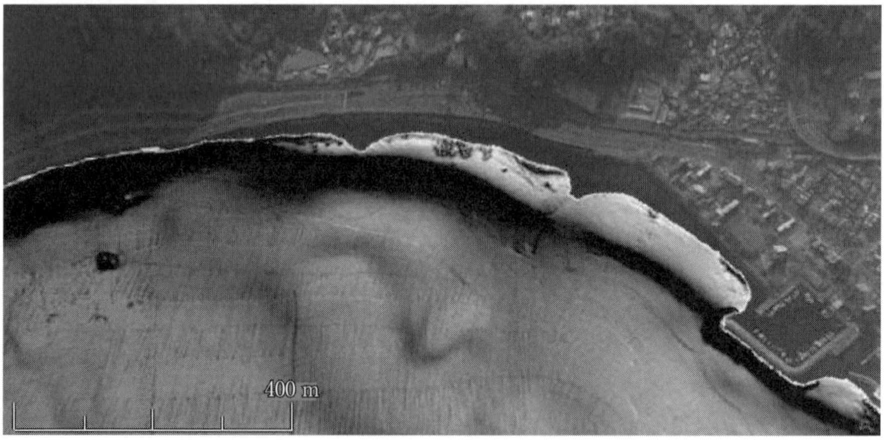

a. 別府湾南岸沿いの地形急変部（別府沖～高崎山沖区間）

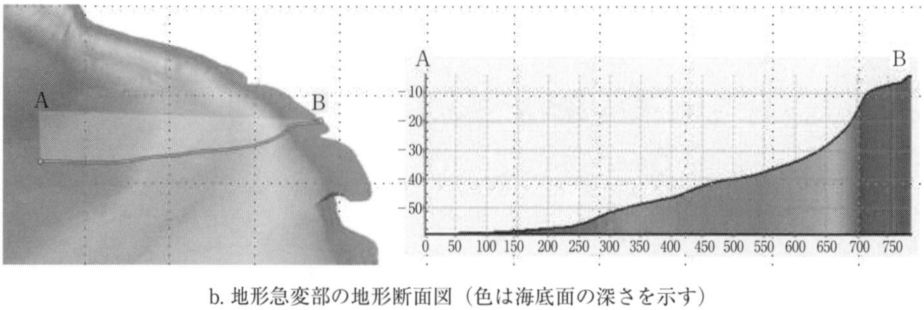

b. 地形急変部の地形断面図（色は海底面の深さを示す）

図3-3-15　マルチナロービームの調査事例[34]

3）高分解能反射法音波探査[26)]

音波探査（地震探査）は音源の周波数によって分解能と探査深度が大きく異なる。一般に使用される音源では，エアガン，ウォーターガン，スパーカー，ブーマーの順に周波数が高くなり分解能が高くなる。これらの音源を用いて得られる反射断面の垂直分解能は地質条件等によっても変化するが，おおむねエアガンで10 m以上，ブーマーは1 m前後とされている。

最近では，ブーマーを音源とするマルチチャンネル音波探査装置によって，最大水深500 m，海底下100 m程度，数十cm程度の地層のずれも明瞭に観察できるようになっている。

図3-3-16には令和6年能登半島地震の前後に行われた輪島沖での探査結果を示す。2008年と2024年の断面図の比較から3m前後の隆起が確認されている[26)]。

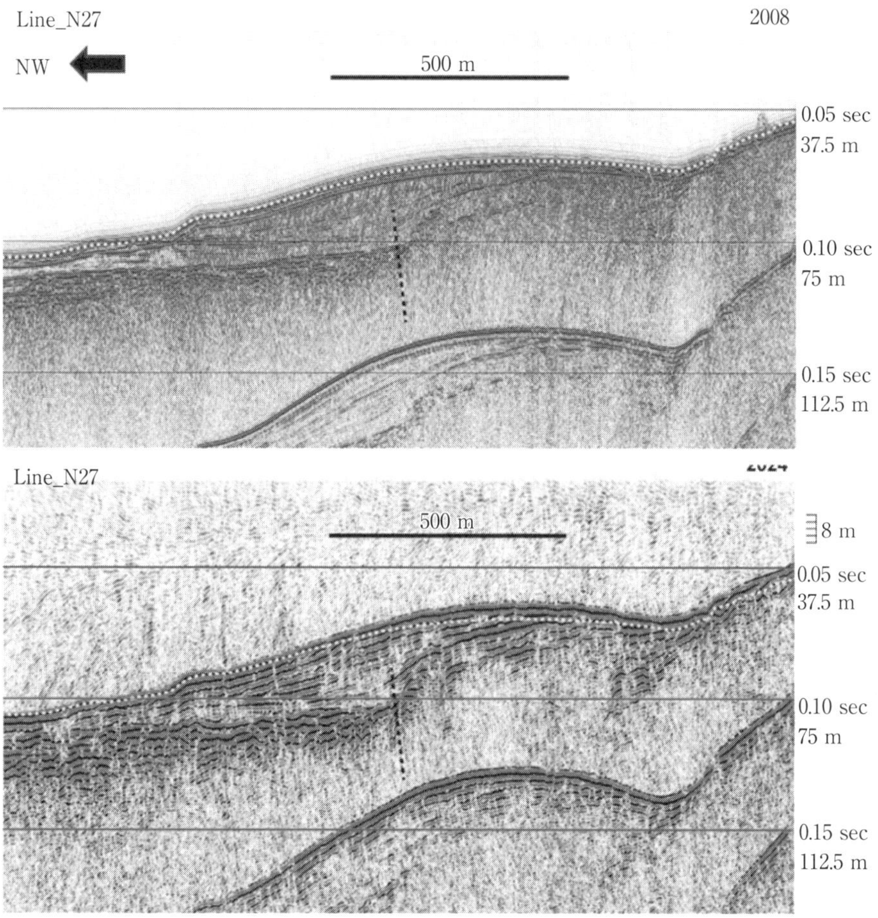

図3-3-16　2008年（上）および2024年（下）の輪島沖探査結果の比較[26)]

（3）調査の留意点

海底に分布する活断層の調査は，陸上に比べて調査手法が限られてくる。また，海域では，地質条件によって得られる情報の質が大きく異なる。粗粒堆積物などの音波散乱層が発達する場合は，活動履歴などを明らかにすることは難しい。内部構造を可視化できない基盤岩が露出する場合も，活断層の存在は知ることができても活動性を評価することはできない。

海上にて活断層調査を行う際には，上述の課題を踏まえた上で取り組むことに留意が必要となる。

最近では，ブーマーを音源とするマルチチャンネルシステムや高分解能3次元地震探査によって，正確な地下構造が可視化できるようになってきている[35)]。**図 3-3-17** に日奈久断層帯で実施した調査事例を紹介する。

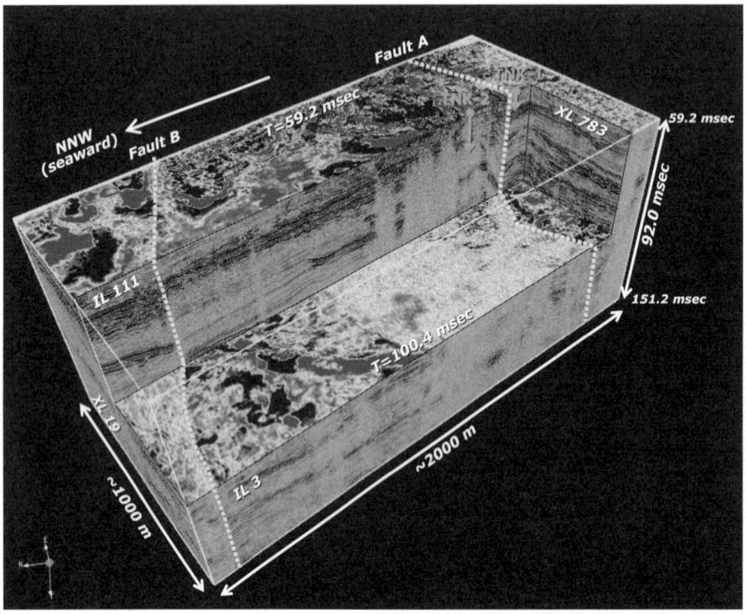

（記事）
データ処理によって高精度の3次元データを取得できる。このデータから，断層分布や地質構造，地質分布を空間的に把握できる。

詳細な断層分布や地質構造，構造発達史等の解明に役立つことが期待されている。

Fig. 13.　Chair-cut plot of UHR3D seismic cube with overlays of interpreted faults and well locations.

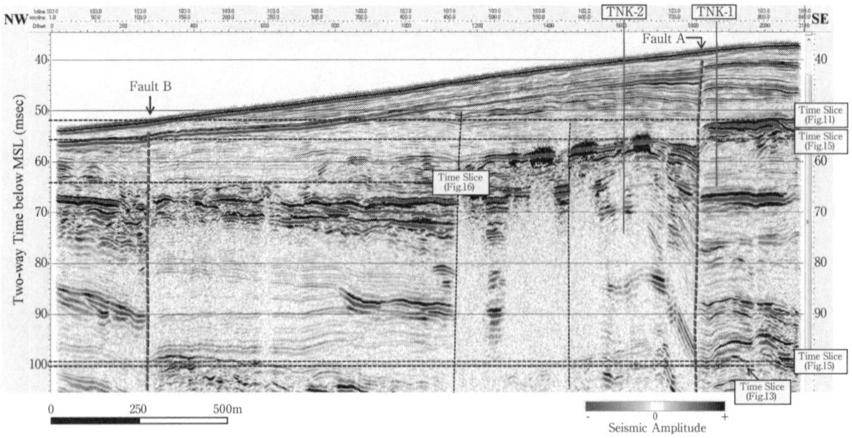

図 3-3-17　日奈久断層海域部の超高分解能 3 次元地震探査の例[35)]（一部修正）

《参考文献》

1) 文部科学省地震調査研究推進本部地震調査委員会：令和6年能登半島地震の評価，2024
2) 国土交通省：第21回道路技術小委員会 配付資料，
https://www.mlit.go.jp/policy/shingikai/road01_sg_000675.html，2024.11.30閲覧
3) 国土交通省：令和6年能登半島地震における被害と対応（令和6年3月），2024
4) 日本建築学会：建築基礎構造設計指針，2019
5) 日本道路協会：道路橋示方書・同解説（V耐震設計編），2017
6) 国土交通省港湾局監修日本港湾協会：港湾の施設の技術上の基準・同解説（上・中・下），2018
7) 日本水道協会：水道施設耐震工法指針・解説，2022
8) 国土交通省監修鉄道総合技術研究所編：鉄道構造物等設計標準・同解説　耐震設計，丸善出版，2012
9) 日本道路協会：共同溝設計指針，1999
10) 建設省土木研究所耐震技術研究センター動土質研究所：河川堤防の液状化対策工法設計施工マニュアル（案），1997
11) 危険物の規制に関する技術上の基準の細目を定める告示（自治省告示第99号），昭和6年9月1日改訂
12) 高圧ガス保安協会：高圧ガス設備等耐震設計指針 レベル2耐震性能評価，2012
13) ハザードマップポータルサイト：重ねるハザードマップ，
https://disaportal.gsi.go.jp/index.html，2024.11.30閲覧
14) 国土交通省国土技術政策総合研究所：3次元地盤構造モデル作成ガイドライン（案）インフラ施設の液状化ハザードマップ整備を目的として，国土技術政策総合研究所資料 No.1152，2021
15) 国土交通省国土地理院：地理院地図（電子国土 web），https://maps.gsi.go.jp/，2024.11.30閲覧
16) 農業環境技術研究所：歴史的農業環境閲覧システム，https://habs.rad.naro.go.jp，2024.11.30閲覧
17) 埼玉大学教育学部　谷謙二（人文地理学研究室）：時系列地形図閲覧サイト「今昔マップ on the web」，https://ktgis.net/kjmapw/，2024.11.30閲覧
18) 防災科学技術研究所：J-SHIS 地震ハザードステーション，https://www.j-shis.bosai.go.jp，2024.11.30閲覧
19) 国土交通省：国土数値情報ダウンロードサイト，https://nlftp.mlit.go.jp/kokjo/inspect/inspect.html，2024.11.30閲覧
20) 若松加寿江：日本の液状化履歴マップ　745-2008，東京大学出版会，2011
21) 国土交通省都市局都市安全課：リスクコミュニケーションを取るための液状化ハザードマップ作成の手引き【詳細資料編】，2021
22) PDC コンソーシアムオフィシャルサイト：https://www.pdc-cons.jp/，2024.11.30閲覧
23) 地盤工学会関東支部：地盤情報を活用した首都直下型地震に対する宅地防災検討委員会，
https://jibankantou.jp/group/jibandb3_sws.html，2024.11.30閲覧
24) 全国地質調査業協会連合会：改訂3版地質調査要領，経済調査会，2015
25) 全国地質調査業協会連合会・日本建設情報総合センター：三次元地盤モデル作成の手引き，2016
26) 産業技術総合研究所：令和6年（2024年）能登半島地震の関連情報，
https://www.gsj.jp/hazards/earthquake/noto2024/index.html，2024.11.30閲覧
27) 国土交通省国土地理院：活断層図（都市圏活断層図）Q&A，
https://www.gsi.go.jp/bousaichiri/faq.html，2024.11.30閲覧
28) 松田時彦・山崎晴雄・中田高・今泉俊文：1896年陸羽地震の地震断層，東京大学地震研究所彙報，55号，

1980
29）文部科学省地震調査研究推進本部：活断層，
https://www.jishin.go.jp/main/yogo/b.htm#kakujitudo，2024.11.30 閲覧
30）国土交通省国土地理院：活断層とは何か，
https://www.gsi.go.jp/bousaichiri/explanation.html，2024.11.30 閲覧
31）脇坂安彦：活断層の調査法と結果の反映，「地質・地盤と地震防災」講習会テキスト，日本応用地質学会，1998
32）文部科学省地震・防災研究課：日本の地震防災 活断層，2004
33）海上保安庁海洋情報部：海域活断層域を含む沿岸調査及びその成果，
https://www1.kaiho.mlit.go.jp/faults/main.html，2024.11.30 閲覧
34）文部科学省研究開発局・京都大学大学院理学研究科：別府―万年山断層帯（大分平野―由布院断層帯東部）における重点的な調査観測平成 26 年度　成果報告書，2015
35）猪野滋・須田茂幸・菊地秀邦・大川史郎・阿部信太郎・大上隆史：超高分解能三次元地震探査(UHR3D)―日奈久断層帯海域部における実施例―，物理探査第 71 巻，2018

3.4　道路防災

日本は台風の常襲地帯に位置するとともに，地震，火山活動が非常に活発な自然条件下にあり，雪害も含めさまざまな道路施設に影響を及ぼす自然災害が発生しやすい環境下にある。このような多種多様の道路災害を未然に防止するための対策を行う上では，沿道上ののり面・斜面の安定度や道路土工構造物の健全性を把握し，定期的に評価することが重要である。この観点から，現在では「道路防災点検」や「道路土工構造物点検」といった取り組みが実施され，これらの結果をもとに計画的な道路防災対策事業が進められている。

道路防災に関する点検は，過去に発生した大きな災害や事故の経験，デジタル技術の進展を踏まえ，その都度要領の改訂や点検内容の見直しが図られており，現在では主に「道路防災点検」「防災カルテ点検」および「道路土工構造物点検」が実施されている。

各点検に関連する最新のマニュアル類を**表 3-4-1** に示す。本章で述べる点検はこれらをもとにしているが，今後も適宜点検内容の見直しが行われると考えられる。また，各道路管理者により独自に点検要領が定められている場合もあるため，最新の動向や状況に合わせて，参照する要領や手引きを確認する必要がある。

表 3-4-1　各点検に関連する最新のマニュアル類

点検名	関連する最新の要領・手引き指針・マニュアルほか
道路防災点検	・『点検要領』[1] 2006年9月29日付け事務連絡
	・『三次元点群データを活用した道路斜面災害リスク箇所の抽出要領（案）』[2] 2021年10月29日付け事務連絡
	・『道路防災点検の手引き（豪雨・豪雪等）［改訂版］』[3] —DX時代に向けたチャレンジ— 2022年3月全国地質調査業協会連合会
防災カルテ点検	・『防災カルテ作成・運用要領』[4] 1996年12月道路保全技術センター
道路土工構造物点検	・『道路土工構造物点検要領』[5] 2017年8月国土交通省道路局 （国管理以外の施設に関する，定期点検の技術的助言） ・『道路土工構造物点検要領』[6] 2023年3月国土交通省道路局国道・技術課 （国管理施設の定期点検・改定版）

3.4.1 調査の目的

1. 道路防災に関する点検の概要

道路防災に関する点検は，後述する経緯により，現在は「道路防災点検」「防災カルテ点検」および「道路土工構造物点検」が実施されている。これらの一般的な内容について，**表 3-4-2** に比較表を示す。

各点検は名目的には役割が異なるものの，内容が重複する項目もみられる。例えば，道路防災点検と道路土工構造物点検で道路区域内の土工構造物（切土，盛土，擁壁）の点検については内容が重複しているため，国土交通省では現在，道路土工構造物点検として行う方向で整理する方針を打ち出している[7)]。

そのため，各点検に関する今後の動向に留意するとともに，相互の点検を効率的に活用し，道路防災に役立てていくことが必要である。

表 3-4-2　道路防災点検・防災カルテ点検・道路土工構造物点検の点検内容の比較表

<table>
<tr><th>項目</th><th>道路防災点検</th><th>防災カルテ点検</th><th>道路土工構造物点検</th></tr>
<tr><td>目的</td><td colspan="2">自然斜面を含む道路防災上の危険箇所について，その安定状態および対策の必要性・緊急性を判断する。</td><td>道路法に基づいて，道路土工構造物の健全性を診断し，措置の必要性を判断する。</td></tr>
<tr><td>概要</td><td>道路災害リスク箇所を抽出し，安定度調査による調査および総合評価を行う点検。</td><td>道路防災点検により「対策が必要と判断される（要対策）」または「防災カルテを作成し対応する（カルテ対応）」と評価された箇所のうち対策未完了箇所について，防災カルテを作成し，これに基づき定期的に実施する点検。</td><td>道路土工構造物の変状を把握し，措置の必要性の判断を行う点検。特に重要度1の長大切土・高盛土箇所等（図 3-4-2，図 3-4-3）は，特定道路土工構造物として頻度を定めて定期的に実施する。</td></tr>
<tr><td>点検対象</td><td colspan="2">道路区域外を含めた道路に影響する切土，自然斜面，盛土，擁壁等（図 3-4-1，表 3-4-3）。
雪寒対策（雪崩・地吹雪）を含む。</td><td>主に道路区域内にある切土，盛土およびのり面保護施設。</td></tr>
<tr><td>点検頻度</td><td colspan="2">変状の種類および進行状況に応じて実施する（具体的な点検頻度の定めは点検要領や手引きに記載はない）</td><td>道路土工構造物は定めなし。
特定道路土工構造物は，5年に1回の頻度で行うことを基本とする（国管理施設は建設後2年以内に初回点検を行う）。</td></tr>
<tr><td rowspan="2">近年の動向</td><td colspan="2">点検の効率化や高精度化を図るため，航空レーザ測量からの点群データを活用した詳細地形判読等が進められている。</td><td>2023年度以降，国管理施設の定期点検について新たに河川隣接区間の盛土または擁壁が点検対象に追加されている。</td></tr>
<tr><td colspan="3">道路防災点検と道路土工構造物点検は，切土や盛土など点検対象が重複している項目もあるため，防災カルテで実施していた道路区域内の道路土工構造物の点検を道路土工構造物点検として一元化するなど，各点検の集約・整理が行われている状況にある。</td></tr>
</table>

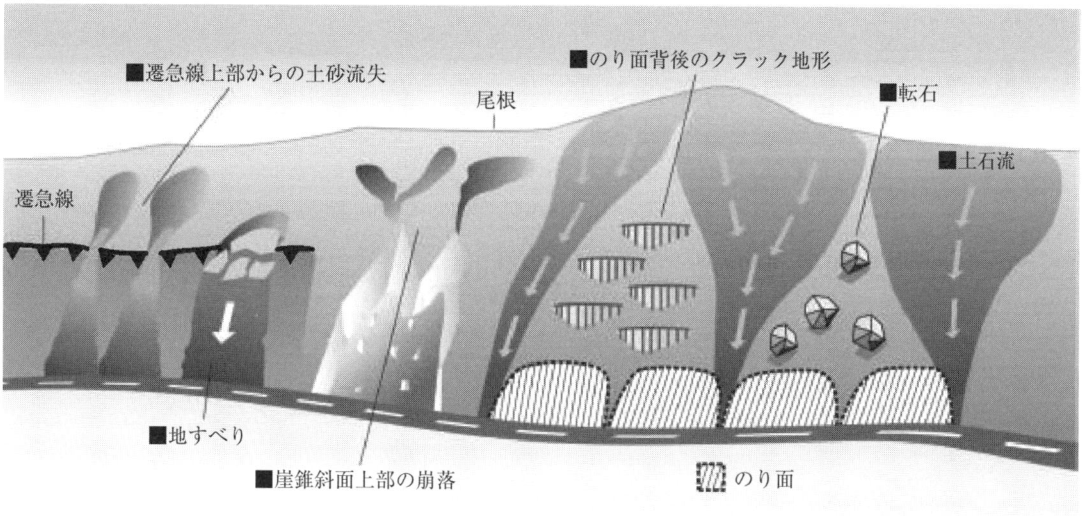

図 3-4-1　道路防災点検・防災カルテ点検で確認するのり面・斜面の例[1)]

表 3-4-3　道路防災点検・防災カルテ点検の適用範囲（点検対象項目）[1)] をもとに作成

点検対象項目			
①落石・崩壊	②岩盤崩壊	③地すべり	④雪崩
⑤土石流	⑥盛土	⑦擁壁	⑧橋梁基礎の洗掘
⑨地吹雪	⑩その他		

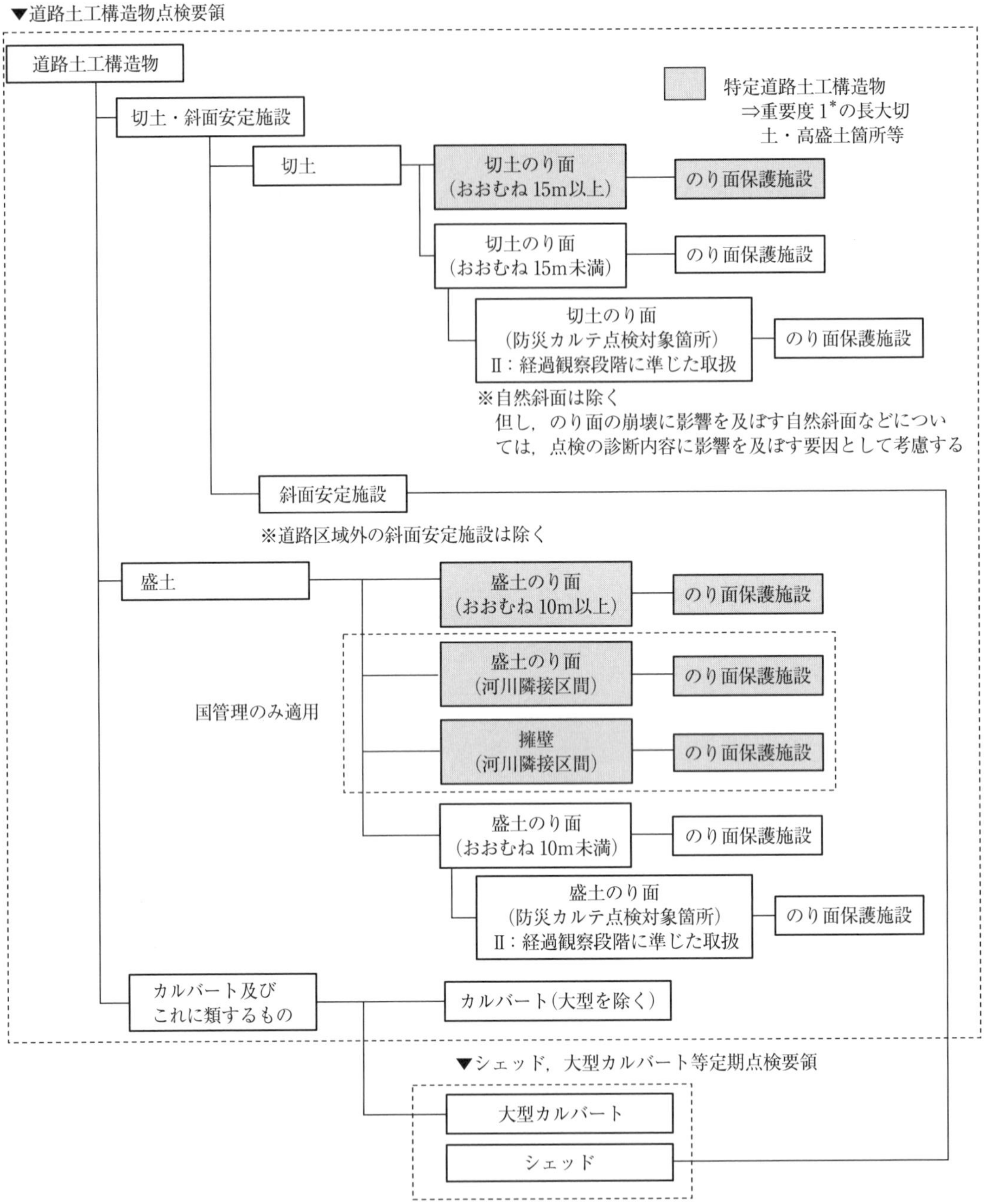

＊　重要度１の道路土工構造物は，次の（ア），（イ）に示すものである（『道路土工構造物技術基準』に規定[8]）

（ア）下記に掲げる道路に存する道路土工構造物のうち，当該道路の機能への影響が著しいもの

・高速自動車国道，都市高速道路，指定都市高速道路，本州四国連絡高速道路および一般国道

・都道府県および市町村道のうち，地域の防災計画上の位置づけや利用状況等に鑑みて，特に重要な道路

（イ）損傷すると隣接する施設に著しい影響を与える道路土工構造物

図 3-4-2　道路土工構造物の分類と適用範囲[6]（一部修正）

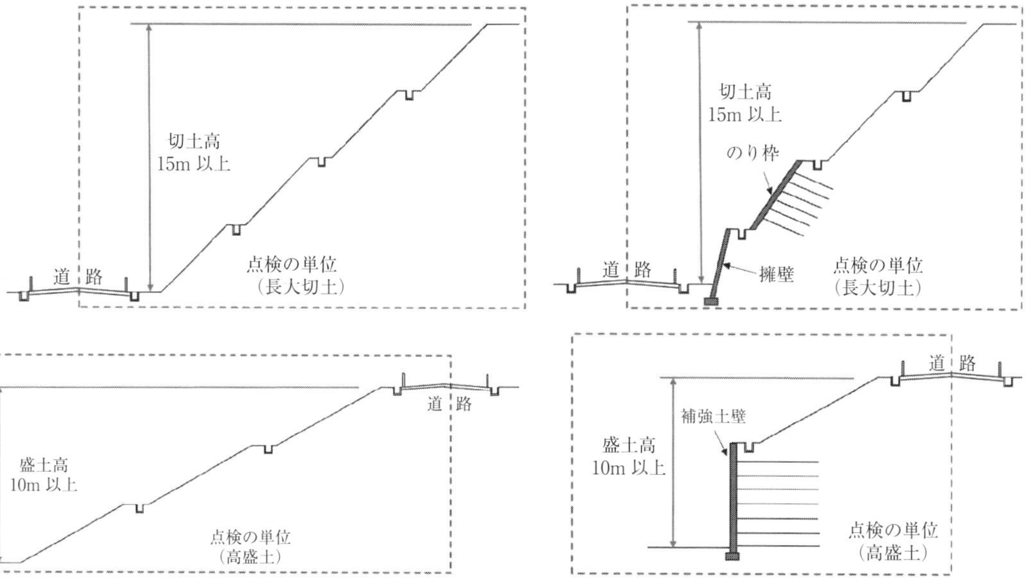

図 3-4-3　特定道路土工構造物（長大切土，高盛土）の例[6)]

2.　道路防災点検・防災カルテ点検の目的・経緯

（1）目　的

道路防災点検は，自然斜面を含む道路防災上の危険箇所について，その安定状態および対策の必要性・緊急性を判断することを目的としている。

（2）経　緯

道路防災点検は，1968 年 8 月 18 日に 104 名の犠牲者を出した飛騨川バス転落事故を契機におおむね 5 年ごとに点検が行われ，第 9 回目となる 1996 年に『道路防災総点検要領（豪雨・豪雪等）』[9)] や『防災カルテ作成・運用要領』[4)] が発行され，これに基づいた道路防災総点検が全国で実施された。なお，道路法第 46 条の道路管理者による異常気象時などの通行禁止や制限（通行規制区間の指定）を設けたのも，上記の事故が契機となっている。2006 年には道路災害の危険箇所を再確認する目的で国土交通省通達により，『点検要領』[1)] が示された。これは点検箇所の抽出漏れを防ぐために，点検箇所の絞り込みを 2 段階に分けて精度の向上を図るものである。また，2021 年に国土交通省道路局からは『三次元点群データを活用した道路斜面災害リスク箇所の抽出要領（案）』[2)] が示され，航空レーザ測量からの点群データを活用した詳細地形判読等が求められた。これに伴い，全国地質調査業協会連合会が開催している道路防災点検技術講習会のテキストである『道路防災点検の手引き（豪雨・豪雪等）』が，2022 年 3 月に改訂された[3)]。

3. 道路土工構造物点検の目的・経緯

（1）目　的

道路土工構造物点検は道路防災点検などの従来の取り組みとは別に，道路法第 42 条等の規定に基づき，盛土・切土・擁壁などの道路土工構造物の安全性の向上および効率的な維持修繕を図るため，道路土工構造物の変状を把握するとともに，措置の必要性の判断を行うことを目的としている。

（2）経　緯

2013 年に発生した中央自動車道笹子トンネル天井板落下事故を契機として，道路法の改正や点検基準の法定化がなされた。翌年の 2014 年に定期点検に関する省令が告示・公布され，道路土工構造物については『総点検実施要領（案）【道路のり面・土工構造物編】』[10] や『道路のり面工・土工構造物の調査要領（案）』[11] が公表されたが，これらの要領に基づく点検は一時的であった。これらは現在でも廃止はされていないものの，その役割は 2017 年度以降に公表された『道路土工構造物点検要領』[5), 6)] にて運用されている。なお，この要領による点検を効果的に実施するため，既存の取り組みによって得られた情報についても，道路土工構造物の位置や諸元の把握，変状の進行を判断するための比較対象とするなど，有効に活用することが望ましい。

また近年では，河川隣接区間における道路土工構造物の洗掘被災を受けて，国管理施設の定期点検について，新たに河川隣接区間の盛土または擁壁が点検対象となっている[6)]。

4. 推 奨 資 格

道路防災に関する点検における推奨資格は，**表 3-4-4** に示すとおりである。

表 3-4-4　道路防災に関する点検における推奨資格

点検種別	道路防災点検，防災カルテ点検	道路土工構造物点検
技術士 RCCM	技術士：応用理学部門-地質，建設部門-道路，建設部門-土質および基礎 （総合技術監理部門は上記と同様の科目） RCCM：地質，道路，土質および基礎	
国土交通省 登録資格	施設分野：「地質・土質」の「調査」の登録資格（地質調査技士（土壌・地下水汚染部門），および港湾海洋調査士（土質・地質調査）を除く）	施設分野：「道路土工構造物（土工）」の「点検」および「診断」， 施設分野：「地質・土質」の「調査」の登録資格（地質調査技士（土壌・地下水汚染部門），および港湾海洋調査士（土質・地質調査）を除く）
その他	道路防災点検技術講習会受講者	

3.4.2　調査計画・内容

道路防災における調査は，道路災害リスク箇所を抽出・評価を実施する「道路防災点検」，抽出されたリスク箇所に対し，防災カルテを作成して管理を行う「防災カルテ点検」，および「道路土工構造物点検」に区分される。

本項では，各点検の計画・内容について説明する。なお，道路土工構造物点検については，主要な点検である「特定道路土工構造物点検」を中心に説明する。詳細については，**表 3-4-1** で示した要領等を参照すること。

1.　道路防災点検

（1）道路防災点検の流れ

道路防災点検と後述する防災カルテ点検は，**図 3-4-4** に示したように一連の流れで実施されることが多く，点検対象区間や災害リスクを考慮した安定度調査箇所の選定が重要である。

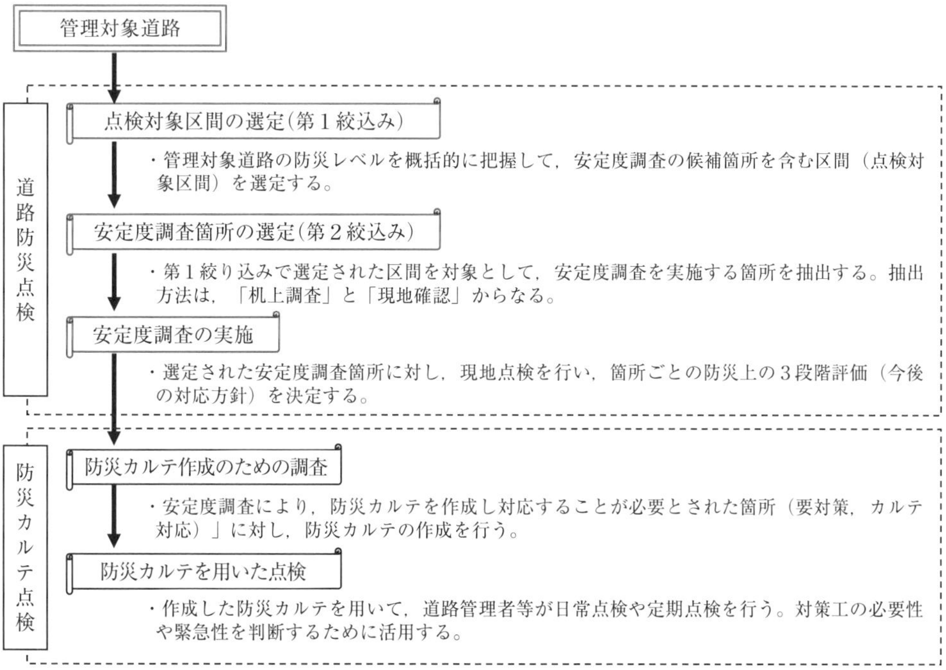

図 3-4-4　道路防災点検・防災カルテ点検の流れ

『三次元点群データを活用した道路斜面災害リスク箇所の抽出要領（案）』[2) では，近年，高精度な３次元点群データの取得が可能になっていることを踏まえた災害リスク箇所の抽出・評価方法が示されている。例としては，従来の空中写真判読では見えづらい樹木下の詳細な地形をとらえた３次元点群データなどから作成されたレーザ測量地形図等を用いて地形判読を行い，リスク箇所を抽出・評価するといった手法である。

本項では，道路防災点検および防災カルテ点検の詳細な流れを示し（**図 3-4-5**），各点検・検討内容の概要を説明する。

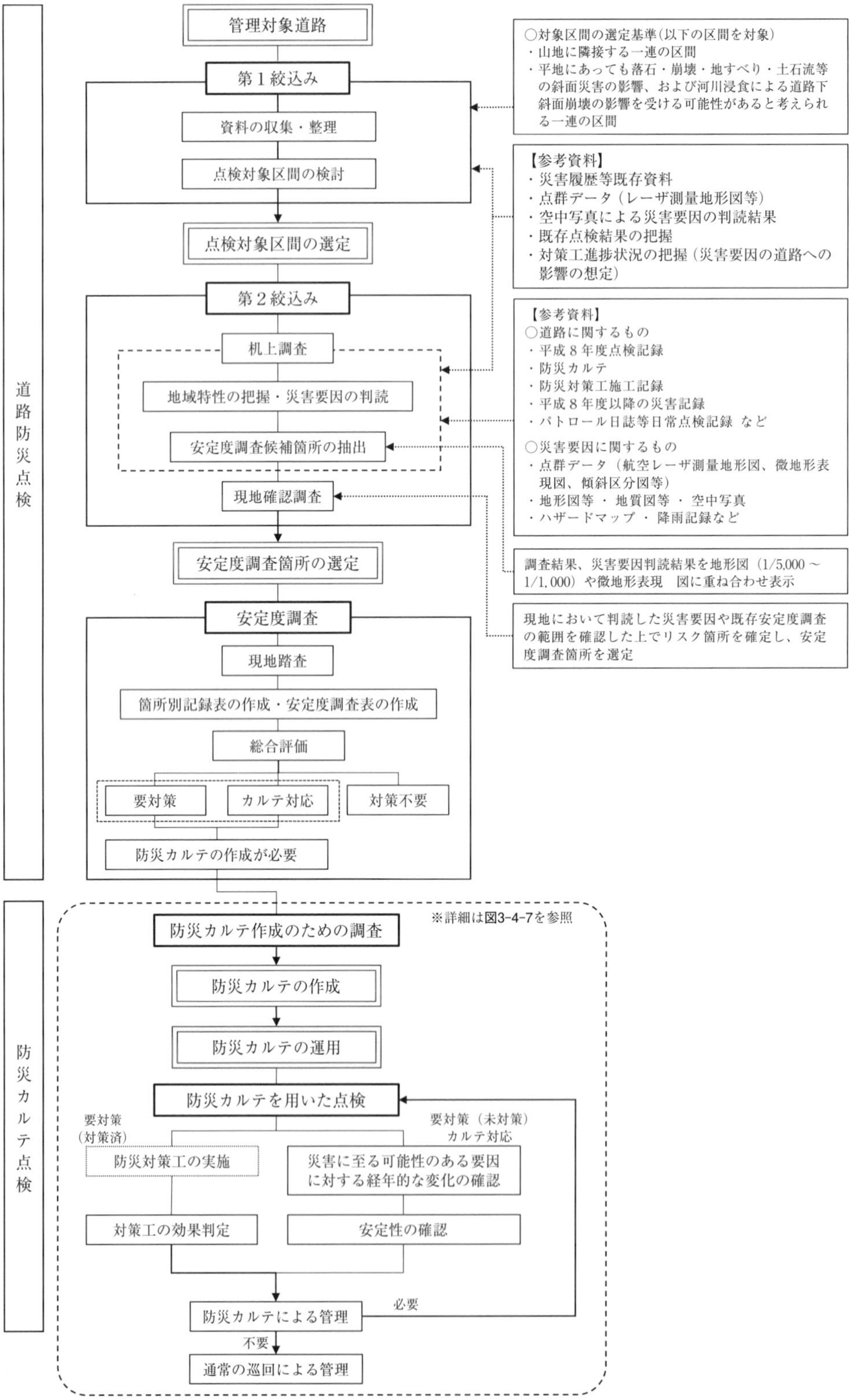

図 3-4-5 道路防災点検・防災カルテ点検のフロー[2),3)](一部修正)

（２）第１絞り込み（点検対象区間の選定）

第１絞込みは，管理対象道路の防災レベルを概括的に把握して，安定度調査の候補箇所を含む区間（点検対象区間）を選定する。対象区間の選定では，航空レーザ地形図や微地形判読図，過去の災害履歴，点検履歴などに関する資料を参考にするほか，学識経験者や専門の道路防災点検技術者の意見を聴取することが望ましい。

（３）第２絞り込み（安定度調査箇所の選定）

１）机 上 調 査

①　地域特性の把握

対象区間について，災害の素因となる地形・地質の状況，災害発生状況，防災対策工の施工状況などの地域特性を把握する。収集した資料や整理した地域特性を 1/5,000～1/1,000 程度のレーザ測量地形図上に，重ねて表記できる情報を記載する。

②　災害要因の判読

点群データ（航空レーザ地形図および微地形表現図）や空中写真等から災害に関して注意を要する地形や地被状況を判読する。判読した災害要因のうち，道路への影響が考えられる箇所を災害リスク箇所として抽出する（**図 3-4-6** 参照）。

※地形改変が著しい地域や豪雨や地震の発生後の地域では，新たに点群データを取得し，既存の点群データと比較することにより地形の変化を判読することも有効である。

③　判読結果の整理

判読結果から災害リスク地形を総合的に考慮して，安定度評価を行う斜面単元を設定する。斜面単元の区分に際しては，航空レーザ地形図，微地形表現図や空中写真による災害判読図をもとに，地形の発達過程を把握した上で，斜面上の災害要因が道路へどのような影響（災害形態や規模）を及ぼすか評価して設定することが重要である。

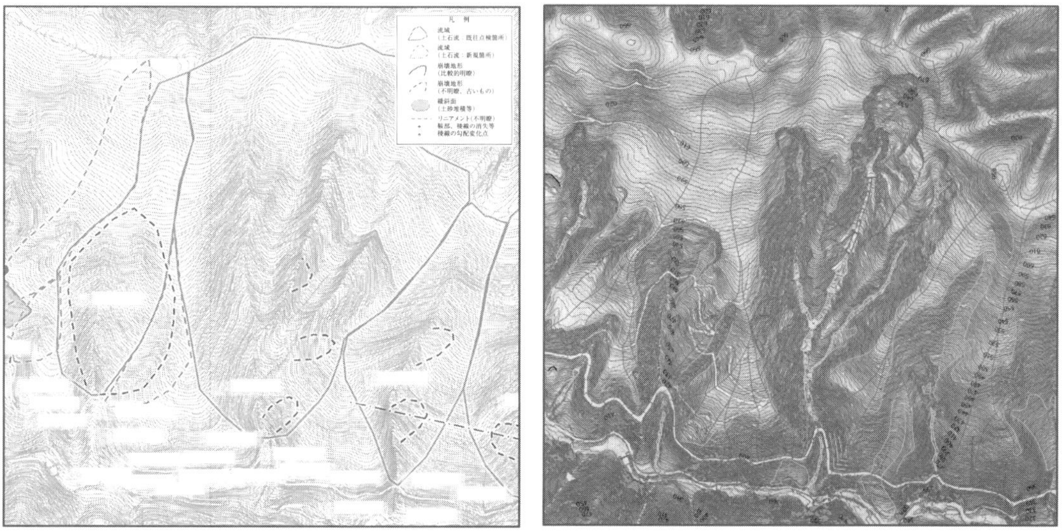

（出典：鳳土木事務所より提供）

図 3-4-6　航空レーザ測量データに基づく地形判読例

2）現 地 確 認

机上調査により抽出した災害要因に対し，簡易な現地調査を実施する。机上調査に用いる資料（空中写真や地形図，航空レーザ測量データ等）は，現在状況ではなく過去の情報である場合が多く，点検を実施する時点では道路構造や防災対策の実施状況が異なる場合がある。特に，航空レーザ地形図を用いた場合でも，急崖部では，災害要因の判読が困難な場合がある。このような対象については，安定度調査箇所を抽出する上で現地確認が重要となる。

（4）安定度調査

「安定度調査」は，前項の手順により選定された安定度調査箇所について，現地踏査により「箇所別記録表」と「安定度調査表」を作成し，総合評価を実施する。

1）箇所別記録表の作成

箇所別記録表には，点検箇所ごとに，施設管理番号，点検対象項目，路線名，距離標，緯度・経度，管理機関名，安定度調査箇所の状況の分かるスケッチ図等，場所が特定できる位置図および調査地点の所見，安定度調査結果，想定対策工などを記載する。

精度の高い航空レーザ地形図等が活用できる場合は，航空レーザ地形図に災害要因を記入したものを用いることもできる。ただし，急崖や岩盤斜面などで航空レーザ地形図の精度が悪い場合には，スケッチ図が有効な場合もあるため，現地状況に応じた使い分けを行うことが望ましい。

2）安定度調査表の作成

現地調査の結果に基づいて安定度調査箇所ごとに該当する項目の点数を求める。また，点数を参考としつつ総合評価を実施し，安定度調査箇所に対する対応区分として，「要対策箇所」「カルテ対応箇所」「対策不要箇所」の３項に分類する。

2. 防災カルテ点検

（1）防災カルテ点検の流れ

防災カルテを用いた点検・管理は，**図 3-4-7** のフローで運用される。

（2）防災カルテの作成と運用

道路防災点検を実施し，「要対策」または「カルテ対応」と評価された箇所について防災カルテを作成し，対策完了まで災害に至る可能性のある要因を定期的に調査する。

防災カルテの役割は，道路管理者等が日常管理等において，災害リスクを早期に発見し，専門技術者による詳細調査等を適切に進められるよう，道路管理者等の業務を支援することである。そのため，防災カルテには，理解しやすく誤解の生じない形で，点検方法，災害に至る要因への対応等について記載されていることが重要である。

防災カルテの作成・運用においては，地表踏査・詳細踏査により，災害の位置，規模，形態，道路への影響，点検の時期等を想定し，防災カルテに整理する必要がある。また，大規模な災害など踏査のみでは災害の想定が困難な場合には，必要に応じて地質調査などの「詳細調査」を実施することが望ましい。

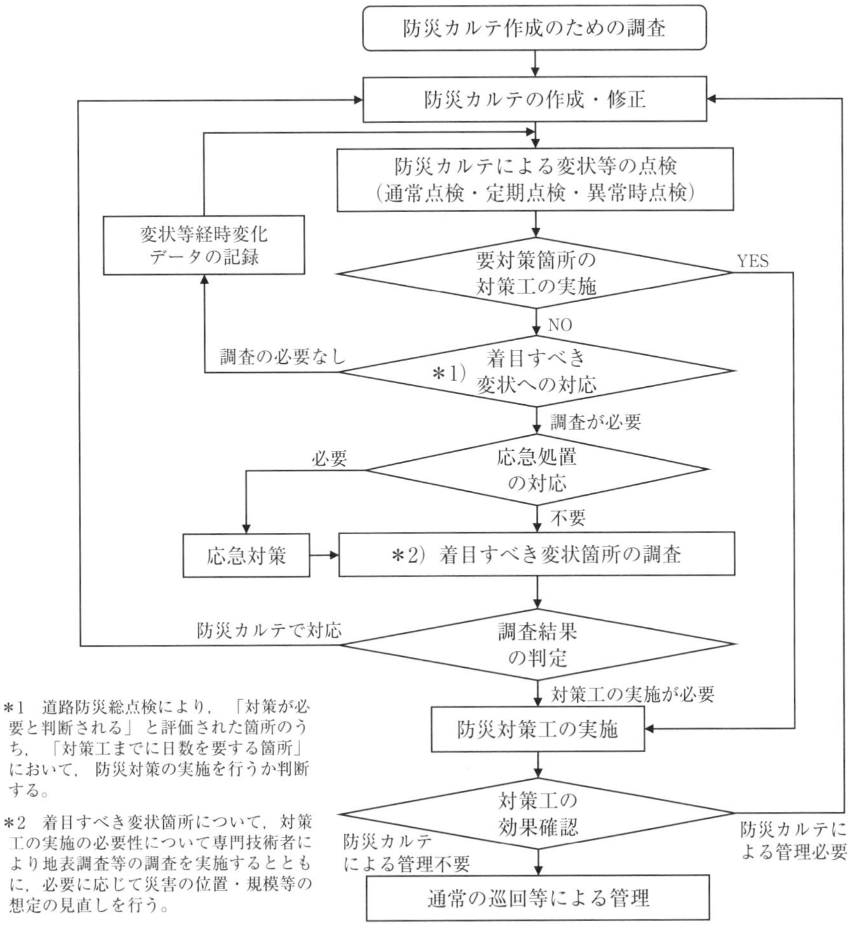

図 3-4-7　防災カルテを用いた点検・管理のフロー[6)]（一部修正）

防災カルテに整理すべき項目について，下記に詳細を示す。

①　カルテを使用した点検の種類

・日常点検：道路管理者や維持業者による日常的な点検（月 1～2 回など）

・定期点検：災害地質に精通した専門技術者による定期的な点検（1～3 年に 1 回）

・緊急点検：規模の大きな地震後（震度 4～5 以上など），災害級の豪雨後等の変状が懸念される現象が発生した後に行う緊急的な点検

②　点検時期・頻度

変状の拡大傾向が著しい箇所や，豪雨後・融雪時・地震時に変状が拡大するような箇所については，定期点検のほか，別途点検を行う等，点検頻度・実施時期についても検討を行う。点検頻度・実施時期は，対象箇所の災害項目や判定区分，変状の状況に応じて，適するように決定してよい。

例）点検頻度：変状が進行している箇所⇒年 1～2 回の定期点検など

　　　　　　　変状の進行がない箇所⇒2～3 年に 1 回の定期点検など

点検時期：落石・崩壊，岩盤崩壊，土石流，地すべりなど
⇒変状の起こりやすい時期（豪雨後，3～5月の融雪期，地震後など）
または，変状の視認性のよい時期（10～12月の落葉期・落葉後など）
橋梁基礎の洗掘⇒河川の水量が少なくなる渇水期（12～3月など）
雪崩・地吹雪⇒事象を確認しやすい降雪期，積雪期（1～3月）

③　着目すべき変状

下記の変状等を整理してカルテに記載する。

・亀裂等の地表面の変状　・構造物の変状　・湧水
・新たな崩壊等の地形の変状　・風化等の地質の変状等

④　変状の進行や新規変状が確認された場合の対応

変状の進行等が認められた場合には，防災カルテの更新を行うとともに，変状箇所の詳細調査や応急処置等の適切な措置を行うことが重要である。また，防災カルテにない新規の変状が確認された場合等は，防災カルテへの追加を行うとともに，速やかに対応方針を検討する必要がある。

3.　道路土工構造物点検（特定道路土工構造物点検）

（1）道路土工構造物点検（特定道路土工構造物点検）の流れ

道路土工構造物点検は，**図3-4-8**のフローで進められる。

（2）点 検 計 画

1）点 検 頻 度

『道路土工構造物点検要領』[6)] によれば，特定道路土工構造物は，5年に1回の頻度で行うこ

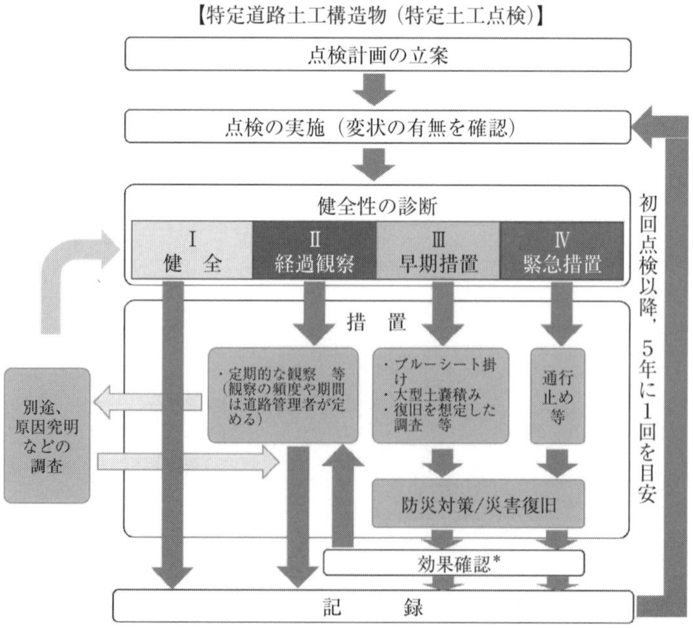

図3-4-8　道路土工構造物（特定道路土工構造物点検）のフロー[6)]

とを基本としている。なお，直轄国道では，全数について建設後２年以内に初回点検を行う必要がある。

２）点検対象の把握

道路土工構造物の変状や損傷は，周辺の地形・地質条件等の影響を受けることが多い。そのため，点検の準備段階において，道路防災点検および防災カルテの記録，周辺の地形，道路台帳図や３次元点群データ，地質状況，空洞調査結果等を調査し，対象構造物の諸元（構成する施設種別，規模，重要度，位置など），設置場所の周辺条件（地形，地質，気象など），当初の設計条件，施工時の記録（施工途中の変状・被災履歴を含む），および完成後の変状の状況や被災履歴，災害復旧履歴，補修履歴等を確認する。

３）現地踏査による点検手順の立案

現地踏査は，点検計画の段階から実施し，既存資料の調査で得られた諸元や周辺条件，点検区域等を現地で確認する。点検方法の検討にあたっては，近接目視の可否の検討，あるいは近接が困難ならば，足場仮設，高所作業車やドローン等の活用についての計画立案に必要な情報を現地確認する。その際は，交通状況や点検に伴う交通規制の方法等についても調査し点検計画に反映する必要がある。

４）５か年計画の立案

特定道路土工構造物の点検は，５年で一巡するサイクルの点検を計画しておくことが望ましい。計画の立案にあたっては，既存資料調査や現地踏査の結果，構造物の重要度，被災履歴，当該道路の社会的影響などから，点検箇所の優先度を設定して計画するが，構造物の状態によっては５年より短い間隔での点検を計画してもよい。

（３）特定道路土工構造物の点検方法

特定道路土工構造物点検は，近接目視により行うことを基本とし，切土や盛土を構成する各施設の変状が，道路の機能にどのように影響を及ぼすか確認する。小段のない急勾配の吹付のり面や，高い擁壁など徒歩による近接目視が困難な場合がある。このような場合は，高所作業車やロープアクセス技術，無人航空機などの活用を検討する。

点検の手法は近接目視が基本であるが，健全性の診断を行うため，必要に応じて触診や打音検査を含む非破壊検査技術などを使用することも可能である。

また，長大切土や高盛土ののり面の変状の把握においては，のり面全体を見るために，必要に応じてドローン空撮や３次元点群データを活用することも可能である。

河川隣接区間では，盛土のり尻や擁壁基礎の洗掘・吸出し状況の把握が必要となる。洗掘箇所が深いまたは急流等で近接できない場合は，水中カメラ等を用いて，洗掘範囲，深さ，周辺護岸の沈下，傾斜等の定量値を把握することが望ましい。

（４）健全性の診断

特定道路土工構造物の健全性の診断は**表 3-4-5** の判定区分により行う。

表 3-4-5　健全性の判定区分[6]

判定区分	判定の内容
Ⅰ　健全	変状はない，もしくは変状があっても対策が必要ない場合（道路の機能に支障が生じていない状態）
Ⅱ　経過観察段階	変状が確認され，変状の進行度合いの観察が一定期間必要な場合（道路の機能に支障が生じていないが，別途，詳細な調査の実施や定期的な観察などの措置が望ましい状態）
Ⅲ　早期措置段階	変状が確認され，かつ次回点検までにさらに進行すると想定されることから構造物の崩壊が予想されるため，できるだけ速やかに措置を講ずることが望ましい場合（道路の機能に支障は生じていないが，次回点検までに支障が生じる可能性があり，できるだけ速やかに措置を講じることが望ましい状態）
Ⅳ　緊急措置段階	変状が著しく，大規模な崩壊に繋がるおそれがあると判断され，緊急的な措置が必要な場合（道路の機能に支障が生じている，又は生じる可能性が著しく高く，緊急に措置を講ずべき状態）

（5）措　置

特定道路土工構造物点検・診断の結果，判定区分「Ⅲ」または「Ⅳ」の構造物については，次回点検までに適切な措置を行う必要がある。また，判定区分「Ⅱ」の構造物については，経過観察としての定期的な変状の進行状況を確認する。

（6）点検結果の記録

点検結果を正確に記録しておくことで，次回点検時に，変状の変化や，未点検箇所を効率的に確認することが可能である。また，過去の災害履歴や対策なども含めて記録・分析することにより，要注意箇所の絞り込みや高度な点検手法検討などに活用することができる。日常点検時に記録した情報も共有化し，整理・保存するとよい。

記録にあたっては，点検結果とともに，のり面の全体像が理解できるように記載することが望ましいことから，斜面単位，対策範囲などに基づいた点検区域ごとに行う。ただし，長大切土，盛土の場合，適宜管理しやすい延長で区域設定を行うことが望ましい。

4．各点検の仕様書例

各点検の基本となる仕様項目例は，下記のとおりである。

【道路防災点検】

（1）点検の目的

道路防災点検は，自然斜面を含む道路防災上の危険箇所について，その安定状態および対策の必要性・緊急性を判断することを目的として実施する。

（2）点検箇所の絞り込み

既往点検資料や災害履歴等をもとに，点検箇所の絞り込みを行う。絞り込みは，点検対象区間の選定（机上，第1絞り込み），および点検対象箇所（机上および現地確認，第2絞り込み）の2段階で行う。

1）点検対象区間の選定（第1絞り込み）

管理対象道路の防災レベルを概括的に把握して，安定度調査の候補箇所を含む区間（点検対象区間）を選定する。

２）安定度調査箇所の抽出（第２絞り込み）

第１絞り込みで選定された対象区間を対象として，道路斜面災害の安定度調査を実施する箇所を抽出する。

①　机 上 調 査

ア．既存資料による地域特性の把握

対象区間について，災害の素因となる地形・地質の状況，災害発生状況，防災対策工の施工状況などの地域特性を既存資料等により把握する。

イ．災害要因の判読

点群データ（航空レーザ地形図および微地形表現図）や空中写真等から災害に関して注意を要する地形や地被状況を判読する。

②　現地確認調査

現地において，判読した災害要因や既存安定度調査の範囲を確認した上でリスク箇所を確定し，安定度調査箇所を選定する。

（３）安定度調査

点検箇所の絞り込みで抽出された箇所について，『点検要領』（2006）に準じて，現地踏査を実施し，「箇所別記録表」と「安定度調査表」等を作成し，総合評価を実施する。

１）計 画 準 備

安定度調査のために実施する現地踏査にあたり，調査箇所の調査方法，安全管理等を検討し，実施計画書を作成する。

２）現 地 踏 査

安定度調査箇所で，現地踏査を実施する。なお，現地踏査時において，緊急対応が必要とされる事象を発見した場合は，直ちに報告・協議する。

３）安定度調査表および箇所別記録表の作成

現地踏査の結果をもとに，安定度調査表，箇所別記録表，被災履歴記録表を作成するほか，現状記録写真を保存する。

（４）報告書作成

道路防災点検結果を報告書に取りまとめて提出する。

【防災カルテ点検】

（１）点検の目的

防災カルテ点検は，道路防災上の災害リスク箇所について，変状の進行の有無，新規変状などを確認し，適切な管理を行うことを目的に実施する。

（２）防災カルテの作成

安定度調査結果により防災カルテの作成が必要と判断された箇所について，資料調査および地表踏査等の詳細調査により，災害の想定あるいは推定を行い，災害に至る可能性のある箇所を着目点として，防災カルテを作成する。

防災カルテの様式は，防災カルテ点検結果入力シート集の様式とし，様式Ａ～Ｃ，チェックリスト，現状記録写真を作成する。なお，被災履歴のある箇所は様式Ｄを作成する。

・防災カルテ様式Ａ：点検対象の全景と点検方法等を記録するもの
・防災カルテ様式Ｂ：点検対象の中で着目すべき変状について詳細を記録するもの
・防災カルテ様式Ｃ：点検結果，被災履歴，補修履歴等を記録するもの
・防災カルテ様式Ｄ：詳細な被災履歴，補修履歴等を記録するもの
・現状記録写真：様式Ａ～Ｄに入りきらなかった写真等を記録するもの

（３）防災カルテ点検

防災カルテに基づく現地調査を実施し，変状の進行や新規変状の有無を確認するものである。なお，防災カルテ点検の点検員は，道路防災等に関して十分な知識と実務経験などを有するものとする。

１）防災カルテ点検

防災カルテを用いて「着目すべき変状箇所」を中心に，変状状況の変化を把握するため，観察・計測・記録による防災カルテ点検を実施する。

また，防災カルテ点検の結果，「直ちに対応が必要な箇所」が発見された場合は，直ちに報告・協議する。

２）点検結果の防災カルテへの記録と加筆・修正

点検の結果を防災カルテへ記録するとともに，現地状況に変化が認められた場合には，既存の防災カルテの加筆・修正を行う。

３）点検結果整理

防災カルテを整理の上，点検結果一覧表を作成する。

（４）報告書作成

防災カルテ点検結果を報告書に取りまとめて提出する。

【特定道路土工構造物点検】

（１）点検の目的

道路土工構造物の安全性の向上および効率的な維持修繕を図るため，道路土工構造物の変状を把握するとともに措置の必要性の判断を行うことを目的として点検を行う。

（２）特定道路土工構造物点検

１）点検対象の把握

点検にあたり，既往資料に基づいて点検対象となる特定道路土工構造物を抽出し，個別の点検対象である点検区域を確定した上で，それらの諸元や周辺条件等を把握する。

２）現 地 踏 査

点検に先立ち，対象となる特定道路土工構造物の現状における本体および周辺状況を把握し，個々の道路土工構造物の点検手順の立案に必要な情報を得るための現地踏査を実施する。

３）点検の方法

特定道路土工構造物点検は，近接目視により実施する。近接目視によらない点検を実施する場合は，協議の上決定する。

４）健全性の診断

点検対象物について，道路土工構造物点検要領に基づき，健全性の診断を行うものとする。

なお，各項目の評価方法（診断基準）等詳細については協議の上決定する。

（3）点検調書取りまとめ

特定道路土工点検対象物について，点検，診断，措置の結果を道路土工構造物点検要領に基づく点検表記録様式に記録するものとする。

（4）報告書作成

道路土工構造物点検結果を報告書に取りまとめて提出する。

5. 積算上の留意点

積算にあたっては，下記の点に留意が必要である。

【道路防災点検】

・道路防災点検の積算については，『全国標準積算資料（土質調査・地質調査)』(発行：全国地質調査業協会連合会）に，標準歩掛が示されているので，これを参考としてもよい。

・点検種別における「擁壁」や「盛土」など，同一区間内に複数の施設が存在する場合については，それぞれの施設ごとに数量を計上する必要がある。

【防災カルテ点検】

・防災カルテ点検については，『設計業務等標準積算基準書』(発行：一般財団法人経済調査会）に標準歩掛が示されている。

・しかし，上記基準書の歩掛では，「防災カルテの新規作成」については含まれていないため，積算にあたっては留意が必要である。

・防災カルテの新規作成については，『全国標準積算資料（土質調査・地質調査)』(発行：全国地質調査業協会連合会）に標準歩掛が示されているので，これを参考としてもよい。

【道路土工構造物点検】

・道路土工構造物点検については，本書発行時点において，参考となる歩掛が公表されていないため，発注の際は参考見積等による対応が望ましい。

・長大切土，盛土等は，連続するのり面全体を1箇所と計上するのでは無く，点検・管理を行う上で適切な区間に分割して，数量を計上しておくことが望ましい。『道路土工構造物点検要領』[6] P5に点検区域の設定にあたっての留意点が記載されているので，参考としてもよい。

・勾配が急なのり面など，徒歩による点検が困難な箇所については，代替として，ドローンによる撮影やロープアクセス技術等を実施する場合があるため，標準的な点検とは別に特殊な点検方法についての積算を行うことが望ましい。

【その他】

・高所作業車やロープアクセス，ドローン等による点検を実施する場合，道路交通規制を伴う場合がある。事前に道路交通規制が必要と想定される場合は，交通規制に関する経費（誘導員，規制資機材など）を仕様に入れておくことが望ましい。また，当初発注に入れられない場合は，変更契約による追加が必要である。

・道路規制を行う際は，関係機関協議（道路管理者との協議（80条協議)，警察署長への申請（77条協議)）が必要である。これらが想定される場合，または業務内で実施した場合は，関係機関協議に関する費用の計上が必要である。

3.4.3　調査実施上の留意事項

1.　点検実施に関する留意事項

（1）点検対象範囲に関する留意事項

切土のり面，盛土のり面については，「道路防災点検および防災カルテ点検」と「特定道路土工構造物点検」双方の点検対象となっている。

直轄国道では，『道路土工構造物点検要領』[6]により，道路区域内における防災カルテ点検対象箇所は，特定道路土工構造物点検または通常点検・診断（特定土工点検に準じた点検）を実施することになっている。しかし，直轄国道以外では上記のような対応方針が明示されていないため，切土のり面，盛土のり面については，点検箇所が重複している場合がある。

このようなケースでは，点検の重複を避けるよう特定道路土工構造物点検に集約して実施することが考えられる。ただし，道路防災点検および防災カルテ点検の対象となる自然斜面等が切土のり面の背後にあり災害リスクが認められる場合など，両方の点検を実施する必要がある場合には，災害リスクが見逃されることがないよう点検実施体制や運用を工夫することで無駄を省く必要がある。

なお，防災カルテ点検を特定道路土工構造物点検に集約する場合は，防災カルテ点検と同程度の時期・頻度による経過観察が維持されるよう，5年に1度の定期点検（特定道路土工構造物点検）に加えた経過観察を実施する必要がある。この際は，それまでに実施されていた防災カルテ点検結果を十分に活用・参照するものとする。

（2）既存資料に関する留意事項

既存資料として使用する道路台帳が長期間更新されていない場合や，前回の点検から長期間が経過している場合は，道路改良や災害対策工の追加などの情報が反映されておらず，点検箇所の状況を正しく把握できていない場合がある。

最新の道路台帳や工事記録等が入手できず，点検の実施に支障を来す場合は，点検の実施に必要な測量や図面作成，点検箇所の精査・絞り込み等の実施について別途検討する。

（3）施設改変に伴う再評価の実施について

道路改良や対策工実施により，のり面等の施設が大幅に改変された場合は，道路防災点検（安定度調査）等による再評価を行う必要がある。再評価の時期は，改変後の施設の健全性や防護効果を含めた評価とするため施工後に実施する。また評価を行う際，施工中の情報があれば，これらを活用するとよい。

（4）未点検箇所への対応と再評価の実施

直轄国道の統計によると，道路防災点検対象外の箇所（未点検箇所）からの災害が約5割を占める（**図 3-4-9**）。災害発生率は「未点検箇所」より要対策箇所およびカルテ対応箇所の方が高いことから，道路防災点検による評価は相対的には妥当であるといえるが，全体の5割以上の危険箇所を含む「未点検箇所」に対しても，効率的・定期的に精度の高い点検を行う「新たなスキーム」が求められている[3]。加えて，近年では地球温暖化に伴って豪雨等の災害が頻発しており，今後，さらなる災害の激甚化，頻発化が予想される。

これらの課題に対し，国が進める航空レーザ測量等による3次元点群データの活用や，GIS等を活用した情報のデジタル化により，点検の精度・効率の向上を図りつつ，定期的（10年程度を目安）な道路防災点検（安定度調査）の実施により，経年変化を把握する必要がある。

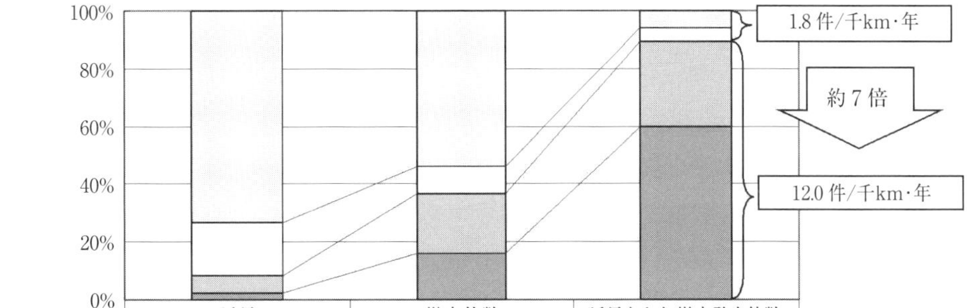

	延長（合計22,073km）	災害件数（8年間で合計466件）	延長あたり災害発生件数（災害件数/千km·年）
□点検対象外	16,246	252	1.9
□対策不要	4,027	42	1.3
▨カルテ対応	1,302	98	9.4
■要対策	497	74	18.6

図3-4-9　1996年度点検の評価区分ごとの災害発生状況[3)]

（5）既往データ（画像・点群）の利活用について

近年では，航空レーザ測量や移動計測車輌（MMS）などによって，画像や点群などのデータ取得，整備が進んでいる。これらのデータは，**表3-4-6**に示すような利用方法があり，各点検の机上調査のほか，維持管理全般における利活用が期待される。また，インターネット上で公開されている情報（Google社のストリートビューやGoogleEarthなど）の活用も有用であるが，利用する場合は，利用許諾，版権等を十分確認する必要がある。

表3-4-6　既往データ（画像・点群）の取得方法と主な利用例

取得方法	主な取得データ	主な利用例
航空レーザ測量	点群データ	各種地形図の作成 断面形状取得，高さ等の計測二時期差分解析など
	空中写真	植生や裸地，地物等の確認
移動計測車輌（MMS）	点群データ	断面形状取得，高さ等の計測
	全方位画像	災害発生前のアーカイブ等，現地状況の確認

（6）既往点群データ（航空レーザ測量等）の利用

道路事業で点群データを取得していない場合でも，河川，砂防，森林等のほかの事業主体により取得された既往点群データが利用できる場合がある。既往測量業務の実施範囲については，次に示すようなサイトで確認することができる。

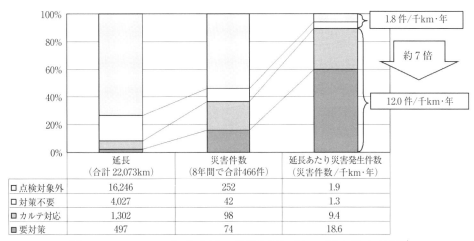

・日本測量調査技術協会：「航空レーザ測量データポータルサイト」[12]
（https://sokugikyo.com/laser/）
・国土地理院：「公共測量実施情報」[13]（https://geolib.gsi.go.jp/node/2363）

図 3-4-10 「航空レーザ測量データポータルサイト」[12]（左）と「公共測量実施情報」[13]（右）

また，測量計画機関（国の事務所等の発注者）によっては，これらの公共測量成果の複製，使用の承認等の手続きに，国土地理院の「測量成果ワンストップサービス」（https://onestop.gsi.go.jp/onestopservice/）を利用できる場合があるので活用されたい。

上記のほか，G空間情報センター（https://front.geospatial.jp/）などのオープンデータや，民間の有償データ等もあるため，これらを活用する方法も有効である。

なお，航空レーザ測量データから作成された地形図等を利用する際には，計測計画や地表被覆状況等によって抽出できる微地形が異なるため，『道路防災点検の手引き（豪雨・豪雪等）[改訂版]』[3] P41に示されるような点に留意し利用する。

（７）点検時期に関する留意事項

道路防災に関する点検では現地で得られる情報が評価に大きく影響を及ぼす。このため，現地調査の時期については，想定される災害形態を踏まえ，極力変状がとらえやすい時期（視認性がよい落葉期や，多雨期の前後，融雪変状が生じやすい融雪期など）に実施する。

2. 新技術の活用に関する留意事項

近年，道路防災分野では，無人航空機（ドローンまたはUAV：Unmanned Aerial Vehicleとも呼ばれる。）などの新技術が活用されている。また道路DXの取り組みとして，GIS等の活用やさまざまな情報のデジタル化，データベース化が進められている。

ここでは，これらの新技術を活用した調査方法と留意点について述べる。

（1）無人航空機活用時の留意点

無人航空機による調査は，カメラによる画像（可視光，近赤外線など）を取得する方法と，レーザスキャナにより3次元点群を取得する方法の2つに大別される。

前者は，急峻な露岩地など近づきがたい斜面の場合や，上空からの斜面状況の把握などの用途に有効であり，後者は，航空レーザ測量よりも詳細に植生下の地形情報を取得したい場合に有効な手法である。

いずれの方法においても，安全に無人航空機を利用するため，航空法や小型無人機等飛行禁止法，電波法，道路交通法など最新のさまざまな法令を遵守し，安全かつ適切に運用することが重要である。

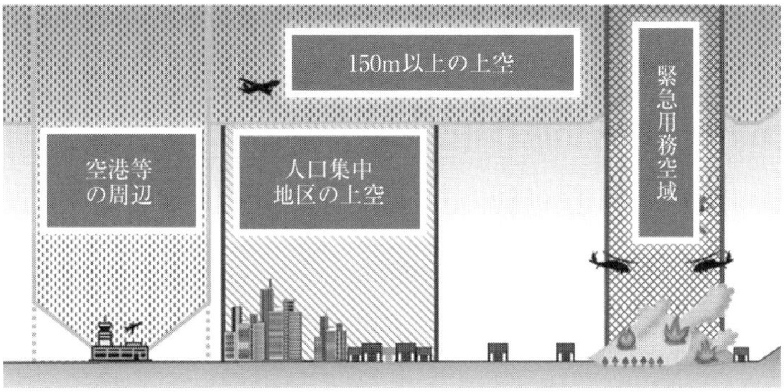

・空港等の周辺の空域，緊急用務空域，150 m 以上の上空
　→航空機の航行の安全に影響を及ぼすおそれのある空域（法132条の85第1項第1号）
・人口集中地区の上空
　→人または家屋の密集している地域の上空（法132条の85第1項第2号）

＊　空港等の周辺，150 m 以上の上空，人口集中地区の上空の飛行許可があっても，緊急用務空域を飛行させることはできません。無人航空機を飛行する前には，飛行させる空域が緊急用務空域に設定されていないことを確認してください。

図3-4-11　無人航空機の飛行の許可が必要となる空域[14)]

（2）GIS活用による防災管理の効率化[3)]

近年の少子高齢化に伴う担い手不足を背景として維持管理の効率化，高度化が求められており，国土交通省では道路データプラットフォーム「xROAD（クロスロード）」をはじめとするさまざまな取り組みが進められている。先に述べた3次元点群データや道路防災に関連する各種データについても，このようなGISをベースとする共通のプラットフォームに格納し，点検をはじめとする道路の維持管理に活用することが効率的である[2),3),15)]。

これらのデータ整備が進み利用環境が整うことで，さまざまな情報が一元的に管理され，道路ネットワーク全体が見える化されることによって，路線全体の評価や道路施策の意思決定の迅速化など，道路管理全体の効率化，高度化が期待される。

したがって，今後，点検を実施する際は，GISで利用しやすい成果データの整備や，点検結果や災害履歴等のデータを蓄積していくことが望ましい。

《参考文献》

1）国土交通省道路局：点検要領，2006
2）国土交通省：三次元点群データを活用した道路斜面災害リスク箇所の抽出要領（案），2021
3）全国地質調査業協会連合会：道路防災点検の手引き（豪雨・豪雪等）［改訂版］，2022
4）建設省道路局監修：防災カルテ作成・運用要領，道路保全技術センター，1996
5）国土交通省道路局：道路土工構造物点検要領，2017
6）国土交通省道路局国道・技術課：道路土工構造物点検要領，2023
7）国土交通省社会資本整備審議会道路分科会第16回道路技術小委員会：【資料3-1】道路土工構造物点検要領の改定（暫定版）の概要，https://www.mlit.go.jp/policy/shingikai/content/001472416.pdf，2024.11.30閲覧
8）国土交通省 都市局長・道路局長：道路土工構造物技術基準について，2015
9）建設省道路局監修：平成8年度道路防災総点検要領（豪雨・豪雪等），道路保全技術センター，1996
10）国土交通省 道路局：総点検実施要領（案）【道路のり面工・土工構造物編】，2013
11）国土交通省 国道・防災課：道路のり面工・土工構造物の調査要領（案），2013
12）日本測量調査技術協会：航空レーザ測量データポータルサイト，https://sokugikyo.com/laser/，2024.11.30閲覧
13）国土交通省国土地理院：公共測量データベース（公共測量実施情報），https://geolib.gsi.go.jp/node/2363，2024.11.30閲覧
14）国土交通省HP：無人航空機の飛行禁止空域と飛行の方法，https://www.mlit.go.jp/koku/koku_fr10_000041.html，2024.11.30閲覧
15）土木研究所：土木研究所共同研究報告書第350号，GISを利用した道路斜面のリスク評価に関する共同研究報告書 道路防災マップ作成要領（案），2006

3.5　宅地盛土および特定盛土

熱海の泥流災害を契機に「宅地造成及び特定盛土等規制法」（以下，盛土規制法と呼ぶ。）が公布・施行されたことにより，日本全国で盛土基礎調査が行われ，国土の多くの面積が宅地造成等工事規制区域，あるいは特定盛土等規制区域として指定されることとなる。本節のタイトルにある「宅地盛土」「特定盛土」は，これら2つの規制区域内の盛土を指している。規制区域内における一定規模以上の盛土について，既存盛土に関しては『盛土等の安全対策推進ガイドライン』[1)]，新規の盛土に関しては『盛土等防災マニュアル』[2)] を参照し，地盤調査を実施し盛土の安全性の評価等が行われることになる。

本節では，「盛土規制法」と適用されるガイドライン等の概要を示し，盛土の抽出（既存盛土等分布調査），地盤調査・安定計算（安全性把握調査）の方法と実施上の留意点を示す。

3.5.1　盛土規制法とガイドライン等の概要

「盛土規制法」とそれによって指定される規制区域の概要を示し，規制区域内の盛土調査に適用するガイドライン等について概説する。

1. 「盛土規制法」と規制区域

（1）「盛土規制法」

熱海の泥流災害は人為的に行われた違法な盛土により貴重な人命・財産が失われたものである。これを教訓に，危険な盛土等を全国一律の基準で包括的に規制する法制度が必要との認識から，従来の「宅地造成等規制法」を法律名・目的も含めて抜本的に改正し，土地の用途（宅地，森林，農地等）にかかわらず，危険な盛土等を全国一律の基準で包括的に規制する「宅地造成及び特定盛土等規制法」（盛土規制法）が2022年5月27日に公布され，2023年5月26日に施行された。

（2）規制区域と盛土基礎調査

「盛土規制法」では，都道府県，指定都市，中核市が盛土等の崩落により人家等に被害を及ぼし得るエリアを規制区域として指定し，その中で新たに行われる盛土等に関する工事の規制や既存の盛土等に対する是正命令等が行われる。規制区域のイメージを**図3-5-1**，**図3-5-2**に示す。宅地造成等工事規制区域（宅造区域）は，従来の「宅地造成等規制法」における範囲から大幅に拡大される。加えて，市街地や集落などから離れているものの，地形等の条件から盛土等が行われれば人家等に危害を及ぼし得るエリア等が，特定盛土等規制区域（特盛区域）として指定される。

規制区域は，盛土基礎調査によって設定される。「盛土規制法」の施行を機に2023年度から全国で盛土基礎調査が開始され，2024年4月末時点で14自治体が規制区域を指定している[4)]。盛土基礎調査は『基礎調査実施要領（規制区域指定編）』[5)] に基づいて実施され，規制区域が指定されると，その情報は都道府県等のウェブサイト等で公表される。

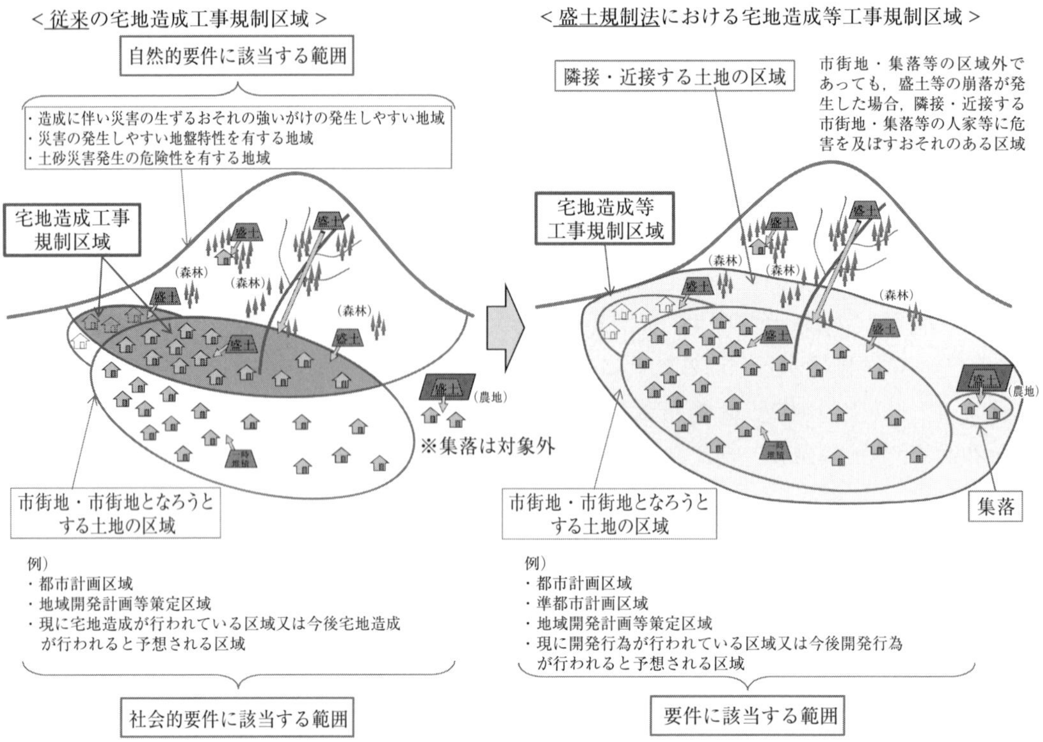

図 3-5-1　宅地造成工事等規制区域のイメージ[3)]

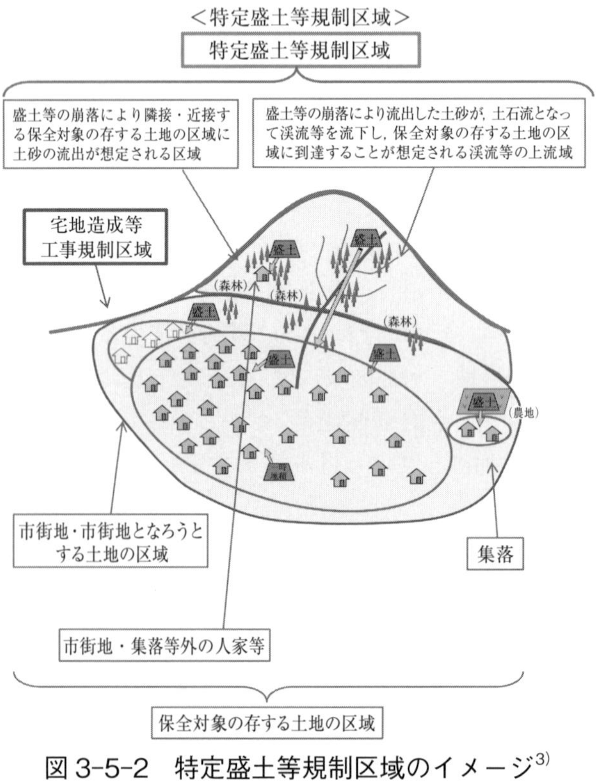

図 3-5-2　特定盛土等規制区域のイメージ[3)]

2.　盛土等調査に適用するガイドライン等

「盛土規制法」に伴い発出されたガイドライン等のうち，既存盛土等の抽出および地盤調査に関するものを**表 3-5-1** に示す。これらのガイドライン等の適用について，関連する既存ガイドラインとの関連も含めて概説する。

表 3-5-1　盛土等調査に適用するガイドライン等[6)] をもとに作成

区分		ガイドライン等	
技術基準		・盛土等防災マニュアル（2023年5月） ・盛土等防災マニュアルの解説（2023年11月）	
規制区域指定		・基礎調査実施要領（規制区域指定編）（2023年5月） ・基礎調査実施要領（規制区域指定編）の解説（2023年5月）	
既存盛土対応	抽出・把握 →	基礎調査実施要領（既存盛土等調査編）（2023年5月） →	・盛土等の安全対策推進ガイドライン（2023年5月） ・盛土等の安全対策推進ガイドライン及び同解説（2023年5月）
	安全性確認 →	基礎調査実施要領（既存盛土等調査編）（2023年5月） →	・盛土等の安全対策推進ガイドライン（2023年5月） ・盛土等の安全対策推進ガイドライン及び同解説（2023年5月）
	安全対策 →		・盛土等の安全対策推進ガイドライン（2023年5月） ・盛土等の安全対策推進ガイドライン及び同解説（2023年5月）

（1）規制区域内の既存盛土等調査に適用するガイドライン

規制区域内の既存盛土調査は，『盛土等の安全対策推進ガイドライン』[1)] に基づき実施する。このガイドラインは，既存盛土等の把握・安全性確認・安全対策の基本的考え方を整理したもので，これに具体的な図表等を交えて詳細に解説したものが『盛土等の安全対策推進ガイドライン及び同解説』[7)] である。これらのガイドラインは，『大規模盛土造成地の滑動崩落対策推進ガイドライン及び同解説』（2015）[8)] を参考に作成されている。

なお，すでに国土交通省における宅地耐震化推進事業において，2021年3月までに抽出された大規模盛土造成地（全国で50,950箇所）[9)] については，『大規模盛土造成地の滑動崩落対策推進ガイドライン及び同解説』（2015）[8)] を引き続き参照し，盛土の安全性の評価（第二次スクリーニング）をこれまでどおり実施することになる。

（2）新規に盛土等を行う場合に適用する『盛土等防災マニュアル』[2)]

『盛土等防災マニュアル』[2)] は，「盛土規制法」の制定を踏まえ，従来の『宅地防災マニュアル』（2019）[10)] を改正・改称したものであり，新規盛土の許可申請の際の技術基準に位置づけられる。また，従来の『宅地防災マニュアルの解説』（2021）[11)] を改定した資料として『盛土等防災マニュアルの解説』[12)] が発行されている。

3.5.2　調査計画・内容

既存盛土等への対応の全体像を**図 3-5-3** に示す。ここでは，現地作業を含む調査として既存盛土等分布調査および安全性把握調査について，事例を示しつつ説明する。

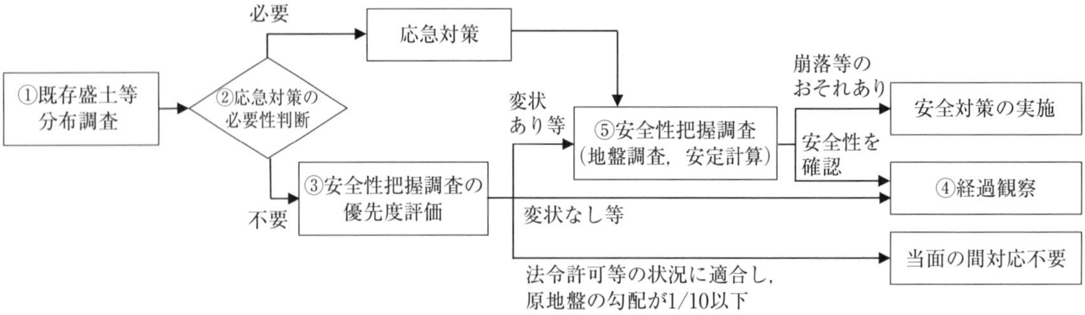

・都道府県等が基礎調査として行うのは，基本的に①，②，③，④である。
・⑤安全性把握調査は，土地の所有者，管理者等が行うが，災害発生の切迫性等により都道府県等が行うべきと判断される場合は，都道府県等が基礎調査として実施する。

図 3-5-3　既存盛土等への対応の全体像[7) をもとに作成]

1.　既存盛土等分布調査

既存盛土調査の実施に際して，まずは調査対象となる既存盛土を把握するために既存盛土等分布調査を行う。既存盛土等分布調査の内容は，（1）基礎資料の収集，（2）盛土等の抽出，（3）盛土等の位置の把握からなる。ここでは，それぞれの調査方法や調査時の留意点について記載する。記載に際しては，『基礎調査実施要領（既存盛土等調査編）』[13)]および『盛土等の安全対策推進ガイドライン及び同解説』[7)]に基づいた。

（1）基礎資料の収集

既存盛土等を抽出し，その位置や規模等に関する情報を整理するための基礎資料を収集する。主な基礎資料を**表 3-5-2** に示す。基礎資料として，盛土造成前後の地形データ，空中写真，衛星データ等を収集する。基礎資料の収集における留意点として，以下の事項が挙げられる。

・収集する地形データや空中写真等の作成年代や精度は，盛土抽出の精度に大きく影響することから，それらの情報は十分確認する必要がある。
・収集資料は，盛土抽出の作業を行う際に GIS 上で重ね合わせが可能となるようにデータ化することが推奨される。
・既往の盛土調査関連資料，土地造成にかかわる法令許可等の状況，盛土造成に関するパトロールや通報等の情報は，盛土等の抽出を確定的なものとする上で重要であるため，可能な限り収集する。

表 3-5-2　収集する基礎資料の一覧表

収集資料	内容	主な収集先
地形データ	・新旧地形図データ （都市計画図，砂防基盤図，地理院地図等のコンター図，DEM データ等） ・航空レーザ測量による地形データ （レーザ点群データ，DEM データ等）	・国土地理院 ・県，自治体
空中写真	・米軍撮影写真：(1945～1957年頃) ・国土地理院他各自治体撮影写真：(1957年以降)	・国土地理院 ・県，自治体
衛星データ等	・光学衛星画像データ（おおむね2006年以降） ・SAR 画像データ（おおむね2014年以降）	・衛星画像販売権保有機関
盛土関連調査資料	・大規模盛土造成地調査関連 ・令和3年度盛土総点検関連 ・各造成工事資料関連	・県，自治体
土地造成に関する法令許可等資料	・森林法，農地法，盛土等条例等の法令許可等の状況（開発許可申請書類等）	・県，自治体
その他	・パトロール，通報等（不法・危険盛土関連）	・県，自治体

（2）盛土等の抽出

収集した基礎資料を用いて既存盛土等を抽出する。抽出方法は，1）地形データによる抽出，2）空中写真による抽出，3）衛星データによる抽出がある。いずれも2時期のデータを対比し地形変化を抽出するものであり，精度の異なる地形データや写真を対比することから，造成工事以外の要因でも盛土等として抽出される可能性がある。盛土等の抽出の精度を上げるために，以下が重要である。

・盛土等の抽出は各手法の特性を十分理解した上で実施し，複数の手法を組み合わせて精度を高めることが必要である。
・盛土等の抽出を確定的なものとするには，既往の盛土関連調査結果，法令に基づいた開発許可等の状況，パトロールや通報等の情報が有効となる。
・必要に応じて現地確認を行い，机上調査で抽出された箇所が盛土等に該当するか確認する。

以下に3種類の盛土等の抽出方法の概要と留意点を示す。なお，地形データおよび空中写真を用いる盛土等の抽出方法の概要を**表 3-5-3**に，衛星データを用いた方法の概要を**表 3-5-4**に示す。

1）地形データによる抽出

収集した新旧の地形データ等をもとに，盛土等の造成前後の標高を比較して盛土箇所を抽出する。これは，造成前後の地形図や DEM（数値標高モデル：Digital Elevation Model）から求めた標高差分をもとに，標高が変化した箇所を盛土等が行われた可能性がある箇所として抽出する手法である。航空レーザデータによる地形データを用いることができれば，抽出精度を高めることができる。**図 3-5-4**に新旧地形データの標高差分を計算した例を示す。標高差分値が正の値を示した区域が盛土の可能性がある箇所として抽出される。

表 3-5-3　空中写真，数値標高モデルの種類と解析手法[7)]（一部修正）

<table>
<tr><td colspan="2">調査方法</td><td colspan="4">数値標高の差分で抽出する方法</td></tr>
<tr><td rowspan="7">基礎データ</td><td rowspan="2">使用する資料</td><td colspan="2">空中写真</td><td colspan="2">数値標高モデル（DEM）</td></tr>
<tr><td>米軍撮影</td><td>国土地理院等</td><td>国土地理院
（1/25,000 地形図から作成）</td><td>国土地理院，国交省，林野庁等
（航空レーザ測量利用）</td></tr>
<tr><td>画像例</td><td>
出典：国土地理院撮影の空中写真（1946 年撮影）</td><td>
出典：国土地理院撮影の空中写真（1975 年撮影）</td><td>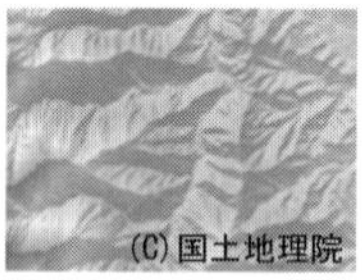
出典：国土地理院
（https://fgd.gsi.go.jp/download/ref_dem.html）</td><td>（画像イメージは同左）</td></tr>
<tr><td>撮影時期</td><td>1945～1957 年</td><td>1957 年頃～</td><td>—</td><td>2008 年頃～</td></tr>
<tr><td>撮影頻度，入手頻度</td><td colspan="3">1～10 年に 1 回程度</td><td>新規計測時に取得</td></tr>
<tr><td>縮尺
［解像度］</td><td colspan="2">1/10,000～1/40,000</td><td>1/25,000
（10 m メッシュ）</td><td>1/1,000 程度
（1 m メッシュ）</td></tr>
<tr><td>入手・検索先</td><td colspan="3">国土地理院 HP 等</td><td>航空レーザ測量データポータルサイト</td></tr>
<tr><td rowspan="3">解析</td><td>概要</td><td colspan="2">①空中写真から DEM を作成し，標高変化範囲を抽出
②衛星画像等により盛土等の可能性がない箇所を除外</td><td colspan="2">①既存の DEM を重ね合わせ，標高変化箇所を抽出
②衛星画像等により盛土等の可能性がない箇所を除外</td></tr>
<tr><td>解析画像例</td><td colspan="2">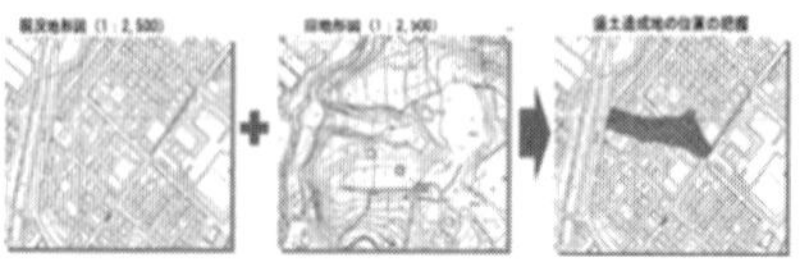</td><td colspan="2">
出典：盛土の可能性のある箇所の概略的な抽出について～デジタルマップの 2 時期比較で抽出～（国土交通省報道発表資料）</td></tr>
<tr><td>抽出精度</td><td colspan="2">高さ規模：±0.6～4 m
（面積：3,000 m² 以上）</td><td>高さ規模：5 m
（面積：3,000 m² 以上）</td><td>高さ規模：1 m
（面積：500 m² 以上）</td></tr>
<tr><td colspan="2">メリット</td><td colspan="2">・比較的古い年代に撮影されており，過去まで遡っての抽出が可能</td><td>・盛土の総点検の際，提供された DEM 差分図を用いる場合は，比較的安価に抽出が可能</td><td>・DEM の精度が高い</td></tr>
<tr><td colspan="2">デメリット</td><td colspan="2">・空中写真の測量作業や DEM 差分図の作成が必要であり，作成費用が高額
・比較的標高誤差や水平誤差が生じやすく，抽出精度に課題がある</td><td>・比較的標高誤差や水平誤差が生じやすく，抽出精度に課題がある</td><td>・別途 DEM 差分図の作成とこれに伴う費用が必要
・データの整備期間が限定的</td></tr>
<tr><td rowspan="2">適用性</td><td>規制区域指定前に行われた盛土等</td><td>△
・比較的古い年代まで遡っての抽出が可能
・抽出精度に課題がある</td><td>△
・比較的古い年代まで遡っての抽出が可能
・抽出精度に課題があるが米軍撮影の空中写真よりも精度は良い</td><td>○～△
・盛土の総点検の際，提供された DEM 差分図を用いる場合は，比較的安価に抽出が可能
・抽出精度に課題がある</td><td>△
・抽出精度は高いが費用に課題がある</td></tr>
<tr><td>規制区域指定後に行われた盛土等</td><td>—
（該当する空中写真なし）</td><td>△
・規制区域指定後の空中写真がある場合は利用可能</td><td>△
・規制区域指定後に作成された場合は利用可能</td><td>△
・抽出精度は高いが費用に課題がある</td></tr>
<tr><td colspan="2">その他条件</td><td colspan="2">・DEM 差分図を作成せず，個別に植生の変化等に着目して盛土等を抽出することも考えられる</td><td colspan="2">—</td></tr>
</table>

表 3-5-4　衛星画像の種類と解析手法[7)]（一部修正）

調査方法		画像の色調や反射性状の変化で抽出する方法		
基礎データ	使用する資料	衛星画像		
		光学衛星画像（無償）	光学衛星画像（有償）	SAR 画像
	画像例	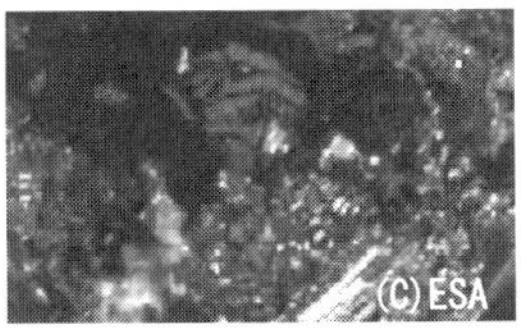 出典：欧州宇宙機関	画像イメージは 販売機関サイト等で確認可能	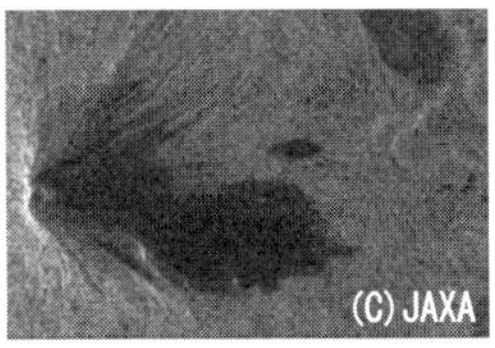 出典：宇宙航空研究開発機構
	撮影時期	2006 年～ 衛星名：ALOS/AVNIR-2 等	1999 年～ 衛星名：SPOT6，7 等	2014 年～ 衛星名：Sentinel-1
	撮影頻度，入手頻度	5 日に 1 回程度	1 日 1 回	12 日に 1 回
	縮尺［解像度］	［10 m］	［数 m～数 10 cm 程度］	—
	入手，検索先	衛星画像販売権保有機関から購入		
解析	概要	①色調が変化した箇所を抽出 ②衛星画像等により盛土の可能性がない箇所を除外		①画像の散乱強度が低下した箇所を抽出 ②衛星画像等により盛土の可能性がない箇所を除外
	解析画像例	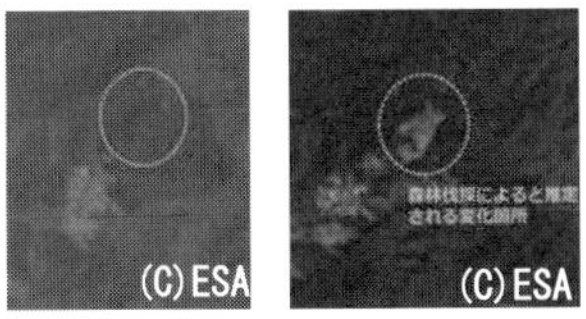 出典：欧州宇宙機関	画像イメージは同左 （分解能は良い）	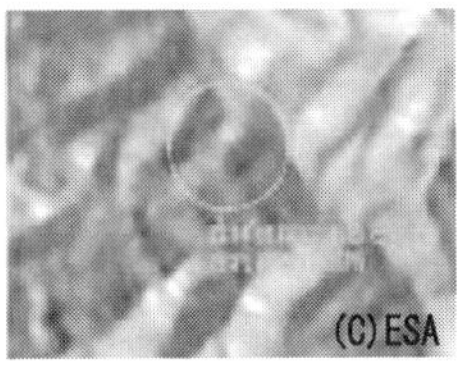 出典：欧州宇宙機関
	抽出精度	面積：1,000 m^2 以上	面積：500 m^2 以上	面積：1,000 m^2 以上
メリット		・広域を比較的簡易，安価に抽出可能	・広域を比較的簡易に抽出可能 ・抽出精度が高い	・広域を比較的簡易，安価に抽出可能
デメリット		・画像購入費用が必要 ・画像の撮影時期が限定的	・画像購入費用が必要	・斜面勾配等の地形や方位等の条件により抽出困難な場合あり ・画像の撮影時期が限定的 ・画像購入費用が必要
適用性	規制区域指定前に行われた盛土等	△ ・広域を簡易，安価に抽出可能 ・精度は有償画像に劣る	△ ・画像購入費用が必要	× ・広域を比較的簡易，安価に抽出可能 ・条件により抽出困難な場合あり
	規制区域指定後に行われた盛土等	○～△ ・広域を比較的簡易，安価に抽出可能 ・精度は有償画像に劣る	○～△ ・範囲を限定することで，費用を抑えて精度よく盛土等の抽出が可能	△～× ・広域を比較的簡易，安価に抽出可能 ・条件により抽出できない場合がある（レーダから照射されるマイクロ波が斜面の陰になる場合は錯乱強度が得られない等）
その他条件		・地被条件を合わせるため同じ季節での比較が必要		—

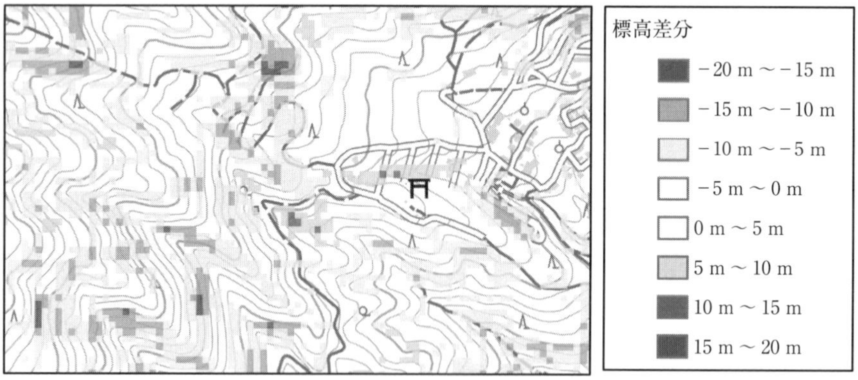

カラー版

図 3-5-4　標高差分図の例[14) をもとに作成]
（国土地理院公開 DEM データを活用して作成）

地形データによる盛土等の抽出における留意点は以下のとおりである。

精度の目安[7)]

・地形データは，作成年度，種類ごとに異なった精度を持ち，標高差分図も精度の差を含んだものとなる。異なる地形データを組み合わせた場合の標高値の精度の目安は，右の **2 次元コード**に示されている。新旧の地形データの相違から盛土等の抽出精度が低くなる場合もあり，造成年代の概略把握はできても，盛土幅や厚さ等の抽出数値に誤差が生じることに注意が必要である。
・当然のことであるが，旧地形データの作成時前に造成された盛土は，標高差分での盛土抽出は不可能である。
・造成年代が古い盛土等箇所を精度良く抽出する場合に，古い航空写真をもとに写真図化により地形データを作成する方法もあるが，費用・時間を要する。

2）空中写真による抽出

図 3-5-5 に，新旧空中写真の比較による土地利用の変化に着目した盛土抽出事例を示す。標高差分により土地造成等の可能性が考えられる箇所について，撮影時期の異なる空中写真を対比・確認することで，盛土等の存在を確定づけることができる。空中写真による抽出における留意点として，技術者の主観による盛土箇所の抽出漏れや誤抽出の防止のため，空中写真だけでなく色別標高図などを用いて精度検証を行うことが挙げられる。

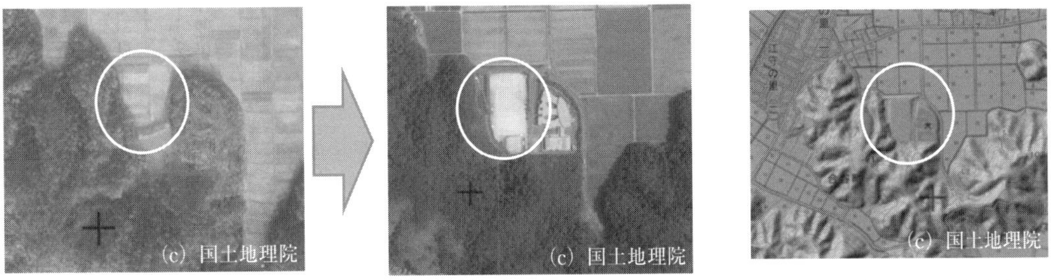

a）1970年空中写真　　b）2020年空中写真　　c）色別標高図による盛土地形

図 3-5-5　a)，b）空中写真の比較による地形および土地利用変化状況[15]（一部修正），
c）同位置の色別標高図による盛土地形の抽出[16]の色別標高機能を用いて作成

カラー版は
こちら

３）衛星データによる抽出

およそ2000年以降に造成された盛土等については，衛星データの画像を活用して，土地利用・植生変化を把握することで盛土等の可能性箇所の抽出が可能である。衛星データには光学衛星画像，合成開口レーダー（SAR）画像があり，**表 3-5-4** にそれらの種類と解析方法を示す。

光学衛星画像による土地利用・植生変化の例を**図 3-5-6** に示す。光学衛星画像は無償・有償のものがあり，無償のものは入手が容易であるものの，画像の撮影期間・頻度が限定的で精度が劣る場合があるため留意が必要である。一方，有償のものは，精度よく色調変化をとらえることができ，費用面で高価となるが抽出精度を高める必要がある場合は有効である。**図 3-5-7** に光学衛星画像，地形データ（DEM）および空中写真の整備状況と精度を示す。

合成開口レーダー（SAR）画像を活用し，２時期の画像色調の変化から，地形や地表面の状態が変化した箇所を抽出する方法や，２時期の画像の干渉解析を行い地表面の変動をとらえる方法もある。このような２時期の微小な相対的な変位を把握する特徴を活用して，盛土の変動

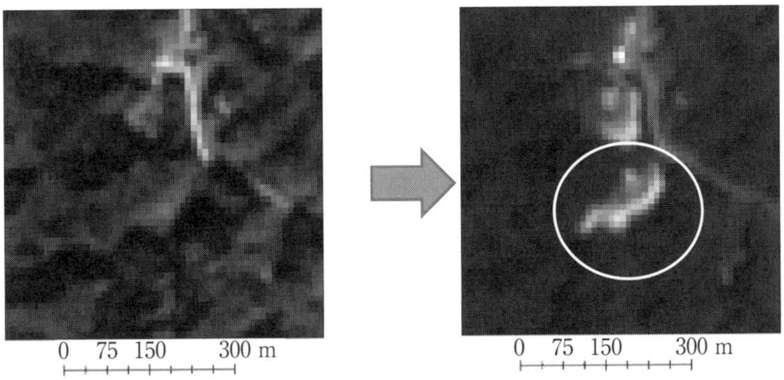

白丸部が森林伐採，土地改変が行われた形跡を衛星画像により確認された箇所の例
（盛土もしくは切土が行われた可能性を有する箇所として抽出される）

図 3-5-6　光学衛星画像による土地利用・植生変化の例（解像度 10 m）

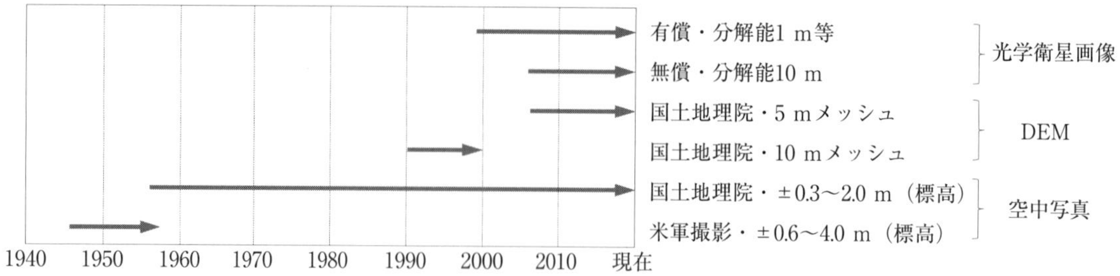

図 3-5-7　光学衛星画像等の整備状況と精度の目安[7)]

監視手法としても検討されている。

衛星データによる盛土等の抽出における留意点を以下に示す。

・光学衛星画像を用いる手法は，地表面の土地利用・植生変化を把握し，盛土等の可能性がある箇所を間接的に推定する手法である。盛土箇所の特定にあたっては，新旧の光学衛星画像の比較や，標高差分データと合わせて検証するのが望ましい。

・合成開口レーダー（SAR）画像を用いる手法は，衛星より照射されるマイクロ波が地表面からの反射強度の違いによって土地被覆状況などの変化を想定する手法であり，反射強度の差異が必ずしも盛土等によるものだけではないことに留意する必要がある（近年では災害時の崩壊地や土砂による河道閉塞箇所のように明らかに土地被覆状況が異なる箇所の抽出確認に活用されている）。

（3）盛土等の位置の把握

一覧表の例[7]

抽出した盛土等の位置情報等を整理し，一覧表および位置図を作成する。右の**2 次元コード**に一覧表の例を示す。一覧表には，盛土等の所在地のほか，適宜面積や造成年代等を記載する。位置図は，盛土等の位置や周辺の地形等の状況を把握できるよう，適切な精度をもって作成することを基本とする。**図 3–5–8** に位置図の例を，おおよその範囲を示す場合（左図）と盛土等の位置をポイントで表示する場合（右図）として示しているが，盛土等の規模も把握できるよう左図のように示すことが望ましい。**表 3–5–5** は，盛土等のタイプに応じた位置図の凡例である。

盛土等の位置の把握における留意事項としては，継続的な盛土の管理や公開用資料の作成を考慮することであり，互換性のあるデータ（KML ファイルやシェープファイル，タイル地図画像等）とすること，GIS を活用した座標管理を行うことが推奨される。

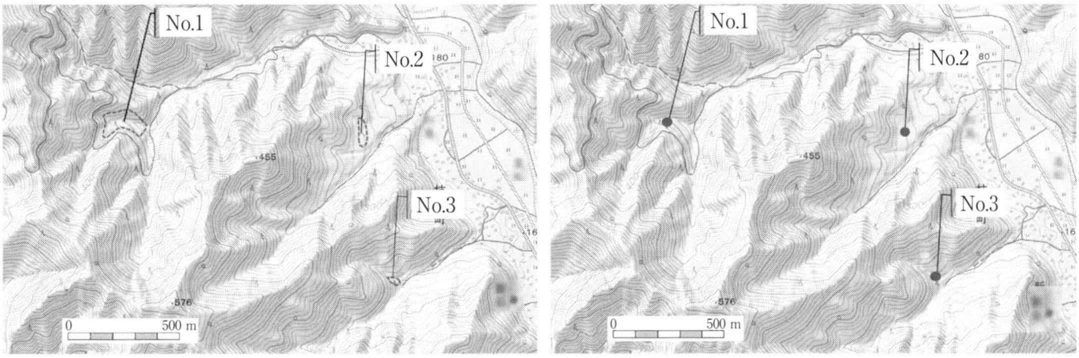

図 3–5–8　盛土等の位置図例[7]

表 3–5–5　盛土等のタイプを区別する場合の位置図凡例[7]

盛土等のタイプ	区域境界	区域内	イメージ
谷埋め盛土	黒色	R155 G255 B155	
腹付け盛土	黒色	R155 G155 B255	
平地盛土	黒色	R155 G255 B255	
切土	黒色	R255 G255 B155	

2. 安全性把握調査における地盤調査

抽出された既存盛土のうち，保全対象との離隔，盛土の変状の有無等の指標に基づき，安全性把握調査が必要とされた盛土等を対象に，地盤調査，安定計算を行い，崩壊のおそれがある盛土等を判断・抽出する。この際，学識経験者等を交えた検討が望ましいとされている[7)]。地盤調査を適切に行うことは，盛土の安全性を的確に評価する上での重要課題である。ここでは，地盤調査計画の基本事項を述べ，各調査方法の適用と留意点を示す。

（1）地盤調査計画の基本事項

地盤調査は，ボーリング，サウンディング，物理探査を組み合わせて計画・実施することが盛土の分布，土質特性を的確に把握する上で有効な調査計画の基本事項である。特に計画時の情報が少ない段階で，調査の重要ポイントである調査測線，ボーリング位置の設定を行う場合に，物理探査を先行実施し，事前に盛土特性を概略把握することで適切な調査測線およびボーリング位置の設定に活用することができる。

東北地方太平洋沖地震によって被災した盛土造成地の検証では，物理探査の一つである表面波探査による S 波速度 200 m/s 以下の範囲と被災盛土の変形範囲が良く一致していることが確認されている[17)]。表面波探査は，盛土の滑動崩落に寄与する盛土内の脆弱部を検出し，安全性を的確に評価する上で効果的であり，現地条件や探査深度および求める精度等への適応性を検討した上で，積極的な活用を推奨する。

① 調査測線の設定

地盤調査計画を立てるために，まず調査測線を設定する。調査測線とは，盛土崩壊の主な運動ブロックの中心部で運動方向に設定する測線であり，この測線断面において安定計算を行う。調査測線は，原地盤の地形や現在の盛土等の地形を考慮して設定するが，原地盤の地形が不明瞭であったり，複雑な盛土層が想定される場合等は，物理探査を先行して実施し，盛土厚の分布を概略把握した上で調査測線を配置する。

② ボーリング調査位置の設定

ボーリング調査位置は，調査測線沿いを基本とし，盛土厚が最も厚い箇所，湧水が分布し飽和度が高いと想定される箇所，脆弱な土質の分布が想定される箇所等を考慮し，また，盛土の材料特性が明らかに異なる場合はそれぞれに調査位置を配置する。当然のことながら，ボーリング着手前に盛土内部の状態は未知であり，ここにおいても，事前に物理探査を実施し，盛土の特性を概略把握した上でボーリング調査位置を設定することはきわめて有効である。なお，当該盛土が軟弱な粘性土や緩い砂地盤上に位置し，基礎地盤を含む崩壊が想定される場合は，すべり面が想定される深さまで基礎地盤の土質も調査する。

③ ボーリング，サウンディング，物理探査の組合せ

予算，工期および盛土上の建築物等による作業実施上の制約等がある中で，盛土の分布，土質特性を的確に把握するためにボーリングとサウンディングを組み合わせることが有効である。加えて，ボーリングおよびサウンディングは点の情報であるため，物理探査による2次元の情報を併用し，点の情報を補間することが有効である。

（2）地盤調査の計画と実施

図 3-5-9 に示す地盤調査計画例をもとに，調査計画および調査実施上の留意点を以下に示す。

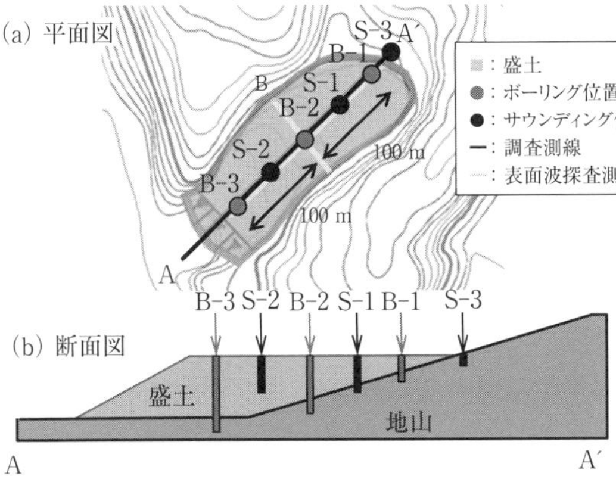

地点No.	ボーリング（m）				標準貫入試験（回）	サンプリング（本）	地下水観測孔設置（m）
	本孔，孔径 φ66 mm，オールコア			別孔 φ116 mm ノンコア			
	礫まじり土（盛土）	軟岩（基礎地盤）	計	礫まじり土（盛土）			
B-1	5	2	7	5	7	1	—
B-2	8	2	10	8	10	2	10
B-3	10	2	12	10	12	2	12
計	23	6	29	23	29	5	22

図 3-5-9　地盤調査計画例（左：イメージ図，右：計画数量）[7]（一部修正）

①　調査測線とボーリング，サウンディングの配置

図 3-5-9 の例では，調査測線（A-A′）において，盛土の想定厚さも考慮し，盛土上部・中央部・下部のそれぞれ1箇所，計3箇所（B-1，B-2，B-3）の調査ボーリングを計画している。これを補完する目的で，サウンディングを3箇所（S-1，S-2，S-3）配置し，S-3は盛土範囲外に設定している。盛土幅が広い場合や，周辺の地形状況から盛土下面の形状が複雑であると想定される場合は，調査ボーリングやサウンディングを調査測線と直行方向に配置し，横断方向の盛土性状を確認することも必要である。

②　物理探査（表面波探査）の適用

図 3-5-9 の例では，調査測線沿いおよび測線と直交方向に，表面波探査を2測線（測線A，B）配置し，調査ボーリング，サウンディングの点の情報を面の情報に拡張する計画としている。主な物理探査手法を**表 3-5-6** に示す。先述のとおり，表面波探査は盛土と地山の境界分布，盛土内部の脆弱部を検出する手法として適用性が高い。表面波探査の適用上の留意点は次のとおりである。

ア．盛土と地山の強度差が大きい場合に，盛土・地山境界が把握しやすい。軟弱地盤上の盛土のように強度差が小さい場合や深さ方向で強度が逆転する（下位の地層が上位よりも強度が低い）場合は，土層の境界情報はとらえにくい可能性がある。

イ．物理探査全般に共通するが，探査によって得られる地盤の物性値分布（表面波探査の場合S波速度分布）には誤差が含まれるため，盛土の土質分布と対応させるためのボーリング結果とのキャリブレーションは必要である。

ウ．表面波探査の探査深度は15 m程度である。これよりも盛土厚が厚い場合は，表面波探査と微動アレイ探査の併用，あるいは最近実用化されている3次元微動アレイ探査の適用が考えられる。3次元微動アレイの概要を**図3-5-10**に示す。小型の受振器を地表面上に多数配置し，15～30分程度の短時間の測定を行うことで，地盤の3次元のS波速度構造を推定することができる。深度20m程度までであれば受振器を密に配置することで盛土・地山の境界深度の推定精度が向上できる[18]。

表3-5-6　盛土地盤への適用が考えられる物理探査[19]をもとに作成

手法	適　用
表面波探査	S波速度構造をもとに盛土と地山の境界， 盛土内部の脆弱部を検出する方法として適用性が高い
電気探査 （比抵抗二次元探査）	帯水層，地下水の飽和領域を把握する場合
微動アレイ探査	S波速度構造をもとに盛土と地山の境界を検出する。 三次元微動アレイ探査法も実用化されている。
弾性波探査（屈折法）	盛土と地山の境界，切土のり面の構造把握等において比較的大規模な場合。 発破震源を必要とする。

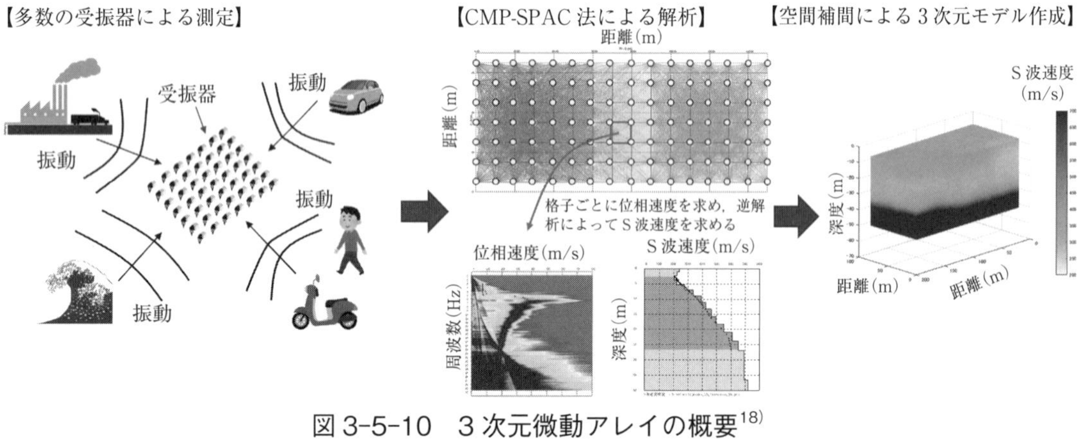

図3-5-10　3次元微動アレイの概要[18]

③　オールコアボーリング（半ペネ・半コア）の重要性

盛土等の土質は一様でない場合が多く，ノンコアボーリングではなくオールコアボーリングによって連続的に土質観察を行い，盛土の土質性状を適切に把握することが重要である。**図3-5-9**の例においても，ボーリング本孔はオールコアかつ標準貫入試験（半ペネ・半コア）を計画している。また，大規模盛土の第二次スクリーニングのほとんどでオールコアボーリング（半ペネ・半コア）が適用されている。**表3-5-7**にノンコアボーリングとオールコアボーリングの比較を示す。コア採取は撹乱の大きいシングルコアチューブではなく，ロータリー式スリーブ内蔵二重管サンプラー（JGS 1224）を用いる必要がある。

表 3-5-7　ノンコアボーリングとオールコアボーリング（半ペネ・半コア）の比較

	ノンコアボーリング	オールコアボーリング（半ペネ・半コア）
深度1m区間 作業概要 積算の仕方	ボーリング作業：予備打ち 15 cm／本打ち 30 cm 試料採取／後打ち 5 cm／ノンコア 50 cm 積算：標準貫入試験 1回／ノンコアボーリング 1 m	ボーリング作業：予備打ち 15 cm／本打ち 30 cm 試料採取／後打ち 5 cm／オールコア 試料採取 50 cm 積算：標準貫入試験 1回／オールコアボーリング 1 m
土質観察試料の採取率	30% 程度	80% 程度
得　失	・深度1mにつき，土質観察できる試料は30cmに留まり，不均質な盛土の状態，含水の変化，弱層の分布など詳細に把握できない（見落としが懸念される）。	・深度1mのおおむね全体に土質観察ができ，盛土の性状を的確に把握できる。
その他	・事後観察は土質標本のみで行う	・採取コアはコア箱に収納

＊　半ペネ・半コア：標準貫入試験（Standard Penetration Test）を通称「ペネ」と呼ぶことから，深度区間1mの上部50cm標準貫入試験・下部50cmコア採取のことを「半ペネ・半コア」と呼ぶ。

④　別孔ボーリングによるサンプリングの重要性

図 3-5-9 に示されるとおり，サンプリングは別孔にて行う必要がある。別孔サンプリングは，大規模盛土の第二次スクリーニングのほとんどで適用されている。その理由は，盛土の滑動崩落等は盛土と地山の境界付近だけでなく，盛土内の脆弱部においても発生することが確認されており[17]，よって，安定計算では**図 3-5-11** に示すように，「盛土全体」として盛土と地山の境界面だけでなく盛土内部を通るすべり面を想定し，また，「ひな壇部分」では一段から複数段を通るすべり面を検討することとしている[7]。したがって，ボーリング本

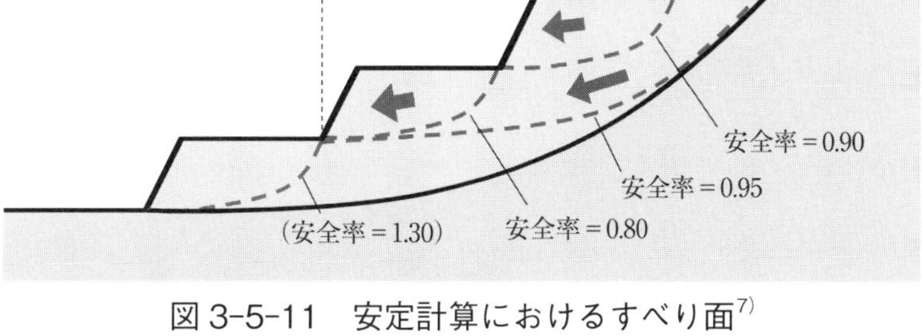

図 3-5-11　安定計算におけるすべり面[7]

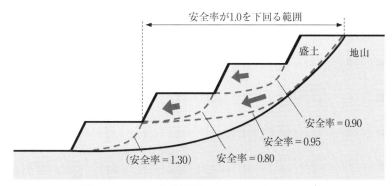

孔であらかじめ盛土内の土質性状を把握し，強度や締まり具合が相対的に低い部分，すなわち，すべり面を想定する脆弱部を狙って別孔サンプリングを行うことが大変重要である。

なお，盛土下位の基礎地盤に軟弱な粘性土や液状化が懸念される砂質土が分布し，基礎地盤を通るすべり面を想定した安定検討が必要となる場合は，これらのサンプリングも実施する。

⑤　地盤に適したサンプリング法の選定

計画段階では，あらかじめ盛土の土質を想定し，対応するサンプリング法（サンプラー）を選定するが，盛土地盤は不均質で礫質土・砂質土・粘性土が混在するため，ボーリング本孔で確認した土質性状に基づき，改めて適切なサンプラーを選定することが，試料品質を確保する上で重要となる。盛土の安定計算を行う上で，サンプリングされた試料の品質は大変重要であり，品質が劣る（乱れが大きい）試料は，地盤の強度を過小評価し，実態と合わない（常時において不安定となるような）安定計算結果となりかねない。

盛土調査におけるサンプラーの選定の目安を**表 3-5-8** に示す。不均質な盛土地盤においてはロータリー式三重管サンプラー（JGS 1223）が多用される。ロータリー式三重管サンプラーの技術的な留意点を《参考》に示す。

盛土材料のばらつきが大きく，乱れの少ない試料採取が困難な場合には，盛土の含水比，湿潤密度を測定し，乱した試料による締固め試験によって盛土の締固め度を確認した上で，これらの条件に近い状態で室内試験の供試体を作成する方法もある[7]。

表 3-5-8　盛土調査におけるサンプラーの選定の目安

土質	主な性状	適用可能なサンプラー	ボーリング孔径（mm）
粘性土	比較的均質 N 値 0～4 程度	固定ピストン式サンプラー（JIS A 1232：2023）	水圧式の場合 116
	比較的均質 N 値 4～8 程度	ロータリー式二重管サンプラー（JGS 1222）	116
	比較的均質 硬質（N>8 程度）	ロータリー式三重管サンプラー（JGS 1223） ロータリー式二重管サンプラー（JGS 1222）	116
	不均質で砂分を多く含む	ロータリー式三重管サンプラー（JGS 1223）	116
砂質土	緩い～中位の締まり具合，礫の混入は少ない	ロータリー式三重管サンプラー（JGS 1223）	116
礫まじり土，非常に不均質な盛土	緩い～密	高品質サンプラーを適用することが望ましい （例：GS サンプラー，GP サンプラー）	116

《参考》ロータリー式三重管サンプラーに関する技術的な留意点

ア．硬さが中位以上（N>4 目安）の粘性土では，ロータリー式二重管サンプラー（JGS 1222）を別途準備することがよい。この理由は，ロータリー式三重管サンプラーの構造（**図 3-5-12**）が関係する。本サンプラーはシューの内径とライナーの内径が異なるため，サンプリング時にシュー内部を通過した試料は，ライナー内部で応力が開放されることとなり，状況によっては試料が泥水と接触し，試料の品質低下を招く可能性がある。このような場合に備えて，ロータリー式二重管サンプラー（JGS 1222：内径に段差がなく一様）を別途準備することがよい。

イ．礫の混入が多い場合には礫質土に対応可能な高品質サンプラーの適用が推奨される。この理由もサンプラーの構造（**図 3-5-12**）が関係する。サンプリング時に先端シューが地盤に先行して圧入されるため，礫が存在すると先端シューが礫にあたり，試料を乱してしまう可能性がある。また，礫径が大きい場合は先端シューが貫入できず，結果として試料採取ができなくなる。このため，礫質土に対しては，ロータリー式三重管サンプラーではなく，礫質土に対応可能な高品質サンプラーの適用が推奨される。高品質サンプラーとしては，GS（ジーエス）サンプラー，GP（ゲルプッシュ）サンプラーなどが礫質土をはじめとする従来のサンプリング方法で困難であった土質に対応し良好な成果を上げている[21]。

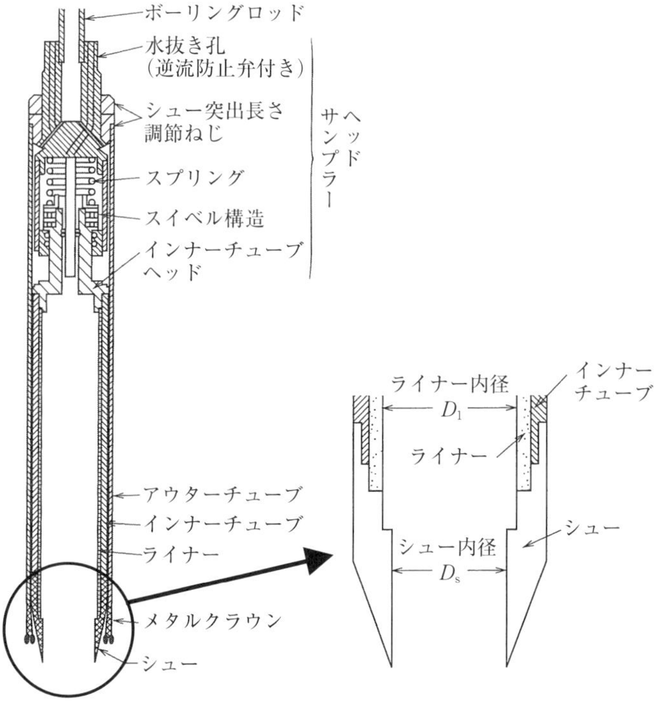

図 3-5-12　ロータリー式三重管サンプラー[20]（一部修正）

⑥　適切なサウンディング方法の選定

主なサウンディング方法を**表 3-5-9** に示す。盛土地盤への適用性が高いのは，動的コーン貫入試験である。得られる N_d 値は N 値との相関が良く，ボーリングと組み合わせて盛土の性状を全体的に把握する上で有効である。

静的貫入試験は可搬性が良く，面的な調査が可能となる利点があるが，盛土が不均質で礫の混入などがある場合は貫入不能となり，また，調査深さにも限度があるため，適用できる土質が限定される。粘性土を主体とする場合など，盛土の状況に応じて適用を検討する必要がある。スクリューウエイト貫入試験は N 値への換算が行われるが，土質が不均質な盛土においてはその精度は良くない。

表 3-5-9　サウンディング方法[7) をもとに作成]

区分	サウンディング方法	規格・基準	適　用	
動的貫入試験	動的コーン貫入試験	JIS A 1230：2018	岩盤，締まった砂礫を除くほぼすべての地盤	盛土および基礎地盤の硬軟・締まり具合を求める場合
	簡易動的コーン貫入試験	JGS 1433：2012	粘性土・砂・風化地山	人力で表層付近の強度特性や締まり具合を求める場合
静的貫入試験	スクリューウエイト貫入試験	JIS A 1221：2020	主に粘性土地盤	盛土や基礎地盤の締まり具合を補完して求める場合
	機械式コーン貫入試験	JIS A 1220：2013		盛土や基礎地盤の土質構成・土質定数を求める場合
	ポータブルコーン貫入試験	JGS 1431：2012		人力で表層付近の強度特性や締まり具合を求める場合
	電気式コーン貫入試験	JGS 1435：2012		盛土や基礎地盤の物理・力学特性，透水性等を求める場合

⑦　地下水位測定の重要性と留意点

地下水位は安定計算の結果に大きく影響することから，地下水位を正確に確認することは重要である。一方，盛土の土質は不均一で地下水は宙水であることも多く，面的に連続した地下水位面を把握することが難しいという問題がある。このような状況において，可能な限り地下水位を正確に把握するために，以下に留意する必要がある。

ア．調査ボーリング時には，無水掘削により初期水位を確認する。

イ．宙水の存在を踏まえ，ボーリング掘削を例えば 2 m ごとに止め，孔内洗浄した後の安定水位を測定し，これを深さ方向に繰り返す。これによって，宙水を逃すことなく確認し，地下水位を適切に反映した安定計算を行う。

ウ．砂質土が深さ方向に連続する場合は，現場透水試験を実施し平衡水位を確認する。

エ．業務期間中にボーリング孔を地下水位観測孔とし，自記式水位計による連続地下水位観測を実施し，地下水位を季節変動も含めて把握する（大規模盛土の第二次スクリーニングでは，多くの場合実施されている）。ここで注意することは，測定したい盛土の深度のみ観測孔（例：塩ビパイプVP50）にスクリーンを設け，それ以外の深度は遮水構造とする必要がある。特に，盛土と基礎地盤の双方にスクリーンを設けると，どこの地下水を測定しているのか判断がつかなくなるので注意が必要である。

⑧　三軸試験による強度定数の設定に関する留意点

サンプリングで採取した試料を用いて三軸圧縮試験を行い，安定計算に用いる盛土の強度定数を設定する。ここでの留意点は，次の2点である。

ア．三軸圧縮試験の試験条件

三軸圧縮試験は，土質に応じて試験条件を選択する必要がある。粘性土系の場合には圧密非排水（CU）三軸圧縮試験，砂質土系の場合には圧密排水（CD）三軸圧縮試験，判断がつかない場合には，間隙水圧を測定する圧密非排水（CUB）三軸圧縮試験を実施する[7)]。判断がつかない場合とは，中間土のことを指していると推察される（**表3-5-10**参照）。

イ．粘性土の三軸圧縮試験による強度設定

粘性土に適用する圧密非排水（CU）三軸圧縮試験結果の整理方法および強度定数の設定方法は，実務では必ずしも統一されておらず，ガイドライン[7), 8)]においても言及されていない。したがって，安定計算の実施に先立ち，強度定数の設定方法について受発注者間での協議が必要であり，安全性把握調査が複数年度に継続する場合や複数工区で異なる受注者が同時に調査を実施する場合は，統一的な考え方を定めておく必要がある。

圧密非排水（CU）三軸圧縮試験結果の整理方法について，**図3-5-13**および**表3-5-11**

表3-5-10　（参考）中間土の区分[22)] をもとに作成

粘性土	細粒分 Fc≧50%
中間土	砂分 50～80%
砂質土	砂分≧80%

＊　一般に砂分が50%より多い土を砂質土とするが，砂分50～80%のものは砂質土と粘性土の中間的な性質を示し，その強度評価は難しく慎重に行うこととされている。

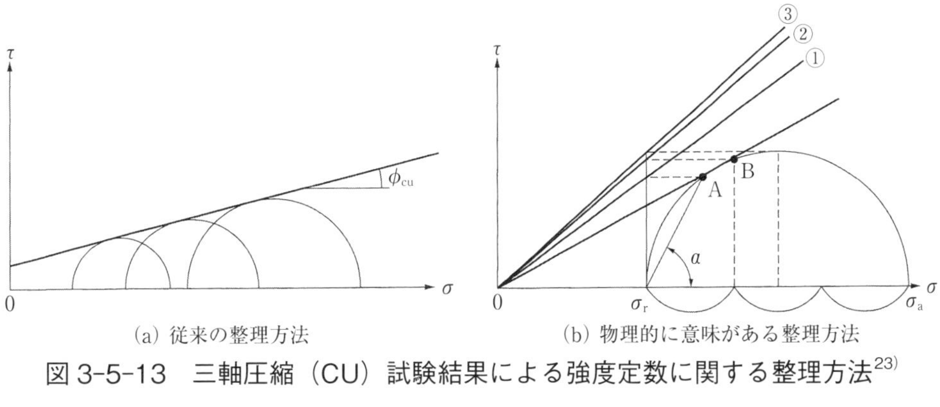

図3-5-13　三軸圧縮（CU）試験結果による強度定数に関する整理方法[23)]

を示す。従来は，モール・クーロンの破壊基準を適用し，**図 3-5-13**（a）のように強度定数 c_{cu}，ϕ_{cu} を求めてきた。

一方，**図 3-5-13**（b）および**表 3-5-11** に示すように，物理的に意味のある ϕ_{cu} を求める 3 つの方法（①～③）が示され，②の方法が推奨されるとともに，従来のモール・クーロンの破壊基準による方法は否定されている。これまでの実務において，盛土の非排水条件での安定計算に用いる c_{cu}，ϕ_{cu} の求め方は，設計者の判断によって**図 3-5-13**（a）の従来の方法，**図 3-5-13**（b）の②の方法のどちらかが用いられているが，『地盤材料試験の方法と解説』[23] の記述に従うのであれば，**図 3-5-13**（b）の②の方法を用いることになる。

表 3-5-11　三軸圧縮（CU）試験結果による強度定数に関する整理方法[23] をもとに作成

方法	内　容	適用性
①	モール円上でせん断面を表す点 A を，圧密圧力 σ_r の真上にもってきて，これを連ねて線を引く	理論的には正しいが，試験供試体のせん断面の角度 α を求めることは難しく，実務に適用することは困難
②	モール円の直径 $(\sigma_a-\sigma_r)_{max}$ を 3 等分し，原点に近い 3 等分点の真上の点 B を σ_r の真上に持ってきて，これを連ねて線を引く	推奨される方法 理論的に正しいとされる①の方法に対する誤差も小さいと考えられる
③	モール円の頂点の縦距離，すなわち $(\sigma_a-\sigma_r)_f/2$ を σ_r の上にとり，これを連ねて線を引く	危険側の強度を与えることが懸念される

3.5.3　調査実施上の留意点

1.　特記仕様書について

特記仕様書（案）

既存盛土等分布調査の特記仕様書（案）は，右の **2 次元コード**より参照可能である。既存盛土の安全性把握調査（地盤調査，安定計算）の実施主体は，原則として土地の所有者，管理者等であるが，災害発生の切迫性等により都道府県が安全性把握調査業務を発注することも想定される。この場合，安全性把握調査の実施内容は，大規模盛土における第二次スクリーニングとほぼ同じであることから，第二次スクリーニング業務の特記仕様書を参考にすることができる。ここで，安全性把握調査業務の実施上の留意点として，発注計画および積算に着目し，以下に示す。

2.　安全性把握調査の実施上の留意点

安全性把握調査の実施項目は，おおむね**表 3-5-12** に示すとおりである。この中で，積算の観点も含め，特に留意すべき事項を以下に示す。

（1）計画準備に関する積算上の留意点

計画準備では，**表 3-5-12** の①～⑤を行うが，これらに要する作業量は，業務対象の盛土規模，関係機関の多少等により変動し，実状に応じた積算が必要である。計画準備は業務計画書の作成に留まらず，地盤調査等の作業計画を的確に立案し，業務全体を円滑に進める上で重要な事項を含んでいる。造成宅地である場合も含め地域住民への説明と理解（リーフレット等の作成と説明会の実施），地中埋設物・架空線調査，道路管理者，警察等との協議・許可申請等の関係機関との協議は必須である。また，開発関連図書等の既存資料の内容を現地踏査による照合も踏まえて理解し，盛土構造と土質特性評価に反映することは，適切な地盤解析と安全性評価を行う上できわめて重要な作業となる。

（２）地盤調査，地下水位観測に関する積算上の留意点

盛土等の安全性評価は学識経験者を交えて検討されるため，学識経験者の判断に資する質・量を確保した地盤調査の実施が求められる。（第二次スクリーニング業務においても学識経験者による検討会に基づき滑動崩落可能性の判断がなされている）。

これに対応し，調査ボーリングにおけるオールコアボーリング，別孔サンプリングの必要性，ならびに物理探査（表面波探査）を適用することの有効性は，**3.5.2 2. 安全性把握調査における地盤調査**に示したとおりであり，発注計画・積算時の留意事項である。また，地下水位は安定計算の結果に強く影響することから，地下水位を正確に確認するため，第二次スクリーニングでは業務期間中にボーリング孔を地下水位観測孔とし，自記式水位計による連続地下水位観測を実施している。安全性把握調査においてもこの手法を踏襲することが望ましく，この場合，ボーリング孔を利用した水位観測孔の設置・水位観測・観測孔の閉孔を計画・積算に見込むこととなる。

表 3-5-12　安全性把握調査の実施項目

(1)　計画準備
①業務計画書の作成
②既存資料の収集・整理取りまとめ
③現地踏査
④関係機関協議資料作成
⑤関係機関打合せ協議
(2)　地盤調査
(3)　室内土質試験
(4)　地下水位観測
①地下水位観測孔の設置
②地下水位観測・資料整理
③地下水位観測孔の閉孔および表層の復旧
(5)　変状定期観察
(6)　地盤解析業務・安定計算
①地盤特性検討
②２次元斜面安定解析
(7)　地盤調査取りまとめ
①安全性評価の取りまとめ
②対策工必要性の検討
(8)　学識経験者等参加による検討会の設置運営
(9)　打合せ協議
(10)　既存盛土等カルテの更新
(11)　報告書作成

なお，地下水位観測孔の残置および観測期間については，業務の設計変更の対象としてあらかじめ見込んでおくことがよいと考えられる。その理由として，盛土等の安全性評価においては地下水位の季節的な変動を把握することが望ましいこと，さらに対策工事が必要とされた場合に地下水排除工を適用したときの効果確認（水位低下の確認）として地下水位観測孔が活用できることが挙げられ，地下水位観測孔の残置および観測期間については，現地条件等も踏まえ柔軟に対応することが望ましい。

《参考文献》

1）国土交通省，農林水産省，林野庁：盛土等の安全対策推進ガイドライン，宅地造成及び特定盛土等の規制法の施行に当たっての留意事項について（技術的助言）別添３，2023
2）国土交通省，農林水産省，林野庁：盛土等防災マニュアル，宅地造成及び特定盛土等の規制法の施行に当たっての留意事項について（技術的助言）別添５，2023
3）国土交通省，農林水産省，林野庁：基礎調査実施要領（規制区域指定編）の解説，2023
4）広島県，鳥取県，鳥取市，福島県（区域指定は西郷村，矢祭町），大阪府，豊中市，高槻市，牧方市，八

尾市，寝屋川市，東大阪市，神戸市，呉市，福山市ホームページ，2024.11.30 閲覧
5）国土交通省，農林水産省，林野庁：基礎調査実施要領（規制区域指定編），宅地造成及び特定盛土等の規制法の施行に当たっての留意事項について（技術的助言）別添 1，2023
6）国土交通省，農林水産省，林野庁：盛土規制法施行時に発出するガイドライン等の全体像，盛土等防災対策検討会（第 6 回）資料 2-2，2023
7）国土交通省，農林水産省，林野庁：盛土等の安全対策推進ガイドライン及び同解説，2023
8）国土交通省：大規模盛土造成地の滑動崩落対策推進ガイドライン及び同解説，2015
9）国土交通省：盛土造成地の安全対策を加速します！，報道発表資料，2021
10）国土交通省：宅地防災マニュアル，宅地造成等規制法の施行にあたっての留意事項について（技術的助言）別添 2，2019
11）宅地防災研究会：第三次改訂版 宅地防災マニュアルの解説，ぎょうせい，2022
12）盛土等防災研究会：盛土等防災マニュアルの解説，ぎょうせい，2023
13）国土交通省・農林水産省・林野庁：基礎調査実施要領（既存盛土等調査編），宅地造成及び特定盛土等の規制法の施行に当たっての留意事項について（技術的助言）別添 2，2023
14）国土交通省国土地理院：基盤地図情報ダウンロードサービス　基盤地図情報数値標高モデル，https://fgd.gsi.go.jp/download/menu.php，2024.11.30 閲覧
15）国土交通省国土地理院：地図・空中写真閲覧サービス，https://mapps.gsi.go.jp/，2024.11.30 閲覧
16）国土交通省国土地理院：地理院地図，https://maps.gsi.go.jp/，2024.11.30 閲覧
17）門田浩一・佐藤成・東郷智・金子俊一朗・本橋あずさ：盛土造成地の地すべり的変形の発生要因を考慮した安定解析モデルの構築方法，地盤工学ジャーナル，Vol.17，No.2，2022
18）小西千里：3 次元微動アレイ探査による支持層・基盤深度の推定，基礎工，Vol.52，No.3，2024
19）全国地質調査業協会連合会：ボーリングポケットブック，オーム社，2023
20）地盤工学会：地盤調査の方法と解説，2013
21）利藤房男・野村英雄：サンプリングの極意 4．砂・砂礫のサンプリング，地盤工学会誌，Vol.66，No.6，2018
22）国土交通省港湾局監修：港湾の施設の技術上の基準・同解説，日本港湾協会，2018
23）地盤工学会：地盤材料試験の方法と解説，2020

3.6　ため池防災

既設ため池の耐震にかかわる地質調査は，レベル1地震動に対する耐震設計を行うため，2000年2月に『土地改良耐震設計指針「ため池整備」』[1)] が具体的な方法として規定され，耐震対策が進められてきた。その後，2011年3月11日に東北地方太平洋沖地震が発生し，東北3件を中心にため池の甚大な被害が発生した。この地震被害の教訓を踏まえて，レベル2地震動を考慮した土地改良施設の耐震強化を推進する観点から，2015年5月に『土地改良事業設計指針「ため池整備」』[2)] が改定された。

主な改定点は，人命尊重の観点から重要度の高いため池ではレベル2地震動に対する耐震診断を行うこと，同診断を行う際には地震時の堤体の強度低下を評価できる解析手法で照査すること，すべり安全率ではなく堤体天端の沈下量で耐震性を診断すること，などである。

ここでは，仕様規定が前提となっているレベル1地震動と性能規定が導入されたレベル2地震動に区分して，地質調査の目的や内容等について記載する。

3.6.1　地質調査の目的

地震動レベルと設計区分および耐震診断の方法の関係を整理すると**表3-6-1**のようになる。液状化判定による耐震診断は地震動レベルに関係なく実施するが，堤体の安定性の評価に関しては異なる方法で耐震診断を行うのが特徴的である。

表3-6-1　地震動レベルと設計区分および耐震診断方法

地震動レベル	設計区分	耐震診断の方法
レベル1地震動	仕様規定	すべり円弧による安定解析（震度法） 液状化判定（簡易法）
レベル2地震動	性能規定	堤体天端沈下量の算定 （塑性すべり解析，動的変形解析） 液状化判定（簡易法）

1.　レベル1地震動（仕様規定）

地質調査は，安定解析や液状化判定等に必要となる地盤情報を得ることを目的として実施する。これらの診断では，堤体内の地下水位に関する調査も実施する。また，後述するレベル2地震動にも共通するが，押え盛土や地盤改良といった耐震対策が計画されている場合には，それらについても可能な範囲で地質調査を行う。

2.　レベル2地震動（性能規定）

地質調査は，地震時の天端沈下量を求める塑性すべり解析や動的変形解析および液状化判定等に必要となる地盤情報を得ることを目的として実施する。また，堤体内の地下水位に関する調査も実施する。

3.6.2　調査計画・内容

照査する地震動レベルと設計に必要な地質調査の項目を整理すると**表3-6-2**のようになる。

表3-6-2　地震動レベルと主な地質調査

地震動レベル	主な地質調査	
レベル1地震動	現地調査	標準貫入試験，現場透水試験，乱れの少ない試料採取，地下水位測定
	室内土質試験	土粒子の密度試験，含水比試験，粒度試験，液性限界・塑性限界試験，湿潤密度試験，三軸圧縮試験（CUB条件）
レベル2地震動	現地調査	標準貫入試験，現場透水試験，乱れの少ない試料採取，地下水位測定，PS検層，密度検層・孔径（キャリパー）検層
	室内土質試験	土粒子の密度試験，含水比試験，粒度試験，液性限界・塑性限界試験，湿潤密度試験，三軸圧縮試験（CUB条件），繰返し非排水三軸試験，変形特性を求めるための繰返し三軸試験，繰返し＋単調載荷試験

1.　レベル1地震動

ボーリング調査の平面および断面配置の例を**図3-6-1**～**図3-6-2**に示す。

（1）ボーリング位置および本数

ボーリングの位置および本数は，堤体最大断面の中央（①）と上下流のり面1カ所ずつ（②③）の計3カ所が標準的な配置となる。

（2）ボーリング調査深度

調査深度は，基礎地盤からおおむね5mまたは堤高相当の深さのいずれか浅い方を標準とする。ただし，地盤種別を判別するため，ボーリング①において洪積層よりも古い地層まで調査することもある。また，ボーリング調査時に堤体内の地下水位を把握するとともに，地下水位を把握した時点でのため池水位も併せて確認しておくとよい。

（3）原位置試験

堤体材料を対象とした標準貫入試験や現場透水試験等の原位置試験を実施する。後者の現場透水試験は，堤体材料の種類や堤体内地下水位の深さに応じて適切な方法を選定する必要がある。

（4）乱れの少ない試料採取

乱れの少ない試料採取は，後述する三軸圧縮試験の供試体試料を確保するために実施する。採取方法は，堤体材料の種類や地下水位の深さに応じて適切な方法を選定する必要がある。

（5）室内土質試験

室内土質試験は，すべり円弧による安定解析や堤体の液状化判定等を実施するために実施する。後者の液状化判定は主に物理試験，前者の安定解析は物理試験に加えて三軸圧縮試験（CUB条件）を計画する。

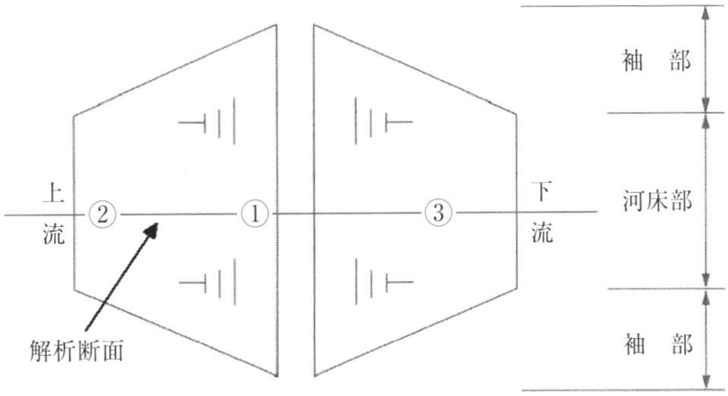

図 3-6-1　ボーリング調査の平面配置例[2)]（一部修正）

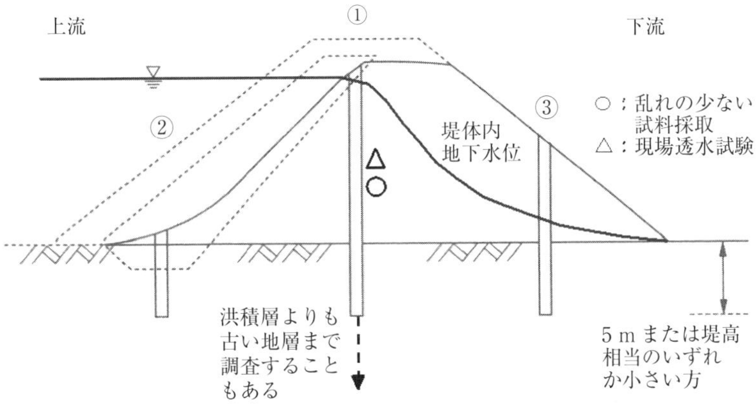

図 3-6-2　ボーリング調査の横断配置例[2)]（一部修正）

2.　レベル２地震動

レベル２地震対応の地質調査は，前述した地質調査のほかに，塑性すべり解析や動的変形解析等に必要な項目を実施する必要がある。

（1）ボーリング位置および本数

図 3-6-3 に示すとおり位置や本数の基本的な考え方はレベル１地震動と同じである。

（2）ボーリング調査深度

塑性すべり解析に先立ち実施する地震応答解析や動的変形解析等では，工学的基盤面をモデル化する必要があるため，ボーリング①において工学的基盤を把握できるまでの調査深度を計画する。

（3）原位置試験

堤体材料を対象とした標準貫入試験や現場透水試験等の原位置試験を実施する。後者の現場透水試験は，堤体材料の種類や堤体内地下水位の深さに応じて適切な方法を選定する必要がある。

（4）PS 検層

PS 検層は，地震応答解析や動的変形解析等で設定する各層の初期せん断剛性（G_0）を求め

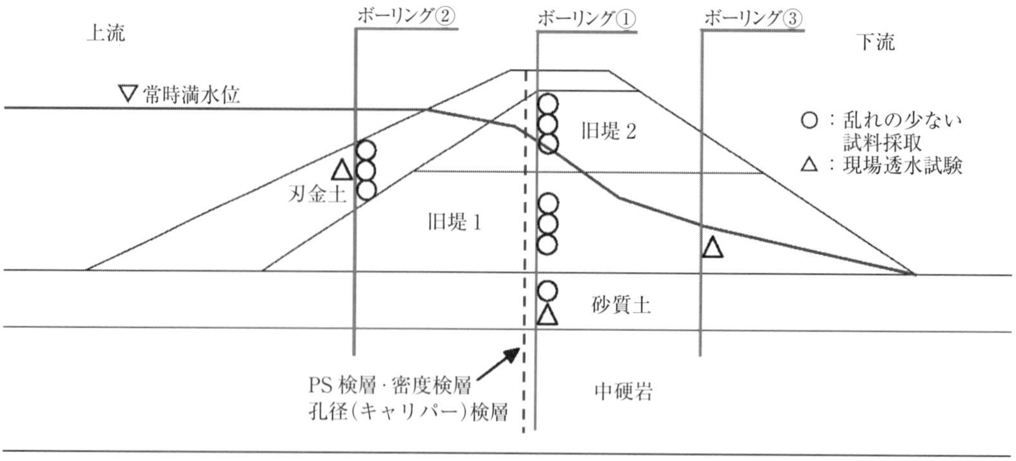

図 3-6-3　レベル 2 地震動対応の地質調査計画例

るため，原則として深度 1 m ごとに実施する。

（5）密度検層・孔径（キャリパー）検層

密度および孔径検層は，深さ方向の密度のばらつきを把握するために実施する。検層から求まる密度の深度分布図を参考にして，土質試験に供する再構成供試体の設計密度を設定する。

（6）必要試料採取量

レベル 2 地震対応の室内土質試験は，**表 3-6-3** に示すとおり数多くの試験供試体が必要となるため，同一層で複数の試料採取を実施する必要がある。

（7）乱れの少ない試料採取

乱れの少ない試料採取は，堤体材料の種類や地下水位の深さに応じて適切な方法を選定する必要があるが，必要供試体数の確保が困難な場合は乱した状態で試料採取する。

表 3-6-3　レベル 2 地震対応の土質試験と必要供試体数

試験項目	試験規格（地盤工学会）	必要供試体数
単調載荷試験（三軸圧縮試験）	JGS 0523	3 供試体
繰返し非排水三軸＋単調載荷試験	JGS 0541＋JGS 0523	4 供試体＋4 供試体
繰返し三軸試験（動的変形特性）	JGS 0542	1 供試体

（8）室内土質試験

室内土質試験は，液状化判定を行うための物理試験のほかに，**表 3-6-3** に示す三軸圧縮試験（CUB 条件）や繰返し＋単調載荷試験および繰返し三軸試験（動的変形特性）等を計画する。

（9）繰返し＋単調載荷試験（特記事項）

繰返し＋単調載荷試験の概念図を**図 3-6-4** に示す。前半で実施する繰返し非排水三軸試験は，地震による繰返し載荷過程で増加する損傷を算出するものであり，試験で得られた液状化曲線から両振幅軸ひずみ（D_A）ごとに損傷を定義するものである。一方，後半の単調載荷試験（三軸圧縮試験）は，損傷に伴って継続的に低下する非排水強度を算出するものであり，得られる強度特性（ϕ，c）と両振幅軸ひずみからなる強度低下特性（ϕ，c～D_A 関係）を作成する。

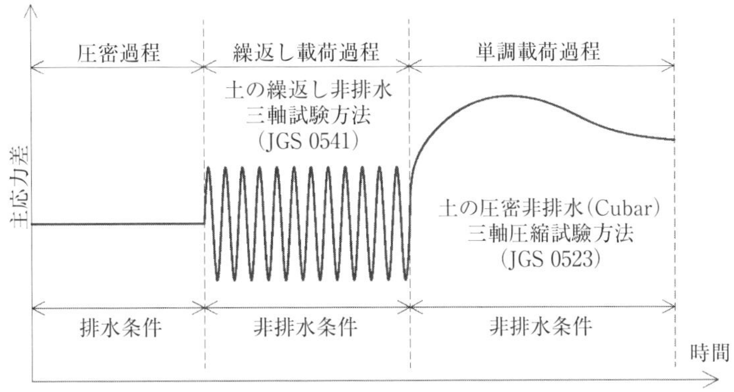

図 3-6-4　繰返し＋単調載荷試験の概念図

繰返し＋単調載荷試験の条件表を**表 3-6-4** に示す。

前半の繰返し載荷過程は，繰返し載荷から単調載荷へ移行する両振幅軸ひずみは 10% とし，繰返し三軸強度比（R_L）程度の応力振幅比（SR20）を決めて，両振幅軸ひずみが 1～7% 程度の複数段階で非排水状況下の単調載荷試験を実施する。

表 3-6-4　繰返し＋単調載荷試験の条件例

試験項目	試験規格（地盤工学会 JGS）	供試体 No.（ピース）	繰返し応力振幅（kN/m^2）	繰返し載荷から単調載荷へ移行する両振幅軸ひずみ D_A	得られる試験結果
繰返し非排水三軸試験 ＋ 単調載荷試験	JGS 0541 ＋ JGS 0523	試験 2-1	SR1	10%	損傷定義 SR-N 関係
		試験 2-2	SR2		
		試験 2-3	SR3		
		試験 2-4	SR4		
		試験 3-1	SR20 （試験 2-1～2-4 より決定）	7%	強度低下特性 ϕ～ε 関係
		試験 3-2		5%	
		試験 3-3		3%	
		試験 3-4		1%	

1）損傷定義の算出

繰返し非排水三軸試験結果の概念図を**図 3-6-5** に示す。損傷定義は，同図から得られる両振幅軸ひずみごとの相関式（$SR = aN^b + c$）を算出する。なお，繰返し非排水三軸試験は，可能な限り両振幅ひずみ 10% まで実施するのが望ましい。

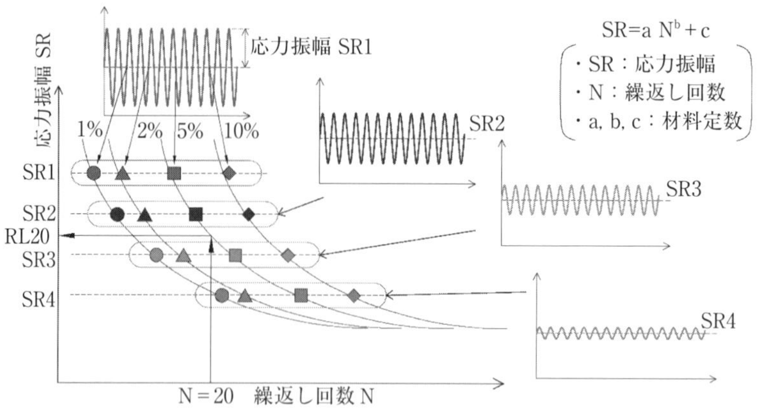

図 3-6-5　繰返し非排水三軸試験による損傷定義の概念図

2）強度低下特性の算出

強度低下特性は，**図 3-6-6** に示した概念図のように，両振幅軸ひずみ（D_A）ごとの非排水強度（ϕ，c）をプロットして作成する。この際に，繰返し載荷を行わない通常の単調載荷試験（三軸圧縮試験）の結果は，D_A＝0% として結果を整理する。なお，強度低下特性は，土質ごとに特性が異なるため，地下水位以深で強度低下が懸念される土層すべてに対して実施するのが望ましい。

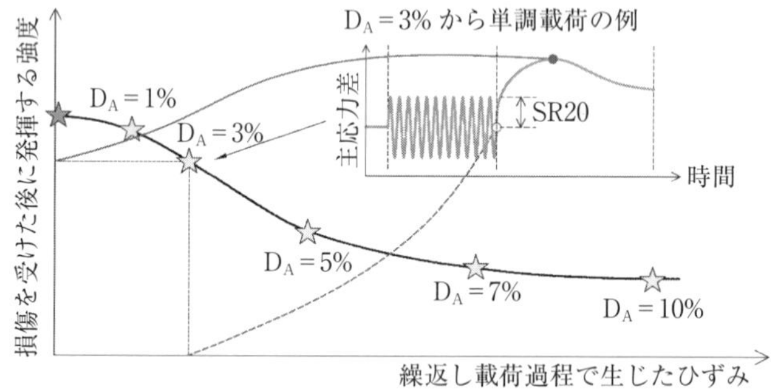

図 3-6-6　単調載荷試験による強度低下特性の概念図

3.6.3　調査実施上の留意点

1.　耐震性能照査の考え方

耐震性能照査は，**図 3-6-7** に示すように，地震動レベルで異なる方法が適用される。レベル 1 地震に対してはすべり円弧の安定解析が行われており，2015 年に公表されたため池整備の改定前と同じ考え方である。一方，レベル 2 地震に対しては 2 種類の堤体天端沈下量を算出する方法が推奨されており，業務ごとに採用される照査方法が異なる点に留意が必要である。

	円形すべり面スライス法	全応力動的応答解析＋塑性すべり解析	有効応力動的応答解析
概要	いくつかのすべり円弧を仮定し，その面に沿ってすべりを起こそうとする力とそれに抵抗する強さとの関係から安全率が最小となる円弧を探し，堤体が崩れるか否か判定する方法。	静的解析と同様にすべり円弧を仮定して解析するが，すべりの有無だけでなく，すべりの変位量まで算定する方法。すべりの塊を変形しない塊と見なして計算。	構造物，地盤を動力学的にモデル化し，解析する方法。
概念図	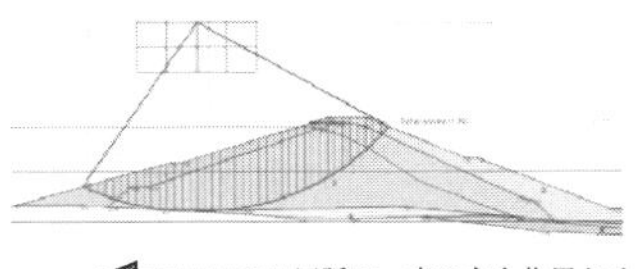	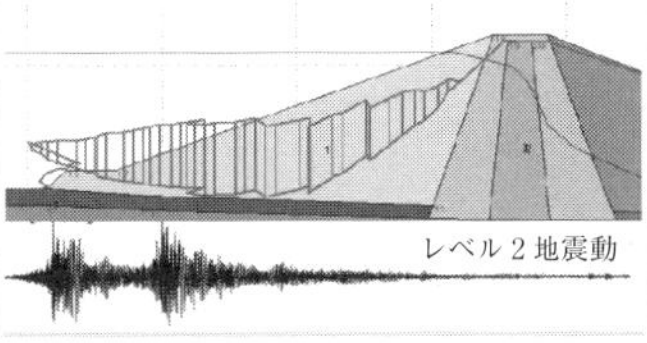	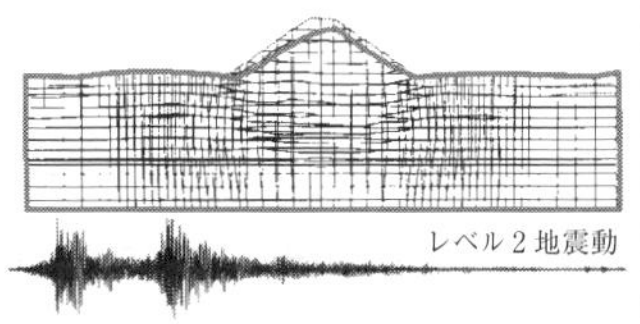
対象地震動	レベル1地震動	レベル2地震動	レベル2地震動
地震力	地盤の種類等に応じた固定値である設計震度を使用。設計震度は水平方向の静的な荷重であり，地震の継続時間，波形を考慮したものではない。	地震の強さは，地震の波形から求める加速度を基に地震時の応答解析を行い，堤体内各地点の時間ごとの水平加速度を算定。	同左
挙動の再現性	堤体の変位は算定できない	仮定したすべり円弧の変位量として算定される	堤体各部位の実際の現象に近い挙動が再現できる
経済性	高	中	低
地質調査	・コア採取 ・透水試験 ・標準貫入試験	円弧すべり面スライス法に加え ・PS検層・密度検層	同左
必要な土質調査	・密度試験，粒度試験，含水比試験 ・液性・塑性限界試験 ・土の締固め試験 ・透水試験 ・一軸圧縮試験 ・三軸圧縮試験 ・圧密試験	円弧すべり面スライス法に加え ・変形特性を求めるための繰返し三軸試験 ・繰返し三軸試験（液状化試験）＋単調載荷試験	円弧すべり面スライス法に加え ・変形特性を求めるための繰返し三軸試験 ・繰返し三軸試験（液状化試験）
強度低下	考慮しない	考慮可能	考慮する

図 3-6-7　地震動に対する耐震性能照査法[5)]

2.　設計計画のポイント

（１）重要度区分に応じた耐震照査手法

ため池は，人命やライフライン等への影響度に応じて重要度が区分されており，レベル２地震に対する耐震照査は重要度が最も高いAA種においてのみ適用される。このため，業務ではため池管理者が設定する重要度区分を確認した上で調査設計計画を策定する必要がある。

（２）設計地震動の作成

レベル２地震の耐震照査では，『国営造成農業用ダム耐震性マニュアル』[3)] や『大規模地震に対するダム耐震性能照査指針（案）・同解説』[4)] 等に準じて地震波形を作成する。このため，耐震照査においては，内閣府や地方自治体等が作成している地震波形や活断層に関する公開データを収集整理する点に留意が必要である。

《参考文献》

1）農林水産省構造改善局建設部設計課監修：土地改良事業設計指針「ため池整備」，農業土木学会，2000
2）農林水産省農村振興局整備部監修：土地改良事業設計指針「ため池整備」，農業農村工学会，2015
3）農林水産省農村振興局：国営造成農業用ダム耐震性能照査マニュアル，2012
4）国土交通省河川局：大規模地震に対するダム耐震性能照査指針（案）・同解説，2005
5）農林水産省：土地改良事業設計指針「ため池整備」の改定について，2015

第４章
地盤環境保全のための地質調査

第4章　地盤環境保全のための地質調査

4.1　水文調査

天体にかかわる現象を「天文」，人間に関する事柄を「人文」と呼ぶことがあるように，地下水や地表水などの「水」がかかわる現象のことを「水文」と呼ぶ。

このような「水」にかかわる現象を，「水循環」という大きな流れの中で地下水・地表水などの観測と総合的な解析によって解明し，建設工事や防災・環境問題に役立つ情報を提供するのが「水文調査」である。**図 4-1-1** に水循環の概念図を示す。

本節では，建設物を施工する際に実施すべき水文調査の内容や留意事項について発注者や若手技術者向けに記載する。水文に関する詳細な原理や検討方法・技術事項などについては，『改訂3版地質調査要領』（3.5 水文調査）や節末の参考文献を参照されたい。

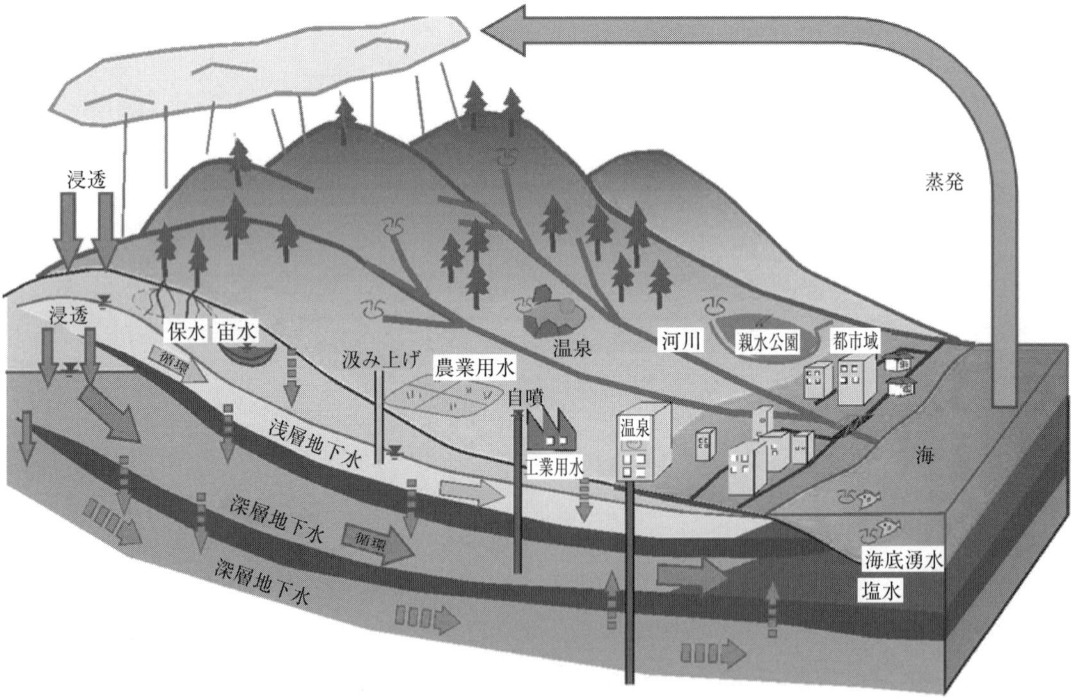

図 4-1-1　水循環の概念図[1]（一部修正）

建設工事による水文環境や水利用への影響を評価することを目的とした水文調査は，工事前から工事後にかけて定期的にデータを取得し，状況に応じた対策を随時講じていくため，**第2章 建設事業のための地質調査**や**第3章 維持管理・防災のための地質調査**の地質調査とは異なり，調査が長期間に及ぶことが特徴である。

水文業務の工期は，年度初めから年度末までの 1 年間で設定されることが多いが，近年は年度末の繁忙期に工期末が重ならないよう，発注時期をずらすなど工夫している発注機関が増えている。

4.1.1　調査の目的

建設事業では，工事に伴って周辺の地下水・湧水・表流水・池（以降，水源とする）などの流量（水量）や水質に影響が及ぶ可能性がある（図 4-1-2）。もし，地下水位の低下や地表水

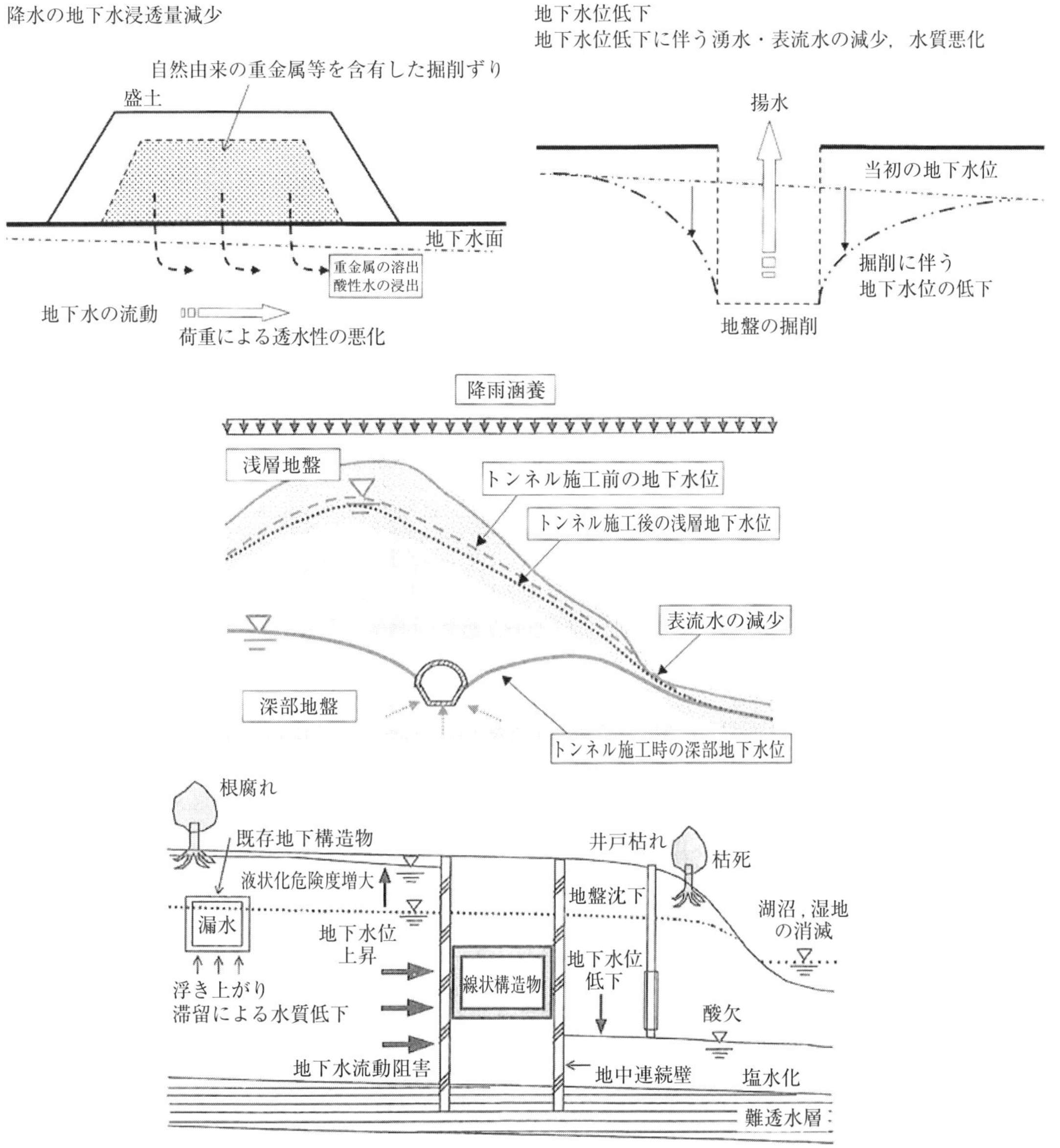

図 4-1-2　工事（盛土・掘削（切土や橋梁など）・トンネル・地下構造物）による地下水や表流水への影響[2), 3), 4)]（一部修正）

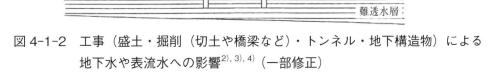

の流量減少が生じた場合には，事業者は水源の管理者（上水道・事業所・農家・住民など）に対して生じた損害についての補償や地盤沈下あるいは生態系に悪影響を及ぼさないように対策を講じなければならない。

水文調査業務は，地域の水文地質状況や水源の状態を把握した上で，工事前から工事後にかけて地下水位観測や表流水の流量観測などのモニタリングを行うことで，工事に伴う影響予測・評価，影響への対策を検討することが目的である。

4.1.2 調査計画・内容

1. 事業全体の水文調査および関連機関との対応（基礎知識）

（1）水文調査業務の全体的な流れは？

事業段階における水文調査の基本的な関係を**図 4-1-3** に示す。また，工事前から工事後の関係機関との対応および一般的な水文調査と積算項目を**表 4-1-1** に示す。これらの図表のとおり，事業段階によって異なった関連機関との対応や水文調査が必要となる。

一連の流れとしては，計画段階から維持管理段階にかけて水文調査を実施し，そのデータを用いて「影響予測」「影響対策検討」「影響評価」「補償対策検討」を行う。

（2）モニタリングとはどのようなものか

基本的なモニタリングは，1)～3）に示すとおり，井戸や観測孔の地下水位，河川・湧水・表流水の流量，水質を定期的に測定することである。モニタリング項目の選定方法については後述する。

1）地下水位観測

携行型水位計を用いて，基準点から水面までの高さを測定する（**図 4-1-4**）。長期的に連続して水位を調べる場合は，自記水位計という自動的に水位を記録する機器を使用する。

2）流 量 観 測

流量は単位時間に流れる水の量であり，単位は流量の大小に合わせて，リットル/分や m^3/s（秒）などで表す。測定の方法は，一般的に「塩分希釈法」「容器法」「断面法（流速計法）」「三角堰法」があり，流況に適した方法で測定する。

- 塩分希釈法：一般的に渓流などの乱流で使用する。上流側で食塩水を投入し，下流側で電気伝導度（EC）を測定することで，流量を算出する。
- 容器法：小規模で落差のある沢などで使用する。ストップウォッチで時間を計りながら，計量できる容器を用いて，流れてくる水の量を測定することで流量を算出する。
- 断面法（流速計法）：河床の起伏が少なく，水の流れが一様である河川で使用する。水路幅や水深を測定して断面を求めて，流速を測定することで流量を算出する。
- 三角堰法：水路幅が狭くて流量が比較的少ない場所で使用する。測定箇所に堰を設置して，越流深から堰公式を用いることで流量を算出する。

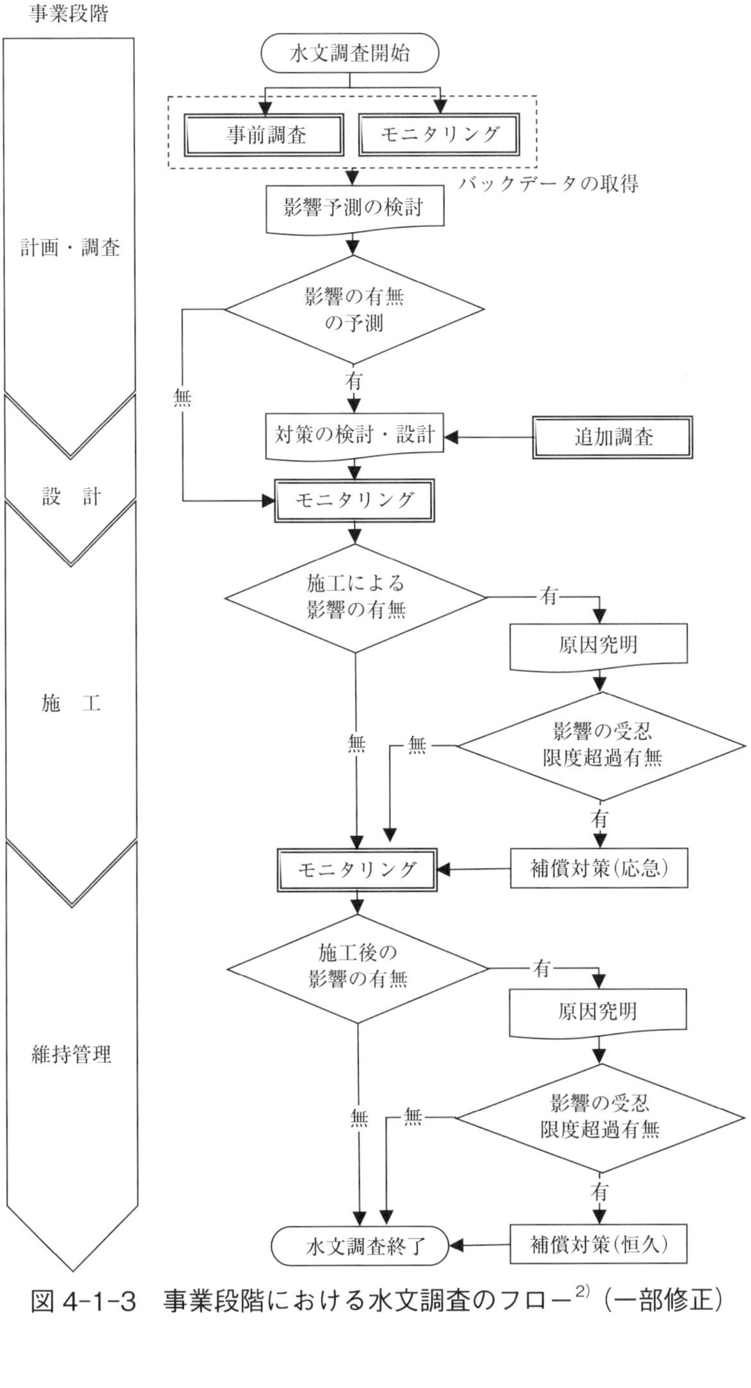

図 4-1-3　事業段階における水文調査のフロー[2)]（一部修正）

表 4-1-1　工事前・中・後の関係機関への対応および一般的な水文調査の内容と積算項目

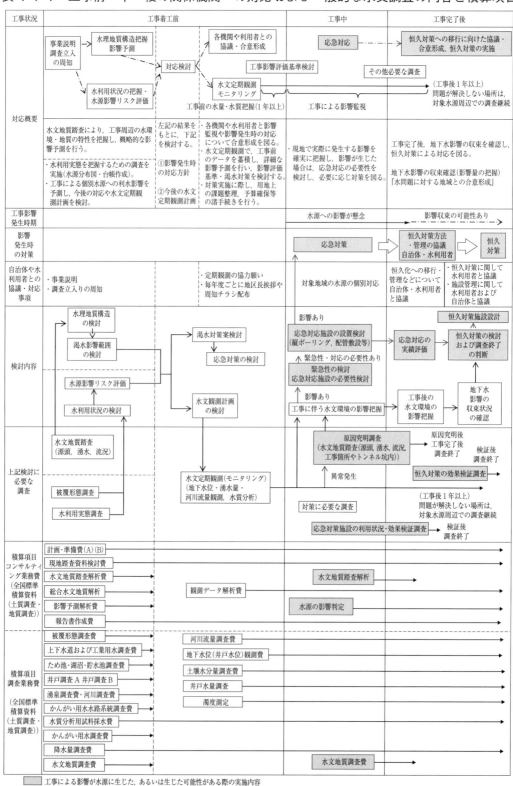

工事状況	工事着工前	工事中	工事完了後
対応概要	事業説明 調査立入の周知 → 水理地質構造把握 影響予測 事業説明 調査立入の周知 → 水利用状況の把握・水源影響リスク評価 → 対応検討 → 各機関や利用者との協議・合意形成 → 水文定期観測 モニタリング 工事前の水量・水質把握(1年以上)	応急対応 工事影響評価基準検討 その他必要な調査 工事による影響監視	恒久対策への移行に向けた協議・合意形成，恒久対策の実施 (工事後1年以上) 問題が解決しない場所は，対象水源周辺での調査継続
	水文地質踏査により，工事周辺の水環境・地質の特性を把握し，概略的な影響予測を行う。 ・水利用実態を把握するための調査を実施(水源分布図・台帳作成)。 ・工事による個別水源への利水影響を予測し，今後の対応や水文定期観測計画を検討。 左記の結果をもとに，下記を検討する。 ①影響発生時の対応方針 ②今後の水文定期観測計画 ・各機関や水利用者と影響監視や影響発生時の対応について合意形成を図る。 ・水文定期観測で，工事前のデータを蓄積し，詳細な影響予測を行い，影響評価基準・渇水対策を検討する。 ・対策実施に際し，用地上の課題整理，予算確保等の諸手続きを行う。	・現地で実際に発生する影響を確実に把握し，影響が生じた場合は，応急対応の必要性を検討し，必要に応じ対策を図る。	工事完了後，地下水影響の収束を確認し，恒久対策による対応を図る。 地下水影響の収束確認(影響量の把握) 『水問題に対する地域との合意形成』
工事影響発生時期		水源への影響が懸念	影響収束の可能性あり
影響発生時の対策		応急対策 ⇒	恒久対策方法・管理の協議 自治体・水利用者 ⇒ 恒久対策
自治体や水利用者との協議・対応事項	・事業説明 ・調査立入りの周知 ・定期観測の協力願い ・毎年度ごとに地区長挨拶や周知チラシ配布	対象地域の水源の個別対応	恒久化への移行・管理などについて自治体・水利用者と協議 ・恒久対策に関して水利用者と協議 ・施設管理に関して水利用者および自治体と協議
検討内容	水理地質構造の検討 → 渇水影響範囲の検討 水利用状況の検討 → 水源影響リスク評価 → 渇水対策案検討 → 応急対策の検討 → 水文観測計画の検討	工事に伴う水文環境の影響把握 影響あり → 緊急性の検討 応急対応施設の必要性検討 緊急性・対応の必要性あり → 応急対応施設の設置検討(縦ボーリング，配管敷設等) 影響あり	応急対応の実績評価 → 恒久対策の検討および調査終了の判断 → 恒久対策施設設計 工事後の水文環境の影響把握 → 地下水影響の収束状況の確認
上記検討に必要な調査	水文地質踏査(源頭，湧水，流況) 被覆形態調査 水利用実態調査 水文定期観測(モニタリング)(地下水位・湧水量・河川流量観測，水質分析)	原因究明調査(水文地質踏査(源頭，湧水，流況，工事箇所やトンネル坑内)) 異常発生 対策に必要な調査 応急対策施設の利用状況・効果検証調査	原因究明後 工事完了後 調査終了 検証後 調査終了 恒久対策の効果検証調査 (工事後1年以上) 問題が解決しない場所は，対象水源周辺での調査継続 検証後 調査終了
積算項目 コンサルティング業務費(全国標準積算資料(土質調査・地質調査))	計画・準備費(A)(B) 現地踏査資料検討費 水文地質踏査解析費 総合水文地質解析 影響予測解析費 報告書作成費 観測データ解析費	水文地質踏査解析 水源の影響判定	
積算項目 調査業務費(全国標準積算資料(土質調査・地質調査))	被覆形態調査費 上下水道および工業用水調査費 ため池・湖沼・貯水池調査費 井戸調査A 井戸調査B 湧泉調査費・河川調査費 かんがい用水水路系統調査費 水質分析用試料採水費 かんがい用水調査費 降水量調査費 水文地質調査費 河川流量調査費 地下水位(井戸水位)観測費 土壌水分量調査費 井戸水量調査 濁度測定	水文地質調査費	

（網掛け）工事による影響が水源に生じた，あるいは生じた可能性がある際の実施内容

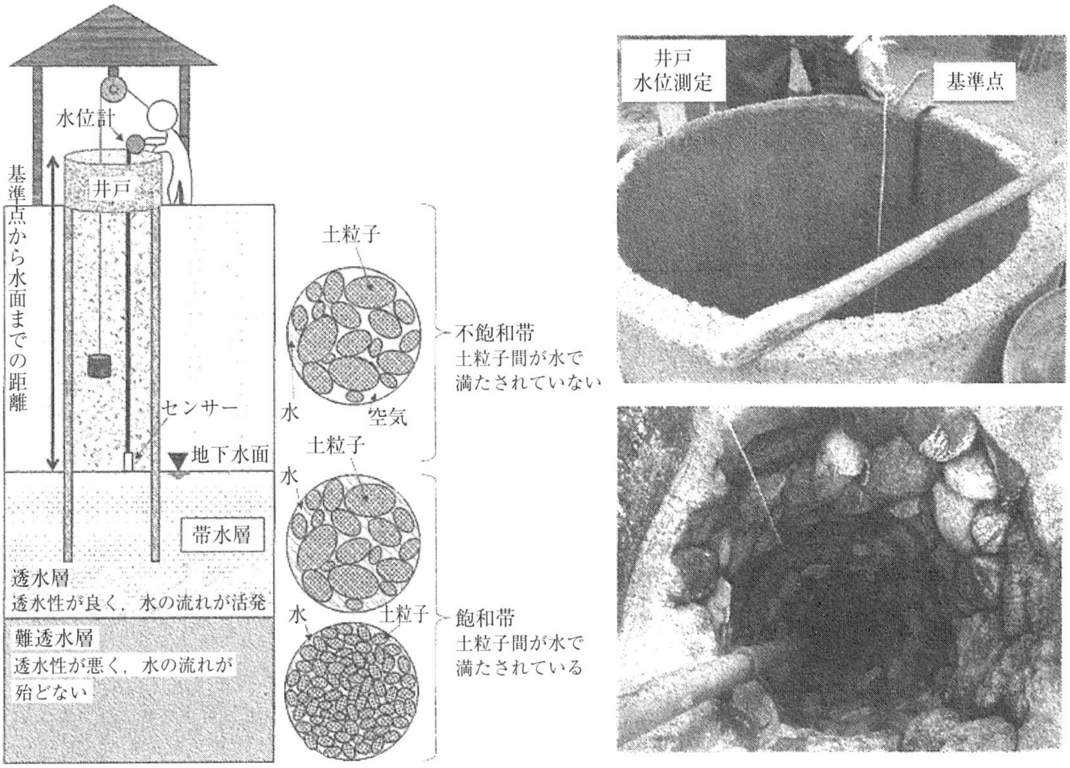

図 4-1-4　地下水位観測の概念図および写真[5)]

3）水質（簡易水質測定・室内水質分析）

① 簡易水質測定は，携帯型水質計を用いて現地で測定する。容易ですぐに測定ができ安価であるため，水位や流量観測時に併せて測定する。一般的に測定する項目は，水温や電気伝導度（EC）や pH であり，必要に応じて濁度，酸化還元電位（ORP），溶存酸素濃度（DO）を測定する。

② 室内水質分析は，現地で水（試料）を採取して，分析機関で分析する。分析項目は目的に応じて設定する必要があり，下記に示す代表的な基準や**表 4-1-2** を参照されたい。

ア．生活環境の保全に関する環境基準（環境省）
イ．水質汚濁に係る人の健康の保護に関する環境基準（環境省）
ウ．地下水の水質汚濁に係る環境基準（環境省）
エ．公共水域の水質汚濁に係る環境基準（環境省）
オ．排水基準（環境省）
カ．水道水質基準（厚生労働省）
キ．食品衛生法に基づく水質検査項目および基準（厚生労働省）
ク．農業用水基準（農林水産省）

表 4-1-2　水源の利用形態や環境負荷の監視などの参考とする水質分析項目

利用形態	参考とする分析項目
水道用	水道水質基準（51 項目），原水基準（39 項目）
飲用	飲用井戸等衛生対策要領（11 項目）
農業用	農業用水基準（9 項目）〔農林水産技術会議 1971 年〕
水産用	生活環境の保全に関する環境基準（5 項目）

環境負荷の監視	参考とする分析項目
工事排水・河川環境	水質汚濁に係る環境基準

原因究明など	参考とする分析項目
水質特性など	主要イオン，同位体など
涵養標高など	酸素・水素安定同位体，放射性同位体
地下水年代など	放射性同位体，溶存ガス

（3）工事影響の検討はどのように実施するのか？

工事前には，どの程度影響が広がるか予測し，あらかじめ工事影響の有無を評価する基準を設定するとともに，影響が生じた際の対応を検討しておく必要がある。**図 4-1-5** のようにステップを踏むことが一般的で，概略検討（定性的評価）から詳細検討（定量的評価）に移り，対策を検討する。

工事影響が生じたかどうかについては，モニタリングにより，地下水の水位や河川・湧水の流量データを蓄積し，「工事前データや周辺データとの比較」「気象状況」「工事工程との時系列関係」「水文地質的関連性」などを踏まえて影響評価を行う。

工事中に水位・流量が低下・減少したときの検討事例を**図 4-1-6** に示す。工事影響の有無を判断する基準値として工事前に蓄積したデータの基底値や最低値を設定することが多いが，その年の降水量によって水量の多寡があるため，気象の影響を取り除いて評価する必要がある。

気象を考慮しても水位や流量に低下・減少が認められる場合は，工事工程や水文地質的関連性を評価する必要がある。詳細な検討が必要な場合は，**図 4-1-7** のような影響解析を行う。**図 4-1-8** に主な解析方法を示す。

これらの解析の再現精度は，工事前のデータをいかに取得できているかが鍵となる。工事中や工事後の段階で，工事前のデータを取得しておけば良かったと後悔することも少なくないため，留意されたい。

（4）異常時（影響が生じた可能性あり）にどのような対応が必要か？

工事開始後に異常（影響が生じた可能性あり）を確認した場合，各関係機関は各々の問題に対応しなければならない。ここでは一例としてトンネル事業の発注者・工事業者・受注者の動きを**図 4-1-9** に示す。

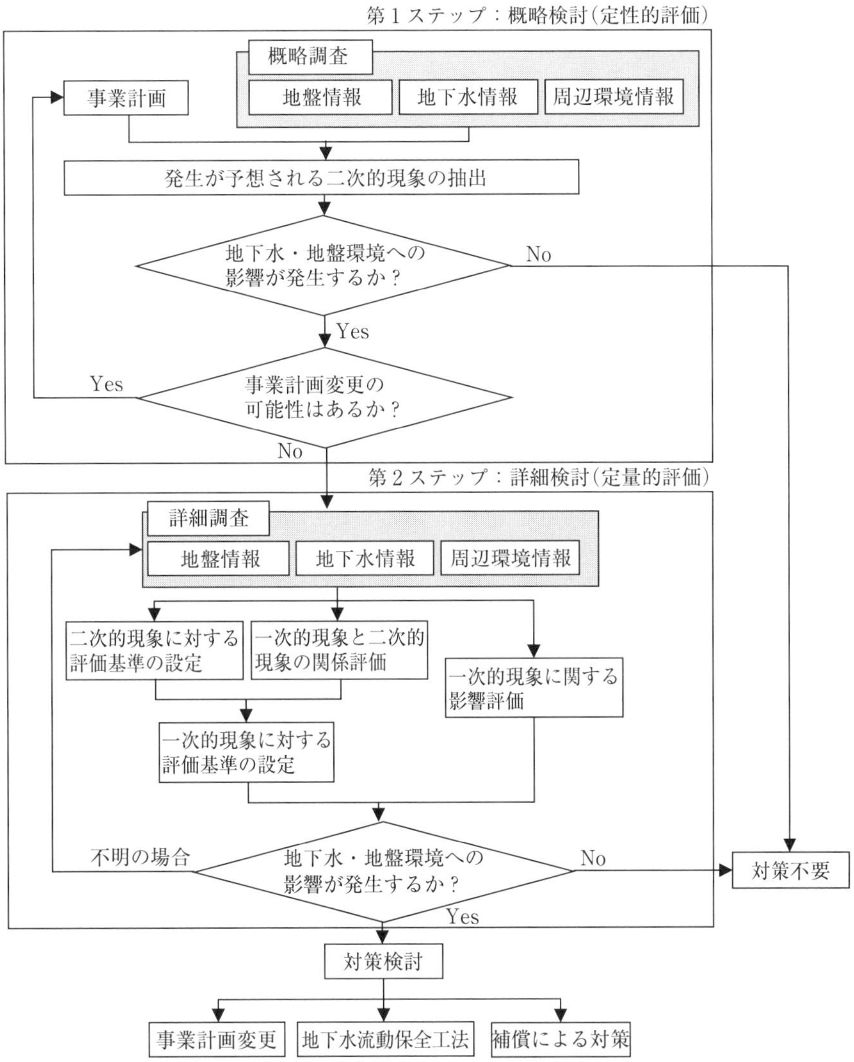

図 4-1-5　水文調査における影響評価の手法[6)]（一部修正）

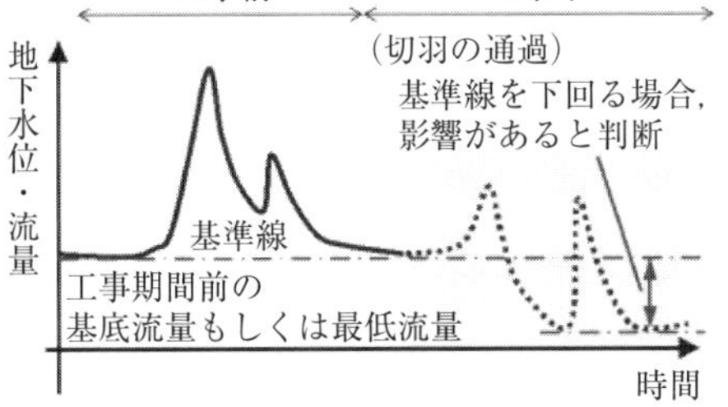

図 4-1-6　工事影響が生じた場合の地下水位・流量変動図

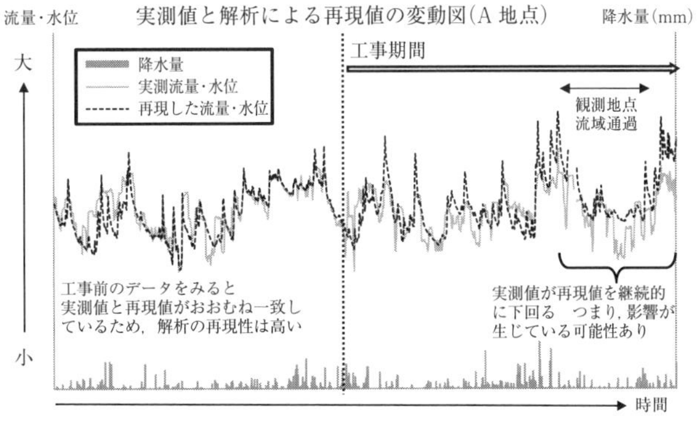

図 4-1-7　解析による影響検討例

<table>
<tr><td rowspan="2">手法</td><td colspan="3">工事前の流量・水位変動パターンの再現解析方法の概要</td></tr>
<tr><td>①シミュレーション解析を用いる方法</td><td>②タンクモデル解析を用いる方法</td><td>③多変量解析（重回帰分析）を用いる方法</td></tr>
<tr><td rowspan="2">概要</td><td>数値解析を用いて，流量・水位変動パターンの再現を行う。
流域全体の流量変動と降雨との応答を解析，透水係数や貯留係数等をパラメータとして，シミュレーションを実施することで再現。</td><td>タンクモデルを用いて，流量・水位変動パターンの再現を行う。
流量をタンクから流出する総量とし，タンクに設けた側面孔と垂直浸透孔の流出量および浸透量をパラメータとして再現。</td><td>回帰分析を用いて，流量・水位変動パターンの再現を行う。
降水量と流量の関係を近似的に表す関数を求めて再現。</td></tr>
<tr><td>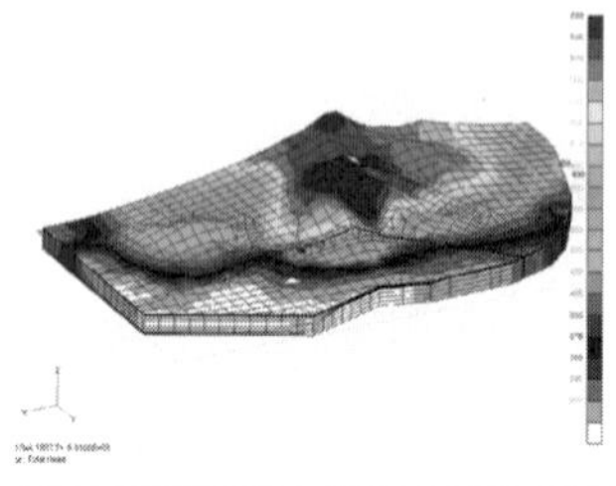</td><td>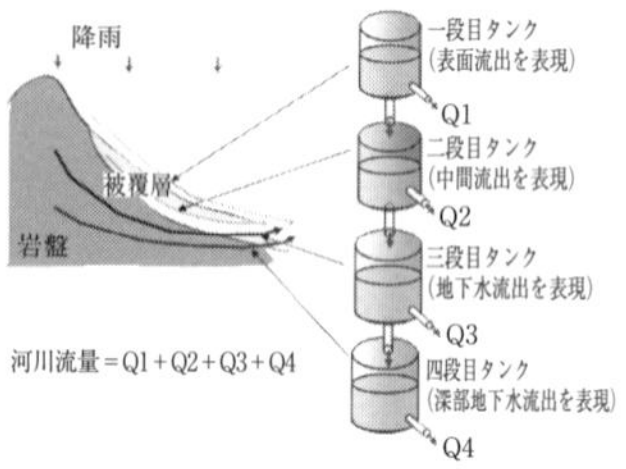
</td><td>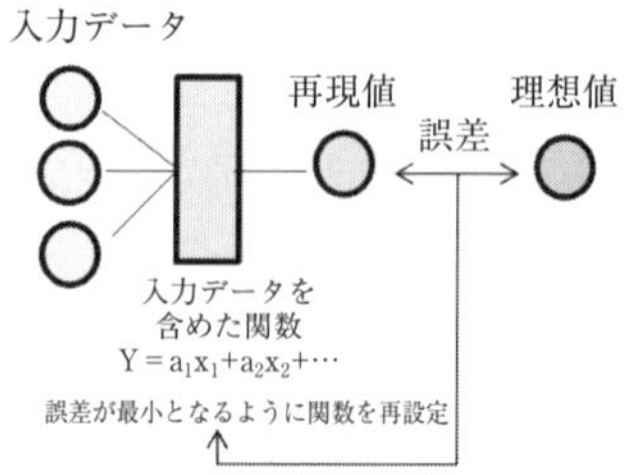
</td></tr>
<tr><td>メリット</td><td>・水文地質構造や水理地質特性を詳細に反映させることができ，地域性に対応した解析が可能。
・流域全体の解析が可能。</td><td>・経路の異なる流出形態を疑似的に再現できる。</td><td>・比較的簡便であり，計算時間が早い。
・計算方法は決まっており，客観的な評価ができる。</td></tr>
<tr><td>デメリット</td><td>・計算に時間を要する。
・コストがかかる。
・3次元的な水理地質情報をある程度よく把握してモデルに反映させる必要がある。</td><td>・水文地質構造を詳細に反映できないため，①と比べて再現精度が劣る。また，③と比較すると試行錯誤して計算するため，時間を要する。</td><td>・流量や水位変動が激しい地点の再現性は低い。
・再現精度を確保するためには，長時間の観測データが必要。
・水文地質的観点が反映できない計算手法。</td></tr>
<tr><td>解析精度
難易度
解析時間
解析費</td><td colspan="3">大 ← 小</td></tr>
</table>

図 4-1-8　解析手法の概要

（5）どのような補償対応をしなければならないか？

もし，水源に影響が生じ，社会生活上受忍すべき範囲を超える損害等が生じた場合は，一例として『公共事業に係る工事の施行に起因する水枯渇等により生ずる損害等に係る事務処理要領の制定について』[7] に基づいた対応が必要となる。

水文調査業務においては，一般的に下記のような対策が考えられ，流量面・水質面・経済面（イニシャルコスト・ランニングコスト）・地域性・水源管理者の意向などを踏まえて，最適な対策を選定する必要がある。

【対策案の例（上水道等の飲用・生活用水の場合)】

1）上水道の敷設・水道料金の補償

2）周辺水道施設からの給水

3）代替水源での返水（井戸・周辺沢・トンネル湧水など）

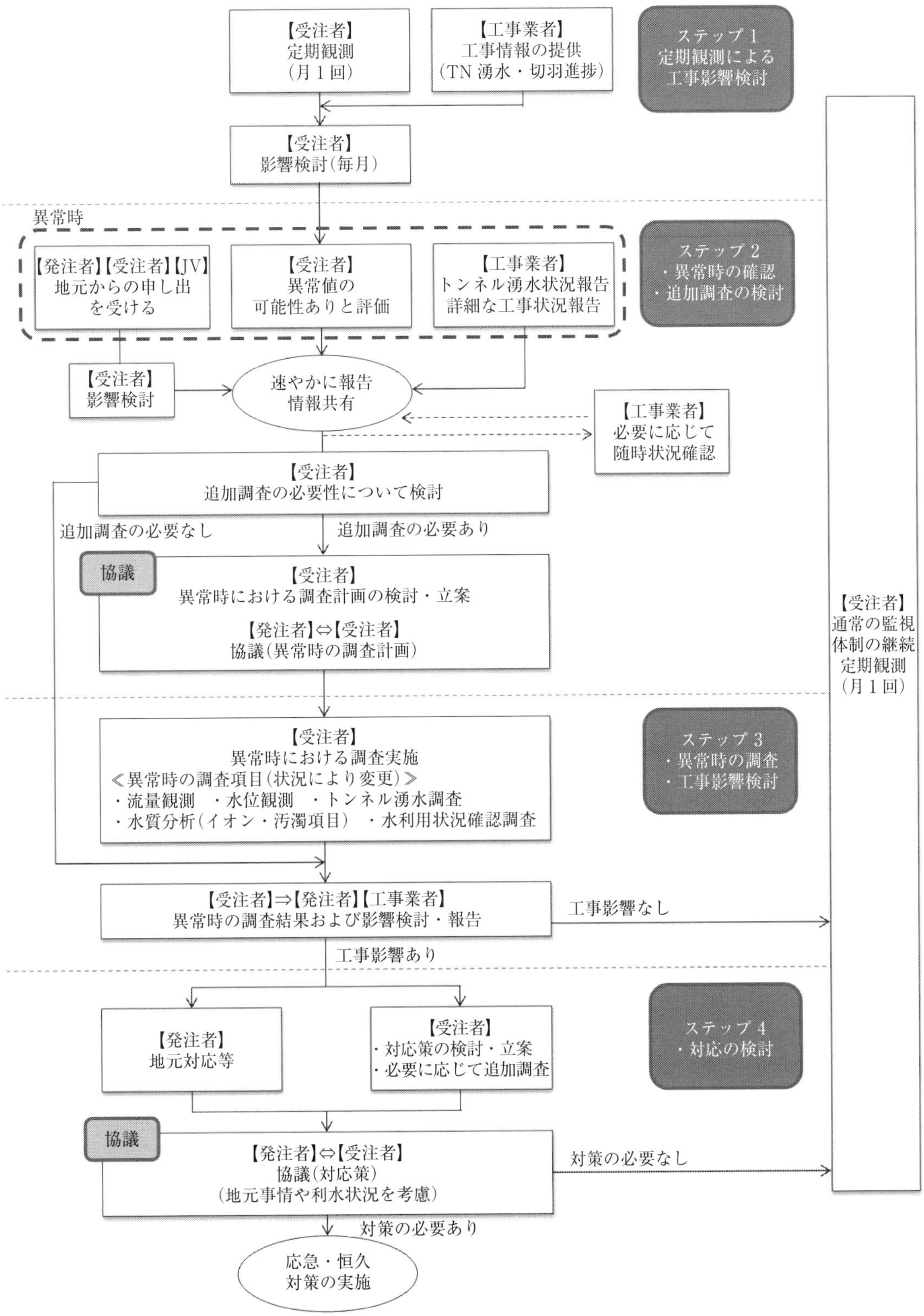

図 4-1-9　異常時の対応フロー（例）

2. 調査計画

建設事業時に調査すべき事項と調査手法を**表 4-1-3** に示す。詳細については，『改訂 3 版地質調査要領』[2] pp.334-350 を参照されたい。

表 4-1-3　調査段階に応じた調査の一覧表[6),8)]

項目		調査目的	調査内容	調査段階			
				路線選定	施工計画	施工中	施工後
水文調査の細分	資料	地形，地質，水文，地下水利用に関する資料を収集し，調査地域の水理地質構造，地下水の概要，問題点を把握し，調査計画を立案する。	地形・地質：水理地質構造 水文気象：降水量，気温等 地下水利用：井戸，用水等	◎	◎	△	△
	事例	地質条件の類似した地域，近接地域の既往工事を参考に，地下水の影響規模・範囲を評価し，調査方法の適用性を検討する。	既往工事資料 地質，湧水量，施工状況 影響範囲，対策工事	◎	◎	△	△
	水文地質	【帯水層の構造】 地下水の容器としての水理地質構造（帯水層の分布，規模），地下水性状（自由水・被圧水）等をまとめ，水文地質調査計画を立案する。	地表地質踏査 物理探査（電気探査，弾性波探査等） ボーリング 孔内検層 水質調査	◎ ○ ○ △ △	◎ ○ ◎ ◎ ◎	○ ○ ○ ○ ◎	△ △ △ △ ◎
		【帯水層の特性】 帯水層の透水係数，貯留係数等の水理定数を評価し，湧水量や影響範囲を予測する。	単孔式現場透水試験 揚水試験，注水試験 流向流速測定，トレーサ試験	△ △ △	◎ ○ △	△ △ △	△ △ △
	水収支	調査地周辺の水循環系を把握するため水文気象，表流水，地下水位調査等を実施し，水収支の検討を行い，施工による地下水への影響を予測する。	水文気象：降水量，気温 表層水：河川流量，湖沼，貯水池，堰 地下水位：観測井，既設井	○ ○ ○	◎ ◎ ◎	○ ○ ○	◎ ◎ ◎
	水文環境	上記調査から考えられる集水範囲および近接地域における水源と水利用の実態を把握し，施工による影響を予測する。	水源：河川，湖沼，貯水池，井戸，有効雨量 水利用：上下水道，工業・農業用水，ビル用水	◎ ◎	◎ ◎	○ ○	○ ○
予測手法		施工に伴う湧水の有無，湧水量，湧水範囲およびその集水範囲を予測する。予測手法は，各調査・検討段階における情報の量と質，必要とする予測精度・内容に応じて実施する。	施工事例による方法 地形・水文地質条件による方法 水理公式による方法 数値解析による方法	◎ ○ ○ ○	○ ◎ ◎ ◎	△ △ △ △	△ △ △ △

◎：実施すべき調査，○：実施した方がよい調査，△：必要により実施した方がよい調査

水文調査は大別すると「事前調査（水文環境調査）」と「モニタリング（定期観測）」の 2 つに分かれる。下記に各調査の内容や留意事項を示す。

（1）事前調査（水文環境調査）

事前調査（水文環境調査）では，工事前に地質と地下水の関連性を調査して水理地質構造を把握することで，工事による影響を予測する。加えて，水源の利水状況を調査・把握することで，影響への対策やモニタリングに適切な箇所・調査方法・調査頻度について計画立案を行う。

事前調査の範囲は，帯水層構造・地形地質・工事の種類，規模・下流域への二次的な影響を考慮して，適切に設定する必要がある。詳細については，後述する調査仕様例や『改訂 3 版地質調査要領』[2] pp.328-329 を参照されたい。

（２）モニタリング（定期観測）

モニタリング（定期観測）は，水源となる地下水・湧水・沢水・池などの水位や流量を定期的に観測することであり，取得したデータを用いて影響の有無を判定するとともに，影響が生じた際に適切な対策を検討する。工事前は影響評価の指標となる自然状況を把握し，工事中は影響の監視，工事後は影響の収束を確認することを目的に実施する。

１）モニタリング期間の設定

モニタリング期間は，季節変化や地下水の流動速度が遅いことを踏まえ，少なくとも工事前１年以上から工事後１年以上の期間が必要である。特に，近年では異常気象が頻発化していることから，工事前のデータを十分に蓄積しておかないと，影響評価ができない場合がある。また，工事後のモニタリングは地下水位・流量・水質が安定し，工事影響の評価が十分にでき，対策した場合はその機能が保持されていることを確認した段階で終了する必要がある。

２）モニタリング頻度の設定

モニタリング頻度は，水源の重要性や水源への影響度，工事進捗などを踏まえて，適切に設定する必要がある。例えば，工事中で影響が生じる可能性が高い場合は，地区の代表地点や重要水源で１回/週，その他水源で１回/月。工事着手まで期間がある場合や工事後の収束確認で大きな変動がない場合は４回/年など状況に応じて設定する。

一般的なモニタリングの頻度は，工事前は１回/月で行うことが多く，工事中は工事の影響度や水源の重要性に応じて頻度を１回/週や毎日に変更することがあり，工事後は１回/月に戻すことが多い。ただし，工事着工まで期間がある場合や工事後の影響収束まで時間を要す場合は，４回/年など頻度を落とすことがある。

３）モニタリング項目の選定

ここでは，主なモニタリング項目である河川流量調査・地下水位観測・井戸水量調査・簡易水質測定（水温・電気伝導度・pH・濁度）・水質分析について，基礎的な情報を述べる。

①　河川流量調査

一般的に「塩分希釈法」「容器法」「断面法（流速計法）」「三角堰法」の測定方法があり，流況に適した測定方法が求められる（**図 4-1-10**）。

図 4-1-10　調査の様子（左：塩分希釈法　中：容器法　右：断面法）

② 地下水位観測

一般的に「水圧式またはフロート式水位計（連続)」「触針式水位計（手計)」の観測方法がある。「水圧式またはフロート式水位計（連続)」は，水位変動が激しい地点・影響監視地点・地域の代表地点といった場所で使用し，特に重要な地点では，通信回線を利用したリアルタイムモニタリングを実施することがある（**図 4-1-11**)。

図 4-1-11　調査の様子

（左：フロート式水位計　中：触針式水位計　右：水圧式およびリアルタイムモニタリング）

③ 井戸水量調査

井戸が埋没しているなど，水位が測定できない場合に井戸能力確認のため実施され，蛇口を全開にした状態で，最大量 200 リットルを目安に毎分 1 回の割合で水量を測定する（**図 4-1-12** 左)。

④ 簡易水質測定（水温・電気伝導度・pH・(濁度))

携帯型の測定器を使用して，基礎的な水質情報を測定する（**図 4-1-12** 中)。

⑤ 水 質 分 析

現地で採取した水試料を室内で分析する。分析項目を設定する際は，鉄・マンガンが多い地域，砒素が検出される地域，海岸沿いで海水が浸入するおそれがある，重金属が溶出するおそれがあるなど，地域性や工事内容や各自治体の基準や条例を踏まえて，適切な項目を設定することに留意が必要である。参考として，**表 4-1-2** に水源の利用形態・工事排水の監視・環境アセスメント関係・詳細情報の追求などに分析する項目を示す。自然由来重金属や土壌・地下水汚染に関しては，**4.2 土壌・地下水汚染**や **4.3 自然由来重金属**を参考にされたい。

頻度は，季節的な変化を考慮して 4 回/年，豊水期と渇水期の 2 回/年，かんがい期などの利用期間に 1 回など，状況に応じて設定する必要がある。

⑥ 追 加 調 査

モニタリングにより，新たな課題が発生した場合や異常値が確認された場合は，原因究明や対策検討などのため，必要に応じて「追加調査」を実施する必要がある（**図 4-1-12** 右)。

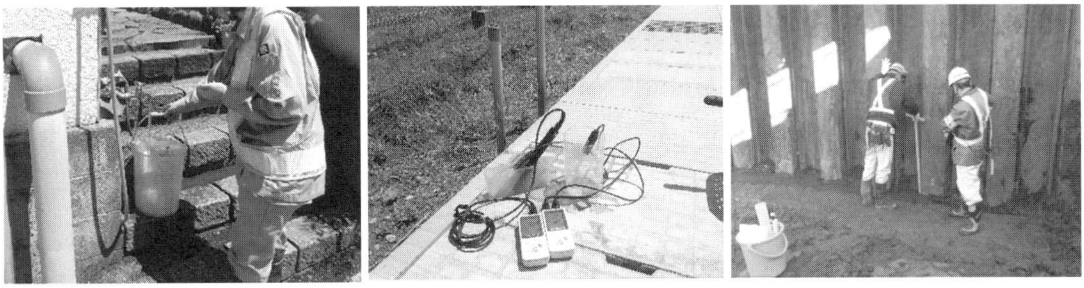

図 4-1-12　調査の様子
（左：井戸水量試験　中：簡易水質測定　右：追加調査（工事箇所の状況確認））

3.　調査仕様および留意点

調査仕様（例）について，「事前調査（水文環境調査）」と「モニタリング」の業務に区分して調査項目とその概要，数量の考え方および留意点を記載する。なお，記載にあたっては，全国地質調査業協会連合会が発行している『全国標準積算資料（土質調査・地質調査）』[9] の第Ⅳ編第 2 章水文調査を参考とした。

（1）調査仕様（例）

1）事前調査（水文環境調査）業務（位置図：**図 4-1-13**　数量総括表：**表 4-1-4**）

建設工事の概要
・事業段階：工事着手前
・路線長：2.0 km
・工事の種類：橋梁・切土・盛土・トンネル

①　一般調査業務

ア．被覆形態調査

被覆形態の踏査および図化する。調査範囲は重要水源が位置するトンネル区間の流域（解析範囲：1.5 km^2）とする。

イ．上下水道および工業用水調査*

水源の資料用や利用形態を公共機関にて資料収集をする。対象は，重要水源である上水道関係と農業関係の 2 件とする。

ウ．ため池・湖沼・貯水池調査*

ため池の分布や用途および流入・流出経路の確認ならびに流入・流出量および水質測定などを記載したため池台帳を作成する。対象は，ため池 1 箇所とする。

エ．井戸調査 A*

調査地内の井戸の有無を個別に聞き取り調査する。対象は建物が確認される 50 箇所とする。

オ．井戸調査B*

井戸調査Aで確認された井戸において，井戸台帳を作成する。対象は5件に井戸が1箇所と想定して，5箇所とする。

カ．湧泉調査費*

湧泉台帳を作成する。対象は湧水6箇所とする。

キ．河川調査費*

河川（沢）分布と取水位置および用途調査ならびに流量と水質の測定と河川台帳を作成する。対象は沢4箇所とする。

ク．水質分析試料採水費*

水質分析用の試料採取を行う。対象はため池（1箇所）・井戸（5箇所）・湧泉（6箇所）・沢（上流，下流）（6箇所）の18箇所とする。

ケ．水質分析（イオン）*

全体的な水質特性を把握するため，ナトリウム（Na^{+}），カリウム（K^{+}），カルシウム（Ca^{2+}），マグネシウム（Mg^{2+}），重炭酸（HCO_3^{-}），塩素（Cl^{-}），硫酸（SO_4^{2-}），硝酸（NO_3^{-}）イオンを分析する。対象は15箇所を想定する。

コ．水質分析（酸素安定同位体）*

トンネルレベルの地下水と井戸の地下水との関係性を把握するため，酸素安定同位体を分析する。対象は10箇所を想定する。

サ．かんがい用水調査*

取水源，減水深および面積，かんがい方式，水量，水利権，その他水利用状況の公共機関での資料収集と地元での聞き込みおよび確認調査をする。範囲は耕作地とする（0.02 km^2）。

シ．降水量調査

気象庁，管区気象台などで過去10年分の気象資料を収集・整理する。

ス．水文地質踏査*

調査地内に分布する河川や沢を中心にその源頭や湧水の位置と水量・水質を調査するなど，地質構造と地下水の関係を明らかにする資料を得るための踏査を行う。流路長は調査範囲の4つの沢の合計で4 kmとする。

② コンサルティング業務

セ．計画・準備（A）

実施計画を検討・作成することとし，補正係数である路線長を2.0 kmとする。

ソ．現地踏査資料検討

調査計画のための現地調査と資料検討をすることとし，補正係数である路線長を2.0 kmとする。

タ．水文地質踏査解析

水文地質踏査結果をまとめ，地質構造と地下水の関係を検討する。踏査範囲は，地質や工事条件を踏まえ，トンネル区間は路線から500 m，その他区間は路線から300 m離れとし，二次影響が生じる可能性のある下流域（比較的大きい河川の流入口）まで（踏査解析範囲：2.8 km^2）とする。

チ．影響予測解析

利水への影響が生じると予測される範囲に対して解析する。解析範囲は，重要水源が位置するトンネル区間の流域（解析範囲：1.5 km^2）とする。

ツ．報告書作成

調査結果の考察・検討および今後の調査計画立案を取りまとめることとし，補正係数である路線長を 2.0 km とする。

＊　現地状況により，数量が変更となる可能性が大きいため，発注段階では概算値を示し，業務期間中に監督職員と協議し，実績に合わせた変更を行う。

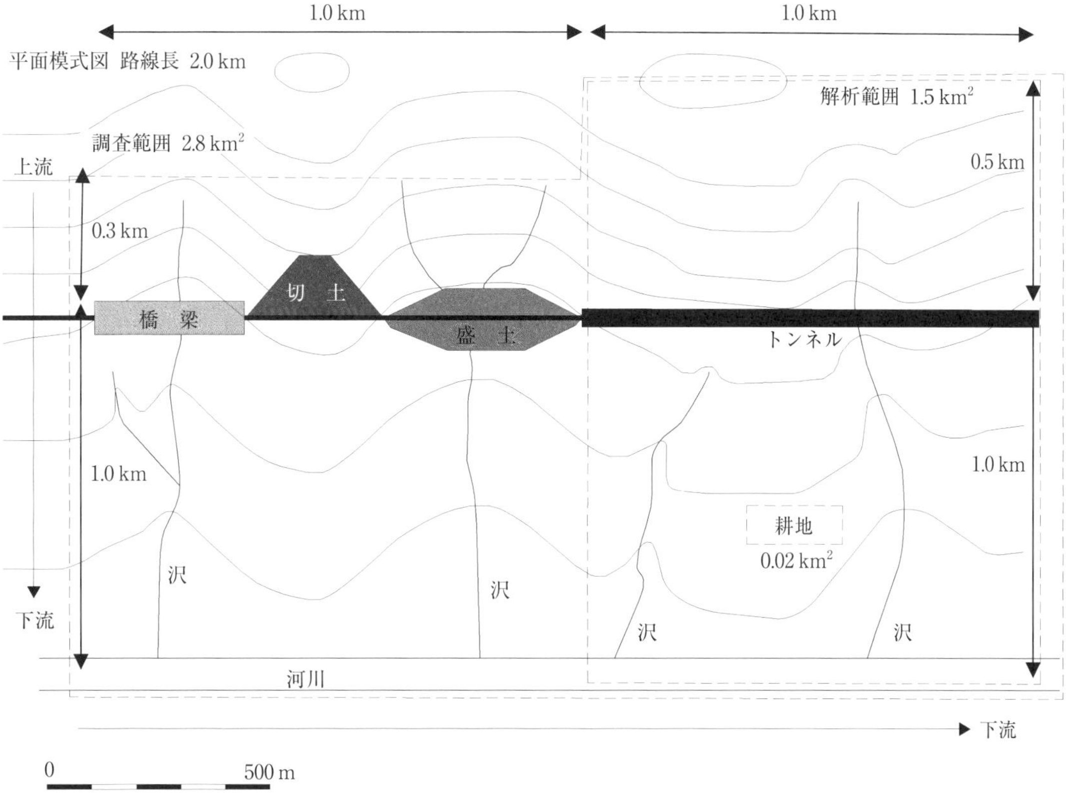

図 4-1-13　調査位置図例（事前調査業務）

表 4-1-4　調査数量総括表例（事前調査業務）

調査項目区分	単位	数量	備考
①一般調査業務			
ア．被覆形態調査	km^2	1.5	
イ．上下水道および工業用水調査	件	2	
ウ．ため池・湖沼・貯水池調査	箇所	1	
エ．井戸調査A	箇所	50	
オ．井戸調査B	箇所・回	5	
カ．湧泉調査	箇所・回	3	
キ．河川調査	箇所・回	4	
ク．水質分析試料採水	箇所	15	
ケ．水質分析（イオン）	箇所	15	
コ．水道分析（酸素安定同位体）	箇所	10	
サ．かんがい用水調査	式	1	調査範囲：0.02 km^2
シ．降水量調査	件	1	
ス．水文地質踏査	km	4	
②コンサルティング業務			
セ．計画・準備（A）	式	1	路線長：2 km
ソ．現地踏査資料検討	式	1	路線長：2 km
タ．水文地質踏査解析	式	1	調査範囲：2.8 km^2
チ．影響予測解析	式	1	解析範囲：1.5 km^2
ツ．報告書作成	式	1	路線長：2 km

2）モニタリング（定期観測）業務　【位置図：図 4-1-14　数量総括表：表 4-1-5】

建設工事の概要
- 事業段階：工事着手前（橋梁・切土），工事中（盛土・トンネル）
- 路線長：2.0 km
- 工事の種類：橋梁・切土・盛土・トンネル
- 水道水源や水田用水など重要水源あり

①　一般調査業務

ア．降水量調査

気象庁，管区気象台などで当年度1年分の気象資料を収集・整理する。

イ～エ．河川流量調査（容器法，断面法，自記水位計観測）

河川（沢）流量を定期的に観測する。流量の多少によって容器法と断面法を区分する。ただし，重要水源（水田への利用）では，かんがい期を自記水位計観測とし，その他の期間は断面法とする。

オ～キ．地下水位観測（自記水位計設置，自記水位計観測，触針式）

地下水位（井戸水位）を定期的に観測する。切土工区では，工事に備えて自記水位計を設置および観測をする。水位変動がほとんどなく，影響の可能性が小さい地点や井戸水源の重要性が低い地点では，触針式とする。

ク．井戸水量調査

水位測定ができない地点では，井戸能力を定期的に把握する。

＊　イ～クの調査頻度については1回/月を基本としたが，橋梁区間は工事まで期間があるため4回/年とする。

ケ．水質分析試料採取

水質分析用の試料採取を行う。

コ．水質分析（水道水源用）

水道水源用の水質分析として，水道水原水基準（39項目）である一般細菌，大腸菌，カドミウムおよびその化合物，水銀およびその化合物，セレンおよびその化合物，鉛およびその化合物，砒素およびその化合物，六価クロム化合物，亜硝酸態窒素，シアン化合物および塩化シアン，硝酸態窒素および亜硝酸態窒素フッ素およびその化合物，ホウ素およびその化合物，四塩化炭素1,4-ジオキサン，シス-1,2-ジクロロエチレンおよびトランス-1,2-ジクロロエチレン，ジクロロメタン，テトラクロロエチレン，トリクロロエチレン，ベンゼン，亜鉛およびその化合物，アルミニウムおよびその化合物，鉄およびその化合物，銅およびその化合物，ナトリウムおよびその化合物，マンガンおよびその化合物，塩化物イオン，カルシウム，マグネシウム等（硬度），蒸発残留物，陰イオン界面活性剤，ジェオスミン，メチルイソボルネオール，非イオン界面活性剤，フェノール類，有機物（全有機炭素（TOC）の量），pH値，臭気，色度，濁度を分析する。

サ．水質分析（飲用）

飲用の水質分析として，飲用井戸等衛生対策要領（11項目）である一般細菌，大腸菌，亜硝酸態窒素，硝酸態窒素および亜硝酸態窒素，塩化物イオン，有機物（全有機炭素（TOC））の量，pH値，臭気，味，色度，濁度を分析する。

シ．水質分析（農業用）

農業用の水質分析として，農業用水基準（農林水産技術会議）（9項目）であるpH，COD，SS，T-N，DO，EC，As，Zn，Cuを分析する。

ス．水質分析（河川環境用）

河川環境用の水質分析として，環境基準（河川）（5項目）であるpH，BOD，SS，DO，大腸菌数を分析する。

＊　環境基準の見直しにより，2022年4月1日から大腸菌群数から大腸菌数に変更された。

セ．簡易水質測定

簡易水質（水温，EC，pH）を定期的に測定する。

ソ．濁 度 測 定

濁りが生じた場合，被害が大きくなる地点では，濁度を定期的に測定する。

② コンサルティング業務

タ．計画・準備（A）

実施計画を検討・作成することとし，補正係数である路線長を 2.0 km とする。

チ．現地踏査資料検討

調査計画のための現地調査と資料検討をすることとし，補正係数である路線長を 2.0 km とする。

ツ．観測データ解析

各観測地点の特性を明らかにする。箇所数は観測地点すべてとする。

テ．総合水文地質解析

既存資料・調査結果をもとに，地下水の賦存状況，流動状況等の挙動，水収支等を検討する。対象範囲はトンネル工区とする。

ト．水源の影響判定

工事に伴う水源への影響を判定する。箇所数は，トンネル工区の水利用がある水源とする。

ナ．報告書作成

調査結果の考察・検討および今後の調査計画立案を取りまとめることとし，補正係数である路線長を 2.0 km とする。

＊ モニタリング業務では，観測の頻度が多く，手法も複数あるため，数量変更が生じる場合が多い。そのため，仕様書に下記のような文言を入れるとよい。

・観測箇所数量および観測方法に変更が生じた場合には，監督職員と協議する。

・観測機器装置は業務期間中，通常の範囲で維持管理を行うものとするが，受注者の責任によらない事象により故障等が生じた場合は協議の上，対処するものとする。

・現地状況等により，各地点の観測頻度について変更の必要が生じた場合は，監督職員と協議するものとする。

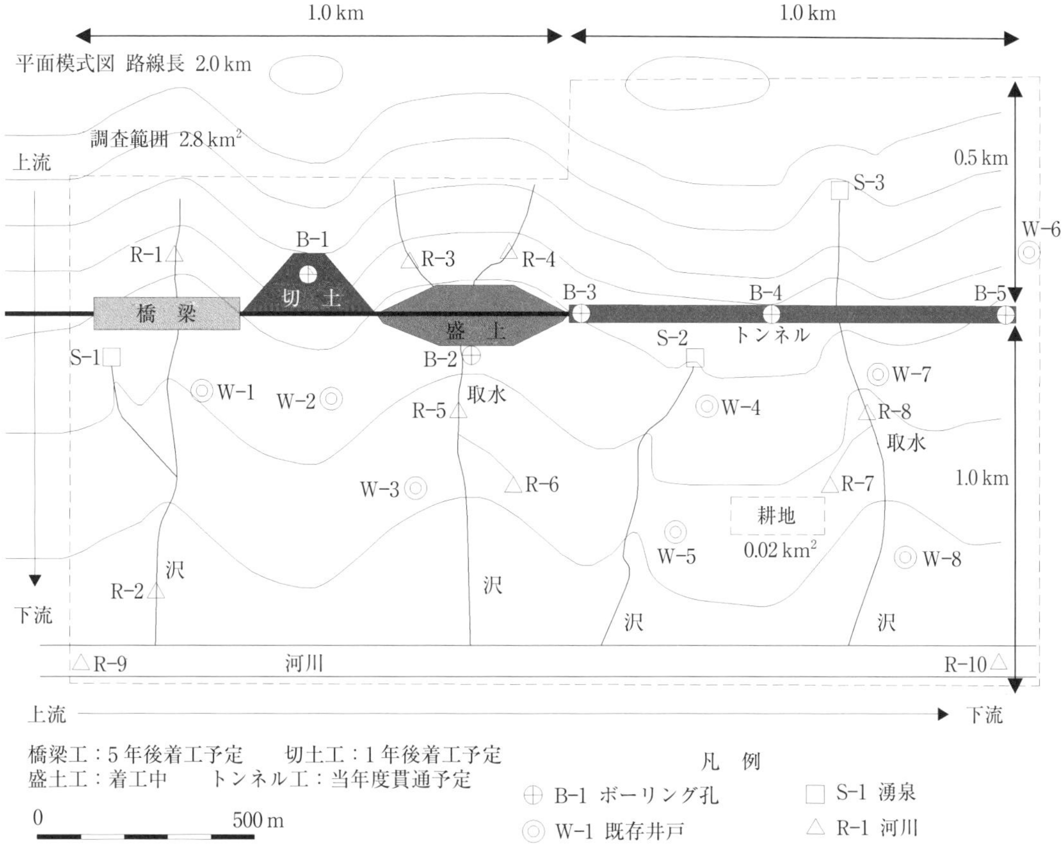

図 4-1-14　調査位置図例（モニタリング業務）

表 4-1-5　調査数量総括表例（モニタリング業務）

調査項目区分	単位	数量	備考
【一般調査】			
ア．降水量調査	件	1	1 年分
イ．河川流量調査（容器法）	箇所・回	80	変動図作成を含む
ウ．河川流量調査（断面法）	箇所・回	28	変動図作成を含む
エ．河川流量調査（自記水位計観測）	箇所・回	12	H-Q 曲線作成を含む
オ．地下水位観測（自記水位計設置）	箇所・回	2	
カ．地下水位観測（自記水位計観測）	箇所・回	96	変動図作成を含む
キ．地下水位観測（触針式）	箇所・回	40	変動図作成を含む
ク．井戸水量調査	箇所・回	12	
ケ．水質分析試料採取	箇所・回	29	
コ．水質分析（水道水源用）	箇所・回	4	年 4 回
サ．水質分析（飲用）	箇所・回	12	年 4 回
シ．水質分析（農業用）	箇所・回	1	かんがい期 1 回
ス．水質分析（河川環境用）	箇所・回	12	年 4 回
セ．簡易水質測定	箇所・回	235	
ソ．濁度測定	箇所・回	24	
【解析等調査】			
タ．計画・準備（A）	式	1	路線長：2 km
チ．現地踏査資料検討	式	1	路線長：2 km
ツ．観測データ解析	箇所	27	
テ．総合水文地質解析	式	1	解析範囲：1.5 km^2
ト．水源の影響判定	箇所	5	トンネル工区の W-4,W-5.W-7.W-8.R-8
ナ．報告書作成	式	1	

表 4-1-6　調査数量内訳表例（モニタリング業務）

番号	工区	観測地点	調査項目														備考
			イ	ウ	エ	オ	カ	キ	ク	ケ	コ	サ	シ	ス	セ	ソ	
			河川流量調査			地下水位観測			井戸水量調査	水質分析試料採取	水質分析				簡易水質測定	濁度測定	
			容器法	断面法	自記水位計観測	自記水位計設置	自記水位計観測	触針式			水道水源用	飲用	農業用	河川環境用			
1	橋梁	W-1						4							4		
2		S-1	4												4		施工まで期間があるため，年 4 回観測
3		R-1	4												4		
4		R-2		4											4		
5	切土	B-1				1	12								12	12	次年度着工のため，月 1 回観測
6		W-2				1	12								12	12	濁りによる利水への影響が大きいため，濁度測定
7	盛土	B-2					12								12		
8		W-3						12		4		4			8		飲用に利用
9		R-3	12												12		
10		R-4	12												12		
11		R-5		12											12		
12		R-6	12							4				4	8		養魚に利水
13	トンネル	B-3					12								12		
14		B-4					12								12		
15		B-5					12								12		
16		W-4					12								12		
17		W-5						12							12		影響の可能性が低い，雑用程度に利用
18		W-6						12							12		影響がない地点として，データ取得
19		W-7					12			12	4	8					上水道水源（重要水源）リアルタイムで監視中
20		W-8							12						12		井戸埋設により，水位測定不可
21		S-2	12												12		
22		S-3	12												12		
23		R-7		6	6					1			1		11		水田に利用（重要水源）かんがい期は自記観測
24		R-8		6	6												
25		トンネル湧水	12												12		
26	全体	R-9								4				4			河川環境への影響監視水質のみ測定
27		R-10								4				4			
計			80	28	12	2	96	40	12	29	4	12	1	12	235	24	

（2）積算上の留意点

・ほとんどの項目は，『設計業務等標準積算基準書』に歩掛が掲載されていないため，全国地質調査業協会連合会発行の『全国標準積算資料（土質調査・地質調査）』の第Ⅳ編第2章水文調査を参考にするか，調査実績のある地質調査会社から見積りを徴取する必要がある。

・施工区間の路線長や調査対象地域の地区数により補正が必要な項目がある。

・調査地点間や調査地点までに時間を要する場合は別途積算が必要となる。

・流量観測や水位観測は，作業とは別にデータ整理を含めるまたは別途計上する必要がある。

・水利用の変化や事業計画の変更などによる調査地点の見直し，水文変動特性による観測頻度の変更など，業務の区切りに水文調査計画を再検討することで費用対効果の高い調査を実施することができる。この場合，計画立案費や総合水文地質解析の計上が必要となる。

・水質分析の市場単価には経費が含まれているので，一般調査費の諸経費を算出する際には考慮しなければならない。

・自記水位計などの計測機器は，数年にわたり現地に設置してモニタリングを行うため，損料計算ではなく，発注者からの貸与品とすることで経費を削減することができる。なお，計測機器を長期間使用すると不具合が生じ，メンテナンスが必要になるため，その費用もあらかじめ計上しておくとよい。

4.1.3　調査実施上の留意点

1.　水文調査全般の留意事項

・水は絶えず変化することから，適切な時期に適切な調査を実施することが重要である。特に工事前のデータは，十分に取得しておくことを留意しなければならない。

・複数の帯水層（浅層地下水・深層地下水）の存在に留意が必要である。

・高透水性の地層（石灰岩・砂礫層・亀裂の多い岩盤など）によっては，遠方まで影響が生じることに留意が必要である。

・河川から取水がある場合は，本川とは別に取水量を測定することで，利水上支障がないか把握する必要がある。

・池の調査は，水位のほかに流入水と流出水を確認する必要がある。

・井戸が閉塞され地下水位が測定できない地域は，必要に応じて観測孔を設置することで地下水位を把握する必要がある。

・施工に伴う影響範囲外の水源を測ることで，影響の有無を評価しやすくなる。

・個人データを多く取り扱うため，個人情報が流出しないよう留意が必要である。

・継続調査業務のため，後続調査計画，地元や観測位置・基準点，その他留意点など引継ぎ事項が重要となる。

2.　関連機関・地元や環境への配慮

・特に注意すべきは地元関係者との信頼関係の構築である。水文調査は，工事前から工事後と長期間行われ，調査時に地元の方と接する機会が多いことから，水源管理者や地元関係者などとのかかわり方に注意を払っておかなければならない。

・水源利用者や地元関係者との信頼関係が失われると，事業の工程面に影響が出るおそれがある。そのため，円滑な事業推進には，水源利用者や地元関係者と有効な関係を構築し，継続していくことが最重要事項であり，受発注者間で地元対応に関する情報交換を密に行い，適宜地元を含めた事業説明会や対応についての会合を開催していくことが有効である。
・モニタリング業務時は，開始時に地区長への挨拶や周辺チラシの回覧を行うことが一般的である。
・現地調査では民地に立ち入ることもあるため，踏み荒らしや井戸蓋・蛇口の閉め忘れ，水の飛び散りに留意が必要である。
・現地調査の際，水源管理者からデータの開示や事業に関する問い合わせを求められる場合があるが，現地調査担当者は発注者の許可がない場合，情報を伝えてはならない。

《参考文献》

1）西垣誠監修・共生型地下水技術活用研究会編：都市における地下水利用の基本的考え方〔地下水と上手につき合うために〕，全国地質調査業協会連合会，2007
2）全国地質調査業協会連合会：改訂 3 版地質調査要領，経済調査会，2015
3）西垣誠監修・エンジニアリング振興協会地下開発利用研究センター地下環境編集委員会：地下構造物と地下水環境，理工図書，2002
4）地盤工学会：入門シリーズ 34　地下水を知る，2008
5）日本地下水学会：みんなが知りたいシリーズ 13　地下水・湧水の疑問 50，成山堂書店，2020
6）地盤工学会：地盤工学・実務シリーズ 19　地下水流動保全のための環境影響評価と対策―調査・設計・施工から管理まで―，2004
7）国土交通省：公共事業に係る工事の施行に起因する水枯渇等により生ずる損害等に係る事務処理要領の制定について，2003
8）大島洋志・西森紳一：トンネル工事を対象とした水文調査法の研究，鉄道技術報告，No.1108，1979
9）全国地質調査業協会連合会：全国標準積算資料（土質調査・地質調査），2023

《その他参考文献》

・国土交通省：水文観測業務規程，2017
・国土交通省：河川砂防技術基準 調査編，2023
・地盤工学会：地盤調査の方法と解説，2013
・土木学会：水理公式集，2018
・国土交通省中部地方整備局河川部河川調整課：絵で見る水文観測［改訂版］，中部建設協会，2001
・建設産業調査会：改訂地下水ハンドブック，1998
・東京都建設局：工事に伴う環境調査標準仕様書及び環境調査要領，東京都弘済会，2016
・建設省河川局監修・国土開発技術研究センター編：地下水調査および観測指針（案），山海堂，1996

4.2　土壌・地下水汚染

わが国において「土壌・地下水汚染」が問題視されるようになったのは，1900 年代の初頭に起きた足尾銅山鉱毒事件をはじめとする 4 大鉱毒事件に遡る。その後，神通川流域で発生したカドミウムを原因とするイタイイタイ病で再び注目され，こうした公害対策を求める世論や社会的関心の高まりを背景として，1967 年の公害国会で「公害対策基本法」が制定され，「農用地の土壌の汚染防止等に関する法律」「水質汚濁防止法」「海洋汚染等及び海上災害の防止に関する法律」などの規制法が設けられた。その後，1989 年の水質汚濁防止法改正時に有害物質を含む水の地下浸透禁止が加わり，1993 年の「環境基本法」（地下水の水質汚濁に係る環境基準）や 2002 年の「土壌汚染対策法」の制定を経て，土壌・地下水汚染が身近な環境問題として取り扱われるようになった。

本節では，土地の開発や構造物の建設に先駆けて実施される土壌・地下水汚染に関する基本的な調査の考え方のほか，土壌・地下水汚染のリスク評価や対策の考え方など，事業者の立場において特に留意すべきポイントを中心に述べる。

4.2.1　調査の目的

土壌・地下水汚染調査には，汚染状況を把握するための調査，汚染対策の計画や設計を行うための調査，地下水環境の把握や汚染対策の効果を確認するためのモニタリングなどがある。**図 4-2-1** に，土壌汚染対策法における調査契機，調査結果の評価や区域指定の流れを示す。同図に示すように，調査契機を受け，土壌汚染状況調査により汚染状態の評価および健康被害

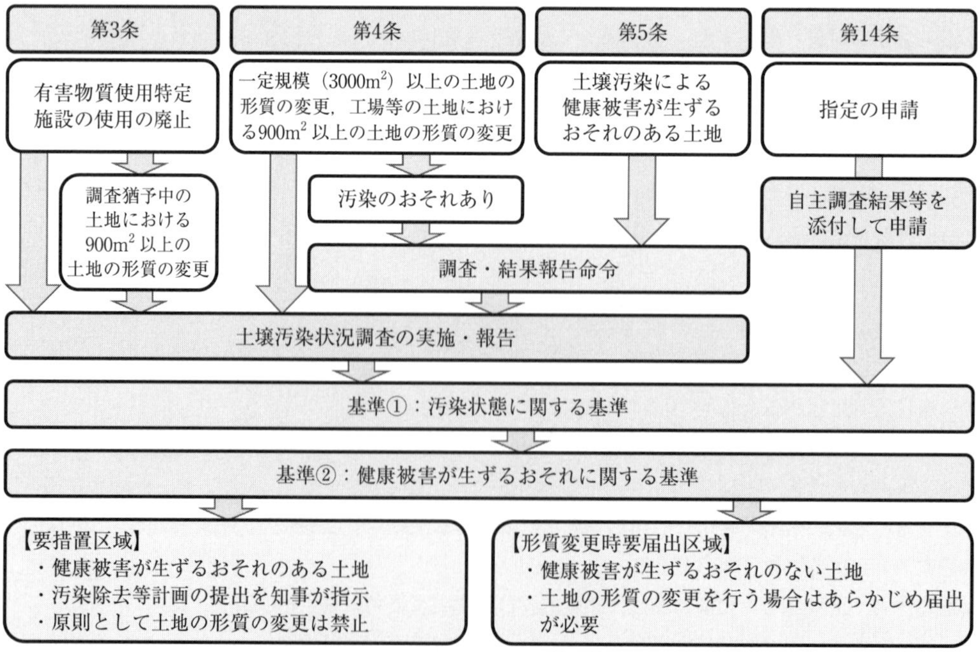

図 4-2-1　土壌汚染対策法の概要

のおそれの有無を判定し，区域の指定を行うまでが基本的な流れとなる。浄化対策やモニタリングを行う場合は，絞り込み調査やボーリング調査等の詳細調査を行う。

1．土壌汚染対策法に基づく調査

土壌汚染対策法は，土壌汚染の状況の把握および土壌汚染による人の健康被害の防止に関する措置等の土壌汚染対策の実施を図ることにより，国民の健康を保護することを目的とする法律である。

（1）調 査 契 機

表4-2-1に土壌汚染対策法における調査を行う契機を示す。

表4-2-1　土壌汚染対策法における調査契機

土壌汚染対策法	調査契機
第3条	水質汚濁防止法における有害物質使用特定施設が廃止された場合 調査猶予中の土地における900 m^2以上の土地の形質の変更を行う場合
第4条	一定規模（3,000 m^2）以上の土地の形質の変更を行う場合の届出 有害物質使用特定施設を有する工場等の土地における900 m^2以上の土地の形質の変更を行う場合
第5条	知事が土壌汚染による健康被害が生ずるおそれがあると認めた土地

道路建設・改良事業，公共施設の新設・解体工事など，土地の形質の変更（切土・盛土等）を伴う公共工事は，そのほとんどが法第4条の調査契機に基づき実施される。

図4-2-2に，法第4条における土地の形質の変更の範囲と調査対象範囲の考え方を示す。同図の（a）（b）に示すように，面積は切土（掘削）および盛土の合計となり，3,000 m^2以上もしくは900 m^2以上が届出の対象となる。このうち，切土（掘削）範囲かつ土壌汚染のおそれがある範囲が土壌汚染状況調査の対象となる。同図の（c）（d）に示すように，山岳トンネルの坑口やシールドトンネルの立坑なども，切土（掘削）および盛土の合計面積に応じて届出の対象となる。

また，自然由来の重金属等によって基準を超過する可能性がある場合も調査の対象となるため注意が必要である。

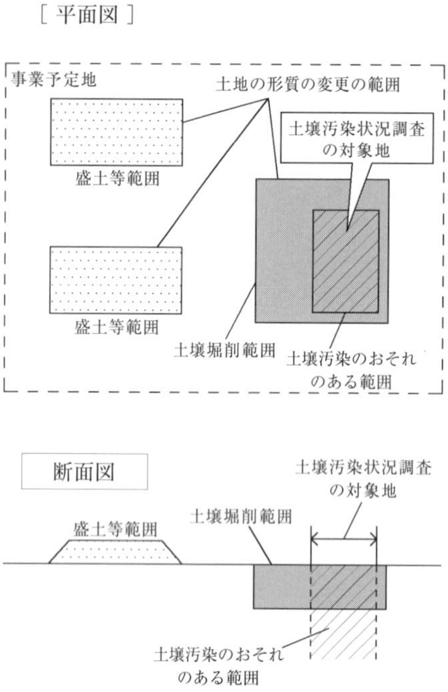

(a)　盛土と掘削が別に存在する場合

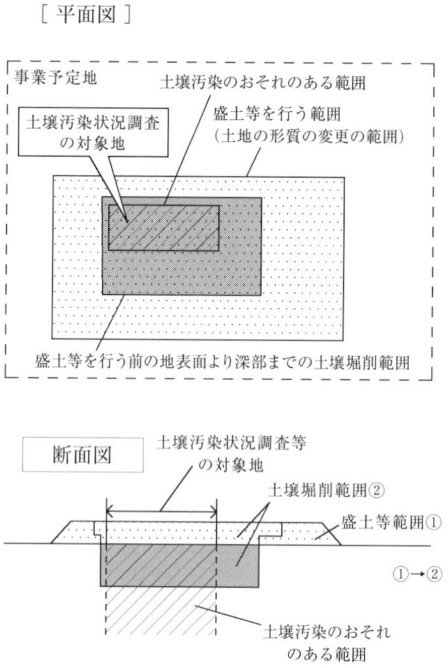

(b)　盛土等を実施し，一部を掘削する場合

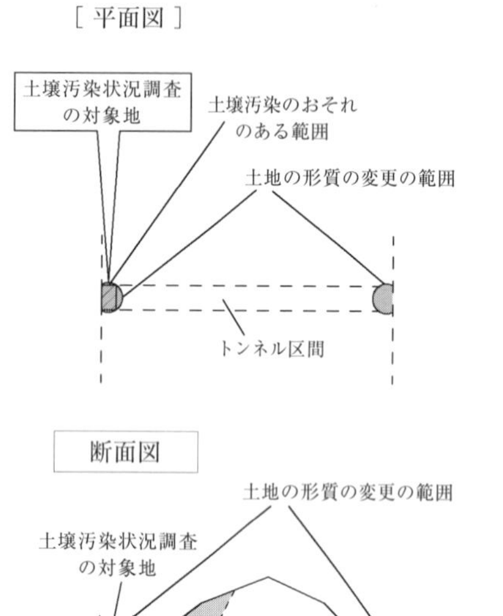

(c)　山岳トンネルの坑口の例

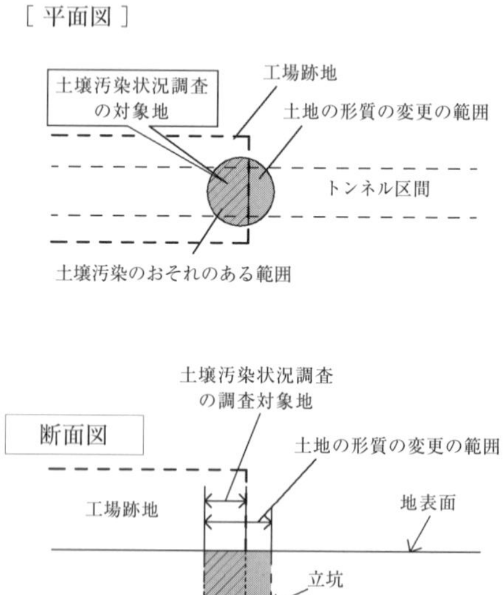

(d)　シールドトンネル の坑口の例

図 4-2-2　土地の形質の変更の範囲と調査対象範囲の考え方[1)]（一部修正）

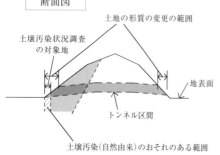

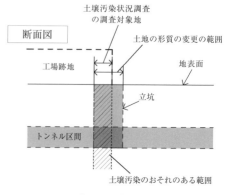

（2）調査対象物質（特定有害物質）

法の対象となる物質（特定有害物質）は，土壌に含まれることに起因して人の健康に係る被害を生ずるおそれがあるものとして，26 物質が指定されている。

土壌に含まれる特定有害物質の基準値には，土壌中の有害物質が地下水に溶出し，地下水を飲用することによるリスクを対象とした「土壌溶出量基準」と有害物質を含む土壌を直接摂取することによるリスクを対象とした「土壌含有量基準」がある。

表 4-2-2～表 4-2-4 に，特定有害物質の種類と基準について示す。第一種特定有害物質は，揮発性有機化合物を対象としたもので 12 物質が指定されている。第二種特定有害物質は，重金属等を対象としたもので 9 物質が指定されており，本物質にのみ土壌含有量基準が設けられている。第三種特定有害物質は，PCB および農薬等を対象としたもので 5 物質が指定されている。

これらの特定有害物質から，後述する地歴調査により調査対象物質を選定することが一般的な手順となる。なお，特定有害物質の主な用途については **2 次元コード**を参照のこと。

表 4-2-2　第一種特定有害物質の基準と主な用途[2)]（一部修正）

特定有害物質	土壌溶出量基準〔mg/L〕	土壌含有量基準〔mg/kg〕	地下水基準〔mg/L〕	第二溶出量基準〔mg/L〕
四塩化炭素	0.002 以下	—	0.002 以下	0.02 以下
1,2-ジクロロエタン	0.004 以下	—	0.004 以下	0.04 以下
1,1-ジクロロエチレン	0.1 以下	—	0.1 以下	1 以下
1,2-ジクロロエチレン	0.04 以下	—	0.04 以下	0.4 以下
1,3-ジクロロプロペン	0.002 以下	—	0.002 以下	0.02 以下
ジクロロメタン（塩化メチレン）	0.02 以下	—	0.02 以下	0.2 以下
テトラクロロエチレン（パークレン）	0.01 以下	—	0.01 以下	0.1 以下
1,1,1-トリクロロエタン	1 以下	—	1 以下	3 以下
1,1,2-トリクロロエタン	0.006 以下	—	0.006 以下	0.06 以下
トリクロロエチレン（トリクレン）	0.01 以下	—	0.01 以下	0.1 以下
ベンゼン	0.01 以下	—	0.01 以下	0.1 以下
クロロエチレン（塩化ビニルモノマー）	0.002 以下	—	0.002 以下	0.02 以下

主な用途[2)]

表 4-2-3　第二種特定有害物質の基準と主な用途[2]（一部修正）

特定有害物質	土壌溶出量基準〔mg/L〕	土壌含有量基準〔mg/kg〕	地下水基準〔mg/L〕	第二溶出量基準〔mg/L〕
カドミウムおよびその化合物	0.003 以下	45 以下	0.003 以下	0.09 以下
六価クロム化合物	0.05 以下	250 以下	0.05 以下	1.5 以下
シアン化合物	不検出	50 以下（遊離シアンとして）	不検出	1.0 以下
水銀およびその化合物	水銀が 0.0005 以下かつアルキル水銀が不検出	15 以下	水銀が 0.0005 以下かつアルキル水銀が不検出	水銀が 0.005 以下かつアルキル水銀が不検出
セレンおよびその化合物	0.01 以下	150 以下	0.01 以下	0.3 以下
鉛およびその化合物	0.01 以下	150 以下	0.01 以下	0.3 以下
砒素およびその化合物	0.01 以下	150 以下	0.01 以下	0.3 以下
ふっ素およびその化合物	0.8 以下	4000 以下	0.8 以下	24 以下
ほう素およびその化合物	1 以下	4000 以下	1 以下	30 以下

表 4-2-4　第三種特定有害物質の基準と主な用途[2]（一部修正）

特定有害物質	土壌溶出量基準〔mg/L〕	土壌含有量基準〔mg/kg〕	地下水基準〔mg/L〕	第二溶出量基準〔mg/L〕
シマジン	0.003 以下	—	0.003 以下	0.03 以下
チオベンカルブ	0.02 以下	—	0.02 以下	0.2 以下
チウラム	0.006 以下	—	0.006 以下	0.06 以下
ポリ塩化ビフェニル	不検出	—	不検出	0.003 以下
有機りん化合物	不検出	—	不検出	1 以下

表 4-2-3
主な用途[2]

表 4-2-4
主な用途[2]

（3）土壌汚染状況調査の概要

土壌汚染状況調査とは，土壌汚染対策法の第 3 条・第 4 条・第 5 条に基づいて行う調査を指す。土壌汚染状況調査は，環境大臣が指定した「指定調査機関」が実施する必要がある。土壌汚染対策法に基づく調査の流れは，**図 4-2-3** に示すとおりである。

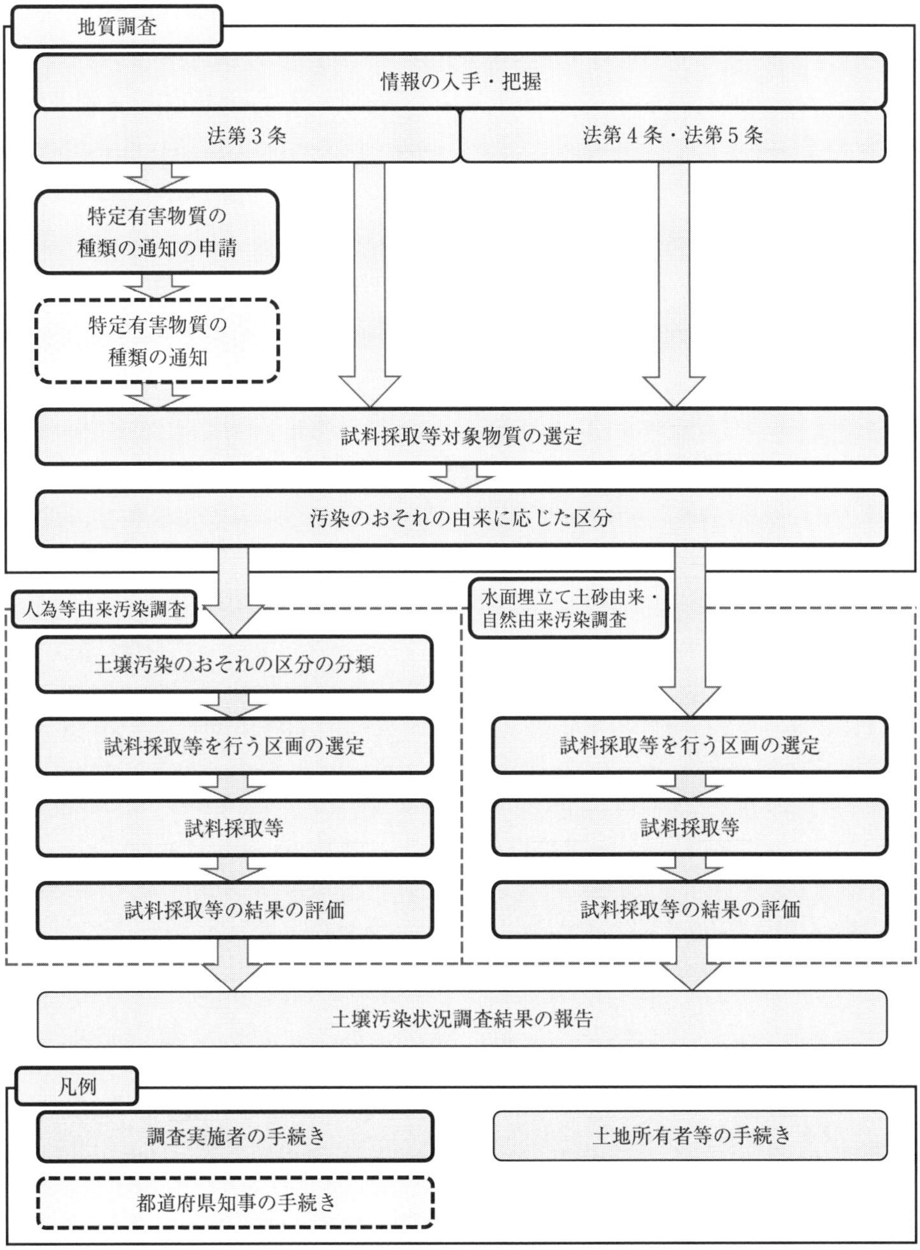

図 4-2-3　土壌汚染状況調査の流れ

以下，土壌汚染状況調査の方法について，特記仕様書等に記載すべき必要最小限の事項について概説する。詳細については，『改訂３版地質調査要領』『ボーリングポケットブック』等を参照のこと。

１）地 歴 調 査

地歴調査は「資料調査」「聴取調査」「現地調査」による土壌汚染のおそれの把握を目的とする。具体的には「試料採取等対象物質の選定」および「汚染のおそれの由来に応じた区分」を行う。以下に各調査の内容について述べる。

・資料調査：事業所等の私的資料，公的届出資料，一般公表資料を収集する。
・聴取調査：対象地における有害物質の取扱いや事業所の履歴等に詳しい人物に聞き取りを行う。
・現地調査：現地において，資料の内容の確認および目視により施設の状況，周辺の土地利用，既存井戸等の状況を確認する。

基本的には，資料調査により試料採取等対象物質の選定および汚染のおそれの由来に応じた区分を行い，聴取調査および現地調査によって，資料調査の結果を精査する。

2）おそれの区分

おそれの区分は，地歴調査により入手した情報を分析して，対象地における試料採取等対象物質ごとに土壌汚染が存在するおそれを3種類に分類する。

人為等に由来する汚染のおそれを判断する目安を**表 4-2-5** に示す。

表 4-2-5　土壌汚染のおそれの区分[3)]

おそれの区分	土地の特徴	建物・施設等の例
①おそれがないと認められる土地	・有害物質使用特定施設から独立した状態が継続 ・事業目的の達成以外のために利用している土地	山林，緩衝緑地，住宅，従業員駐車場，グラウンド，未利用地，食堂，体育館等
②おそれが少ないと認められる土地	・特定有害物質は未使用だが，使用場所から完全に独立しているといえない ・事業目的の達成のために利用している土地	事務所，資材置き場，倉庫，事業用駐車場，中庭等
③おそれが比較的多いと認められる土地	・基準不適合が明らかな土地 ・有害物質の使用・貯蔵等を行ったことがある土地	特定有害物質の保管倉庫，使用等した場所，配管経路，排水処理施設等

3）試料採取等を行う区画の選定

試料採取を行う地点を選定するために，調査対象地に区画を設定し，おそれの区分に応じた区画の設定を行う。区画の設定は，調査対象地の最北端（複数ある場合はそのうちの最東端）を起点として，東西南北に10 m ごとの「単位区画」に区分する。この際，単位区画の数が最少となるように，起点を中心として右回りに回転させることができる。また，敷地の端部などで 100 m^2（10 m 格子の面積）に満たない単位区画が生じる場合があるが，隣り合う単位区画との合計面積が 130 m^2 以下で長辺の長さが 20 m 以下の単位区画は統合することができる。

次に，30 m ごとに単位区画をまとめ，30 m 格子を設定する。30 m 格子は，単位区画と同様に起点を中心に回転することはできるが，統合することはできない。

4）試料採取等

試料採取の方法は，特定有害物質ごとに**表 4-2-6** のとおりである。

表 4-2-6　調査対象物質と試料採取等の方法[1]（一部修正）

分類	試料採取等の方法
第一種特定有害物質（揮発性有機化合物）	土壌ガス調査（土壌ガスが検出された場合の深さ 10 m までの土壌溶出量調査を含む），または，土壌ガス調査を省略して行われる深さ 10 m までの土壌溶出量調査
第二種特定有害物質（重金属等）	土壌溶出量調査 土壌含有量調査
第三種特定有害物質（PCB および農薬等）	土壌溶出量調査

2.　土壌汚染対策（措置）のための調査

（1）区域の指定

土壌汚染対策法に基づく調査の結果，汚染状態に関する基準に適合しない土地については，健康被害が生ずるおそれに関する基準に基づき，要措置区域あるいは形質変更時要届出区域に分けて指定される。また，自主的に実施した土壌汚染調査であっても，法に準じて適切に実施された調査である場合は，都道府県知事に区域の指定を申請することができる（法第 14 条）。**図 4-2-4** に区域指定の考え方を示す。

1）要措置区域

土壌汚染状況調査の結果，汚染状態に関する基準に適合しないと判断され，健康被害が生ずるおそれに関する基準に該当する（健康被害のおそれがある）土地である場合，土壌汚染による人の健康に係る被害を防止するために汚染の除去等の措置を講ずることが必要な「要措置区域」として指定される。

【区域指定例】

・土壌含有量基準不適合の場合，**図 4-2-4** の①のように汚染土壌が露出し，直接摂取による経路が存在する場合に指定される。
・土壌溶出量基準不適合の場合，同図の②のように地下水汚染が到達し得る範囲内に飲用井戸等が存在する場合に指定される。

2）形質変更時要届出区域

土壌汚染状況調査の結果，汚染状態に関する基準に適合しないと判断され，健康被害が生ずるおそれに関する基準に該当しない（健康被害のおそれがない）土地である場合，土地の形質の変更をしようとするときの届出を必要とする「形質変更時要届出区域」として指定される。形質変更時要届出区域は，一般管理区域のほか，自然由来による土壌汚染を対象とした自然由来特例区域や，公有水面埋立法に基づく埋立て地を対象とした埋立地特例区域などに区分される。

【区域指定例】

・土壌含有量基準不適合の場合，**図 4-2-4** の③のように汚染土壌が存在するが，舗装等（厚さの基準等あり）により被覆されており，直接摂取による経路が存在しない場合に指定される。

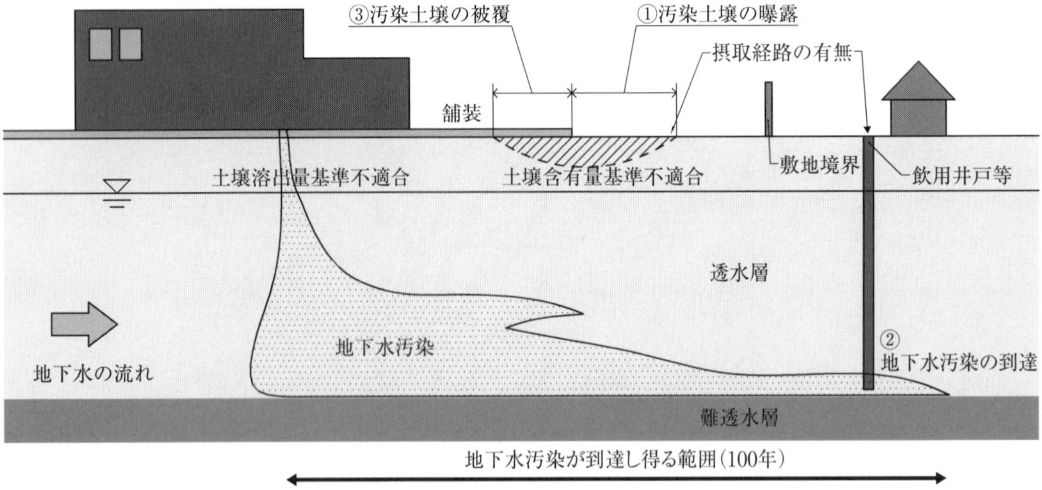

図 4-2-4　区域指定の考え方

・土壌溶出量基準不適合の場合，地下水汚染が到達し得る範囲内に飲用井戸等が存在しない場合に指定される（②の地下水汚染が飲用井戸等まで到達しない）。

（2）土壌汚染対策（措置）に必要な詳細調査

1）基本的な考え方

土壌汚染対策の考え方は，有害物質の人への曝露経路を遮断し健康被害を防止することを基本とするため，土壌汚染調査の目的に応じた汚染の状態の把握に加え，地層構成や地下水の賦存状態を考慮した土壌汚染対策の方法に応じた詳細調査を選択する必要がある。

2）調査時の留意点

土壌汚染対策の計画に必要な詳細調査は，対策の種類によって方法や調査地点の配置，調査深度などが異なる。また，**表 4-2-7** および**表 4-2-8** に示すように，地盤や地下水の透水性や動水勾配等を考慮した上で，汚染箇所の濃度に目標値（目標土壌溶出量，目標地下水濃度）を定め，汚染の管理や必要最小限の対策を行う方法も一般的に採用されており，汚染状態に加え，対策の目標および地盤や地下水の特性を考慮した対策方針と方針に基づく詳細調査の計画が必須となる。

3）詳細調査の手順

土壌汚染対策のうち，原位置封じ込め，遮水工封じ込め，土壌汚染の除去，不溶化などを実施する場合，基準不適合土壌のある範囲および深さを把握する目的で詳細調査を実施する。次に，土壌溶出量基準以外の目標土壌溶出量を設定する場合は，目標土壌溶出量を超過する土壌のある範囲および深さを把握する。

目標土壌溶出量および目標地下水濃度とは，土壌中の有害物質による人の健康リスクの観点から，摂取経路を遮断すれば十分であるため，敷地内に設定した評価地点（地下水流向の下流側の敷地境界線や観測井戸）で地下水基準に適合する状態での，基準不適合箇所の汚染濃度等を設定する考え方である。すなわち，リスクベースで土壌・地下水汚染を適切に評価し合理的な対策を実施するためには，地盤状況（土質構成，透水性，地下水の水位および流向流速など）を詳細に把握することが前提となる。

表 4-2-7　対策ごとの詳細調査の必要性（目標土壌溶出量を計算する場合）[1)]（一部修正）

対策の種類	調査の内容				
	基準不適合土壌の範囲および深度	目標土壌溶出量を超える土壌の範囲および深度	第二溶出量基準不適合土壌の範囲および深さ	帯水層の底となる不透水層の分布深度等	目標土壌溶出量および目標地下水濃度を検討するための調査
地下水の水質の測定（地下水汚染が生じていない）					
地下水の水質の測定*（地下水汚染が生じている）	必要に応じて実施	必ず実施	—	必要に応じて実施	必ず実施
原位置封じ込め	必要に応じて実施	必ず実施	必ず実施	必ず実施	必ず実施
遮水工封じ込め	必要に応じて実施	必ず実施	必ず実施	—	必ず実施
地下水汚染の拡大の防止（揚水施設）					
土壌汚染の除去	必要に応じて実施	必ず実施	必要に応じて実施	—	必ず実施
不溶化*	必要に応じて実施	必ず実施	必要に応じて実施*	—	必ず実施

＊　第二溶出量基準に適合しない汚染状態の土地には適用できない

表 4-2-8　対策ごとの詳細調査の必要性（目標土壌溶出量を基準とする場合）[1)]（一部修正）

対策の種類	調査の内容				
	基準不適合土壌の範囲および深度	目標土壌溶出量を超える土壌の範囲および深度	第二溶出量基準不適合土壌の範囲および深さ	帯水層の底となる不透水層の分布深度等	目標土壌溶出量および目標地下水濃度を検討するための調査
地下水の水質の測定（地下水汚染が生じていない）	—	—	—	必要に応じて実施	—
地下水の水質の測定*（地下水汚染が生じている）					
原位置封じ込め	必ず実施	—	必ず実施	必ず実施	—
遮水工封じ込め	—	必ず実施	必ず実施	—	—
地下水汚染の拡大の防止（揚水施設）	—	—	—	必要に応じて実施	—
土壌汚染の除去	必ず実施	—	必要に応じて実施	—	—
不溶化*	必ず実施	—	必ず実施*	—	—

＊　第二溶出量基準に適合しない汚染状態の土地には適用できない

3. モニタリング

土壌汚染対策法におけるモニタリングは，「土壌中の特定有害物質が地下水へ溶出して周辺へ拡散していく状態にないこと」を継続して監視することを目的としている。その他，原位置浄化の際に進捗状況を把握するための工事と並行して情報を収集する場合や，敷地境界の観測井で汚染拡散の有無を判定することなど，モニタリングの目的はさまざまである。

モニタリングの頻度や期間は，その目的や状況により異なり，例えば対策工事後のモニタリングでは，地下水汚染が生じていない状況（もしくは目標地下水濃度を超過していない状況）で掘削除去を行った場合には工事後に１回でよく，地下水汚染が生じている状況（もしくは目標地下水濃度を超過している状況）では，工事後に２年間継続して地下水汚染が生じていない状況（もしくは目標地下水濃度を超過していない状況）を確認することが基本となっている。

モニタリング項目についても，その目的や状況により異なる。バイオレメディエーション（微生物による汚染物質の分解）工法では，汚染対象物質に加えて栄養塩濃度，溶存酸素量，pH，酸化還元電位および地下水位，悪臭，有害ガス等を対象とすることが一般的である。

モニタリングによって得られた情報は，記録簿および一覧表，有害物質濃度の変化，地下水環境の変化等について考察し報告する。なお，異常等が確認された場合は，速やかにその状況を依頼者へ報告することが求められる。

4.2.2 調査計画・内容

1. 調査計画のポイント

ここでは有害物質使用特定施設のある敷地での土地の形質の変更時を例に挙げ，調査計画および計画時のポイントや留意点について述べる。

（１）汚染のおそれの区分の分類

図 4-2-5 は，試料採取等区画の選定（いわゆる調査計画）のもととなる土壌汚染のおそれの区分を示したものである。特定有害物質ごとに調査地点を設定する必要があるため，特定有害物質ごとに汚染のおそれの区分の分類図を作成することが望ましい。

１）計画時の留意点

形質変更時を契機（法第４条等）とする場合の調査計画は，形質変更により土壌汚染を拡散させないよう，土壌汚染状態を把握することが目的となる。したがって，調査対象範囲は，形質変更範囲（掘削および盛土）のうち掘削部分が対象となる。また，汚染のおそれが生じた深度と形質変更深さとの関係も重要であり，掘削予定深度の底面から汚染のおそれが生じた深度まで１m を超える離隔がある場合は調査の対象としないことが可能である。

このように，試料採取の方法や採取数量および分析項目や分析数量は，地歴調査や汚染のおそれの区分の分類の結果と形質変更計画に大きく左右されるため，業務発注にあたっては，地歴調査と土壌汚染状況調査（現地調査）の分離発注や，数量および工期の変更を考慮する必要がある。

２）計画のポイント

図 4-2-5 において，掘削および盛土を行う面積（破線で示す形質変更①～③）が 3,000 m^2

以上（有害物質使用特定施設が存在する場合は 900 m² 以上）の場合は，法第4条1項の届出が必要となる。また，この範囲のうち，土壌汚染のおそれがある範囲については土壌汚染状況調査が必要となる（土壌汚染状況調査の対象地）。

有害物質を含む排水が流れる配管の埋設深さは 2.5 m であるため，掘削底面より 1 m を超える深さにのみ配管がある場合は，汚染のおそれに含めないことも可能である。なお，法第3条の有害物質使用特定施設の廃止時の調査のように，廃止時の土壌汚染の状況の把握を行う場合は，この考え方が適用できないため注意が必要である（法第3条1項の調査猶予中の土地であって，900 m² 以上の土地の形質の変更を行う際の法第3条8項の調査には適用可能）。

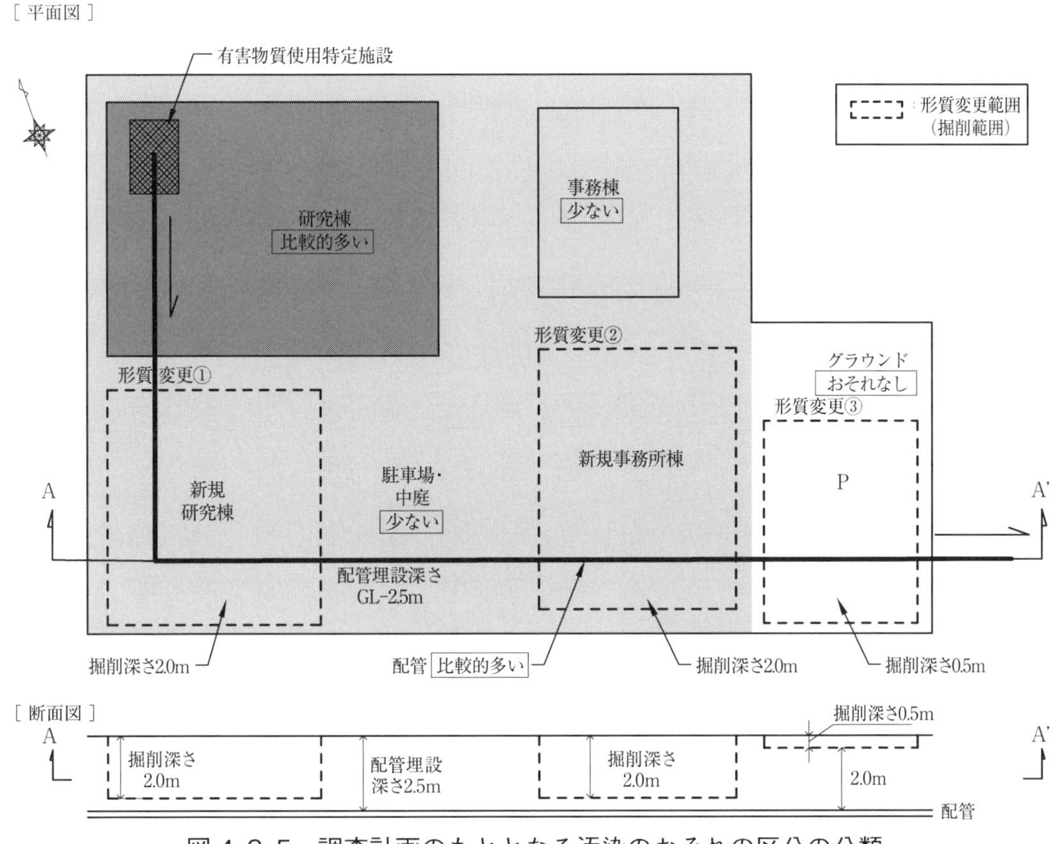

図 4-2-5　調査計画のもととなる汚染のおそれの区分の分類

（２）第一種特定有害物質を対象とした調査計画

図 4-2-6 は，第一種特定有害物質を対象とした調査計画の例を示したものである。以下に計画時の留意点およびポイントを述べる。

１）計画時の留意点

調査計画の起点は，土壌汚染状況調査の対象地（形質変更①および②）ごとに設定することが基本となるが，同図のように，過去の法第４条調査の起点を用いて複数の対象地を含む位置に起点を設けることも可能である。

第一種特定有害物質は，土壌ガス調査を基本として計画する。ボーリング調査で評価する場合は汚染のおそれが少ない区画であっても単位区画ごとの調査が必要となる。

２）計画のポイント

・土壌ガス調査で評価を行う場合，試料採取深度について土壌汚染のおそれが生じた深度は考慮しない（地表面から調査を行う）。

・全部対象区画（おそれが比較的多い：配管位置）では単位区画ごとに，一部対象区画（おそれが少ない）では 30 m 格子ごとに調査を行う。

・一部対象区画（おそれが少ない）の評価は，30 m 格子の中心で行う。中心が汚染のおそ

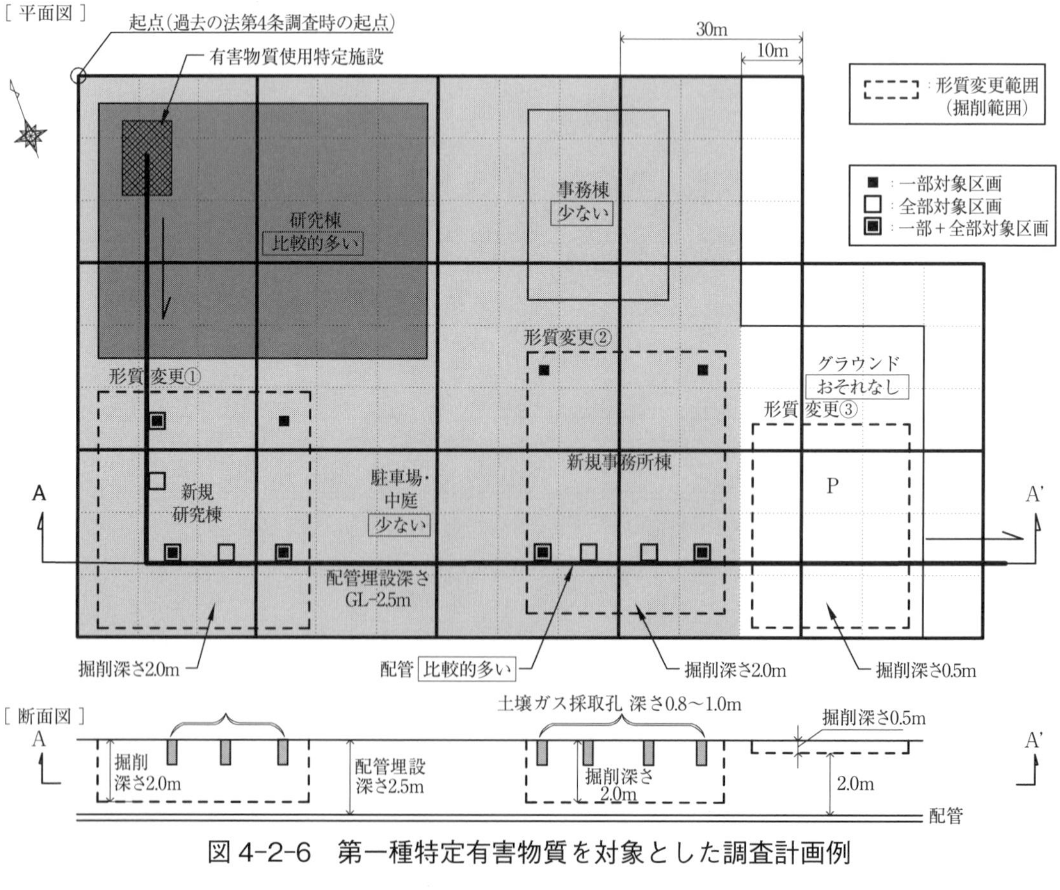

図 4-2-6　第一種特定有害物質を対象とした調査計画例

れがない場合も中心で行う。

（3）第二種・第三種特定有害物質を対象とした調査計画

図 4-2-7 は，第二種および第三種特定有害物質を対象とした調査計画の例を示したものである。以下に計画時の留意点およびポイントを述べる。

1）計画時の留意点

調査計画の起点は，土壌汚染状況調査の対象地（形質変更①および②）ごとに設定することが基本となるが，同図のように，過去の法第4条調査の起点を用いて複数の対象地を含む位置に起点を設けることも可能である。配管埋設箇所については，配管の底面を汚染のおそれが生じた場所の位置（深度）とし，配管下から 50 cm 区間の土壌試料を採取する。

第二種および第三種特定有害物質は，土壌試料の採取および分析を基本として計画する。

2）計画のポイント

・全部対象区画（おそれが比較的多い：配管位置）では，単位区画ごとに試料採取を行う。

・一部対象区画（おそれが少ない）では 30 m 格子ごとに 5 地点以下の均等混合法により試料採取を行う。

・汚染のおそれが生じた場所の位置（深度）を基準（汚染のおそれが生じた場所の位置が不

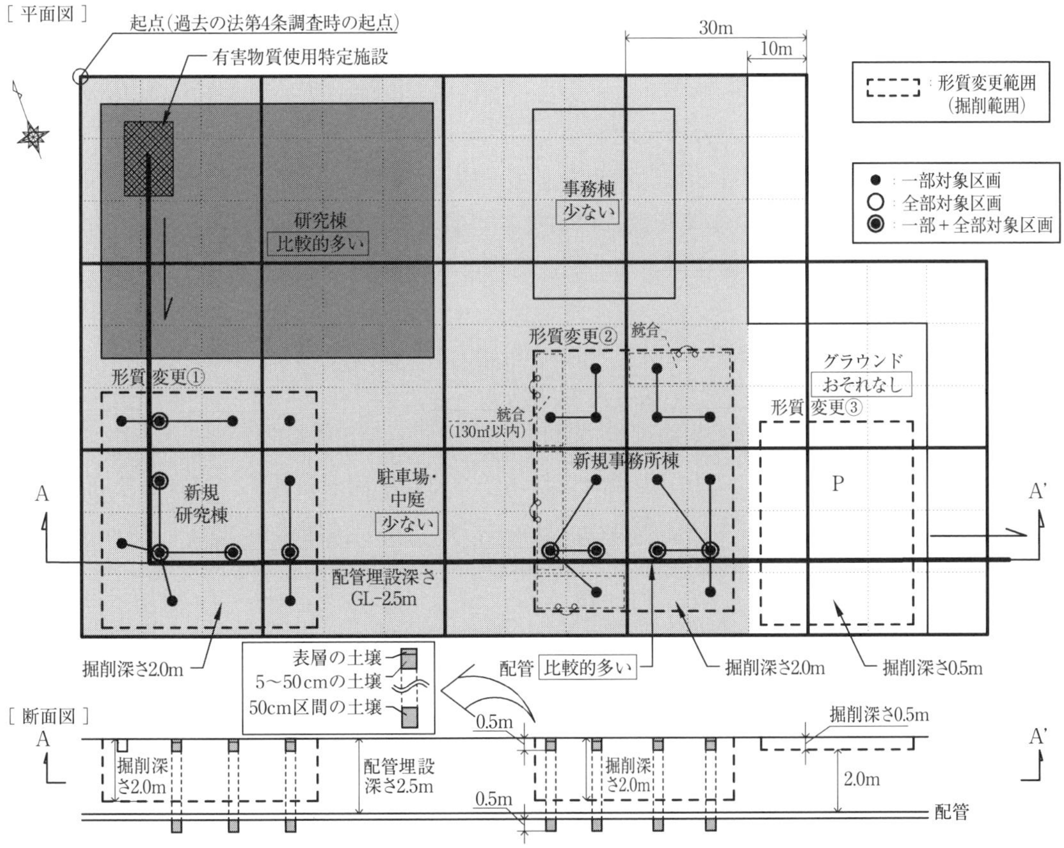

図 4-2-7　第二種および第三種特定有害物質を対象とした調査計画例

明である場合は地表面）として，表層の土壌（深度0～5 cm）および深度5～50 cmの土壌試料を採取する。

2. 調査仕様および成果品

（1）調 査 仕 様

調査業務の発注にあたっては，仕様書等に次の内容を記載することが基本となる。

1）基 本 事 項

業務名称，業務場所，業務期間について記載する。

2）調 査 目 的

調査方法を確定するため，調査の契機（有害物質使用特定施設の廃止時，土地の形質の変更時など），調査の対象や段階（地歴調査，地歴調査を含む土壌汚染状況調査，詳細調査など）について記載する。

3）適 用 基 準

発注機関ごとの基準，土壌汚染対策法および施行規則，土壌汚染対策法に基づく調査および措置に関するガイドライン，各地方自治体の条例（対象条例が存在する場合）などについて記載する。例えば，対策を検討するための詳細調査などでは，標準貫入試験や現場透水試験，室内土質試験等を実施する場合があるが，この場合は日本工業規格（JIS規格）や地盤工学会基準（JGS基準），準拠する要領や文献等についても記載する。

4）調査内容および数量

地歴調査，位置だし測量，土壌ガス調査，表層土壌採取，ボーリング調査，詳細調査，調査報告書作成，届出資料作成などについて記載する。発注や積算時の留意点は次項に述べる。

業務発注にあたり，地歴調査から詳細調査まで一括して発注されるようなケースも散見されるが，調査対象物質や試料採取箇所数，ボーリング調査箇所数（土壌汚染状況調査，詳細調査）などが大きく増減する可能性が高く，発注者側の予算確保や受注者側の予算計画において大きな負担となる場合が多い。このため，地歴調査，土壌汚染状況調査（地歴調査以降）および対策方針の検討，詳細調査および対策の検討のように段階的な発注が望ましく，各々の業務期間を考慮した事業計画の策定が必要となる。

5）要求技術水準・保有資格等

調査機関としての登録状況（土壌汚染対策法に基づく指定調査機関，地質調査業登録など）や調査実績（調査規模や法に基づく調査の実績など）について記載する。また，後述する主任技術者や担当技術者に求める技術水準や保有資格等および調査実績について記載する。

（2）成 果 品

成果品の体裁（紙媒体，電子媒体など），必要部数，納入方法等について記載する。

成果品には，業務報告書，業務報告書概要版，届出資料（例：土壌汚染対策法第4条1項・2項届出書，各地方自治体条例の届出書），関係機関協議資料，後続調査計画などがある。

3. 積算上の留意点

土壌汚染対策法に基づく土壌汚染状況調査は，環境省の指定調査機関が行う必要がある。また，指定調査機関は，技術管理者試験の合格者など環境省令に定める基準に適合した技術管理者に調査業務の監督をさせる必要がある。したがって，業務発注にあたっては主任技術者要件に加えることが妥当である。このように，土壌汚染状況調査はガイドラインに沿って行うものであるが，地歴調査の結果に基づく試料採取計画の立案や測定・分析の結果を解析・評価し報告書を作成する業務は，高度な専門知識と経験が要求されるコンサルティング業務に該当する。

なお，土壌汚染調査では前段の調査結果に基づいて次のステップで必要な調査の内容を決定することとなるため，事前に調査数量の全体を想定することが困難で，いくつかの段階に分けて調査を行う必要がある。

以下に積算時の留意点を挙げる。

（1）地 歴 調 査

・一般的に，対象地の面積が広くなれば，現地調査等に必要な日数が増加する。

・地歴調査全体に要する時間や労力（人工数）は，調査対象地の土地利用履歴の複雑さや調査対象物質の種類の数によって大きく異なるため，土地の面積に比例しない場合がある。

・登記簿，地図類の資料の取得に係る費用を計上する。

（2）試 料 採 取

・試料採取地点の測量費を計上する。

・地表面がコンクリートやアスファルトで被覆されている場合は，舗装を削孔するための費用を計上する。

・土壌ガス調査の場合は，ドリルを用いた直径 3 cm ほどの孔あけでよいが，土壌調査の場合は直径 15 cm 以上のコア抜きが必要となる。

・試料採取後の埋戻し費用を計上する。

（3）ボーリング

・打撃式や振動式およびこれらを組み合わせた方式による汚染調査用のボーリングマシンと専用サンプラーによる調査が一般的である。

・ロータリー式ボーリングの場合，泥水を使用せず，ケーシング掘りが一般的である。

・分析項目が多い場合は，土壌の量を確保するため 86 mm オールコアボーリングでのサンプリング費用を計上する。

・分析用試料の採取深度は，汚染のおそれが生じた深度やそれが複数あるかどうかによって変わるため，事前に土壌採取深度や採取試料数を明示する。

・汚染が判明している場合，掘削残土やツールの洗浄水の処分費を計上する。

・汚染の拡散防止のため，ベントナイトやセメントミルクなどで掘削孔の閉塞を行う。

（4）地下水観測井設置

・採水前のパージ（井戸内滞留水の除去）で発生する汚染水の処分費を計上する。

・複数の帯水層の地下水を観測する場合，帯水層ごとにスクリーンを設置した観測井を複数設ける必要がある。

4.2.3　調査実施上の留意点

1.　土壌汚染リスク評価

（1）リスク評価のポイント

土壌・地下水汚染調査の目的の一つは，汚染機構の解明にある。

汚染の拡散状況や対策工法を検討するためには，対象有害物質の移動特性を知る必要があり，これには地質技術者の的確な判断により得られた地質や地下水の情報が不可欠となる。以下にリスク評価のポイントを述べる。

・吸着性の高い粘性土の分布，透水性の高い砂や礫層の分布，地下水の賦存状態（流向や流速）などが，土壌汚染の分布深度や地下水汚染の拡散の判定に必要な情報となる。

・浄化等の対策を実施する場合は，その設計に際し地質の物理的性質や力学的特性が必要となる場合がある。

・原位置での対策の方法によっては，帯水層の透水性や不透水層の分布深度が重要な要素となる。

・汚染の移動や対策の効果等を検討する場合，移流拡散シミュレーション等により将来を予測することがある。この場合にも地質構成や透水性等の地質情報は不可欠である。

土壌汚染対策法では，区域指定に関する基準として「汚染状態に関する基準」と「健康被害が生ずるおそれに関する基準」が設けられている。前者はいわゆる基準値であり前述の**表4-2-2**～**表4-2-4**などが該当する。後者は土壌汚染による健康被害リスクの有無を判断する基準であり，対策の要否（要措置区域と形質変更時要届出区域）を決める判断基準となる。

図4-2-8に土壌汚染による健康リスクの発生経路のイメージを示す。同図に示すように，土壌または地下水摂取経路からの摂食・飲用をリスクとしてとらえており，対策の基本的な考

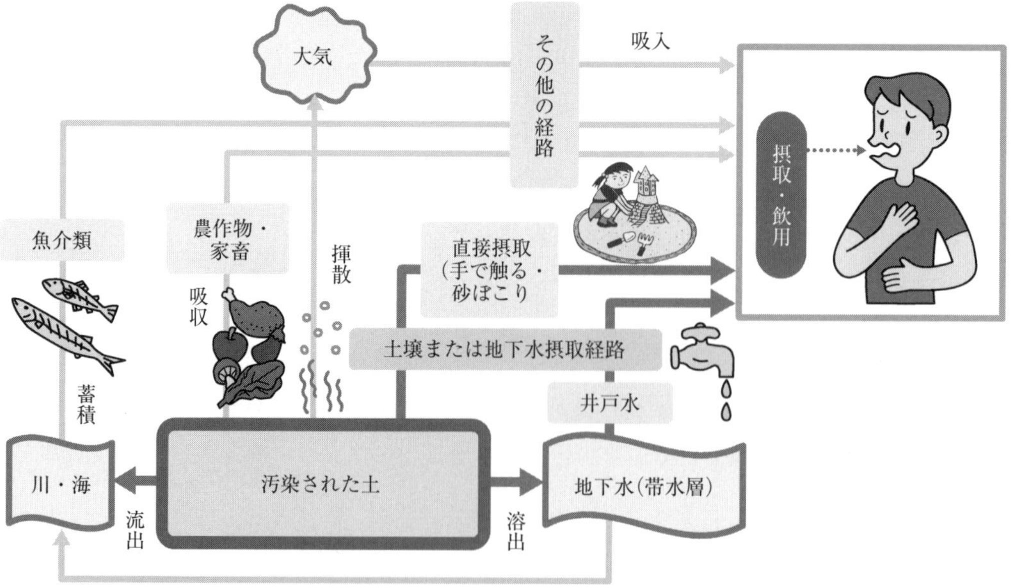

図4-2-8　土壌汚染による健康リスクの発生経路[4)]（一部修正）

え方は，この摂取経路を遮断することが基本となる。

（2）健康被害が生ずるおそれに関する基準

直接摂取リスク（土壌含有量基準不適合）は，汚染土壌の摂食を対象としたものであり，汚染箇所への一般人の立入りが可能な場合や汚染土壌の被覆（盛土や舗装など）がない場合に要措置区域に指定される。

地下水等経由による摂取リスク（土壌溶出量基準不適合）は，周辺で地下水の飲用利用がある場合に要措置区域に指定される。この周辺とは，地下水汚染が到達し得る範囲のことであり，個別に算定を行うか一般値を用いて判断する。**表 4-2-9** に一般値および設定条件を示す。この一般値は，過去の調査事例等を参考に，一般的な都市地域の地層を想定し設定されている。

地下水汚染が到達し得る範囲を求めるための条件は，一般的に対象地域の地形や地盤構成，地下水の賦存状態により大きく異なる。対策の要否を判断する重要な指標であるため，土壌汚染調査の対象地およびその周辺の地盤や地下水の状況を適切に評価することが重要となる。

表 4-2-9　地下水汚染が到達し得る範囲の一般値および設定条件[1]（一部修正）

特定有害物質	一般値
第一種特定有害物質	概ね 1,000 m
六価クロム	概ね 500 m
砒素，ふっ素，ほう素	概ね 250 m
シアン，カドミウム，鉛，水銀，セレン，第三種特定有害物質	概ね 80 m

【設定条件】

地下水流速	透水係数	動水勾配	有効間隙率
23 年/m	$k = 3 \times 10^{-5}$ m/s	0.005（1/200）	0.2

（3）目標土壌溶出量と目標地下水濃度

土壌汚染対策法では，摂取経路を遮断すればよいことから，必ずしも汚染箇所での地下水基準適合を求めていない。すなわち，評価地点で地下水基準に適合するように目標値（土壌溶出量，目標地下水濃度）を設定することが可能である。

評価地点は，要措置区域の地下水の下流側から要措置区域の指定事由となった飲用井戸の上流側の間に設定されるが，現実的には敷地内の下流側境界付近となる。

図 4-2-9 に，こうした目標値の考え方のイメージを示す。同図は，鉛による汚染に対し，汚染箇所から地下水流向の下流側 20 m の位置に評価地点（敷地内の観測井戸）を設け，目標値を設定した事例である。評価地点において地下水基準（鉛：0.01 mg/L 以下）に適合するよう目標値を設定した結果，この事例では汚染箇所での目標濃度が 0.3 mg/L（基準値の 30 倍）となった。検討条件も，ごく一般的な地盤構成を想定したものである。

こうした目標値の設定は，特定有害物質ごとの特性や地形，地盤構成，地下水の賦存状態等により大きく異なるとともに，対策の要否やその規模（費用や工期），周辺環境影響などに大

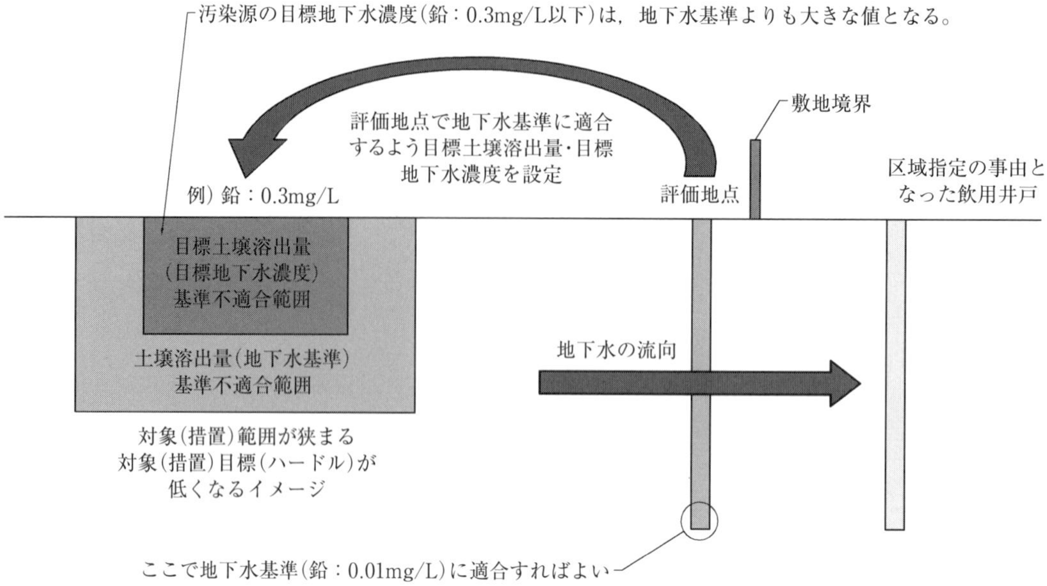

【設定条件】

透水係数	動水勾配	有効間隙率
$k=1\times10^{-6}$ m/s（シルト質砂）	0.01（1/100）	0.15

図 4-2-9　目標土壌溶出量および目標地下水濃度の設定イメージ

きくかかわるものであるため，対策を検討する場合には必須となる。

2.　対策（措置）方法の検討・設計

土壌汚染対策法における対策の考え方は，「環境リスクの管理」および「摂取経路の遮断」が基本となっており，摂取経路により**表 4-2-10** に示す対策が基本となっている。

土壌汚染対策法では，通常，汚染土壌の掘削除去まで求めることはない。また，地盤や地下水の透水性や動水勾配等を考慮した上で，汚染箇所の濃度に目標値（目標土壌溶出量，目標地下水濃度）を定め，汚染の管理や必要最小限度の対策を行う方法も一般的に採用されている。このため，土壌汚染対策の検討や設計にあたり，はじめから掘削除去一択とすることは，非効率で不経済である過度な対策となる場合があるため注意が必要である。

表 4-2-10　摂取経路ごとの対策の考え方

摂取経路	条件	基本的な対策（措置）
地下水等経由の摂取リスク	土壌溶出量基準不適合（周辺に飲用利用あり）	地下水汚染なし：モニタリング 地下水汚染あり：封じ込め
直接摂取リスク	土壌含有量基準不適合（一般人の立入りが可能な状態）	盛土（例外あり）

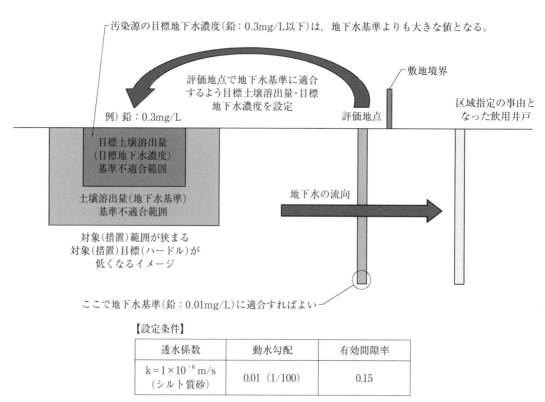

3. 業務発注・求められる資格

土壌汚染調査や土壌汚染対策の計画にあたっては，土壌汚染対策法など法や条例における仕様に関する知識のほか，地盤や地下水に関する知識や調査技術が必須となる。法や条例の主旨を理解し，地盤や地下水の特性を考慮した汚染リスク評価と対応を行うことにより，ブラウンフィールド（土壌汚染を理由に再利用されない土地）化などを回避し持続可能な開発の一助となる。

表 4-2-11 に，土壌汚染調査・対策に求められる資格・能力の一例を示す。

表 4-2-11　土壌・地下水汚染の調査および対策に求められる資格・能力

資格	求められる能力等
土壌汚染調査技術管理者	土壌汚染対策法に基づく，調査や対策（措置）等に関する知識など
地質調査技士（土壌・地下水汚染部門，現場技術・管理部門）	土壌・地下水汚染調査に関する現場調査技術，汚染リスク評価に係る地盤・地下水特性に関する知識，対策検討に関する知識など
技術士（建設部門，応用理学部門，環境部門など）	高度な土壌・地下水影響解析，環境リスク評価，対策検討・解析・設計に関する知識など
その他（土壌環境監理士，土壌環境保全士など）	土壌・地下水汚染の調査や対策等に関する知識・判断力，土木工事等を伴う場合の知識など

《参考文献》

1）環境省水・大気環境局水環境課土壌環境室：土壌汚染対策法に基づく調査及び措置に関するガイドライン（改訂第 3.1 版），2022

2）東京都環境局：中小事業者のための土壌汚染対策ガイドライン（改訂第 3.30 版），2024

3）全国地質調査業協会連合会：土壌・地下水汚染のための地質調査実務の知識，2004

4）日本環境協会：事業者が行う土壌汚染リスクコミュニケーションのためのガイドライン，2017

4.3　自然由来重金属

2010年4月に施行された改正土壌汚染対策法（以下，土対法と略す）において自然由来の重金属も規制対象となり，自然由来の鉛や砒素などの重金属等を含む土壌や岩石に遭遇する建設現場では発生土への適切な対応が求められている。

また，黄鉄鉱などの硫化鉱物含有土では，風化による酸化に伴って発生する強酸性水やアルカリ性水により酸性土・アルカリ土が生成し重金属等が溶出しやすくなるなど，地下水汚染や重金属類の溶出促進が問題となっている。

これらのことから，自然由来重金属および硫化鉱物の事前調査の重要性が高まり，『建設工事における自然由来重金属等含有岩石・土壌への対応マニュアル（2023年版）』[1)]（以下，『自然由来重金属等対応マニュアル』と略す）などが発行されている。本節においては，『自然由来重金属等対応マニュアル』の手法に準じて自然由来重金属および硫化鉱物に対する調査手順を解説する。

4.3.1　調査の目的

建設工事における自然由来重金属および硫化鉱物の存在は，工事本来の目的である構造物構築とはほぼ無関係であったが，人間の健康影響への関心の高まりとも相まって前述したとおり，重金属等や硫化鉱物を含む土壌や岩石に遭遇する建設現場での発生土への適切な対応を行うために調査を実施する必要がある。

対象となる物質は，「カドミウム（Cd），六価クロム（Cr（VI）），水銀（Hg），セレン（Se），鉛（Pb），砒素（As），ふっ素（F），ほう素（B）」と，土壌汚染対策法の第二種特定有害物質とほぼ同じ項目である。なお，第二種特定有害物質であるシアン化物（CN）を含む鉱物にヨアネウム石（$Cu(C_3N_3O_3H_2)_2(NH_3)_2$）があるが，この鉱物は日本国内では産出しないため国内でのシアン汚染は人為由来となる。

建設発生土は，これらの有害物質および酸性土のリスクに応じて**表 4-3-1** のように区分される。『自然由来重金属等対応マニュアル』によれば，汚染などの可能性がない通常の発生土のほか，有害物質や酸性土・アルカリ土により対策を行う必要がある「要対策土」，有害物質などを低濃度に含み受入先への移送に管理が必要な「搬出時管理土」に分けられる。通常の発生土を除く，「要対策土」と「搬出時管理土」を併せて「要管理土」とされている。このように自然由来による重金属等の影響だけでなく風化による酸性化・アルカリ化の影響も大きいことから，本節においても『自然由来重金属等対応マニュアル』による発生土分類の「要対策土」と「搬出時管理土」を併せた「要管理土」の定義を使用して説明していく。

なお，これらの建設発生土は，盛土などの建設資材として利用されることもあり，計画・調査・設計・施工などの一般的な建設段階だけでなく，維持管理段階でも留意が必要となる。

表 4-3-1　発生土の区分[1] から一部抜粋

土の区分			発生源濃度区分	土の特徴
発生土	通常の発生土		—	・重金属等の溶出量，含有量が小さく，かつ酸性水を発生させない土
	要管理土	搬出時管理土	極低~低	・個別に検討した利用方法の下で，受入先において重金属等による地下水水質への影響は小さく，かつ酸性水を発生させない土
		要対策土（酸性土）	極低	・個別に検討した利用方法の下で，受入先において重金属等による地下水水質への影響の可能性は小さいが，酸性水を発生させる可能性がある土
		要対策土（低濃度）	低	短期溶出試験の結果が第二溶出量基準を満足し，かつ長期的な溶出濃度が地下水基準の 10 倍以下，かつ全含有量が著しく高くない土で，以下のいずれかに該当するもの ・個別に検討した利用方法の下で，受入先において，重金属等による地下水水質への影響の可能性がある土 ・個別に検討した利用方法の下で，受入先において，重金属等による地下水水質への影響の可能性があり，かつ酸性水を発生させる可能性がある土＊
		要対策土（高濃度）	高	短期溶出試験の結果が第二溶出量基準を超えるか，長期的な溶出濃度が地下水基準の 10 倍を超える，あるいは鉱石など，全含有量が著しく高い土で，以下のいずれかに該当するもの ・重金属等による地下水水質への影響が大きい可能性がある土 ・重金属等による地下水水質への影響が大きい可能性があり，かつ酸性水を発生させる可能性がある土

＊　酸性水を発生させる可能性がある土は，リスクレベルⅠには分類されずリスクレベルⅡ～Ⅳのいずれかに分類される。

詳細[1]

自然環境での重金属等の存在形態として，地下水中でのカドミウムや鉛は，カチオン（陽イオン）として存在するとされ，土粒子表面はマイナスに帯電（荷電）していることから，土粒子表面に吸着されやすくなっている。一方，地下水中での六価クロムや砒素はアニオン（陰イオン）として存在するとされており，マイナスに帯電している土粒子表面とは反発し合い吸着されにくいことになる。ただし，過去の人為由来の土壌汚染事例（汚染源から離れるに従って濃度が下がるなど）から，必ずしも土粒子表面の荷電状況にのみ重金属イオンの吸着性が支配されるのではなく，地層の土粒子間を通過するときに少しずつイオンが吸着されると考えられる（実際は粘土鉱物の分子間隙や，土粒子表面の陽イオンで存在する金属イオンなどに吸着されると思われる）。つまり，社会生活が営まれる地表から重金属等の汚染が発生する人為由来汚染の場合には，汚染物質が土粒子に吸着されつつ，徐々に汚染濃度を低下させながら地中を降下していくと考えられる。

ここで，人為由来の土壌汚染と自然由来の土壌汚染における土壌溶出量試験での分析値について，参考までにそれぞれのグラフパターンを **2 次元コード**に示す。人為由来汚染（左のグラフ）では地表部が高濃度汚染で深くなるほど

グラフパターン

低濃度になるが，自然由来汚染（右のグラフ）では汚染濃度が深度に関係ないことを示しているイメージ図である。

もちろん，人為由来の汚染源が深い地階の底部や取水スクリーンが深い井戸である場合には当てはまらないが，周辺環境も含めた地歴調査を行うことで汚染源を想定することが可能である。

1．必要となる地盤情報

事業を進めるにあたっては，自然由来の有害物質や酸性土などによる周辺環境への影響を防止するため，事業全体において合理的な対応に資するよう，事業特性に合わせた適切な手法，つまり事業段階ごとの目的に応じた適切な手法で計画し，事業を実施せねばならない。これには種々の地盤情報が必要であり，そのために必要な調査を実施する。以下に，各事業段階で行うそれらの調査内容を示す。

（1）事業計画段階

事業計画段階では，事業候補地およびその周辺において事業に影響を与え得る「自然由来重金属等含有土」や「酸性土の概況」，「地盤等立地条件の把握」を行う。具体的な調査内容を**図4-3-1**に示し，その調査項目を**表4-3-2**に示す。

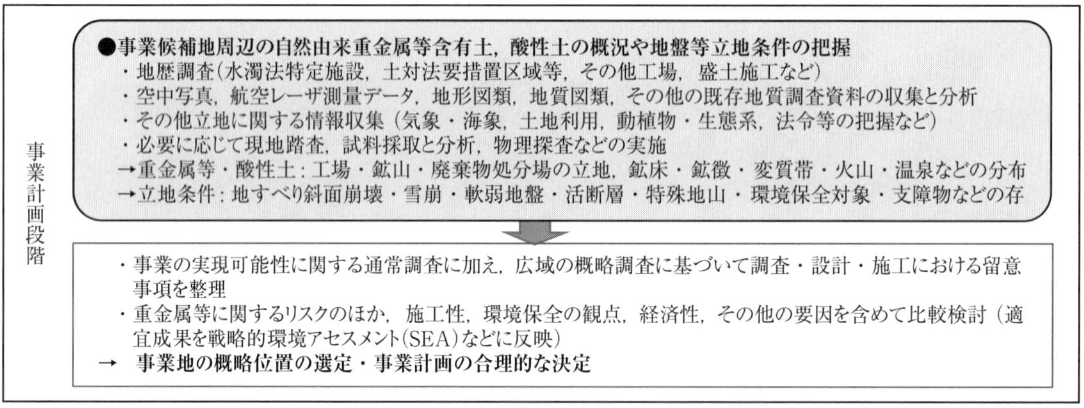
事業計画段階
●事業候補地周辺の自然由来重金属等含有土，酸性土の概況や地盤等立地条件の把握
・地歴調査(水濁法特定施設，土対法要措置区域等，その他工場，盛土施工など)
・空中写真，航空レーザ測量データ，地形図類，地質図類，その他の既存地質調査資料の収集と分析
・その他立地に関する情報収集（気象・海象，土地利用，動植物・生態系，法令等の把握など）
・必要に応じて現地踏査，試料採取と分析，物理探査などの実施
→重金属等・酸性土：工場・鉱山・廃棄物処分場の立地，鉱床・鉱徴・変質帯・火山・温泉などの分布
→立地条件：地すべり斜面崩壊・雪崩・軟弱地盤・活断層・特殊地山・環境保全対象・支障物などの存
・事業の実現可能性に関する通常調査に加え，広域の概略調査に基づいて調査・設計・施工における留意事項を整理
・重金属等に関するリスクのほか，施工性，環境保全の観点，経済性，その他の要因を含めて比較検討（適宜成果を戦略的環境アセスメント(SEA)などに反映）
→ 事業地の概略位置の選定・事業計画の合理的な決定

図4-3-1　事業計画段階における具体的な調査内容[1)] から一部抜粋

表4-3-2　事業計画段階における調査項目

・地歴調査（水質汚濁防止法および下水道法に規定する有害物質使用特定施設，土対法要措置区域等，その他工場，盛土施工など） ・資料等調査（既存調査資料（空中写真，航空レーザ測量データ，地形図，地質図など）の収集と分析） ・立地に関する情報収集（気象・海象，土地利用，動植物・生態系，法令等の把握など） ・（必要に応じて）現地踏査，試料採取と分析，物理探査などの実施

事業の実現可能性に関する通常調査に加え，広域の概略調査に基づいて調査・設計・施工における留意事項を整理し，重金属等に関するリスクのほか，施工性，環境保全の観点，経済性，その他の要因を含めて比較検討を行って，事業地の概略位置を選定し，事業計画の合理的な決定を行う。

留意点として，特に，工場・鉱山・廃棄物処分場の立地や鉱床・鉱徴・変質帯・火山・温泉などが分布する場所では，重金属等の含有・溶出や酸性土・酸性水の発生が懸念される。また，地すべり・斜面崩壊・雪崩・軟弱地盤・活断層・特殊地山・環境保全対象・支障物の存在などの立地条件は，ほかの法令との関連や，意図しない土壌・地下水汚染の拡散を招くおそれがあるため，事前に把握することが重要である。

これらを事前に把握することで，適切な事業計画の立案および事業リスク・事業コストの把握が行える。

また，事業候補地が土対法の指定区域である要措置区域等の自然由来特例区域に含まれていたり，自然由来重金属等が確認され，かつ土地改変面積が3,000 m^2 以上である場合には土対法の自然由来に係る特例調査（900 m 格子調査：後述 **4.3.2 の 4.（2）土対法による自然由来汚染調査**で記載）も実施する必要がある。

以下のような状況が判明した場合は，事業計画地の変更を検討することが望ましい。

・鉱床分布図，地球化学図，近隣の温泉の水質などの既往資料により，重金属等が土対法の土壌溶出量基準や土壌含有量基準を超過する濃度で分布する可能性が高いと判断される場合
・隣接工区で基準をはるかに超過する自然由来の重金属等が見つかった履歴がある場合
・事業候補地の地質が熱水変質を被っているなど，一般的に重金属の濃度が高いと考えられる地質の場合
・重金属が高濃度で分布しているという情報がある場合（計画初期段階のボーリング調査など）

（2）概略設計段階

概略設計段階では，事業地周辺の「地質構造等の把握」「地質ごとの重金属等の影響程度の把握」および「受入先候補地における地盤等立地条件の把握」を行う。具体的な調査内容を**図4-3-2**に示し，その調査項目を**表4-3-3**に示す。

対応の必要性の概略評価（事業場所の変更可能性も考慮），要管理土量の概略推定，対応方針の検討，要管理土の受入先（搬出先）候補地の検討対応が必要な地質の種類と分布を把握することで，地質区分ごとの重金属の種類・濃度の概略把握と受入先候補地の絞り込みを行う。

地質調査では，現地踏査やボーリングなどで事業計画地周辺の地層構成（地質構造，鉱床・鉱徴・変質帯・断層の位置）を明らかにするだけでなく，地質区分ごとおよび地質構造を考慮して採取した土壌・岩盤試料を用いて各種溶出試験を行い，重金属等を含む地層や酸性土などの対応が必要な地質と重金属等の種類，分布範囲などの概略を把握する。

また，平行して受入先を検討するため，受入先候補地の表流水や地下水利用状況，簡単なサイト概念モデルの作成，地盤の安定性に関する概略調査等（斜面対策や地盤改良の必要性など

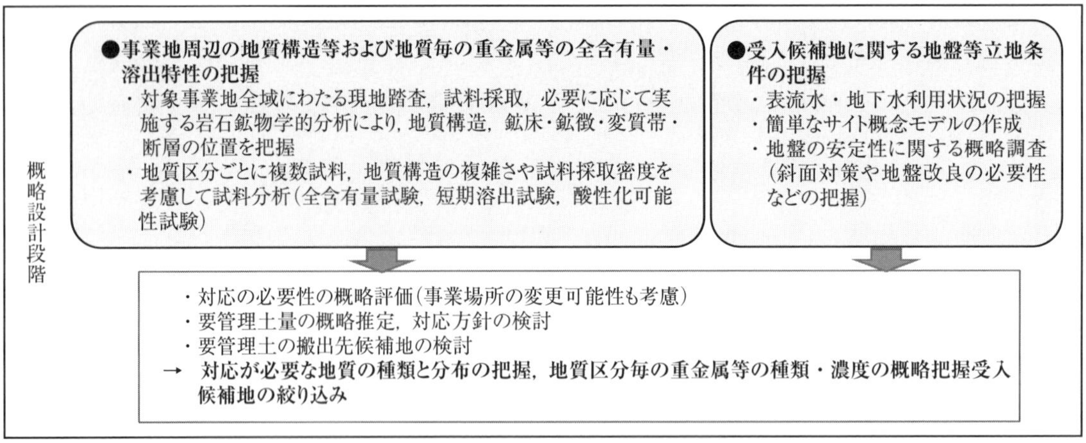
概略設計段階
●事業地周辺の地質構造等および地質毎の重金属等の全含有量・溶出特性の把握
・対象事業地全域にわたる現地踏査，試料採取，必要に応じて実施する岩石鉱物学的分析により，地質構造，鉱床・鉱徴・変質帯・断層の位置を把握
・地質区分ごとに複数試料，地質構造の複雑さや試料採取密度を考慮して試料分析（全含有量試験，短期溶出試験，酸性化可能性試験）
●受入候補地に関する地盤等立地条件の把握
・表流水・地下水利用状況の把握
・簡単なサイト概念モデルの作成
・地盤の安定性に関する概略調査（斜面対策や地盤改良の必要性などの把握）
・対応の必要性の概略評価（事業場所の変更可能性も考慮）
・要管理土量の概略推定，対応方針の検討
・要管理土の搬出先候補地の検討
→ 対応が必要な地質の種類と分布の把握，地質区分毎の重金属等の種類・濃度の概略把握受入候補地の絞り込み

図 4-3-2　概略設計段階における具体的な調査内容[1)から一部抜粋]

表 4-3-3　概略設計段階における調査項目

・地質調査（現地踏査，ボーリング） ・ボーリングなどによる試料採取 ・地質区分ごとでの試料分析 　全含有量試験 　短期溶出試験 　酸性化可能性試験 ・受入先候補地における地盤等立地条件の把握 　表流水や地下水利用状況 　簡易サイト概念モデル作成 　地盤安定性の概略調査

の把握）で受入先候補地の地盤等立地条件を把握する。

これらの資料をもとに建設発生土を区分し，推定される要管理土の土量推定や対応方法・受入先候補地の検討を行う。

（3）詳細設計段階・施工計画段階

詳細設計段階・施工計画段階では，「要管理土の発生場所と量」や「要管理土の性状の把握」を行う。具体的な調査内容を**図 4-3-3** に示し，その調査項目を**表 4-3-4** に示す。

この段階は，事業計画の詳細が明確になった段階であるため，対策の必要性を評価し，対応方針を決定する。調査は，概略設計段階の調査の補完として行うため，要管理土となる可能性がある地質を中心とした地質調査・分析を行う。

発生土を利用する場合，実現象再現溶出試験による溶出特性の把握，締固め特性やスレーキング特性の把握，受入先候補地のリスクの評価，必要な対策工の設計，モニタリング計画の立案など行うために必要な情報を収集する。

また，施工時の周辺環境への影響検討の資料とするため，**図 4-3-3** の内容に加え，水文・水質状況のバックグラウンドの把握として施工前モニタリングを行う。

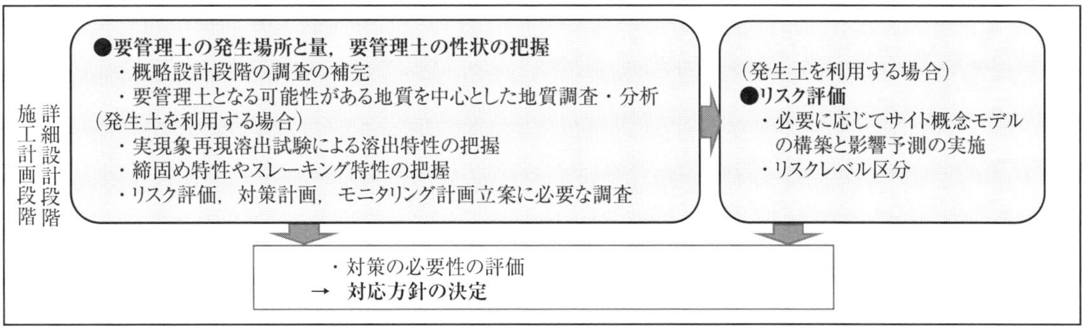

図 4-3-3　詳細設計段階・施工計画段階における具体的な調査内容[1]から一部抜粋
（施工前モニタリングも行う）

表 4-3-4　詳細設計段階・施工計画段階における調査項目

・ボーリングなどによる試料採取
・要管理土となる可能性がある地質での試料分析
　　全含有量試験
　　短期溶出試験
　　酸性化可能性試験
　　実現象再現溶出試験
・水文調査
・モニタリング井戸の設置
・施工前モニタリング

（4）施 工 段 階

施工段階では，施工時における「要管理土の判定」を行う。具体的な調査内容を**図 4-3-4** に示し，その調査項目を**表 4-3-5** に示す。

この段階は，事業実現のために工事が進んでいるため，円滑な施工を進め安全な建設事業を実施する。施工中は迅速な対応が求められることから，必要に応じて地質調査，試料採取，迅速判定試験を併用して要管理土を分別する。要管理土と通常の建設発生土との分別は，施工時の安全にも寄与する。

また，施工前から実施しているモニタリングを継続し，施工中の周辺環境への影響検討の資料とする（施工中モニタリング）。

以上のような地質判定や試料分析結果を蓄積することで，施工後の維持管理や周辺地域の別事業立案時の基礎資料となる。

施工段階

●**要管理土の判定**
・トンネル切羽や掘削面の観察
・地質判定および分析結果の蓄積
・溶出試験，迅速分析（判定に必要な場合）

【施工段階で重金属等の問題が明らかになった場合】
→ 対策要否や対策内容を早急に検討
・判定方法の選定
・モニタリング

・円滑な施工
→ **安全な建設事業の実施**

図 4-3-4 施工段階における具体的な調査内容[1) から一部抜粋]

表 4-3-5 施工段階における調査内容

・トンネル切羽や掘削面の観察
・地質判定および分析結果の蓄積
・（判定に必要な場合）溶出試験
・（判定に必要な場合）迅速分析
・施工中モニタリング

（5）維持管理段階

維持管理段階では，要管理土の発生土を盛土などに使用する場合，「施設の維持と土の搬出管理」を行う。要管理土の場合，機能が維持されていることを定期的に確認し，長期にわたり維持管理を行うこととなる。定期的な機能点検はもとより，豪雨や地震などの異常時にも臨時点検が求められる。そのため，これまでの段階で得られた資料（調査報告書類，設計図類，発生土や水質などに関する各種試験結果，トレーサビリティー管理記録，施工記録など）を確実に引き継ぐこと，継承することが求められる。

具体的な調査内容を**図 4-3-5** に示す。

また，事業計画段階～維持管理段階までを通した対応の流れのまとめを**2次元コード**に示す。

対応の流れのまとめ[1)]

維持管理段階

（発生土を利用する場合）
●**施設の維持と土の搬出管理**
・施工記録等の情報の引き継ぎ
・定期点検
・大雨や地震などの後の点検
・効果確認モニタリング（必要な場合）

→ **長期にわたる要管理土の安全な管理**

図 4-3-5 維持管理段階における具体的な調査内容[1) から一部抜粋]
（施工後モニタリングを含む）

2.　留意すべき地盤

日本国内には地域による多少の偏在はあるものの，**表 4-3-6** に示すような自然由来の重金属等の溶出や酸性化が進む地質が普遍的に存在する。

表 4-3-6　自然由来重金属等含有土や酸性土への対応の観点から重要となる地質[1)]（一部修正）

項　目	可能性のある地質	内　容
花崗岩類	火成岩類	花崗岩類に含まれる白雲母・黒雲母には，ふっ素を高濃度に含有するものがある。
接触変成岩	変成岩類	マグマの貫入に伴う接触変成岩には，重金属等の濃集が起こる場合がある。特に，母岩が炭酸塩岩の場合には重金属等の濃集が著しい。
超塩基性岩類	火成岩類・変成岩類	超塩基性岩類は，クロムの含有量が高い地質だが，自然由来の六価クロムの溶出が認められることもある。
熱水変質部	火成岩類・変成岩類・堆積岩類	熱水変質部には，重金属等を含む鉱物や酸性化の原因になる黄鉄鉱などの硫化鉱物が含まれることが多い。
断層	火成岩類・変成岩類・堆積岩類	断層周辺は，熱水の移動経路となって重金属等の濃集が起こっていることがある。
脈	火成岩類・変成岩類・堆積岩類	母岩に細く充填した脈の多くは石英や長石，方解石であるが，電気石（ほう素を含む），蛍石（ふっ素を含む），その他の重金属等を含む場合もある。
金属鉱山・鉱床・温泉	火成岩類・変成岩類・堆積岩類	金属鉱山は一般に重金属等が特に濃集した場所であり，地質に硫化鉱物が含まれていることが多い。また温泉も熱水活動と密接に関係するものがあることから，鉱山や温泉周辺の岩石の掘削に伴い，重金属等の溶出や酸性水の発生の可能性がある。
“焼け”・さび汁など	火成岩類・変成岩類・堆積岩類	露頭に見られるいわゆる“焼け”やさび汁は，黄鉄鉱などの分解によって生じ，そこで酸性水の発生が起こったことを示唆する。湧水点付近の褐色化や湧水の pH にも注目する。
海成泥岩・粘土	海成粘土	海成泥岩や沖積層（縄文海進堆積物）などの粘土には，海水に多く含まれるふっ素，ほう素のほか，砒素やセレンが濃集している場合がある。特に，未風化部は溶出量が高くなる傾向がある。また，海成泥岩や沖積層（縄文海進堆積物）などの粘土には木苺状黄鉄鉱が含まれることがあり，掘削により酸性水を発生させることがある。
重金属等や酸性水に関係する地名	—	例）丹生（水銀の意），金山，山元，須川，赤水沢，白水沢，赤川など

（1）火 成 岩 類

火成岩は，マグマを起源とする岩石類であり，急速に冷えて固結したものを火山岩（玄武岩・安山岩・流紋岩など），ゆっくり冷えて固結したものを深成岩（花崗岩・閃緑岩・はんれい岩）に区分される。また，組成（マグマ成分）によって，苦鉄質岩石（玄武岩・はんれい岩）〜珪長質岩石（流紋岩・花崗岩）などに区分される。岩を構成している鉱物（造岩鉱物）には，多くの重金属類を含有していることも多い。例えば，

・花崗岩類（深成岩）：含まれる白雲母・黒雲母に，ふっ素やほう素を高濃度に含有するものがあり，花崗岩類の風化物である「まさ」から，ふっ素の溶出も認められる。

・超塩基性岩類：ニッケルやクロムの含有量が高い地質で，自然由来の六価クロムの溶出が

認められる（千葉県の房総半島嶺岡帯の蛇紋岩から六価クロム含有湧水が認められた）等がある。

挙動イメージ[2)]

現世火山の周辺には温泉や熱水変質鉱床も多く認められる。これは火山深部から供給される金属を多く含む熱水や高温流体が，地表付近で冷却され圧力低下により硫化鉱物が沈殿するためと考えられている。火山における硫化物などの挙動イメージを**2次元コード**に示す。

（2）変 成 岩 類

変成岩類は，造構運動やマグマ接触などによる高温・高圧によって火成岩・堆積岩の組織や鉱物種類が原岩から変化してしまった岩である（変成岩がさらに変成を受けて別の変成岩に変わる場合もある）。高圧で比較的に低温な広域変成作用，高温で比較的に低圧な接触変成作用，断層活動による動力変性作用がある。日本のようなプレートの沈み込み帯にある変動域では，さまざまな変成岩が分布している。石灰岩が珪質マグマによる接触変成作用を受けると，アルカリ性の石灰岩が酸性の珪質マグマによって中和され，硫化鉱物を沈殿し金属鉱床が形成されることがある（例：スカルン鉱床）。硫化鉱物を含んでいる地質の場合，ズリや破砕物が風化すると硫酸酸性の雰囲気となり，重金属類を溶出しやすくなる。また，三波川帯の一部には，風化後に酸性ではなくアルカリ性となる地質もある。

（3）海 成 粘 土

海成泥岩や沖積層（縄文海進堆積物）などの粘土は下記のような特徴がある。

・海水に多く含まれるふっ素，ほう素のほか，セレンや鉛，砒素などが濃集している場合がある。
・特に，掘削直後の未風化部は溶出量が高くなる傾向がある。
・新期堆積物である洪積層や沖積層（縄文海進堆積物）などの粘土にはフランボイダル（木苺）状黄鉄鉱が含まれることがあり，黄鉄鉱を多く含む場合は，掘削による大気開放により黄鉄鉱が風化し酸性水（硫酸酸性水）を発生させる。

砒素量状況[3)]

関東平野地下の有楽町層のシルト（層厚数10 m）や大阪平野地下の大阪層群中のシルト（総層厚数100 m），富山湾のシルト～粘土質堆積物のような内湾成の海成細粒堆積物（内湾の海底で堆積したシルトや粘土）が厚い地層においては，自然由来の砒素やふっ素の汚染がみられることが多い。現世の富山湾～新潟沖海底堆積物中の砒素量状況を**2次元コード**に示す。

分析結果[4)]

参考までに，関東平野の低地帯に広く分布する沖積層（有楽町層）から砒素が溶出する事例を紹介する『江東デルタ地域における有楽町層上部の砒素濃度分布』[4)]。対象地は東京都墨田区で，地下地質は古い東京湾で堆積した内湾成の有楽町層である。有楽町層での砒素の全量（全含有量）と溶出量の分析結果を**2次元コード**に示す。**2次元コード**の上図が砒素の全含有量を示し，下図が砒素の溶出状況を示す（図中の斜体ゴシック文字や矢印・楕円は注釈用に追記したものである）。これらの図をみると，全含有量は地層全体を通じてあまり変化がないが，溶出量はある深度（中～深部）で増加したりするようである。全含有量に深度変化が認められないということは，人為的影響がないことを示している。また，溶出量の変化は，基準値（0.01 mg/L）を超過する場合も超過しない場合もどちらもあり得ることを示している。このことは，有楽町層と類似した内湾成の海成堆積物が分布する地域では，基準値を超過する砒素が溶出する可能性が十分にあることを示すものと考える。

4.3.2　調査計画・内容

自然由来重金属等を対象とした調査を行う場合，調査計画のポイントとして，有害物質を含むと想定される地盤の汚染原因について，まず人為由来の可能性の有無について地歴調査によって確定させる必要がある。土地の改変面積にもよるがこれは人為由来の汚染が伴うと，土対法の調査手法による結果も必要になることが多くなるためである。例えば，道路拡幅のための切土計画地が集落地から離れていることから，地歴調査を実施せずに人為由来の可能性が小さいと想定していたところ，概略設計段階になって計画地の一部に産廃処理施設が過去に立地していたことが判明し，土対法による調査実施後に地歴調査によって人為汚染が判明したため路線計画の見直しせざるを得ないなど，大きな手戻りが発生することも考えられる。このように手戻り防止のためにも，仮に人為由来汚染の可能性が排除できないときは，自然由来重金属等の調査計画のほかに土対法に則った人為由来汚染の調査計画も立案する必要がある。つまり，事業計画段階のできるだけ初期に地歴調査を取りまとめ，人為由来汚染と自然由来汚染を明確にしておくのが望ましい。

以下，沖積平野での海成粘性土の掘削（建築物の山留め），切土斜面の掘削および山岳トンネルの掘削の事業を仮定して，調査計画例を述べる。

1．沖積平野での海成粘性土の掘削（建築物の山留め）での例

（1）事 例 概 要

発生土の受入確認用に行った土壌の pH 測定で極強酸性土が見つかったことから，発生土からの重金属等の溶出の可能性について調査を実施する例を挙げる。工事開始までの時間的猶予があり，調査や設計変更の余地がある場合を想定する。事業地周辺には人家などはなく，リスクレベルは全般に低いと考えられるが，事業区域の流末は農業用水路であることから，水質への影響懸念を想定する。

掘削例として，河道掘削のイメージを**図 4-3-6** に示す。

（2）調査計画内容

第四紀更新世～完新世の海成堆積物で，厚い海成粘性土主体の地質とする。

表土および地層ごとにボーリング試料を採取・分析し，地層ごとの重金属等の溶出・含有量状況を把握する。

留意点として，この際に高濃度の重金属等の溶出が認められる場合は，実現象再現溶出試験の位置づけで事業地内の表流水，地下水の観測（pH，重金属等）を最低1年程度実施する。

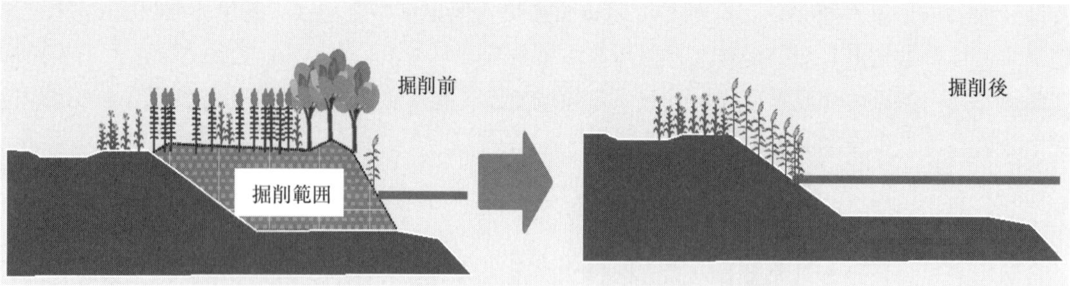

図 4-3-6　河道掘削のイメージ図[5]（一部修正）

（3）調 査 項 目

沖積平野での海成粘性土の掘削事業での調査項目を表 4-3-7 に示す。

表 4-3-7　沖積平野での海成粘性土の掘削（建築物の山留め）事業での調査項目

段階	調査内容・取得情報	検討事項	留意点
①事業計画段階	資料の収集と整理 資料： ・対象地域の地形・地質, ・水理特性・水質, ・保全対象（予定）区域の現況, ・土地利用履歴, ・特定有害物質使用履歴など	重金属存在リスクの比較 検討条件等：地形条件, ・概略地質構造, ・特殊地山・特殊条件の有無, ・環境上の留意点, ・経済性など	—
②概略設計段階	重金属存在リスク（汚染ポテンシャル）の定量的な把握 把握すべき項目： ・掘削計画箇所における重金属等の 3 次元的な分布, ・重金属等の存在量, ・溶出量, ・発生土の酸性水発生の可能性, ・地質・水理構造, ・周辺環境への影響など	受入先のリスクレベル区分 重金属等の処理対策量の想定 要管理土の処理方法の概略検討	—
③詳細設計段階・施工計画段階	重金属等の含有量と溶出量の特性を把握 要管理土の盛土等の場所と構造	長期溶出特性を加味した要管理土の選別方法（リスク判定試験） 迅速分析による選別方法 適切な選別評価基準 掘削面の化学的安定性 要管理土の土量算定 要管理土の盛土場の水理地質構造 その他（要管理土の転用など）	掘削水の処理方法を検討しておく
④施工段階	処理対象となる要管理土の選別 把握すべき項目： ・要管理土の処理範囲と量, ・掘削排水の水質と水量	—	想定しない重金属等の存在可能性を検討しておく
⑤維持管理段階	対策の事後評価 掘削面の化学的安定性の確認	モニタリング機関の決定と監視頻度の設定	要管理土の盛土箇所から下流など周辺への影響の把握する

（4）調査仕様および留意点

事業候補地が土対法の指定区域である要措置区域等の自然由来特例区域に含まれていたり，自然由来重金属等が確認され，かつ土地改変面積が3,000 m^2 以上である場合には土対法の自然由来に係る特例調査（900 m 格子調査：後述 **4.3.2 の 4.（2）土対法による自然由来汚染調査**で記載）も実施する必要がある。

1）事業計画段階

事業候補地周辺の「自然由来重金属等含有土」や「酸性土の概況」「地盤など立地条件の把握」を行う。

・資料等調査：文献・地質図などの収集，河川および地下水上流域にある重金属鉱山分布図，河川および地下水上流域にある重金属鉱山データベース，法令・保全対象調査，空中写真判読，類似地質での施工例の収集

・広域調査：地表地質踏査（1/10,000～1/25,000），水文地質調査，地化学的調査，物理探査など

2）概略設計段階

事業地周辺の「地質構造等の把握」や「地質ごとの重金属等の影響程度の把握」を行う。

・詳細調査：地表地質踏査（1/5,000～1/1,000），ボーリング調査，物理探査，溶出量，酸性化可能性，含有量，全含有量，水質分析など

3）詳細設計段階・施工計画段階

「要管理土の発生場所と量」や「要管理土の性状の把握」を行う。

・ボーリング調査，物理探査，試料採取（溶出量，酸性化可能性，含有量），各種迅速分析など

4）施 工 段 階

施工時における「要管理土の判定」を行う。

・水質分析，迅速分析など

5）維持管理段階

要管理土の発生土を盛土などに使用する場合，「施設の維持と土の搬出管理」を行う。

・モニタリング：酸性水や対象重金属等の水質定期観測

2.　切土斜面の掘削での例

（1）事 例 概 要

道路切土の発生土量が膨大で，大半の発生土を事業地外で利用などをする必要があったことから，発生土からの重金属等の溶出の可能性について調査を実施する例を挙げる。計画路線が変更できないことから，掘削箇所や土量については変更の余地がない。また，発生土量が膨大でほとんどを当該事業以外で利用などをする必要があるため，受入先の調整に困難が伴うことを想定する。

切土掘削のイメージを**図 4-3-7** に示す。

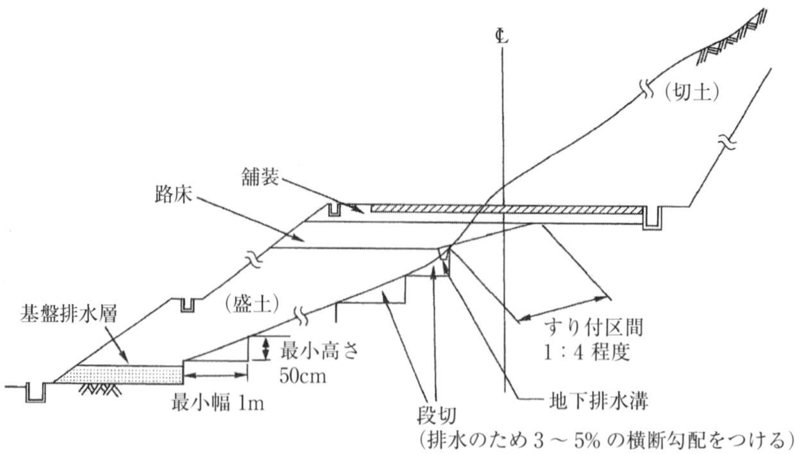

図 4-3-7　切土掘削のイメージ図（盛土施工を含む）[6)]

（2）調査計画内容

主として新第三紀の海成堆積岩類からなる地質とする。

地質踏査などから地質構造を推定し，適切なボーリング配置により，出現するすべての地層の地質試料を採取対象とする。そして各地質区分ごとに複数試料を採取・分析し，それぞれ要管理土かどうかを評価する。また，要管理土と判定される地質区分について実現象再現溶出試験である土研式雨水曝露試験を行い，発生源濃度評価を実施する。

（3）調 査 項 目

切土斜面の掘削事業での調査項目を**表 4-3-8** に示す。

（4）調査仕様および留意点

鉱床・鉱徴・変質帯・火山・温泉などが分布する場所では，重金属等の含有・溶出や酸性土（酸性水）・アルカリ土（アルカリ水）の発生が懸念される。また，事業候補地が土対法の指定区域である要措置区域等の自然由来特例区域に含まれていたり，自然由来重金属等が確認され，かつ土地改変面積が 3,000 m^2 以上である場合には土対法の自然由来に係る特例調査（900 m 格子調査：後述 **4.3.2** の **4.（2）土対法による自然由来汚染調査**で記載）も実施する必要がある。

1）事業計画段階

事業候補地周辺の「自然由来重金属等含有土」や「酸性土の概況」「地盤等立地条件の把握」を行う。

・資料等調査：文献・地質図などの収集，重金属鉱山分布図，重金属鉱山データベース，法令・保全対象等調査，空中写真判読，類似地質および周辺切土の施工例の収集

・広域調査：地表地質踏査（1/10,000～1/25,000），水文地質調査，地化学的調査，物理探査など

表 4-3-8　切土斜面の掘削事業での調査項目

段階	調査内容・取得情報	検討事項	留意点
①事業計画段階	資料の収集と整理 資料： ・対象地域の地形・地質 ・水理特性・水質 ・保全対象（予定）区域の現況 ・土地利用履歴 ・特定有害物質使用履歴など	重金属存在リスクの比較 検討条件等： ・地形条件 ・概略地質構造 ・特殊地山・特殊条件の有無 ・環境上の留意点 ・経済性など	—
②概略設計段階	・重金属存在リスク（汚染ポテンシャル）の定量的な把握 把握すべき項目： ・切土計画路線における重金属等の３次元的な分布 ・重金属等の存在量 ・溶出量 ・のり面からの酸性水やアルカリ水発生の可能性 ・地質・水理構造 ・周辺環境への影響など	受入先のリスクレベル区分 重金属等の処理対策量の想定 要管理土の処理方法の概略検討	—
③詳細設計段階・施工計画段階	重金属等の含有量と溶出量の特性を把握 要管理土の盛土等の場所と構造	長期溶出特性を加味した要管理土の選別方法（リスク判定試験） 迅速分析による選別方法 適切な選別評価基準 のり面排水の処理方法 のり面の化学的安定性と適合植生保護 要管理土の土量 要管理土の盛土場の水理地質構造 その他（要管理土の転用など）	—
④施工段階	処理対象となる要管理土の選別 把握すべき項目： ・要管理土の処理範囲と量 ・のり面排水の水質と水量	—	想定しない重金属等の存在可能性も検討しておく
⑤維持管理段階	対策の事後評価 のり面の化学的安定性と植生状況の確認	モニタリング機関の決定と監視頻度の設定	要管理土の盛土箇所から下流など周辺への影響を把握する

２）概略設計段階

事業地周辺の「地質構造などの把握」や「地質ごとの重金属等の影響程度の把握」を行う。

・詳細調査：地表地質踏査（1/5,000～1/1,000），鉱床・鉱山・変質帯調査，地化学的調査，ボーリング調査，物理探査，溶出量，酸性化・アルカリ化可能性，含有量，全含有量，水質分析など

３）詳細設計段階・施工計画段階

「要管理土の発生場所と量」や「要管理土の性状の把握」を行う。

・ボーリング調査，物理探査，試料採取（溶出量，酸性化可能性，含有量），各種迅速分析など

4）施 工 段 階

施工時における「要管理土の判定」を行う。

・のり面観察，水質分析，迅速分析など

5）維持管理段階

要管理土の発生土を盛土などに使用する場合，「施設の維持と土の搬出管理」を行う。

・モニタリング：酸性水や対象重金属等の水質定期観測，のり面観察（植生など）

参考までに切土工事における一般的な調査フローと重金属等調査との対応を**2次元コード**に示す。

フロー・対応図[1)]

3. 山岳トンネルの掘削での例

（1）事 例 概 要

近傍のトンネルで長期間にわたって酸性坑排水の発生が認められていたことから，新規トンネル計画地の発生土からの重金属等の溶出の可能性について調査を実施する例を挙げる。道路改修工事のため大きな変更はできないが，道路の線形改良も含めて事業箇所の調整が可能な場合を想定する。また，発生土は道路盛土として利用を計画するが，急峻な地形のため盛土適地がほとんどない。なお，事業地周辺には人家などはなく，リスクレベルは全般に低いことを想定する。

山岳トンネル施工例のイメージを**図 4-3-8** に示す。

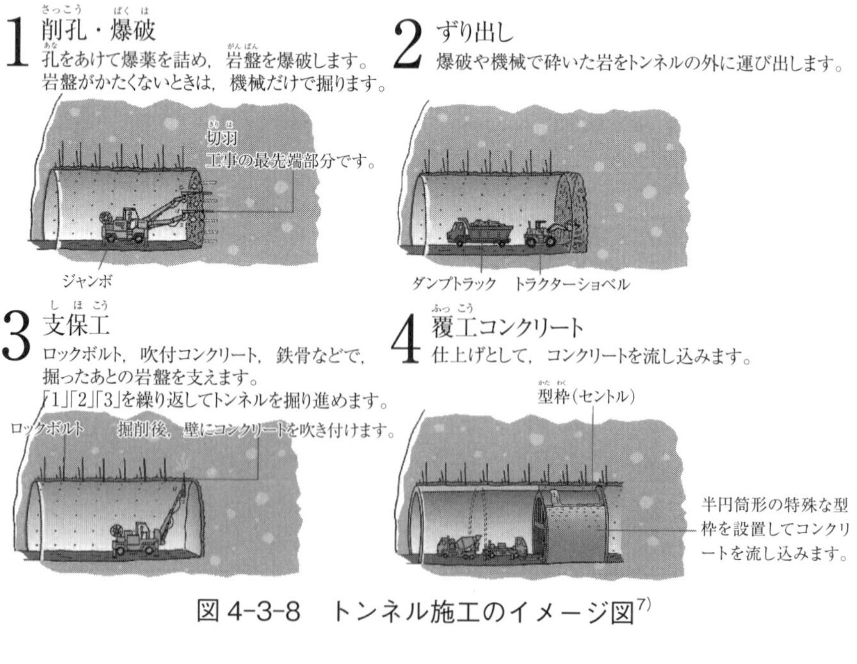

図 4-3-8　トンネル施工のイメージ図[7)]

（２）調査計画内容

新第三紀の火山岩類で，熱水変質を伴う地質とする。

地質踏査やボーリング試料の採取・分析の結果から，地質構造を検討し事業地周辺の地山における高地質リスク箇所（変質帯や断層・破砕帯など）の分布を把握する。また現道トンネルからの短尺水平ボーリングを含め地質試料を採取し，実現象再現溶出試験である土研式雨水曝露試験を実施する。

（３）調 査 項 目

山岳トンネルの掘削事業での調査項目を**表 4-3-9** に示す。

表 4-3-9　山岳トンネルの掘削事業での調査項目

段階	調査内容・取得情報	検討事項	留意点
①事業計画段階	資料の収集と整理 資料： ・対象地域の地形・地質 ・水理特性・水質 ・保全対象（予定）区域の現況 ・土地利用履歴 ・特定有害物質使用履歴など	重金属存在リスクの比較 検討条件等： ・地形条件 ・概略地質構造 ・特殊地山・特殊条件の有無 ・環境上の留意点 ・経済性など	—
②概略設計段階	・重金属存在リスク（汚染ポテンシャル）の定量的な把握 把握すべき項目： ・トンネル計画路線における重金属等の３次元的な分布 ・重金属等の存在量 ・溶出量 ・酸性化やアルカリ化の可能性 ・含有量 ・地質・水理構造 ・周辺環境への影響など	受入先のリスクレベル区分 重金属等の処理対策量の想定	—
③詳細設計段階・施工計画段階	重金属等の含有量と溶出量の特性を把握 要管理土の盛土等の場所と構造	長期溶出特性を加味した要管理土の選別方法（リスク判定試験） 迅速分析による選別方法 適切な選別評価基準 要管理土の土量 要管理土の盛土場の水理地質構造 その他（要管理土の転用など）	—
④施工段階	処理対象となる要管理土の選別 把握すべき項目： ・要管理土の処理範囲と量 ・切羽前方の重金属等の存在予測 ・トンネル湧水の水質と水量	—	想定しない重金属等の存在可能性も検討しておく
⑤維持管理段階	対策の事後評価	モニタリング機関の決定と監視頻度の設定	トンネルや要管理土の盛土箇所から下流など周辺への影響を把握する

（4）調査仕様および留意点

鉱床・鉱徴・変質帯・火山・温泉などが分布する場所では，重金属等の含有・溶出や酸性土・酸性水（場合によってはアルカリ土・アルカリ水）の発生が懸念される。また，事業候補地が土対法の指定区域である要措置区域等の自然由来特例区域に含まれていたり，自然由来重金属等が確認され，かつ土地改変面積が 3,000 m^2 以上である場合には土対法の自然由来に係る特例調査（900 m 格子調査：後述 **4.3.2** の **4.（2）土対法による自然由来汚染調査**で記載）も実施する必要がある。

1）事業計画段階

事業候補地周辺の「自然由来重金属等含有土」や「酸性土の概況」「地盤等立地条件の把握」を行う。

・資料等調査（文献・地質図などの収集，重金属鉱山分布図，重金属鉱山データベース，法令・保全対象等調査，空中写真判読，周辺トンネルの施工例の収集）

・広域調査（地表地質踏査（1/10,000～1/25,000），水文地質調査，地化学的調査，物理探査など）

2）概略設計段階

事業地周辺の「地質構造などの把握」や「地質ごとの重金属等の影響程度の把握」を行う。

・詳細調査（地表地質踏査（1/5,000～1/1,000），鉱床・鉱山・変質帯調査）），地化学的調査，ボーリング調査，物理探査，溶出量，酸性化可能性，含有量，全含有量，水質分析など）

3）詳細設計段階・施工計画段階

「要管理土の発生場所と量」や「要管理土の性状の把握」を行う。

・ボーリング調査，物理探査，試料採取（溶出量，酸性化可能性，含有量），各種迅速分析方法

4）施 工 段 階

施工時における「要管理土の判定」を行う。

・切羽前方探査，先進ボーリング，切羽観察，迅速分析など，水質分析

5）維持管理段階

要管理土の発生土を盛土などに使用する場合，「施設の維持と土の搬出管理」を行う。

・モニタリング：酸性水や対象重金属等の水質定期観測

参考までにトンネル工事における一般的な調査フローと重金属等調査との対応を **2 次元コード**に示す。

フロー・対応図[1]

4. そ の 他

（1）成 果 品

事業の最終段階である維持管理段階においては，要対策土（酸性土）の搬出元，分析結果，および対策工の設計に係る図書などの情報を引き継ぐとともに，対策工の維持管理とあらかじめ定めたモニタリング（施工確認モニタリング）計画に基づき，対策工が適切に施工されてい

るかについて計画で定めた期間にモニタリングを実施する必要がある。

したがって，事業計画～施工段階における段階ごとに調査報告書と対策工事報告書としてまとめ，維持管理実施機関に申し送りを含め引き渡す。その後，地下水・表流水経由の対策が引き続き必要な場合は，対策工の維持管理，および必要に応じて実施する効果確認モニタリングを継続する。継続モニタリングが不要な場合は盛土などの形状を維持するものとするが，これらの継続対策工についてもその実施記録を取りまとめ保存しておく。成果品の引き渡しから維持管理状況の流れを**図 4-3-9** に示す。

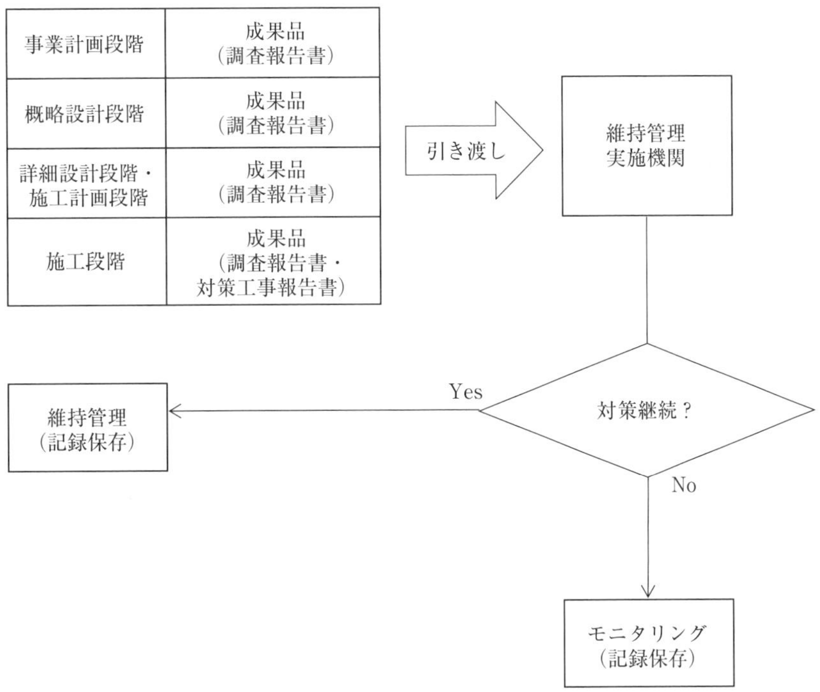

図 4-3-9　成果品引き渡し以降の維持管理状況フロー図

また，要対策土（酸性土）を事業用地外に搬出する場合には，成果品やモニタリング記録を確認するほか，その時点における性状の確認を行い，受入先の条件などを踏まえた必要な対応を実施する。

（2）土対法による自然由来汚染調査

事業候補地（調査対象地）が土対法の指定区域である要措置区域等の自然由来特例区域に含まれていたり，自然由来重金属等が確認され，かつ土地改変面積が 3,000 m^2 以上である場合には土対法の自然由来に係る特例調査も実施する必要がある。

自然由来特例調査における試料採取地点の配置計画図を示した**図 4-3-10** を例にとると，自然由来汚染の場合，類似の汚染土壌が広範囲に広がっているという前提から，調査対象地全体での汚染状況が把握できるように「試料採取等区画」を選定する。例えば，

① 調査対象地の区画内の最も離れた二つの単位区画が同じ 900 m 格子内に含まれない場合は，調査対象地を含む 900 m 格子ごとに，900 m 格子内の最も離れた二つの単位区画を選ぶ

② 900 m 格子内の最も離れた二つの単位区画を含む 30 m 格子の中心を含む単位区画を試料採取等区画とする（原則）

③ ただし，これらの 30 m 格子の中心が 900 m 格子内，あるいは調査対象地内にない場合は，30 m 格子内のいずれか一つの単位区画を試料採取等区画とする

④ 試料採取等区画の中心を試料採取地点とする

留意点として，試料採取の方法は，原則深度 10 m までのボーリングであるが，自然由来の汚染土壌が存在する深度分布が明らかである場合は，当該地層のみを試料採取の対象とすることができる。また，土地の所有者などの希望により，一つの 900 m 格子ごとに調査対象地内の最大形質変更深さより 1 m を超える深さにある土壌を試料採取などの対象としないことを選択することができる。なお，道路工事などで調査対象地が広大な場合は，さらに 900 m 格子を設定する。

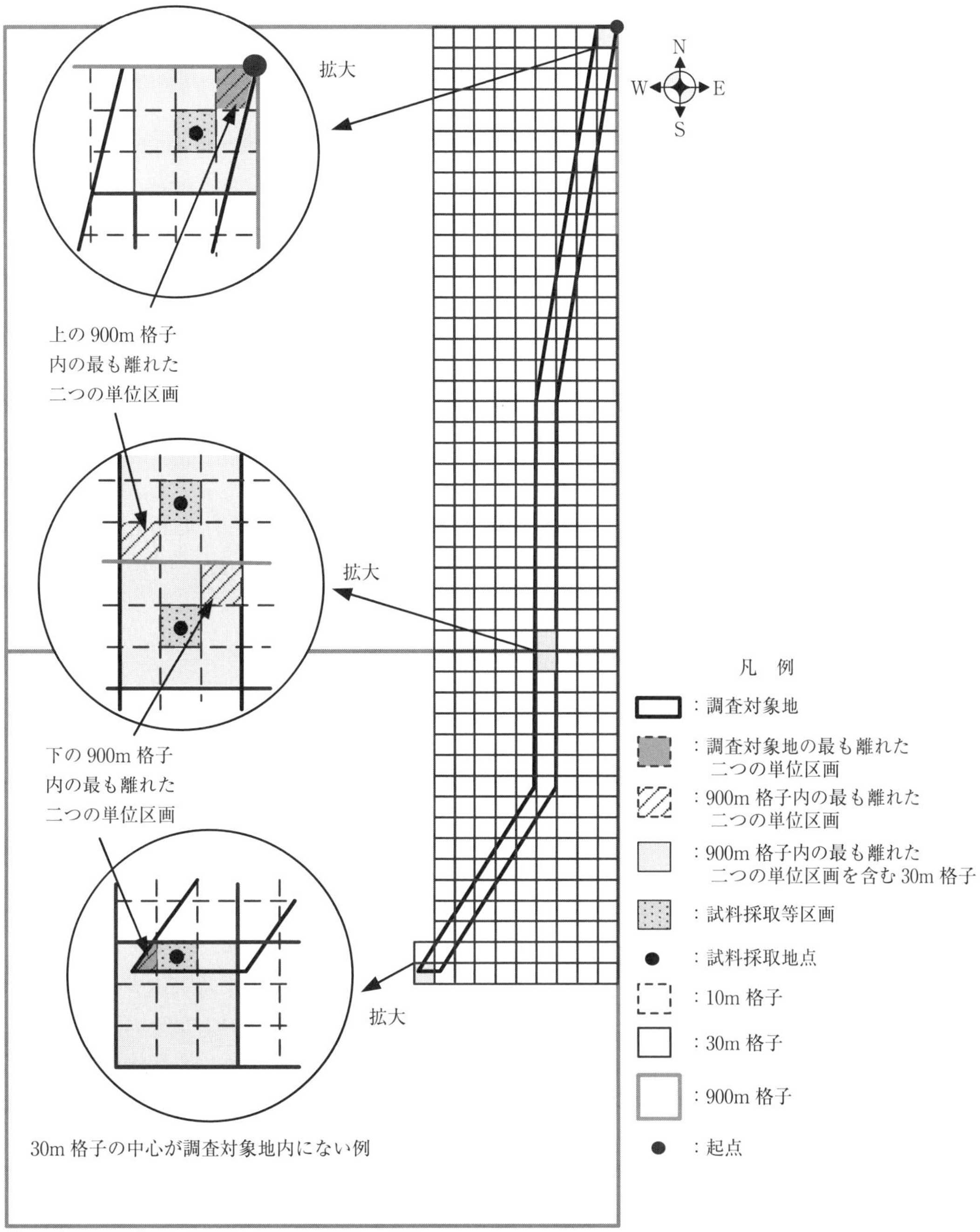

① 調査対象地の区画内の最も離れた二つの単位区画が同じ 900m 格子内に含まれない場合は，調査対象地を含む 900m 格子ごとに，900m 格子内の最も離れた二つの単位区画を選ぶ

② 900m 格子内の最も離れた二つの単位区画を含む 30m 格子の中心を含む単位区画を試料採取等区画とする（原則）

③ ただし，これらの 30m 格子の中心が 900m 格子内，あるいは調査対象地内にない場合は，30m 格子内のいずれか一つの単位区画を試料採取等区画とする

④ 試料採取等区画の中心を試料採取地点とする

図 4-3-10　自然由来特例調査の試料採取地点の配置計画例[9)]

4.3.3　調査実施上の留意点

1.　室内分析計画の留意点

自然由来汚染が認められる場合，掘削した発生土が風化による酸性化もしくはアルカリ化して，含有する金属鉱物が分解され鉛・砒素・ふっ素・ほう素などの重金属等が溶出する例が多い。しかし，未風化の新鮮な発生土では重金属等が溶出しない場合や，重金属等の含有量から溶出程度を把握することが難しい場合があることから，室内分析の計画では以下の点に留意する。

（1）酸性化・アルカリ化して重金属等を溶出する可能性の把握

掘削直後における発生土の溶出分析では，酸性化・アルカリ化していないため重金属等が溶出せずに溶出量基準値内に収まることも多い。仮置き時や盛土後などの風化が進んだ時点での溶出状況を把握するため，『自然由来重金属等対応マニュアル』にも紹介されている酸性化可能性試験（地盤工学会基準 JGS0271）を計画することが望ましい。

（2）実現場における溶出条件を踏まえた溶出試験（実現象再現溶出試験）の検討

時間的余裕が得られれば，長期的に溶出量が増大する可能性のある発生土を適切に把握するため，同じく『自然由来重金属等対応マニュアル』に紹介のある溶出試験（実現象再現溶出試験）を行うことを検討する。

（3）全含有量から溶出程度の把握は困難であることに留意

旧マニュアル（『建設工事における自然由来重金属等含有岩石・土壌への対応マニュアル（暫定版）』（2010））では，全含有量値による溶出量のスクリーニング手法が紹介されていた（旧マニュアル p 48）が，2023 年版の『重金属等対応マニュアル』において「全含有量と溶出量の相関が低いことから，全含有量に基づくスクリーニング基準を廃止した」ことが「はじめに」と p 4 に記載された。

2.　積算時の留意点

（1）調査計画の立案と調査実施の資格として，環境省の指定調査機関であること

土対法に基づく土壌汚染状況調査と異なり，（土対法による自然由来特例調査を除いて）自然由来重金属等の調査全般について，環境省の指定調査機関が行わなければならないという指定は特にない。したがって，有害物質に対する知識をある程度有している地質技術者であれば，自然由来重金属等調査はこなせると考えられる。ただし，調査結果に対する技術的根拠を担保する必要もあると考えられることから，最低限の保有資格として環境省の指定調査機関に調査計画の立案と実際の調査を行わせるのが望ましい。

（2）自然由来重金属等の調査は，コンサルティング業務に該当

土対法に基づく土壌汚染状況調査と同様もしくはそれ以上に，地歴調査結果のほか地質的背景を考慮して試料採取計画の立案，測定分析結果の解析・評価を行うのは高度な専門知識と経験が要求されるコンサルティング業務に該当する。

（3）事前に調査数量の全体を見通すことは困難

土対法に基づく土壌汚染状況調査と同様に，前段の調査結果に基づいて次のステップで必要な調査内容を決定することになるため，事前に数量全体を見通すことは困難であり，いくつか

の段階に分けて調査を進めざるを得ないことに留意する。

《参考文献》

1）建設工事における自然由来重金属等含有岩石・土壌への対応マニュアル改訂委員会：建設工事における自然由来重金属等含有岩石・土壌への対応マニュアル（2023 年版），国土交通省，2023
2）丸茂克美・本間勝・澤地塔一郎：土壌汚染リスクと土地取引―リスクコミュニケーションの考え方と実務対応，プログレス，2011
3）寺島滋・今井登・片山肇・中嶋健・池原研：富山湾～新潟沖海底堆積物におけるヒ素の地球化学的挙動，地質調査所月報，第 44 巻 第 11 号，産業技術総合研究所地質調査総合センター，1989
4）吉田剛・楡井久・田中武・堀内誠示：江東デルタ地域における有楽町層上部のヒ素濃度分布，地質汚染―医療地質―社会地質学会誌，Vol.1，2005
5）国土交通省関東地方整備局：利根川水系 利根川・江戸川河川整備計画の概要，2013
6）国土交通省北陸地方整備局：設計要領〔道路編〕，2022
7）日本トンネル技術協会：暮らしを支え，夢を叶える トンネル・地下空間，JTA ウェブサイト（ジュニアのための豆知識 トンネル地下空間，山岳トンネル），https://www.japan-tunnel.org/sites/default/files/inline-files/TUNNEL2015.pdf，2024.11.30 閲覧
8）全国地質調査業協会連合会：改訂 3 版地質調査要領，経済調査会，2015
9）環境省水・大気環境局水環境課土壌環境室：土壌汚染対策法に基づく調査及び措置に関するガイドライン（改訂第 3.1 版），2022

《その他参考文献》

・千葉県嶺岡帯六価クロム調査班：嶺岡山系蛇紋岩帯における湧水中の Cr(Ⅵ)について，地質学雑誌，第 84 巻 第 12 号，1978
・湊秀雄監修・日本地質学会環境地質研究委員会編：地質環境と地球環境シリーズ 4 砒素をめぐる環境問題―自然地質・人工地質の有害性と無害性―，東海大学出版会，1998
・久保田喜裕・石山豊・横田大樹：新潟平野における表層地質中のヒ素濃度分布―地下水ヒ素汚染問題におけるヒ素の供給源の検討 その 1―，地球科学 54 巻，2000
・小笠原洋・井上基・新見健・田尻宣夫・菅野雄一・北川隆司：花崗岩地域における土壌汚染のバックグラウンドに関する一考察（特にふっ素について），応用地質学会，2003
・北岡幸：自然由来の重金属等に係る調査及び対策について地球環境 Vol.15，No.1，2010
・建設工事における自然由来重金属等含有土砂への対応マニュアル検討委員会：建設工事における自然由来重金属等含有岩石・土壌への対応マニュアル（暫定版），2010
・高橋良・野呂田晋・垣原康之：石狩低地で掘削された沖積層ボーリングコアの砒素・鉛の含有量と溶出量，北海道地質研究所報告，第 83 号，2011
・札幌市自然由来重金属検討委員会：札幌市における自然由来重金属を含む建設発生土の取扱いについて（答申），2011
・島田允堯：自然由来重金属等による地下水・土壌汚染問題の本質：ホウ素，応用地質技術年報，No.32，2013
・伊藤浩子・勝見武：土壌汚染対策法に基づく調査結果からみた西大阪地域における自然由来重金属等の土壌溶出量の特徴，地盤工学ジャーナル，Vol.15，No.1，2020

第５章
地質リスクマネジメント

第５章　地質リスクマネジメント

近年，土木・建設工事における地質・地盤に起因する事故やトラブルが相次いで発生しており，地質・地盤リスクに対する社会的関心が高まっている。なかでも平成 28 年 11 月に発生した福岡市地下鉄七隈線延伸工事における道路陥没事故は，土木事業における地質・地盤リスクの取扱やその対応の考え方を大きく変える契機となった。

2020 年 3 月に国土交通省大臣官房技術調査課・土木研究所・土木事業における地質・地盤リスクマネジメント検討委員会より『土木事業における地質・地盤リスクマネジメントのガイドライン』[1] が公表された。このガイドイラインは，地質・地盤リスクによる事故・トラブルの発生を最小化して安全かつ効率的に事業を進めるためのリスクマネジメントの基本的な考えを示したものであり，これにより土木事業における地質リスクマネジメントの本格的な導入・運用がスタートした。

本章では，同ガイドラインにおいて地質リスクマネジメントを実施するための標準的な手法の一つと位置づけられている「地質リスク調査検討業務」の役割や基本的事項について述べ，地質リスク調査検討業務を発注するにあたり，発注者，受注者双方が理解しておくべき事項について概説する。

5.1　地質リスクマネジメントの基本事項

本節では，地質リスクマネジメントに関する各種ガイドライン類の記載内容に基づき，土木事業にかかわる技術者として理解しておくべき地質リスクマネジメントの概要と基本的な考え方について示す。

5.1.1　地質リスクマネジメントの必要性

1.　地質リスクとは

元来，地質や地盤は複雑で不均質なものであり，地下の状況は直接確認することが困難である。また，地質調査によって得られる地質や地盤の情報やその取扱いには不確実性が伴う。このような地質・地盤に関する事業リスク（特に事業コスト損失とその不確実性）のことを地質リスク[2] という。

2.　地質リスクマネジメントの必要性

土木事業における地質・地盤に起因するトラブルの事例から，トラブルが生じた要因についてみると，**図 5-1-1** に示すように「予測・把握が難しい地質」といった自然的要因は全体の 2 割であり，「解釈・工学的判断の誤り」「地質調査の質・量の不足」「情報共有・伝達の不備」「地質に対する知識不足」等の人為的な要因が多数を占めることが明らかにされている。これらは，地質・地盤リスクと事業の進捗による影響度の変化を事業関係者が十分把握できず，リスクを適切に取扱えなかったことによるものと推定される。

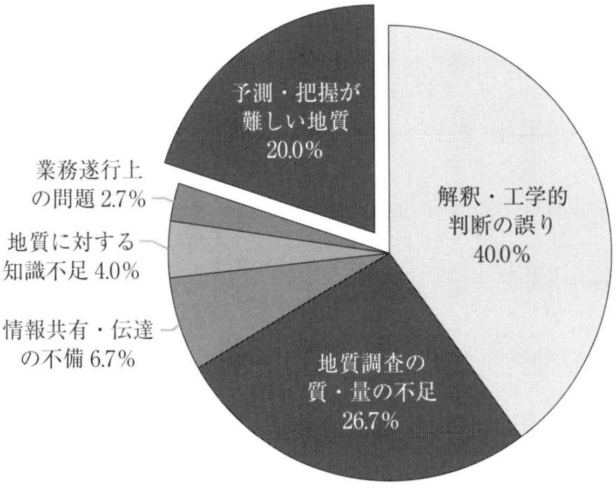

原因となった要素	要素の細区分	件数
予測・把握が難しい地質 20.0%	発生場の予測が困難な要因	2
	発生時期の予測が困難な要因	10
	不均質性・不規則性が著しい地質	3
解釈・工学的判断の誤り 40.0%	地形に関するリスクの見逃し	11
	地質構造・地質特性に関するリスクの見逃し	10
	地盤物性の調査不足や評価不足	1
	地形に関するリスクの見誤り	3
	地質構造に関するリスクの見誤り	3
	リスクの兆候（事象）の見誤り	2
地質に対する知識不足 4.0%	地盤条件に不適な設計	1
	不適切な施工の実施	2
地質調査の質・量の不足 26.7%	地質調査未実施	7
	調査計画の不適合	10
	地形図の精度不足	3
情報共有・伝達の不備 6.7%	リスクに関する情報共有・伝達の不備	5
業務遂行上の問題 2.7%	コスト・スケジュールを優先	2

図 5-1-1　土木事業に影響が生じた事例（75 事例）における主なリスク要因[3)]
（1 事例につき複数該当する場合は重複して抽出）

このような状況を改善するために，事業の各段階で地質リスクを抽出・評価し，対応方針を決定する仕組みが「地質リスクマネジメント」である。

土木事業における地質リスクマネジメントの導入効果のイメージを**図 5-1-2** に示す。地質リスクマネジメントを導入することで，早期に回避すべきリスクの特定やリスクの特性に応じた調査・設計を行うことが可能となり，地質リスクを早い段階で効果的に低減でき，結果としてコストの増大や事業工程の遅延といった事業リスクを回避することが期待できる。

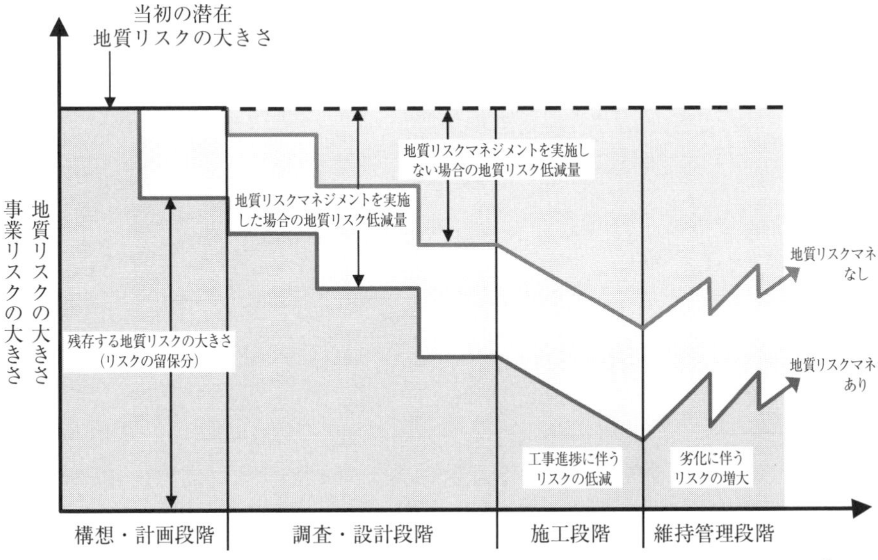

図 5-1-2　事業段階と地質リスク・事業リスクの変化イメージ[4)]

5.1.2　地質リスクマネジメントの基本事項

1.　各種ガイドラインの概要

現在，地質リスクマネジメントに関するガイドラインは3種類あり，それらの関係を**図5-1-3**に示す。各ガイドラインの概要は以下のとおりであり，いずれも関係機関のホームページよりダウンロード可能である。

（1）『土木事業における地質・地盤リスクマネジメントのガイドライン』[1)]

国土交通省・土木研究所・土木事業における地質・地盤リスクマネジメント検討委員会が2020年3月に公開したガイドラインである（以下，「ガイドライン」と称す)。このガイドラインは，土木事業における地質リスクの取扱いとその対応に関する基本的な考え方，地質リスクマネジメントの導入および運用方法を示している。

（2）『地質リスク低減のための調査・設計マニュアル（案)』[4)]

国土交通省近畿地方整備局が2018年2月に公表したマニュアルである（2021年3月に改訂，以下，「近畿マニュアル」と称す)。近畿マニュアルは，地質リスクマネジメントを実務的に行うために，地質リスクの検討やリスクコミュニケーションの具体的な手順・手法等を取りまとめたものである。

（3）『地質リスク調査検討業務の手引き』[2)]

全国地質調査業協会連合会が2021年7月に公表したものである（以下，「全地連手引き」と称す)。地質リスク調査検討業務とは，上記のガイドラインにおいて地質リスクマネジメントの標準的方法の一つとして位置づけられているもので，全地連手引きは，地質リスク調査検討業務の発注方法，具体的な実施内容等を説明している。

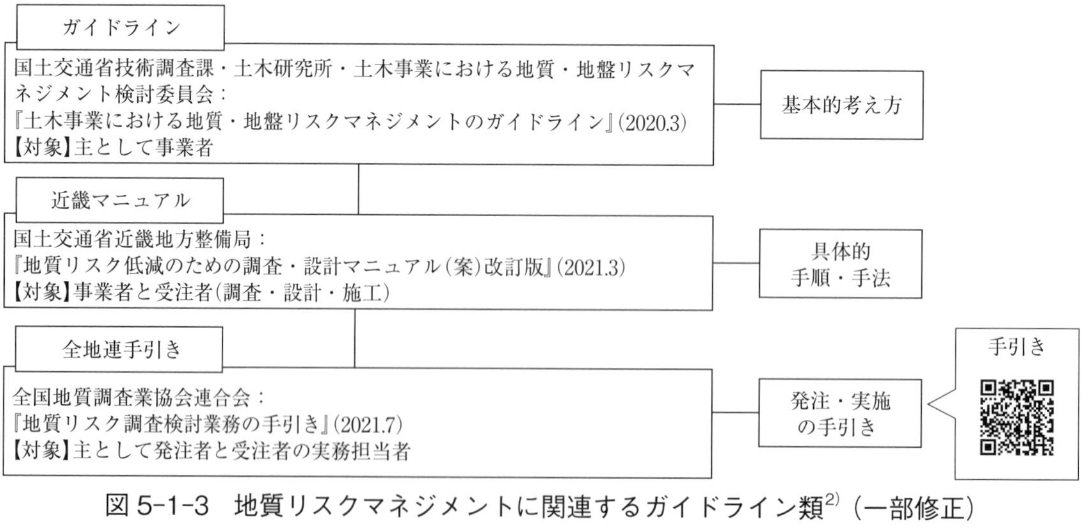

図5-1-3　地質リスクマネジメントに関連するガイドライン類[2)]（一部修正）

2.　用語の定義

本調査要領で用いる用語の定義を**表 5-1-1** に示す。地質リスクという用語は,「ガイドライン」では地質・地盤リスク，地盤工学会では地盤リスクと呼ばれることが多い。全地連では，両者を包含した広義の捉え方を重視し地質リスクという表現を用いており，本調査要領においても地質リスクという用語を用いている。地質リスクに関連する用語の意味や扱いについては，各機関の資料によってやや異なり，使用する用語の定義を明確にした上で扱う必要がある。

表 5-1-1　用語の定義[2)] をもとに作成

全地連手引き	定義
地質リスク	地質・地盤に関する事業リスク。特に事業コスト損失とその不確実性。
地質リスクマネジメント	事業における地質リスクを抽出，分析・評価し，最適な対応を実施する継続的なプロセス。また，そのための組織・仕組みを構築・運用し，事業の進捗等に応じて改善していくための活動。
地質リスク要因	不確実性（ばらつき）を有している地質条件。地質境界の分布などの（幾何学的）不確実性，地盤強度など工学的特性の不確実性，断層の有無など在否の不確実性等を伴う地質・地盤的な素因。
不確実性	地質リスクを要因とする事象，その結果またはその起こりやすさに関する情報，理解または知識が，たとえ部分的にでも欠落している状態。地質・地盤条件の情報不足，推定・想定との乖離。
リスクコミュニケーション	地質リスク情報の提供，共有または取得，および内部外部の関係者との対話を行うために，継続的かつ繰り返し行うプロセス。リスクコミュニケーションのための協議を三者会議（合同調整会議）とする。
地質リスク調査検討	地質リスク対応方針検討，地質リスク情報抽出，地質リスク現地踏査，地質リスク解析および地質リスク対応の検討の一連のプロセス。
地質リスク情報抽出	空中写真判読等に基づく地形解析や文献資料調査（地形図，地質図，地盤情報データベース，既往地質調査報告書等）に基づき地質リスクを発見，認識および記述するプロセス。
地質リスク現地踏査	地質リスク情報抽出により得られた地質リスク情報を現地確認し，事業段階に応じた尺度の地形図を用いた地表地質踏査を実施するプロセス。
地質リスク解析	地質リスクを抽出し，地質リスク基準（リスクランク）や地質リスク管理表を作成する一連のプロセス。
地質リスク分析・評価	地質リスク要因と当該事項や構造物の特性を踏まえて，結果（影響度合い）と起こりやすさ（発生確率）を分析し（リスク分析），それに基づき地質リスクランク（地質リスク基準）を設定するプロセス。
地質リスクランク （地質リスク基準）	地質リスクの重要度や対応優先度決定のため，結果（影響度合い）とその起こりやすさ（発生確率）の組み合わせとして表されるリスクスコア（リスク程度）の大きさをランクづけしたもの。
地質リスク対応	地質リスクに対する対応を決定するプロセス。地質リスクランクに応じた保有，低減，回避等の対応策の選定と実施。
リスク管理表 （登録票）	抽出された地質リスク要因ごとに，その内容，リスクスコア，地質リスクランク，分析結果などを整理したもの。
リスク管理表 （措置計画表）	抽出された地質リスク要因ごとに，分析・評価結果概要，対応方針の検討結果，後続調査計画などを整理したもの。

3. 基本的な考え方

「ガイドライン」では，地質リスクマネジメントの基本方針として，事業の各段階（構想・計画，調査・設計，施工，維持管理）に応じて，利用可能な情報をもとに地質リスクとその特性を正しく把握し，最も適切なタイミングで対応するという考え方が重要としている。また，地質リスクマネジメントの運用に際しては，適切な体制の構築，事業にかかわるすべての関係者の連携，リスクマネジメントの不断の実施，質の高いリスクマネジメントとリスク対応の実施が求められる。

4. 地質リスクマネジメントの導入の判断

地質リスクへの対応は，地質・地盤にかかわる土木事業すべての共通課題であるため，すべての土木事業に地質リスクマネジメントを導入することが望ましい。ただし，地質リスクが小さいと想定される工事や，ごく小規模な工事の場合は，地質リスクマネジメントの効果が出にくいケースがある。そのため，これらの効果を勘案し，地質リスクマネジメントの導入の要否や最適な枠組み等を判断する必要がある。

5. 目的と対象の設定

地質リスクマネジメントの活動によって達成すべき目標や条件をリスクマネジメントの目的として設定することが重要であり，設定した目的は事業における地質リスクマネジメントの運用方針となるものである。目的を設定する際の視点として，建設する施設の仕様や機能，工期，工費（B/C），建設時および建設後の安全性や周辺環境への影響等が考えられる。

また，地質リスクマネジメントの適用対象を設定する際には，関係者とのコミュニケーションおよび協議を踏まえ，地質リスクマネジメントの目的，効果を考慮するものとし，事業の一部のみを対象とする場合にはその理由を整理しておくことが望ましい。

6. 地質リスクマネジメントの流れ

地質リスクマネジメントの基本的な流れを図 5-1-4 に示す。主な流れは，リスクマネジメントの計画（②），リスクアセスメント（③），リスク対応（④）であり，これらすべての過程において事業関係者で情報が共有（①）され，同時にモニタリングとレビューを行いながら継続的に改善（⑤）されるものである。

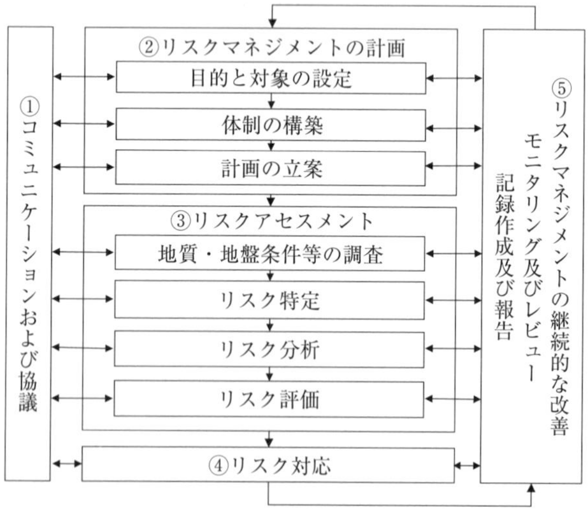

図 5-1-4 地質リスクマネジメントのプロセス[1)]

調査・設計，施工，維持管理に至るプロセスにおける地質リスクに関する情報の引き継ぎのイメージを図 5-1-5 に示す。この図に示すように，従来の地質調査，設計，施工の流れに加えて，地質リスクに関する情報（残存リスク）や対応方針を適切に引き継ぐことが地質リスク

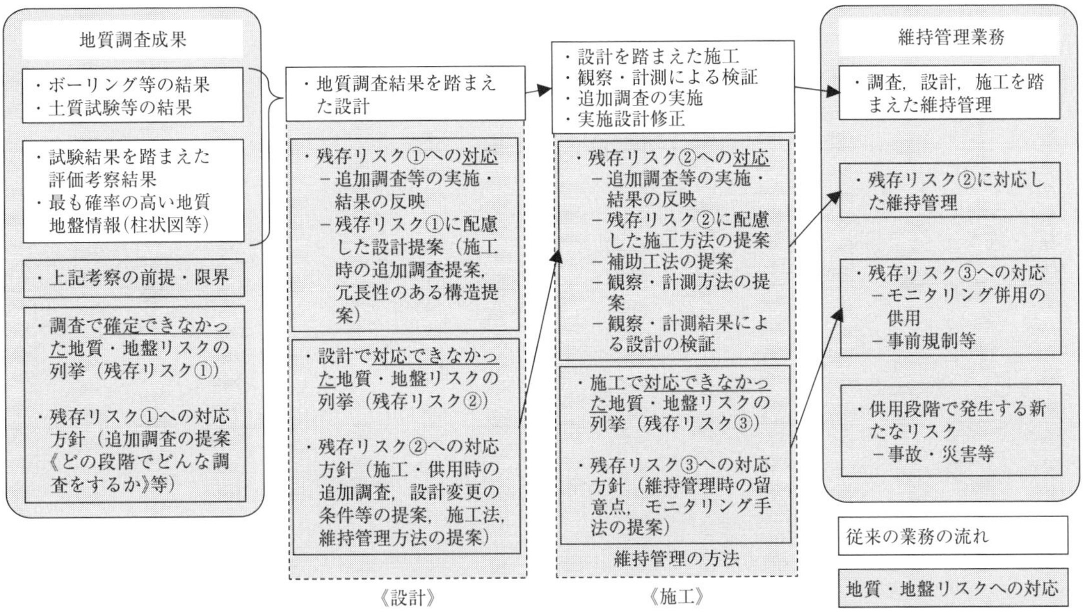

図5-1-5　地質リスクに関する情報の引継ぎイメージ[1)]

マネジメントの基本となる。

7.　地質リスク調査検討業務

「ガイドライン」では，地質リスクマネジメントの標準的な実施方法の例として，地質リスク調査検討業務等を挙げている（**図5-1-6**）。地質リスクマネジメントのサイクルを継続的かつ効果的に運用するためには，事業段階に応じた地質リスク調査検討業務の実施が有効であり，地質リスク調査検討業務をリスクマネジメントのプラットフォームとして，事業者，地質技術者，設計技術者および施工技術者が一つのチームとなることで，事業リスクを低減し事業の効率的な実施および安全性の向上の達成が可能となる。

8.　リスクコミュニケーション

地質リスクマネジメントの実施にあたって，関係者間の情報共有や意識共有は不可欠である。関係者間で情報や意識の共有を目的として，コミュニケーションや協議を継続的かつ繰り返し実施し，リスクに関する情報や認識を常に更新する。このために，事業者は地質・地盤リスクマネジメントの実施に先立ち，コミュニケーションおよび協議の方法を定めることが望ましい。「近畿マニュアル」では，各事業段階で事業者，設計技術者，地質技術者，施工技術者によるリスクコミュニケーションを実施するために「三（四）者会議」を開催するものとしており，その実施方針と協議事項が示されている。

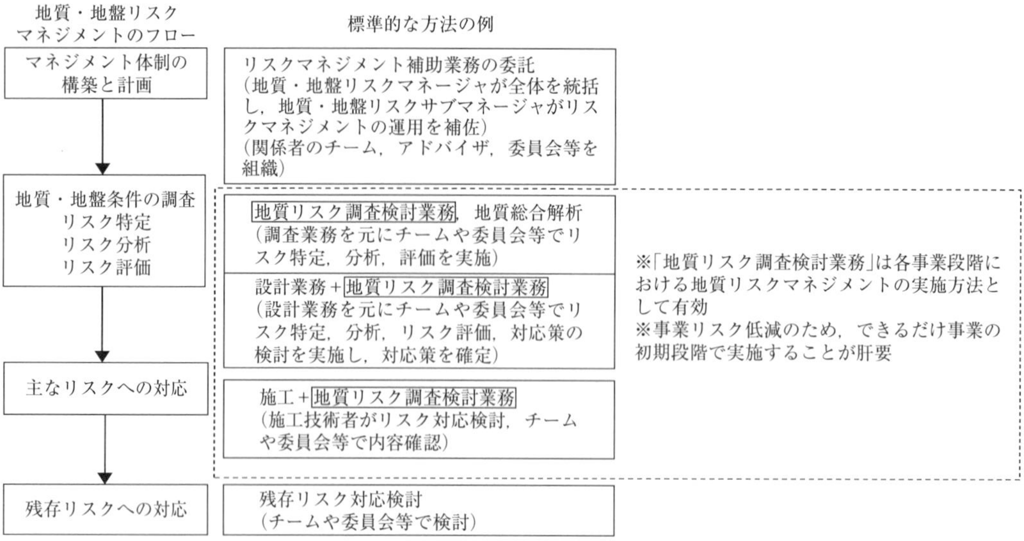

図 5-1-6　地質リスクマネジメント実施方法のイメージ[1)] をもとに作成

9.　地質・地盤の３次元モデルの活用

地質・地盤と計画構造物を３次元で表示することは，関係者間の合意形成や情報の共有，次工程への情報の引継ぎを容易にし，効率的な地質リスクマネジメントを推進する上で有効となる。

例えば山岳トンネルでは，地すべりや破砕帯，強風化岩，湧水，高透水帯等の留意すべき地形・地質の存在や，本体構造物を３次元的にモデル化することによって，地質断面図などの２次元表現よりも容易にこれらの位置関係を把握することが可能となる。

《参考文献》

1）国土交通省大臣官房技術調査課・土木研究所・土木事業における地質・地盤リスクマネジメント検討委員会：土木事業における地質・地盤リスクマネジメントのガイドライン―関係者がONE-TEAMでリスクに対応するために―，https://www.pwri.go.jp/jpn/research/saisentan/tishitsu-jiban/iinkai-guide2020.html，2024.11.30 閲覧

2）全国地質調査業協会連合会：「地質リスク調査検討業務」の手引き，https://www.zenchiren.or.jp/geocenter/risk/georisk_guide_2021.pdf，2024.11.30 閲覧

3）阿南修司：地質・地盤リスクマネジメントについて，地盤工学会誌，Vol.69，No.7，2021

4）国土交通省近畿地方整備局：地質リスク低減のための調査・設計マニュアル（案）改訂版，https://www.kkr.mlit.go.jp/plan/jigyousya/technical_information/consultant/chishitsu/ol9a8v000000jyvk-att/ol9a8v000000l4em.pdf，2024.11.30 閲覧

5.2　地質リスク調査検討業務の実施内容

地質リスク調査検討業務は，事業リスク低減のための地質リスクマネジメントの標準的方法の一つに位置づけられる。地質リスクマネジメントにおける役割と具体的な実施内容について以下に示す。

5.2.1　地質リスク調査検討業務の役割と位置づけ

1.　業務の役割

地質リスク調査検討とは，事業のさまざまな段階で発現するおそれのある地質リスク（事業全体のコストの増大や甚大な事故の発生等）の回避，低減に寄与することを目的として，対象事業の構想・計画段階から維持管理段階にかけて段階ごとに地質リスクを抽出，分析・評価し，地質リスクへの対応方針について検討するものである（**図 5-2-1**）。また，地質リスク調査検討においては，リスクコミュニケーションとして三者会議（合同調整会議）等を活用して，事業者，地質技術者，設計技術者および施工技術者などの事業関係者が情報を共有し，次の事業段階へ情報の引き継ぎを行う。すなわち，地質リスク調査検討業務は，地質リスクマネジメントのサイクルを継続的かつ効果的に運用し，事業リスクを低減するためのプラットフォームとして重要な役割を担う。

本要領は，道路事業を主体とした記述であるが，その主旨はすべての事業に通じるので，必要に応じて読み替えてほかの事業分野へ適用する。

2.　適用すべき事業の選定

地質リスクは，土木事業をはじめ，地盤にかかわるあらゆる事業において，どの事業段階でも発現し得るものであり，また地盤・地質の複雑さ，事業の規模や種類によってこれらが及ぼす影響は異なる。地質リスクが経済的に大きな影響を及ぼすことが想定される事業としてガイドライン[1)]では**表 5-2-1** に示すものを挙げており，これらの事業においては，初期段階から率先的に地質リスク検討業務を適用することが望ましい。

表 5-2-1　地質リスク検討業務の適用が望ましい事業[1)] をもとに作成

適用すべき事業	一定以上の延長の道路等の建設計画
	大規模な掘削や地形改変を伴う事業（ダム，規模の大きい橋梁・切盛土工・トンネル等）
	周辺にさまざまな施設が近接する事業（都市部での地下工事，各種施設の直近での掘削工事等）
	地下水に影響を与える可能性のある事業（地下水利用に影響を与える事業，大規模・広域に地下水変化を生じる事業，地下水変化に起因する地盤沈下や浮力の変化等の影響を生じる事業等）
	自然由来の重金属等を含む可能性がある地質の箇所での事業
	地すべり，崩壊，土石流等の災害危険箇所での事業
	軟弱地盤，液状化しやすい地層等の脆弱な地盤の箇所での事業
	近隣の同種事業で地質に起因した工事変更があった事業

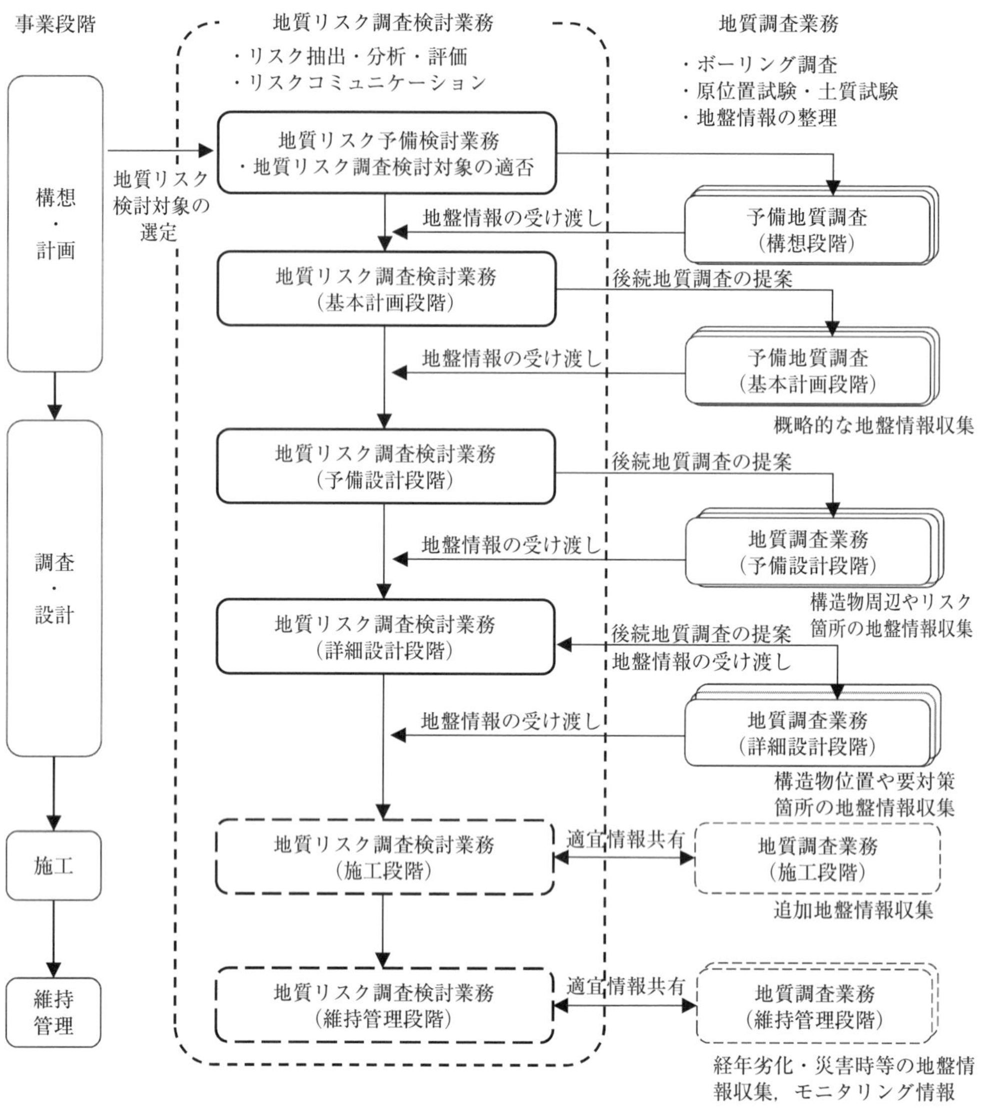

図 5-2-1　事業の流れと地質リスク調査検討業務の位置づけ[2)]

各事業段階における
リスク検討の留意点[2)]

5.2.2　主な業務内容

地質リスク調査検討業務の内容と流れを図5-2-2に示す。事業段階の進捗に応じて，これらの一連の検討を繰り返し継続的に実施することが基本となる。以下に，業務内容の概要について示す。

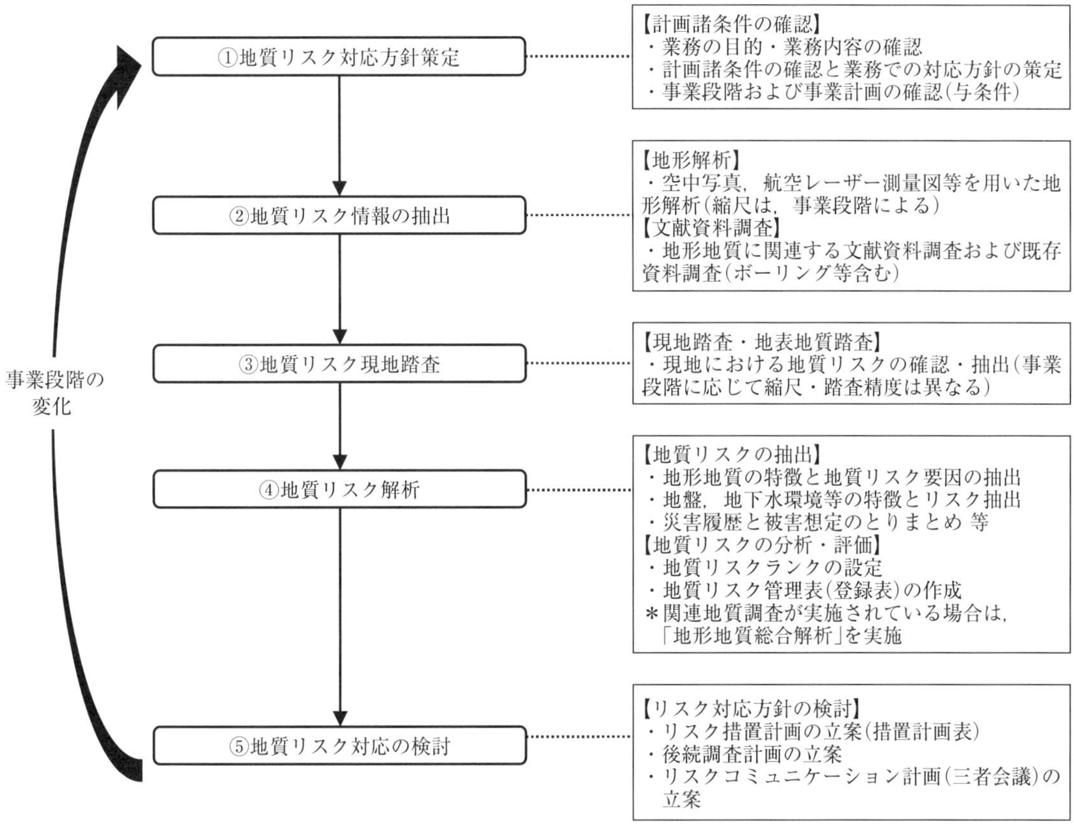

図5-2-2　地質リスク調査検討業務の項目とその内容[2)]（一部修正）

1.　地質リスク対応方針策定

地質リスク対応方針策定とは，対象事業の計画諸条件（事業計画，自然的・社会的条件，コントロールポイント等）をもとに，業務の目的，内容，実施方針を策定するものである。地質リスク調査検討業務の内容は，事業段階（概略設計段階，予備設計段階，詳細設計段階）によって求められる精度が異なることに留意が必要である。成果は計画諸条件一覧表として取りまとめる。

2.　地質リスク情報の抽出

地質リスク情報の抽出とは，概略的な地質リスクに関する情報を抽出するものであり，主として地形解析と文献資料調査を実施する。

（1）地 形 解 析

地形解析は，空中写真の実体視や地形図を用いた地形判読を机上にて実施するものであり，特に現地調査が困難な事業初期段階において地質リスク情報を抽出し，地質リスク要因や事象の起こりやすさ，事業への影響度を推察する。近年は，航空レーザー測量データを活用した微地形解析が普及し，これらの微地形に着目した地形解析手法を用いることで，地形解析の精度を向上することができる。

（2）文献資料調査

文献資料調査は，地形・地質に関連する文献，事業に関連する既存報告書等の資料を収集・整理し，対象地域における地質リスク要因に関する情報を抽出するものである。対象とする文献資料は，地形・地質，災害履歴，鉱山，温泉，文化財等に関するもの，既往の地質調査報告書，関連する工事記録など多岐にわたる。よって，文献資料調査は，地形・地質，土木に関する専門知識を有する技術者が実施し，対象事業で想定される地質リスクに着目し，確認すべき事項を漏れのないように収集・整理することが望まれる（**表 5-2-2**）。文献資料調査の成果は，一覧表，概要書等として整理する。

文献資料調査で留意すべき点として，地質図を例とすると，刊行年，縮尺，発行機関の違いなど多種多様であり，刊行年の古いものは最新の学術的知見が反映されていない場合があること，また，空中写真や地形図を例とすると，最新のものだけでなく，発行年を遡って古い地形図を確認することで地形改変前の情報を把握でき，有効な情報となり得ること等が挙げられる。

表 5-2-2　地質リスク検討に際し収集すべき文献・資料一覧[2),3)]（一部修正）

文献・資料名	文献・資料の内容
1　地形図	電子国土基本図（地図情報），地理院地図（電子国土 Web），都市計画図，古地図　等
2　空中写真	空中写真（国土地理院撮影）　等
3　三次元地形情報	航測レーザー測量データ　等
4　地質図	地質図幅，土木地質図，表層地質図　等
5　地盤図	都市域の地質地盤図　等
6　土地利用図	土地利用図（国土地理院）
7　土地条件図	土地条件図（国土地理院）
8　ボーリング情報	国土地盤情報検索サイト（KuniJiban） 国土地盤情報センター検索サイト（各地方公共団体の公開情報を含む）　等
9　既存調査結果	周辺事業や同類地形地質の調査結果　等
10　工事記録	周辺事業や同類地形地質の工事記録　等
11　災害記録	周辺の災害記録，道路防災点検結果　等
12　地質文献資料	都市圏活断層図，地すべり地形分布図，日本地方鉱床誌，学会誌　等
13　その他	指定地（砂防，地すべり，急傾斜）　等

3．地質リスク現地踏査

地質リスク現地踏査は，地形解析および文献資料調査等で抽出された地質リスクに着目し，必要な範囲の現地踏査あるいは地表地質踏査を行い，現地の地形状況や地質の分布・構成・構造等を把握し，地質リスク情報の妥当性の確認や精度の向上を図ることを目的とする。実施にあたっては，技術士や応用地形判読士など，実務経験の豊富な専門技術者が中心となり実施する。踏査は，事業段階に応じて求められる精度で実施する。これに対応する踏査図面の縮尺は，道路事業の場合，概略設計段階では縮尺1/10,000程度，予備設計Aの段階では縮尺1/2,500～5,000程度，予備設計Bの段階では縮尺1/1,000～1/5,000程度が標準となる。現地踏査の結果は，地質平面図，地質断面図，ルートマップ，現地写真等で構成される地質リスク現地踏査結果図として取りまとめる。

4. 地質リスク解析

地質リスク解析では，地質リスクの抽出，地質リスクの分析・評価を実施する。

（1）地質リスクの抽出

現地踏査結果をもとに，事業に影響を及ぼす可能性のある地質リスク要因を抽出する。**表5-2-3**に，地質リスクの発現事例とリスク要因を示す。地質リスクの抽出は，各種の技術指針類や専門図書，類似条件下での他事業における地質リスク発現事例を参考とするが，それ以上に地域特性や計画構造物の種別に留意して地質リスク要因を抽出することが重要となる。

表5-2-3　建設事業における地質リスクの発現事例[2), 4)]（一部修正）

建設事業	構造物	地質リスク発現事例	リスク要因
道路・鉄道	切　土	切土崩壊	適正勾配，地質構造（節理・層理・断層）
		掘削土の重金属汚染	鉱床・鉱徴地，変質帯，海成堆積物，火山岩
		のり面保護工の劣化	スレーキング，膨潤，水質特性
		豪雨時の表層崩壊	集水地形，未固結堆積物
	盛　土	材料劣化	スレーキング，膨潤，地下水特性
		基礎地盤沈下	軟弱粘土の圧密特性，腐植土，地下水低下
		基礎地盤の液状化	地盤の動的強度特性，粒度特性，地下水
	橋　梁	基礎の不等沈下・傾動	支持層深度の急変や不陸，地盤特性
	山岳トンネル	異常出水	断層，不透水層，地下水分布
		掘削土の重金属汚染	鉱床・鉱徴地，変質帯，海成堆積物，火山岩
		切羽崩壊	地質の不均質性，地下水，膨張性地山
		井戸の枯渇	帯水層
	都市トンネル	構造物の変形	地盤の不均質性，地下水低下
		地表面沈下，陥没	地下水低下，施工時振動
河川・海岸	堤防	すべり破壊	軟弱地盤の強度特性，鋭敏性
		浸透破壊	パイピング特性，地盤の不均質性
砂　防	砂防施設	対策後・概成後の再活動	地すべり，深部すべり面
		のり面保護工の劣化	スレーキング・膨潤，崩壊地周辺緩み
建　築	宅　地	盛土の沈下	盛土材料劣化，吸出し
		建屋・構造物の沈下・変形	支持層の急変や不陸，軟弱地盤特性，液状化

地質リスクの抽出は，できる限り事業の早い段階で実施することで重大なリスク要因の見落としを防ぐことが可能となる。また，事業進捗に応じて地質情報が増え，新たに地質リスク要因が抽出される場合があるため，事業段階に応じて地質リスクの抽出を見直す必要がある。

（2）地質リスクの分析・評価

地質リスクの分析・評価では，抽出した地質リスクの重要度について地質リスクランク（地質リスク基準）を作成する（リスク分析）。次いでリスク分析の結果をもとに今後の調査，設計，施工段階へ引き継ぐべき事項を整理し，地質リスク管理表（登録表）として取りまとめる（リスク評価）。

1）地質リスクランクの設定

事業を円滑に進めるには，抽出した地質リスクのうち，より重要度の高いものから優先的に対応する必要がある。また，事業関係者がリスクについて共通認識を持てるよう，地質リスクの重要度をランク付けし（地質リスクランク），後続業務や次の事業段階に地質リスクの申し送りを行えるようにする。地質リスクへの対応方針については，近畿マニュアル[3)]では以下のように「リスク回避」「リスク低減」「リスク保有」の３つに大別されている（**表 5-2-4**）。

表 5-2-4　地質リスクへの対応方針[3)]

リスク回避	地質リスクを生じさせる要因そのものを取り除く。 原因の完全除去。
リスク低減	地質リスクの発生可能性や顕在化した際の影響の大きさを小さくする対応。
リスク保有	特に対策をとらず，その状態のままリスクを受け入れる対応。

地質リスクランクは，一般的なリスクマネジメントの方法を参考に，影響の大きさ（影響度）Ｅと発生のしやすさ（発生確率）Ｌの掛け合わせにより評価することが多い。

地質リスクランク＝影響の大きさ（影響度）Ｅ×発生のしやすさ（発生確率）Ｌ

上記の考え方に基づいて作成された地質リスクランクの設定事例を**表 5-2-5** に示す。この事例では影響の大きさ（影響度）と発生のしやすさ（発生確率）をそれぞれ１～５の５段階の評点に区分し，それぞれの評点を掛け合わせたリスクスコア（R）を算出し，ランクの高い順からAA，A，B，Cの４段階でリスクスランクを設定している。地質リスクランクの設定に際しては，対象事業の特性や地質特性に基づいて評価の指標や区分方法を適切に設定する。

地質リスクランクは，対象とする事業特性や地質特性などを考慮し，事業者・地質技術者双方で協議して決定する。特に，影響の大きさ（影響度）の指標については，事業の目的や内容，規模，重要度などに基づき，最終的には事業者が決定することが望まれる。地質リスクランクの設定例を**表 5-2-5**，**表 5-2-6** に示す。

なお，地質リスクランクの設定は，各事業段階で異なると混乱が生じる可能性があるため，基本的には事業段階を通して統一した指標とすることが望ましい。

表5-2-5　地質リスクランクの設定例[2]（一部修正）

			発生のしやすさ（発生確率）L				
			非常に低い 評点：1	低い 評点：2	中程度 評点：3	高い 評点：4	非常に高い 評点：5
影響の大きさ（影響度）E	非常に高い 評点：5	事業の継続不能となる影響	B (R＝5)	A (R＝10)	A (R＝15)	AA (R＝20)	AA (R＝25)
	高　い 評点：4	事業が中断または大幅な遅延となる影響	C (R＝4)	B (R＝8)	A (R＝12)	A (R＝16)	AA (R＝20)
	中程度 評点：3	大きな損失を受けるが事業は継続可能で遅延がある	C (R＝3)	B (R＝6)	B (R＝9)	A (R＝12)	A (R＝15)
	低　い 評点：2	軽微な修復で事業継続可能となる影響	C (R＝2)	C (R＝4)	B (R＝6)	B (R＝8)	A (R＝10)
	非常に低い 評点：1	事業の継続に影響を与えない	C (R＝1)	C (R＝2)	C (R＝3)	C (R＝4)	B (R＝5)

表中（R＝）は，リスクスコア（R＝E×L）
―地質リスクランク（AA～C）の定義とリスクスコアR―
AA：回避：リスクを回避することが望ましいリスク事象（R＝20以上）
A　：回避・低減：回避または詳細な地質調査を実施して，完全なリスク低減対策を講じるべきリスク事象（R＝10～19）
B　：低減：地質調査を行い，調査結果に応じた適切なリスク低減対策を講じるべきリスク事象（R＝5～9）
C　：保有：リスク回避や低減対策を必要とせず，施工段階へリスクを保有することが可能な事象（R＝5未満）

表5-2-6　地質リスクランクの設定例[3]

地質リスクランク	対応方針	具体的な対応	想定事象
AA	回　避	構造物や周辺環境に影響が出ない範囲へ回避する。 例：路線を変更する。	事象が発現した場合，通常考えられる対策工で対応ができない事象。 例1：大規模な地すべりや深層崩壊等が発生し，通常計画可能な対策工での対応が困難になる。
A	回　避 ・ 低　減	構造物や周辺環境に影響が出ない範囲へ回避もしくは標準的な工法以上の対策を講じる（詳細な調査や検討が必要）。 例：構想計画段階では，路線変更等により回避する，もしくは必要な対策費用を計上する。事業化後は，詳細な調査を実施して，確実なリスク低減策を講じる。	事象が発現した場合，構造形式の変更が必要となる場合や安全性が著しく低下する事象。 例1：切土により地すべり（法面崩壊）が発生し，追加調査や追加対策工（グランドアンカー工）が必要となる。 例2：支持層が予測より深く，基礎形式が変更となる。 例3：高濃度の自然由来重金属が連続して分布し，相当の対策が必要となる。
B	低　減	標準的な工法で対応（共通仕様書等に示される調査手法で対応が可能）。 例：通常の地質調査を行い，調査結果に応じて対策工を検討する。	事象が発現した場合，軽微な追加対策や，対策範囲の変更により対応できる事象。 例1：軟弱地盤の範囲が予測より広くなり改良範囲が変更となる。 例2：崖錐堆積物層の分布範囲が広くなり鉄筋挿入工の範囲が変更となる。
C	保　有	次の事業段階へリスクを保有する。	事前の低減対策等の必要性が低いため，施工段階や維持管理段階にリスクを保有する事象。 例1：擁壁基礎地盤にわずかな不陸があり置き換えにより対応する。 例2：切土法面からの湧水が著しく認められたため，水抜きを行う。

2）地質リスク管理表（登録表）の作成

地質リスク管理表（登録表）は，地質リスク解析および地質リスク対応の検討結果を取りまとめたものであり，以下の情報を記載するものとする。

・地質リスク要因，想定発現事象

・発生のしやすさ（発生確率）とその根拠

・影響の大きさ（影響度）

・地質リスクランク

・リスク措置計画（設計対応策や後続調査計画等の対応方法）

地質リスク管理表（登録表）の様式や記載内容は，それぞれの事業内容や地域特性に応じて作成されるものであり，地質リスク管理表（登録表）は後続業務や次の事業段階に引き継ぐ重要な情報である。そのため，事業関係者で意見交換を行いながら，後工程で活用されやすいよう分かりやすく整理することが肝要である。地質リスク管理表（登録表）の様式は，**表 5-2-7** に示す事例のほか，計画構造物ごとあるいは区間ごとに整理した地質リスク管理表（登録表）を地質平面図や地質断面図と併記して整理する方法もある。

表 5-2-7　地質リスク管理表（登録表）の例[2)]

活動内容	
登録番号	
作成年月日	

作成者氏名	
審査者氏名	
情　報　源	

番号	リスク内容	リスク詳述	状況	リスク分析手法	影響度E		発生確率L		リスクスコア（E×L）	地質リスクランク	リスク分析結果	対応計画概要	優先度
					重大性	評価点	可能性	評価点					
①	緩斜面の成因が不明確	地すべりか崖錐堆積物かにより不安定化する範囲が異なり，対策工の規模が問題となる。	C	写真判読，地表踏査の実施。	高い	4	中程度	3	12	A	判断ミスは，その後の対策方針や費用に大きく影響する。	写真判読，地表踏査等の結果を踏まえ，ボーリング調査などの追加調査を実施。	1
②	地下水の変動が不明確	地下水位の変動が不明なため斜面の安全率が低下する可能性がある。	C	地表踏査，既存報告書を吟味し追加調査を実施。	低い	2	低い	2	4	C	①のリスク分析結果にもよるが，追加調査により判定。	詳細調査時に地下水位測定，地下水検層等を実施。	2

【凡例】

〈状況〉

L：リスクが発生し，その程度が特定された状態

C：リスクが発生しているが，どの程度なのか特定されていない状況

P：リスクが取り除かれた状態

G：リスクではない状態

T：危機

O：好機

〈地質リスクランク区分〉リスクスコア（リスク程度R＝E×L）

AA：リスクを回避することが望ましいリスク事象（R＝20～25）

A：回避または詳細な地質調査を実施して，完全なリスク低減対策を講じるべきリスク事象（R＝10～19）

B：地質調査を行い，調査結果に応じた適切なリスク低減対策を講じるべきリスク事象（R＝5～9）

C：リスク回避や低減対策を必要とせず，施工段階へリスクを留保することが可能な事象（R＝1～4）

計画構造物ごとの地質リスク管理表の例[2),3)]

5. 地質リスク対応の検討

地質リスク対応の検討とは，地質リスク解析の結果を踏まえ，(1) リスク措置計画，(2) 後続調査計画，(3) リスクコミュニケーション計画（三者会議）等について具体的に立案するものである。

（１）リスク措置計画の立案

リスク措置計画とは，抽出したリスクに対して今後措置すべき事項とその方法，対応時期等について今後の事業に引き継げるように整理するものである。リスク措置の方法としては，計画の変更（リスク回避），工法変更および対策工事の実施（リスク低減），モニタリング（リスク保有）などが挙げられる。検討結果は地質リスク管理表として取りまとめ，抽出したリスクに対して，いつ，誰が，どのような方法で対応したか，リスクが残存しているのかなど，措置状況を時系列で整理できるよう取りまとめる。地質リスク管理表（措置計画表）は，事業関係者間で継続して共有する必要があるため，記載内容については受発注者間で協議し決定することが望ましい。地質リスク管理表の一例を**表 5-2-8**，**表 5-2-9** に示す。

表 5-2-8　地質リスク管理表（措置計画表）の例[2)]（一部修正）

番号	リスク内容	措置の種類	措置の進捗	措置の手法	実施者	対応時期	必要な資材	これまでに判明した事項と今後の方針	措置コスト（千円）	残存リスク
①	緩斜面の成因が不明確	リスク低減	完了	複数時期の空中写真判読，現地踏査，コア判読，総合判断	調査会社	○年△月実施済	空中写真，地形図，ボーリングコア	当該斜面は地すべりではなく，崖錐堆積物と判断した	800	なし
②	地下水の変動が不明確	リスク低減	検討中	地下水位の測定，地下水検層，簡易揚水試験	調査会社	□年△月までに実施	ボーリング後の観測孔仕上げ，自記水位計設置	既存報告書から地表は湿地状であるが，地中の地下水の動きは少ない可能性あり	1,500	契約工期の関係から十分な地下水位観測ができない

表 5-2-9　地質リスク管理個票の例[3)]

地質リスク管理個票

事業名　：○○○○○○事業
事業者名：○○事務所
事業区間：○○地区
測　点　：STA No. 60～66
構造物　：切土法面
発現事象：法面-斜面不安定化

更新日	業務名	更新内容
2016.3.31	○○○○○○地質リスク評価業務	リスクランク設定
2017.10.23	○○○○○○地質調査業務	リスクランク見直し
2019.7.9	○○○○○○道路詳細修正設計業務	対策工の詳細設計
2021.6.13	○○○○○○工事	対策完了

更新日	事業段階	リスク分析手法	発生確率		影響度		リスクランク	評価（措置）	後続調査計画	備　考
2016.3.31	予備設計（A）	地表地質踏査	大	流れ盤，見かけ傾斜 15～25°，破砕帯あり	大	切土法面6段	A	切土に伴い地すべりが発生する可能性が高い	地質構造，破砕帯の有無の確認（ϕ86 mm ボーリング，ボアホールカメラ）	
2017.10.23	予備設計（B）	ボーリング調査	大	流れ盤，見かけ傾斜 18°，破砕帯あり	大	切土法面6段	A	切土に伴い○×○m の地すべりが発生する可能性が高い	抑止対策工法の検討	
2019.7.9	詳細設計	安定解析構造計算	大	流れ盤，見かけ傾斜 18°，破砕帯あり（切土時 s＝0.94）	大	切土法面6段	A	地すべり対策工グランドアンカー工3段，p＝○m，設計アンカー力 Td＝○kN/m	切土時に移動土塊の範囲を確認	
2021.6.13	施工	のり面観察	小	対策済	大	切土法面6段	C	アンカー工を施工	法高 15 m 超過のため，特定土工構造部点検を実施（1回/5年）	のり面観察結果を踏まえて打設範囲を修正

※リスクランク AA，A を対象とする

（2）後続調査計画の立案

後続調査計画では，土工・構造物の設計に必要な一般的な調査計画に加え，地質リスクの要因や事象に適した手法の選定や数量について立案するものとし，対応の優先度や新技術の適用についても考慮する。

（3）リスクコミュニケーション計画（三者会議）の立案

リスクコミュニケーションとして事業関係者間の連絡・調整，情報共有を目的とした三者会議（合同調整会議）の実施が有効である。リスクコミュニケーション計画を立案する際は，リスク措置計画の内容や残存リスクの確実な引き継ぎを行うために，いつ（時期），誰が（主催者・参加者），どの内容を（具体のリスク項目），どのように（目的や手段）してリスクコミュニケーションを図るか，できるだけ具体的に計画する（**表 5-2-10**）。

表 5-2-10　道路事業における三者会議（合同調整会議）の主な議題の例[3)]

実施段階	主な議題	決定事項
道路概略設計 （ルート帯の検討）	①地質リスク検討対象事業の適否 ②ランク AA の有無とリスク措置計画（回避） ③ランク A 抽出結果と設計時留意事項 ④ランク A の確認のためのリスク措置計画	・リスクマネジメント方針 ・ルート帯 ・リスク措置計画
道路予備設計（A） （ルート中心線の検討）	①調査結果を踏まえたリスクランクの見直し ②ランク A の内容とリスク措置計画（回避・低減） ③上記②を踏まえた最終ルートの確認 ④ランク A，B 抽出のためのリスク措置計画	・ルート中心線 ・リスク措置計画
道路予備設計（B） （幅杭の検討）	①調査計画を踏まえたランクの見直し ②ランク A，B の内容とリスク措置計画（低減） ③上記②を踏まえた最終幅杭図面の確認 ④ランク A，B 対策検討のためのリスク措置計画	・道路構造物の形式 （法面勾配含む）を踏まえた幅杭位置 ・リスク措置計画
道路詳細設計 （施工図面の作成）	①対応優先度を踏まえた調査計画の見直し ②調査結果を踏まえたランクの見直し ③ランク A，B の内容とリスク措置計画 ④上記③を踏まえた施工計画図面等の確認 ⑤施工時確認事項（ランク C の対策方針の確認）	・リスク措置計画 ・施工時確認事項
施　　工	①地質リスク検討結果とリスク措置計画の共有 ②施工時確認事項（ランク C の対策方針）の確認 ③必要に応じて監視・観測・観察等の追加計画 ④維持管理段階への申し送り事項 ※地質リスク発現時は別途検討	・顕在化した地質リスクの措置方針 ・維持管理申し送り事項

《参考文献》

1）国土交通省大臣官房技術調査課・土木研究所・土木事業における地質・地盤リスクマネジメント検討委員会：土木事業における地質・地盤リスクマネジメントのガイドライン―関係者が ONE-TEAM でリスクに対応するために―，https://www.pwri.go.jp/jpn/research/saisentan/tishitsu-jiban/iinkai-guide2020.html，2024.11.30 閲覧

2）全国地質調査業協会連合会：「地質リスク調査検討業務」の手引き，https://www.zenchiren.or.jp/geocenter/risk/georisk_guide_2021.pdf，2024.11.30 閲覧

3）国土交通省近畿地方整備局：地質リスク低減のための調査・設計マニュアル（案）改訂版，https://www.kkr.mlit.go.jp/plan/jigyousya/technical_information/consultant/chishitsu/ol9a8v000000jyvk-att/ol9a8v000000l4em.pdf，2024.11.30 閲覧

4）（一社）関東地質調査業協会：「地質リスク調査検討業務」実施の手引き，https://www.kanto-geo.or.jp/various/technologyRoom/pdf/Geological-risk-ied.pdf，2024.11.30 閲覧

5.3　地質リスク調査検討業務の発注方法

地質リスク調査検討業務を実際に発注するにあたり，発注者，受注者双方が理解しておくべき事項として，業務の発注方式，管理・担当技術者の推奨資格，業務の基本的な仕様内容，および積算方法について以下に示す。

5.3.1　発注方式

地質リスク調査検討業務の実施においては，地質・地盤に関する専門的な知識を必要とするだけでなく，事業者，設計技術者，施工技術者等と連携して，地質リスクを的確に抽出・分析・評価し，最適なリスク対応を導き出すための高度なマネジメント力が求められる。したがって，高度な技術または専門的な技術が要求される業務に該当することから，一般的にプロポーザル方式で発注される（**図 1-5-3**）。

5.3.2　推奨資格

地質リスク調査検討業務の発注においては，地質リスク，設計・施工およびリスクマネジメントに関連する資格を有する技術者の配置を求めることが望ましい（**表 5-3-1**）。

表 5-3-1　地質リスク調査検討業務における推奨資格[1)]（一部修正）

資　格	主な役割	資格の概要
・技術士 応用理学部門-地質 建設部門-土質および基礎	・管理技術者	土木地質に関する高度な知識や土工・構造物等の基礎に関する広い見識を有する技術者として，地質調査業務のみならず，地質リスク調査検討業務においても管理技術者としての役割を担う資格となりうる。
・RCCM 地質，土質および基礎		
・地質リスク・エンジニア（GRE）	・管理技術者 ・担当技術者	地質リスクに起因する事業損失に対し地質に関する技術力とマネジメント力により回避・低減する技術者として，地質リスク調査検討業務の管理技術者や担当技術者を担う資格となりうる。
・応用地形判読士	・担当技術者	地形図や空中写真などを用い，地形の成り立ちと地盤状況を把握する"応用地形判読技術"の専門家であり，地形・地質リスク情報の抽出に大きな効果を発揮しうる資格といえる。
・地質調査技士	・担当技術者	地質調査業務の主任技術者に相当する資格で，現場調査，現場技術・管理，土壌・地下水汚染の３部門に区分される。各種の地質調査法等に関する経験・知見から担当技術者を担う資格となりうる。
・地質情報管理士	・担当技術者	地質情報の電子化・利用に係わる能力を有する技術者であり，地質情報の活用によるインフラ分野全般の効率化や高品質化といった観点から，地質リスク調査検討業務の担当技術者を担う資格となりうる。

5.3.3　業務の基本となる仕様項目

地質リスク調査検討業務の基本となる仕様項目を**表 5-3-2** に示す。

表 5-3-2　地質リスク調査検討業務の基本仕様[1) をもとに作成]

仕様項目	業務仕様
（1）計画準備	業務の目的を理解した上で，業務内容および計画諸条件を確認し，業務計画書を作成する。
（2）打合せ協議	業務着手時，中間打合せ，成果品納入時の打合せの必要回数を設定する。
（3）関係機関協議	土地立入など，対象地域の関係管理者との協議や手続きを行う。
（4）地質リスク対応方針策定	計画諸条件の確認として，事業計画の概要，自然・社会的条件，コントロールポイント等を確認し，地質リスク対応方針を策定する。
（5）地質リスク情報抽出	１）地形解析 地形図，空中写真，航空レーザー測量図等を用いた地形解析を行い，地質リスク情報を抽出する。 ２）文献資料調査 地形地質文献資料，災害履歴資料，被害想定資料，既往地質調査資料，既存工事記録，鉱山・温泉・文化財等に関する資料等の地質リスク検討に必要な資料の収集整理を行い，本事業に想定される地質リスクを抽出する。収集資料数は，数量を明記し設計変更の対象とする。
（6）地質リスク現地踏査	抽出された地質リスクに対し，必要な範囲の現地踏査を行い，地質リスクの観点から地質の特徴を把握し，地質リスク現地踏査結果図を作成する。踏査に用いる図面の縮尺は事業段階（設計段階）により適宜，設定する。
（7）地質リスク解析	１）地質総合解析 対象範囲の既存地質調査成果のとりまとめを行い，地形・地質の特性や地下水等の水理特性を把握し，土質工学および地質工学に基づく地盤に関する総合的検討を行う。地質総合解析は，関連する地質調査が実施されている場合に実施する。 ２）地質リスクの抽出 地質リスク情報抽出，現地踏査，地質総合解析をもとに，本事業の維持管理段階まで含めた諸条件を踏まえた上で，地質リスク要因を抽出し，構造物等の設計計画に対する地質リスク発現事象を特定する。 ３）地質リスクの分析・評価 抽出された地質リスクの発生機構と事業への起こりやすさや影響度などから，地質リスクランクを設定し，地質リスク管理表（登録表）としてとりまとめる。
（8）地質リスク対応の検討	１）地質リスクマネジメント対象事業判定 事業の構想・計画段階（概略設計）において，地質リスク予備検討業務を実施する場合には，地質リスク解析に基づき，地質リスクマネジメントの対象事業とするか判定を行う。 ２）リスク対応の検討 地質リスク解析に基づき，地質・地盤の不確実性や対策の効果・費用を踏まえ，対応方針を検討するとともに，残存リスクについて整理し，地質リスク管理表（措置計画表）を作成する。地質リスク管理表（措置計画表）に基づき後続調査計画を作成し，後続業務におけるリスクコミュニケーション計画（時期・内容）を作成する。
（9）三者会議（合同調整会議）	発注者・受注者・関連業務担当者の三者により合同調整会議を行い，地質リスク関連情報を共有するとともに，リスク対応方針を協議・検討し共有する。
（10）報告書作成	資料収集整理結果，地形解析結果，現地踏査結果，地質リスク解析結果，地質リスク対応の検討結果，後続調査計画，三者会議（合同調整会議）で検討した事項等の結果をとりまとめ，報告書（電子納品含む）を作成する。

5.3.4　積 算 方 法

地質リスク調査検討業務の実施項目について積算を行う（**表 5-3-3**）。これらは，従来の地質調査業務の成果に含まれるものではなく，地質リスクを検討するために必須となるものである。地質リスク検討業務の歩掛は，『全国標準積算資料（土質調査・地質調査）』[2)]に示されている。

表 5-3-3　地質リスク調査検討業務の実施項目・内容および成果[1]（一部修正）

実施項目	内　容	標準的な成果
①地質リスク対応方針策定	計画諸条件の確認 事業計画の確認 自然的・社会的条件 コントロールポイント	計画諸条件一覧表 地質リスク調査検討方針の策定（想定されるリスク・リスクアセスメント方法，コミュニケーションおよび協議の実施時期）
②地質リスク情報抽出	地形判読 文献資料収集整理	地形解析図 収集文献・資料
③地質リスク現地踏査	山間部/低地部における踏査 土木構造物付近の調査 地形地質解析	現地踏査結果図 （地質平面図，地質断面図，ルートマップ）
④地質リスク解析	地質リスクの抽出 地質リスクの分析・評価	地形地質リスクマップ 地質リスク管理表（登録表）
⑤地質リスク対応の検討	リスク対応方針の検討 リスク対応方法の比較検討 後続調査計画立案	地質リスク管理表（措置計画表） 後続調査計画 リスクコミュニケーション計画

事業段階ごとの詳細な仕様項目[1]

地質リスク検討業務は，事業段階ごとで行われる（**表 5-3-4**）。事業段階の進捗に応じて再度，地質リスク調査検討業務を実施する場合，その段階における地質調査結果等の新たな情報・知見に基づき，地質リスクを再検討することとなる。そのため，地質リスク調査検討業務はその都度，新たな条件で実施するものとして積算を行う。また，積算の条件は，事業の進捗段階や事業の特性によって異なることから，既往資料数，地形区分，対象の数量，対象範囲等，積算に係る項目について補正を行う。

表 5-3-4　道路事業での地質リスク検討業務の積算区分と積算に係る補正項目[2]

事業段階	設計業務段階	設計業務段階（道路事業）	地質リスク調査検討業務	積算にかかる補正項目
構想・計画段階	計画立案	概略設計	地質リスク予備検討業務	・既往資料数 ・地形区分 ・対象の数量 （路線長，対象箇所数） ・対象範囲の数量 （路線長，対象面積）
	基本計画	予備設計（A）	地質リスク調査検討業務（構想計画段階）	
調査・設計段階	予備設計	予備設計（B）	地質リスク調査検討業務（調査・設計段階）	
	詳細設計	詳細設計	地質リスク調査検討業務（詳細設計段階）	
施工段階	—	—	地質リスク調査検討業務（施工段階）	・予見されていたリスクの数 ・新たな地質リスクの数
維持管理段階	—	—	地質リスク調査検討業務（維持管理-点検調査段階）	—

《参考文献》

1）全国地質調査業協会連合会：「地質リスク調査検討業務」の手引き，https://www.zenchiren.or.jp/geocenter/risk/georisk_guide_2021.pdf，2024.11.30 閲覧

2）全国地質調査業協会連合会：全国標準積算資料（土質調査・地質調査），2023

5.4　新技術の活用と地質リスクの見える化

地質リスク調査検討業務において，後続調査計画の立案等に活用が期待できる新たな調査・解析技術，および調査成果としての地質リスクの見える化技術について示す。

5.4.1　新たな調査・解析技術の活用

近年，地質調査においては新たな調査・解析技術が開発・実用化されつつあり，効果的・効率的な調査手法として活用が期待される。主な新技術と事業段階別の有効性を整理して**表 5-4-1** に示す。

道路事業の構想計画段階では，例えば大規模地すべりといった重大リスクの見逃しを防止することなどが求められるが，事業計画地への立入りが制限されるなど，現地調査が行えない場合がある。このような場合，現地へ直接立ち入ることなくリスクを広域的に抽出できる，航空レーザー計測，UAV レーザー計測，空中物理探査，干渉 SAR を用いた地盤変動解析などの技術が有効となる。

調査・設計段階では多くの調査手法が適用可能となるが，より効果的・効率的な調査の実施が求められる。調査手法としては，ボーリング調査のほか，浅層反射法探査，微動アレイ探査，3次元電気探査などの物理探査を併用することで，地質・地盤に関する情報の不確実性を低減することが可能となる。

調査手法の選定に際しては，事業段階の進捗に応じて，各段階で求められる調査の目的，精度を十分に踏まえた上で，地質リスクに適した効果的な手法を選定することが重要である。ま

表 5-4-1　活用が期待できる新技術と事業段階別の適用性[1)]（一部修正）

No.	調査手法	目的	構想・計画段階 現地立入り困難 （公共用地に制限）	調査・設計段階 現地立入り可能
①	航空レーザー計測， UAV レーザー計測	高精度微地形解析による地すべり判読 傾斜量図，CS 立体図を用いた落石等危険個所の抽出	◎	◎
②	空中物理探査	3次元地盤物性の把握	○	○
③	干渉 SAR を用いた 地盤変動解析	干渉 SAR を用いた地盤変動解析	◎	○
④	ハンドヘルド蛍光 X 線分析	自然由来重金属の含有量分布状況の把握	○	◎
⑤	ハンドヘルドレーザー計測	高精度微地形調査		○
⑥	高品質ボーリング	高品質コアの採取		◎
⑦	浅層反射法探査	支持地盤の連続性の確認		◎
⑧	微動アレイ探査	支持層分布の推定（1次元微動アレイ探査，2次元・3次元微動探査）		◎
⑨	3次元電気探査	地質，地下水の3次元分布状況の把握		○

◎：特に有効　○：有効

た，新技術は年々更新されており，最新の技術動向にも留意して積極的な活用を図ることが望ましい。

5.4.2　地質リスクの見える化技術

1.　地質リスクの見える化の重要性

地質リスク調査検討業務では，事業関係者とのリスクコミュニケーションを通じて，地質技術者が推定する地質・地盤の分布・性能と，設計・施工技術者が求める構造物の機能を対比し，対象事業における地質リスクを抽出し，見える化することが重要となる。地質リスクの見える化の事例を**図 5-4-1** に示す。

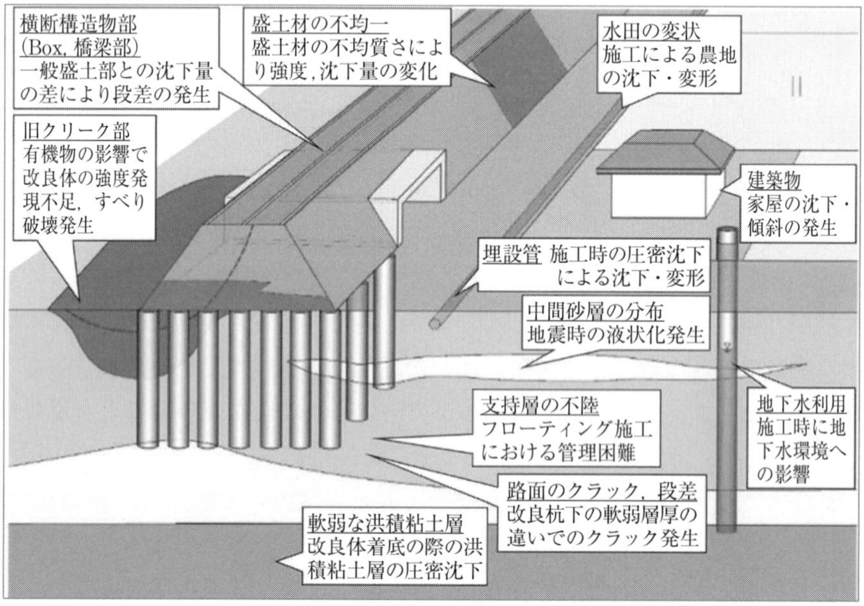

図 5-4-1　地質・地盤の不確実性の抽出・特定結果の概要[2), 3)]

2.　BIM/CIM による地質リスク情報の見える化と継承

近年，建設現場の生産性革命として i-Construction が推進され，公共工事の現場で測量から設計・施工・維持管理に至る建設プロセス全体を 3 次元データでつなぐなど，新たな建設手法の導入が進んでいる。この i-Construction の枠組みの中で，BIM/CIM は 3 次元モデルを活用した建設情報の共有手段に位置づけられる。地質・土質調査業務においても地質・地盤の 3 次元モデルの作成が推奨されており，地質リスク情報の共有手段として BIM/CIM の活用が期待できる。

地質・地盤の 3 次元モデルは，複雑な地下の地質・地盤構造を可視化したものであり，土工・構造物の 3 次元モデルと併せることで，地質・地盤に起因する設計・施工上の不具合（地質リスク）の見える化が可能である。また，事業関係者間のリスクコミュニケーションのツールとして活用し地盤情報・地質リスク情報が適切に継承されることで，事業全体のリスクの低減，建設における安全性や効率性の向上に大きく寄与することが期待される（**図 5-4-2**）。本要領の**第１章 1.4 地質調査の成果と電子納品**に BIM/CIM および地質・地盤の３次元モデルに関する詳しい記載があるので参照されたい。

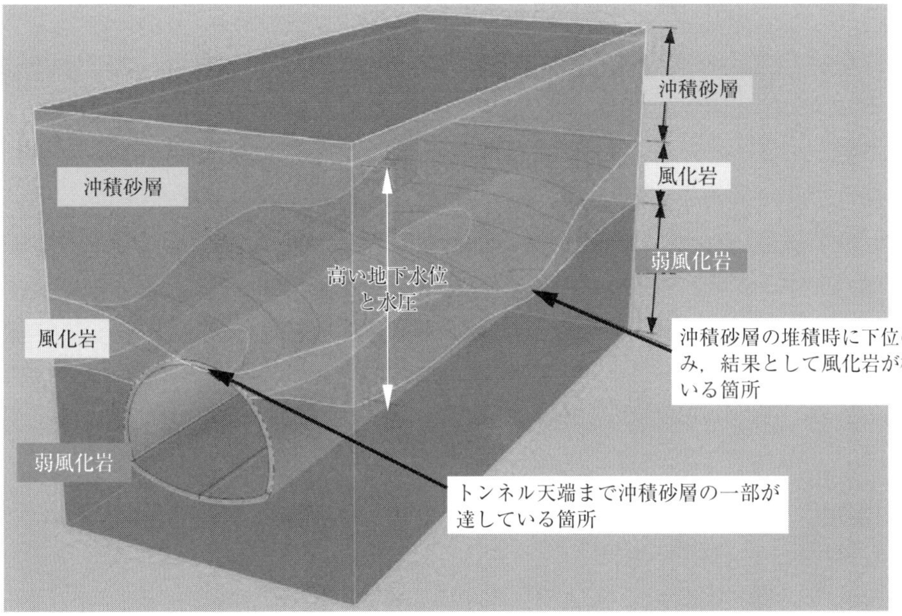

図 5-4-2　トンネルにおける地質リスク情報の表示イメージ[4)]

3.　３次元地盤モデルにおける地質リスクの取扱い

地質・地盤の３次元モデルは，地質調査結果等をもとに，柱状図・地質平面図・地質縦断図等を３次元空間に配置したものに地質学的な解釈を加えて総合的に作成するものであるが，限られたデータの質と量に応じた不確実性を含まざるを得ない。したがって，作成したモデルの判断根拠（調査データとその解釈），作成手順を明示しておくことが，地質・地盤の３次元モデルの品質のトレーサビリティ確保のために重要となる。また，地質・地盤の３次元モデルを作成する際，必ずしも十分な地盤情報を使用できるわけではなく，調査地点間の地層境界などは数学的・統計学的な補間に技術者の推定を加味して作成することが多い。そのため，地質・地盤の３次元モデルを作成する際は，地質・地盤の専門技術者が関与し，地質学・地盤工学に基づいた知見からモデルの妥当性を判断することが重要である。

地質・地盤の３次元モデルにおける地質リスクの扱いについては，モデルのトレーサビリティにかかわる情報に加え，以下のような地質リスクに関する情報をモデルの属性情報として付与することも検討すべきである。

・各地層の留意すべき土木地質的特徴（リスク要因につながる性状など）
・地層の連続性や不連続面の存在の可能性に関する留意点
・調査不足を示す信頼性指標，地質モデルが有する不確実性の程度

《参考文献》

1）全国地質調査業協会連合会：「地質リスク調査検討業務」の手引き，
https://www.zenchiren.or.jp/geocenter/risk/georisk_guide_2021.pdf，2024.11.30 閲覧

2）国土交通省大臣官房技術調査課・土木研究所・土木事業における地質・地盤リスクマネジメント検討委員会：土木事業における地質・地盤リスクマネジメントのガイドライン—参考資料，
https://www.pwri.go.jp/jpn/research/saisentan/tishitsu-jiban/iinkai-guide2020.html，2024.11.30 閲覧

3）梶尾辰史：道路整備での軟弱地盤対策検討において地質・地盤リスクマネジメントを取り入れた事例，第33回日本道路会議講演資料，2019

4）3 次元地質解析技術コンソーシアム：3 次元地質解析マニュアル Ver 3.0.1，
https://www.3dgeoteccon.com/3 次元地質解析マニュアル，2024.11.30 閲覧

第6章
2050年カーボンニュートラルに資する地質調査技術紹介

第6章　2050年カーボンニュートラルに資する地質調査技術紹介

6.1　グリーンインフラとは

6.1.1　グリーンインフラの概念

1. 定　義

人口減少や少子高齢化に伴う土地利用の変化や気候変動に伴う災害リスクの増大といった課題に対して，社会資本整備や土地利用等に際して自然環境の持つ多様な機能を賢く利用する「グリーンインフラ」という概念が，持続可能で魅力ある国土・地域づくりを進めるために，昨今注目されている。

「グリーンインフラ」は，2015年度閣議決定された国土形成計画で，「国土の適切な管理」「安全・安心で持続可能な国土」「人口減少・高齢化等に対応した持続可能な地域社会の形成」といった課題への対応の一つとして，その取り組みを推進することが初めて盛り込まれた。

「グリーンインフラ」は，日本では前述の国土形成計画で初めて使われた比較的新しい概念である。一方海外では，米国や欧州で雨水管理や水質浄化，生物多様性の保全や気候変動対策などに1990年後半ぐらいから取り組まれている。日本の各機関によるその定義は多少の揺らぎが認められるが，土木学会（2019）によると**表6-1-1**としてまとめられる。簡潔にまとめると，グリーンインフラとは，社会資本整備や土地利用等のハード・ソフト両面において，自然環境が有する多様な機能を活用し，持続可能で魅力ある国土・都市・地域づくりを進める取り組みといえる。

＊　補足：グリーンインフラの「グリーン」は「ネイチャー（自然）」であり，樹木や花等の「緑」のみならず，土壌，水，風，地形といったものも含まれる。また，「ブルーインフラ」（藻場・干潟等および生物共生型港湾構造物）の保全・再生・創出を通じたブルーカーボン（海洋生態系によって吸収・固定される二酸化炭素由来の炭素）の活用も，カーボンニュートラルの実現への貢献や豊かな海の実現を目指したグリーンインフラの活用事例といえる。

2.　グリーンインフラVSグレーインフラ

「グリーンインフラ」は，生態系を中心とする「生態系インフラ」とも称されことがあり，人工構造物による「グレーインフラ」と大局するものとして区分される場合がある（**表6-1-2**参照）。

前項で「グリーンインフラ」は比較的新しい概念と述べたが，先人たちは霞堤や信玄堤による治水計画や東北地方の「イグネ（エグネ）：屋敷の周りに木を植える」による防風対策など古くから自然を利用したグリーンインフラの機能を賢く利用していることが理解できる。

また，グリーンインフラは，コスト論（投資額，維持管理費用が安価）やコンクリート構造

表6-1-1　各機関におけるグリーンインフラの定義[1)]

機　関	定　義
国土交通省[1-1)]	社会資本整備や土地利用等のハード・ソフト両面において，自然環境が有する多様な機能（生物の生息の場の提供，良好な景観形成，気温上昇の抑制等）を活用し，持続可能で魅力ある国土づくりや地域づくりを進めるもの。 従って，自然環境への配慮を行いつつ，自然環境に巧みに関与，デザインすることで，自然環境が有する機能を引き出し，地域課題に対応することを目的とした社会資本整備や土地利用は，概ね，グリーンインフラの趣旨に合致する。
グリーンインフラ研究会[1-2)]	自然が持つ多様な機能を賢く利用することで，持続可能な社会と経済の発展に寄与するインフラや土地利用計画。 自然が持つ多様な機能は，自然環境や動植物などの生きものが人間社会に提供する様々な自然の恵み（生態系サービス）を指す。多機能な生態系サービスの提供こそが，グリーンインフラの最大の特徴とも言える。生態系サービスには，人間が利用するモノだけでなく，自然が持つ防災・減災機能や水質浄化など，人間の安全で快適な暮らしに役立つ様々な機能が含まれる。一般に，自然の恵みの大きさやその多機能性は，生物多様性が高いほど大きく，より持続的であるといわれる。 多機能性だけでなく，環境の変化や人為的な影響に対する安定性（しなやかさ，レジリエンス）もグリーンインフラの特徴である。豊かな生物多様性に支えられた健全な生態系は，一定の範囲内で変動しながらもその働きを維持していく性質を内在している。また生態系の状態が大きく変わる場合でも，環境と生物の関わりを介して，生態系は自律的に回復していく性質をある程度備えている。
日本学術会議[1-3)]	広義には自然・人工のものを問わず，緑地や湿地およびそれらのネットワークを活かすインフラストラクチャー。

表6-1-2　生態系インフラと人工構造物による特徴の比較[2)]

	生態系インフラ	人工構造物によるインフラ
単一機能の確実な発揮	△	◎
多機能性	◎	△
不確実性への順応的な対処	○	×
環境負荷の回避	◎	×

◎大きな利点，○利点，△どちらかといえば欠点，×欠点

物を表す「グレーインフラ」と対峙・比較する議論が一部みられた。しかし，昨今，グリーンインフラを取り巻く議論としては，連続的に取り扱われる場合が主流で，グリーンインフラ単独での活用やお互いの機能を融合化した「ハイブリッド型インフラ」の利活用が見直され，粘り強い強靭性を持った機能が着目されている（図6-1-1参照）。

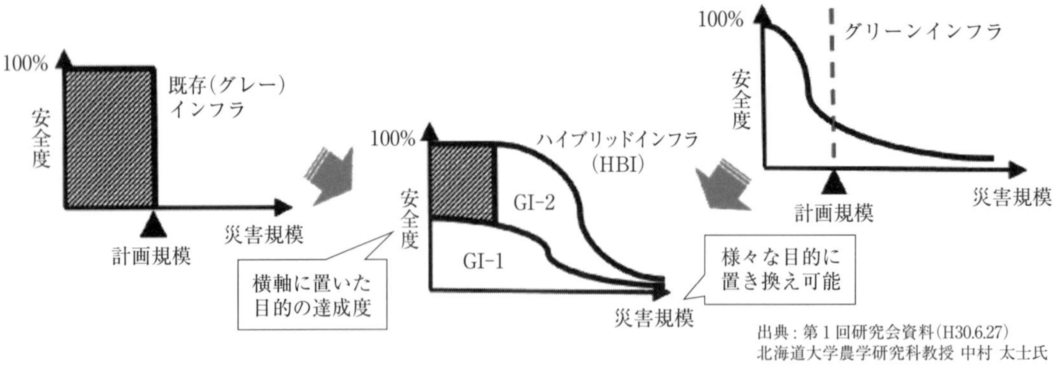

GI-1　森林や湿地等基盤グリーンインフラ
GI-2　遊水地：既存インフラの計画規模を超えた現象に適応
計画規模を上回る災害が発生したとしても，ある程度の安全度を確保

図 6-1-1　ハイブリッドインフラの特徴[3]（一部修正）

3. ハイブリッド型インフラの事例

『グリーンインフラとグレーインフラの融合に関する研究』[1] によると，ハイブリッド型インフラは**表 6-1-3** のように整理される。期待される効果として，温度抑制による変位抑制のほか，腐食抑制，ひび割れ治癒，紫外線緩和等の多機能性が期待されている。その一例として，鋼部材を植生で被覆した例を以下に示す。

表 6-1-3　グレーインフラへのグリーンインフラの取入れ事例[1]

No.	グレーインフラ	グリーンインフラ	期待される効果	事例，文献
WG3-1	コンクリート	植物	湿度変化の緩和	国分川，信濃川，木曽川，石原川など
WG3-2	軌道，道路舗装	植物	温度変化の緩和	鹿児島市交通局，土佐電鉄，広島電鉄，京阪電鉄大津線，富山ライトレール，長崎電気軌道，熊本市交通局など，東京都交通局（計画中），緑化系舗装
WG3-3	コンクリート	海生生物	物質移動抵抗性の向上	研究レベル（海洋構造物）
WG3-4	鋼	サンゴ	腐食抑制の可能性	海洋構造物
WG3-5	コンクリート	微生物	ひび割れの治癒	建築物等
WG3-6	地盤材料	微生物	地盤材料の固化	海岸
WG3-7	FRP	植物	紫外線照射の緩和	護岸

【鋼部材の緑化　徳島県祖谷　かずら橋】

徳島県三好市西祖谷村にある「祖谷のかずら橋」は，シラクチカズラで作られた吊り橋で，観光資源として有名である。このかずら橋は，安全性，耐久性の観点から吊材に鋼製ケーブルが使われているが，かずらで被覆され，桁の鉛直変位が抑制されている。

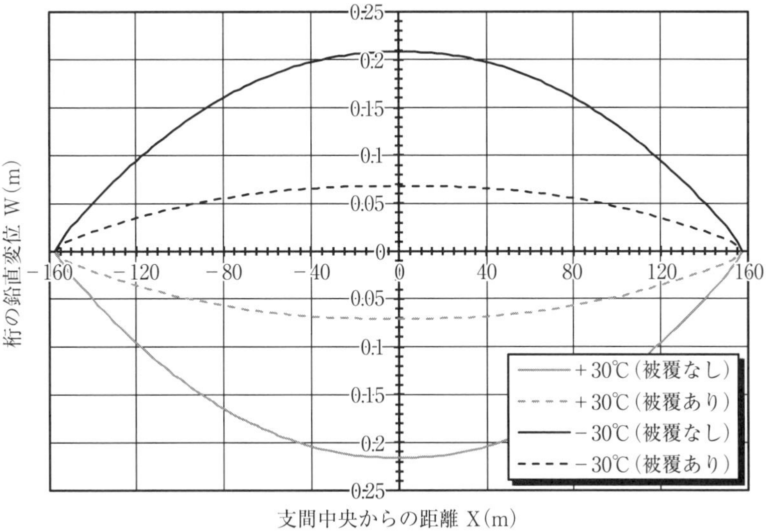

図6-1-2　温度変化に伴う桁の鉛直変位分布図[1)]

6.1.2　グリーンインフラを進める意義について

前項でグリーンインフラの導入経緯やグレーインフラとの融合について，その概要を述べた。最近では，ネイチャーポジティブやカーボンニュートラルなどグリーンインフラを取り巻く環境も変化し，社会資本整備やまちづくり，SDGsやWell-beingなど種々の場面で実装（ビルトイン）がますます進められている。

今後，グリーンインフラを進めていくことは，さまざまな意義や利点があり，「自然と共生する社会」の構築（①ネイチャーポジティブ・カーボンニュートラル等への貢献　②社会資本整備やまちづくりの質向上，機能強化　③SDGs，地方創生への貢献）を目指しながらあらゆる場面でビルトインされていくと考えられる。2023年9月に公表された『グリーンインフラ推進戦略2023』[4)]では，「連携」「コミュニティ」「技術」「評価」「資金調達」「グローバル」「デジタル」といった7つの視点の重要性が述べられている（**図6-1-3**参照）。

以下に，7つの視点の概要を『グリーンインフラ推進戦略2023』[4)]より一部を引用しまとめる。

（1）連　携

グリーンインフラは，自然環境の持つ多様な機能を活用し，様々な社会課題の解決を図ろうとするものであるが，それを効果的かつ効率的に進めるためには，全体最適化を目指す横断的アプローチが求められ，様々な主体の連携が必要となる。

（2）コミュニティ

グリーンインフラは，自然という性格上，その維持管理等に地域の様々な人々や団体の関わりを必要とし，その関わり自体も，地域の人々に楽しみや喜びを与える。

また，グリーンインフラは，その地域の人々に，憩いの場，活動の場，協働の場を提供するものであり，こうしたことが，地域におけるコミュニティの醸成に繋がっていく。さらに，今後，格差の広がり等の中で分断が問題となることが予想される中で，その解決策としてコミュニティの再編が求められるようになると考えられる。

（3）技　術

社会資本整備やまちづくり等に自然やその機能を容易に，効率的に導入・活用できる技術や，具体的な社会課題の解決のために自然の多様な機能を引き出すことができる技術が必要である。

（4）評　価

様々な人々が，グリーンインフラの意義や効果を認識し，理解することが必要であり，そのためには，グリーンインフラの効果の把握・見える化やその評価が重要である。また，グリーンインフラは，ESG投資（ESGインテグレーションやインパクト投資等）の対象として有望な分野であるが，そうした投資を呼び込むうえでは，グリーンインフラがいかに意義のある投資の対象であるかをしっかりと評価できることが重要である。

また，世界的に，Climate-related Financial Disclosuresや Nature-related Financial Disclosureなど，企業による気候関連・自然関連の財務情報を開示する動きが進んでいる。グリーンインフラの評価の検討に当たっては，こうした企業における自然関連情報開示やSBTs for Natureといった動きを踏まえて進めることが必要である。

（5）資金調達

グリーンインフラが広く社会に裨益すること等を踏まえて検討を進めることが必要である。グリーンインフラが共感を呼ぶものであることを考えて，クラウドファンディングを活用することや，グリーンインフラがその地域全体に裨益することを考えて，その地域で行われる事業から得られる収益をグリーンインフラに充てる仕組み，また，緑や土壌のCO_2吸収源としての役割を考えて，カーボン・クレジットを活用すること等について検討を進めることが必要である。

（6）グローバル

ネイチャーポジティブが世界的に大きな潮流となる中でネイチャーポジティブの実現に向けて「グリーンインフラのビルトイン」に取り組む一方で，我が国がこれまで伝統的にグリーンインフラを取り入れてきたことを踏まえ，我が国のグリーンインフラの在り方，ネイチャーポジティブの在り方をしっかりと世界に訴えていくことが必要である。

（7）デジタル

デジタル化は様々な境界を取り払い，イノベーションを起こす力があるとされている。グリーンインフラはこれまで着実に進められ，行政分野，学術分野，民間分野等様々なデータが蓄積されている。これらのデータの管理，情報基盤の整備やオープンデータ化，仮想空間の活用等，先進的なグリーンインフラの在り方も検討する視点が必要である。

グリーンインフラ推進戦略2023の概要
別添2
○ グリーンインフラの概念が定着し、本格的な実装フェーズへ移行するとともに、ネイチャーポジティブやカーボンニュートラル・GX等の世界的潮流等を踏まえ、前戦略（R元年7月）を全面改訂し、新たな「グリーンインフラ推進戦略2023」を策定。
○ 本戦略では、新たにグリーンインフラの目指す姿や取組に当たっての視点を示すとともに、官と民が両輪となって、あらゆる分野・場面でグリーンインフラを普及・ビルトインすることを目指し、国土交通省の取組を総合的・体系的に位置づけ。
世界的な潮流
O ネイチャーポジティブ
・昆明・モントリオール生物多様性枠組（R4.12）
・生物多様性国家戦略（R5.3閣議決定）
O カーボンニュートラル
・カーボンニュートラル宣言（R2.10）
・GX推進法の成立（R5.5）
グリーンインフラへの期待
O 社会資本整備・まちづくり等の課題解決
・災害の激甚化・頻発化
・インフラの老朽化
・魅力とゆとりある都市・生活空間へのニーズ
・人口減少社会での土地利用の変化
O 新たな社会像の実現
・SDGs
・Well-being
・ワンヘルス
・こどもまんなか社会
・地方創生（デジタル田園都市国家構想）
O 日本の歴史・文化との親和性を踏まえた活用
グリーンインフラで目指す姿「自然と共生する社会」
グリーンインフラの意義：①ネイチャーポジティブ・カーボンニュートラル等への貢献　②社会資本整備やまちづくりの質向上、機能強化　③SDGs、地方創生への貢献
1）自然の力に支えられ、安全・安心に暮らせる社会（安全・安心）
2）自然の中で健康・快適に暮らし、クリエイティブに楽しく活動できる社会（まち）
3）自然を通じて、安らぎとつながりが生まれ、子どもたちが健やかに育つ社会（ひと）
4）自然を活かした地域活性化により、豊かさや賑わいのある社会（しごと）
「グリーンインフラのビルトイン」に向けた7つの視点
連携　コミュニティ　技術　評価　資金調達　グローバル　デジタル
・自然環境が有する機能を活用した流域治水の推進
・都市緑化や都市公園整備等による吸収源対策
・雨庭、雨水貯留・浸透施設の整備
・建築物における木材利用推進　等
・「居心地が良く歩きたくなる」まちなかづくり
・自然豊かな都市空間づくりや環境性能に配慮した不動産投資市場の形成
・住宅・建築物、道路空間、低未利用地等の緑化推進　等
・環境教育の推進
・自然豊かな遊び場の確保
・かわまちづくり、多自然川づくり
・ブルーインフラ拡大プロジェクト
・グリーンインフラコミュニティの醸成　等
・景観・歴史まちづくりの推進
・自然・文化等の観光資源の保全、地域社会・経済に好循環をもたらす持続可能な観光の推進
・カーボン・クレジットの活用　等
としまみどりの防災公園（IKE・SUNPARK）（東京都豊島区）
鶴見川多目的遊水地（神奈川県横浜市）
多くの人で賑わう二子玉川ライズ（東京都世田谷区）
大手町の森（東京都千代田区）
堀川の生物観察会に参加する小学生（愛知県名古屋市）
地域住民による緑地の維持管理（新潟県見附市）
キリンビール横浜工場（神奈川県横浜市）
ブルーカーボン生態系によるカーボン・クレジット制度（山口県周南市）
産学官金の多様な主体の取組の促進
（グリーンインフラ官民連携プラットフォームの取組の深化等）
実用的な評価・認証手法の構築
（都市緑地等のグリーンインフラに係る評価制度の構築、TNFD※との連携等）
新技術の開発・活用の促進
（新技術開発、自然資本のデジタル基盤情報の開発等、各技術指針への位置づけ等）
支援の充実
（社会資本整備総合交付金、防災・安全交付金等）
中期的ロードマップの策定／毎年のフォローアップ
「グリーンインフラ官民連携プラットフォーム」や経済団体と連携した国民運動の展開
※TNFD=(Taskforce on Nature-related Financial Disclosures) 自然関連財務情報開示タスクフォース
図 6-1-3　グリーンインフラ推進戦略　2023 の概要[5)]

6.1.3　グリーンインフラを活用した事例紹介

前項でまとめた7つの視点に留意しつつ，「自然と共生する社会」の実現に向けては，官と民が両輪となり，あらゆる場面・分野で「グリーン」を取り入れていく必要があると考える。例えば，縦割り的に進めるだけでなく横の連携を加味し，「グリーンインフラ」をエリアを分けて「ゾーニング」するだけでなく，あらゆる場面で「グリーン」を取り入れていく「レイヤリング」という概念も重要である。

ここで，グリーンインフラ（生態系）を活用した防災減災に関する取り組みを紹介する。この考えは，2016年2月環境省自然環境局から発刊された，生態系と生態系サービスを維持することで，危険な自然現象に対する緩衝帯・緩衝材として用いるとともに，食糧や水の供給などの機能により，人間や地域社会の自然災害への対応を支える考え方である。

一般に，災害リスクは，危険な自然現象，曝露，脆弱性の関数で表される（ADRC (2005)）。災害リスクの低減のためには，危険な事象からできるだけ離れることや（曝露の回避），周辺環境の理解やメンテナンス（脆弱性の低減）等の対応が望まれる（**図 6-1-4** 参照）。

土砂災害防止法による土砂災害警戒区域（イエロー）や土砂災害特別警戒区域（レッド）によるハザードマップは危険な場所の共有や回避を促すものであり，この概念と調和的である。

また，森林機能を活用した里山防災林事業（例えば，兵庫県[7)]）は，グリーンインフラの考

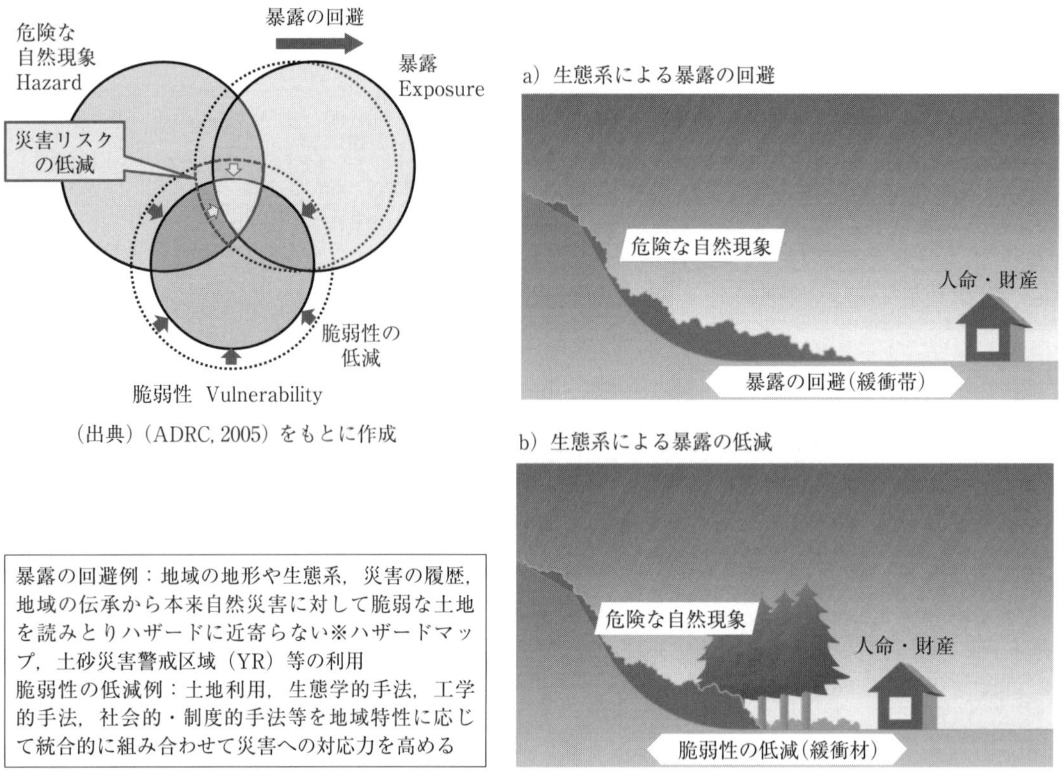

図 6-1-4　Eco-DRR 概要：生態系を活用した防災・減災に関する考え方[6)]（一部修正）

え方を取り入れた防災事業やカーボンニュートラルな取り組みとして，今後の普及が注目される。

6.1.4　地質調査として何ができるか

今後，グリーンインフラの多機能性を活用し推進していくためには，今まで培ってきた地質調査技術が種々の場面で重要な役割を果たすと考えられる。例えば，以下に示す場面で必要不可欠な情報を提供することが可能で，地質調査の重要性，必要性が求められると考える。

（1）建設プロジェクトの前提条件の理解

建設プロジェクトにおいて，グリーンインフラを活用していくために，自然環境の多機能性と密接に関係する地形・地質条件の理解が非常に重要である。地形・地質学的な特性を正確に把握することで，地下構造や土地の安定性を確保し，環境への負荷を最小限に抑えることが可能となる。

（2）基盤の安定性評価

グリーンインフラの機能を利活用したインフラとして風力発電施設，バイオマス発電所などが挙げられる。その際，これらの施設の基礎地盤の評価は重要である。地質調査は，建設予定地の地下構造や地盤の性質を詳細に把握し，安定した基礎地盤評価に寄与する。

（3）地下資源の評価

グリーンインフラの機能の一つとして，地熱や地下水の活用など，地下の資源を利用する場面が考えられる。地質調査は，地下の地質構造や資源の分布を詳細に把握し，持続可能で効率的な資源利用を可能にする。

（4）環境への影響評価

グリーンインフラを効果的に活用していくために，地質調査は特に建設プロジェクトが環境に与える潜在的な影響を予測し，それに対する適切な対策を講じるのに役立つ。

（5）災害リスクの評価

災害リスクを低減するためには，Eco-DRR に示されるように，グリーンインフラの機能の一つである地形・地質条件を理解することが重要である。

そのため地質調査は，地震や洪水，地すべりなどの自然災害リスクを評価することに貢献できる。グリーンインフラの利用がこれらのリスクにどの程度耐性があるかを確認し，災害に対する準備や防災策を策定するために必要である。

（6）土地利用計画

土地利用計画を安全安心に進めていくためには，グリーンインフラの多機能性を十分に理解することが重要である。地質調査は，土地の特性を詳細に把握するのに役立ち，土地の持続可能な利用や自然環境の保護を促進できる。

このように，地質調査はグリーンインフラの導入の段階から運用・維持管理までの各段階で不可欠な情報を提供する。これにより，環境への配慮や持続可能性を確保しながら（ネイチャーポジティブ），安全かつ効率的なグリーンインフラの構築が可能となる。

また，面的・空間的サイト評価には，物理探査技術やリモートセンシング（レーザープロファイラー点群データ），衛星データ（可視画像，SAR 等），AI 技術の活用が今までどおり有効で，さらにこれら情報の共有化には BIM/CIM 技術や MR 技術の活用も期待される。

6.1.5　グリーンインフラへの期待

「グリーンインフラ」は多岐にわたって多様な機能を有し現在進行形でその活用が進んでいる。いろんな分野や専門の方とのイノベーションにより新しい発想や概念，取り組みが可能でグリーンインフラは環境，社会，経済の三方向においてポジティブな影響をもたらす。グリーンインフラの進展は重要な課題解決策への重要なキーワードと考える。今後の脱炭素化社会やカーボンニュートラルな社会に向けてグリーンインフラを進める重要性や役割を以下にまとめる。

（1）持続可能な開発

グリーンインフラは，環境への負荷を最小限に抑え，資源の持続可能な利用を追求するため，持続可能な開発の実現に貢献できる。再生可能エネルギーの利用，エネルギー効率の向上，廃棄物のリサイクルなどが含まれ，これにより将来の世代に対する環境負荷が低減できる。

（2）気候変動への適応

グリーンインフラは，気候変動への適応を支援できる。例えば，都市緑化や防災施設の構築等により，極端な気象事象への対応力が向上し，住民や資産を保護する手段が増加できる。

（3）生態系の保護：

グリーンインフラは，生態系に対する配慮が重視されるため，自然環境や生物多様性の保護に寄与できる。都市内の緑地帯や湿地の保全，再生可能エネルギーの利用などが，生態系へのポジティブな影響を生む要素となる。

（4）公共の健康向上

グリーンインフラは，良好な環境と公共の健康との密接な関係を促進できる。都市緑化やクリーンなエネルギーの利用は，空気や水の品質を向上させ，住民の健康を保護する効果が期待できる。

（5）雇用の創出

グリーンインフラの構築や保守には多くの人手が必要となり，新たな雇用機会を創出できる。特に再生可能エネルギーやエネルギー効率向上の分野では，技術者や研究者，施設の運営者などの雇用が促進できる。

（6）経済的なメリット

グリーンインフラは，エネルギーコストの削減や環境への貢献を通じて，経済的なメリットが想定できる。再生可能エネルギーの導入やエネルギー効率の向上により，企業や組織は持続可能な事業モデルを構築できる。

以上，グリーンインフラの現状や必要とされる背景，メリットなどをまとめた。我々の生活は物質的に豊かで便利になった一方，自然資本のバランスが崩れ，生物多様性の損失や気候変動による災害の激甚化など世界的に考えるべきリスクも存在する。こうした中，ネイチャーポジティブやカーボンニュートラルの実現が大きな世界トレンドとなっている。

そうした中，世界規模でグリーントランスフォーメーション（GX）実現に向けた投資も拡大し，日本でも 2023 年 5 月「脱炭素成長型経済構造への円滑な移行の推進に関する法律案」（GX 推進法）が成立し，2050 年カーボンニュートラルなどの国際公約と産業競争力強化に対する動きが加速している。そこにある複雑化する社会問題の解決策として大きく期待されているのが，「グリーンインフラ」である。最近では，さらにその考えを広くした Nbs（Nature-based Solutions：自然を基盤とした解決策）というコンセプトも生まれ，さらにいっそうグリーンインフラの多機能性を活用した利活用が期待されると考えられる。

《参考文献》

1）土木学会複合構造委員会：グリーンインフラとグレーインフラの融合に関する研究 ～グレーインフラに携わる技術者の立場から～ 報告書，2019
2）日本学術会議：復興・国土強靱化における生態系インフラストラクチャー活用のすすめ，2014
3）中村太士：グリーンインフラの歴史と将来展望，環境アセスメント学会誌，2018
4）国土交通省：グリーンインフラ推進戦略2023，2023
5）国土交通省：グリーンインフラ推進戦略2023の概要，https://www.mlit.go.jp/report/press/content/001629423.pdf，2024.11.30閲覧
6）環境省自然環境局：生態系を活用した防災・減災に関する考え方，2016
7）兵庫県：里山防災林整備，https://web.pref.hyogo.lg.jp/nk21/af15_000000011.html，2024.11.30閲覧

6.2　洋上風力発電

図 6-2-1 に示すような着床式（重力式，モノパイル式，ジャケット式，浮体式）といった洋上風力発電設備は，通常の港湾構造物と異なり，気象・海象条件が厳しい沖合で大水深に設置される。また，洋上風力発電設備の設置間隔は数百メートルから数キロメートルと，ウィンドファームとしては広範囲となる。このため，通常の港湾構造物で採用される港湾基準を基本とした海底地盤調査の考え方を，洋上風力発電設備へそのまま適用することが難しい場合もある。例えば，通常の港湾構造物は比較的浅い水深に設置されるため，調査用 SEP を用いた作業足場を使用して地盤調査を行うことが多いが，着床式洋上風力発電設備は水深 30～50 m 程度，浮体式洋上風力発電設備は水深 50 m 以上に設置されることから，調査用 SEP の設置は困難であり，水深 30 m 対応の鋼製櫓や調査船からのドリリングあるいは海底着底式調査法を適用せざるを得ないなど，通常の港湾構造物の地盤調査とは異なってくる。

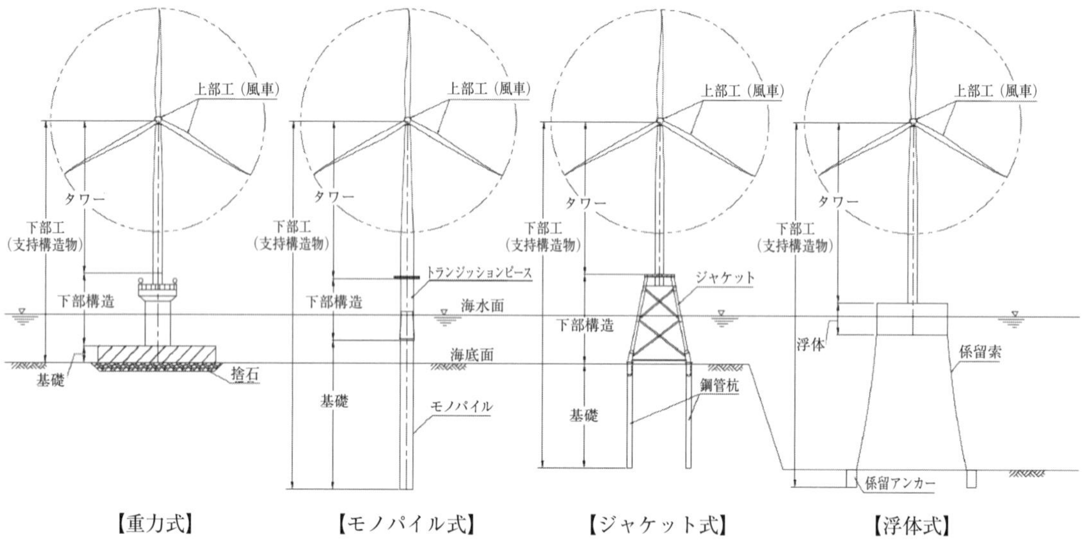

図 6-2-1　洋上風力発電設備の支持構造物の主要な構造形式[1)]

6.2.1　地質調査はなぜ必要か

一般的な洋上風力発電事業の計画においては，立地環境調査，環境影響評価，海域・気象・海象調査，基本設計，実施設計の技術的検討を経て，建設工事が開始されることになる。地質調査は，洋上風力発電設備設置点の決定・発電規模の設定・風車の機種選定・支持構造物の構造形式や構造諸元の選定，工事設計，経済性の検討等の設計・施工段階において必要となる。

6.2.2　調査方針および調査項目

調査計画の策定に際しては，机上調査により，海域の利用状況，海底地形，水域，海域地盤の状況，地震情報を把握した上で事業計画も踏まえて物理探査やボーリング・CPT等の調査期間を設定し，調査・試験の頻度，測定間隔（面，線，点）の調査規模を決定することが重要である。**図6-2-2**に調査フロー，**表6-2-1**に机上調査および現地調査の調査項目を示すが，あくまで一例であり，事業者の思惑により各段階での調査規模・調査内容等が大きく変わってくる。以下，各段階の現地調査の概略イメージを示す。

（1）概 査 段 階

ボーリング調査の地点，箇所数の設定は物理探査の解析結果に従い，地盤構成を勘案した上で検討することが望まれる。なお，調査可能期間からみてボーリング本数は当該海域で数点と見込まれ，ボーリング地点を選定・掘進して堆積層の詳細な地盤構成の把握，工学的基盤面の設定，地盤定数の設定を行う。概査段階の調査方針策定の際，海底面の深浅測量は省略し，準精査段階で詳細な深浅測量を実施する場合もある。概査段階での調査データにより洋上風力発電設備の設置点，発電規模，施工規模，維持管理の概略検討が可能になる。

（2）準精査段階

洋上風力発電設備設置予定地で全点調査（ボーリング調査，SPT試験またはCPT調査等）を行うことになるので，概査段階の調査・試験を含め効率的に地盤構成の精度向上を図ることができる。この段階ではある程度の本数のボーリング調査が必要となるが，調査期間が長期にわたることがないよう，目的，方針に沿った効率的な調査計画の策定が必要である。工学的基盤面の詳細が不明な場合は準精査段階で工学的基盤面の確認に絞ったボーリング調査を行うなど，段階調査の可能性を検討する。

（3）精 査 段 階

準精査で実施した調査結果を受けて基本設計を行った後，設計・施工上に課題が生じた場合，または基礎の構造形式により追加調査が必要と認められた場合等に，基本設計の修正用のデータを提供するための調査である。

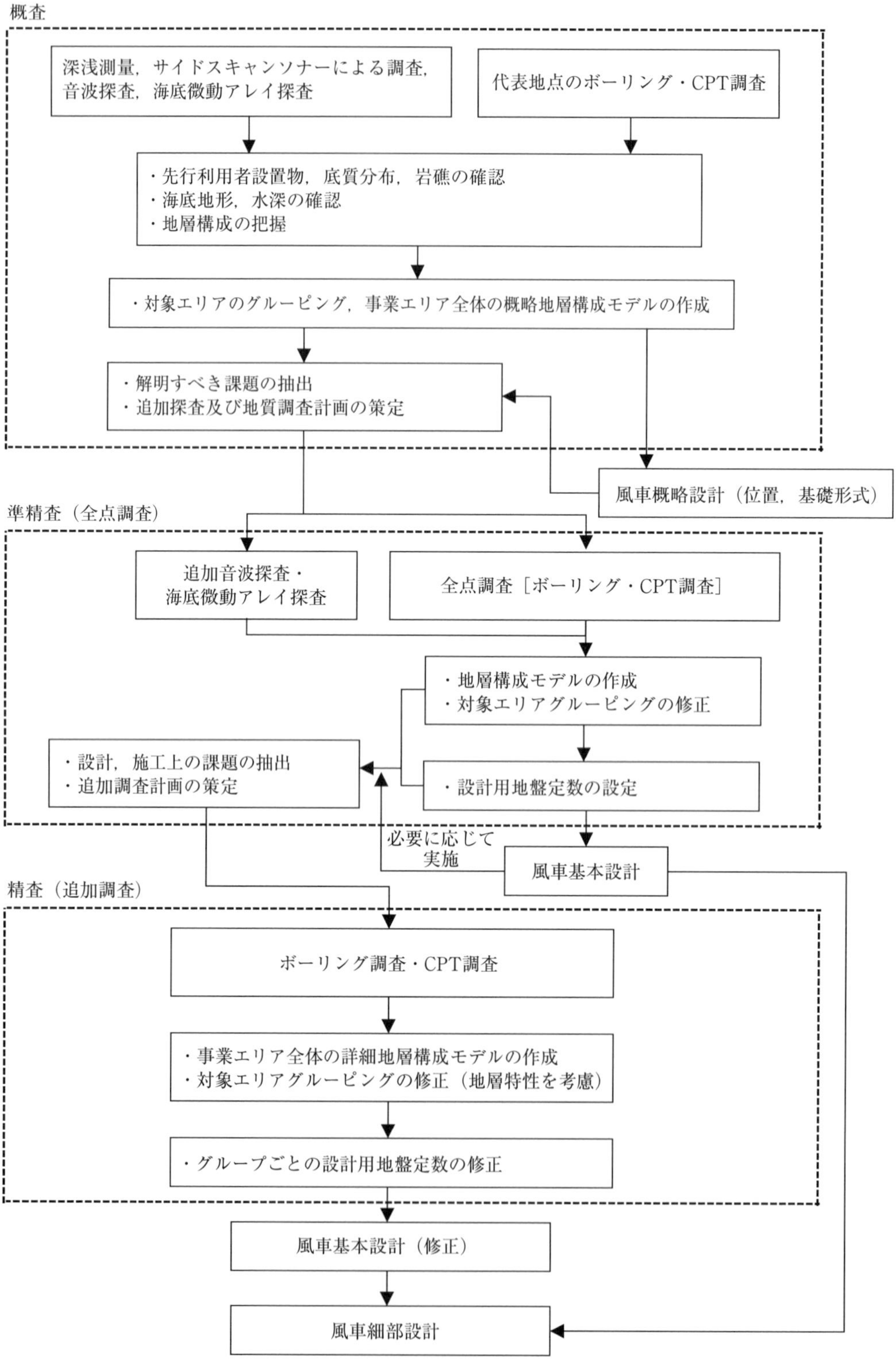

図 6-2-2　調査フロー例[2)]

表 6-2-1　主要な調査項目一覧[2)]

<table>
<tr><th></th><th>項目</th><th>目的</th><th>既存資料調査または調査手法</th><th>得られる情報</th></tr>
<tr><td rowspan="4">机上調査</td><td>海域の利用状況</td><td>調査エリアの利活用状況の把握</td><td>海図，海洋状況表示システム（海しる），洋上風況マップ（NeoWins），自治体の漁業調整規則等の確認</td><td>航路，魚礁，漁業権区画，海底資源，海底パイプライン，海底通信ケーブル等</td></tr>
<tr><td>海底地形，
水域の状況</td><td>調査エリアの海底地形，水深，潮位，潮流等の把握</td><td>海底地形図，海図，海洋状況表示システム（海しる），洋上風況マップ（NeoWins）の確認</td><td>海底地形，水深，岩礁，溺れ谷，潮位，潮流等</td></tr>
<tr><td>海域の地盤の状況</td><td>海底面の表層地質，地層構成，地盤強度，基盤深度，断層，沿岸陸域の地質構造の把握</td><td>海図，海洋状況表示システム（海しる），海の基本図，海洋地質図，ボーリングデータベース（Kuni-Jiban）の確認</td><td>海底地質，地層層序，基盤深度，断層，地盤定数</td></tr>
<tr><td>地震の情報</td><td>調査エリアにおける地震関係情報の把握</td><td>海溝型地震・活断層型地震の評価結果，全国地震動予測地図，沿岸域海底活断層調査の確認</td><td>地震履歴，地震動予測</td></tr>
<tr><td rowspan="8">現地調査</td><td>海域の利用状況</td><td>調査エリアの利活用状況の確認</td><td>現地踏査，関係者からの聞き取り（深浅測量・サイドスキャンソナー記録に基づき）</td><td>航路，魚礁，養殖施設，海底資源，海底パイプライン，海底通信ケーブル等</td></tr>
<tr><td>海底地形，
水域の状況</td><td>調査エリアの海底地形，水深の把握</td><td>深浅測量による</td><td>海底地形，水深，海底勾配，岩礁，魚礁・パイプライン等の設置物</td></tr>
<tr><td rowspan="2">海底面の状況</td><td rowspan="2">海底面の状況，表層地質の把握</td><td>サイドスキャンソナーによる</td><td>海底面の状況，底質分布，岩礁，魚礁・パイプライン等の設置物</td></tr>
<tr><td>底質採取による</td><td>海底面表層地質の性状</td></tr>
<tr><td rowspan="4">海底地盤の状況</td><td rowspan="2">海底面下の地盤状況の把握</td><td>音波探査による</td><td>海底面下の音響的地層層序，地質構造</td></tr>
<tr><td>海底微動アレイ探査による</td><td>工学的基盤面，Vsの深度分布</td></tr>
<tr><td rowspan="2">海底面下の地盤強度の把握</td><td>ボーリング調査による
標準貫入試験
PS検層
孔内載荷試験，現場透水試験
サンプリング，コアリング</td><td>海底面下の地層構成，工学的基盤面，地盤の物性値
N値の深度分布
Vs，Vpの深度分布
地盤の変形係数，地盤の透水係数
地盤の各種物性値</td></tr>
<tr><td>CPT調査による
コーン貫入試験
PS検層
サンプリング，コアリング</td><td>海底面下の地層構成，工学的基盤面，地盤の物性値
コーン押込時の先端抵抗力，周面摩擦力，間隙水圧の深度分布
Vs，Vpの深度分布
地盤の各種物性値</td></tr>
</table>

6.2.3　調査時の留意点

調査位置および調査間隔については，『洋上風力発電設備に関する技術基準の統一的解説』[1)]に記載のとおり，原則として洋上風力発電設備の全設置位置において，ボーリングによる試料採取および原位置試験を行う必要がある。ただし，全設置位置でボーリング実施が現実的でない場合もあることから，ボーリングとコーン貫入試験（以下「CPT」という。）等を併用した調査とすることも可能である。なお，CPTを実施する場合は，複数の地点においてボーリング（標準貫入試験と試験結果）との突合せ（比較）を行う必要がある。この結果を用いて設定した設計で用いる地盤定数および試験方法の例を**表 6-2-2** に示す。

洋上風力発電設備の設置間隔は数百メートルから数キロメートルとなり，基本的には洋上風力発電設備設置地点のみの調査となることから，洋上風力発電設備設置地点ごとにデータを整理する必要があるため，データ数が少なく，その少ない地盤調査結果から適切な統計処理を行って設計用地盤定数を設定することになる。このため，データ数が少なくなると考えられる場合には，設置位置で複数本の調査を実施し，データ数が多くなるよう詳細調査計画を策定するなどの対応が必要となる。

ボーリング孔を利用したPS検層またはサンプリング試料の室内試験結果によって，工学的基盤面とされるVs≧400 m/sの地層を確認し，それ以深では400 m/sを下回らないことかつ，平面的にもVs≧400 m/sの地層が連続していることを音波探査結果等から確認することが望ましい。

表6-2-2　主要な調査項目一覧[2)]

設計用地盤定数の種別	モノパイル式・ジャケット式・重力式		浮体式*1		代表的な試験方法
	運転・暴風波浪時	地震時	運転・暴風波浪時	地震時	
土層区分（層序・層厚）	○	○	○	○	ボーリングによる試料採取（浮体式の場合は，底質や海底面下表層部の試料採取で代替）音波探査
単位体積重量 γ_t［kN/m^3］	○	○			密度/含水比/粒度/液性・塑性限界/湿潤密度試験（JIS A 1202/1203/1204/1205/1225）
非排水せん断強さ c_u［kN/m^2］	○	○			土の一軸圧縮試験（JIS A 1216）
せん断抵抗角 ϕ［°］	○	○			土の圧密排水（CD）三軸圧縮試験（JGS 0524）
変形係数 E［kN/m^2］	○				地盤の指標値を求めるためのプレッシャーメータ試験（JGS 1531）
細粒分含有率 F_c［%］粒度 塑性指数		○	○（粒度）	○（粒度）	密度/含水比/粒度/液性・塑性限界/湿潤密度試験（JIS A 1202/1203/1204/1205/1225）
N 値	○	○			土の標準貫入試験（JIS A 1219）
N_c 値	○	○			電気式コーン貫入試験（JGS 1435）
せん断波速度 V_s［m/s］		○			地盤の弾性波速度検層（JGS 1122）
液状化強度比		○			土の繰返し非排水三軸試験（JGS 0541）
ひずみ依存特性（G_0，$\gamma\sim G/G_0$，$\gamma\sim h$）		○			土の変形特性を求めるための繰返し三軸試験（JGS 0542）
圧密特性*2	*3	*3			土の段階載荷による圧密試験（JIS A 1217）

*1　浮体式の場合でも，海底係留点がコンクリートシンカーブロックの場合は，重力式に記載の設計用地盤定数及び試験方法を検討する必要がある。
*2　圧密特性には，圧密曲線，圧縮指数，圧密降伏応力，圧密係数，体積圧縮係数，透水係数，過圧密比が含まれる。
*3　粘性土地盤に荷重が作用することが想定される場合は，圧密沈下の検討を行う必要がある。

6.2.4　通常の海上調査と異なる点

（1）積　算

港湾区域と異なり，対象が一般海域となるため，より気象海象が悪くなることと，水深が深くなることから，国交省の歩掛等で示されている調査足場単価や使用船舶，掘進単価，荒天待機率では作業効率的にも合わない。例えば，下記のように傭船費が高価となるため，調査費用が港湾区域に対して非常に高くなるためである。

・荒天待機は過去の海象気象データおよび過去の実績から設定する必要がある。
・水深 30 m までは，鋼製櫓や工事用 SEP を用いる。なお，鋼製櫓の設置には起重機船を使用する必要があること，台風時等で構成櫓を避難されるために起重機船を常時専用しておく必要がある。

（2）調査手法の概要

参考に洋上風力調査で用いる調査手法や使用足場等の写真を示す。

・ボーリング（SPT）足場：鋼製櫓，工事用 SEP
・ドリルシップによる CPT 調査
・深浅測量（NMB）
・音波探査
・海底面状況調査（SSS）
・海底微動アレイ

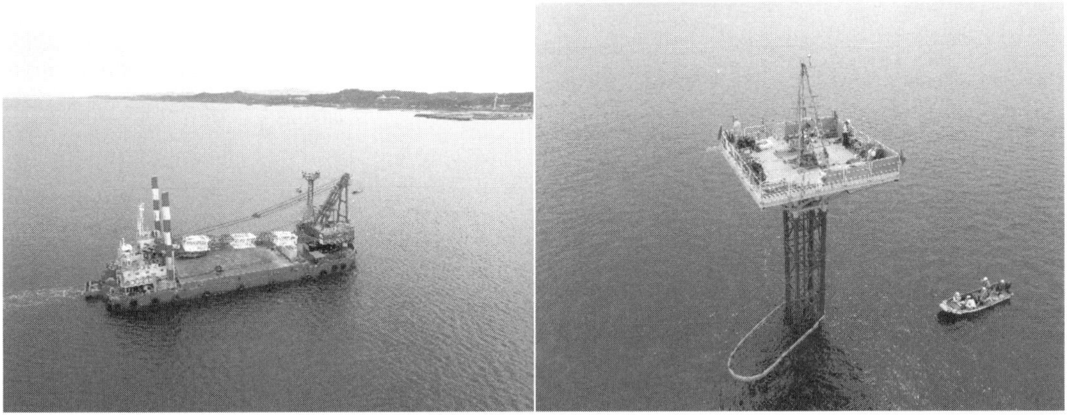

図 6-2-3　鋼製櫓（SPT）

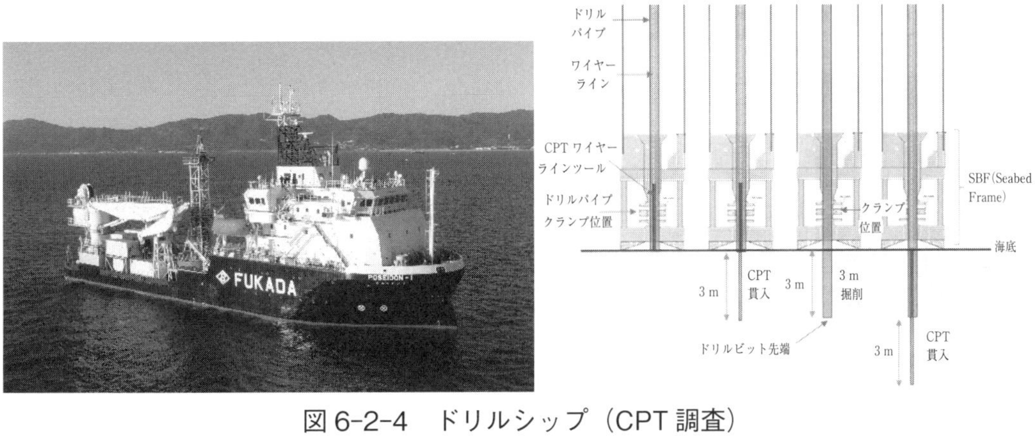

図 6-2-4　ドリルシップ（CPT 調査）

図 6-2-5　深浅測量（NMB）

図 6-2-6　音波探査

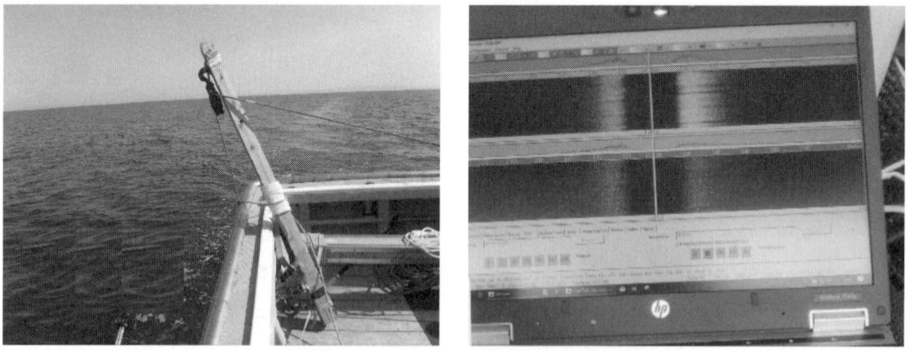

図 6-2-7　海底面状況調査（SSS）

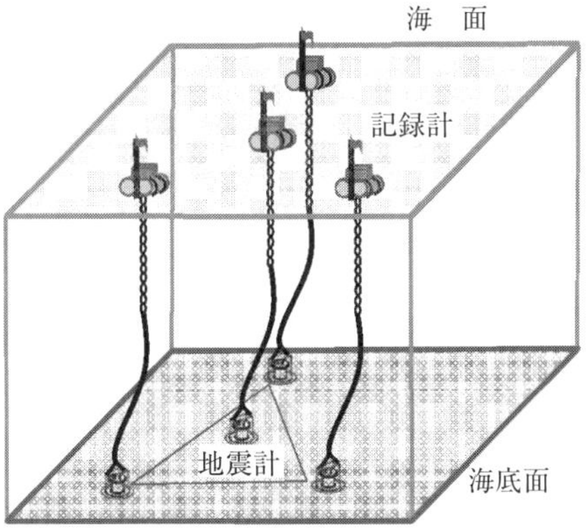

海底微動アレイ探査の概念図

海底微動計の投入作業状況

図 6-2-8　海底微動アレイ

（3）調査提案のイメージ

参考に洋上風力調査の調査提案のイメージを示す。

表 6-2-3　調査提案内容

調査項目	目的	調査数量等
底質調査	底質，支障物等把握	採泥＋粒度試験等
音波探査 ＋測深	地層構成 音響基盤面	2 km メッシュで長軸方向に 4 本　短軸に 11 本＋水深測量（図 6-2-9 灰色測線）
ボーリング，CPT 室内試験 PS 検層	地層構成 Vs 把握 物性値把握	対象エリアの四隅と中央 1 地点（中央位置はボーリングと CPT と突合せを行い各種物性の推定式の精度向上を図る）
海底微動アレイ	工学的基盤確認（Vs）	海底微動アレイは 3 地点（中央はボーリング時の PS 検層結果と突合せて妥当性チェック）

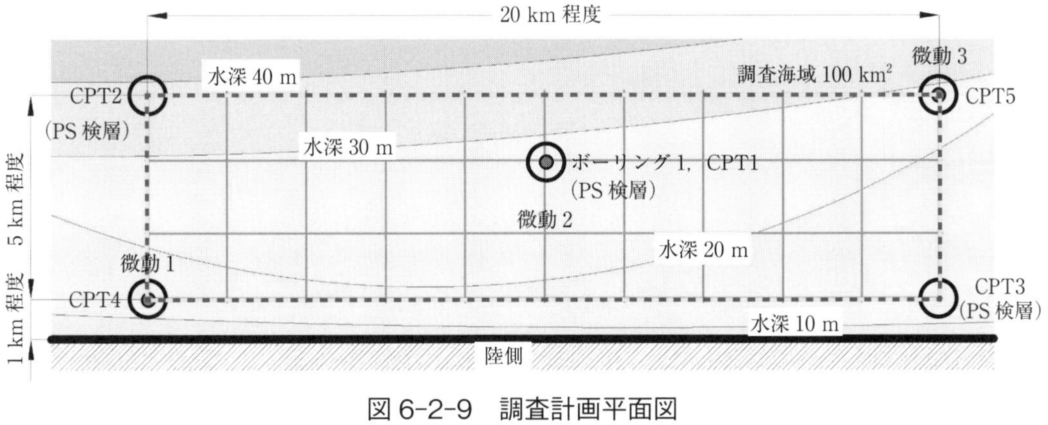

図 6-2-9　調査計画平面図

表 6-2-4　ボーリング調査計画例

推定地質	深度(m)	ボーリング(m) 孔径(mm) φ116 φ86 φ66	掘削対象地質 粘性土	掘削対象地質 砂質土	掘削対象地質 砂礫	掘削対象地質 軟岩	標準貫入試験 粘性土(回)	標準貫入試験 砂質土(回)	標準貫入試験 砂礫(回)	標準貫入試験 軟岩(回)	孔内水平載荷試験 低圧(回)	孔内水平載荷試験 中圧(回)	現場透水試験(回)	試料採取 シンウォール(本)	試料採取 ロータリー式二重管(本)	試料採取 ロータリー式三重管(本)	PS検層(回)	常時微動測定(回)	密度・孔径検層(m)	物理試験(試料) 土粒子の密度	物理試験(試料) 土の含水比	物理試験(試料) 粒度 フルイ+沈降	物理試験(試料) 粒度 フルイ	物理試験(試料) 液性・塑性限界	物理試験(試料) 土の湿潤密度	力学試験(試料) 一軸圧縮試験	力学試験(試料) 三軸圧縮 UU	力学試験(試料) 三軸圧縮 CU bar	力学試験(試料) 三軸圧縮 CD	力学試験(試料) 圧密試験	力学試験(試料) 繰返し三軸液状化	力学試験(試料) 動的変形試験	力学試験(試料) 超音波試験(Vp/Vs)
				｜													○		○														
	2			｜				○									○		○	○	○		○										
				｜				○									○		○	○	○		○										
	4			｜												○	○		○	○	○		○		○				○			○	○
				｜												○	○		○	○	○		○		○						○		○
	6			｜				○									○		○	○	○		○										
				｜				○									○		○	○	○		○										
	8			｜							○						○		○														
				｜				○									○		○	○	○		○										
	10			｜				○									○		○	○	○		○										
				｜												○	○		○	○	○		○		○			○				○	○
	12			｜												○	○		○	○	○		○		○						○		○
				｜				○									○		○	○	○		○										
	14			｜				○									○		○	○	○		○										
沖積砂質土				｜							○						○		○														
	16			｜				○									○		○	○	○		○										
				｜				○									○		○	○	○		○										
	18			｜												○	○		○	○	○		○		○				○			○	○
				｜												○	○		○	○	○		○		○						○		○
	20			｜				○									○		○	○	○		○										
				｜				○									○		○	○	○		○										
	22			｜							○						○		○														
				｜				○									○		○	○	○		○										
	24			｜				○									○		○	○	○		○										
				｜												○	○		○	○	○		○		○			○				○	○
	26			｜												○	○		○	○	○		○		○						○		○
				｜				○									○		○	○	○		○										
	28			｜				○									○		○	○	○		○										
				｜							○						○		○														
30 m	30			｜				○									○		○	○	○		○										
			｜				○										○		○	○	○		○										
	32		｜				○										○		○	○	○		○										
			｜													○	○		○	○	○	○		○	○	○				○			
	34		｜													○	○		○	○	○	○		○	○			○				○	○
洪積粘性土			｜				○										○		○	○	○		○										
	36		｜				○										○		○	○	○		○										
			｜				○										○		○	○	○		○										
	38		｜													○	○		○	○	○	○		○	○	○				○			
			｜													○	○		○	○	○	○		○	○			○				○	○
40 m	40		｜				○										○		○	○	○		○										

《参考文献》

1）洋上風力発電施設検討委員会：洋上風力発電設備に関する技術基準の統一的解説，2020

2）沿岸技術研究センター，海洋調査協会：洋上風力発電設備に係る海底地盤の調査及び評価の手引き，2022

6.3　CCS（二酸化炭素回収・貯留）

1. 概　要

（1）CCS の基本概念と必要性

CCS とは，二酸化炭素の回収・貯留（Carbon dioxide Capture and Storage）の略語で，**図 6-3-1** に示すように，火力発電所や工場などからの排気ガスに含まれる CO_2 を分離・回収し，地下の安定した地層の中に貯留する技術である[1)]。最近では，CO_2 の有効利用（Utilization）を含めて，CCUS（Carbon dioxide Capture, Utilization and Storage）と総称されることも多い。

CCS は，50 年以上の実績がある石油増進回収（EOR：Enhanced Oil Recovery）をベースとしている。EOR は原油貯留層に CO_2 を圧入することによって原油の流動性を高めて回収量を増加させることが目的であるが，CCS は CO_2 を貯留することが目的であるため原油貯留層以外も圧入の対象（貯留層）となるが，圧入した CO_2 の漏洩リスク対策として長期的なモニタリングが必要となる。

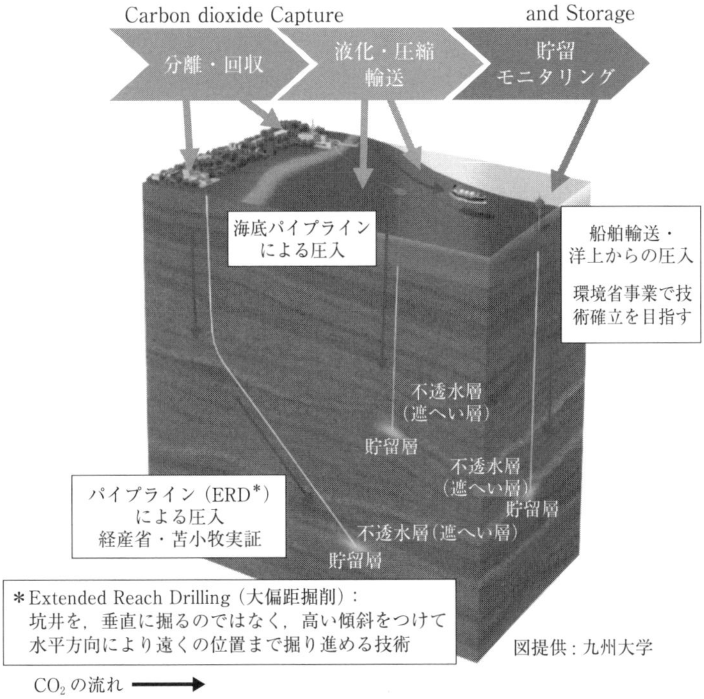

図 6-3-1　CCS の概念図[2)]

気候変動対策として日本政府が 2020 年 10 月に掲げたカーボンニュートラル宣言（2050 年までに温室効果ガスの排出を全体としてゼロにする）の達成に向けて，CCS には大きな貢献が期待されている。2023 年 5 月には，「CCS なくして，カーボンニュートラルなし」という表現とともに，2050年における数値目標とCCS長期ロードマップが示された[3)]。国際的な気候変動対策の流れを追い風に，CCSの事業化に向けた進展が期待される。

（2）CCS事業における地質調査の必要性

CCSを成立させるための技術要素は，以下の3要素に整理できる[4)]（前掲**図6-3-1**参照）。

・分離・回収（Capture）：工場・発電所などから発生するCO_2を含む排ガス等から，CO_2を分離・回収する。

・輸送（Transport）：分離・回収されたCO_2を，貯留地点まで輸送する。

・貯留（Storage）：貯留地点まで輸送されたCO_2を，地下深くの貯留層（CO_2を圧入・貯留できる地層）に圧入して貯留する。

貯留層は，海外では前述のEORの対象となる油ガス田も多いが，日本では海底下の帯水層（深部塩水層）を中心に検討が行われている。また，CO_2の圧入方式は，分離・回収場所から貯留サイトまでの距離によって，地上からの直接圧入，海底パイプラインによる圧入，洋上からの圧入の3つの方式が検討されている。

CCS事業を実現するためには，上述の3要素（分離・回収，輸送，貯留）が統合される必要があるが，このうち以下の6つの事業段階に区分できる「貯留（Storage）」において，地質調査が重要な役割を担う[5)]。

① 貯留サイトスクリーニング・選定：**2. 貯留サイトに必要な条件および選定手順**で示すように，見込みのある地域，貯留候補エリアと範囲を絞り込みながら，貯留サイトを選定する段階である。

② 貯留層評価：選定された貯留サイトに対して貯留層評価を実施する段階である。

③ 設備建設：事業判断後に，圧入に係る設備建設を行う段階である。

④ 操業（CO_2圧入・貯留）：CO_2圧入操業を行う段階である。事業の最適化を目的に，CO_2圧入中に得られたモニタリングデータ等を用いて貯留層評価が継続的に実施される。

⑤ 圧入停止後：CO_2圧入を停止し，事業者による坑井の廃坑や圧入設備撤去等が開始される段階である。次の長期貯留段階にかけて，長期貯留安定性監視を目的として貯留されたCO_2のモニタリングが継続して実施される。

⑥ 長期貯留：事業者による貯留サイトの閉鎖が完了し，当該貯留サイトの管理責任が管轄当局に移転された後の段階である。

このうち，①貯留サイトスクリーニング・選定，②貯留層評価，④操業，⑤圧入停止後，⑥長期貯留において，地質技術者と関連技術が必要とされる。各段階における地質関連技術としては，貯留サイトスクリーニング・選定と貯留層評価の段階は**2. 貯留サイトに必要な条件および選定手順**として，操業段階から長期貯留段階は**3. モニタリング**として紹介する。

2. 貯留サイトに必要な条件および選定手順

（1）貯留サイトに必要な条件

CO_2地下貯留を実現するためには，対象となる貯留サイトに必要な地質条件があり，次のような要素が挙げられている[5)]。

① 貯留容量：貯留サイトの貯留層が，計画するCO_2量を貯留するにあたって十分な孔隙スペースを有していること。

② 圧入性：貯留サイトの貯留層が，計画するCO_2圧入流量に対して，その圧入井近傍で許容範囲を超える圧力上昇を起こさないように，十分な圧入性を有していること。

③ 封じ込め能力：貯留サイトの遮蔽層が，断層等の潜在的な漏洩経路を有さず，圧入されたCO_2を貯留層内に長期にわたって安定的に保持するのに必要な封じ込め能力を有していること。

④ 坑井健全性：既存坑井および新規掘削坑井ともに，CO_2漏洩の潜在的可能性が評価特定されており，それに対する適切な対処により貯留安定性が保たれると考えられること。

上記に加え，過去に周辺で地震が発生していないことも条件に加えられる。

貯留層の簡単な例としては，砂岩のように孔隙率と浸透率が高く，かつ空間的に十分に広がっていることで①と②の条件が満たされ，背斜構造であり上位に泥岩層などの遮蔽層（キャップロック）が存在することで③が満たされる。

（2）貯留サイトの選定手順

貯留サイトは，上述の地質条件を評価基準として，以下および**図6-3-2**に示すように段階的に選定する[6)]。

① サイトスクリーニング：堆積盆地規模の地域（Basin）から貯留に適さない地域を除外して，見込みがある地域（Sub-Regions）を複数抽出する。

② サイトセレクション：すべての見込みのある地域（Sub-Regions）から，追加調査に値する貯留候補エリア（Selected Areas）を特定する。

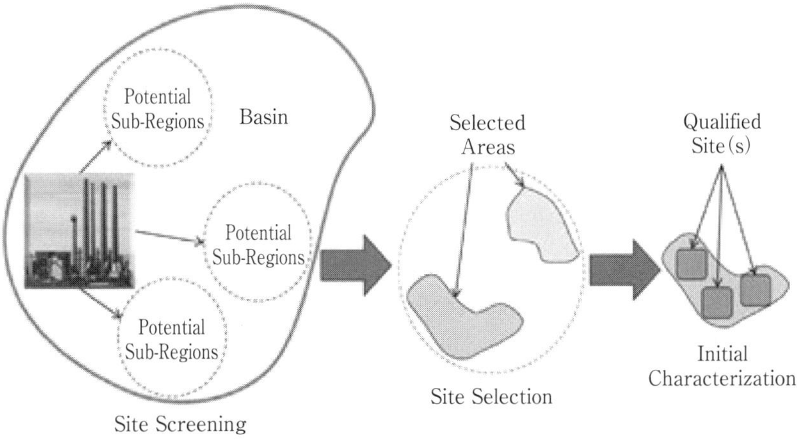

図6-3-2　貯留サイト選定の概念図[7)]（一部修正）

③ サイトキャラクタリゼーション：貯留候補エリア（Selected Areas）を対象に追加調査を実施して，貯留サイト（Potential Sites）を選定する。

（3）貯留サイト選定の事例

経済産業省と環境省の連携事業として2014年に開始された二酸化炭素貯留適地調査事業はおおむねサイトセレクションに対応し，貯留サイト選定のフローが**図6-3-3**のように示されている[8)]。

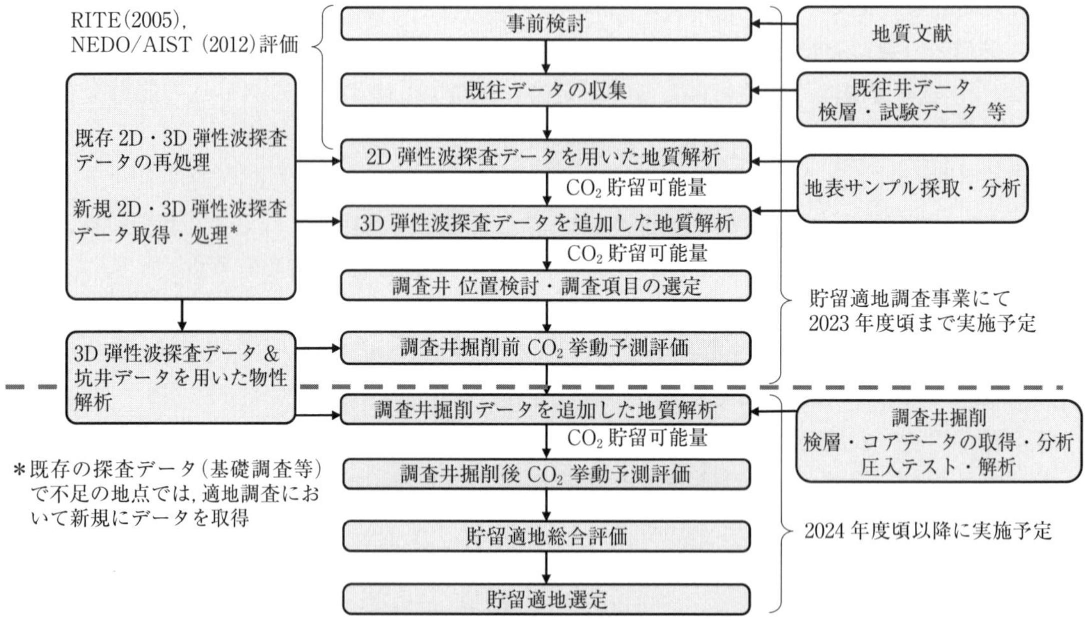

図 6-3-3　貯留サイトの選定フローの例[8)]

貯留サイト選定においては，3次元弾性波探査データと坑井データを用いて貯留層層準と遮蔽層層準を決めて，それぞれの層準に対して堆積相解析を行うことで堆積環境・堆積システムを把握し，貯留可能域を絞り込む（**図6-3-4**参照）。絞り込みの際には，岩相，層厚，孔隙率，断層の分布や地層安定性も考慮し，容積法によって貯留可能量を推定する[8)]。**図6-3-3**のフローで示されているCO_2挙動予測シミュレーションについては，苫小牧におけるCCS大規模実証試験事業の貯留層評価の事例にて紹介する。

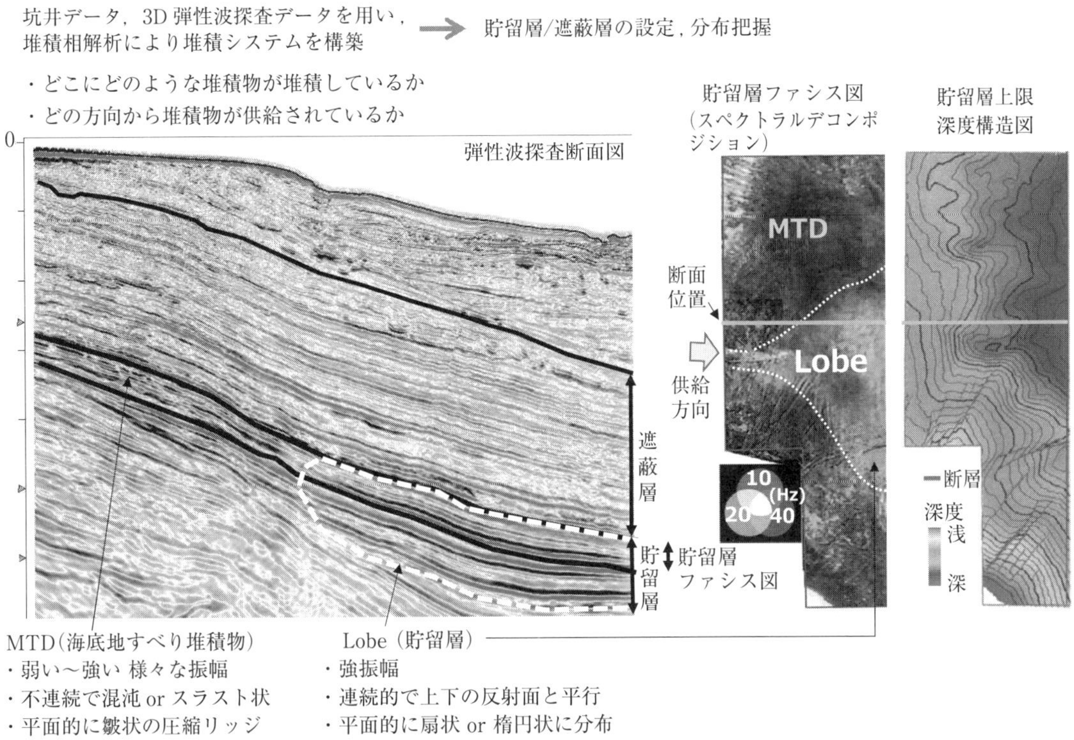

図6-3-4　貯留可能域の抽出を目的とした堆積相解析の例[8)]

（4）貯留層評価の事例

サイトキャラクタリゼーション段階の貯留層評価については，苫小牧におけるCCS大規模実証試験事業（以降，苫小牧実証試験）の事例を用いて紹介する。この事業は，2012年度から準備が始められ，**図6-3-5**のように，遮蔽層である泥岩に覆われた萌別層砂岩および滝ノ上層火山岩類が貯留層に選定され，2016年4月から2019年11月までに30万トンを超えるCO_2が圧入された事業である[9)]。

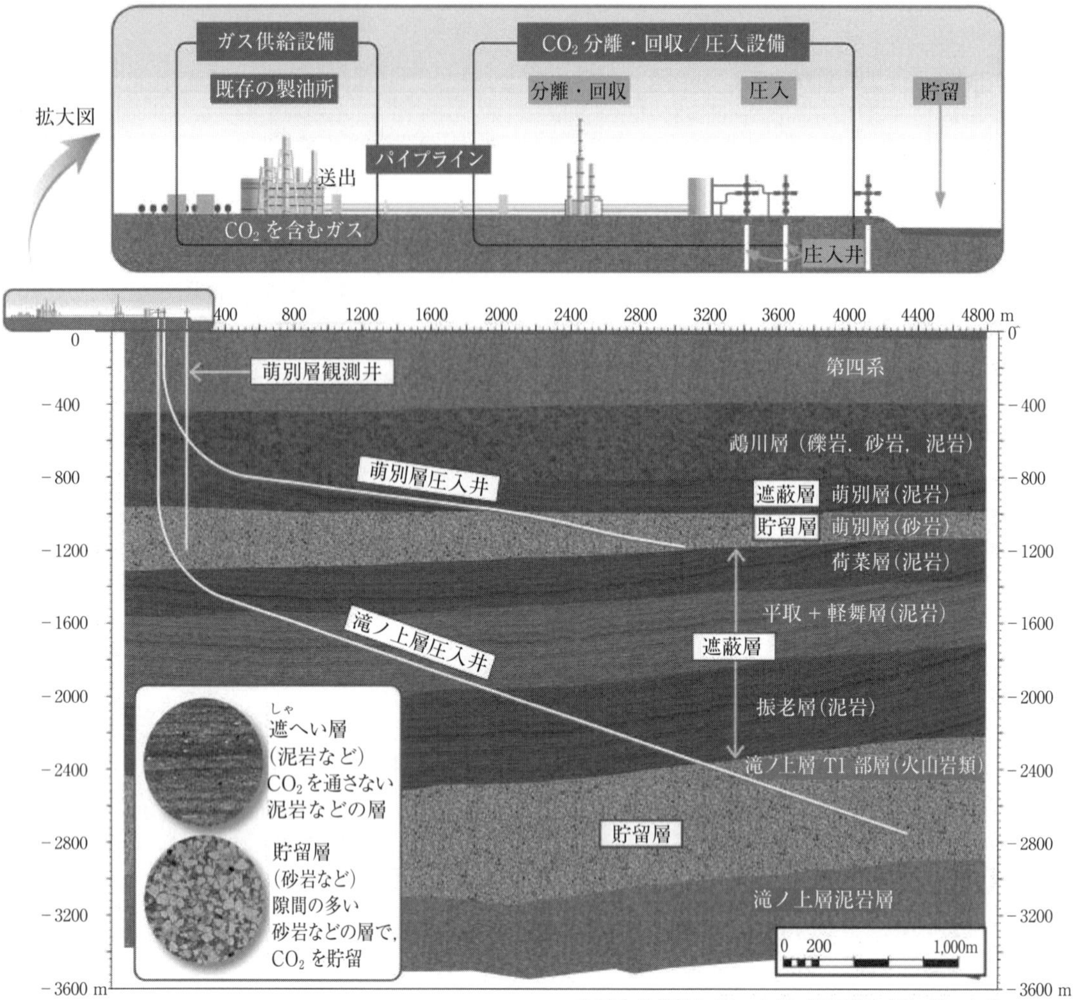

※圧入井坑跡に沿った模式断面図（縦：横＝1:1）

（提供：日本 CCS 調査株式会社）

図 6-3-5　苫小牧実証試験における CO_2 圧入対象層[4)]

苫小牧実証試験では，弾性波探査と坑井掘削がすでに行われていたが，新たに 3 次元弾性波探査が実施され後に，「苫小牧 CCS-1」と「苫小牧 CCS-2」の 2 本の調査井が掘削された。調査井では物理検層，リークオフテスト，コア・カッティングスの採取，貯留層の圧入テスト等が行われた。採取したコアからは，孔隙率，浸透率，スレショルド圧力が測定された[10)]。貯留層評価に用いた新規取得および既存データを表 6-3-1 に示す。

表6-3-1　苫小牧実証試験の貯留層評価に用いたデータ[11)]

使用データ	使用方法	データソース
三次元弾性波探査データ（3D）	地質構造解釈，堆積学的検討，音響インピーダンス等の物性値推定	3Dデータ （リファレンスデータ：坑井A・苫小牧CCS-1）
コア分析データ	岩石学的評価の他，孔隙率，浸透率，相対浸透率，毛細管圧，スレショルド圧等の基礎物性値の提供浸透率-孔隙率相関	周辺坑井 坑井A 苫小牧CCS-1 苫小牧CCS-2
坑井速度測定データ	弾性波データの時間―深度変換	坑井A 苫小牧CCS-1
物理検層データ	岩相区分の判定 インピーダンス推定 岩相分布・孔隙率分布の作成	坑井A 苫小牧CCS-1
温度・圧力データ	地温勾配 坑底圧力（貯留層圧力＆地層破壊圧力）決定	坑井A 苫小牧CCS-1 苫小牧CCS-2
二次元弾性波探査データ（2D）	地質構造解釈，堆積学的検討，音響インピーダンス等の物性値推定	陸海域の既存2Dデータ

3次元弾性波探査データを解釈して地質モデルを構築し，調査井で得られた物性データ等を与えて，CO_2挙動予測シミュレーションが行われた。シミュレーションでは，圧入レートと圧入期間が設定され，圧入井や観測井での圧力の挙動や，CO_2分布域の拡がりが予測された。**図6-3-6**の左側は圧入前の予測を示している。

CO_2挙動予測シミュレーションを含む貯留層評価は，CO_2圧入中のモニタリングデータを

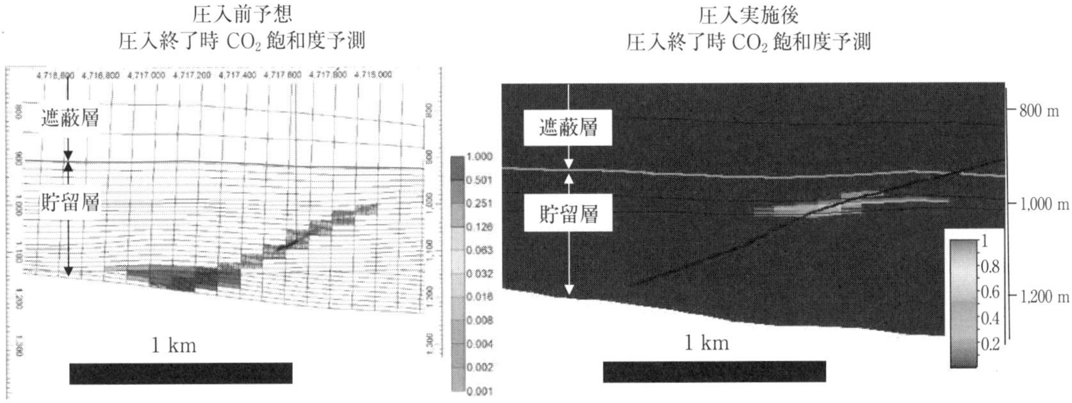

＊　左図は萌別層圧入井IW-2のデータを考慮し，CO_2圧入開始前に実施したシミュレーションによる60万t圧入時のCO_2飽和度分布予測断面図。右図はCO_2圧入開始後に実施したシミュレーションによる30万t圧入時のCO_2飽和度分布予測断面図。CO_2圧入前には，主に圧入井の下部からCO_2が圧入されると推定していたが，圧入開始後には圧入井の上部から圧入されていると考えている。

（提供：日本CCS調査株式会社）

図6-3-6　苫小牧実証試験におけるCO_2挙動予測シミュレーション[9)]

用いて更新するため，**図 6-3-6** の右側は更新されたモデルに基づくシミュレーション結果を表している。

苫小牧実証試験では，貯留層評価と CO_2 挙動予測シミュレーションの結果は**表 6-3-2** のようにまとめられ，実際の圧入計画，モニタリング計画，リスクマネジメントへと活用された。

表 6-3-2　苫小牧実証試験における貯留層評価のまとめ[11)]

<table>
<tr><td colspan="2">項目</td><td></td></tr>
<tr><td colspan="2">構造</td><td>●緩やかな北西傾斜（1～3°）の単斜構造</td></tr>
<tr><td rowspan="4">貯留層</td><td>対象深度・層厚</td><td>●垂直深度：約 1,100～1,200 m　●層厚：約 100 m</td></tr>
<tr><td>岩相</td><td>●砂岩主体（礫質砂岩，シルト岩を伴うファンデルタ堆積物）</td></tr>
<tr><td>物性</td><td>●孔隙率：25～40%（苫小牧 CCS―2 コア試験：封圧下），孔隙率：20～40%（物理検層解析結果）
●浸透率：9～25 mD（苫小牧 CCS―1 圧入テスト解析結果）
●浸透率：1～1,000 mD（苫小牧 CCS―2 コア試験：封圧下，空気）
●浸透率：1～120 mD（物理検層解析結果）</td></tr>
<tr><td>圧入・貯留性能</td><td>●【苫小牧 CCS―1 圧入テスト】最大 1,200 kl/日（掘削深度 1,077～1,217 m のうち 57.5 m）
●【シミュレーション】25 万トン/年×3 年間圧入可能（低浸透率ケースを除く）</td></tr>
<tr><td rowspan="4">遮蔽層</td><td>岩相</td><td>●シルト岩～泥岩（萌別層上部）</td></tr>
<tr><td>層厚</td><td>●層厚：約 200 m</td></tr>
<tr><td>物性</td><td>●孔隙率：32.4～37.2%（苫小牧 CCS―2 コア試験：封圧下）
●浸透率：0.80×10^{-3}～1.73×10^{-3} mD（苫小牧 CCS―2 コア試験：水浸透率）
●リークオフ圧力：14.6 MPa（等価泥水比重：1.50）（萌別層泥岩層（苫小牧 CCS―2）991 m）
●スレショルド圧力：0.75，1.65，1.67 MPa（苫小牧 CCS―2 コア試験：CO_2―水系）</td></tr>
<tr><td>遮蔽性能</td><td>●【シミュレーション】圧入終了時における貯留層上限での圧力（12.1 MPa）が，圧入終了時における遮蔽層下限の圧力（10.9 MPa）にスレショルド圧力（1.65 MPa）を加えた圧力（12.55 MPa）を超えていないことを確認した。</td></tr>
<tr><td colspan="2">坑井掘削難易度</td><td>●軟弱な第四系・鵡川層内での坑跡コントロールや水平に近い掘削のため，掘削障害のリスクあり。</td></tr>
<tr><td colspan="2">圧入後 CO_2 の移動
（シミュレーション結果）</td><td>●（3 年圧入後）気相 CO_2 の拡がりは圧入井近傍で 400 m×600 m 程度，溶解 CO_2 は 400 m×600 m 程度（ベースケース）。
●20 年程度で，気相 CO_2 の拡がりに変化は見られなくなる。
●1,000 年後までは，周辺部での地層水への CO_2 の溶解が進み，CO_2 飽和率減少が確認される。</td></tr>
</table>

3.　モニタリング

（1）モニタリングの目的

モニタリングの目的は大きく分けて二つある（**図 6-3-7** 参照）[6)]。

一つは，圧入された（削減された）CO_2 量を確認するデータを提供するとともに，圧入シミュレーション結果とのヒストリーマッチングを実施し，必要に応じて構築された地質モデルを修正し，CO_2 長期挙動予測を更新することにある。これは，CO_2 地下貯留の安全性確認に係る根幹的な作業であり，利害関係者との信頼関係の醸成や規制局への報告といった法的義務の観点からも重要である。さらに精度の高い長期挙動予測は，圧入終了後のモニタリングやサ

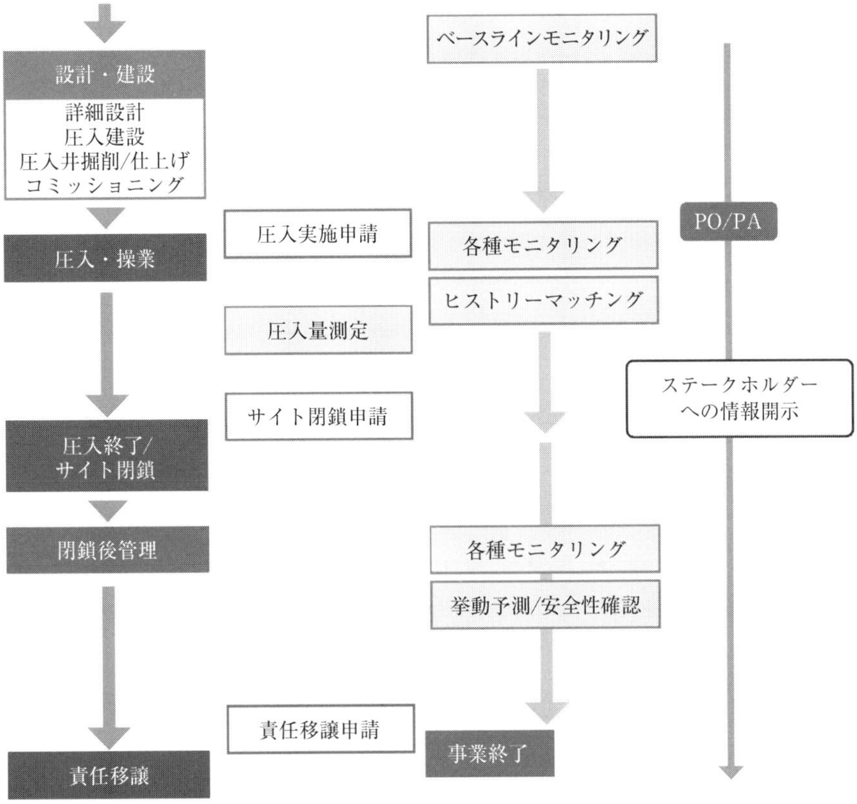

＊　図中のPO（Public Outreach）は社会的理解増進，PA（Public Acceptance）は社会的受容を示す。

図6-3-7　事業進展に伴うモニタリングの機能変遷の概念図[6]（一部修正）

イト閉鎖後の責任移譲も含めた管理計画，最終的に事業全体の経済性にもかかわってくる。

もう一つは，リスクアセスメントで同定されたCO_2漏洩などのリスクに対して，そのリスクマネジメントの一環として実施される（**図6-3-7**では「安全性確認」に対応する）。なお，CCS事業による誘発地震への懸念に関して，貯留サイト選定段階で地震の主因となり得る断層を避けることが大前提であるが，モニタリングにおいても微小振動観測や自然地震観測の必要性が考慮される。

（2）モニタリングの事例

苫小牧実証試験では，**表6-3-3**に示すモニタリングが実施された[9]。貯留層の温度・圧力の観測，弾性波探査によるCO_2の分布範囲の把握，微小振動・自然地震の観測に加えて，現行の法体系では海底下CCS事業は海洋汚染防止法に則り，環境大臣の許可を得て実施しているため，海洋環境調査もモニタリング項目となっている。

表 6-3-3　苫小牧実証試験におけるモニタリング項目[9)]

観測設備／作業	モニタリング項目
圧入井・プラント設備	坑内：温度・圧力 坑口：圧入温度・圧力・CO_2 圧入量
観測井	坑内：温度・圧力 微小振動，自然地震
常設型海底受振ケーブル（OBC）	微小振動，自然地震 二次元弾性波探査の受振
海底地震計（OBS）	微小振動，自然地震
陸上設置地震計	微小振動，自然地震
二次元弾性波探査	貯留層中の CO_2 分布範囲
三次元弾性波探査	貯留層中の CO_2 分布範囲
海洋環境調査	海洋データ（物理・化学的特性，生物生息状況等）

（提供：日本 CCS 調査株式会社）

図 6-3-8 は，苫小牧実証試験における圧入中の坑内圧力および坑内温度のモニタリング例である。CO_2 圧入における坑内圧力（**図 6-3-8** の PT センサー圧力）の最大値は，遮蔽層破壊を避けるために設けた圧入上限圧力に対して十分低く，圧入開始以降坑内圧力は正常な範囲内にあったことが確認できる[9)]。

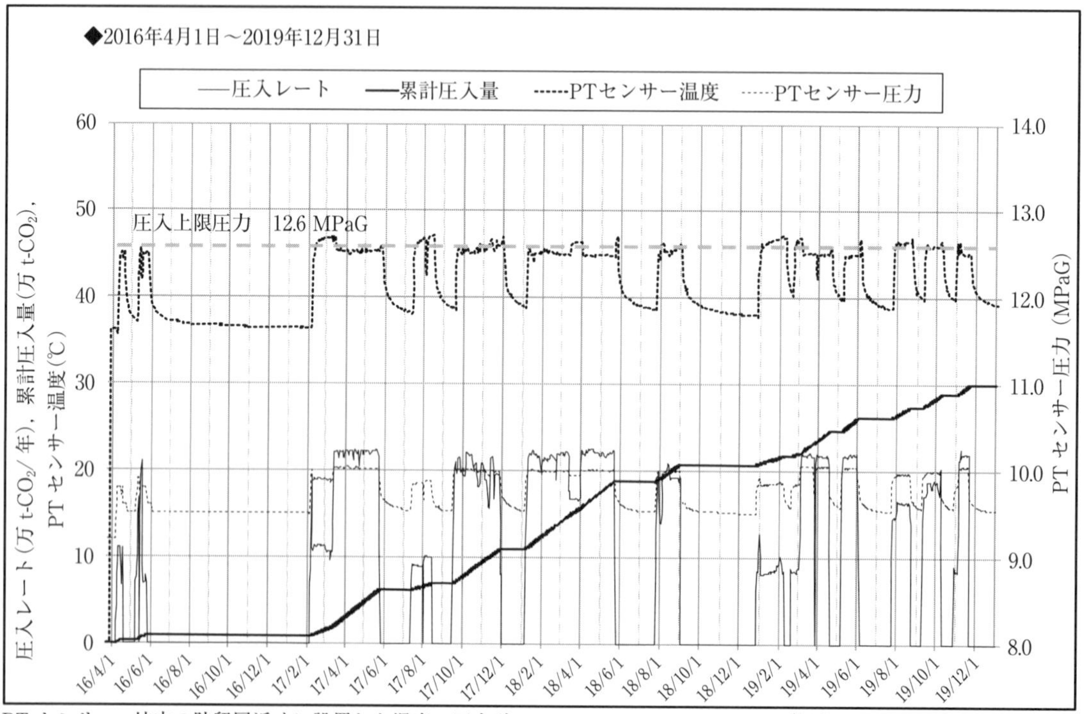

PT センサー：坑内の貯留層近くに設置した温度・圧力計　　（提供：日本 CCS 調査株式会社）

図 6-3-8　坑内圧力と温度のモニタリング結果[9)]

また，坑井におけるモニタリングでは把握が難しいCO_2の分布状況の把握には弾性波探査を用いている。繰返し実施された2次元および3次元弾性波探査で得られたデータの差分解析により圧入したCO_2の空間的な分布状況が確認されている[9]。

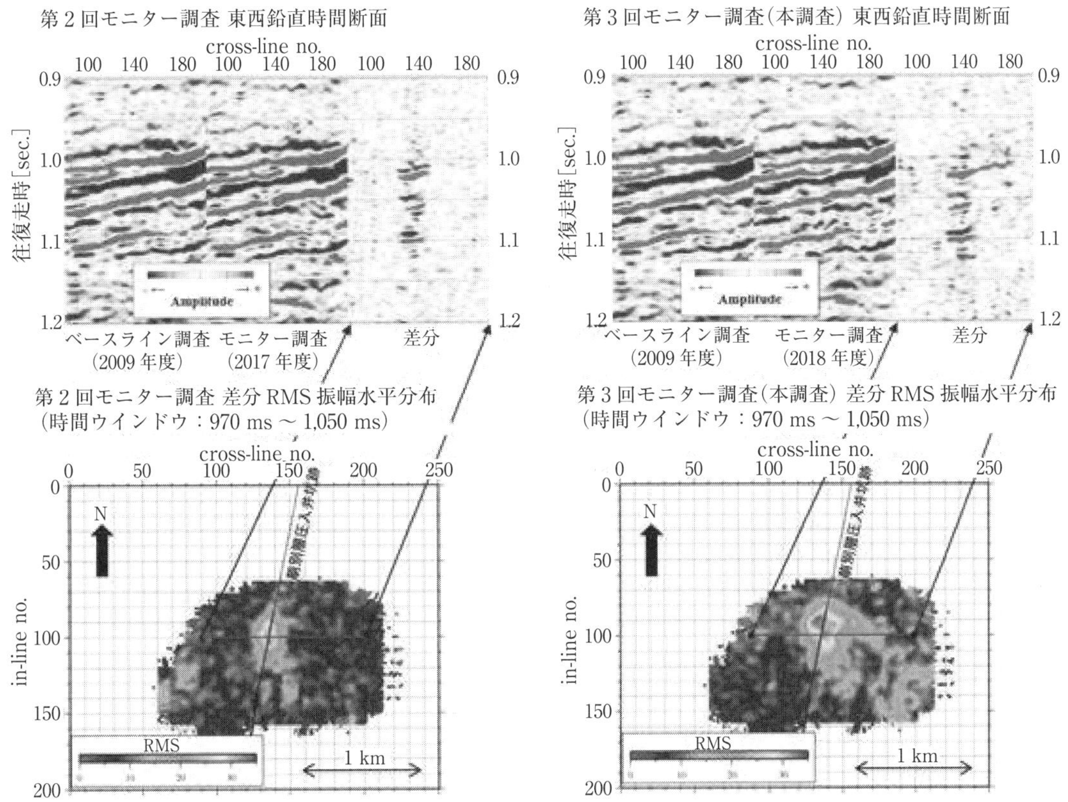

＊ 2018年度に実施した小規模三次元弾性波探査は，将来の圧入進展に伴ってCO_2分布域が当初想定範囲の北側に拡大した場合に備えたベースライン調査を想定して実施したものであり，縁辺部におけるS/Nの低下によって，得られた差分記録には圧入したCO_2とは無関係のノイズが含まれる点に注意する必要がある。

（提供：日本CCS調査株式会社）

図6-3-9　繰返し弾性波探査の差分解析によるCO_2分布範囲のモニタリング結果[9]

モニタリング機器の設置環境，アプローチ，維持管理等の難易度については，陸域からの離隔距離に依存する。苫小牧実証試験に比べ，洋上からの圧入のような陸域から離隔が大きい場合には，離隔距離に応じてモニタリングの時間的密度，空間的密度，費用対効果が低くなることが指摘されている[2]。

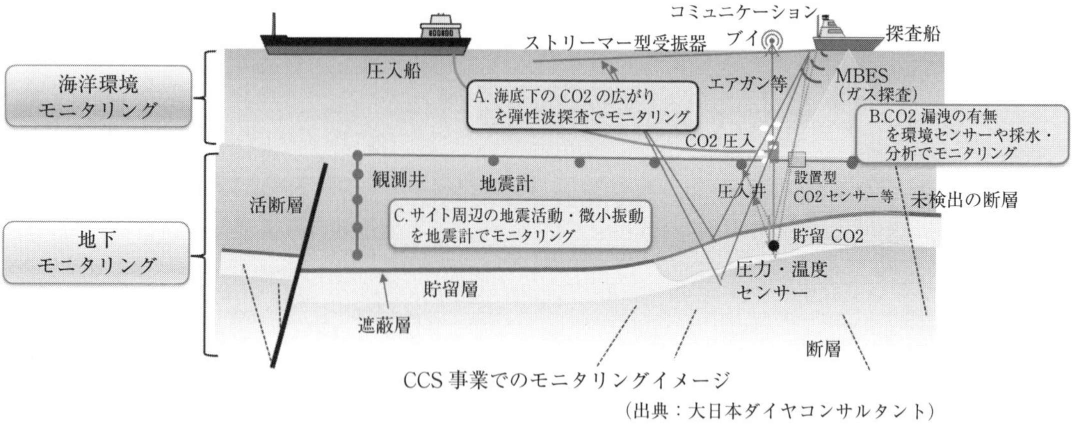

（出典：大日本ダイヤコンサルタント）

図 6-3-10　洋上からの圧入方式を想定した場合のモニタリングの概念図[2)]

これらの課題に対しては，常設型センサーや連続震源装置等の導入による観測密度の向上，センサーの長寿命化や効率的な配置によるコスト低減など，課題解決の方向性が示されており，その方向性に沿ってモニタリング技術の開発が進められている[2)]。

4.　課題と展望

資源エネルギー庁に設置された CCS 長期ロードマップ検討会は，2023 年に「2050 年時点で年間約 1.2～2.4 億 t の CO2 貯留を可能とすることを目安に，2030 年までの事業開始に向けた事業環境を整備し（コスト低減，国民理解，海外 CCS 推進，法整備），2030 年以降に本格的に CCS 事業を展開する」という目標を公表した[3)]。

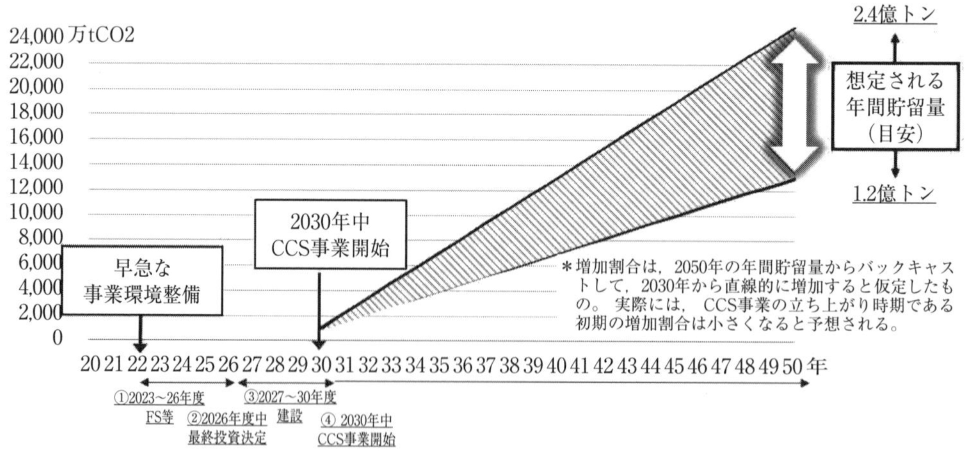

図 6-3-11　CCS 普及イメージ[3)]

目標実現に向けた CCS 長期ロードマップ，コスト低減，国民の理解，法整備など課題に対するアクションも合わせて示されている。このうち，CCS 事業への政府支援の一つとして，2030 年までの事業開始と事業の大規模化・圧倒的なコスト削減を目標とする CCS 事業が「先進的CCS事業」としてスタートしている[12]。

また，砂岩貯留層を対象としたCCSと並行して，海洋玄武岩を貯留層とする検討も行われている。玄武岩には2価の陽イオンが豊富に含まれているため，地下に圧入したCO_2が比較的早期に鉱物化し安定貯留に寄与することが期待されており，海洋玄武岩CCSの概念設計の構築を目指した研究などが進められている[13]。

本稿で述べたように，CCSを取り巻く環境は大きく変化しており，多くの技術革新も期待されている。CCSを通じて，地質技術者が地球規模の気候変動問題の解決にも貢献していくことを期待したい。

《参考文献》

1）環境省：CCUSを活用したカーボンニュートラル社会の実現に向けた取り組み，2020

2）環境省：CCUSの早期社会実装会議（第4回）～CCUS技術実証等に係る取組と成果～，https://www.env.go.jp/earth/ccs/ccus-kaigi/ccus2023.html，2024.11.30閲覧

3）経済産業省：CCS長期ロードマップ検討会最終とりまとめ，2023

4）日本CCS調査株式会社：CCS（二酸化炭素回収・貯留）について，2021

5）石油天然ガス・金属鉱物資源機構：CCS事業実施のための推奨作業指針（CCSガイドライン），2022

6）二酸化炭素地中貯留技術研究組合：CO_2地中貯留技術事例集（01基本計画），2021

7）NETL/DOE：BEST PRACTICES: Site Screening, Site Selection, and Site Characterization for Geologic Storage Projects，NETL（National Energy Technology Laboratory），Department of Energy，2017

8）渡部克哉：二酸化炭素貯留適地調査事業の概要と現況について，石油技術協会誌，Vol.87，No.2，2022

9）経済産業省・新エネルギー・産業技術総合開発機構・日本CCS調査株式会社：苫小牧におけるCCS大規模実証試験30万トン圧入時点報告書（「総括報告書」），2020

10）二酸化炭素地中貯留技術研究組合：CO_2地中貯留技術事例集（03サイト特性評価），2021

11）経済産業省産業技術環境局CCS実証試験実施に向けた専門検討会：苫小牧地点における「貯留層総合評価」及び「実証試験計画（案）」に係る評価，2011

12）経済産業省：日本のCCS事業への本格始動～JOGMECが「先進的CCS事業」を選定しました～，https://www.meti.go.jp/press/2023/06/20230613003/20230613003.html，2024.11.30閲覧

13）内閣府・科学技術・イノベーション推進事務局：戦略的イノベーション創造プログラム（SIP）海洋安全保障プラットフォームの構築 社会実装に向けた戦略及び研究開発計画，2024

6.4　帯水層蓄熱

帯水層蓄熱システム ATES（Aquifer Thermal Energy Storage）とは，帯水層から熱エネルギーを取り出し冷暖房エネルギーとして利用する技術であり，冷暖房の排熱を大気に放出せずに帯水層に蓄えることで効率的に利用し，省エネ・省 CO_2・ヒートアイランド現象の緩和を図るシステムである。

高効率での運用を実現するため，揚水した地下水を熱回収後に全量還水する必要があり，システムの導入にあたっては，地盤や地下水の調査・解析技術やさく井技術など高い技術や豊富な経験が求められる分野である。

本節では，帯水層蓄熱システムの概要や導入事例等を紹介し，地盤や地下水等に係る課題を挙げ，調査や施工におけるポイントや留意点について述べる。

6.4.1　帯水層蓄熱システム

1.　システムの概要

図 6-4-1 に帯水層蓄熱システムの原理を示す。夏季には地下水から揚水井を通じて冷熱を取り出し，冷房に利用した後の温熱を還水井から帯水層に注水し蓄える。冬季には揚水井と還水井の機能を切り替えて帯水層の温熱を利用する。夏季に排出される温熱を冬季の暖房熱源に，冬季に排出される冷熱を夏季の冷房熱源として利用することができるため，ほかのシステムと比較して効率の高いエネルギー利用を行うことが可能となる。

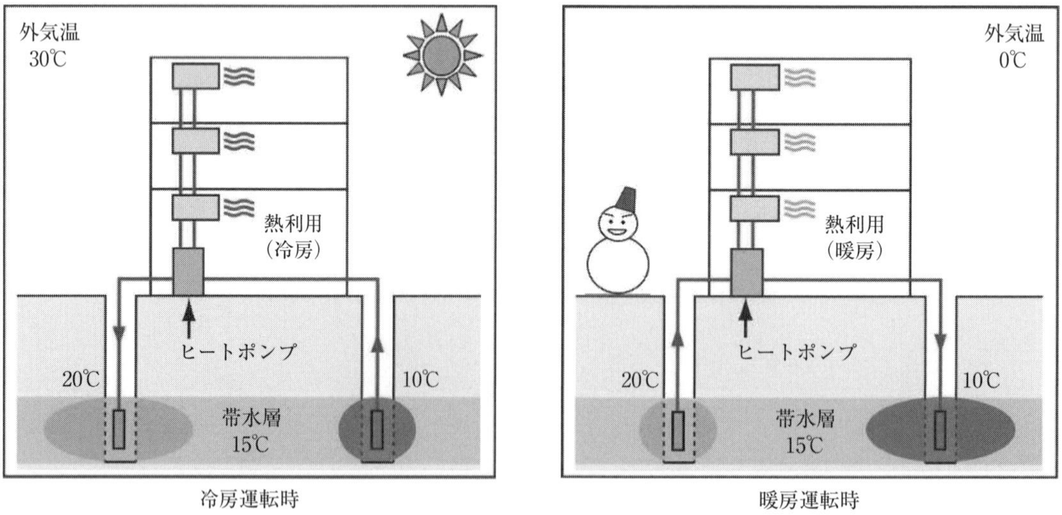

図 6-4-1　帯水層蓄熱システムの原理[1)]

わが国においてエネルギー需要の高い都市部は，その多くが平野部に位置している。**図 6-4-2** には関東地方における地中熱導入ポテンシャルを一例として示したが，その地盤や帯水層には，十分な熱利用ポテンシャルが期待可能である。

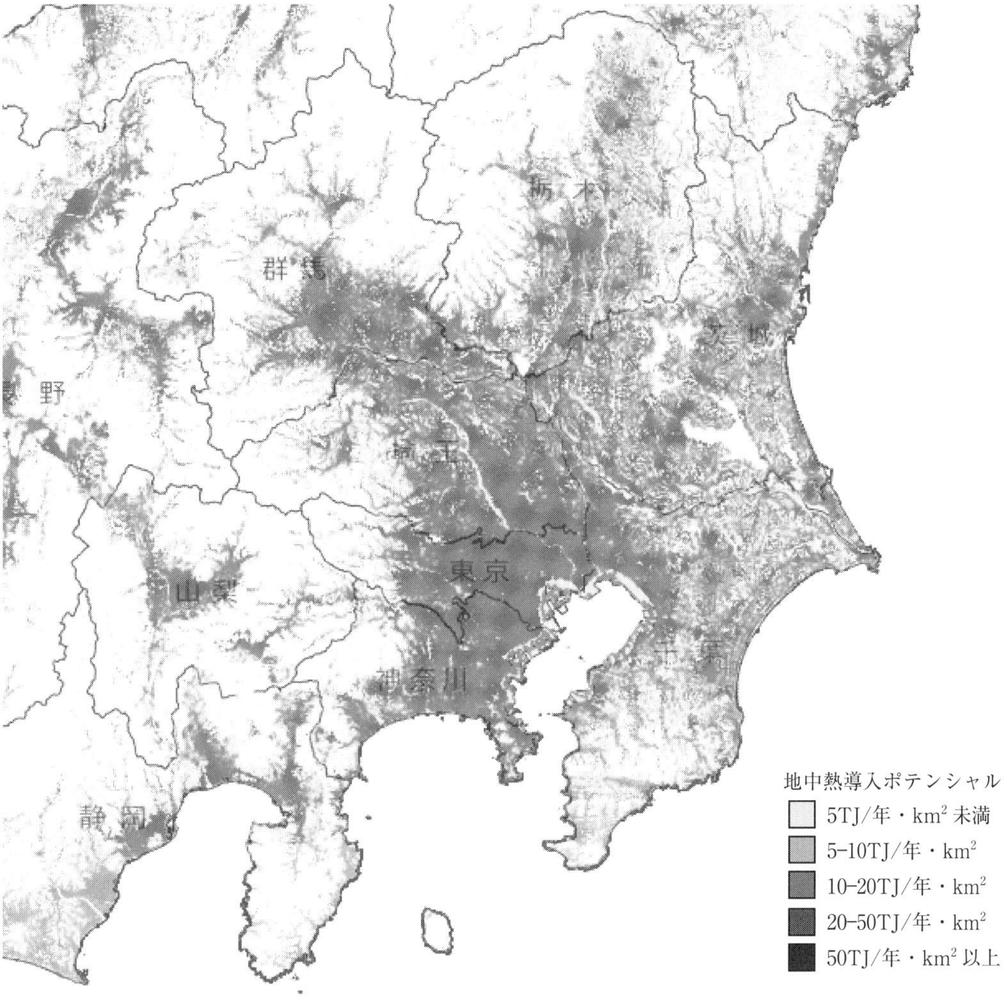

図 6-4-2　関東地方における地中熱導入ポテンシャル[2)]

地中熱利用の方法は，**図 6-4-3** に示すようにクローズドループとオープンループに区分され，帯水層蓄熱はオープンループの蓄熱式にあたる。一般にオープンループは，クローズドループと比較して高い熱効率を有しているが，地下水の揚水を基本とするため，地盤沈下のリスクや熱利用後の地下水の処理に課題があり，都市部など揚水規制のある地域で普及があまり進んでいない状況であった。

帯水層蓄熱システムは，揚水した地下水の熱利用を行った後，全量を帯水層に還水するシステムであるため，地盤沈下リスクを最小限に抑えることができる。この特長により，ほかのシステムと比較して高効率のエネルギー利用が可能であり，都市部での普及が期待されるシステムである。

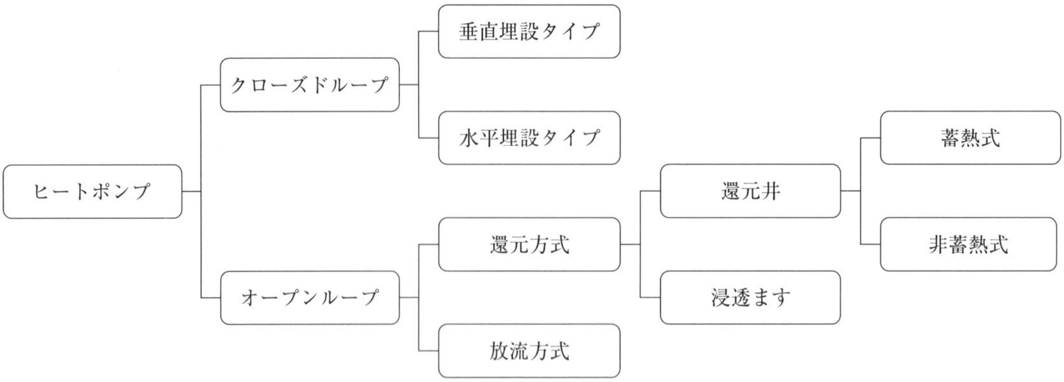

図 6-4-3　地中熱利用ヒートポンプシステムの分類

2.　帯水層蓄熱システム導入における課題

（1）地盤・地下水条件

地下水の揚水および還水を長期間連続的に行うため，透水性がよい帯水層を選定する必要がある。帯水層に蓄熱を行うため，扇状地など地下水流速の早い場所には適さない場合がある。

揚水した地下水は，その全量を還水するため，典型7公害に含まれるような広域的な地盤沈下は問題とならないが，局所的な沈下については揚水・還水による水位変化や周辺地盤の圧密特性等との関係を十分に把握し防止する必要がある。

飲用に使用している帯水層では，飲用井戸との離隔を十分にとる必要がある。また，地下水汚染等が存在する地域では，水質汚濁防止法や土壌汚染対策法等の法律や条例での規制にも留意する必要がある。

（2）井 戸 構 造

熱利用後の地下水を帯水層に全量還水させるため，最低限一対の井戸が必要であり，お互いの井戸で蓄えた熱塊が干渉しないように，十分な離隔をとらなければならない。揚水井ではスクリーン周辺の土粒子がほとんど移動しない井戸，還水井では長期間の還水においても目詰まりを生じさせない井戸を構築する必要がある。季節間蓄熱（機能の切り替え）を行うため，各井戸は，揚水井および還水井の両方の機能を有する必要がある。

また，ほかの帯水層との間は，地下水のコンタミネーションや熱の移流を防止するため，確実に遮水を行う必要がある。また，揚水した地下水の水質変化や気泡の発生を防止するため，井戸内および配管を密閉し，一定の加圧状態を維持できる井戸構造が必要となる。

（3）環 境 配 慮

持続可能な熱利用を実現するため，対象とする帯水層周辺の水位や地下水流動，水温変化に伴う熱影響など，周辺環境への十分な配慮が必要となる。

帯水層蓄熱システムでは，全量還水を基本としているため，地下水位低下による周辺井戸の井戸涸れや地盤沈下等は発生しにくいが，システムの規模が地中熱利用の中では大きく，地下水環境へ与える影響に対して慎重に取り組む必要がある。例えば，システムの効率的な運用のために季節間を通して冷熱量および温熱量をバランスさせる必要があるが，熱利用バランスの不均衡やシステムの不具合，地下水環境の変化により，この均衡が崩れると冷水塊あるいは温水塊の一方が年々拡大することになり，システムの長期安定運用への影響のみならず，周辺の地下水環境に悪影響を及ぼす可能性がある。

6.4.2　帯水層蓄熱システムの実証事業・導入事例

1.　環境省 CO_2 排出削減対策強化誘導型技術開発・実証事業

（1）帯水層蓄熱のための低コスト高性能熱源井とヒートポンプのシステム化に関する技術開発

1）実 施 場 所

兵庫県高砂地区，大阪市北区うめきた2期地区

2）実　施　者

関西電力，三菱重工業，ニュージェック，環境総合テクノス，森川鑿泉工業所，岡山大学，大阪市立大学，大阪市

3）実 施 期 間

2015年～2018年

4）事 業 概 要

低コスト高性能熱源システムの構築に関する技術開発を行うとともに，運用に伴う地下水位低下による地盤沈下への影響の評価，熱源井のメンテナンス，長寿命化等に関する検討を実施した。うめきた2期地区は，地盤沈下防止のため建築物用地下水の採取を規制している地域において実証した唯一の事例であり，国家戦略特別区域事業の認定を受け，帯水層蓄熱型冷暖房事業を今後実施していく予定である。

図6-4-4　うめきた2期地区全景（完成予想イメージ）[1)]

（2）帯水層蓄熱冷暖房システムの地下環境への影響評価とその軽減のための技術開発

1）実 施 場 所

山形県山形市松原，秋田県秋田市飯島

2）実　施　者

日本地下水開発，九州大学，産業技術総合研究所

3）実 施 期 間

2011 年～2013 年

4）技術開発概要（計画資料から抜粋）

特殊振動工法掘削機ソニックドリルを用いた，高速掘削技術の確立と井戸設置費の抑制を図った工法を採用し，確実に地下水を帯水層に注入するために最適な注入方法の確立に向けた実証試験を実施し，帯水層の水質分析と微生物分析による，帯水層蓄熱冷暖房システムによる地下環境への影響を検証した。冬期に蓄えた冷水塊と夏期に蓄えた温水塊の蓄熱規模を，実際の冷暖房に利用できる規模に抑制することができるシステム・制御技術を開発し，帯水層蓄熱冷暖房システムの適応可能地域を判定する評価手法の確立を行った。**図 6-4-5** にシステム構成図を示す。

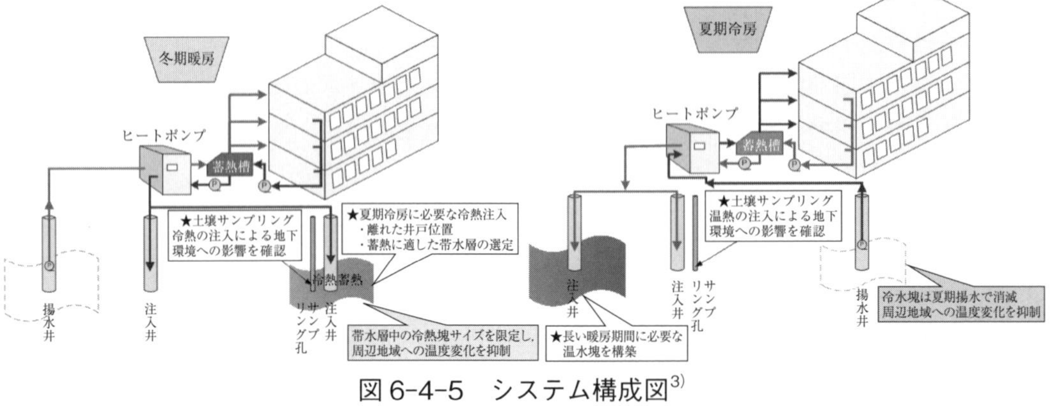

図 6-4-5　システム構成図[3)]

（3）複数帯水層を活用した密集市街地における業務用ビル空調向け新型熱源井の技術開発

1）実 施 場 所

大阪市此花区　舞洲障がい者スポーツセンター　アミティ舞洲

2）実　施　者

関西電力，三菱重工サーマルシステムズ，ニュージェック，環境総合テクノス，森川鑿泉工業所，岡山大学，大阪市立大学，大阪市

3）実 施 期 間

2018 年～2020 年

4）帯水層冷暖房システム仕様

・冷房能力：200 冷凍トン（約 703.3 kW）

・暖房能力：865.9 kW
・ヒートポンプの電動機出力：114.6 kW（冷房・INV 制御），127.5 kW（暖房・INV 制御）
・井戸ポンプの電動機出力：18.5 kW（INV 制御）
・揚水能力：100 m^3/時間×2 層
・熱交換器の交換熱量：818 kW（上部帯水層），409 kW（下部帯水層）

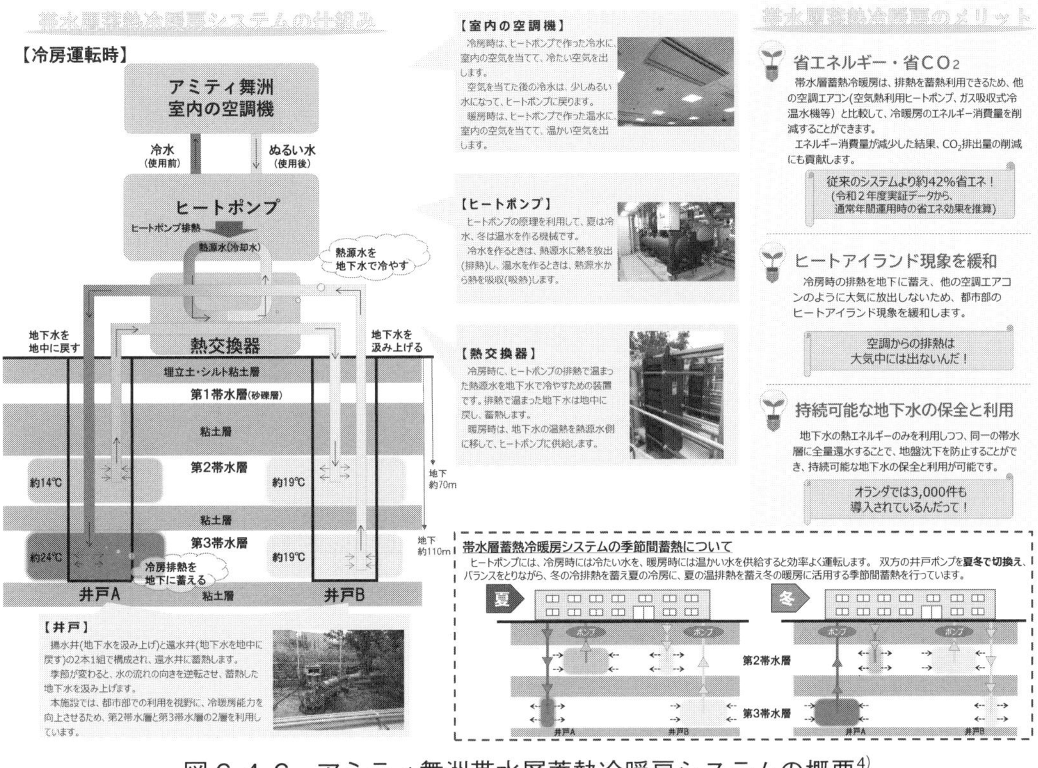

図 6-4-6　アミティ舞洲帯水層蓄熱冷暖房システムの概要[4)]

2. NEDO 再生可能エネルギー熱利用技術開発

（1）「地中熱利用トータルシステムの高効率化技術開発および規格化，および再生可能エネルギー熱利用のポテンシャル評価技術の開発/地下水を利活用した高効率地中熱利用システムの開発とその普及を目的としたポテンシャルマップの高度化

1）実 施 場 所

山形県山形市高木

2）実　施　者

日本地下水開発，秋田大学，産業総合技術研究所

3）実 施 期 間

2014 年～2018 年

4）事 業 概 要

地下水を利活用することによって地中熱利用システムの高効率化を達成して省エネルギーと CO_2 排出量の大幅削減を実現させることを目的として実施した。2016 年度冬期から 4 シーズン地下水を揚水し，密閉型井戸により全量還水を実現した。また，冷熱が卓越する寒冷地において，太陽光集熱器を活用して，冷房稼働時に温熱増強を図り，冷熱と温熱のバランスをとることが可能であることを実証した。

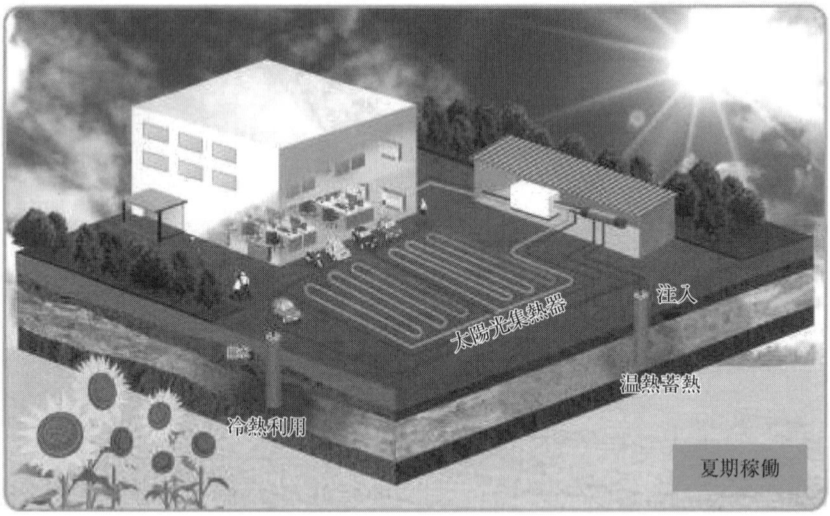

図 6-4-7　高効率地中熱利用システム[1)]

（2）再生可能エネルギー熱利用のポテンシャル評価技術の開発/オープン地下水を利活用した高効率地中熱利用システムの開発とその普及を目的としたポテンシャルマップの高度化

1）実 施 場 所

岐阜県岐阜市　公民館

2）実　施　者

岐阜大学，東邦地水，テイコク

3）実 施 期 間

2015 年度～2018 年度

4）研究概要（中間目標および最終目標より抜粋）

逆洗技術の技術的課題の抽出・設計手法の検討と地下水熱交換ユニットの設計・試作・試験による課題の明確化。データベース構築手法検討と，浸透ます適用技術およびタンク式熱交換器・浸透ます併用システムの課題の明確化。条件有利地域におけるシステム運用コストの評価および逆解析法 TRT 試験技術の確立。地下水循環型オープン方式の設計手法の確立と地下水熱交換ユニットの完成。設置・運用コストの 20% 削減の実現。打ち込み井戸と浸透ますの長期利用技術の確立による設置・運用コストの 10% 削減の実現とタンク式熱交換器・浸透ます併用システムの最適化。ポテンシャルマップの作成と地下水熱流動のモデル化によるシミュレーション技術の確立。

6.4.3　帯水層蓄熱システムに係る調査・井戸工事技術

本項では，帯水層蓄熱システム導入に係る資料調査，地下水等調査，揚水井・還水井の設計および施工について『地中熱ヒートポンプシステム オープンループ導入ガイドライン』[5] 等を参考に整理した。

1. 資 料 調 査

帯水層蓄熱システムは，都市部を中心に多くの地域でその導入が期待されるが，具体的な導入可能性については，関連資料を収集し総合的に判断する必要がある。

（1）地下水規制

地下水は地域により，取水禁止，許可や届出制となっている場合があるため，法令等による制限の有無を確認する。工業用水法や建築物用地下水の採取の規制に関する法律（ビル用水法）のほか，各々の地域の条例等を確認する。

1）工業用水法

工業の健全な発達と地盤の沈下の防止を目的とし，工業（製造業（物品の加工修理業を含む），電気供給業，ガス供給業および熱供給業）の用に採取する地下水を規制している。指定地域内において，動力を用いて工業用地下水を採取しようとする場合，揚水機の吐出口の断面積（吐出口が2つ以上あるときはその断面積の合計）が6 cm^2 を超えるものは規制の対象となり，経済産業省令・環境省令に定める技術上の基準に適合しているものでなければ首長の許可を受けることができない。

2）建築物用地下水の採取の規制に関する法律（ビル用水法）

建築物用地下水の採取による地盤の沈下の防止を目的とし，建築物用（冷房設備，水洗便所，暖房設備その他政令で定める設備の用）に採取する地下水を規制している。原則として，工業用水法と同様，環境省例に定める技術上の基準を満たすものでなければ首長の許可を受けることができないが，2019年8月に規制緩和の規定が設けられ，国家戦略特別区域会議が特定事業として，帯水層蓄熱型冷暖房事業を定めた区域計画について，内閣総理大臣の認定を申請し，その認定を受け，規制緩和の要件のすべてを満たすと都道府県知事が認めた場合，技術的基準を「ストレーナーの位置は，内閣総理大臣の認定を申請する際に実施した実証試験で被圧地下水を揚水及び還水した帯水層の範囲内とし，かつ，揚水機の吐出口の断面積は，当該試験において用いた揚水設備の吐出口の断面積以下」に緩和されることとなった。

3）特例措置の要件

・事業を実施する場所は，連続する敷地で一体的に開発を行う区域とし，かつ連続した地層構成および同一の土質を有すること。

・事業を実施する場所における土質に係る測定結果（揚水を行う帯水層に接する粘性土層の載荷に対する圧密量の測定結果を含む。）により，当該粘性土層が過圧密の状態にあり，かつ，揚水時の圧密圧力が圧密降伏応力に対して十分に小さいと認められること。

・事業を実施する場所において，季節に応じた地下水や地盤への影響を把握するために十分な期間，当該事業と同程度の規模で被圧地下水を採取し，その全量を同一の帯水層へ還水する実証試験を実施した結果，当該場所およびその周辺において，地下水位，地盤高，地下水の水質および間隙水圧に著しい変化が認められないこと。
・前述の実証試験から得られる情報および当該設備の運用時に想定される熱負荷に基づいて実施される地下水の温度変化に係るシミュレーションにより得られる情報から，地下水の温度に著しい変化が認められないと想定されること。
・揚水設備の維持管理および緊急時の対応に関する計画の策定，揚水設備の試運転の実施，事業の実施期間中におけるモニタリングの実施および当該モニタリングから得られる情報や緊急時の都道府県知事への報告，その他の地盤沈下の防止等の観点から必要な措置を講じられていること。

（2）地 盤 情 報

計画地周辺の地盤情報を収集する。収集資料の一例を以下に示す。

・地盤図，地質図，地質文献
・ボーリング柱状図
・さく井工事資料
・井戸台帳　など

ボーリング柱状図など地盤や土質に関するデータベースは，国土地盤検索サイト『国土地盤情報データベース』や地方自治体のサイトで確認可能である。収集した資料から，地下水位，帯水層の深度や層厚，透水性など工学的特性，帯水層周辺の粘土層の圧密特性などを把握する。地下水の賦存状態は，時代や季節によっても変化することを考慮して資料を収集する必要がある。

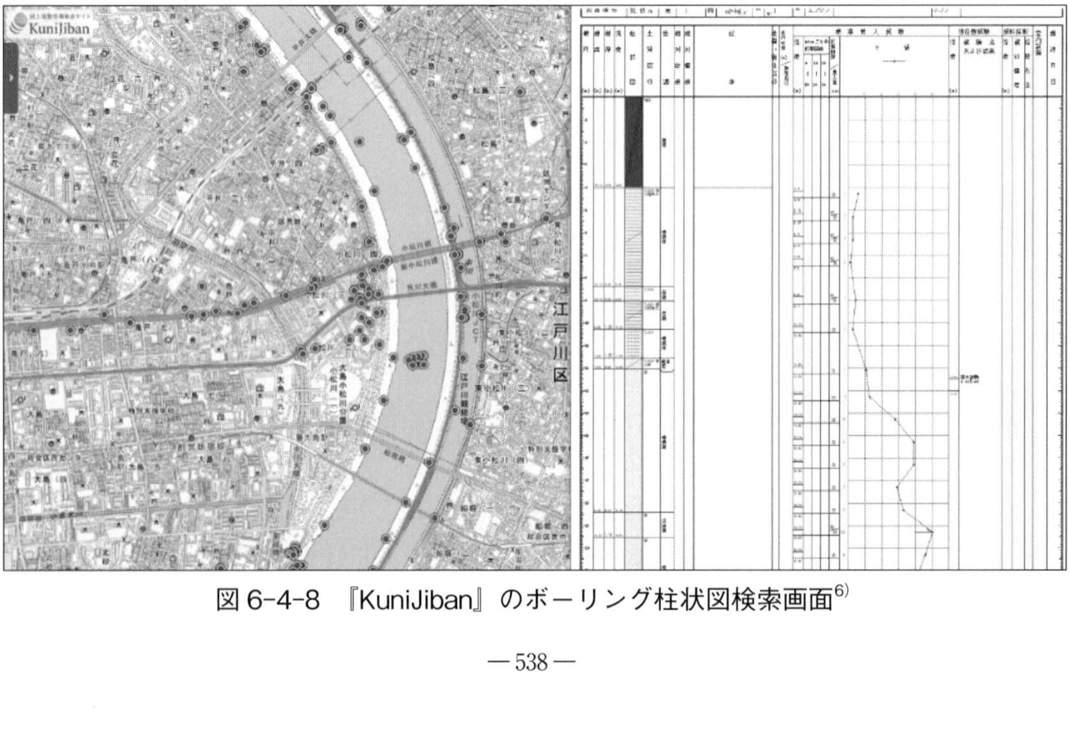

図 6-4-8 『KuniJiban』のボーリング柱状図検索画面[6)]

さく井工事資料では，地質，地下水位，地下水温，井戸構造，揚水量，水理定数，水質，ポンプ仕様等を確認することができる。これらの情報をもとに水理地質断面図等を作成し，井戸構造や揚水量（還水量）などを検討する。地下水は，帯水層ごとに賦存状態が異なるため，帯水層ごとに水理定数や水質，水位や水頭などについて季節変化を含めて把握する。

設計時にボーリング調査を行い，揚水試験や水質試験等に基づき井戸仕様を決定する。

（３）地中熱ポテンシャルマップ

計画地において地中熱に関するポテンシャルマップが公開されている場合は活用する。環境省の『REPOS』（再生可能エネルギー情報提供システム）のほか，東京都，埼玉県，神奈川県，大阪府，大阪市などの地方自治体でも公開している。

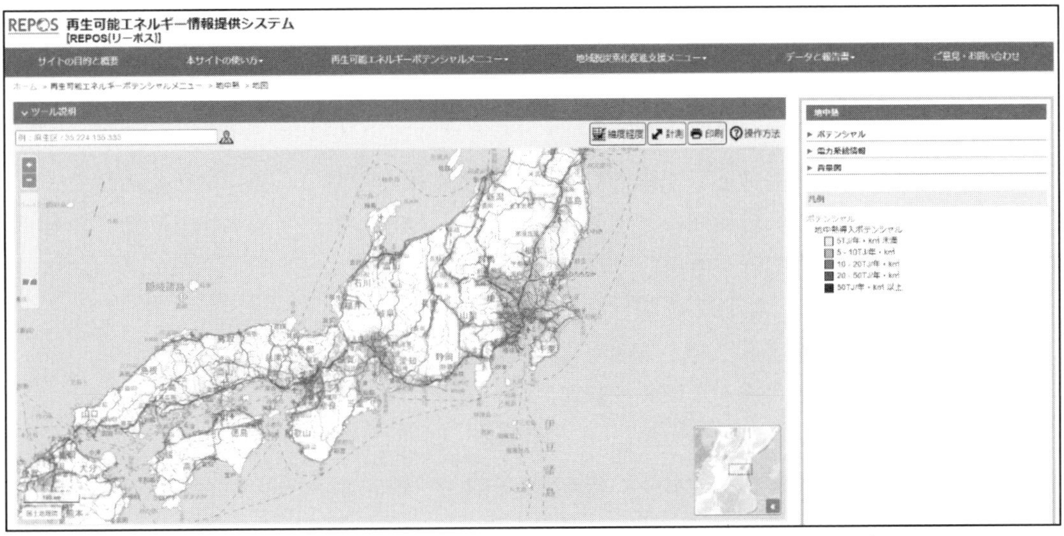

図 6-4-9　『REPOS』の地中熱導入ポテンシャル表示画面[2)]

（４）地下水障害履歴

計画地域における地下水障害の発生状況を確認する。地下水位や地盤沈下の状況は，環境省全国地盤環境情報ディレクトリや地方自治体のサイトから確認することができる。また，土壌・地下水汚染の状況も地下水水質調査結果として地方自治体の Web サイトから確認することができる。

２．地下水等調査

帯水層蓄熱システムの導入が可能と判断した場合，計画地において，施工条件調査，井戸調査，ボーリング調査，検層・原位置試験，水質試験，地下水影響調査，還水（注水）試験を行う。

（１）施工条件調査

工事機械等の設置スペース，搬入路，架線状況，地下埋設物の有無，工事用水，近隣状況などについて確認し，井戸の施工方法に係る検討を行う。

帯水層蓄熱システムでは，各井戸が熱干渉しないようにシミュレーションにより井戸間の確保すべき離隔を求めるが，この離隔を考慮した施工条件の確認を行う。

（2）井 戸 調 査

周辺の既設井戸の有無や仕様を確認する。帯水層の情報や地下水賦存状態，水質等の情報が得られる場合は，井戸仕様検討の参考とする。また，導入による近隣既設井戸への影響についても検討する必要がある。既存井戸仕様が確認できる場合は，以下の項目に着目して調査を行う。

・基本仕様（所有者，掘削年，用途）
・井戸構造（深度，口径，スクリーン位置）
・ポンプ仕様（吐出口径，定格出力，揚程および揚水量，ポンプ設置深度）
・使用状況（運転期間，利水障害の有無）
・調査資料（水位，水質，検層結果など）

（3）ボーリング調査

設計時にボーリング調査を行い，揚水試験や水質試験等に基づき井戸仕様の詳細を決定する。ボーリング孔は，必要に応じて帯水層蓄熱システム稼働時のモニタリング孔として活用する。調査位置は，地盤の影響範囲など水理特性のほか，揚水井および還水井の位置，帯水層蓄熱システムや導入施設の配置を考慮して決定する。

ボーリングでは，主として以下の項目を調査する。

・地層構成（帯水層，不透水層，基盤地質，表層地質など）
・水理特性（透水係数，透水量係数，貯留係数，流向・流速，水頭・間隙水圧など）
・物理特性（細粒分含有率，最大礫径，平均粒径など）
・圧密特性（揚水対象帯水層の上下の粘性土）

スクリーンを設置する帯水層は，細粒分の混入が少ない層を選定する。細粒分を多く含有する地層は，通常透水性が低くシステム効率が低下するほか，井戸の目詰まりを起こしやすいことから，システムの長期運用の支障となるため対象層から外すべきである。

（4）検層・原位置試験

ボーリング孔を用いて，地下水位，地下水温の測定，電気検層，揚水試験や現場透水試験，採水（水質試験）などを行う。必要に応じて井戸洗浄の効果確認やフィルター材を選定するため，浮遊微粒子量の分析等を行う。

（5）水 質 試 験

水質試験は，地下水環境と帯水層蓄熱システムの保全の観点で実施する。環境面では，地下水環境基準，水質汚濁防止法の排水基準や地下浸透基準について分析を行い，有害物質を検出したり，基準値を上回るような場合は対応や対策を検討する。規制基準等については，計画地域の上乗せ基準や横出し基準にも留意する。システム保全面では，配管やヒートポンプへのスケールの付着や腐食の発生を防止するため，冷凍空調器用水質ガイドラインの水質基準等を参考に分析を行う（**表 6-4-1** 参照）。

表6-4-1　冷却水・冷水・温水・補給水の水質基準値[7)]

項目		冷却水系			冷水系		温水系				傾向	
		循環式		一過式			低位中温水系		高位中温水系			
		循環水	補給水	一過式	循環水 (20℃以下)	補給水	循環水 (20～60℃)	補給水	循環水 (60～90℃)	補給水	腐食	スケール生成
基準値項目	pH（25.0℃）	6.5～8.2	6.0～8.0	6.8～8.0	6.8～8.0	6.8～8.0	7.0～8.0	7.0～8.0	7.0～8.0	7.0～8.0	○	○
	電気伝導率 (mS/m)	80以下	30以下	40以下	40以下	30以下	30以下	30以下	30以下	30以下	○	○
	塩化物イオン (mgCl$^-$/l)	200以下	50以下	50以下	50以下	50以下	50以下	50以下	30以下	30以下	○	
	硫酸イオン (mgSO$_4^{-2}$/l)	200以下	50以下	50以下	50以下	50以下	50以下	50以下	30以下	30以下	○	
	酸消費量 (pH4.8) (mgCaCO$_3$/l)	100以下	50以下	50以下	50以下	50以下	50以下	50以下	50以下	50以下		○
	全硬度 (mgCaCO$_3$/l)	200以下	70以下	70以下	70以下	70以下	70以下	70以下	70以下	70以下		○
	カルシウム硬度 (mgCaCO$_3$/l)	150以下	50以下	50以下	50以下	50以下	50以下	50以下	50以下	50以下		○
	イオン状シリカ (mgSiO$_2$/l)	50以下	30以下	30以下	30以下	30以下	30以下	30以下	30以下	30以下		○
参考項目	鉄（mgFe/l）	1.0以下	0.3以下	1.0以下	1.0以下	0.3以下	1.0以下	0.3以下	1.0以下	0.3以下	○	○
	銅（mgCu/l）	0.3以下	0.1以下	1.0以下	1.0以下	0.1以下	1.0以下	0.1以下	1.0以下	0.1以下	○	
	硫化物イオン (mgS^{2-}/l)	検出されないこと	検出されないこと	検出されないこと	検出されないこと	検出されないこと	検出されないこと	検出されないこと	検出されないこと	検出されないこと	○	
	アンモニウムイオン (mgNH$_4^+$/l)	1.0以下	0.1以下	1.0以下	1.0以下	0.1以下	0.3以下	0.1以下	0.1以下	0.1以下	○	
	残留塩素 (mgCl/l)	0.3以下	0.3以下	0.3以下	0.3以下	0.3以下	0.25以下	0.3以下	0.1以下	0.3以下	○	
	遊離炭酸 (mgCO$_2$/l)	4.0以下	4.0以下	4.0以下	4.0以下	4.0以下	0.4以下	4.0以下	0.4以下	4.0以下	○	
	安定度指数	6.0～7.0	—	—	—	—	—	—	—	—	○	○

＊　表の内容に関しては“JRA GL-02：1994（冊子）”を併用されたい。

（6）地下水影響検討

計画地周辺に既設の井戸など地下水利用があり，帯水層の特性（透水性や影響範囲など）や計画揚水量から判断して影響を与える可能性がある場合は，計画段階において，地下水シミュレーション等により地下水位低下量と影響範囲，熱影響範囲を予測する。

（7）還水（注水）試験

還水（注水）試験は，段階試験および連続試験を行い，システム運用時に必要水量を継続して還水できる井戸構造と本数を決定する。還水井は長期の運転に伴い，還水能力が徐々に低下することがあるので，帯水層，掘削方法，スクリーン形状，フィルター材，井戸洗浄方法の選定は特に慎重に行う。

3. 揚水井・還水井の設計

揚水井・還水井の設計は，熱交換で必要となる水量と地下水温を決定した上で，その水量が確保できる帯水層を選定し，井戸仕様や掘削方法の検討を行う。井戸仕様については，掘削深度，掘削口径，ケーシングパイプおよびスクリーンの材質，スクリーンの設置位置，フィルター材の種類，遮水方法などについて検討を行う。なお，還水能力は徐々に低下することがあるので，予防・抑制対策やメンテナンス（機能回復）方法も考慮した設計とする必要がある。また，揚水・還水能力の低下に伴う水位変化や，還水した地下水が地下水環境へ影響を与えていないかを確認できるよう，モニタリング計画を立てることが望ましい。

（1）必 要 水 量

地下水の必要水量（計画揚水量）は，地下水からの採熱量または地下水への放熱量と，熱交換後の温度差により算出する。帯水層蓄熱システムは，季節間で利用する冷熱量と温熱量をバランスさせる必要があるため，システム全体の年間を通じた冷熱および温熱供給の管理と調整が必要となる。

（2）帯水層の選定

計画地付近の水理地質状況から必要な水量が確保できる帯水層を選定する。資料調査でボーリング柱状図や井戸工事資料を収集した場合は，水理地質断面図を作成した上で検討を行う。

対象とする帯水層は，還元域の被圧帯水層が基本となる。不圧帯水層は，大気と接することで地下水が酸化状態にあることが多いため，還水井の目詰まりの原因となる鉄分の析出など扱いが難しい。複数の帯水層が存在する場合は，透水性が高く，水位の安定した良好な帯水層のみを選択することが望ましい。複数帯水層を利用するマルチスクリーンの採用は，地下水のコンタミネーションによる還水井の目詰まり原因発生の可能性があることから避ける必要がある。

（3）地 下 水 温

設計段階における地下水温は，周辺の観測記録や現地調査により測定した地下水温を用いる。計画地点の年平均気温で代用する場合もあるが，季節間で利用する冷熱量と温熱量をバランスさせる詳細な検討が必要であることから，年間を通して地下水温の変化を詳細に把握しておくことが望ましい。

（4）井戸仕様の検討

1）掘 削 深 度

揚水および還水の対象とする帯水層の分布深度を想定し，掘削深度を決定する。揚水および還水の対象とする帯水層は，水質の異なる地下水の混合による目詰まりを防止するため同一帯水層を原則とする。

2）掘 削 口 径

揚水量，揚水ポンプ口径・胴径，揚水管口径，揚水管接続方法（ネジ・フランジ）により，ケーシングパイプ口径を検討し，砂利充填に必要な間隔を加えることにより掘削口径を決定する。また，完成したケーシング内には水中モーターポンプ，揚水管，動力ケーブル，高・低水位リレー電極ケーブル，水位測定管等が設置されるのでケーシング口径には余裕が必要である。

帯水層蓄熱システムでは，目詰まりの原因となる地下水の酸化と気泡の発生を防ぐために，地下水と大気の直接の接触を避けるための気密状態と加圧状態の維持が必要となるため，これらの機能や付属設備を考慮した口径を選定する必要がある。

3）ケーシングパイプの選定

ケーシングパイプの材質には，金属系の鋼管または非金属系の樹脂管があり，井戸周囲の環境，予測される地質・水質・設置深度および耐食性を考慮し選定する必要がある。また，前述のとおり気密状態と加圧状態が維持できる構造とする必要がある。

4）スクリーンの材質

スクリーンの材質は，ケーシングパイプと同種のものを使用することが一般的である。また，樹脂ケーシングパイプにステンレス製のスクリーンを配置する方法もある。

スリットの開口率は15～25%以上，幅は周辺地盤の40～50%粒径と同等以下とするのが一般的である。

5）スクリーンの選定と設置位置

スクリーンの選定は，地質条件と計画揚水量に応じて選定する。形状としてはスリット型，巻線型などが一般的である。構造としては開口率が高く目詰まりを生じさせにくく，洗浄が容易なものを基本とする。粘土分を含有する地層や砂質土層から揚水する場合は，細砂流入のおそれがあるので，スクリーンに流入する地下水の流速をできるだけ抑制するよう，フィルター材の厚さや粒径，スリットの幅や開口率を検討する。

6）フィルター材

フィルター材は，スクリーンと孔壁との間に充填することにより，揚砂および帯水層の崩壊を防止する役割を果たす。フィルターの厚さは最低10～25 cm程度必要である。充填する砂利は均一で丸い（充填時の有効間隙率が高くなる）洗砂利（ϕ6～9 mm）や珪砂（ϕ0.8～6 mm）を使用する。また，その粒子径は帯水層を構成する地層の粒子径の4～6倍を参考に選定する。

参考として，ATES先進国であるオランダでは，孔内へ流入する地下水の速さを2.5 m/hとすることで，井戸への細粒分の流入や目詰まりを防止するとしている。充填する砂利は周辺地盤の平均粒径の4～6倍で，平均粒径に応じてフィルター材の粒径やスリットの幅の目安値を規定している。

（5）掘削方法

掘削工法の選定にあたっては，井戸仕様のほか，計画地の地質構成や立地状況をよく把握し，適切な工法を選択する必要がある。主な掘削工法には，以下のものがある。

・パーカッション式掘削工法
・ロータリー式掘削工法
・ダウンザホールハンマ工法
・回転振動式掘削工法
・ソニックドリル工法

・リバースサーキュレーション工法

還水井戸の目詰まりを防止するため，可能な限り泥水を用いない工法が望まれる。ダウンザホールハンマ工法やソニックドリル工法は，泥水を使用しないことから帯水層の閉塞のおそれは少ない。環境省 CO_2 排出削減対策強化誘導型技術開発・実証事業では，掘削泥に地山の粘土分を用いる清水掘りのリバースサーキュレーション法等が採用されている。

（6）維 持 管 理

還水能力を維持するために，揚水された地下水は密閉管路中を流動させ，空気との接触を防ぐものとする。空気との接触は，酸化物の析出による帯水層の目詰まりや，気泡発生による帯水層への流動抵抗増加の原因となる。その他，還元環境の地下水に溶解していた鉄は，酸化環境では酸化物として沈殿し目詰まりの原因となる場合がある。そのため，還水井の設計においては，運用開始後の還水能力の低下を考慮することも必要である。予備の還水井の設置や計画注水量の余裕確保，異常水位上昇時への対応などを検討する。

井戸の配置は，還水し蓄えた温熱と冷熱の熱塊が干渉しないように，十分な離隔を確保する。井戸本数は，確実に還水するために必要な井戸本数を決定する。一般には揚水井１本に対し複数本の還水井が必要となるが，帯水層蓄熱システムでは，冷熱および温熱利用の切り替えを前提とし，揚水井および還水井一対の組合せを原則とするため，揚水・還水量の設定や目詰まりを防止する井戸構築技術など，経験と高い技術を必要とする。

還水井の目詰まり原因は，帯水層中の細粒分が井戸周辺に蓄積される物理的な目詰まり，地下水中に含まれる溶存鉄が地下水の揚水に伴い外部の空気に触れて酸化されることで水酸化鉄が沈殿する化学的目詰まり，その酸化過程で生じるエネルギーを利用する鉄酸化細菌が還水井内で繁殖する生物化学的目詰まり等が原因と考えられる。このような細かい土粒子や水酸化鉄，鉄酸化細菌によって構成された目詰まり物質の生成が進行すると，地下水の地中への還水ができなくなるという事象が発生する可能性もある。

目詰まりを防ぐ方法としては一般に以下のようなものがある。

・密閉型井戸を用いて地下水を外部の空気に触れさせない構造とする方法
・ブラッシングやスワビングによる還水井の洗浄
・逆洗運転による目詰まり物質の除去
・薬品を用いた目詰まり物質の溶解
・窒素注入による鉄酸化細菌の繁殖抑制

4. 揚水井・還水井の施工

揚水井の施工方法は，安定した地下水の供給ができるように掘削時の使用機械や泥水の選定，仕上げ時にはその泥水の完全除去，揚水試験による井戸能力および地下水の水質の把握を行う。還水井の施工方法は，帯水層の最大限の還水能力を発揮するため，掘削時の使用泥水の選定，仕上げ時の泥壁の完全除去，還水（注水）試験による還水能力の把握などに留意する。

（1）掘 削 作 業

作業上の留意点を以下に述べる。

1）掘 削 泥 水

掘削にあたっては，厚い泥壁を形成しないポリマ系の泥水使用が望ましく，泥水を使用する場合は，掘削時に泥水比重，粘速，泥壁厚，脱水量を計測して地層に適合した適切な泥水を使用する。

2）電 気 検 層

掘削作業終了後，電気検層を実施しスクリーンの設置位置やスクリーン長，ケーシングプログラム等に反映する。

3）ケーシングパイプ挿入

ケーシングプログラムに沿ってパイプを挿入する。パイプが掘削孔に対して同心円の配置になるよう留意する。

4）フィルター材充填・遮水

ケーシングパイプ挿入後，フィルター材を掘削孔とパイプの間に充填する。空隙を作らないよう慎重に充填することが重要である。また，ほかの帯水層からの地下水の流入や，地表からの雨水等の流入を防ぐため，遮水材により確実に遮水を行う。

5）仕上げ・井戸洗浄

泥水を使用した場合，帯水層では泥水の浸透により泥壁が形成されるため，ケーシング，砂利充填，遮水の一連の作業終了後，泥水を清水に入れ替えて井戸洗浄を行う。また，システム運用開始後に揚水量や還水量が低下した場合にも，目詰まり除去を目的として井戸洗浄を行う。目詰まり除去のための洗浄方法には，物理的洗浄や薬品洗浄等がある（**表 6-4-2** 参照）。

表 6-4-2　井戸洗浄方法の一例

洗浄方法	原理・効果
ブラッシング洗浄	ケーシング管内を大きめ円形のワイヤーブラシを上下させることによりスクリーンおよびケーシング内部の付着物を掻き落し除去する
ベーリング洗浄	ケーシング内径に近いベーラーを使用し，ベーラーを引き揚げるときの衝撃作用を利用して目詰まりを除去する
スワビング洗浄	ケーシング管内にサージプランジャーを挿入し，上下のピストン動作を与えて水の揺動を大きくしてスケールや砂粒を除去する
エアージェッテイング洗浄	ケーシング管内でノズルより高圧水を噴出させ，スクリーン部の内外に強力な洗浄と衝撃作用を与えて目詰まりを除去する
エアサージング洗浄	圧縮空気で水面を押下げて排水し洗浄する
セクション洗浄	専用のポンプと孔あき管から構成された洗浄器具を使って，フィルタスクリーンを区分洗浄する

6）水質分析試験

帯水層蓄熱システムのように，地下水をヒートポンプの熱媒体として直接利用する場合は，地下水質に起因する配管等の設備の腐食やスケール生成を防止するため，前述（**表 6-4-1** 参照）の冷凍空調機器用冷却水水質基準などを参考に水質分析を行う。

（2）揚水試験・注水試験

還水には，揚水井からの同一帯水層からの地下水を利用することが望ましい。還水井は，揚水井の場合と同様にまず段階揚水試験，連続揚水試験，水位回復試験，揚砂量測定，地下水温測定，水質分析を行い，その後に，還水（注水）試験を実施する。還水（注水）試験は，段階還水（注水）試験，連続還水（注水）試験，水位回復試験とする。試験結果により，適正な還水量，揚水井と還水井の構成比率を求める（帯水層蓄熱システムでは 1:1 を基本）。還水能力の把握には，連続還水（注水）試験時間を極力長く取ることが望ましい。

《参考文献》

1）環境省：帯水層蓄熱の利用にあたって，https://www.env.go.jp/content/000255233.pdf，2024.11.30 閲覧
2）環境省：REPOS（再生可能エネルギー情報提供システム），https://www.renewable-energy-potential.env.go.jp/RenewableEnergy/，2024.11.30 閲覧
3）日本地下水開発：帯水層蓄熱冷暖房システムの地下環境への影響評価とその軽減のための技術開発，環境省，https://www.env.go.jp/earth/ondanka/cpttv_funds/pdf/prod20130203.pdf，2024.11.30 閲覧
4）大阪市：アミティ舞洲帯水層蓄熱冷暖房システム，https://www.city.osaka.lg.jp/kankyo/cmsfiles/contents/0000476/476996/leaflet.pdf，2024.11.30 閲覧
5）地中熱利用促進協会・全国さく井協会：地中熱ヒートポンプシステム オープンループ導入ガイドライン 第1版，2017
6）土木研究所：国土地盤情報検索サイト“KuniJiban”，https://www.kunijiban.pwri.go.jp/jp/，2024.11.30 閲覧
7）日本冷凍空調工業会：冷凍空調機器用水質ガイドライン（JRA GL-02），1994

6.5　放射性廃棄物処分

6.5.1　核燃料サイクル

日本では，原子力発電の運転により発生する使用済燃料を再処理し，そこから燃料として再利用可能なウランやプルトニウムを取り出して再利用するとともに，廃棄物の量を抑制する核燃料サイクルが推進されている。そして，核燃料サイクルにおいて発生する放射性廃棄物のうち，発電所や再処理の過程で発生する放射能レベルの低いものは低レベル放射性廃棄物，再処理施設で発生する放射能レベルの高いものは高レベル放射性廃棄物に区分される。

図6-5-1には核燃料サイクルの仕組みを示す。

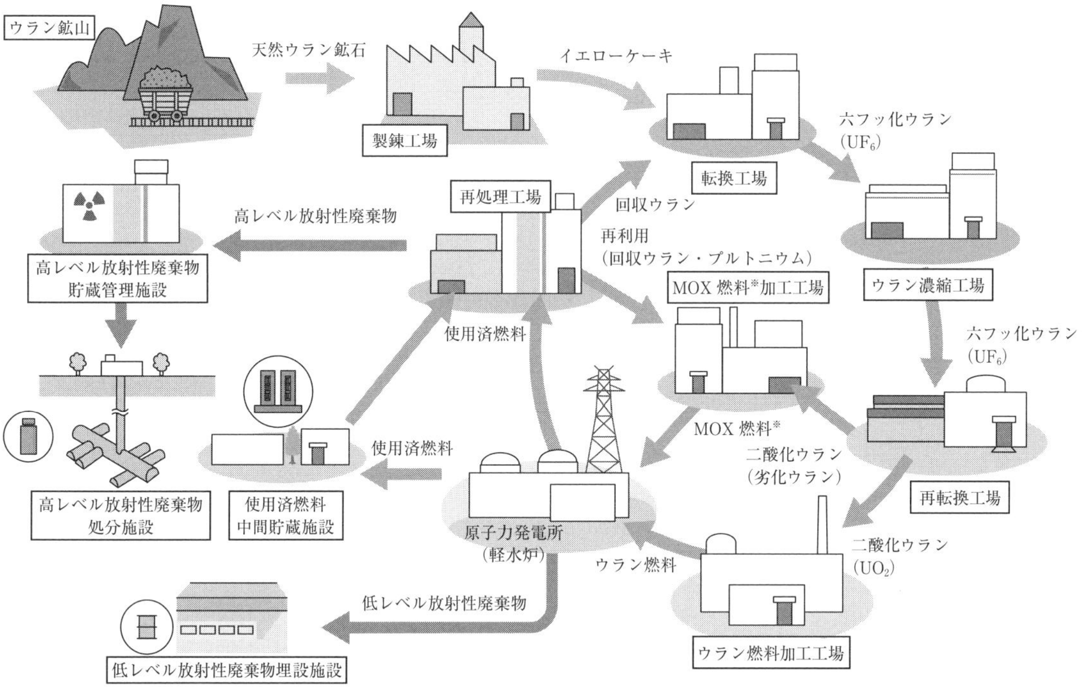

図6-5-1　核燃料サイクルの仕組み[1)]

6.5.2　放射性廃棄物処分の種類と処分方法

放射性廃棄物は，前述のとおり，高レベル放射性廃棄物と低レベル放射性廃棄物に大別される。高レベル放射性廃棄物は，核燃料サイクルにおける使用済燃料の再処理の際に発生する放射能レベルの高い廃液が相当し，ガラスと溶かし合わせてステンレス容器内に固体化される。低レベル放射性廃棄物は，原子力発電所の運転のほか，研究・病院・産業等から発生する放射能レベルの低い廃棄物が相当し，放射能レベルの高いものから，L1，L2，L3に区分される。

これらの放射性廃棄物は，その放射能レベルや気体，液体，固体の状態に応じて処理および処分される。高レベル放射性廃棄物は，地下300 m以深の安定した地層中に処分される地層処分が計画されている。低レベル放射性廃棄物は，放射能レベルに応じて，トレンチ処分，ピット処分，中深度処分の3つの方法で処分される。トレンチ処分は，コンクリートピット等の人工構造物を設けないで放射能レベルのきわめて低いもの（L3）を浅い地中に埋設する方法である。ピット処分は，浅い地中にコンクリートピットを設けて放射能レベルの比較的低いもの（L2）を埋設する方法である。中深度処分は，放射能レベルの比較的高いもの（L1）を地下70 m以上の深さに設置される埋設地に処分される方法である。なお，トレンチ処分については，日本原子力研究開発機構の動力試験炉の解体に伴い発生した廃棄物を対象として同研究所敷地内で埋設実地試験が行われている。また，ピット処分については，日本原燃株式会社の六ヶ所低レベル放射性廃棄物埋設センターで埋設処分が開始されている。

図6-5-2には放射性廃棄物の種類とそれに応じた処分方法を示す。

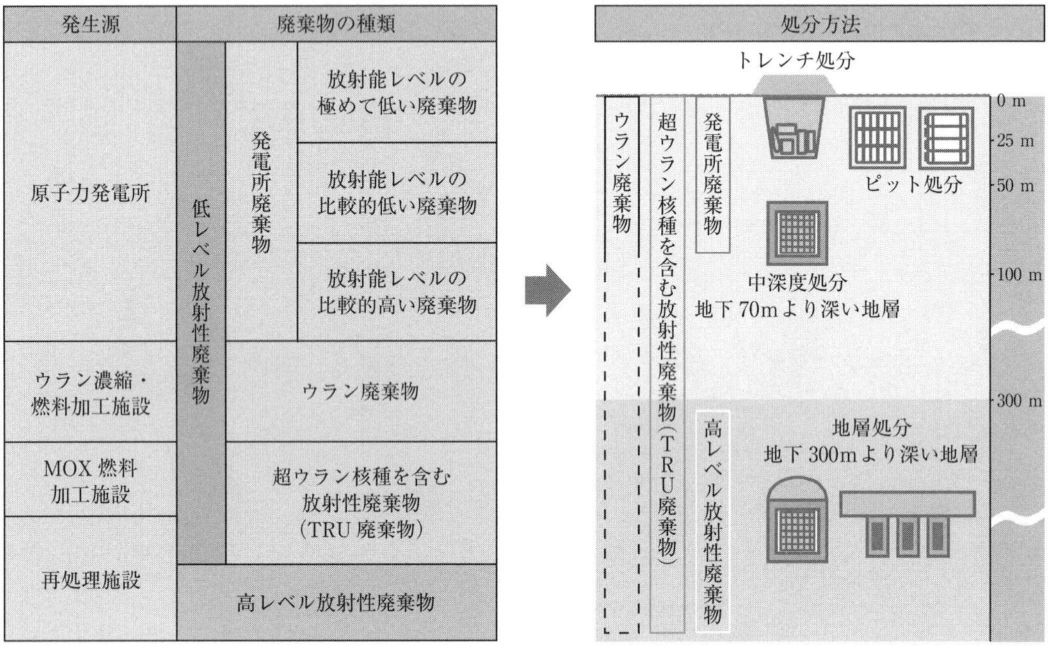

図6-5-2　放射性廃棄物の種類と処分の概要[1)]

6.5.3　地層処分と中深度処分

1. 地 層 処 分

（1）概　要

高レベル放射性廃棄物は，非常に高い放射能レベルを持つため数万年以上にわたり生活環境から隔離する必要があるため，日本では最終処分法（特定放射性廃棄物の最終処分に関する法律）により地層処分が計画されており，地下300 m以深の安定した地層に処分される。地層処分における地上施設の大きさは1～2 km^{2}程度，地下施設は6～10 km^{2}程度に及ぶと見込まれており，地上施設から地下施設への広大な範囲に及ぶ地質環境特性を調査・評価する必要がある。なお，地質環境特性とは，地層処分の安全確保において重要となる地質および地質構造と岩盤の熱的，力学的，水理的および化学的な性質の総称をいう。

図6-5-3には地層処分の概念を示す。

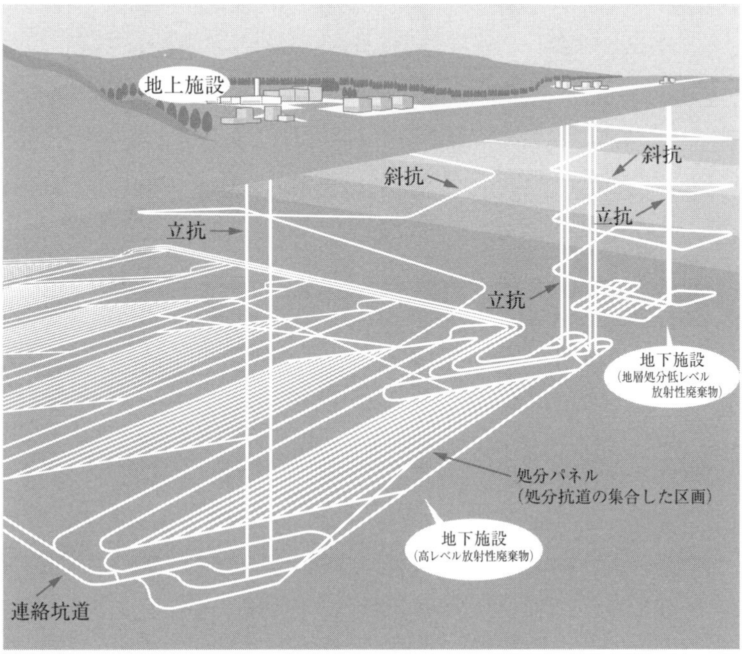

図6-5-3　地層処分の概念図[1)]

（2）多重バリアシステム

地層処分では，人工バリアと天然バリアによる多重バリアシステムで放射性廃棄物を生活環境から隔離して，長期間の公衆の安全を確保することが計画されている。人工バリアは，ガラス固化体，オーバーパック（金属製の容器）や緩衝材（ベントナイト）等からなり，放射性物質が漏出することを防止あるいは低減する機能を持つ構築物のことである。天然バリアは，処分施設を設置しようとする地下地質が持つ非常にゆっくりとした地下水の流れや放射性物質の吸着といった性質により，放射性物質の移動を抑制する機能を持つ岩盤のことである。

図6-5-4には人工バリアと天然バリアからなる多重バリアシステムを示す。

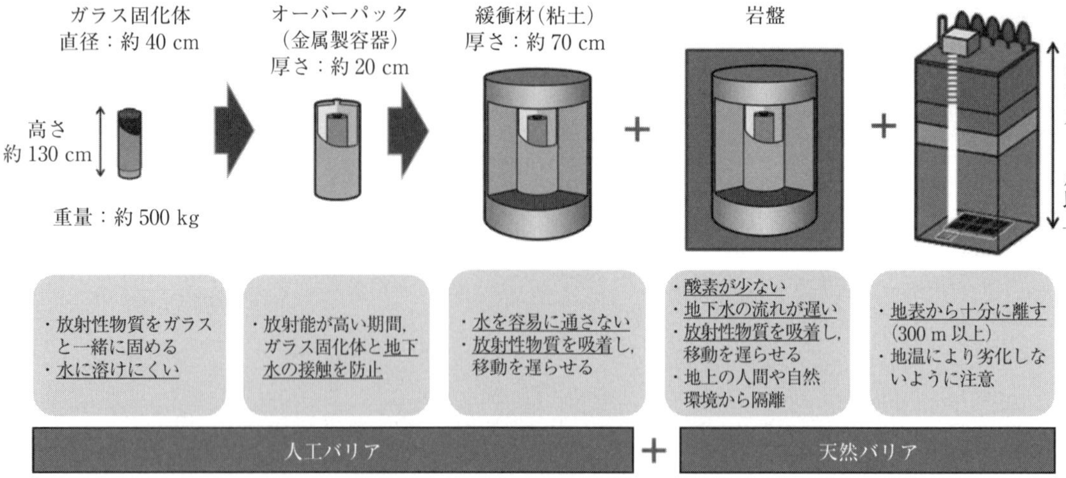

図 6-5-4　多重バリアシステム[2)]

（3）地層処分の立地選定プロセス

高レベル放射性廃棄物の処分地の選定プロセスは，最終処分法に基づき，文献調査（2 年程度），概要調査（4 年程度），精密調査（14 年程度）といった 3 段階のプロセスを経る。

文献調査では，文献や既存資料などから対象地域の地質・地質構造および第四紀未固結堆積物，地震・活断層，火山・噴火，隆起・侵食，鉱物資源・地熱資源等について調査する。文献調査は地域住民との対話活動の一環で行われるが，次段階の概要調査を実施するかどうかを検討するための調査でもある。また，当該地域において，処分場として適切ではない場所を除外するといった判断にも利用される。

概要調査では，対象地域に分布する地質および地質構造と地質環境特性を把握するために，地表地質踏査，ボーリング調査，物理探査，原位置試験・室内試験等を行い，最終処分法に定められている条件を調査し，次段階の精密調査地区を選定する。ボーリング調査は陸上あるいは水上での大深度掘削が想定されるが，陸域から海底下への掘削が可能となるコントロールボーリング等が有効になる。物理探査は陸上と海上とのデータの連続性等から測定方法は異なるものの同じ探査手法が適用されることが想定され，地震探査と電気探査による速度層構造による地質構造と比抵抗構造による水理構造の把握が主体になる。その他では，原位置および室内で各種試験が行われ，処分地の母岩の地質環境特性に関するデータが取得される。

精密調査では，地表地質踏査，ボーリング調査，物理探査，原位置試験・室内試験等のほか，調査坑道での調査・試験が実施され，地層処分における安全確保のための条件を満たすことが確認されるとともに，地下施設の設計施工に利用される。

図 6-5-5 には処分地選定プロセス，**図 6-5-6** には好ましい地下深部の地質環境特性を示す。

（4）地層処分で考慮すべき科学特性

地層処分を推進することや国民や地域の理解と協力を得るための対話を続けることを目的として，資源エネルギー庁が 2017 年 7 月 28 日に公表した科学的特性マップ[4)]では，処分地とし

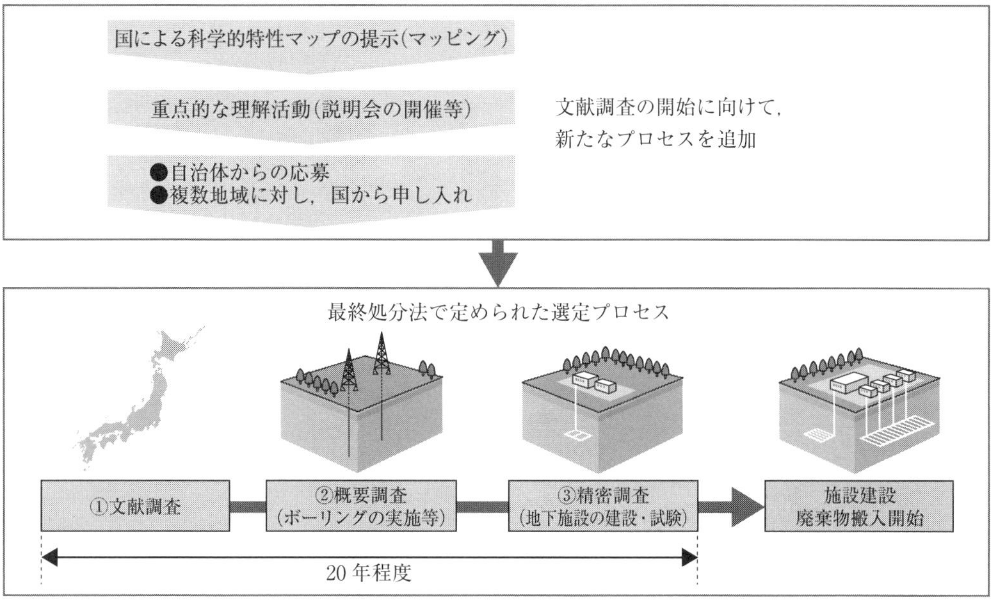

図 6-5-5　処分地選定プロセス[1)]

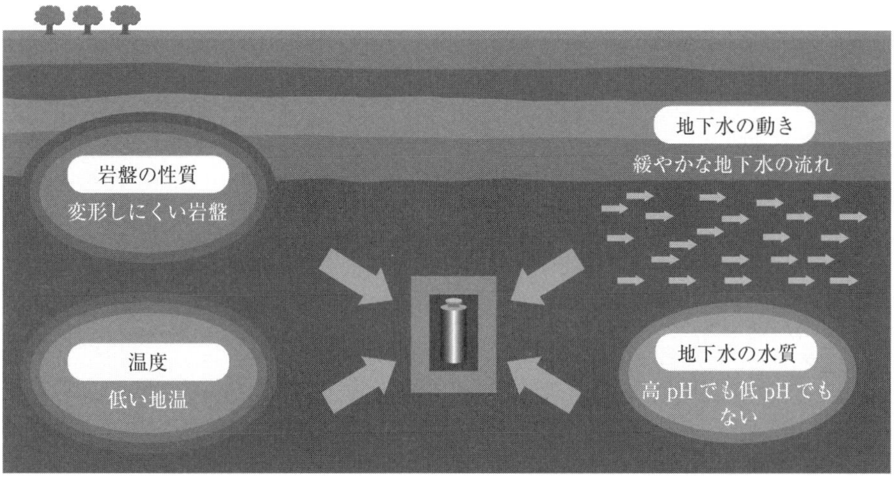

図 6-5-6　好ましい地下深部の地質環境特性[3)]

てふさわしいかどうかといった観点から，下記のとおり，4 つの地域に区分されている。

・好ましくない特性があると推定される地域（地下深部の長期安定性等の観点）

・好ましくない特性があると推定される地域（将来の掘削可能性の観点）

・好ましい特性が確認できる可能性が相対的に高い地域

・輸送面でも好ましい地域

なお，これら区分の要件・基準は，火山・火成活動，断層活動，隆起・侵食，地熱活動，火山性熱水・深部流体，未固結堆積物，火砕流等，鉱物資源等の地質要因で整理されている。

図 6-5-7 には科学特性マップ[4)] を示す。

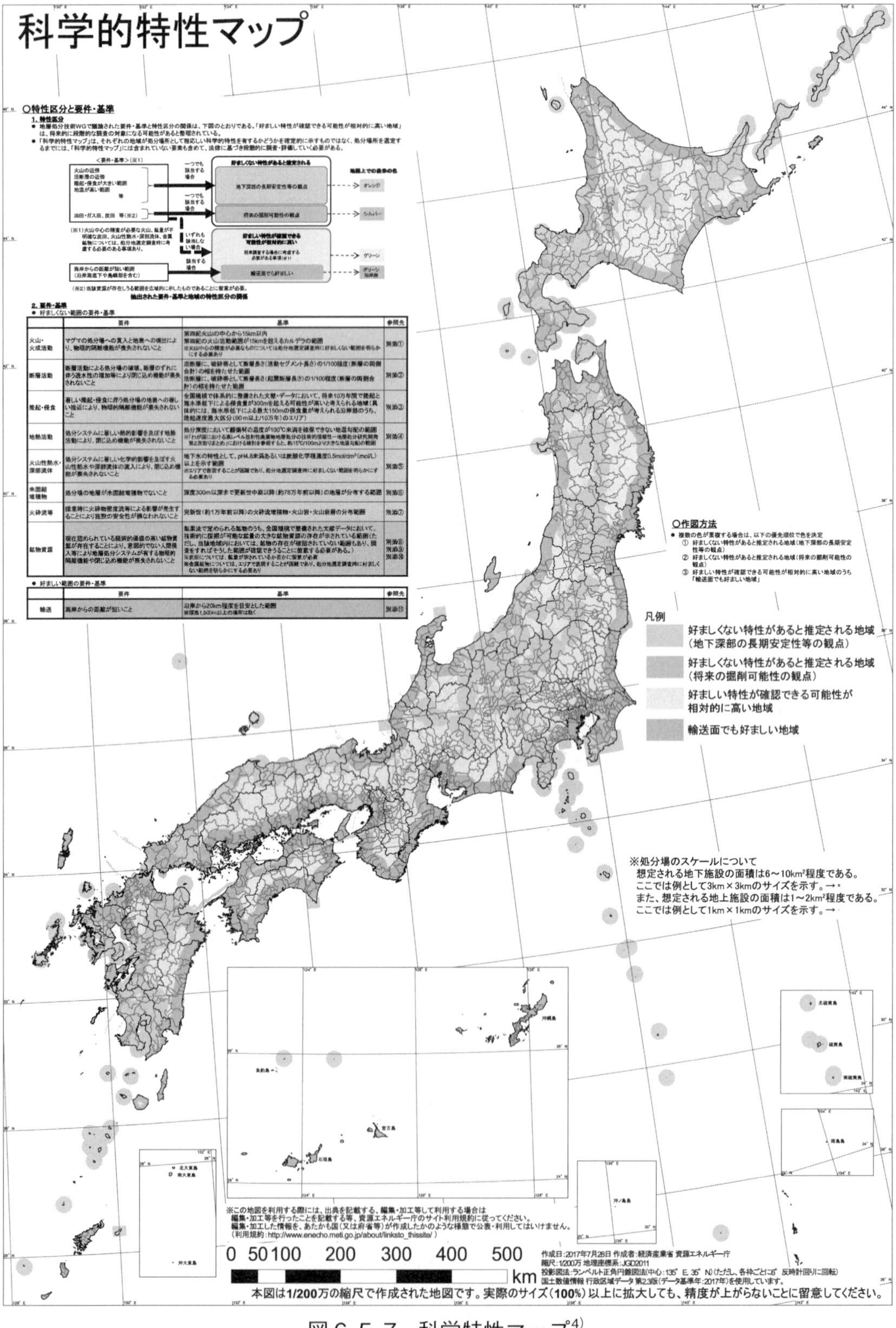

図 6-5-7　科学特性マップ4)

（5）地質調査業の処分事業への貢献

地層処分に係る調査技術の研究開発は，日本原子力研究開発機構をはじめとする研究機関において実施されている。その中でも，処分地の選定プロセスや処分候補地の地質環境特性等に関する調査・試験・計測・分析・解析等における地質調査業界の貢献は不可避である。長期にわたることが想定される処分事業に向けて，技術開発と人材育成を並行して実施することで，安心・安全な社会環境の構築に貢献することが期待される。

2.　中深度処分

（1）概　要

低レベル放射性廃棄物のうち放射能レベルの比較的高い廃棄物（L1）で代表的なものは，原子力発電の運転に伴い発生する制御棒や炉内構造物等の廃棄物であり，数万年を超える長期にわたり公衆や環境に影響を与える可能性がある。そのため，中深度処分では，低レベル放射性廃棄物のうち放射能レベルの比較的高い廃棄物（L1）を，一般的な地下利用に対して十分に余裕を持った地上から70m以上の深さの地下に設置される埋設地に処分される。

図6-5-8には中深度処分施設の概要，**図6-5-9**には中深度処分の事業段階を示す。

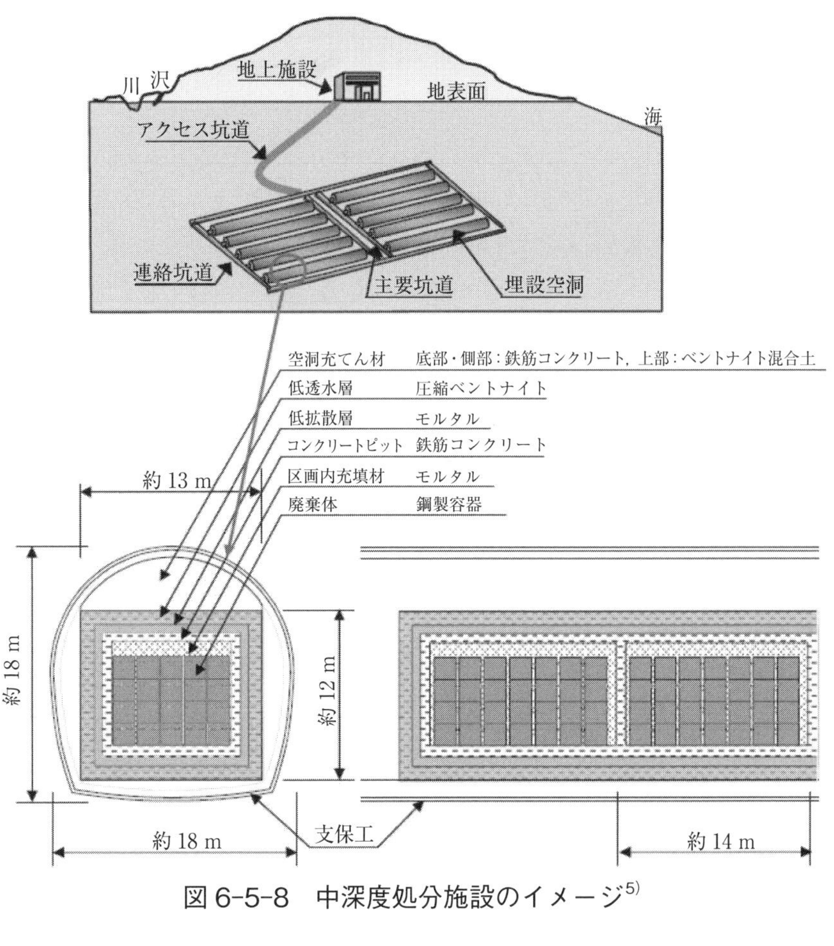

図6-5-8　中深度処分施設のイメージ[5)]

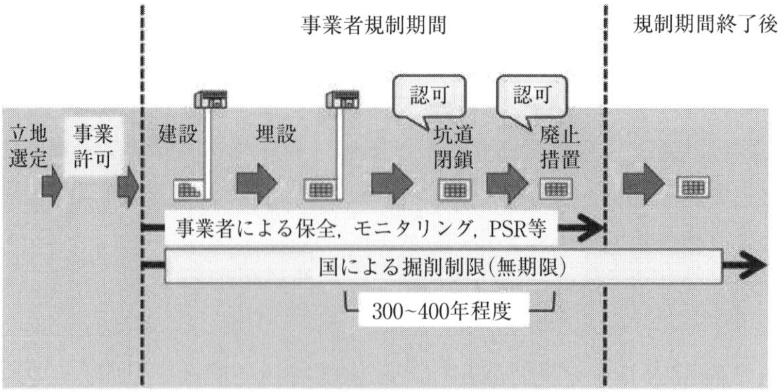

図 6-5-9　中深度処分の事業の流れ[6)]

（2）サイト選定と地質環境特性

本項では，中深度処分に係る規制基準等[7)]において，そのサイト選定における要求事項として挙げられている断層等，火山，侵食，鉱物資源および地熱資源について概説する。併せて，各要件の検討における地質環境特性の調査と評価におけるポイントを整理する。なお，実際の調査においては，中深度処分にかかわる審査ガイド[8)]等を参照の上，設計・施工・維持管理等を含めた事業一連が，一括に審査されることを念頭に置いて，調査結果を整理することが重要となる。

1）断　層　等

断層活動により，人工バリアでは，岩盤に発生する変位等により地下の構築物が破壊・損傷される可能性があること，天然バリアでは，亀裂等の発生により新たな地下水流動が形成される可能性があること等から，後期更新世（約 12～13 万年前）以降の活動が否定できない断層や震源となる活断層により損傷を受けるエリアを避けることが求められている。

文献や既存資料等により断層の有無および位置や地震履歴等を整理し，現地調査により断層の位置や地質環境特性，活動度等を判定する。

2）火　山

火山活動による噴火，火砕流，降灰等の事象のうち，噴火やマグマの貫入が廃棄物埋設地に発生すると，地上および地下の処分施設が破壊・損傷され，放射性物質が地表に放出される可能性があるため，第四紀以降に活動履歴のある火山から約 15 km 以内のエリアを避けることが求められている。

文献や既存資料等により火山の有無および位置や噴火履歴を整理し，現地調査により噴出物の有無および分布・到達範囲や地質環境特性を確認する。

3）侵　食

廃棄物埋設地と生活環境との離隔を取るためには，地下施設の設置深さの確保が基本的な対策となるが，地下施設の上部の岩盤が侵食されると地表との離隔が減少し，地下施設と生活環境が相対的に接近することとなるため，10 万年後において，廃棄物処分地を地表に鉛直投影したエリアのうち最も高度の低い地点から廃棄物処分地の頂部までの深さが 70m 以上であることが求められている。

処分地の地質および地質構造と応力場を踏まえて，現地調査等で地質環境特性を整理し，氷期～間氷期がサイクルすることが想定される 10 万年後の土被り厚さを推定する。

4）鉱物資源および地熱資源

廃棄物処分地やその近傍に有用な鉱物資源や地熱資源が存在する場合，将来にそれら資源を利用するために掘削が行われる可能性があるため，資源利用において十分な量および品位のある資源が存在している場所を避けることが求められている。

金属資源等においては鉱床の存在記録の有無，地熱資源においては地温勾配や地熱利用等の有無を確認する。

《参考文献》

1）日本原子力文化財団：原子力・エネルギー図面集，https://www.ene100.jp/zumen，2024.11.30 閲覧
2）経済産業省資源エネルギー庁：高レベル放射性廃棄物，https://www.enecho.meti.go.jp/category/electricity_and_gas/nuclear/rw/hlw/hlw01.html，2024.11.30 閲覧
3）原子力発電環境整備機構：イラスト「好ましい特性（文字あり）」，https://www.numo.or.jp/eess/materials/sozai_image/，2024.11.30 閲覧
4）経済産業省資源エネルギー庁：科学的特性マップ公表用サイト，https://www.enecho.meti.go.jp/category/electricity_and_gas/nuclear/rw/kagakutekitokuseimap/，2024.11.30 閲覧
5）電気事業連合会：原子力発電所等の廃止措置及び運転に伴い発生する放射性廃棄物の処分について，2015
6）原子力環境整備促進・資金管理センター：原環センタートピックス，No.146，2023
7）原子力規制庁長官官房技術基盤グループ：中深度処分の規制基準の背景及び根拠，NRA 技術ノート，2022
8）原子力規制委員会：第二種廃棄物埋設の廃棄物埋設地に関する審査ガイド，2021

6.6　地質調査の新たな DX

政府では，経済のさらなる成長や生産性の向上に向けて Society5.0 の概念を示すなど，社会のデジタル化として，DX（デジタルトランスフォーメーション）の推進，サイバーセキュリティの確保などの社会全体のデジタル化の推進を謳っている。国土交通省では，i-Construction2.0 とともにインフラ分野の DX として，建設現場の生産性の向上に加え，業務，組織，プロセス，文化・風土や働き方を変革することを目的とした取り組みを行っている。また経済産業省では，企業価値および企業経営の向上を目的として，企業の自主的な取り組みによるデジタル技術を活用した社会変革を促進する施策を行っている。

6.6.1　地質調査 DX とカーボンニュートラル

国際公約として各国がカーボンニュートラルの目標を掲げており，日本国においても，脱炭素社会の実現に向けたさまざまな取り組みがなされている。温室効果ガスのうち二酸化炭素に着目すると，**図 6-6-1** で示すとおり我が国の 2022 年の CO_2 排出量は約 10.4 億トンとなっており，政府の目標の一つである 2030 年度に温室効果ガスを 2013 年度比で 46% 削減する目標に対して CO_2 排出量は 21% 程度削減されている。この CO_2 排出量のうち，インフラ整備等の建設現場のサプライチェーンが直接的に関わる排出量は全体の約 13% となっているのに対し，道路利用や鉄道等の運輸部門，家庭・商業施設利用等の民生部門は，インフラ整備によって削減に貢献できる分野であり全体の約 49% を占めている。なお，これらの中で地質調査分野では，CO_2 の排出に直接的に関わるサプライチェーンや，間接的に関わる輸送，オフィス利用などへの影響は少なく脱炭素調達に大きな効果が期待できるわけではないが，政府の GX 推進等を踏まえると DX の活用等を通じた業務の効率化による排出量削減に貢献することが重要である。

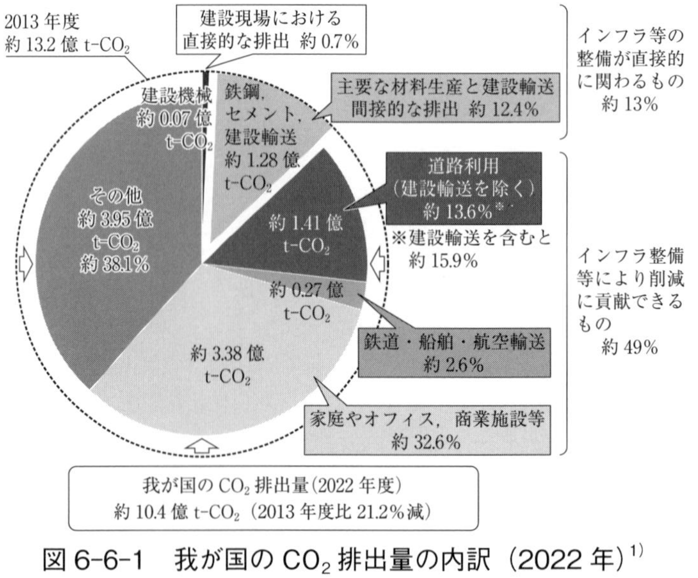

図 6-6-1　我が国の CO_2 排出量の内訳（2022 年）[1)]

地質調査におけるDXは，国土交通省の掲げるi-Construction2.0とともにインフラ分野のDXアクションプラン[2]に沿って，建設現場の生産性向上に加え，働き方改革を実現するための方法として，フィジカル空間とサイバー空間を活用しながらデータの利活用を進めていくことが検討されている。

ここでは，地質調査のDX事例として，路面下空洞調査において電磁波とGNSSを用いて地上と地下の3次元情報を得る調査「路面下空洞調査」を紹介する。

6.6.2　従来の路面下空洞調査技術

従来からの路面下空洞調査は，地中レーダ探査の適用方法の一つとして，舗装路面下の空洞や地中埋設物の位置を特定することを目的に広く適用されてきた。調査方法の特徴としては，地中レーダ探査を行うために電磁波送信受信装置を複数配置し，それらを車両に搭載して道路上を走行しながら地中のレーダ反射データを取得することにより，地下を可視化することができる。路面下空洞探査車の例を**図6-6-2**に示す。この技術では，取得した地下の可視化データを地表の位置情報と関連付けて空洞の有無や陥没の危険性のある箇所を抽出し，2次元，3

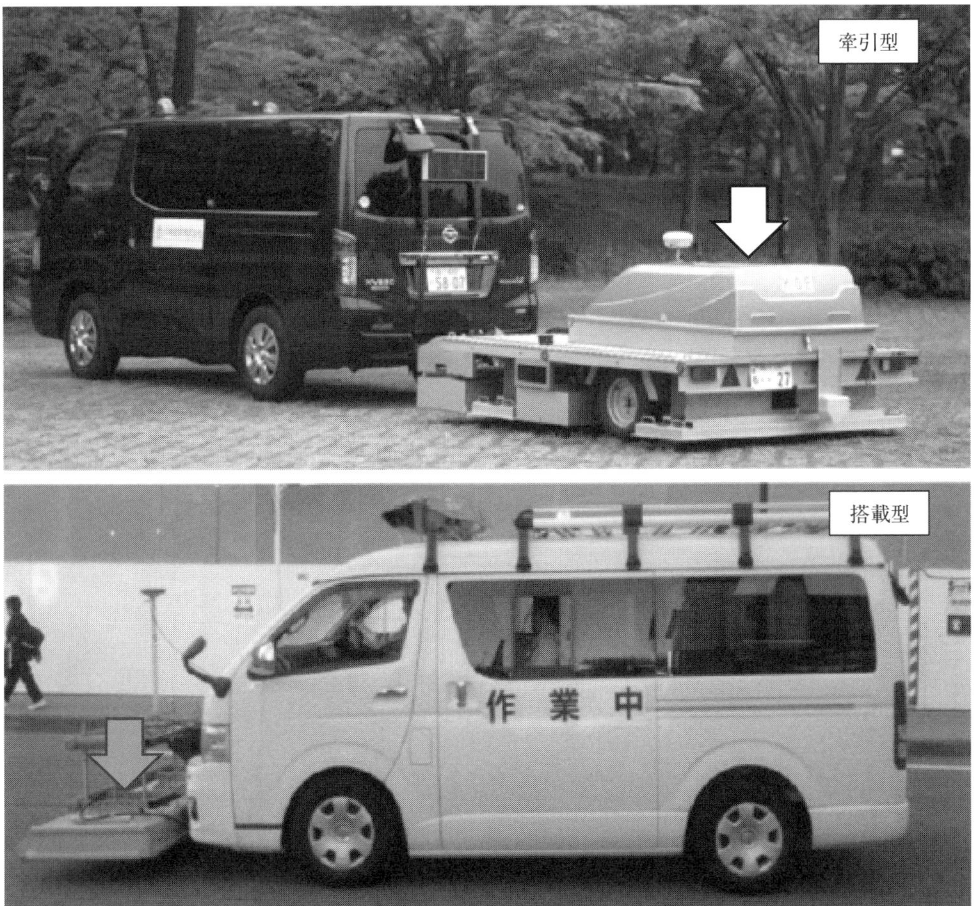

図6-6-2　路面下空洞探査車の例（矢印が電磁波送信受信装置）[3]

次元的に表示できることから，道路メンテナンス等に活用されている。

1. 路面下空洞調査の調査方法

路面下空洞探査の調査項目の一次調査では，調査対象となる道路において，路面下空洞探査車を使用し，道路の延長方向に走行しながら測定を行う。その際に得られる地下の情報は，**図6-6-3** に示すように，複数回の走行により 2m 程度の探査幅で，断面または 3 次元のレーダ反

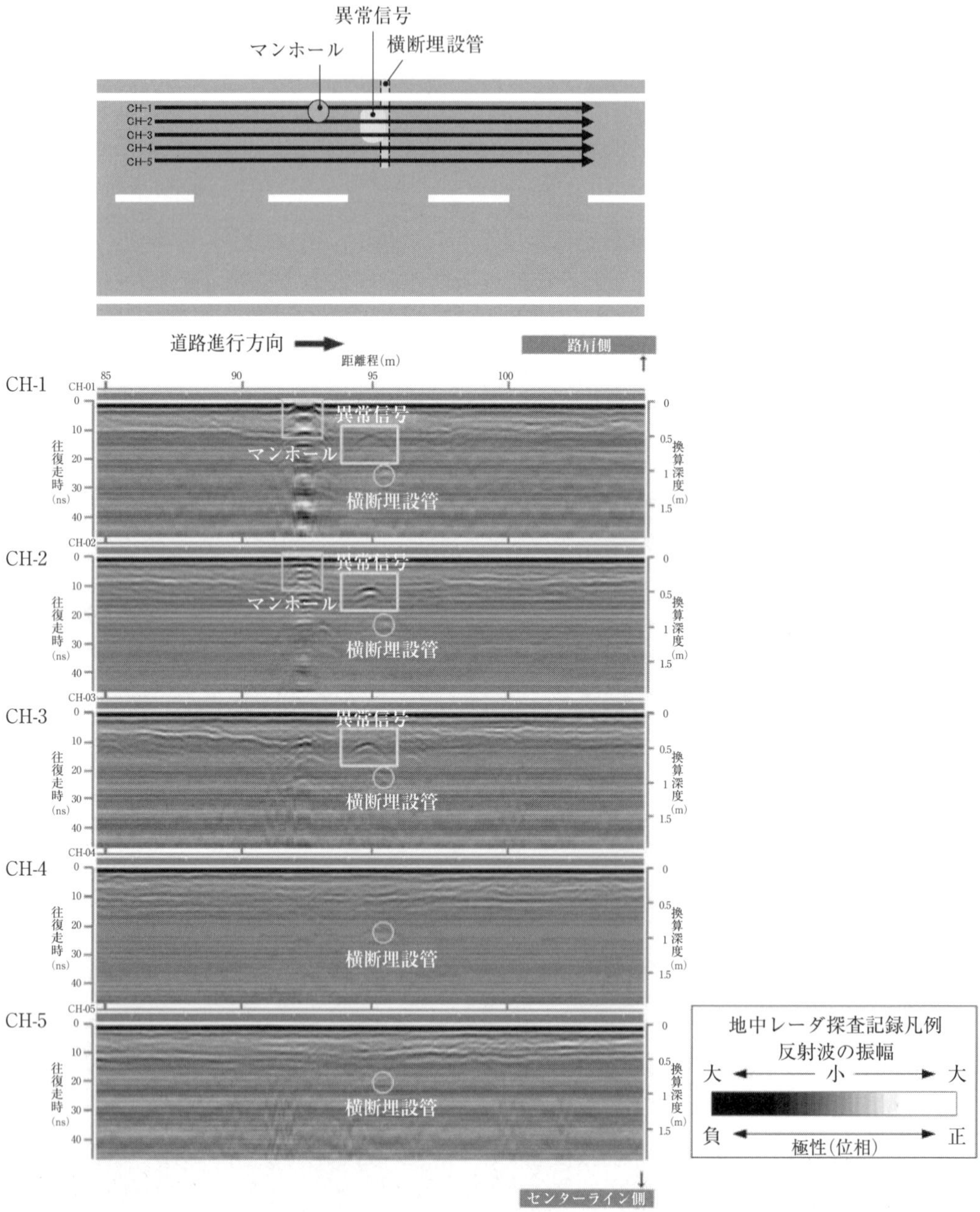

図 6-6-3　測定模式図（上段）および地中レーダ記録例（下段）[3)]

射イメージ記録となる。記録の測定位置は，ビデオ撮影やGNSSによる位置情報を用いるとともに，交差点やランドマークを目印として記録と関連付ける必要がある。また，道路幅員や車線数，または付加車線等の幅員をカバーするために，複数回走行を行い，予定された範囲を漏れなく測定する必要がある。

2. 路面下空洞調査の解析方法と結果

測定されたレーダ反射イメージ記録は，あらかじめレーダ相互の位置関係を補正し，ノイズ除去等の画像処理を施して，路面下の空洞や埋設物を抽出しやすい画像イメージに変換する。次に，空洞や埋設物の抽出を行い，その道路延長上の距離および深さに関する情報を整理する。なお，抽出された信号を“異常信号”と称している。**図6-6-4**に，典型的な異常信号の記録例を示す。異常信号は，その反射イメージ記録のパターンによって，構造物，埋設物，空洞等の区分が行われる。

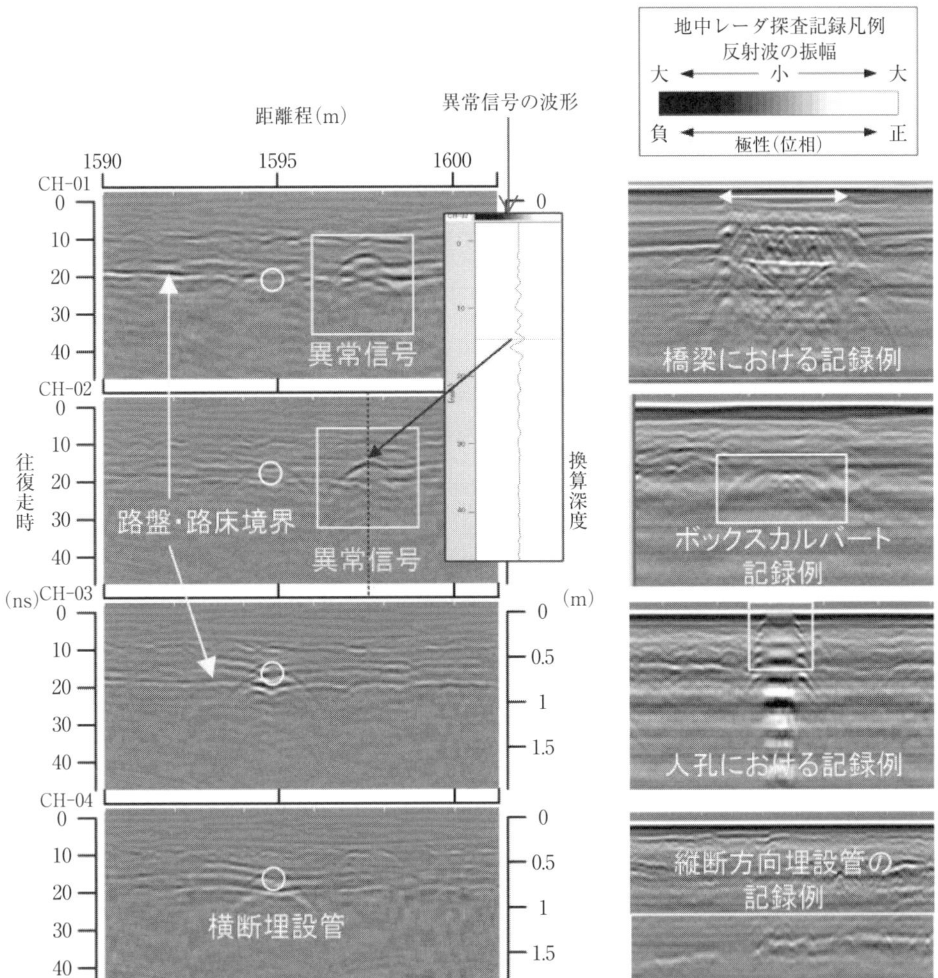

図6-6-4　路面下空洞探査車で得られた反射イメージ記録の典型的な区分例[3)]

6.6.3　3次元化・高度化された路面下空洞調査

3次元化・高度化された路面下空洞調査は，地中レーダ3次元モバイルマッピングシステムとして，高密度に電磁波送信受信装置を配置した3次元地中レーダを用いて地下情報を3次元で可視化するとともに，地上ではGNSSと連携した全周囲カメラ画像を取得することにより，地下と地上の高精度3次元情報を一元表示・管理するものである。さらに地下情報の可視化解析は，3次元反射波形を人工知能によって解析し異常信号を自動抽出処理することで，データ処理能力の向上，見逃し防止を図るとともに，生産性向上および品質向上にも対応している。（図6-6-5，図6-6-6）

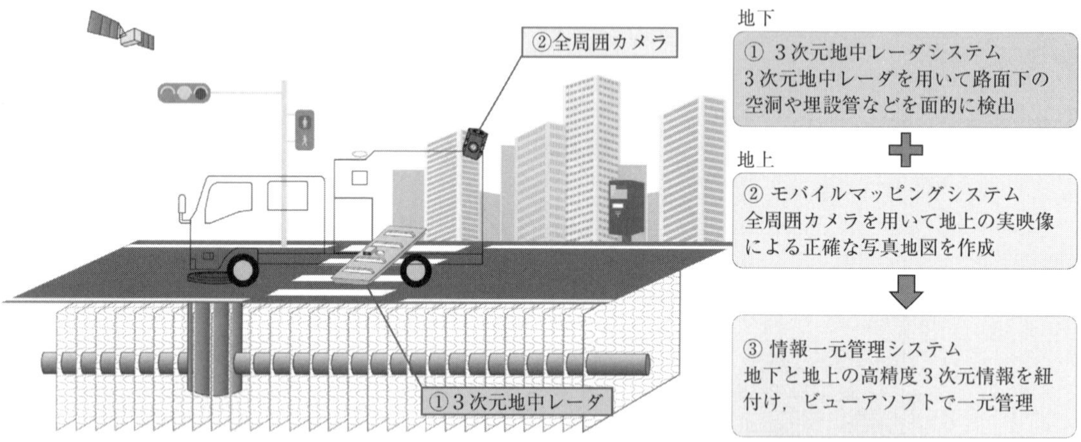

図6-6-5　地中レーダ3次元モバイルマッピングシステム概要[4)]

図6-6-6　地中レーダ3次元モバイルマッピングシステムを搭載した空洞探査車[4)]

1.　路面下空洞調査の調査方法

一次調査では，GNSS と全周囲カメラで位置情報を捕捉しつつ 1 走行の探査幅を 2m 程度として路面下空洞探査を行うことにより，**図 6-6-7** に示すように道路面を面的に漏れのない測定を行う。また，3 次元で空洞や埋設物等の地下の情報を判読するために，電磁波送信受信装置を 25 組程度に高密度配置し，縦断・横断・深度の 3 次元方向で反射波形の取得を行っている（**図 6-6-8**）。

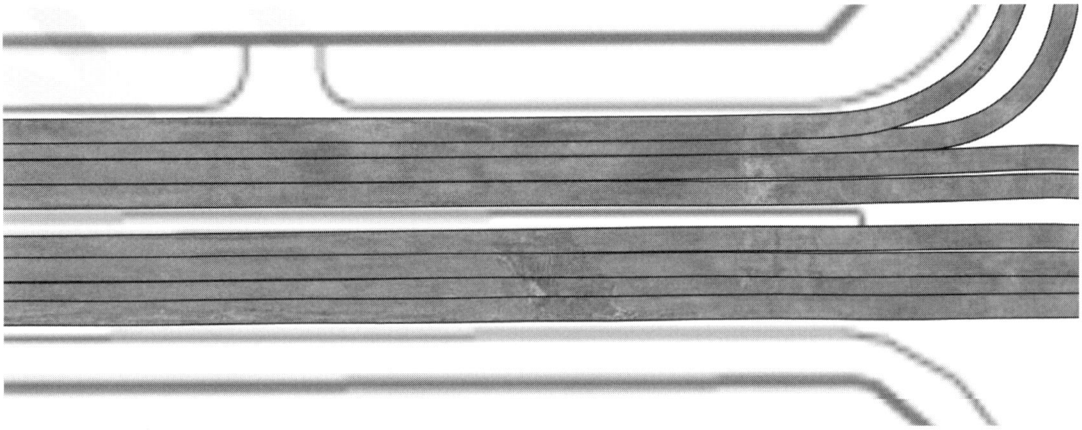

＊　探査測線を，深さ 1m のスライス平面（個々の灰色の帯として表示）

図 6-6-7　道路面を面的に補足した探査例

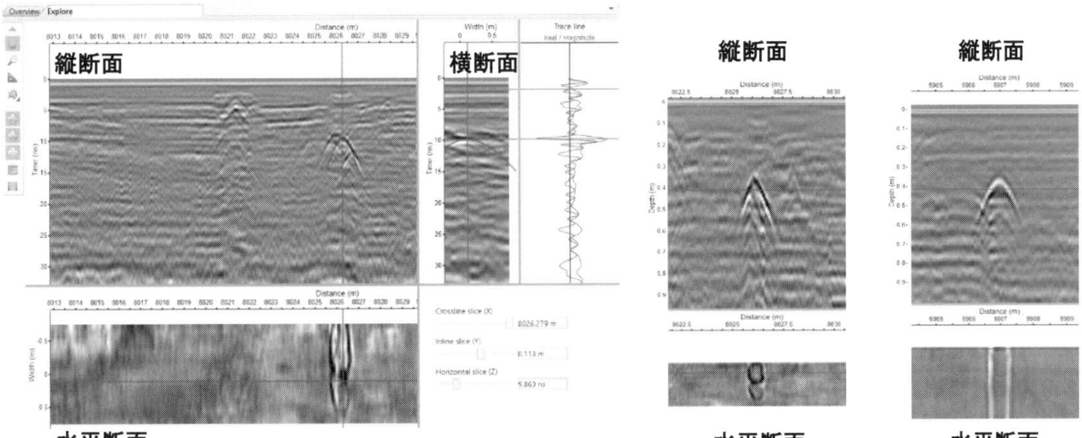

図 6-6-8　高密度センサー配置による 3 次元波形の例
（左）波形の 3 次元表示　（右）3 次元表示により波形解析が容易化

2.　路面下空洞調査の解析方法と結果

地中レーダ 3 次元モバイルマッピングシステムのデータ解析では，従来，熟練技術者によって行われてきた，空洞，埋設管，暗渠，地層境界等からの反射信号の中から空洞特有の反射パターンを抽出する作業を，機械学習および深層学習を用いたAI解析によって自動抽出することを前提としている。空洞，埋設管など，調査目的に応じた検出対象の自動抽出を併用し，技術者による確認作業を行うことで，解析作業の迅速化および見逃し防止に関する高度化・品質向上を図ることが可能となった。

データ解析によって抽出された異常信号は，探査車に搭載された全周囲カメラ映像を用いて空間情報解析を行い，オルソ画像で「センターライン端部から1.0 m，側方2.0 m」といった周辺構造物との位置関係が明示される。また調査結果は，**図6-6-9**および**図6-6-10**に示すように，ビューアを用いることによって3次元の地下・地表情報としてサイバー空間で可視化することが可能である。

調査の適用対象としては，空洞調査に留まらず，本技術を電線共同溝事業へ適用するなど，地下埋設管の3次元空間分布を把握する目的に使用されるケースが増えてきている（**図6-6-11**）。

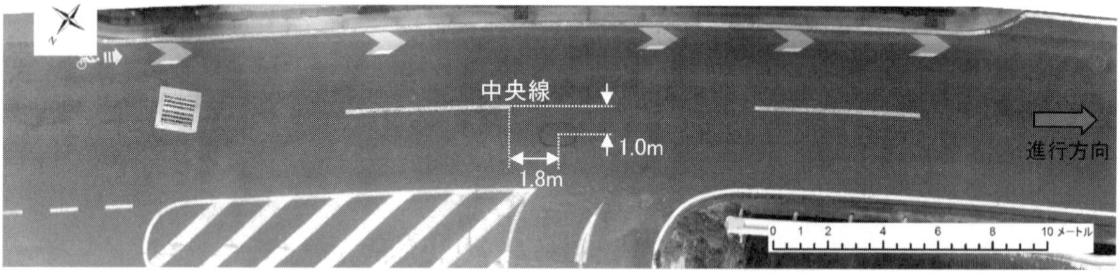

図6-6-9　空間情報解析により抽出した異常信号位置

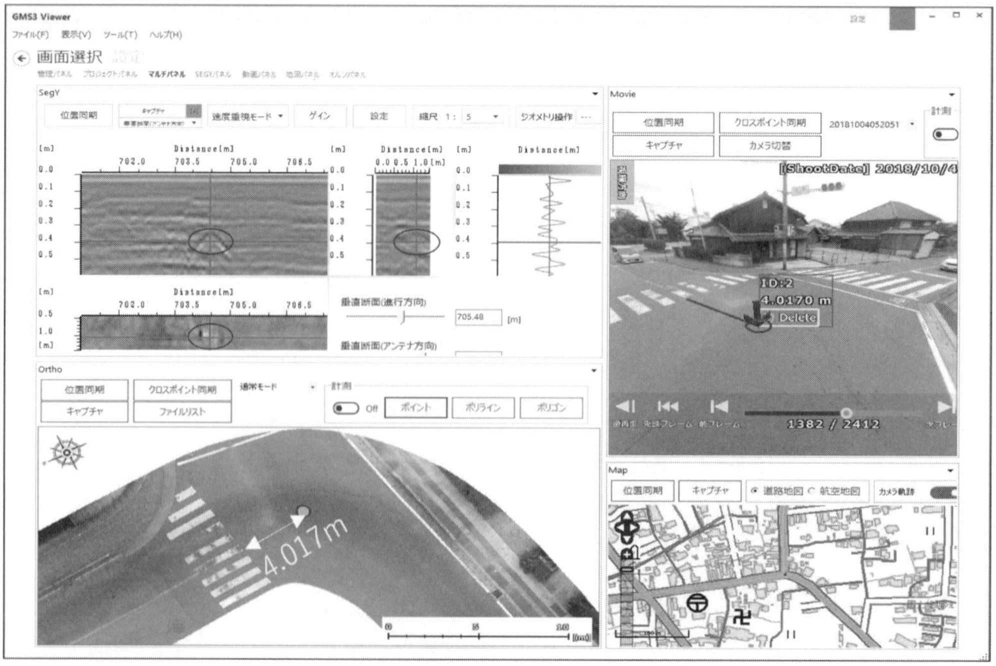

図6-6-10　調査結果ビューアの表示例[4)]

図 6-6-11　埋設管の３次元分布の表示例

6.6.4　将来展開：4 次元マッピングプラットフォームの構築

高度化された路面下空洞調査の将来展開として，地上と地下の 3 次元情報を同期して表示・一元管理できる機能を利用すると，情報を収集しサイバー空間を形成することにより，時間軸の概念も含めて，異なる日時の情報を 4 次元空間のプラットフォームとして構築することができる。さらに，このプラットフォームは GIS ソフトともデータの親和性があることや google ストリートビューのように普段慣れ親しんだ映像の地図であることから，フィジカル空間に対するサイバー空間としてさまざまな情報管理が可能である。

例えば，平時は地上の実映像の地図を用いてインフラ点検や保守などを行い，地下は路面下空洞調査や埋設管 3 次元マッピングなどを行いインフラ管理の効率化を図ることができる。加えて，巨大地震などの災害が発生した場合は，収集した地上と地下の 3 次元情報を災害後の 3 次元情報と比較することにより早期復興に役立つ情報として迅速に提供することが期待される。また，防災教育や被災後の防災対応の想定など，事前復興による地下と地上のまちづくり計画での活用も期待できる。4 次元マッピングプラットフォームの活用例を表 6-6-1 に示す。

表 6-6-1　4 次元マッピングプラットフォームの活用例

	平時	被災時	復興時
	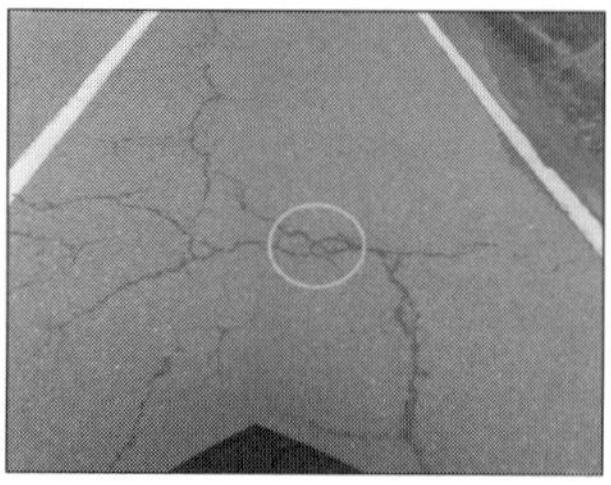		
地上	・インフラ点検・保守 ・インフラ財産管理 ・観光資源管理 ・防災教育	・避難計画，実行 ・被災状況確認 ・被災度判定 ・復旧計画 ・保険査定	・復興計画 ・境界の確認 ・地権者説明 ・復興状況確認，記録 ・復興進捗管理
地下	・インフラ老朽化による空洞調査 ・埋設管調査	・地震により発生した空洞調査	・復興工事に伴う埋設管調査 ・地上ベンチマーク喪失時の境界の確認

現状の技術である 3 次元地中レーダモバイルマッピングシステムでは，走行車両に搭載し，地上・地下の 3 次元情報を迅速に測定・解析することが可能である。これらは路面下空洞調査において，生産性向上や働き方改革に資する手法として，また品質の向上にも貢献している。この技術を利用し，調査結果の活用としてサイバー空間上に異なる時間の情報を表示し，過年度との比較を同じサイバー空間内で対比・共有することにより，平時のインフラメンテナンスツールとして効率的に活用することができる。

また，映像内の点が相対座標で紐づけられているため，災害時に基準点の絶対座標にズレが生じた場合でも速やかに正確な位置を把握できることから，例えば，敷地境界の確認など詳細な被災前後の状況確認などを迅速に行うことが可能となるため，災害からの早期復旧の実現に貢献することが期待できる。

さらに，4 次元マッピングプラットフォームの革新的な利用方法として，巨大地震の津波発生により地上の構造物が消失した場合においても，地下の埋設物は相対的な位置が変動することはまれなことから，事前に取得した地下の 3 次元情報と対比することにより，被災時には，地下の埋設物の 3 次元位置情報をベンチマーク（BM）として，平時と被災時の地上の情報をサイバー空間上で対比することが可能となる（図 6-6-12）。

図6-6-12　災害前と災害後の映像比較

南海トラフ地震などの巨大地震発生の可能性については頻繁にとりざたされており，地上と地下の3次元データの取得は事前復興の観点からも待ったなしである。一方，これらの地上の画像情報はデータ量が膨大となるため，AIによる画像認識機能をはじめとして，インフラ構造物の経年劣化や被災時の被害判定を自動的に行うなど，省力化・効率化・高精度化に関する課題も残されている。

《参考文献》

1）早川潤，佐藤重孝，佐々木正，山口真基，岡本英靖，野村洋人：建設現場の脱炭素調達の必要性と排出量の算定手法の検討，今後の方向性，JICE REPORT，第45号，国土技術研究センター，2024

2）国土交通省：インフラ分野のDXアクションプラン（第2版），https://www.mlit.go.jp/tec/content/001633173.pdf，2024.11.30閲覧

3）路面下空洞探査車の探査技術・解析の品質確保コンソーシアム（全国地質調査業協会連合会）：路面下空洞探査技術マニュアル（案），https//www.zenchiren.or.jp/market/pdf/h27-2.pdf，2024.11.30閲覧

4）日本インフラ空間情報技術協会：地中レーダを利用した路面下調査，2022

執筆者名簿（五十音順）

小笠原　洋　復建調査設計株式会社
6 章 6.6

岡野　英樹　株式会社東建ジオテック
4 章 4.3

奥　一歩　株式会社東建ジオテック
2 章 2.1

小野里直也　株式会社地圏総合コンサルタント
2 章 2.2，2.5

◎ 柿原　芳彦　応用地質株式会社
1 章 1.1（1.1.1–1.1.2）

◎ 加藤　猛士　川崎地質株式会社
2 章 2.3，2.9，6 章 6.5

金田　朋之　日本物理探鑛株式会社
2 章 2.8，3 章 3.3（3.3.2）

鎌田　佳苗　株式会社アサノ大成基礎エンジニアリング
3 章 3.3（3.3.1）

北川　博也　大日本ダイヤコンサルタント株式会社
3 章 3.2

◎ 田中　淳　基礎地盤コンサルタンツ株式会社
6 章 6.2

徳永　貴大　サンコーコンサルタント株式会社
1 章 1.2，4 章 4.1

中原　毅　国際航業株式会社
3 章 3.4

永川　勝久　基礎地盤コンサルタンツ株式会社
6 章 6.1

◎ 西村　修一　中央開発株式会社
2 章 2.7，4 章 4.2，6 章 6.4

萩野　晃平　国際航業株式会社
3 章 3.5（3.5.2 の 1）

萩原　協仁　基礎地盤コンサルタンツ株式会社
3 章 3.6

福島　宏幸　株式会社アサノ大成基礎エンジニアリング
2 章 2.4

藤本　耕次　復建調査設計株式会社
2 章 2.6

星野　耕一　応用地質株式会社
1 章 1.4

細谷　真一　大日本ダイヤコンサルタント株式会社
6 章 6.3

松田　啓明　大日本ダイヤコンサルタント株式会社
1 章 1.1（1.1.3–1.1.4），1.3，1.5

水江　邦夫　株式会社東京ソイルリサーチ
2 章 2.10，3 章 3.1

宮本　浩二　応用地質株式会社
5 章 5.1，5.2，5.3，5.4

利藤　房男　応用地質株式会社
3 章 3.5（3.5.1，3.5.2 の 2，3.5.3）

※　◎は編集幹事を示す。

発注者《ハッチュウシャ》・若手技術者《ワカテギジュツシャ》が知《シ》っておきたい　地質調査実施要領《チシツチョウサジッシヨウリョウ》

令和 7 年 3 月 10 日　初版発行

編　集　一般社団法人 全国地質調査業協会連合会
発　行　一般財団法人 経　済　調　査　会
〒105-0004　東京都港区新橋 6-17-15
電話　(03) 5777-8221（編集）
(03) 5777-8222（販売）
FAX　(03) 5777-8237（販売）
E-mail：book@zai-keicho.or.jp
https://www.zai-keicho.or.jp/

印刷・製本　三美印刷株式会社

ISBN978-4-86374-363-2